U0606878

国家社会科学基金项目最终成果
项目批准号：11CZX073
项目名称：十八世纪英国美学学派研究

十八世纪
英国美学研究

A Study of the Eighteenth
Century British Aesthetics

董志刚

【著】

山西出版传媒集团
山西人民出版社

图书在版编目（CIP）数据

十八世纪英国美学研究 / 董志刚著.-- 太原：山西人民出版社, 2020.9
ISBN 978-7-203-11475-8

Ⅰ.①十… Ⅱ.①董… Ⅲ.①美学史—研究—英国—18世纪 Ⅳ.①B83-095.61

中国版本图书馆CIP数据核字（2020）第109201号

十八世纪英国美学研究

著　　者	董志刚
责任编辑	吕绘元
复　　审	李　颖
终　　审	张文颖
装帧设计	北京中尚图文化传播有限公司

出 版 者	山西出版传媒集团·山西人民出版社
地　　址	太原市建设南路 21 号
邮　　编	030012
发行营销	0351-4922220　4955996　4956039　4922127（传真）
天猫官网	https://sxrmcbs.tmall.com　电话：0351-4922159
E-mail	sxskcb@163.com 发行部
	sxskcb@126.com 总编室
网　　址	www.sxskcb.com

经 销 者	山西出版传媒集团·山西人民出版社
承 印 厂	河北盛世彩捷印刷有限公司

开　　本	710mm×1000mm　1/16
印　　张	30
字　　数	600 千字
印　　数	1—1000册
版　　次	2020 年 9 月　第 1 版
印　　次	2020 年 9 月　第 1 次印刷
书　　号	ISBN 978-7-203-11475-8
定　　价	89.00元

如有印装质量问题请与本社联系调换

目 录

————

第一章

导论

————

对于西方近代美学源于何时，学者们大概没有异议，即 18 世纪。人们通常认为，鲍姆嘉通于 1750 年正式出版《美学》一书，标志着美学这门学科的成立，而此前他在 1735 年出版的博士论文《诗的哲学默想录》中，就已经提出了"美学"（aesthetica）一词。鲍姆嘉通以为美学是感性认识学，美就是感性认识的完善。他打破理性认识唯我独尊的格局，辩称感性认识也存在普遍的规律，同样能够获得真理。为感性认识请命，固然居功至伟，但通观他的美学，其内容与古典诗学几无二致。他没有确切阐明感性认识完全区别于理性认识的法则，而认为它们都是认识，都源出理性的形而上学，所以感性认识不过是理性认识的准备阶段。

克罗齐指责鲍姆嘉通仍没有跳出传统理性主义的樊笼，"在鲍姆嘉通的美学里，除了标题和最初的定义之外，其余的都是陈旧的和一般的东西"[1]。身为意大利人，克罗齐当仁不让标举维科是美学学科的创立者，因为早在鲍姆嘉通发表《诗的哲学默想录》10 年前，维科便公开出版了《新科学》，赋予诗性思维与理性认识截然相反的特性和法则。的确，诗性思维先于理性认识，它多用感性意象，求助于幻想，运用各种比喻，赋予事物以生命，而理性认识也并不会取代诗性思维或让它服从于自己的目的，诗性思维一直保持着自己的本色。不仅如此，维科还以诗性思维的名义叙述人类生活中政治、经济、伦理、历史、物理、天文各个领域。这样看来，诗性思维不单属于自由艺术，而且还支配着整个人类生活。这

---

[1] 克罗齐：《作为表现的科学和一般语言学的美学的历史》，王天清译，北京：中国社会科学出版社，1986 年，第 62 页。

让维科的《新科学》比鲍姆嘉通的美学更有理由担负美学之名。

　　不过，在 20 世纪 60 年代，美国美学家斯托尔尼茨发表了一系列关于 18 世纪英国美学的论文，让 18 世纪英国美学回到了人们的视野中。在这个世纪中，英国涌现出数量众多的美学家，比如倡导想象的艾迪生、提出蛇形线理论的荷加斯、因崇高理论而闻名的博克。斯托尔尼茨首先推出夏夫兹博里，认其为西方现代美学的开创者，他给出的主要理由是，夏夫兹博里第一次确立了审美的非功利性原则。[①] 而且，夏夫兹博里的著作《论特征》出版的时间又比维科的《新科学》早上 10 年，其中的篇章都是在 1700 年前后写成的。同时，夏夫兹博里还拥有一大批追随者，包括艾迪生、哈奇生、休谟、博克、杰拉德、凯姆士、艾利逊等，这还不算其他众多的二流作家。由此，18 世纪的英国形成了一股美学热潮，虽然没有一个作家使用美学这一概念。

　　当然，单以时间先后论英雄难免有些荒唐，要把美学这门学科的创立者这个名头颁给谁也无实质性意义。但是美学史研究者们普遍认同，非功利性这个原则在康德那里是审美之能够成立的主要依据，也被此后的美学家们奉为圭臬。因此，只要人们承认非功利性确实是近代美学的首要原则，那么要让鲍姆嘉通和维科让贤也不是没有道理。再者，就算康德的美学思想也实在是受了英国美学的影响，既有批判，也有继承，乃至施莱格尔曾将康德比作是"德国的夏夫兹博里勋爵"。

　　然而，相比于鲍姆嘉通和维科，更遑论之后的德国古典美学，在如今的美学史研究中，18 世纪英国美学显然没有得到学者们的足够关注，在国内尤甚。关于这一时期美学的相关论述几乎都集中在各个版本的《西方美学史》当中，即使论述最为全面的蒋孔阳和朱立元主编的《西方美学通史》，关于这一时期的原始资料仍相当缺乏，内容也有些残缺不全。有些不该属于美学领域的作家，如莆伯名列其中，而本该属于美学领域的，如杰拉德和艾利逊却不在其列。的确，虽然并不能认为这一时期所有的英国美学家的思想都有重要价值，但他们作为一个庞大的群体在美学史上的意义却不容研究者忽视。

　　克罗齐在他的《美学史》中仅用一页就把 18 世纪英国美学打发掉。在他看来，这段时间的众多美学家不过是在探讨自文艺复兴以来就一直在其他国家流行的一些概念，如巧智（wit）、趣味、想象、情感等，而且这些美学家的辨析和描

---

　　① Jerome Stolnitz, *On the Significance of Lord Shaftesbury in Modern Aesthetic Theory*, *The Philosophical Quarterly*, Vol. 11, No. 43, 1961(4) : 98.

述看起来并没有太多新意，自然不值得刻意强调。如果从近代美学所谈论的这些主题来看，英国美学家们的新意是有限的，他们只是对一些已有的概念给予系统而细腻的分析和描述，但是他们也提出或借鉴了另一些与之类似的概念，比如夏夫兹博里和哈奇生所谓的内在感官（internal sense），艾迪生从朗吉努斯那里借来了新奇、伟大和美丽的三分法，在博克那里被刻意渲染的崇高（sublime）。但是，克罗齐没有提到的是，英国美学家对这些概念的解释是建立在近代崭新的哲学基础上的，也就是在经验主义哲学语言的范围内，这些模棱两可的词语有了确定而普遍的意义，当然也有了更清晰的内涵。只有这样，这些概念才在后来的美学中确定下来，成为美学的专门语言。

鲍桑葵的《美学史》试图抓住美学自身的内在逻辑叙述美学的形成和发展。作为一个黑格尔主义者，鲍桑葵相信，美学是在艺术的直接表现与普遍的时代精神的辩证发展中行进的。当先前的精神在艺术和生活中得到完满表现的时候，就代表着这种精神已经开始瓦解，继而走向另一个阶段。因此，只有当近代生活为新的精神提供新的素材，并且理性的哲学为这些素材提供新的道路的时候，近代美学才会形成，艺术才会随之发生转变。"近代意识却是富于思考的，或者说庞杂的，因此，近代艺术——美学理论的必要的对象材料和先决条件——一直到它走完世俗兴趣和宗教兴趣的循环以后，才臻于完备，而这个进步过程是连续不断的，一直延续到18世纪。"[①] 所以在鲍桑葵看来，在整个17世纪，欧洲没有震古烁今的艺术家，因为艺术还没有找到描绘新生活的方法，甚至新的生活尚未成型。在此期间，一切的思想和实践都只是未来美学的准备阶段，这未来的美学是以康德为标志的。

在这个主导思路之下，鲍桑葵并不认为18世纪英国美学家们的思想是真正的美学，因为"严格意义上的哲学（我指的并不是因为对美学批判有贡献而被称为思想家的那些人的思辨，而是因为其他原因被称为思想家的那些人的思辨）在这一时期几乎完全没有在任何名目下论述美学问题，因而具有极其抽象的性质。夏夫茨伯里（夏夫兹博里）、莱布尼茨和鲍姆嘉通——凯姆斯（凯姆士）勋爵、莱辛和伯克（博克、柏克）都算在批评家之列，不算在哲学家当中"[②]。这个论断即使谈不上匪夷所思，也很难以让人信服。在鲍桑葵眼中，只有康德以降的美学

---

① 鲍桑葵：《美学史》，张今译，桂林：广西师范大学出版社，2001年，第138页。

② 同上，第140—141页。

才叫美学，而此前关于美学的思想并不具有思辨的性质，或者说未能被整合到时代精神的潮流之中，这恐怕操之过急了。如果说诸如艾迪生、荷加斯、杰拉德等人的思想确实谈不上十分系统，还是较为中肯的，但要说夏夫兹博里、休谟、凯姆士的美学不过是零零星星的批评，那就有些偏颇了。鲍桑葵以为，"英国的经验学派，从培根到休谟，都是从个人的感受或者说感官知觉出发的，并且要求根据这种感受所宣告的内容来推出关于实在的学说"①，因而只突出个体的意义，而忽略了整体的建设，这也未必是实情。事实上，英国美学家们恰好是通过审美来塑造凝聚整体的至善的，这是其一。其二，围绕情感这个难题，18世纪的英国美学家们建立起了一种前所未有的体系，这是他们的巨大贡献之一。

康德思想之高妙、体系之宏伟，自不必说，其《判断力批判》在美学史上的意义也毋庸置疑，但他的许多美学思想都是源自18世纪英国美学，这当然不是贬低他调和经验主义和理性主义的贡献，而是说他美学中的主要内容多取自英国美学。从其美学的主旨来看，康德将判断力视为沟通知性和理性的桥梁，将审美看作调和认识和道德之间矛盾的中介，实则与英国美学以审美来对抗个人主义和功利主义一脉相承。所以，为了确立康德的地位而贬低之前的美学，否认18世纪英国美学自身的独特性，这个做法并不恰当，正如我们不能因为今天的美学已经超越康德的美学，就反过来否认康德的美学在那个时代的创造性。

在吉尔伯特和库恩写的《美学史》中单列一章《十八世纪英国美学学派》，并且以经验主义来标明这一学派在哲学来源上的独特性，夏夫兹博里则可以说是"这个新思潮的开拓者"②。虽然他们强调法国古典主义在英国美学中的顽强延续，但是从其叙述中仍然可以看出18世纪英国美学在内容上的拓展。夏夫兹博里和哈奇生提出内在感官，艾迪生用想象来描绘新奇、伟大和美丽，休谟对于情感的系统阐述，以及所有美学家对趣味这一概念的贯穿，都必将使这一学派呈现出新的面貌。即使是古旧的内容也在新的视野中获得了不同的意义，尤其是情感和趣味的提纲挈领，使天才这一概念最终胜出规则，虽然天才与规则并非敌对。这无疑暗示出英国美学对未来浪漫主义的深远影响。

较晚近的分析美学家和著名的新批评学派理论家比尔兹利，在他的《西方美学简史》中同样突出了18世纪英国美学的鲜明特征，即总体上的经验主义，在

---

① 鲍桑葵：《美学史》，张今译，桂林：广西师范大学出版社，2001年，第140页。

② 吉尔伯特、库恩：《美学史》，夏乾丰译，上海：上海译文出版社，1989年，第310页。

艺术创作方面突出想象的作用，在鉴赏方面标举趣味，在美的对象的性质方面强调多样性。在这个较为全面的分类中，比尔兹利让人一眼看出英国美学在 18 世纪众多美学流派中的独特位置。

相比较，卡西尔（卡西勒）的《启蒙哲学》一书由于专注于启蒙运动这个时代，对这段时期美学整个思想背景的描述豁朗而明晰，显现出思想领域变革之波澜壮阔。在这个背景中，美学也有自身发展的独特脉络。美学的发生发展源于启蒙哲学对世界、社会以及人的普遍的、系统的理性把握，又力图调和它们与艺术及其批评的特殊性和具体性的矛盾，后者的特性甚至改变了哲学本身的形态。"自'文艺复兴'时期（文艺复兴运动自认是科学艺术的再生）出现了哲学精神的更新之后，这两门学问之间发生了直接的、重大的相互关系。而启蒙时代更跨前一步，它对文学批评与哲学的相互关系作了更严格的解释，也就是说，这种相互关系并不是因果关系，而具有原始而重大的意义。"① 理性要求一切经验都不能脱离自己的权能，而由想象和情感而来的文艺又显得诡秘莫测，桀骜不驯，两者在相互冲突中都不得不改变自身，虽然最终目的是找到能解释一切艺术现象的内在标准，但这个标准也必须与人们对整个自然的认识保持一致。

同样，在卡西尔看来，美学只有到了康德那里才在整个哲学体系中获得合法而恰当的位置，然而，"不管是理性与想象力之争，还是天才与规则的冲突；不管人们认为美感的基础在情感，还是认为它属于某种知识；在所有这些综合之争都一再发生同一个基本问题，仿佛逻辑学和美学、纯知识和艺术直觉在未找到自身的内在标准，并按这些标准理解自身之前，不得不彼此检验一番"②。所以，在达成一种关于艺术和批评的统一知识的过程中，人们采取了两条不同的道路：其一是笛卡尔提出的理想的知识形态要求绝对的统一性，要求艺术创造必须也必然遵循严格的理性法则，无论是其内容还是形式都不应是随意的、偶然的经验的杂烩，在这个原则下产生了古典主义批评理论，其中的代表有巴忒的《被还原为一项单一原则的美术》，以及布瓦洛明耀后世的《诗的艺术》，他们宣称"只有真的才是美的"，而要达到真的要求就必须让艺术服从理性的规训。在这样的要求下，想象力、情感如果不是毫无用处，也仅仅是粉饰理性的漂亮外衣；诗人应该是天才，但只有受到理性涤荡，天才才能揭示真理，其作品才能永世长存。然而人们发现，

---

① 卡西勒:《启蒙哲学》，顾伟铭等译，济南：山东人民出版社，1988 年，第 269 页。

② 同上，第 270—271 页。

古典主义无论在形式还是在内容方面给出的法则也不过是某个时代、某个民族、某些人的一厢情愿。

另一条道路是从鉴赏主体的角度来标榜审美经验的具体形式和鲜活性。艺术美不是理性强加的，也不是由"物性"自身决定的，它产生于"人性"之内。所以，研究人的心理是窥探美之神秘的不二法门。这倒不是说情感本身没有任何普遍性，而是说要发现这种普遍性必须另觅他途。理性的演绎与艺术给人的快乐情感南辕北辙，理性不是维持普遍规律和价值的唯一基石。这样，问题的关键是，情感是否具有普遍性，它如何维系普遍性？艺术给人喜怒哀乐，这是经验的直觉，本身就是普遍的，而情感的传达则依靠想象的力量。布奥、博斯、狄德罗等人就是朝这个方向努力的，他们要为情感和想象争得与理性同等的地位，甚至拒绝让理性侵犯情感和想象的领地。英国的休谟甚至要让情感一统天下。"无论情感美学的辩护者多么热烈地为情感的独立性和直接性辩护，他们却从来没有抨击过推理本身，也从来没有对它的独特的基本的功能提出过异议。……休谟就是在这个问题上迈出了决定性的一步。他冒险在其对手的这块领地上进行斗争，想要证明那被看作是理性主义的骄傲和真正理论的东西，实际上是它的最大弱点。情感不必再在理性法庭前为自己辩护；相反，理性被传到感觉即纯'印象'的法庭上来，它的权利也受到了质问。"[1] 由此一来，想象的地位也得以提升，不再跟在理性身后匍匐而行。在休谟那里，想象成为引导和塑造情感的基本力量，借助想象以及同情，休谟有信心发现情感的普遍规律。然而，休谟并未取得完全的胜利，审美判断或趣味仍然被冠以相对主义之名，因为情感并不反映事物的客观属性，而主体经验也只可意会而不可言传，难以进行有效的论证。

卡西尔提醒我们注意，在这两条道路之外实际上还有人走出了第三条道路，这条道路完全跳出了古典主义和经验主义的窠臼，转而以另一种眼光审视自然和人性，它的目的不是对自然和人性冷眼旁观，演绎或归纳出客观规律，而是将哲学本身看作是培养人的性格的途径，当作一种生活的智慧。这条道路是由夏夫兹博里开拓出来的，"18 世纪英国美学的真正领袖们从莎夫茨伯利那里吸取营养，并自认是他的学生和继承者"[2]。

"莎夫茨伯利并非仅仅，甚至也不是主要从艺术作品的观点去研究美学问题；

---

① 卡西勒：《启蒙哲学》，顾伟铭等译，济南：山东人民出版社，1988 年，第 299—300 页。
② 同上，第 307 页。

相反，他寻求并且需要一种美的理论，以回答性格的真正形成问题和支配着个人内心世界的结构和规律问题。"①自然世界和人生活的法则是以美的形态展现出来的，换言之，关于自然和人性的形而上学本身就是一门美学。离开美，自然（人性也由此而来）就毫无规律可言。对于这种规律，人们无法通过纯粹理性去解析，只能凭借直觉去领悟。甚至可以说，自然也有生命，其规律不是自然科学或心理学意义上的客观规律，而是像生命一样创造化育的力量，它存在于自然中所有事物——包括人——的生命中，这种力量使得多样的事物保持着内在和谐。要体会这种力量既不能单凭感官，也不能全凭理性，而必须超越二者。所以，直觉既非经验也非理性，它是对造就这多样而统一现象背后生成力量的凝神观照，是一种心怀敬畏的热爱，或者说如卡西尔所指出，是天才，借此人发现自己与自然的和谐一致。从这个意义上说，只有美的才是真的和善的，反过来说也是一样，这种统一关系的内涵全然不同于古典主义的解释。

卡西尔进而指明，在夏夫兹博里那里，近代美学找到了属于自己的基础，这也正是康德美学遵循的原则。"当康德在其《判断力批判》一书中把天才定义为给艺术订立规则的才能（自然天赋）时，他遵循着自己的路线，亦即对这一命题作了先验的解释；但仅就内容而言，康德的定义同莎夫茨伯利的思想，即与他的'直觉美学'的原则和前提是完全一致的。"②其后的美学家未必能真正领会夏夫兹博里思想的精髓，但在夏夫兹博里的感召下，18世纪的英国美学蔚然成风并惠及后世。

即使美学在18世纪逐渐成为一门独立的学科，却不可能是一个封闭的领域，新的方法和内容意味着新的社会文化的形成。从概念的源流、哲学自身逻辑进行的描述并不足以让人理解这个时期美学之所以出现和具有独特性质的原因，换言之，从社会文化的角度对它们予以解释同样是必不可少的。在这一点上，秉承马克思主义传统的苏联学者所写的美学史值得我们回顾。

舍斯塔科夫的《美学史纲》根据一般的历史分期，把18世纪英国美学归入启蒙运动。这个时期的美学家，"他们反对中世纪美学传统的任何残余，尤其反对艺术的神秘主义的和宗教的观点。启蒙运动者所固有的特点是用历史的乐观主义去理解艺术和一般审美修养的发展前景。有鉴于此，他们赋予艺术以巨大的社

① 卡西勒：《启蒙哲学》，顾伟铭等译，济南：山东人民出版社，1988年，第323页。
② 同上，第308页。

会意义。他们把艺术看作施行道德教育，协调公共利益，克服人们私有的、个人主义的和公共利益之间矛盾的有效手段"①。这种理解既道出这段美学所依附的整体哲学思潮的特征，也指明了美学自身主动发挥的社会功能。这种功能针对的是启蒙运动时期欧洲社会的特有矛盾，资产阶级革命使资产阶级追求个人财富具有了合法性，但个人欲望又对社会整体秩序造成威胁，人们不能指望消除个人欲望，但希望在此之外找到共同的价值标准，艺术和审美活动便是实现这一目标的一种手段。"启蒙运动者力图解决'资产者'和'公民'之间的矛盾，他们创建了美学乌托邦，期望感情和义务、个人利益和公共利益、利己主义和互相交往只有通过艺术和建立在艺术上的审美教育的方式才能解决"②，尽管这一理想最终看来只能是空想的。对"资产者"和"公民"之间的矛盾这种洞察和理解之准确实在是难能可贵，而这个矛盾便是近代美学之所以繁荣的重要社会原因。"资产者"意味着个人通过物质财富而获得个体的身份和自由，作为"公民"却期待从情感上与他人达成和谐交往，而塑造这种情感最有效的途径就是艺术鉴赏和教育。

众所周知，英国在 17 世纪经历了近百年的内乱，虽然史学家们并不完全认为这是一场资产阶级革命，但它也无疑改变了英国的社会文化格局，其思想上的变革也惊天动地。到了 18 世纪，英国美学出奇的繁荣，可以看作是长期以来社会和思想方面变革的延续和调整。舍斯塔科夫令人惊讶地把洛克视为这段美学的开端，因为洛克倡导由心灵之善而来的言行举止的礼貌和优雅。不过，他赋予夏夫兹博里更显要的地位，"舍夫茨别利伯爵的美学学说，就其内容，就其哲学思想的深度和学术观点的表现形式而言，是英国启蒙运动时期美学的一个顶点"，虽然他同样令人惊讶地称其为"洛克的当之无愧的继承人和学生"③。在他看来，这样说并非没有道理，因为夏夫兹博里也是从感觉出发来谈论人的本性和审美经验的，并提出了道德感和内在的眼睛。不过，更为重要的是舍斯塔科夫发现，夏夫兹博里的美学表面上来自新柏拉图主义和经验主义，但是他重新思辨了人们关于美与善的关系，"在美与善的统一形式中，美具有更高级的和决定性的意义"④。由此一来，美便不再是神学的婢女，也不屈居于其他形而上学之下，或者说他的

---

① 舍斯塔科夫：《美学史纲》，樊莘森译，上海：上海译文出版社，1986 年，第 165 页。
② 同上。
③ 同上，第 168 页。实际上，夏夫兹博里对洛克的哲学怀有强烈不满。
④ 同上，第 172 页。

美学就是一种美的形而上学，因此美学能够发挥更重要的精神作用，也就是提升人的精神和心灵的素质。与此同时，舍斯塔科夫不忘从阶级论的角度表明，夏夫兹博里"哲学的前提不是现实的人，而是穿着绅士坎肩的、坚强刚毅的智者"。在今天看来，这样的认识也许刻板机械，但也是一语中的。透过舍斯塔科夫超越哲学史方法的论述，人们更容易看到18世纪英国美学所包含的社会文化内涵。

奥夫相尼科夫的《美学思想史》同样把18世纪英国美学归入启蒙运动，而且在对社会背景的介绍中能让人清晰地看出启蒙运动时期所有美学的旨归。"启蒙主义者的错误首先在于把私有制看作是新的、'理性'社会的基础，他们认为，似乎在这样的基础上，就能够把个人利益和社会利益和谐地结合起来。他们不是从经济关系体系，而是从'自然人'的道德动机也就是说从理想化的资产阶级或'公民'的道德动机推导出来的。正像他们所认为的那样，这些人仅仅出于道德原则，就能自愿地为公共的幸福而放弃个人利益。"① 同样，弥合社会矛盾的重要手段就是审美教育，"启蒙运动者从新的目的出发，对古典主义的原则作了重新认识。启蒙运动美学的主旨就是捍卫具有高尚的公民激情的艺术，捍卫现实主义和人道主义原则"②。

在这个背景下，奥夫相尼科夫总结了英国美学的三个特征：首先，英国美学的出发点是资产阶级的人，这鲜明地表现在他们的感觉论和经验论当中；其次，英国美学是反清教的，也就是反禁欲主义的；再次，英国美学"把艺术视为走向真正道德的指南"③。这些总结在今天仍然可被看作是理解英国美学的指南。当然，舍斯塔科夫和奥夫相尼科夫为18世纪英国美学确定基本的社会语境及其社会功能，并不代表他们对这段美学的具体分析同样地运用了相应的方法，因而使社会语境与美学思想的关系看起来就像两张皮。

这种方法的一个主要缺陷是强调社会背景和思想潮流对某一作家或具体领域的观念的单方面的决定性影响，当我们在反省这社会背景和思想潮流是如何形成的时候，就有些无能为力了，或者仅仅求助于经济决定论。然而，我们所见到的社会背景和思想潮流也都是由这些具体的思想构成的，从某种程度上说，背景和潮流只是哲学具体思想的综合而已。如果说经济对它们也有着决定性作用或影响，

---

① 奥夫相尼科夫：《美学思想史》，吴安迪译，西安：陕西人民出版社，1986年，第108页。
② 同上，第109页。
③ 同上，第112页。

这种作用也只是间接的。所以，我们应该知道这些具体的思想是如何在具体的语境中发生的。这些语境包括经济或物质生产方式的变革带来的社会结构和政治格局的变化，也包括更微观的语境，亦即那个时代人们的生活方式和社会交往模式，具体而言就是：哪些人在什么样的境遇中表达了怎样的思想。这种微观的方法实际上也就是文化研究的方法。

虽然文化的定义复杂而模糊，但它否认先验存在的秩序，这些看似分明的秩序是在具体的人的生活中动态地展现并形成的，所谓经济、政治的力量就渗透于生活的细节中——如威廉斯所说，"文化是普通平常的"。也诚如霍尔所说："在社会和人文科学中，尤其在文化研究和文化社会学中，现在所谓的'文化转向'倾向于强调意义在给文化下定义时的重要性。这种观点认为，文化与其说是一组事物（小说与绘画或电视节目与漫画），不如说是一个过程，一组实践。文化首先涉及一个社会或集团的成员间的意义生产和交换，即'意义的给予和获得'。"[①] "首要的是，文化意义不'在头脑中'。它们组织和规范社会实践，影响我们的行为，从而产生真实的、实际的后果。"[②]

由这种观点来看，人们对一个时代思想解读的目的并不是要绘制出一套经济、政治模型，而是去揣摩这些思想在人们的生活中是如何塑造和被塑造的。男女众生在其交往中必然要运用一些媒介，以这些媒介来标志某种等级和价值以及交往模式。但他们对这些媒介的运用并不是纯粹知性的，相反倒更多是情感性的，所以文化便带有浓厚的美学意义；反过来，如果把人们生活的全部内容都视为文化，那么这种微观的考察辨析更容易让美学在其原生语境中呈现出本来的意义。同时，用这种方法来研究美学和美学史，其内容便不局限于美学家们对于艺术这个典型的但较狭隘的范围，而必然要延伸到生活的方方面面，要研究美学家面对的具体生活现象、他们在其中的身份和地位、他们的写作模式、他们的受众、他们所用的概念和修辞。与此同时，越来越多的历史学家开始关注微观历史，从物质生产、财富转移到具体的剧场、咖啡馆、俱乐部、旅店酒馆，再到私人日记和书信。总之，日常生活的方方面面都进入今天读者的视线。

17 世纪以来英国引领了整个欧洲的社会革命，并在 18 世纪基本上形成了一

---

① 霍尔编：《表征：文化表象与意指实践》，徐亮、陆兴华译，北京：商务印书馆，2003 年，第 2 页。

② 同上，第 3 页。

个以城市为中心的文化格局。这样，这个时代的英国文化便受到普遍的重视，研究成果层出不穷，到了令人眼花缭乱的程度。这些无疑为文化研究提供了新鲜而翔实的材料，文化研究也可以用这些材料对抽象而宏大的理论叙述进行深入细致的解读，因而这些材料不会再被认为是琐碎的而没有任何价值。自汤普森出版其名著《英国工人阶级的形成》以来，这样的研究越来越盛行。当然并不是所有人都像汤普森那样着重描绘普通劳动人民的风俗习惯，以突出他们自足的文化传统。同样，上流社会以及中产阶级或城市市民的生活也受到广泛关注，其中的阶级和性别这些话题尤为重要。

在文化研究思潮下，伊格尔顿的《美学意识形态》为美学史研究提供了新的尝试，虽然作者自认为它并非是美学史著作。很明显，他是围绕阶级这个问题来理解近代以来的美学问题的。伊格尔顿明言，美学在现代欧洲思想中所占的显要地位令人吃惊，但也顺理成章。在一个科学化、技术化和专业化的时代中，一切都仿佛分崩离析，各个领域的发言权都被交到了各类专家手里，这个世界变得前所未有的陌生。在此情形下，只有在有关艺术和审美的事情上人们还保留一点共同语言，可以相互交流，也保留着一点非异化的理想。更为重要的是，美学也体现着"中产阶级争取政治领导权的斗争中的中心问题"。因为美学一头牵着最具体的经验，另一头又奔向抽象化、科学化的话语，从而展示出多重含义，这仿佛就是中产阶级在现代社会中的地位。"美学著作的现代观念的建构与现代阶级社会的占统治地位的意识形态的各种形式的建构、与适合于那种社会秩序的人类主体性的形式都是密不可分的。"① 质言之，近代美学的历史就是资产阶级塑造自身意识形态的历史。

伊格尔顿关注的另一个话题是肉体。看起来，这一话题与意识形态风马牛不相及。然而，"由于对肉体，对快感和体表、敏感区域和肉体技术的深思扮演着更不直接的头条政治的便利和替代品的角色，也扮演着伦理代用品的角色"，所以，在这本书中伊格尔顿"试图通过美学这个中介范畴把肉体的观念与国家、阶级矛盾和生产方式这样一些更为传统的政治主题重新联系起来"②。从这个角度来看，作为资产阶级意识形态的美学不是抽象的概念和逻辑体系，它们就潜藏于男女众生的言行举止中——美学甚至自称就是感性认识，隐含于一切交往媒介中；

---

① 伊格尔顿：《美学意识形态》，王杰等译，桂林：广西师范大学出版社，1997年，导言第3页。
② 同上，导言第8页。

它们绝非通过如法律一样的外在规范制约人们的行为，而是试图渗透于无意识当中，让人们在甜美的享受中心悦诚服。从更广泛的范围来说，美学存在于现代的整个生产过程中，这个生产并非仅仅是物质的，而且也是符号的。在这个过程中，美学发挥着解放的作用，但也在其成熟的时候阻碍着进一步的解放，正如生产既满足了人们的需要，同时也在塑造需要的过程中束缚着人们的真实需要。

在卡西尔看来，是理性意欲将一切领域的经验和知识系统化的美学；在伊格尔顿看来，则是资产阶级统治试图将感性个体和具体的历史纳入自身管辖范围的策略。因为如果感性个体和历史处于理性之外，是一片纯粹杂乱荒芜的废地，那么社会统治也便是空洞无物的，所以作为理性话语的美学必须让感性经验在理性自身中找到其源泉和归宿。感性经验貌似多样而杂乱，但依美学看来，这其中又隐藏着内在的统一秩序。离开了感性经验，理性的规则越是严格，个体的生活就越是混乱，正如席勒痛斥现代社会中的道德礼俗变得越来越虚伪，个体的物欲变得越来越无度。新的统治法则必须在感性个体的天性中寻找，只有这样，这种法则则真正对每一个个体有效，能获得他们的自觉服从。所以，美学实际上并不是关于艺术的理论，而是关于感性个体的行为和交往的理论。"与专制主义的强制机构相反的是，维系资本主义社会秩序的最根本的力量将会是习惯、虔诚、情感和爱。这就等于说，这种制度里的那种力量已被审美化。"①

在英国，土地贵族很早就开始了资本主义生产方式的转变，摇身一变成为资产阶级，并在 1688 年之后赢得了政治上的主导权，同时他们也还保留着贵族身份，促使"新的社会精英和传统的社会精英在意识形态方面的和谐相处"②。这种特殊优势可以使英国人设想一种理想的社会秩序。"这种社会统治集团的理想化的自我形象与其说是'国家'阶级，毋宁说是一种'共和实体'——一种植根于市民社会的政治结构，其成员既是些坚定的个人主义者，又通过开化的社会交往和一整套约定俗成的文明礼节相互联系在一起。"③看起来，以习俗、习惯为核心的关联，既容纳自由个体，又维护了社会秩序。

然而，英国人时刻都要提防因工业化、商业化和城市化而生的个人主义和相对主义。与德国人在普遍中寻求特殊相反，英国人希望在特殊中构建普遍。寻求

---

① 伊格尔顿：《美学意识形态》，王杰等译，桂林：广西师范大学出版社，1997 年，第 8 页。
② 同上，第 21 页。
③ 同上。

特殊不是简单地设立普遍,而是要在特殊中发现普遍的潜能。个人是感觉的,感觉貌似天生就有害于整体,这在霍布斯和洛克的哲学中得到了淋漓尽致的表述。不过,感觉未必一定是以个人欲望为指向的,因为还存在一些特殊感觉,它们既给个体带来快乐,这种快乐又不是因满足个体欲望而来的,恰恰相反,它们倒是因看到普遍的整体而生的。这些感觉便是道德感,是趣味,它们发现善,欣赏美,但无害于他人,也能转移个体对外在欲望的贪得无厌。从另一个角度说,对于整体的理解并不一定要依赖数学一样的理性,而是可以直接通过情感来实现。这便是 18 世纪英国美学的特殊语境和内在逻辑。这等于说,人们尽可以在物质生产领域中追求个人利益的最大化,但在另一个领域,即艺术和礼仪之中,人们又摘下了自私的面具,和谐相处,其乐融融。

然而,伊格尔顿虽然提出了重新从社会历史的层面、从意识形态的角度解读整个近代美学的思路,但他对具体的历史没有多大兴趣,或许他的目标是对构成美学的概念进行解析,从中发现近代美学的抵牾之处,最终发现资产阶级统治的虚伪和脆弱。从另一方面看,这也给人们从更微观的层面观察近代美学留下了充分的空间。

第二章
十八世纪英国美学的思想渊源

————

18世纪英国美学以趣味为其标志，着重从观者的角度探索审美经验的先天基础和运行机制，形成了一套较为完整的审美经验心理学，尽管其全部内容并不局限于此。这种审美经验最大的特征就是非功利性，它源于感觉，却带给人一种内在快乐，这期间想象发挥了至关重要的作用。它对情感和想象的推崇直接引出了后来的浪漫主义，并对整个欧洲的近代美学形成深远影响，甚至于当今天的美学家在批判传统美学的时候，实际上针对的就是源自这一时期的美学思想。18世纪英国美学之所以特殊，自有其特殊的缘由，最直接的原因就是它继承了之前的经验主义哲学传统，正是这派哲学中的心理学内容使随后的美学呈现为审美经验的心理学。这样的观点并不算错，但是必须要强调的是，仅仅是经验主义哲学还不可能造就18世纪的美学，因为后者的价值取向与前者可谓大相径庭。①事实上，通过各种美学史著作，人们可以发现，在18世纪的欧洲，美学潮流普遍盛行，这种潮流必然有更深的渊源。明显的事实是，拉斐尔、米开朗琪罗等文艺复兴时期艺术家的名字频繁地出现在各类美学著作中。在英国，莎士比亚的雅俗优劣之争也已然成为焦点。所以，我们应该从历史层面观察从文艺复兴以来艺术及其批评的状况和影响。同时，英国美学也确有区别于其他美学思潮的特色，这必然与英国特有的社会文化语境密切相关，那就是资本主义发展以及伴生的城市文化所

————

① 因而有必要提醒，吉尔伯特和库恩的《美学史》视洛克为18世纪英国美学的开端，这个看法即使不是完全错误的，但也是非常不准确的。当然，二位作者主要是从概念史的角度来叙述美学史的，理所当然地突出经验主义哲学与随后美学的关联。

带来的个人主义、功利主义在政治道德领域造成了巨大的震动和困惑，新兴的资产阶级知识分子渴望与传统（即使是虚构的传统）保持一定的延续性和一致性。关于这一点，本书将在最后予以关注。

一、文艺复兴的遗响

文艺在现世生活中地位的提高始于文艺复兴时期，在后世，但丁、彼得拉克、薄伽丘、达·芬奇、米开朗琪罗、拉斐尔这些杰出的诗人和艺术家的名声，已经盖过当时的君主权贵。不过，作为一个历史转折期，文艺复兴的影响绝不是局限于文艺领域，而是波及欧洲上流社会的思想观念和生活方式，也就是人们不复以追求来世的幸福安宁为生活的唯一目标，财富、权力、名誉、文雅这些现世生活的价值同样受到重视。从另一个侧面说，文艺复兴时期的学术和艺术的发展为人们塑造现世生活提供了丰富的素材和工具，现世生活也需要这些感性因素来包装，因而也显现出更多的审美意味，正如鲍桑葵所言，它们将成为近代美学的丰富源泉和材料。

尽管有辉煌灿烂的文艺成就流芳后世，但文艺复兴时期实在是一个动荡不安的时代。13世纪以来，资本主义的萌芽、商业的发展，使本身腐败盛行的教会的权威日渐式微。在整个欧洲范围内，教会势力受到世俗政权和民族主义的蚕食，节节败退，而在意大利这个曾经罗马帝国的中心，也逐渐分崩离析，剩下由各地方家族控制的城市国家。黑死病的流行使欧洲人口锐减1/3，恐慌情绪恣肆蔓延，教会的无能为力和地主的横征暴敛更加剧了这番末世景象。在意大利，世俗政权也极不安稳，权力不停地在血腥暴力中辗转更迭。自布克哈特的《意大利文艺复兴时期的文化》开始，几乎每一本写文艺复兴历史的著作都要列举无数残酷暴虐的暴君和令人眼花缭乱的刺杀陷害事件。这样的事件肯定不只在意大利发生，在整个欧洲也是非常普遍的。莎士比亚的戏剧里面也折射出许多这类现象，《罗密欧与朱丽叶》中凯普莱特和蒙太古两个家族之间的世仇导致争斗不断；哈姆雷特的父亲被其弟残忍谋杀；查理三世为登上王位而除掉其侄子；李尔王的儿女们个个心怀不轨；身为将军的奥赛罗也身处尔虞我诈之中疑神疑鬼，最后掐死妻子苔丝狄蒙娜。

在这样钩心斗角、危机四伏的环境里面保全权位乃至性命绝非易事。身为君王，必须要老谋深算、心狠手辣，正如马基雅维利在《君王论》中所说，君王绝非是美德的化身，反而是玩弄权谋的艺术家。比方说米兰的维斯康提家族的最后一代菲利波·马利亚，"他的安全就在于：他的臣下彼此互不信任，他的雇佣兵队长受到间谍的监视和欺骗，他的大使和高级官员由于特意培养起来的妒忌之情，特别是由于把好人和坏人搭配在一起的安排而互相中伤、互相排挤"①。如果一个君王一心向善、虔诚信教，那他一定是心怀鬼胎、掩人耳目；反过来，信仰的衰落倒也把人们的思想从虚无缥缈的天堂带到了现实的人间，一定程度上能摆脱宗教的束缚，专注于世俗生活。这样看来，布克哈特说文艺复兴的伟大贡献在于"人的发现"，固然是时势所迫，倒也是人心所向。这倒不是说宗教的彻底垮塌，相反，人们更加渴望往日的真诚高洁，以费奇诺为代表的柏拉图主义便是明证，只不过宗教的虔诚也是通过个人的修行来表现的，而不是屈从教会的指导。现在，一切知识都不必借助宗教的名义来进行。

对君王和上流社会的权贵来说，人文主义学术也有别样的用处。依靠暴力、专制和狡诈也许可以获取权位，但要维护权位却不能完全依靠这些。他们必须把非法篡取的权力合法化。他们虽然极力压制民主，但渴望人民的欢呼拥戴；他们也寻求与教会的合作，使自己的统治符合传统；他们贪婪地追求荣誉，炫耀自己的家世血统。毫无疑问，他们也喜欢文艺和学术，或是出于忏悔的心理，或是用来粉饰自己，或是用以炫耀。多数著名的艺术家都接受贵族和教会的合同和资助，其中包括绘画三杰。同时，"绝大多数人文主义者肯定是站在他们的统治者一边的，他们之中有些人，例如米兰的雅各布·安蒂夸里奥，那不勒斯的焦维亚诺·蓬塔诺和佛罗伦萨的巴尔托洛梅奥·斯卡拉，也的确做了地位甚高的国家官吏。这些情况肯定是不足为奇的，特别是当我们不仅回想起人文主义者往往被雇佣去作政治宣传，而且回想起他们在关于积极生活与静修生活何者有益的论争中所采取的立场的时候，尤其如此"②。

很多主教、君王、贵族推动了新的文艺和学术的发展。布克哈特叙述了他们如何收藏和雇人抄写古代典籍。"当教皇尼古拉五世还不过是一个普遍教士的时

---

① 布克哈特：《意大利文艺复兴时期的文化》，何新译，北京：商务印书馆，1979 年，第 40—41 页。

② G. R. 波特编：《新编剑桥世界近代史》（第一卷），中国社会科学院世界历史研究所组译，北京：中国社会科学出版社，1988 年，第 136 页。

候，他曾由于购买手稿或者请人抄写手稿而身负重债。即使在那时，他也毫不掩饰他对于文艺复兴时期人们最感兴趣的两件东西——书籍和建筑的热情。"①"有名的希腊籍枢机主教贝萨里昂，既是一个爱国主义者又是一个热诚的文学爱好者；他以很大一笔代价（三万个金币）收集了异教和基督教作家的六百部手稿。"②"当柯西莫·美第奇急于为他心爱的团体，费埃苏来山麓的巴底亚修道院，建立一个藏书室，他派人去请维斯帕西雅诺来，维斯帕西雅诺劝他放弃一切买书的想法，因为那些有价值的书是不容易买到的，所以不如利用抄书手。于是柯西莫和他商定一天付给他若干钱，由维斯帕西雅诺雇用四十五名抄书手，在二十二个月之内交付了二百册图书。"③

　　在当时，权贵们的生活本身就与文艺活动密切相关。出于政治目的，君王们把很多贵族都笼络在身边，自然而然地，在宫廷中就不可避免地有了各种娱乐，有些君王也经常鼓励文艺创作。"宫廷也是某些特殊艺术产生的场所，特别是那种音乐、舞蹈、诗歌混合的形式，意大利称之为'幕间插入表演'，因为它来自剧场中两幕歌剧之间的插入表演；法国称之为'宫廷芭蕾舞'，其中舞蹈占重要部分；在英国称'假面舞剧'，演员都要戴假面具。在这样的表演中，绅士和贵妇人都参加，有时君主也参加。"④自然而然，很多廷臣也就成了艺术家。更多的时候，宫廷是培养礼貌文雅言行举止，也就是贵族绅士们讲究的礼仪的地方。这些礼仪既包括个人必须掌握的唱歌、跳舞等艺术技能，也包括骑马、网球等体育运动，甚至还包括日常生活中如走路、吃饭的举止规范。类似的风尚必然要传播到宫廷以外的地方，成为中产阶级效仿的榜样。"个人风度和一切较高形式的社交成了人们有意识和抱有风雅美德来追求的目标。"⑤无论人们内在是否有美德，地位是否真正高贵，但外在形式却极尽模仿之能事。在服饰上，人们很难看出哪个是平民百姓，哪个是贵族。特别是女人们，想尽一切办法改变自己的相貌、肤色和头发。"香水的使用也超过了一切合理的限度。它们被使用在每一件和人类接触的东西上。在节日，甚至骡子也被涂以香水和油膏，皮埃特罗·阿雷提诺曾为收到

---

① 布克哈特：《意大利文艺复兴时期的文化》，何新译，北京：商务印书馆，1979年，第205页。
② 同上，第207—208页。
③ 同上，第209页。
④ 加林主编：《文艺复兴时期的人》，李玉成译，北京：生活·读书·新知三联书店，2003年，第137—138页。
⑤ 布克哈特：《意大利文艺复兴时期的文化》，何新译，北京：商务印书馆，1979年，第401页。

一卷洒了香水的钱而感谢科西莫一世。"① 这足以说明人们如何重视自己在社会交往中的表现。当然，除了这些外在的修饰，人们也注重培养"机智圆通"的内在品质。总之，说上流社会的人们每天都在"表演生活"应该是不算过分的。

以上所述并不是断言，文艺和学术仅仅是上流社会的粉饰和消遣，无论如何，在文艺复兴时期艺术比以往时代获得了更高的地位。无论君王贵族们是出于真心还是假意，他们也都促进了文艺和学术的发展，而文艺和学术也真正开始发挥它们在现世生活中的作用。

艺术家实际上仍然还是工匠，为日常生活提供美化的用具。他们的店铺"供应各种有用的东西：家具、服装、武器等，同时还卖儿童玩具、圣人像和精美制品"②。他们遵循传统，在作坊里跟着师傅做学徒。不过，在充满竞争的环境中，通过长期的勤奋锻炼，他们可以赢得生意和社会的尊重。他们和雇主签订严格的合同，但这种合同对他们的约束力却也不大；延期交付不是稀罕事，他们毕竟不同于普通的工匠，他们有自己的思想。甚至雇主的纵容导致这些艺术工匠傲慢不逊，杰出的艺术工匠，如达·芬奇只接受金币支付。更不要提米开朗琪罗的暴躁和固执令同样暴躁和固执的教皇于勒二世忍气吞声，无可奈何。艺术工匠们可以尽情展现自己的个性，极力摆脱政治和道德的羁绊。"从日常生活中可以观察到，在一定时候人们的行为表现更为丰富和多样化。社会向'工匠们'开放，他们之间的不同特征就表现出来：从驯服的手工业者，到吸引公众注意力的傲慢的天才；从令人满意的具有创造性的供货人，到把自己关闭起来、忧郁和孤独的专家；从虔诚的艺术家，到不拘小节的玩世不恭的人。在一个世纪、一个半世纪中，'工匠们'的生产力在各方面都得到了发展；人们不能不看到，在这样的环境中初始类型的人物不断繁衍：艺术家变成了'文化人士'。"③ 毋庸置疑，当时的艺术工匠同今天艺术家的天马行空无论如何也不能相提并论，但是他们把艺术带到了一个新的高度。

确实，这些艺术工匠们有自己的思想。他们不仅多才多艺，而且对自己的职业有着清醒而深刻的认识；他们不再仅仅依靠师徒相传的经验性技艺，而是把艺

---

① 布克哈特：《意大利文艺复兴时期的文化》，何新译，北京：商务印书馆，1979 年，第 406 页。

② 加林主编：《文艺复兴时期的人》，李玉成译，北京：生活·读书·新知三联书店，2003 年，第 234 页。

③ 同上，第 247 页。

术提高到了哲学和科学的高度，正如米开朗琪罗所说："绘画不是用手，而是用脑。""我们认为应当得到荣誉和尊重的人，是那些既有才能又有道德的人。特别是具有为古人和现代人所崇尚的道德，例如重视以算术与几何为基础的建筑学，因为它是最重要的自由七艺之一，是为我们赞赏与珍视的最确定和伟大的科学知识。"[1] 艺术家，特别是雕塑家和建筑师，虽然满身灰尘，但从事的不是卑微的体力劳动，而是理智和智慧的付出。众所周知，达·芬奇醉心于数学、几何，尤其酷爱机械，仿佛绘画只是他的副业。为了达到真实的效果，就必须研究事物在眼睛中呈现的原理，必须研究各类事物的细微特征，研究空间、色彩和光照规律，这些内容必须运用数学和几何的方法，最后，透视法逐渐形成和成熟。其他艺术亦然，音乐家加福里奥的《音乐的理论》告诉人们，音乐同样具有自己的规则，不是单凭直觉就可以领会的。这种趋势与那个时代自然科学的兴起也是同声相应的。

艺术不仅是一门手艺，它们在道德、文化上同样具有特殊价值。因为它们不单是模仿世界的外观，重要的是它们要刻画世界和人的灵魂，并让它们在作品中永存。阿尔贝蒂在谈论绘画的时候说："绘画具有一种神性的力量，它不仅能将缺席者呈现在眼前——谚云友谊所具之力——而且给人以起死回生的神奇。经过多少世纪的风风雨雨，人们认出一幅画中的人物仍然感到喜悦，对古代画家的敬仰油然而生。"[2] 他又说："绘画艺术最适合于自由而又高贵的灵魂……对绘画的欣赏乃是完美心智的最好标识。"[3] 因为人们对于作品的赞赏并不是出于对外在财富和权位的羡慕——而且这些东西还妨碍美的作品的生成，而是对才智和辛劳的褒奖。如达·芬奇一样，阿尔贝蒂讲到使画作真实的许多知识和技巧，但他最在意的还是作品的"istoria"[4]，也就是对人的心灵和性格的表现："当画中的每个人物都清楚地传达了自己的心机，istoria 将打动观者的灵魂。在自然界，一种状态的存

---

① 加林主编：《文艺复兴时期的人》，李玉成译，北京：生活·读书·新知三联书店，2003 年，第 250 页。

② 阿尔贝蒂：《论绘画》，胡珺、辛尘译，南京：江苏教育出版社，2012 年，第 26 页。

③ 同上，第 31 页。

④ 这个词大概很难译，所以中译者就没有翻译。这个词应该多指画中的情境或氛围，阿尔贝蒂说："我认为，一幅丰富的 istoria 将包含有男女老少、家禽家畜、飞鸟走兽、房舍风景等。我欣赏符合 istoria 情节的丰富性，观众赏画也因其丰富性而获得乐趣。"

在能引发相应的情景;我们见泪则泣,见欢则笑,见悲则哀。"① 正如人文主义者是从人性的角度来重新评价古代经典,艺术家们的目的同样是表现活生生的人。

有了科学的方法和普遍的理论,艺术工匠们便不再是工匠,而是获得了与哲学家和文人们同样的地位,他们成为自觉的、有意识的创造者,这正应了亚里士多德将艺术称作创造性知识的论断。

对于人文主义,这里并不关心它如何复兴古代的学术和文化,而是想关注它是如何在文艺复兴时期发挥作用的。按照克里斯特勒的说法,"人文主义者代表着大学和中学里讲授人文学科的职业教师阶层;他们还代表着秘书和书记阶层,这些人由于职业原因需要懂得如何起草文件、书信和讲演稿。在大学里,人文学者要与讲授哲学、神学、法学和医学和数学的教师竞争,不过人文学者在中学里却占据着主导地位,因为他们提供了绝大多数课程"②。"人文学科(studia humanitatis)……包括一个相当明确的学科系列,正如我们会从一些当代文献中知道的:语法学、修辞学、诗学、历史学、道德哲学。"③ "人文主义代表的主要是世俗的、非科学的学术和文学,它自给自足地独立于——但并不与之对抗——神学和科学之外。"④ "15 世纪中期之后,人文主义教育愈来愈变成了惯例。人文主义影响的性质也颇具特色:它主要在于介绍新发现的古典文化并重新阐述它们的观点,使引用古典文学里的隽语和典故成为时尚,运用史学和文献学研究中新近的缜密方法,试图用专著、对话和流畅优美的论文,替换中世纪学校里的专门术语、辩论的拘谨方式、详细的评注和争论的问题。"⑤ "人文学者是专业的修辞学家,即作家和批评家们不仅希望说出真理,还希望从他们的文学趣味和标准的角度说得优雅。他们坚信古典修辞学的原则,职业演说家和作家在表达任何与论题相关的看法时,要具有和表现出使公众信服的技巧。"⑥

从上述这些定义可以看出,人文学者们希望在政治之外找到人生价值的表现领域,虽然很多人文学者也积极地参与政治,并希望实现他们的社会理想,即共和制。即使支持人文主义的君王们自有其政治目的,但这至少不同于他们在其他

---

① 阿尔贝蒂:《论绘画》,胡珺、辛尘译,南京:江苏教育出版社,2012 年,第 45 页。
② 克里斯特勒:《文艺复兴时期的思想与艺术》,邵宏译,北京:东方出版社,2008 年,第 7 页。
③ 同上,第 70—71 页。
④ 同上,第 71 页。
⑤ 同上,第 26—27 页。
⑥ 同上,第 27 页。

方面采用的直接的权谋和暴力，而是致力于将自身塑造成为高尚文雅的人，以此来获得民众的爱戴和敬仰。这本身也符合人文主义者的理想，"对优秀君主的赞美是许诺在来世有持久的声名而不是天国的幸福"①。所以，他们希望人们从对权力的、财富的贪求中停下脚步，反躬自省，聆听内心的声音。"彼得拉克认为，隐居下来过孤独的生活意味着去探索自己心灵中的丰富的内涵，去开辟同上帝进行更为有效接触的道路。隐居独处并非像僧侣一样过野蛮的与世隔绝的生活，而是准备同更真实的社会进行对话，去实现更为有效的爱。"②当然，并不是所有人都崇尚斯多噶派的禁欲主义，布拉乔利尼、菲莱尔福、拉伊蒙迪等人倡导一种享乐主义，既然人是自然的产物，就应该顺应自然给人的指示。不过，他们并不是专注于肉体欲望，而是希望在两极之间找到道德的平衡。无论是柏拉图式的爱，还是享受自然的馈赠，人文主义者都希望重建现实生活。在这种生活中，知识、艺术和德行成为展现个人价值的地方。

由此，人们的审美范围也开始扩张。正如布克哈特指出，文艺复兴时期的文学艺术中开始出现了对自然的沉浸和赞美，开始反省自身的情感，一切都在于塑造"完美的人"。虽然他以为那个时代出现了人人平等的观念有些偏颇，但"人格的觉醒"、"完全的人"、对后世名誉的追求这些现象也确是事实。

总而言之，意大利文艺复兴时期的文化让人想到，人生的价值固然在于灵魂的净化，升入天堂，享受永恒的幸福，但是现世生活并不因此而必然遭受摒弃。一方面，是新柏拉图主义对人性的深入研讨和对一种内在生活的具体实践，让宗教生活不再留待后世；另一方面，是人文主义学术和各门艺术的发展，对理性知识的获取、对德行的提升和对礼俗仪表的精致化，都在充实着那个时代的人们的生活，这种生活越来越感性化了，在一定程度上说也是越来越审美化了。

所有这些政治、社会、文化、道德方面的趋势也无疑在影响着欧洲其他国家，英国也属于其中。本来，在15世纪时，英国在欧洲经济中有着非常重要的地位，它是羊毛制品和布匹的主要出口国，但与汉萨同盟的地区比起来，英国长期处于劣势，直到后来才取而代之。不过，英国的特殊之处在于它有一种特殊的政治体

---

① 克里斯特勒：《文艺复兴时期的思想与艺术》，邵宏译，北京：东方出版社，2008年，第45页。

② 加林主编：《文艺复兴时期的人》，李玉成译，北京：生活·读书·新知三联书店，2003年，第21页。

制，那就是自《大宪章》之后便一直延续下来的议会制和地方自治，这两大优势使英国的社会文化很容易发生变革或转型。"从社会史和政制史方面来看，除了意大利而外，英格兰的君主政体从中世纪的封建条件下迈出的步子最大。英国的骑士们首先丧失武装军事等级集团的身份。在十五世纪，他们被吸收到不再与市民阶层的商业世界相隔一道鸿沟的绅士集团中去。他们与伦敦的主要商人家族相互通婚并社交往来，而在下议院中，'郡选议员'与城镇选出的议员并肩坐在一起——这是在欧洲大陆的大多数议会的会议中难以见到的社会平等的一个标志。"①

说到英国与文艺复兴和人文主义的关联，可以上溯到乔叟，他在 1372 年便作为宫廷官员访问过意大利，在热那亚、佛罗伦萨、米兰等地留下足迹，受到当时意大利人文主义风潮的影响是自然之事。他还曾将波爱修的《哲学的慰藉》译为英文，取名《波依斯》，而此书的思想也映现在其名作《坎特伯雷故事集》之中。他借希西厄斯之口表达了自己的主张："造物主以爱的美链束缚世界，定下生命期数，令各类事物相承相继显出永恒秩序，从而由万物的规律，证明创造者的永恒。"② 现世生活充满了美和爱，人没有理由不珍视和享受它们。另者《坎特伯雷故事集》本身也可看作是师法薄伽丘的《十日谈》，开启了英国文学的现实主义之路。

在 16 世纪之前有很多英国官员和教士到意大利旅行，也有贵族聘请意大利学者担任秘书，但他们没有在国内发起大规模的新文化运动，虽然图书馆数量明显增加，一些中学和大学也开始开设希腊语课程。经过了资本主义转变的英国贵族，只有当人文主义涉及宗教问题的时候，才表现出较大的兴趣。瓦拉修订《圣经·新约》，费奇诺和米兰德拉吸收古代哲学，一定程度上抛开经院哲学建立新的神学，这些事情吸引了处于宗教纷争中的英国人。

对于英国的文艺复兴思潮来说，科利特是一个至关重要的人物。他从 1594年开始在意大利访问两年，深受费奇诺和皮科的影响，回国后在牛津举行了关于圣保罗书的演讲，甚至创办了圣保罗学院。这标志着他与经院哲学的公开决裂。对于圣保罗书，他是从历史的角度来解读的，而不是当作一种神秘的启示；如果

---

① G. R. 波特编：《新编剑桥世界近代史》（第一卷），中国社会科学院世界历史研究所组译，北京：中国社会科学出版社，1988 年，第 73 页。

② 陆扬：《中世纪文艺复兴时期美学》，北京：北京师范大学出版社，2013 年，第 297 页。

说是一种启示的话，也是以保罗的伟大仁慈之心灵为根基的。这意味着科利特是从人性的角度来理解宗教的，宗教的虔诚热情应体现在世俗生活之中。科利特的思想纵然不能迅速被英国人全盘接受，但却拉开了一场思想革新的序幕，历经 16 世纪的凯斯、桑德森、狄格比等人对古代哲学的研究以及论争，还有著名的物理学家吉尔伯特在科学上的发现和对新方法的运用，迎来了让英国哲学在近代自立门户的培根。

科利特也并非一枝独秀，在他访问意大利的前后，英国大学和中学中业已开始教授希腊文和拉丁文，并且用拉丁文写作的诗歌也得到了宫廷的喜爱，因为政治也找到了文雅的表达方式。这些现象标志着修辞学在英国的兴起和流行。意大利人洛伦佐的《新修辞学》在 1479 年以来出版了 3 次，颇受欢迎。还有意大利人苏里戈内从 1465 年起就在牛津大学讲授修辞学，并推动了关于希腊学术的研究。在意大利人的影响之下，约克大主教内维尔及其秘书，同时也是后来的大主教舍伍德，成为造诣颇深的研究希腊的学者。此外，格罗辛、利纳克尔同样在人文主义学术方面有所建树，并且因此而对旧的神学展开批判。

然而，英国人文主义者中的佼佼者当属莫尔爵士。他出身于伦敦一个富裕的市民家庭，却能进入牛津大学，还结识了当时英国著名的人文主义者科利特、格罗辛和利纳克尔，后来也与德国的伊拉斯谟成为至交。莫尔可谓文质彬彬，他身材适中，肢体匀称，容貌俊朗，举止优雅。他平常衣着朴素，漠视礼俗，到了正式场合却容止得体，风度翩翩。此外，还通晓各门艺术，自然也深得旁人喜爱。在仕途上，莫尔也是飞黄腾达，出身平民，竟然能做到亨利八世的掌玺大臣。

莫尔在学术上也是出类拔萃，他从利纳克尔那里学会了希腊文，并能用拉丁文翻译琉善的作品，而对皮科的传记和其他作品的英文翻译，也堪称英文散文的经典。他同样关注神学，显而易见，他是费奇诺、皮科新柏拉图主义的支持者，反对保守而腐朽的经院哲学。此前，莫尔的那些人文主义师友们的贡献多在语文学方面，虽然为革新英国学术多有助益，也极大地推进了宗教改革，使英国汇入文艺复兴的潮流之中，但他们的视野毕竟还显狭窄，未能触及英国社会文化的各个层面。事实上，在文艺方面英国人仍然沉湎于骑士文学，是宫廷和上流社会的主要娱乐，而莫尔的传世名作《乌托邦》则破除陈弊，广开局面，把哲学、宗教、学术和社会观察批评熔于一炉，从这本书的全名《关于最完美的国家制度和乌托邦新岛的既有益又有趣的全书》也可见其主旨。

《乌托邦》以第一人称叙述，第一部写莫尔自己出使尼德兰，遇见一位精通希腊语和拉丁语的葡萄牙航海家希斯拉德，在两人的交谈之间，批判了英国的社会现状；第二部则写这位希斯拉德在航海冒险中到了一个岛国乌托邦，他细致讲述此国的所有故事。乌托邦人实行共产，蔑视迷信，崇尚理性，遵循自然原则，无论何事都以事实为依据，以实用为目的。他们并非不知美为何物，但美绝非华服美食，而是在追求真理的认识和行动中获得的快乐，在于对美满世俗生活的憧憬。如果说他们也崇尚感性的肉体，那也是源于自然的健康快乐。即便一个人肢体残缺，形容畸形，也不必去讥笑，因为这是自然之过，并非他有意为之。"美观、矫健、轻捷，这些乌托邦人视为来自大自然的特殊的令人愉快的礼品而高兴地加以珍视。甚至按大自然意旨为人类所独有的耳、眼、鼻之乐（因为其他任何生物都不能领会宇宙的灿烂外观，除选择食物外不能闻香味，不辨音程和谐与不和谐），他们也去追求，将其作为生活中的愉快的调味品。"①

这种崇尚理性、颂扬自然、热爱世俗生活的精神，与意大利文艺复兴的精神一脉相通，而且到了英国，它们又与新兴的资本主义有了更紧密和现实的结合，虽然号称乌托邦，但也并非完全空穴来风。说到底，莫尔还是把目光从神移向了人，其鹄的乃是高雅的现世生活，他身上所散发出来的是人性的光辉。在莫尔身上，人们可以看见文艺复兴时期的英国宫廷、贵族、上流社会的生活方式和理想在一定程度上发生了转变。从前的贵族坐享其成，以奢侈豪华为荣，沉迷于田猎游戏，熬鹰逗狗，少有人在文艺、学术上花费功夫。但随着生产方式的转变、商业贸易的发达，有越来越多的贵族舍得在后代的教育上投资，让他们到欧洲大陆游学，商人家庭也努力把他们的儿子送进大学，提高他们的修养，以图进入贵族圈子，谋得一官半职，这既有利于他们的生产经营，也有助于抬升其生活地位。毫无疑问，这些转变给英国文艺和学术的发展提供了动力，另一方面也使文艺和学术从宫廷与大学走向市民生活。

与莫尔相互辉映的另一巨星无疑是莎士比亚。这里无意于描述莎士比亚在艺术上取得了多大的成功，在文学史上争得了多高的地位，而是希望在他身上发现文艺在当时的英国处于何种状态，对于推进文艺在整个社会生活中的转型发挥了多大的作用。与莫尔相似，莎士比亚出身富裕市民，接受过教育，学过希腊文和

---

① 莫尔：《乌托邦》，戴镏龄译，北京：商务印书馆，1982年，第80—81页。

拉丁文，但从小生活在乡村的他熟悉并参与的是走街串巷的旅行剧团，从一个侧面可见市民文化的流行。他所留下的戏剧虽有不少污言秽语，却很少有鄙俗之气。他后来也为宫廷写作和演出，却也没有宫廷剧的矫揉造作。莎士比亚生于市民文化，却又出于市民文化，能将市民文化与高雅趣味杂糅在一起。

他所处的文化背景让他能对传统的戏剧观念和模式予以颠覆，或者说他必须颠覆来适应新的环境。传统戏剧遵循贺拉斯的训诫要寓教于乐，也多以悲剧为正宗，像亚里士多德所言，它们要写"比平常的人好的人"，首先是地位要高。莎士比亚也写地位高的人，有王者，有传说中的英雄，但要注意的是，无论是哪者，多是名不见经传，其中的英雄有些杜撰虚构的意味，甚至把这些人放在离时不远的环境中。奥赛罗是威尼斯公国的一名将军，麦克白是苏格兰王的表弟，哈姆雷特是丹麦王子。说是虚构，但在当时的观众看来，恐怕也多认为是身边之事，怀疑其乃是在影射自己和旁人，更别说英国自己的历代君王也出现在其中。比起古代戏剧来，莎士比亚的戏剧明显带有现实主义的倾向，这也符合乔叟的传统，与莫尔的《乌托邦》同样具有现实批判的意义。

纵然这些人物地位崇高，但说到其品德却多算不上高尚。莎士比亚本来不打算塑造高大全的形象，这倒也并不是有意要讽刺身居高位者。这些人物各有各的性格，特别是在某一点上非常突出，哈姆雷特的犹疑、奥赛罗的猜忌、麦克白的野心、理查三世的阴险、亨利五世的智谋和勇气、亨利八世的悲凉。传统的悲剧美学是要描写英雄的毁灭和死亡，莎士比亚是沿袭这一传统的，但若要有人从中得到教益，却绝不能将他们看作自己的典范。这些人物的命运只能让人在远处静观，细细品味欣赏。换句话说，莎士比亚从不高高在上，给他的观众以不容置辩的教化，他要与观众同处剧场，一起议论，无论是英雄还是君王，都不过是与我们一样的凡人。直白地说，这种戏剧离现实生活更近了一步，观众更容易走进剧中，设身处地，感同身受，观剧可以成为生活的一部分。这无疑又开了后来狄德罗和莱辛市民剧的先河。

英国未来的哲学也并未完全走向法国理性主义，将人的本性归于先天的理性，亦即一种机械的逻辑运算能力。在这里，人性是体现在人的选择和行动中的情感和冲动，这种人性自有规律，可以预测，但也必须由个人自己来抉择和把握。由莎士比亚开启的传统，一路延续，在霍布斯、夏夫兹博里、休谟的学说中清晰可见，它们不仅表现为一种理论，还有那种躁动不安或悲天悯人的气质。

　　讲到这里我们可以发现，比起法国理性主义来，英国近代哲学在继承文艺复兴的人文主义和自然主义的过程中显出自己的特色，前者把人性归原为理性，将现实生活的理想视为宫廷和贵族所尊崇的得体礼仪，而后者则更重视人的情感属性，英国人并不倡导放纵情感，但现实生活也必定遵循情感的规律。这种重情感而轻理性的取向虽然使很多英国哲学带有浓重的功利主义色彩，但这也恰恰是近代英国美学的一个重要根源，因为当这些世俗的欲望遭遇道德上的谴责时就会默默转化，成为对于学术、德行和雅致情趣的追求，或者说进行视角上的转移，从旁观者的角度来欣赏世俗的成功。

　　从霍布斯开始，情感一反 2000 年来所遭受的压制，跃然进入哲学体系中，与理性一争高下。在他眼中，人的本性至少包括两个方面：一是机械性的运动，二是生命性的运动，前者是肉体的运动，后者是心灵的运动，而在心灵的运动当中，是主要受着欲望引导的。欲望引起了对外界的认识和价值的评判。在今天看来，是一个理性主义哲学开始席卷天下的时代，霍布斯的哲学显示出的更多是非理性的一面。也许这多半是 17 世纪英国动荡不安的内战局面造成的结果，霍布斯本人也因那些若有若无的政治迫害陷入恐惧之中，长期流亡国外。的确，在他的哲学中存在明显的唯物主义和机械主义的理论，整个世界，包括人在内都遵循着严格的物质规律，但是如果没有欲望和激情的推动，这个世界就不会运动，也无所谓规律，就像在牛顿的世界，若没有上帝之手，一切都将是静止的。欲望和激情都是这个世界的生命，而物质则是其筋骨；反过来，双方配合得紧密无间，人的精神生活和社会生活才显示出可加解释的规则，政治、宗教、国家等活动都必须通过它们来理解。

　　就美学领域来说，霍布斯同样功不可没。他本人钟情于文艺，特别是古代经典，有生之年翻译了诸多作品，有修昔底德的《伯罗奔尼撒战争史》，还有荷马的《奥德赛》和《伊利亚特》。在批评理论方面，他更是继承了培根关于想象力和判断力的理论，指出判断力为作品构造骨架，而想象力为作品赋予血肉，当然这些说法更多地带有古典色彩。实际上，他对于美学的贡献恰恰是情感理论。当他将人的本质与一切认识和行动的推动力视为欲望和激情的时候，人们对美的本质的认识就不必再求助于形而上学，把美看作是理念或一种特殊精神，或把美的表现看作比例（proportion）。霍布斯在偶然间对美也做过定义，这个定义是以欲望和激情为基础的。如果说欲望的实现可称为善，否则便为恶，那么有助于欲望实现的事物便是美的，否则为丑，欲望实现的状态则是美的本质。固然，霍布斯一旦提到欲望和激情便让人想起他对人的自私本性的看法，但他的确启发后人在思考美的本质时可以选择一条新的道路。

霍布斯对情感的理解主要以科学为依据，说起来这与笛卡尔有很大的相似之处，希望通过研究解剖学来解开情感之谜，但霍布斯还有一个重要的方法，就是对情感进行了现象学的描述，由此给情感划分了一些类别。这种现象学又能使他脱开解剖学，把情感置于人的行动以及人际交往中来描述，包括行动的目标、欲望的状态、实现欲望的策略、对他人的态度。从此，混沌一片的情感领域显示出一些清晰的足迹。

夏夫兹博里则为情感采取了不同的分类方式，包括自然情感或社交情感、自私情感和反常情感。他千方百计证明社交情感是人天生的情感，以及由因循和坚持这一情感而让人得到的好处。同时，夏夫兹博里完全抛弃了解剖学的方法，在他看来，人的本性与这些动物性的特征毫无关系，人生的目标也早已超越口腹之欲，所以当人与外物相遇的时候，外物给他的不仅是肉体上的满足，更多还是精神上的反映。只有理解这一层，才可能准确地理解人的行为和各种价值。毫无疑问，所谓美，并不存在于外物当中，而是人心内在的反映和评价，美是人对隐藏在物质背后的那种神秘的塑形力量的赞美和崇敬。如果要感知到美，人们不能依赖外在感官，而是有赖于一种内在的直觉能力，这便是内在感官。

对近代哲学那种条分缕析的方法，夏夫兹博里讥之为矿工开矿，不屑与之为伍，但他却开创了 18 世纪英国美学思潮，也拉开了整个西方近代美学的序幕。人们必须深入心灵内部，才能探究美的本质。同时，如果情感和理性认识一样有着清晰的规律，那么对人的认识和理解就不必停留在猜测的地步，艺术也不用再依附于理性认识，抑或忍受无法则可循的指责，当然美学这门学科也就水到渠成了。

如此看来，美学的兴起与文艺复兴以来对世俗生活的回归、对人性的持久关注和探索有着密不可分的关系。那个时候人文主义学者们在学术上的专注让世俗之人找到了体现现世生活的价值和乐趣的一片沃土，艺术大师们在各个艺术领域中的探索创新让后人体尝到了创造的奥妙，他们留下的作品成为后人的典范，也成为美学家们阐发自己学说的范例。

真正需要注意的是，文艺复兴时期人们在发掘古代学术和艺术的时候，并不是将它们作为面壁沉思的对象，而是贯彻于实实在在的生活中。如前文所述，他们关注语文学、修辞学，是要将这些运用于社会交往当中，他们研究柏拉图、亚里士多德以及古罗马哲学家的思想，也还是要通过它们来思考自己的生活，或求得精神上的净化，或追求高雅的言行，获得今人的尊重，也留得后世英名。当涉及敏感的宗教问题时，那个时候的人们也希望把纯洁的宗教信仰与高尚的现实生活结合起来，不要将美好的生活留待来世。18世纪英国美学也同样如此，其中对美的思考不单是为了解决理论问题，也是为了给现实生活引导方向。资本主义经济的发展、自由的政治信念，赋予个人以独立的精神空间，但也受到功利主义、物质主义的困扰，如何在享受自由精神和物质财富的同时保留公共秩序和高尚道德，是这个时期的哲学家们普遍思索的问题，而美学的兴起和发展也是指向这个问题。近代美学一直坚持的非功利性原则，实际上同时也源于伦理学。夏夫兹博里以来的美学家们常常提到美善同一，其含义已然不同于古代，而是奠基于新的生活和新的哲学。

二、经验主义哲学的支持

说到18世纪的英国美学，自然无法绕开英国独有的哲学传统，吉尔伯特和库恩在他们的《美学史》中甚至说，怀有强烈的清教徒倾向的洛克虽对艺术颇有微词，但具有讽刺意味的是，正是洛克开启了18世纪英国美学学派。这个论断未必准确，但也有一定的合理之处，因为正是经验主义哲学为之后的美学提供了可靠的方法，所以称18世纪英国美学为经验主义美学也同样有其合理之处，虽然问题远非如此简单。

英国的经验主义传统可谓源远流长，可以追溯到中世纪经院哲学中的唯名论。唯名论与唯实论争论的焦点是：是否承认有脱离人心而存在抽象的实体或共相，共相与殊相何者优先。也许这个传统与英国的政治背景有很大关系。1066年诺曼人入主英格兰，成为英格兰国王。他们原本建立集权政府，与当地的盎格鲁—撒克逊人一起统治，到12世纪已成为欧洲最强大的国家之一。然而，13世纪初英王约翰即位之后却起了纷争，贵族们怀疑他的王位来历不正，是杀害其侄子亚瑟后获得的。同时，法国国王掠取诺曼底土地，也令英国贵族不满，他们要求约翰夺回土地，约翰随即于1214年发动对法战争，可惜惨败。雪上加霜的是，约翰与教皇就坎特伯雷大主教的任命问题产生冲突，教廷要对英国施加惩罚。约翰被迫向教皇臣服，承诺每年缴纳贡赋 13000 马克，但这又引发贵族们的怨怒。1215 年贵族们得到伦敦市民的支持，进军伦敦，并挟持约翰，约翰被迫同意贵族们提出的男爵法案，随后签署《大宪章》。《大宪章》规定国王只是贵族的一员，没有凌驾众人的权力，而贵族们也应效忠国王。虽然此条约被教皇宣告作废，但无疑稳固了英国的议会权力和地方自治，而此后历朝历代，一旦国王与贵族间滋生矛盾，贵族们便重提《大宪章》，要求限制国王权力。这便有了英国人引以为荣的自由传统。在这样的传统中，个体不必完全服从整体，而具有相对的独立和自由。如果将这个命题转换成哲学术语，也就可以说，殊相并不低于共相，或者共相并不能独立存在。

13 世纪时英国的罗吉尔·培根，被人冠以"奇迹博士"之名。这位哲学家既坚持神秘主义、神权政体，迷恋占星术、炼金术和神话，同时却又钟情于科学实践和技术发明。科学在他的思想中的确占有重要位置，因此学者们称其为近代科学思想的开创者。在他看来，只有通过哲学和科学，人们才能认识造物主，但他实际上谈得更多的还是造物，就像整个中世纪经院哲学的思维模式一样，宗教目标是先在地明确的，哲学的任务则是让人们理解这些目标。不过他也确实不同于其他哲学家，因为他采取的不是演绎法，而是实验法，而这也是他钟情科学的结果。对于科学研究来说，罗吉尔·培根除了重视数学的作用外，再就是强调实验的意义了。首先，要获得科学知识，必须清除四个障碍，即无力的权威、习惯的势力、流行的偏见和假冒的知识，这恰恰是后来弗朗西斯·培根四假象说的来源。扫除这些障碍，须有实验的助力。"他同弗兰西斯·培根一样，坚决地拒绝科学问题上的一切权威；同他一样对知识抱着一种广博的看法，并试图对科学进行分类；也同他一样把自然哲学看作最主要的科学。"[1] 其次，要获得正确的知识，数学的论证必不可少，但这样的前提却是要有证据，所以，"除非通过实验发现真理，不能使人心在自觉地掌握真理中得到安息"，"如果我们想有完全地和彻底地证明了的知识，我们必须依靠经验可循的方法来进行"[2]。

顺理成章，对于共相和殊相的问题，他站在唯名论一边，但他的看法仍有特殊的地方。他认为个别事物具有实在性，而非共相的简单反映，不过他并不排除

---

① 索利：《英国哲学史》，段德智译，济南：山东人民出版社，1992 年，第 6 页。

② 胡景钊、余丽嫦：《十七世纪英国哲学》，北京：商务印书馆，2006 年，第 36 页。

共相的意义，否则人的认识就很容易陷入主观化。他实际上采纳的是亚里士多德主义，认为共相是寓于殊相之中的，共相乃是对殊相的归纳和综合。这种唯名论也使得他在中世纪少有地尊重个体的价值，他说上帝创造的不是抽象的人，而是具体的人，是具体的人在现世生活中完成赎罪。

在罗吉尔·培根之后，英国又出现了"精湛博士"司各特。在哲学史上，他让唯名论、经验论与阿奎那所代表的正统经院哲学分庭抗礼。在中世纪，当哲学与神学之间形成矛盾之时，司各特采取了一个聪明而有效的原则，看起来能让两者相安无事。为了维护神学的权威，他提出如上帝存在、三位一体、道成肉身等教义，只能依靠沉思冥想，而不能依靠理性来证明，反过来哲学可以自成一统，它在神学之下，不会推翻宗教信仰，而且信仰本不能消除人的怀疑，而理性思考却能够消除，使信仰变得更稳固。所以，"邓·司各脱（司各特）作这样的区分，是为了维护信仰，但是，其结果却为哲学的解放开辟了道路"①。

相比于罗吉尔·培根，司各特的唯名论还要复杂一些。他承认共相的存在，但他认为不能一概而论。共相有不同的类型，共相既可作为上帝心中的形式，先于事物存在；还有共相是作为事物的本质和一般的性质，这种共相是存在于事物之中的；第三种共相是作为人心中的抽象概念，它们则后于事物而存在。第一种共相是纯粹的，无物能与之匹配；第二种共相则寓于具体事物之中，与物质不可分；第三种共相需以具体事物为根基。尤其是第三种共相有些特殊，这涉及认识论。如果不从具体事物开始，认识便无法开始，人也谈不上有思维。不过，只要有思维，人便开始运用共相，即一般所谓概念。如此一来，共相便分身而在，下可以光被万物，上可以通达上帝这种最高存在。

当谈到人的本质的时候，司各特的学说也有新异之处。他认为形式和物质、灵魂和肉体构成了人的实质性的统一体。既然如此，肉体作为内藏灵魂的个体肉体，也有其特殊形式，所以每一个个体也就有特殊性。灵魂是人的本质，有不同的能力，其中最重要的便是智慧和意志。在阿奎那那里，智慧高于意志，是抽象和单纯的机能，这使人成为理性的动物，也是人达到道德的善和领会圣意的必要能力。而司各特反其道而行之，认为意志高于智慧，因为如果意志由理性来决定的话，意志便不成为意志。灵魂有智慧，也有想象，但它们只是意志活动的前提，

---

① 梯利：《西方哲学史》，葛力译，北京：商务印书馆，1995 年，第 231 页。

而意志必定要执行赞同和否定的权力，简言之，意志必然要有可选择和决定的对象和内容。这样的意志便是自由意志，它可以维护道德的原则。对于后来的经验主义，这种学说显出两个重要的意义：一是重行动而轻冥思，二是哲学家们可由自由意志发展出自由主义的政治理论以及与其相关的情感理论。

此后，唯名论的代表人物还有著名的奥卡姆的威廉，他是司各特的学生。他的观点要比其前辈激进但也简洁。他只承认有个别的东西存在，人类的一切知识皆由个别的东西而起。不过，人可以从个别事物中抽绎出共有的性质，得到共相或概念，但他并不认为人心中有什么特殊能力来完成这一抽绎，反言之，人依靠直观或知觉便可完成这一任务，所谓共相只是一些符号和文字，用于表述共相或概念。即便如此，当人们做判断的时候并非只涉及观念，而总是关联到具体事物。总之，人心之外没有共相，共相不存在于事物之中。他这样删繁就简，指出"不要不必要地增加实体或基质"，便被称作奥卡姆剃刀。

对于后来的经验主义哲学来说，奥卡姆的影响在于他对感官知觉和直观的重视，而直观不仅包括感官知觉，还包括人对自身内在状态的认识，智力作用、意志活动、喜悦和悲伤，这些观念比感官知觉感觉更确实。这可以看作是后世洛克提出的感觉和反省的先声。同时，奥卡姆承认有抽象知识，它们依靠演绎或三段论而获得，但是这些知识的基础却只能依靠对经验归纳，当然他没有像弗朗西斯·培根那样系统地研究归纳方法。还有一点值得一提，奥卡姆也写过一些政治著作，捍卫世俗统治者的权力，反对教皇的干预，这也在一定程度上反映了世俗权力的强盛。

在奥卡姆之后两个世纪，也就是文艺复兴时期，英国哲学仿佛出现断档，没有有影响力的哲学家。不过，关于共相和殊相的争论还在延续。到16世纪末期，剑桥的狄格比和坦普尔这对师生之间展开了辩论，涉及哲学和科学的方法问题：认识的方法是否是双重的，"即从殊相到共相与从共相到殊相，还是只有一种推理方法，即从共相开始的推理方法"[①]，狄格比恪守亚里士多德主义，而坦普尔则提倡新逻辑，希望摆脱亚里士多德主义的烦琐体系。时在剑桥三一学院读本科的弗朗西斯·培根应该熟悉这场争论，这让他尤其关注方法问题。在科学领域有一位物理学家所取得的成就也对弗朗西斯·培根有所影响，亦即吉尔伯特。他

---

① 索利：《英国哲学史》，段德智译，济南：山东人民出版社，1992年，第12页。

于 1600 年以英文发表《论磁铁，或磁性物体》，"吉尔伯特自己和后来的弗朗西斯·培根一样明确表示，期望通过纯粹的思辨或通过一些空泛的实验达到认识自然的目的都是徒劳无益的"。吉尔伯特没有提出任何归纳理论，但他意识到自己正在倡导一种新的哲学思维类型。

黑格尔说，英国人说有一种独特的民族倾向："英国在欧洲似乎是一个局限于现实理智的民族……以现实为对象，却不以理性为对象。"① 这种倾向加上唯名论的传统，还有文艺复兴以来科学上的发展，让弗朗西斯·培根开启了英国的经验主义哲学，而其也代表了近代哲学的精神。说到近代哲学精神，梯利的一些话足资为鉴："新时代的历史可以说是思考精神的觉醒，批评活跃，反抗权威和传统，反对专制主义和集权主义，要求思想、感情和行动的自由。……在文化领域也有同样的情况，反对控制，要求自由。理性成了科学和哲学中的权威。……个人在宗教和道德方面同一摈弃了教会的桎梏。在文化问题上尊重理性，和在信仰和行为问题上注重信念和良心，并驾齐驱。"② 弗朗西斯·培根自己则说："我发现最适于我的莫过于研究真理；因为我的心灵敏锐和多才，足以觉察事物的类似性（这是主要之点），同时它又很坚定，足以盯住与分辨出事物之间比较微妙的区别；因为我天生就有求索的愿望，怀疑的耐心，思考的爱好，慎于判断，敏于考察，留心于安排和建立秩序；并且因为我这个人既不爱好新事物也不羡慕旧事物，憎恨一切欺骗行为。所以，我想我的天性与真理有一种亲近与关联。"③ 这并非自夸，他最后的仙逝就是在考察雪的防腐性能的途中。

弗朗西斯·培根算不上是个伟大的科学家，但他却有一个宏伟的计划：科学的伟大复兴。这个计划包括六个部分：科学的分类、新工具或关于解释自然的指导、宇宙的现象或一部作为哲学基础的自然的与实验的历史、理智的阶梯、新哲学的先驱或预测、新哲学。重要的是，这个计划本身的目的不是某个学科的特殊知识，而是关于科学认识的原理和方法。所谓"工欲善其事，必先利其器"，在科学研究中，只有先树立合理的指导思想，才能取得广博的成果，这个指导思想可称作经验主义。

---

① 黑格尔:《哲学史讲演录》（第四卷），贺麟、王太庆译，北京:商务印书馆，1978 年，第 18 页。

② 梯利:《西方哲学史》，葛力译，北京:商务印书馆，1995 年，第 282 页。

③ 索利:《英国哲学史》，段德智译，济南:山东人民出版社，1992 年，第 19—20 页。

经验主义之所以强调经验，是因为中世纪以来以三段论为典范的演绎推理妨碍了知识的获得。三段论由命题构成，命题由语词构成，而语词又代表概念，然而，如果概念本身就是空洞和错误的，或者说概念本身就混乱，那么整个推理也就以讹传讹，谬之千里了。所以，获取知识的首要工作还是从具体事物开始，集腋成裘，方有正确而有用的知识。而观察具体现象之前就应该谨防各种偏见，这便是培根所谓的四假象或幻象：种族幻象、洞穴幻象、市场幻象和剧场幻象。如果仔细观察，得到最细微、最精确的现象，人们便可用这些材料构成知识，而如何运用这些材料也应有系统的方法，亦即经验主义归纳法，它可以分成几个基本步骤：第一是材料的搜集。第二是三表法，即观察和确立材料之间的关系。第三是排斥法。第四是"初步的收获"。除此之外，培根也提出了一些辅助方法。

对于理解 18 世纪英国美学，培根的经验主义归纳法自然具有很重要的参考价值，但自霍布斯开始，哲学家们关注的重点不仅仅是今天意义上的自然科学，他们同样坚决排斥任何先天的观念和法则，主张一切研究都必须从由人自身获得的直接经验开始，正如 18 世纪英国美学家们都从分析具体的审美现象开始，甚至有些美学家还直接用到了培根所提出的一些可操作的方法。就培根的哲学与后世的美学而言，我们应该关注的是：这种哲学如何促成了英国美学的产生。

首先，培根的研究计划确实不同于今天意义上的自然科学，而是包罗万象，可谓上至天文，下至地理，要将自然和人类的一切都包括在理性研究的范围中，昭示了启蒙哲学建立知识体系的雄心。且不要说在他所划分的三类知识中，本已单列出诗歌这一类，另外两类有历史和哲学，而哲学中既有自然哲学、数学，也有人类哲学、人体的学问，还有心灵的知识。在人体的学问中包括了医学、美容学、运动学和行乐艺术，其目的是达到人体的理想状态，即健康、美丽、力量和快乐。我们关注中世纪以来英国唯名论强调着眼于具体事物，俯察众生，又企图将科学和宗教神学相分离，从而促使科学的解放，彼时哲学家们固然对人生之乐漠然而视，但这种倾向到了培根这里却结出更多成果。当培根将生活的感性领域也试图纳入理性研究的范围时，就预示着美学这门学科必将产生，纵然在今天有很多美学家认为这一结果是让理性统摄感性世界，但其中积极的历史意义仍不容忽视。

其次，培根划分三类知识乃是根据人心的三种能力，即记忆、想象和推理。这种理路与笛卡尔相得益彰，都标志着主体性哲学的建立，当然他所理解的推理不同于笛卡尔所主张的那种演绎。培根对于这三种能力如何而来不加追问，也无暇描述它们如何运作，但与理性主义不同的是，他所引导的哲学的这种内转，不仅产生了新的逻辑学，而且引发了后来经验主义哲学家们对心理学的极大热情。近代美学与心理学的关系几乎密不可分，而培根则有开创之功。

再次，培根把诗歌归于想象的领域，直接影响了 18 世纪英国美学将想象置于美学的核心。他认为想象是在不同的地方发现相同之处，而判断力则在相同的地方发现不同之处，想象可以将对象随意分合，造成不合法的"结婚和离婚"。这个学说也引导后来的美学家注意探索想象的规则，以更清晰地描述审美经验，其成就已非培根所能企及。

然而，除了这些，在培根身上也许还有更多需要注意的事情。在哲学史上，他通常作为经验主义哲学的奠基者现身，也因他在自然科学研究方法上的卓越思想而可能被看作是一个科学主义者，但是他绝非一个书斋式的哲学家。在那个时代，很少有哲学家因其经历和性格而备受关注和争议，而培根则在这少数之列。他出身于贵族，受教于剑桥，20 多岁时随波利特爵士出使法国，仿佛前途似锦。而后却又没能继承多少家业，只好从业律师，拜谒塞西家族，以图争得名利。后来虽有升迁，却因触怒女王而不受重用。尔后投奔埃塞克斯伯爵，又因伯爵叛乱而险遭厄运。等到詹姆士一世即位，培根终于受宠，虽然不免有巴结逢迎、趋炎附势之嫌，但也换得仕途一片光明，升至掌玺大臣，乃至大法官，受封爵位，但谁料到最后却因一起不明不白的受贿案被褫夺公职，身陷囹圄。亏得宫廷垂怜，他才免受牢狱之苦，也未失钱财，但从此之后却再也不能进入宫廷。

说到文界名人的仕途，培根算得上是飞黄腾达了。100 多年后，渴望荣名的休谟却混不到一官半职。他对功名的渴望、宦海沉浮的生涯，从另一个侧面也说明英国的社会文化更重视现实利益，不管这种利益事关个人还是国家，当然个人在此中也遭受着信念和情感上的颠簸起伏，他们更懂得人性之复杂、世道之难测。敏感的培根一生喜爱写随笔，先后 3 次增补出版其《论说文集》，内容涵盖宗教、政治、道德、娱乐等各个方面，上承塞内卡、奥勒留、西塞罗，下启艾迪生、休谟，堪称英国散文的典范之作。类似的人生遭遇、现实情怀，让英国的哲学家们更留意感性生活和情感体验，由此而言，近代美学率先在英国兴盛实属必然。事实上，在其《论说文集》中，培根就写了诸如《说美》《论礼节和仪容》《说建筑》《说花园》等篇目。这些随笔不能说是美学论文，培根也无意改变当时的审美风尚，说到美要与德相得益彰，互增光辉，也是些老生常谈的话。他指出绘画的美不能借助公式，而要自然天成，也算有些见地。对于美学史研究来说，这些文章能让人看到感性的表现和装饰如何与宗教问题剥离开来，成为社会交往中的重要媒介，各种娱乐成为正当的生活内容而积极地参与构建不同于封建社会的文化模式。这正是18世纪英国美学的主旨所在。

从培根到霍布斯，英国经验主义哲学进行了一次转向。虽然培根在其随笔中也大范围涉及人类生活的内容，或者说是人的心灵，但也很难说他有意地用统一的哲学原则和方法来阐述它们，而霍布斯之所以在哲学史上留下重要的一页，正在于他在这一方面的开拓性研究。索利讲道："他的独创性则在于他试图不仅用它（按：物质规律）来解释自然，而且还用它来解释心灵和社会。"①实际上，霍布斯甚至也超越了机械的唯物主义，用他那创造性的心理学来解释心灵和社会。

确实，在哲学史上霍布斯通常被描述为一个唯物主义哲学家，他试图用物质规律来解释一切。这源于近代哲学的理想，希望将哲学从由抽象概念构成的玄思中解放出来，用切实和证据及数学般明晰的逻辑来构造一个知识体系的稳固大厦。在《论物体》中，霍布斯将哲学研究的对象定为物体，"这种物体我们可以设想它有产生，并且可以通过对它的思考，把它同别的物体加以比较，或者是，这种物体是可以加以组合与分解的，也就是说，它的产生或特性我们是能够认识的"②。当人们能看清具体的物体及其特性时，便有了知识的材料，接下来可以发现其间的关系。基本的关系是因果关系，构建知识就是由因到果或由果到因的推理："哲学是关于结果与现象的知识，我们获得这种知识，是根据我们首先具有的对于结果或现象的原因或产生的知识，加以真实的推理，还有，哲学也是关于可能有的原因或产生的知识，这是由首先认识它们的结果而得到的。"③

如果霍布斯哲学的目的不是自然世界，而是人类生活，那么这些话只是表露出一种意图，即希望把人类生活的所有内容都转化为确实可见的基本材料，然后可以凭借简明的逻辑来解释。然而，人类生活的内容是发生在人心中的，所以他要解释的是人心的规律，也就是要建立一门新的心理学，把人心中那些缥缈不定

---

① 索利：《英国哲学史》，段德智译，济南：山东人民出版社，1992年，第55页。
② 北京大学哲学系外国哲学史教研室编译：《十六—十八世纪西欧各国哲学》，北京：商务印书馆，1975年，第64页。
③ 同上，第60—61页。

的行为转化为如物质一般可以辨认的要素，并借用数学的逻辑来加以解释。

不过，从物质到心灵毕竟需要通过一些步骤来连接。因而我们看到，其巨著《利维坦》是从感觉开篇的。霍布斯首先以生理学的方法来解释外物是如何进入心灵的。物体要对人的肉体施加作用，而肉体也要对这种作用有所反应，甚至是主动的反应。这样，经过复杂的生理机制，物体及其性质变成了心里的思想，由于这些思想全然不同于原来的事物及其性质，所以他称这些思想为假象或幻象。感觉终究是即时性的，感官离开事物后，感觉虽然不会离开消失，但它们便会逐渐淡化，在心灵中留下一些痕迹，这些痕迹就是想象，反之"想象便不过是渐次衰退的感觉"[①]。如果我们关注感觉衰退的过程，那想象也就是所谓记忆。最终，人心中存在的都是想象。如果人们给心中的感觉和想象一个名称，便是所谓观念。

人们始终要面对眼前不断流转的事物，心中接续不断地生成感觉和想象，接下来就要在这些感觉和想象之间建立一定的关系。在霍布斯看来，这些关系必定是心灵自己的作用，而不单依靠外物的刺激，虽然它们可以从外物那里找到来源。实际上，在感觉衰退为想象时，我们就能观察到这些关系。想象可以是"曾经全部一次或逐部分若干次被感官感觉到事物"，前者是同时再现，可称作简单的想象，而后者则指心灵把逐次感觉到的东西相叠加，生成新的东西，可称作复合的想象，例如人首马身的怪物。当然，有些复合的想象是由于原先的感觉就是依次接续地生成的。无论如何，霍布斯相信，心灵无法在一刹那容纳许多东西，而是一个一个地依次排开，而其间的关系或是由感觉顺序造成的，或是由心灵自身原因造成的。但是，后者又按照什么样的规则形成呢？这便要导入一个重要的因素，即欲望或激情。霍布斯把连续的想象或思想称作思维系列或心理讨论[②]，它们可以分为两种："一种是无定向的、无目的的和不恒定的"，"第二种思维系列由于受到某种欲望和目的的控制，比前者更恒定"[③]。显然，第一种毫无章法，或者即使有其规则也无助于探索人性的规律，所以第二种是哲学探讨的重要内容。虽然霍布斯把各种推理看作不过是像数学上的加减运算，但这些运算一来要将心理活动包

---

① 霍布斯：《利维坦》，黎思复、黎廷弼译，北京：商务印书馆，1985 年，第 7 页。

② "讨论"一词，霍布斯的原文是 discourse，今义为谈话、论文等，但从词源上说，discourse 的词根是 course，即跑、跑道之意，所以 discourse 的意思是由一个观点散发出去，也就是推理、演说，故建议将"心理讨论"译为"心理推论"。

③ 霍布斯：《利维坦》，黎思复、黎廷弼译，北京：商务印书馆，1985 年，第 13 页。

括在内，二来也必然受到欲望和激情的引导，由此可看出欲望或激情在其哲学中的重要地位。这一点在以往的哲学中从未受到重视，因此霍布斯就为后来的哲学开辟出一个崭新的领域。

鉴于欲望或激情的独特性，霍布斯把动物运动分为两种：一为生命运动，二为动物运动或自觉运动。实际上，前者相对于今天所谓生理运动，后者则是心理运动，后者之所以为自觉运动，是因为它们都受着某种欲望或目的的支配。由欲望的指向、状态、程度、实现方式及与对象和他人的关系，霍布斯可以描述出不同的心理活动，但他没有明确用这些分类标准。欲望的潜伏状态是意向，意向如果明确由某物引起便成了欲望，而要避开某物时则成了嫌恶，这样的欲望和嫌恶类似于爱和恨；所欲望之物被称作善，所嫌恶之物则为恶；一物预示善为美，预示恶为丑；如果这些状态表现出来，我们可以称作愉快或不愉快的情感。霍布斯列举了上百种心理现象，不过只是现象学的描述，因为他的确是将它们置于各种要素的关系当中来描述的，而绝非仅仅运用生理学的原则。此后休谟根据主体、原因、对象的相互关系来对情感予以分类，当然其系统就更加完善了，但不能不说他从霍布斯这里得到了很大的启发。

无论如何，在霍布斯的体系中，外在世界呈现在人眼中时不再只是某些中性的性质或形象，而是心理活动的推动者或表现者："当同一对象的作用，从眼睛、耳朵和其他器官继续内传到心时，其所产生的实际效果只是运动或意向，此外再也没有其他东西可言。"① 由此引申开来，外在世界不仅是认识的对象，而且也是情感的对象和媒介；众人皆知外在事物可以为美，而美的本质为何，人心中如何感觉为美，此前的哲学无法进入这些问题，甚至把美斥为一种偶然的主观印象，从而驱逐出知识的王国。从霍布斯开始，因为情感世界的规律被呈现出来，美的神秘之门始将开启。

霍布斯那种马基雅维利主义的政治思想未免过于露骨，恐怕让人对高尚道德、宗教虔诚的信念全盘丧失，但他在心理学上的创见为经验主义哲学家们继承发扬，并在将来的美学中担当大任。比霍布斯更温和的洛克使经验主义哲学得到了更清晰的表达，也对 18 世纪英国美学产生了更直接的影响。

"总的说来，洛克可被看作是英国哲学方面最重要的人物。其他一些哲学家

---

① 霍布斯：《利维坦》，黎思复、黎廷弼译，北京：商务印书馆，1985 年，第 38 页。

在天资方面胜过他；他没有霍布斯那样的综合的理解力，也没有巴克莱的思辨的独创性和休谟的精明，但在坦率、睿智和敏锐性方面，则是无人能超过他的。"①这个评价非常之高，也很中肯。洛克在很多方面都谈不上有独一无二的创造性，但他却能博采众长，熔为一炉，而往后经验主义哲学的许多核心概念和命题也都是他提出或确立的。

这些概念中，最具标志性的便是观念（idea）。此一概念在英文中与柏拉图的理念共用一词，在那位古希腊哲学巨人那里，这个概念指的是超越具体的感性之物的精神实体，乃是真理之所系。但这理念究竟为何物，千余年来哲学家们众说纷纭，它若是普遍而抽象的共相，又是如何被肉体凡胎所知觉，现实世界又有谁所见；若是被人所见，那就应是具体之物。不过，唯名论遇到的问题是，现实世界固然皆为具体之物，人心中何来以语言名之的事物，而语言居然能人人共知共用，所以，这个争论的核心便是如何使外在世界的具体事物与人心中的观念联系起来。自培根以来，英国经验主义便致力于驳斥天赋观念论，而洛克也一以贯之。

知识由观念构成，这是共识，而观念何来呢？洛克坚持，一切认识皆始于感觉。这个主张与培根和霍布斯无异，培根侧重于方法论，以说明如何求得知识；霍布斯用生理学的方法，来解释感觉之缘起和心中思想的生成；洛克在很大程度上放弃了生理学的原则。虽然他承认物质对于肉体的作用毋庸置疑，但这个原则却不能解释一切观念的生成机制，尤其是关于心灵自身这个世界中的观念，例如知觉、意志、情感等。所以，洛克确认，观念的来源基本有两种：一是感觉，二是反省，前者对外，后者对内。但是，感觉可以有感官作为凭借，而反省又通过何种器官来实现呢？因而生理学不能完全解释这类观念的形成，虽然只有感觉发生之后，人心中才有各种活动可以让内省觉察到。如果有某种器官或机能可以作为内省由此活动的基础的话，洛克径直称其为内在感官，它可以直觉到心灵中的一切活动。在后来的美学中，"内在感官"一词成为重要的概念，借此来解开美如何被知觉到这个谜团，其主要来源之一无疑是洛克，而另一个来源则是其学生夏夫兹博里。

如果吉尔伯特和库恩的《美学史》认为洛克开启了18世纪英国美学学派这个说法可以成立，除此之外，还有一点理由是，洛克比霍布斯更清晰地阐述了观

---

① 索利：《英国哲学史》，段德智译，济南：山东人民出版社，1992年，第109页。

念联结论（associationalism）。这个学说说来并不复杂。洛克与培根和霍布斯一样主张原子论，也就是在获得知识的时候首先要查明构成知识的最小元素，然后再观察这些元素之间的关系。不过，这些元素不是外物，而是人心中的观念。洛克断定，人最初通过感觉得到的观念都是简单观念，亦即不可再分的观念，如外物的大小、长短、数量等，亦即心灵的各种活动，所谓知识都是由这些元素一步一步地构筑起来的复杂观念。而对于构成知识的观念关系，洛克则提出，它们都是心灵的天赋能力造成的，即结合、比较和抽象。结合能力把几个简单观念结合为一体，成为复杂观念；比较能力把两个简单或是复杂的观念放在一起彼此相邻以同时观察，但又不把它们结合为一体；抽象能力是把一些观念和它们在存在中伴随的一切其他观念分离开来，由此造成一切一般观念。由此构成的复杂观念有三类：样式复杂观念、实体复杂观念和关系复杂观念。洛克没有确切表明心灵的三种能力与三类复杂观念之间是一一对应的，不过至少存在一定的关系，此为观念联结论。这一理论固然简单且机械，却实用有效，能从某个角度化解传统的哲学难题，比如实体是什么，洛克用观念联结论来解释说，实体不过是人感觉到恒定地存在关联的一些简单观念，比如一张桌子是个实体，实体本不在外在世界，因为外在世界存在的只是散落的各种性质，而不存在"一张桌子"；是人的心灵把这些性质结合起来，并给它们一个支撑（substance）。

　　有趣的是，洛克还因此给美下了一个定义："美，就是形象和颜色所配合成的，并且能引起观者的乐意来。"[①]美属于混杂的样式复杂观念，意即美是由不同种类的简单观念混合而成的。这样的定义在今天看来有些滑稽可笑，但观念联结论给后来美学的影响却是实实在在的。洛克的观念联结论确实存在不少缺陷和模糊之处，但他很明确地把知识探索的视线引向心灵内部，要用观念及其关系来解释一切现象，这是后来美学的基本原则。与此同时，洛克还有一个观点，即第一性质观念和第二性质观念，前者与外物的性质相符或是其真实复现，而后者如颜色、冷热等观念原因虽在外物，却是心灵主动形成的。后来的很多美学家们也主张一个观点，即美的原因在心外，但美本身是心灵的产物。后世美学家，尤其是艾迪生是从此来引申出其美学思想的。再一个，洛克的观念联结论强调了观念之间机械或数量的叠加组合，而缺少观念之间的"化学反应"，对于观念联结的方

---

① 洛克:《人类理解论》（上册），关文运译，北京:商务印书馆，1983年，第132页。

向、速度、线路等细节也没有细致的探究，观念联结与情感之间的关系也付诸阙如。不过后来的美学家们关注到了这些方面，使之成为解释审美经验的有力手段。

在经验主义哲学发展成熟的过程中，每一个哲学家都贡献了独特的财富，到洛克时更是到了新的高度，可以用来构建整个人类生活的模式。事实上，这个哲学流派在政治性、伦理学等领域也留下了丰富的遗产，甚至为欧洲近代革命提供了强有力的武器。然而，到了 18 世纪，经验主义仍然在不断地延续和深化中，贝克莱、休谟、里德都堪称经验主义的代表人物。所有这些思想都编织到了 18 世纪英国美学这幅图景之中，但它们并不是其中唯一的主线，如果可以把它们比作是这幅图景的经线，那么还有众多的纬线与之交织，其中很有必要提到的就是自然神论。

三、自然神论的浸染

在艾迪生、哈奇生以降的美学中，尽管人们可以明白地看到其中的经验主义方法，但是，如果我们已经观察了 17 世纪的经验主义，便会看到，仅有经验主义无论如何也是不可能带来 18 世纪英国美学的繁荣的。一个最明显的原因是：这个时期的美学开始宣扬审美的非功利性，而在培根、霍布斯和洛克的哲学中却充斥着功利主义[①]。另一个原因是经验主义哲学依赖机械论和原子论，这些观念虽然被后来的美学所利用，但也包含着可能损害美学核心观点的危险。吉尔伯特和库恩虽说洛克开启了 18 世纪英国美学，但他们仍然说这一结果具有讽刺意味。的确，两者在现实生活的旨归上存在重大差异。概言之，若没有与机械论和功利主义相对的思想，近代美学是不可能形成的。

从前文所述可见，经验主义在英国的兴起与近代科学的蓬勃发展有着密切联系，尤其是数学、几何的那种明晰而精确的运算和推理，几乎被看作是哲学的典范和一切学术的楷模。梯利总结道："近代哲学将注意力从探索超自然的事物转到研究自然事物，从天上转到人间；神学把她的王冠让给科学和哲学。人们用自然

---

① 中文的"非功利性"和"功利主义"在英文中不属同一词根，前者是 disinterestedness，后者是 utilitarianism。与后来边沁的功利主义有所不同的是：霍布斯更强调个人欲望和利益的优先。这里为行文方便，仍将培根到洛克重视世俗利益的思想称作功利主义。

的原因来解释物质和精神世界，解释社会、人类制度和宗教本身。"①事实上，在文艺复兴时期人们就希望将自然科学和人文科学区分开来，彼得拉克举例说："医生们的任务是医治身体，把医治心灵的工作留给哲学家和演说者们吧。"②在他看来，医生是"修理人的身体"的机械师，这隐含着一个理论倾向，即必须把物质世界与精神世界相分隔。这一倾向在未来的时代里愈发明确。一定程度上说，消除自然世界的精神性或神秘因素乃是自然科学之摆脱束缚、取得发展的重要原因，哲学家们甚至还要得寸进尺，把自然科学的原则和方法推行到精神领域。这样一来，但凡不能为自然规律、数学推理所解释的现象必将是虚妄不实的。自然而然，那个时代的哲学家对艺术也就不免有揶揄之词，或者艺术也必须要在自身发掘符合理性的法则，以获得存在的正当理由。

在英国的思想传统中，众所周知，培根的理想是要建立一个合乎经验和理性的知识体系，"把知识的各个部分，只可当作全体的线索同脉络，不可当作各不相谋的片段同个体"③。这个体系包罗万象，按照他以人的理性能力为标准的分类，知识有历史、诗歌和哲学三类。历史当中有自然史、政治史、教会史、学术史，诗歌当中有叙述的、戏剧的、寓言的三类，而哲学又包括自然神学、自然哲学和人类哲学三类。这样的广度与他留给后人的作为一个只重自然科学的印象大有不同。与前人为避免宗教神学干扰哲学和科学而分而论之不同，培根要将所有学问都收入囊中。但是，在培根来说，无论是何种知识，研究的方法都是一样的，那就是首先要撇开笼罩在对象之上的重重迷误和偏见，还原其本来面目。古人幼稚的错误、经院哲学的琐屑无质，都需要一一厘清。从他提出的四假象说可以看出，对获知造成的阻碍更重要的还是来自人性中的一些缺陷。种族假象是由于"一种情感的灌注，或者是由于感官的无力，或者是由于印象产生的方式"，把一些莫须有的性质加到外物之上，简言之，就是以人喻物，或者是习惯的势力。洞穴假象源于个人的性格、爱好及其生长环境，以至于自以为是，一叶障目，不见森林。市场假象由人所用的语言引起，人的思维要用语言，而语言反过来又来扰乱人的思维，扭曲人的判断；为方便起见，语词遵循通俗的意义，所谓通俗则是庸人所

①　梯利：《西方哲学史》，葛力译，北京：商务印书馆，1995 年，第 281 页。

②　加林：《意大利人文主义》，李玉成译，北京：生活·读书·新知三联书店，1998 年，第 24 页。

③　胡景钊、余丽嫦：《十七世纪英国哲学》，北京：商务印书馆，2006 年，第 63 页。

好，约定俗成，而智者也须削足适履，同流合污，这致使语词模糊不清，不似数学的符号，一词一物，相互对应，绝无差错，相比之下，日常语言阻断了见识自然的道路。剧场假象又来自学术中的权威主义、教条主义，唯前人马首是瞻，不敢越雷池半步，好似沉迷于舞台上的幻景，不辨真伪。

这些批评如果针对自然科学，无疑是鞭辟入里，切中肯綮；如果是针对文艺，必然会显得苛刻，并且忽略了时代的差异性。到 17 世纪后期，学术上的古今之争引人注目，主要就是针对文艺，但不再有人刻板套用培根的意见。当然，18 世纪的美学也不是只针对文艺，而是首先基于对自然的欣赏，所以如何理解自然，关涉新的美学的哲学基础。那么培根是如何看待自然的呢？

培根继承了古代的唯物主义，认为世界上所有事物都由物质构成，万物由原始物质演化而来，同时世上的物质都是具体的，"抽象的物质只是议论中的物质"。不过，培根的观点还有不可思议之处。他采纳德谟克利特的学说，认为物质乃是微小分子的集合体，分子的最小单位是基本分子，这些分子之间没有空隙，彼此精确契合。其次，他又指出基本分子有一种独特的性质，那就是它们具有"原始感情"和"欲望"，这些性质使物体显得稠、密、冷、热、轻、重，成为固体和流体的样态。这也难怪他把原始物质比作爱神，爱神在众神中最年长，且无父无母。培根意在以此解释物质运动的自因性，但在其中可以清晰看见古代哲学的遗风，虽然他曾讽刺以人喻物，自己也还是赋予物质和自然以生命的力量。不过，我们也不能指望他会认为人与自然之间存在什么感应，他也从未谈到自然美来自此，自然中的这些性质只是让万物表现出如此这般模样的原因而已。

从另一个角度说，这样的原子论是为求知的方法做铺垫的。如果事物是由不可再分的微粒构成的，那么只要查明其性质和关系，整个自然的本质和规律也就大白于天下了。所以，面对事物，人们首先应该做的就是切分，而不要被整体的形式干扰和迷误。培根用了一个非常形象的比喻，我们不应该直接研究一头狮子、一棵橡树之类的形式，因为这些东西虽然外表有异，也许构成它们的基本分子却相同，这就像人们使用的文字，看似形态各异，名目繁多，但究其实，不过还是由有限的一些字母组合起来的，所以，一旦得到简单性质，再复杂的事物也能迎刃而解。"因为事情已经从复杂变成简单，从不可通约变成可以通约，从不尽根变成有理量。从无限和不清楚变成有限而确定，如同字母系统中的单个字母和音乐中的音符一样。"① 不过，从审美的角度来看，假如我们把狮子和橡树解剖开来，列出各个器官或纤维，不知有谁还能欣赏它们的美。培根大概从未思考过这样的问题。显而易见，在形而上学问题上，培根主张因果决定论，而非目的论，亦即整个自然都是由个别物体按照一定规律而进行的纯粹个体的活动，事物之间不存在目的关系，因此说睫毛是为了保护眼球而存在，下雨是为了湿润土地，都是自以为是。亚里士多德的目的因"只是和人的本性有关，和宇宙的本性是没有关系"，除非我们把最终的原因归于上帝，否则是没有必要讨论这个最终原因的。

如果说培根的整个哲学指向什么样的目的，那便是现实的福利。确实，培根本人虽言自己一生的理想在于学术，但他执迷于官场仕途也是有目共睹的，这并非说他在德行上有何缺陷，而只是把世俗的功利放在与学术同等的地位上，或者正如他自己所说，地位可以让自己更方便从事学术事业。人之所以认识自然，是为了能驾驭自然，为我所用；文明人之所以区别于野蛮人，也在于他们能更自觉、更熟练地运用知识。往近了说，培根自己的时代，英国之所以能在诸多强国中脱颖而出，他全归功于伊丽莎白学识渊博，指定适当的宗教政策和法律，深谙治国之道，可以使国家安定平静，繁荣发达；往远了说，亚历山大大帝之所以能够东征西战，功勋赫赫，也是因为受教于大哲学家亚里士多德，任用众多学者，而且也充分运用了得到的知识。不止于此，在他看来，知识还可以完善人性，淳化道德，也可以坚定宗教信仰，更加崇拜上帝。当然，他并不怀疑自己时代的政治、宗教、道德上遵行的价值标准是否正确。

就艺术而言，培根也表现出功利主义的倾向来。他把诗歌单独归为一类知识，是想象的产物，这使日后美学家们对想象的探究有了根源。应该是受到锡德尼《为诗一辩》的启发，他不再坚持古希腊的传统，视诗歌为模仿的产物，而是虚构。锡德尼面对柏拉图抨击诗歌之虚假时说，诗人并不说谎，因为他们承认自己就是在说谎，培根则说诗歌是"虚构的历史"，而至于为什么要虚构，培根也恪守贺拉斯和锡德尼坚持的"寓教于乐"的诗教传统。培根的这一解释倒也令人耳目一新，他说真实的历史总是不免平淡乏味，少了些大善大奸之人，并且善恶未必分明，因此人们便捏造出"更伟大和更富英雄色彩"的事件以褒善贬恶，满足自己的道德欲求。②

① 胡景钊、余丽嫦：《十七世纪英国哲学》，北京：商务印书馆，2006 年，第 138 页。
② Bacon, *Of the Advancement of Learning*, London: J. M. Dents Sons LTD., 1915: 85.

　　谈到建筑的时候，培根说："造房子为的是在里面居住，而非为要看它底外面，所以应当先考虑房屋底实用方面而后求其整齐；不过要是二者可兼而有之的时候，那自然是不拘于此例了。把那专为美观的房屋建造留给诗人们底魔宫好了，诗人们建这些魔宫是费钱很少的。"① 为了居住，具体而言就是健康、便利，所以他大谈房屋的选址、坐落、布局，而且不吝笔墨，几乎用文字绘制了一幅完美住所的图纸。在《说花园》一文中，培根也详细描写花园的布局，园中一年四季应该种植什么样的植物以及每种植物的习性如何，又写如何造篱墙、建假山、设喷泉，细致入微，大大地展现了他在天文地理方面的渊博学识。这些已然不似《说美》一文所言，"假如美落在人身上落的得当的话，它使美德更为光辉，而恶德更加赧颜的"②，而是落实到更加实在的世俗之利上，全不谈艺术如何带来耳目之悦，进而心智之悦，简言之，培根不认为美有独立的价值。

　　不过需要一提的是，从培根那里我们可以看出，17 世纪以来审美趣味向世俗生活，乃至日常生活的转变，美与效用开始产生关联，正如他绝不从上帝或神性来规定美的本质。这一点在 18 世纪的英国美学中仍然明白可见，尤其是休谟、荷加斯等人对此有深入细致的论述，但他们绝对没有为了效用而抛开美；相反，他们是从审美的角度来理解效用的，是因赞叹制造者的独具匠心而心生愉快。

　　如果说培根是个原子论者而非严格意义上的机械论者，那么霍布斯的机械论则更加明显，他明确声称："哲学排除关于天使以及一切被认为既非物体又非物体特性的东西的学说。"③ 在宇宙中，所有部分都是物体，而物体最本质的规定性则是具有量的广延性，亦即"具有量纲"，"具有长、阔、高"，或与空间的某个部分相组合，或具有同样的广延性。即便是有思想的人，其思想还是要附着在思想者身上，而思想者则是有形体或物质的东西。霍布斯最著名的机械论大概还是他对人体的描述："生命只是肢体的一种运动……一切像钟表一样用发条和齿轮运行的'自动机械结构'……心脏无非就是发条，神经只是一些游丝，而关节不过是齿轮。"④ 当他解释感觉发生的机制和心中思想的原因的时候，这种机械论便是

---

　　① 培根：《培根论说文集》，水天同译，北京：商务印书馆，1958 年，第 160 页。

　　② 同上，第 158 页。

　　③ 北京大学哲学系外国哲学史教研室编译：《十六—十八世纪西欧各国哲学》，北京：商务印书馆，1975 年，第 64 页。

　　④ 霍布斯：《利维坦》，黎思复、黎廷弼译，北京：商务印书馆，1985 年，第 1 页。

基础。这预示着一个世纪之后法国人拉美特利的《人是机器》。与此相应，在获知的方法上，霍布斯深受伽利略的启发，指出所谓推理就是组合或分解，而组合的前提还在于分解。

然而，比起机械论来，霍布斯留下的最大影响还是其功利主义。他明言："哲学的目的或目标，就在于我们可以利用先前认识的结果来为我们谋利益，或者通过把一些物体应用到另一些物体上，在物质、力量和工业所许可的限度内，产生出类似我们心中所设想的那些结果，来为人生谋福利。"[1] 这些表述与培根如出一辙，但培根表达出来的功利主义很大程度上限于认识领域，霍布斯却毫不犹豫地将其作为伦理道德的原则，在他那里，所谓利益几乎就是个人的利益。人生而自私，在自然状态下你争我抢，全无普遍的道德标准，乃是一切人对一切人的战争。霍布斯的情感理论固然意义重大，但他所谓的情感一切皆着眼于自我，善恶之分若有标准，那就是自我的欲望和利益。人之所以结成社会，其动机也还是保存自我，免得两败俱伤。

此后的洛克虽不似霍布斯那样激进，但其伦理学仍然带有强烈的功利主义，他直接说："人们所以普遍地来赞同德行，不是因为它是天赋的，乃是因为它是有利的。"[2] 这个"有利"不是个人预见到整体的利益，而是对自我有利。人之所以行善，一方面，是可以获得他人的好感，利于继续交往；另一方面，是害怕受到惩罚。说到底，人还是天生自私，绝非自愿行善。这的确并不意味着这些哲学家们德行上的卑劣，因为只有他们的努力，英国才先于其他国家完成资产阶级革命，建立现代政治体制。倒不如说，他们不愿回避人先天的缺陷，而一个社会的建立也必须基于这点认识。事实上，功利主义思潮在 17 世纪的英国普遍盛行，英国人内德汉有一句格言："利益就是真理"（Interest will not lie），也有人在小册子中以民谣的形式说："自我就是城市和乡村中的法则……自我使犁铧直行；自我使奶牛产奶。"[3] 即便到了 18 世纪，支持功利主义的作家也大有人在，著名的如曼德维尔、休谟。

---

① 北京大学哲学系外国哲学史教研室编译：《十六—十八世纪西欧各国哲学》，北京：商务印书馆，1975 年，第 63 页。

② 洛克：《人类理解论》（上册），关文运译，北京：商务印书馆，1983 年，第 29—30 页。

③ J. A. Gunn, "Interest Will Not Lie": A Seventeenth-Century Political Maxim, *Journal of the History of Ideas,* Vol. 29, 1968 (4): 551−564.

在这种思潮之下，17 世纪的英国人并不关注美学问题，也谈不上建立一种经验主义的美学体系，加之清教的禁欲主义思想，有些哲学家甚至反对文艺。洛克便是其中之一，在著名的《教育漫话》中，他对有些父母培养子女在诗歌方面的兴趣深表遗憾："倘若他没有作诗的天赋，那么世间最不合理的事情就莫过于以此去折磨幼童了，那是把他的时间浪费在他绝不可能成功的事情上面。而如果他本来就有一种诗人的气质，那么我认为世间最奇怪的事情则莫过于其父亲还希望或者任由这种气质得到培养、增长。我认为父母们应该尽力把这种气质的苗头掐灭，把它压制下去。"[①] 他很担心儿童沉湎于音乐、绘画："我认为，绅士更正经的任务是学习。等到学累了，需要放松、休息一下的时候，就应当做些身体的练习，以解除思维的紧张，增进他的健康和活力。基于这种理由，我是不赞成绘画的。"[②] 美国社会学家默顿所著《十七世纪英格兰的科学、技术与社会》经过统计的实证研究也发现，这个时期从事艺术的人数在减少，而从事科学的人数则在增加。

由此来看，18 世纪英国美学的发生除了社会形态的转变之外，必然还有其他的思想渊源，其中较为重要的应该是自然神论。本来，在中世纪时英国与欧洲诸国同信天主教，但宗教改革的浪潮改变了这一状态。16 世纪时都铎王朝与资产阶级和新贵族间的联盟异常紧密，自然要求摆脱罗马教廷的掌控，增强世俗政权的势力，亨利八世由于离婚案甚至不惜与罗马教廷于 1533 年决裂，没收教会财产，拒绝向教廷纳贡。改革之后英国建立安立甘教会，即国教教会，不过国教仍然偏重天主教，信奉者多为上流社会，而普通民众则受加尔文教影响居多，是为英国清教，清教徒希望削减烦琐的宗教仪式，建立清廉的民主教会。且不说国教与清教之间矛盾尖锐，清教内部也是分歧重重，形成不同教派，先后有长老会派、独立派，独立派内部还有平等派及掘地派。宗教上的争论一直伴随着资产阶级革命，延续到 18 世纪。

纵然有诸多论争，但宗教发展的总体方向还是世俗化以及宗教宽容，与此相应，神学上论争也是逐渐从狂热迷信到理智信仰。这些论争一是涉及宗教和神学的诸多论题，也牵涉了一些哲学问题，当然哲学问题也是为了解决宗教神学问题，英国自然神论便是从这些论争中发展成熟起来的。美国人奥尔在研究英国自然神论的著作中对自然神论者的基本原则做了如下归纳："自然神论者的信条是造物主

---

① 洛克：《教育片论》，熊春文译，上海：上海人民出版社，2005 年，第 241 页。
② 同上，第 266 页。

并不干涉他在创造的时候为这个世界所订立的法则，由此从逻辑上得出的必然结论就是，他们不承认特殊的启示、奇迹、超自然的预言、神意照管、道成肉身以及基督的神性，往往同时还会对实定宗教（positive religion）的意识、教规和制度表示否定，认为它们都是只顾一己之私的人们虚构出来的东西，并非源自神。"①简而言之，自然神论者要求绕开已有宗教的教义、仪式和组织，而是依靠人的理性从自然中领会神意，他们重道德甚于虔诚。毫无疑问，这些原则符合现代社会的发展趋势。

自然神论作家们常常到苏格拉底、柏拉图、留基波、伊壁鸠鲁、埃皮克泰图斯、西塞罗、普鲁塔克等前基督教哲学家那里寻求支持，但对自然神论带来较大影响的除了一些特殊的宗教派别外，更多的还是近代科学的兴起与发展，"近代科学在其发展初期所得到的成功，对自然神论的兴起以及自然神论者们的态度产生了一种十分重要的影响，那就是使他们往往会对人类理智产生极大的自信，前提是那种理智还没有受到权威的束缚"②。自然而然，17世纪以来重视科学，并以科学方法研究自然与人类及其社会的经验主义哲学也有力地推动了自然神论的成熟和传播。

英国的自然神论肇始于雪堡的赫伯特于1624年发表的《论真理》。在这本书中，赫伯特提出了宗教的五条共同原则："1. 存在一个至高无上的上帝；2. 他应该被崇拜；3. 神圣崇拜的主要内容是美德和虔诚；4. 我们应该为自己的罪而悔改；5. 神确实在此世和来世都施行奖惩。"③这些原则在后来并非为所有自然神论者都赞同，但第一、第二和第三条则无人反驳。身处17世纪早期，赫伯特的主要任务是抨击教权、迷信、启示等观念。这些观念之所以盛行，乃是神职人员为了欺骗民众，垄断对宗教的权力，因为启示、奇迹，包括《圣经》到头来只有教会才有权解释，而信徒则只能听从他们的教导。所以，赫伯特的自然神论也需要一套认识论，教人如何才能领会上帝之伟大。他区分了两种真理：一种是理性经过对经验反思之后获得的，另一种则是天赋真理，而天赋真理人人共知，不需要外在证明，他们本身就带有真理的证据。不过，这样一来，赫伯特就并非赋予理性以全部的权利。不过，此后的许多哲学家，无论是否是真正的自然神论者，虽然

---

① 奥尔：《英国自然神论：起源和结果》，周玄毅译，武汉：武汉大学出版社，2008年，第4页。
② 同上，第21页。
③ 同上，第67页。

并不一定完全否认奇迹、启示以及宗教仪式的意义，却主张这些东西都不能偏离理性。

然而，自然神论与科学的关系并非和谐融洽，绝大多数自然神论作家不是科学家，其目的也与哲学家有别。最著名的自然神论者托兰德受到洛克的很大影响，但他运用洛克认识论的主要目的是驳斥宗教奥义。在他看来，观念是一切推理的内容和基础，认识就是观念间一致或不一致的感觉，如果没有确定无疑的观念，一切宗教教义都会是虚伪的，正如超出所有人能力的启示，也是无法理解的，无法为人所接受和信服。但问题是，仅凭理性，人们是否会对上帝产生毫无保留的崇拜，因为理性，尤其是决定论，所揭示的世界并非完美无缺，尽管传统的宗教教义也不是那么令人满意。如此一来，许多学者发现自然神论者的言论多为否定性的，即批驳启示、奇迹和教权，但建设性地、系统地阐述自然神论的作品却不多。与此同时，我们也发现，自然神论者们也绝非完全放弃启示的真理，就是霍布斯、洛克等人也承认它们在庸人俗人那里有一定的作用，正如我们在赫伯特那里看到的那样。

实际上，自然神论遇到的困难在于，如何在依靠理性的同时调动人们对上帝那种非理性的崇拜。解决这个问题的办法是：要么完全杜绝启示和奇迹，要么适当调整理性的性质和界限，或者调和两者之间的关系。很明显，最后一种方案是可以选择的，这也是自然神论者们并不完全依附于科学的原因。一般的自然神论研究者没有意识到这个问题，所以他们只是关注那些自称自然神论者的作家或者对他们的论题产生影响的作家，而没有顾及自然神论是一种普遍但宽泛的思潮。实际上，几乎所有的宗教作家和哲学家也都在协调理性和信仰的关系、科学和宗教的关系，毕竟在 17、18 世纪的人们要面对现实情况，不可能放弃宗教或公然反叛宗教，例如休谟由于其怀疑论而未能获得格拉斯哥大学的教职，其《自然宗教对话录》也不敢在生前正式出版。

所以，我们看到很多人试图利用科学来维护宗教，但同时也并不完全信赖科学以及理性，反而在一定程度上批评科学对宗教的威胁，因而这也促使他们在科学之外运用其他方式证明宗教崇拜的合理性。16 世纪的宗教作家卡沃戴尔在《古老的信仰》一书中这样说道：

　　　　因为当他（上帝）设计人类之创造的时候，而这个时代已然来临，这时他那神性的智慧和天意已经颁布，他首先为人类指定了一个奇妙的住所，同时也加以装点，并且更加美妙。……这智慧和忠诚的主人的手笔挥洒得更为广阔，去表现、去愉快地装点这种奇妙的作品；诚然，他不仅装点了它，而且为了人类使它丰富而便利，而人类便是即将到来的过客和居住者。

并且，既然人类应该安居于这土地上，他（上帝）事先就装点了它，为它着上优美的绿装；这就是用一种实体，他首先用花朵和成群的牛羊加以装饰，这种实体不仅看起来令人愉悦、美轮美奂，有着赏心悦目的趣味和美妙的色彩，并且为食物和种种妙药提供了便利。①

这无疑是一种明显的自然神论。卡沃戴尔在描述上帝的丰功伟绩时没有强调超越人类之外的奇迹和启示，上帝创造自然万物为人提供了便利，这可以为科学所证明，但同时上帝还为人装点了自然世界，使其"看起来令人愉悦、美轮美奂，有着赏心悦目的趣味和美妙的色彩"。上帝的装点、自然显出的美妙，是人能感受到的，却不一定能为科学所证明，因为当这些东西被分解时，人们便不能感受到，所以这些不依赖理性，而依赖情感和直观。与之类似，对上帝的崇拜也未必是理性的表现，而是一种情感或激情。

多年后，布莱尔仍说，上帝赋予人趣味和想象力，"广泛地扩大了人生快乐的领域，而这些快乐是最纯洁、最无害的"②。所以，从目的论或有机论的角度解释自然，从美的角度来看待自然，在近代英国思想中也同样存在并流行，这在一定程度上也是自然神论的表现或其所需，反过来这种思想也孕育着新的美学。

17世纪，这些思想集中体现在剑桥柏拉图学派那里。这个学派的成员多信奉国教，他们很多人毕业于剑桥大学伊曼努尔学院，之后又在此执教。在政治上，他们不采取任何偏向，超然世外，这也让他们在内战中免受干扰，得以留存壮大。大体上说，这些成员反对罗马天主教，拒斥无神论，但同时也反对新教中的卡尔文主义，即一种非理性主义。他们反对宗教狂热，支持宗教宽容，主张宗教信仰应与理性相和谐。与被研究者们所称的自然神论者一样，他们强调宗教中的道德

---

① H. V. S. Ogden, *The principles of Variety and Contrast in Seventeenth Century Aesthetics and Milton's poetry, Journal of the History of Ideas*, Vol. 10, No. 2, 1949(4): 161.

② Blair, *A Bridgment of Lectures on Rehtoric*, Carlisle, 1808: 21.

因素，反对教权主义。然而，另一方面他们虽然不满于盛行于中世纪后期的亚里士多德的学说，广泛接纳近代科学和哲学，但也对后者保持警惕，唯恐其唯物主义导致无神论。所以，他们多继承柏拉图和新柏拉图主义思想，着力维护精神生活，也希望能将近代科学和哲学为宗教所用，而不是一味地排斥。所以，他们对于宗教生活的描绘、对自然世界的阐释，出乎理性，也超乎理性，与后世美学有着内在联系。

这一学派的创始人名为惠奇科特，自 1636 年起担任剑桥三一教堂星期天礼拜的主讲人，时间长达 20 年。他极力教导青年学者多读古典哲学，特别是柏拉图、塔利和普洛丁的著作。他提倡理性，不过这一理性不是现代哲学所谓的工具理性或科学理性，而是一种理智的反省和平静的心态。狂热和迷信实则是损害宗教的，因为求助于人们无法共同理解的启示，就必然会有不同的理解，所以它们带来的不是纯洁的信仰，只能引起纷争。真正的宗教应该以理性为基础，应该以道德为目标。理性的信仰状态乃是内心的平和，"宗教最重要的作用是心理上的和理智上的"，"只要人的心灵不镇定自若、安详肃穆、平静无波，就没有宗教真正特有的效果"。他还说："我不愿为一种可疑的学说或不确定的真理而破坏确定的仁爱法则。"[1] 惠奇科特不是一个哲学家，也没有系统的思想，只留下一些演讲和布道，但他无疑为剑桥柏拉图学派奠定了一个基调。

对这一学派的思想予以系统表达的是莫尔。他自己回忆，在大学期间，他认真阅读新柏拉图主义和神秘主义的著作，以求彻底清除心中的罪恶，想获知的前提是道德完善，也就是克服利己主义，达到如神一般的境界。不过，莫尔为人所称道的是他与笛卡尔的 4 次通信。他对笛卡尔十分崇拜，却能做到"更爱真理"，倒是从笛卡尔的学说中领会到反对无神论的新途径。对于笛卡尔用广延定义物体、承认真空存在、以为物质无限可分等观点，他表示反对，而且他最难接受的是笛卡尔认为动物即机器——因为若没有意识，动物便不会有恐惧、勇敢、羞愧以及对食物的热切追求。由此更进一步，他认为整个宇宙都不可能是纯粹机械的现象，而是灌输着精神，这便是以新柏拉图主义来补充和纠正笛卡尔的哲学了。

莫尔之所以不同意笛卡尔将物质定义为广延，是因为在他看来，精神也同样有广延，但与物质的不可入和可分解不同，是可入的和不可分解的，因而能够穿

---

[1] 索利:《英国哲学史》，段德智译，济南：山东人民出版社，1992 年，第 91 页。

透物质。上帝乃是一种精神的实体，他弥漫于整个宇宙中，渗透于一切物质中，就似光学原理，"假定有一个光点，从之辐射出一个光环。这个光环与精神的本性很相似，它是漫射的和有广延的，然而却是不可分的"①。这个灵感显然是来自柏拉图的光喻说，却又与近代科学融为一体。由此一来，人们便可解释，为何自然中的植物和动物会有情感和欲望，表现出主动的运动来，因为物质并不能自身产生功效。所以，莫尔在一定程度上把笛卡尔当作了反面教材，因为笛卡尔阐述了物质世界中精确的机械运动，但到头来这机械运动毕竟是有界限的，而且机械运动到底还是上帝的杰作，这便足以证明上帝的伟大，同时也以一种唯心主义的一元论贯彻下去，背弃了笛卡尔的二元论。

与"正宗的"自然神论者相似的地方在于，莫尔确实不认为上帝时刻操纵着他所创造的世界，上帝在创造物质世界的同时，也在其中灌输了普遍的精神，让物质世界自我维持。这种普遍的精神可以叫作自然精神或世界灵魂。莫尔认为自然精神是一种无形的实体，但没有感觉和评判力，它遍布整个宇宙中的物质，"在其中起着塑造力的作用，它通过指引物质的方向和运动引起那些不能只归结为机械力的现象"②。有时候，莫尔把自然精神比作是一个头脑清楚的人，具有可靠的判断力，在相同的环境总是做出相同的决定。这样看来，莫尔没有否认力学、物理学等自然科学的意义，但它们所揭示的不是宇宙的全部，它们有助于让人领悟到上帝的存在，而前提是宇宙中没有纯粹机械的现象。

在 17 世纪，哲学家们热衷于科学及其科学方法，他们并不否认上帝的作用，但在他们的哲学中，上帝总好像是一个局外人，而如莫尔这样能协调科学与宗教之间关系的确实为数不多，虽然他的解释不能令现代人完全满意。对于美学来说，莫尔描绘了一个不一样的自然，在科学之外或者与科学并行不悖，还可以从生命的角度看待自然。人们可以把自然看作物质加以分解，得出其中的精妙规律，但也可以将它视为有机的整体，与人自身的生命活动产生交感和同情，而这一切也还是在理性的范围内进行的。然而，令人遗憾的是莫尔的全部目标在于宗教，他没有关注自然之美，也没有从心理学的角度来阐发人如何领会到具有塑造了的自然精神，而只是停留于逻辑论证的层面上。

还需值得强调的是莫尔的伦理学。与惠奇科特一样，他将美德视为宗教的基

---

① 索利：《英国哲学史》，段德智译，济南：山东人民出版社，1992 年，第 88—89 页。

② 胡景钊、余丽嫦：《十七世纪英国哲学》，北京：商务印书馆，2006 年，第 252 页。

础和目标，但如何证明善乃人之本性却是难题。他的出发点是：美德并非一种习惯，而是一种能力，即用理智控制情欲的能力。不过，情欲总在思考和选择之先，所以情欲必源自自然，必是上帝赐予；如果上帝本善，那么他赐予人的情欲就必遵循自然之法，因此也是善的。自然之法可谓"神法的耳语"，人在理智状态下听得最清楚，因而情欲不仅顺从自然之法，也服从理性。但人之行善，并不全是出于理性，既然人受情欲之推动，情欲则先天为善，那么行善就必然使人快乐，也有利于自我保存。不过，反过来凡使人快乐之事就是善的，却万万行不通，因而需要理性的控制。这样把情欲和理性综合起来，莫尔说德行的根据乃是"理智的爱"，乃是出于某种特殊良知。他还认定人生而有"良知官能"，也就是一种先天的直觉，让人判别善恶，支配自己的行为。这一学说之所以重要，就在于它开启了英国伦理学上的道德感理论。夏夫兹博里、哈奇生、休谟皆属此一传统，而且夏夫兹博里在美学上将美归于神性的精神，又提出人有"内在的眼睛"可以分辨善恶美丑，其哲学基础与莫尔的自然精神和"良知官能"一脉相承。

卡德沃思是莫尔的同代人，被看作剑桥柏拉图学派的领袖，也许是因为他比其他人更积极地参与了政治，曾任克莱尔学院院长，又在基督学院任院长直至去世，此外有一时期曾短暂离开剑桥，担任萨默塞郡北凯德伯里教区的教区长。卡德沃思的思想几乎是莫尔思想的翻版，不过也闪现出一些灵感，足资后世借鉴。他与莫尔一样崇敬笛卡尔，因为笛卡尔清楚地指出物质是什么，能导致什么，这就划定了物质运动的界限，因而把机械主义与精神的原理区分开来，可以导向对精神的进一步思考和崇拜。在这个背景下，卡德沃思更直接地批驳了霍布斯的哲学。在他看来，霍布斯的谬误在于只承认有广延的物体才是实体，如此便把实体等同于物体，显不出自身能动的终极原因，也看不到神的创造智慧这种更高级的本原，这就等于否定了最高的精神实体。的确，霍布斯承认上帝的存在，但上帝是一种看不见摸不着的精细物体，同样具有广延，但是这样的话，上帝就不是感觉的对象，人们也不能得到关于上帝的知识。所以，卡德沃思曾批评霍布斯和笛卡尔"使上帝在世界中变得微不足道，而只是物体偶然和必然运动种种结果的冷漠旁观者……他们制造了一种僵死而索然的世界，就像一尊雕塑，在其中既没有活力也没有奇迹"[1]。

---

① Brett, R. L.. *The Third Earl of Shaftesbury: A Study in Eighteenth-Century Literary Theory*, New York; Melbourne: Hutchison's University Library, 1951: 15.

与莫尔一样，卡德沃思认为在上帝与机械的物质世界之间存在一种中介环节，它们是无形体，却是有生命的东西，他称之为"有塑造力的自然"（plastic nature）。但他在描绘这种独特力量的时候，运用了一种非常巧妙的比较，也就是人的工艺和神的工艺。就像人的工艺在于赋予物质以某些样式，给予其某种活动，"有塑造力的自然"就是来自神的一种工艺，赋予物质世界以秩序。但两者毕竟不同，人的工艺只是从外部作用或推动对象，而"有塑造力的自然"却作为事物的内部生命、灵魂或规律作用于物质。同时，人的工艺是经不断改进而臻于完善的，而"有塑造力的自然"则自始就是完善的工艺，无须思考，无须修改。然而，就像莫尔的自然精神，卡德沃思的这种自然也不同于神本身，它们没有自我意识和自我感觉，没有自由，没有选择，不理解其行动的意义和目的，在自然界中，它们是比动物较低的生命。所以，它并不直接就是神的工艺。神的工艺只是上帝心中的知识、理智或智慧，所以是纯粹的和抽象的，而"有塑造力的自然"则是具体的和形象的，它的工作是神的工艺的复制品或摹本。我们可以推演出来，在宇宙中有三个等级的精神，即低等生命、人的理智和上帝的智慧，虽然卡德沃思并未明确这样表达，但在后来的夏夫兹博里那里是可以清晰见到这种推演的。

以休谟在《自然宗教对话录》中的话来说，卡德沃思是以人的行为来比方上帝的行为，这样做是否是一种臆测，而这种臆测又是否恰当，并不是这里要讨论的问题。但是，在面对原子论和机械论大行其道的时代，卡德沃思以及莫尔仍旧坚持自然是一个充满生命和灵智的世界，在人的行动中也不仅有一种物质的运动，而且还必然有更丰富的内容。这应该是他们的一大贡献。而卡德沃思将上帝的工作比作人的工艺（比人的工艺更完善精妙）也同样非同寻常，因为，若是如此，那么上帝的作品同样也表现出美的性质来，而且比人的作品更美。从另一个角度来说，这种比较也提高了艺术家的地位，因为他们的创造并不仅是对物质形态的改变，而且还融入了理智的力量，赋予物质以生命。当然这种看法也是后来的事情了，夏夫兹博里将艺术家比作宙斯麾下的普罗米修斯，他们创造第二自然，而康德也继续沿用这种理解，称艺术作品为第二自然。事实上，夏夫兹博里确实通过卡德沃思的女儿读到过那些并未出版过的书稿，其中的目的论理所当然要影响夏夫兹博里。我们可以说，通过夏夫兹博里，卡德沃思也对18世纪英国美学注入了自身的影响。

在机械论和感觉论的联合夹击之下，17世纪的人们也许很难在自然中看到智慧和温情的一面，正如在理性和欲望的相互冲突中，人们很难看到社会如何能形成天然的纽带和秩序。在这种背景下，艺术也很难找到自己的立身之地，因为它们不会像科学那样揭示任何真理，也很难带来现实的利益。在传统社会，艺术服务于宗教和贵族意识形态，但宗教和贵族衰落的时候，艺术便无法有效实现功利目的，因而也必须成为非功利的（disinterested），它们需要在未来的时代为这种非功利性寻找坚实的理由。而剑桥柏拉图学派双线作战，既反对笛卡尔和霍布斯的机械论，也抵抗宗教的狂热和迷信，用目的论和有机论来解释自然，用美德来拯救宗教，弥合社会，因此具有特殊意义。他们很少关注艺术和美学问题，但他们必将激起后人在这些方面的兴趣。从社会历史的角度来看，剑桥柏拉图学派在17世纪的英国也具有独特的地位，它在资产阶级与传统贵族的冲突中、在科学与宗教的冲突中、在狂热与理智之间，试图取得一种微妙的平衡，发挥着一种整合的作用。这些哲学家让人们从外在的冲突回到内心世界，在理性沉思的过程中得到内心的平静，所以他们比盛行的经验主义和其他各种宗教学说更强调道德的意义，更强调个人的修养，而这也正是18世纪英国美学的一个归宿。

第三章

夏夫兹博里

夏夫兹博里（Anthony Ashley Cooper, the third earl of Shaftesbury, 1671—1713），17 世纪后期著名辉格党领袖夏夫兹博里伯爵一世之孙。夏夫兹博里伯爵一世与著名哲学家洛克交往甚笃，在洛克的指导之下，夏夫兹博里自幼就掌握了希腊文和拉丁文，在古典学术方面打下了坚实的基础。1683 年，12 岁的夏夫兹博里入温彻斯特学院学习。4 年后，如当时贵族家庭流行的那样，他花 3 年时间游历欧洲大陆，尤其是法国和意大利的艺术让他受益匪浅，于是他后来也大力资助年轻的艺术家。他对艺术和美的感悟充分体现在他的所有著作中，并酝酿成为富有创造性的美学思想。同时，夏夫兹博里在政治方面也兴趣盎然，受惠于其祖父的影响力，他年仅 24 岁入选议会，但是由于健康不佳，3 年后便退出。为了休养身体，他陆续居住于荷兰和意大利，潜心著述，1713 年病逝于那不勒斯。夏夫兹博里的主要著作是《论人、风俗、舆论和时代的特征》（以下简称《论特征》），初版于1711 年。

一、目的论

毫无疑问，18 世纪英国的美学热潮是由夏夫兹博里发起的，但是，夏夫兹博里真正关心的并不是美和艺术，而是道德和政治，美和艺术是为了解决道德和政治方面的问题才进入他的视野的。不过，也正是凭借对美和艺术深入而独特的理解，夏夫兹博里才发展出了一套极具创造性和影响力的道德和政治理论，反过来，也是因为其独特的道德和政治理论，他的美学才显现出卓越的内涵并产生深远的影响。所以，理解他的道德理论对于进入其美学理论来说至关重要。

在道德领域，夏夫兹博里的矛头直指功利主义。15世纪以来资本主义的发展促使传统的生产方式发生改变，而且也影响着人们的生活方式和思想观念，人们并不想丢弃原先的以虔诚和荣誉为目的的价值观，但至少认为追求物质利益也同样重要，两者可以并行不悖，互不干扰，甚至可以相互促进。对现实利益的追求在英国有过之而无不及，加之英国向来就有议会限制王权和地方自治传统，使王权的权威相对薄弱，这使得英国贵族能够迅速完成生产和经营方式的转变，资本主义率先得到发展。在宗教方面，亨利八世与罗马教廷的决裂以及各种宗教派别的涌现使得人们的信仰具有了更多的世俗色彩，尽管在思想领域中存在着错综复杂的斗争，但在工业、商业、科学技术等方面发展的共同作用下，人们相信"利益就是真理"。功利主义无疑成为17世纪英国的主流。

作为近代经验主义哲学的奠基者，弗朗西斯·培根认为知识再也不能依靠狂热的迷信、虚幻的想象和空洞的推理来获取，只有直面物质世界，从中获得直接材料，通过不断积累和总结，才能拥有真实而正确的知识。知识的功用不是为了满足人们偏执的想象和一时的消遣，而是为了驾驭自然，为人类带来实际的福利。在他对知识体系的构造中，由于人的能力又可分为记忆、想象和理想三种，诗歌也因想象而分得一席之地，但离开了其他学术，诗就没有多少价值。因为，"诗是关于言辞的一部分学问，在多数情况下是受约束的，但在其他情况下则被赋予极大的权利，真正来说与想象有关。……诗可以在从言辞或事实两种意义上被理解。在第一种意义上，它只是风格的一种特征，并属于讲话的艺术……在后一种意义上，它是学问中首要的一部分，只是一种伪造的历史，这种历史既可以是散文的形式，也可以是韵文的形式"[1]。诗歌可以是其他学问的一种表达方式，因而不能以辞害意，它的自由不过是弥补平淡而存在缺憾的历史所无法实现的任务，虚构故事来表彰大德，惩罚大恶，简言之，诗歌是为知识、政治、道德和宗教等领域服务的一种手段，如果本末倒置就只能有害而无益。所以培根认为，只是在"其他学问被拒绝接受的愚昧时代和野蛮地区，它才被人接受和尊重"[2]。

曾任培根秘书的霍布斯一生亲历了翻来覆去的种种革命，看惯了你方唱罢我

---

① Francis Bacon, *Advancement of Learning*, London: J. M. Dent & Sons, 1915: 68.

② 同上，第82页。

登场的政治游戏，很难相信虔诚、正义源自人的天性，也难相信各种德行是普遍和永恒之物，这使他更为激进地描述了功利主义。在他看来，支配人们认识和行为的重要动力之一就是个体的激情或欲望，亦即求利、求安和求荣的自爱本性。同时，自然赋予人对事物的快乐和痛苦的感受，有利于生命的就是令人快乐的，也是善的，反之就是令人痛苦的，也是恶的。因此，任何善恶判断都出自个体的自我感受，因而也就是相对的。"任何人的欲望的对象就他本人来说，他都称为善，而憎恶或嫌恶的对象则称为恶；轻视的对象则称为无价值或无足轻重。因为善恶和可轻视状况等词语的用法从来就是和使用者相关的，任何事物都不可能单纯地、绝对地是这样。也可能从对象本身的本质之中得到任何善恶的共同准则。"①若不是为了保全自我，人们就不会达成契约，构建道德法则。即使有任何德行或美德的存在，那也不过是实现自我目的的手段。后来的洛克在伦理学上仍然主张相似的看法，虽然不似霍布斯那么露骨。他否认在人心中有任何先天的道德观念，因为人们也没有发现有任何普遍的道德观念。最终，"人们所以普遍地来赞同德行，不是因为它是天赋的，乃是因为它是有利的"②。在各种道德规则建立起来之后，也没有人会自发地遵守它们，而是为了赢得奖赏，避免惩罚。

夏夫兹博里将功利主义视为自己一生的敌人，因为功利主义拔除了道德在人性和社会中的根基，使人们陷入恐慌绝望之中，而不能真正增进社会的安定和人生的幸福。他的哲学目标就是要证明，德行在自然和人性中有着先天的基础，人先天地喜爱善憎恨恶，并且自发地在生活中表现德行，因为这样会给他带来最大的快乐，也只有这样，整个社会才能达到完善和谐的状态。为此，夏夫兹博里需要对整个经验主义哲学进行有效的反驳，因为在他看来，功利主义很大程度上源自霍布斯和洛克对自然和人性的错误理解。

夏夫兹博里与他之前的经验主义者并非毫无相同之处，他承认自然世界存在物理的规律，反对对自然进行神秘主义的解释，但是他力图把科学研究的结果与一种有神论结合在一起，也就是说，他既主张自然世界的因果决定论，也主张目的论。依照决定论，自然是一个存在因果关系的整体；依照目的论，这个整体也指向一个精神性的目的。在自然世界中，每一个个体都从属于一个有限的整体，这些有限的整体又从属于更大的整体，最终形成一个有着统一原则和目的的最大

---

① 霍布斯:《利维坦》，黎思复、黎廷弼译，北京：商务印书馆，1985 年，第 37 页。

② 洛克:《人类理解论》（上册），关文运译，北京：商务印书馆，1983 年，第 29—30 页。

整体。一个个体离开整体便没有意义，无论其存在还是死亡，都是为了整体的存在和延续，层层递进，整个自然世界便成为一个相互依存的整体。夏夫兹博里的目的论很明显是受到了17世纪剑桥柏拉图学派的影响，这个学派希望将神学与科学相结合、相协调，重新证明上帝的存在和宗教在现实生活中的意义。[①]但是，他们并非让上帝和理性相对立，而是寻求一种统一。他们也尽量为自然中的机械规律留出更多的空间，然而他们的目的在于超越机械规律，在终极原因中体现上帝的力量。莫尔提出自然精神，它"遍布宇宙的全部物质，在其中起着塑造力的作用，它通过指引物质的方向和运动引起世界上那些不能只归结为机械力的现象"[②]。卡德沃思提出了"有塑造力的自然"，它"是神支配物质的中间环节，和机械结构混合贯穿于整个有形的宇宙"[③]。从目的论的角度来看，自然世界中的每一个环节无不体现着一种神圣的设计或意图，因而暗示着上帝的存在。

夏夫兹博里确信，单纯根据机械、物理、数学或几何等的原则是无法真正理解任何事物的本性的，自然和宇宙不是物质的堆砌，无论是一个个体还是整个自然都依靠一种内在力量的维系。每一个事物都要求存在下去，而且它也先天被赋予了一种特殊构造来适于其存在，甚至被赋予一种欲望或激情而去追求对它有利的东西，那么我们可以说，这个事物的构造中的每一个要素，无论是其外在的构造，还是其内在的欲望和激情，都是指向某个目的的。"如果拿一块蜡或者其他物质将这棵树确切的形状和颜色拓制下来，如果可能的话，并用相同的物质锻造出来，这样它还可以是相同种类的一棵树吗？"答案当然是否定的，因为一棵活生生的树"无论在哪里具有这种同时存在的部分围绕一个共同目的，并且共同去维持、繁荣和繁殖这样一种优美的形式"[④]。所以，使一棵树成其自身的本质不是材质和其中的机械构造，而是一种精神性的生命力。这种生命力同样可以扩大到整个宇宙，万物的形态虽然千差万别，但它们都同时围绕着同一个目的，"以生命的形式存在"，也是"真正的元一"。这种生命力就属于自然本身，并不需要外在力量的塑造。更准确地说，这种力量来自人的心灵对万物和人本身在自然中的

---

① Brett, R. L.. *The Third Earl of Shaftesbury: A Study in Eighteenth-Century Literary Theory*, New York; Melbourne: Hutchison's University Library, 1951: 17.

② 胡景钊、余丽嫦:《十七世纪英国哲学》，北京:商务印书馆，2006年，第252页。

③ 同上，第268页。

④ Shaftesbury, *Characteristics of Men, Manners, Opinions, Times*, ed., Klein. Lawrence E., Cambridge: Cambridge University Press, 1999: 299–300.

意义的体悟。这一点把夏夫兹博里与剑桥柏拉图主义者们区别开来，"并不似卡德沃思和莫尔，他们相信人必须从这个较低级的物质世界中被净化和提升，而夏夫兹博里将在这个世界本身中发现生存的价值"①。

人类社会同样是一个整体，每一个人都无法离开社会而生存，在这个整体中同样有一种生命力或精神力量把所有人凝聚起来，体现在每一个个体身上，这种力量就是激情或感情。如果人自然地就形成社会并依赖社会而生存，那么每一个人的行为只有相对于整体来说是善的或恶的，有利于整体的行为才是善的，反之就是恶的。人类社会的形成并不是个体为了保全自己而做出的妥协，相反，将所有人都凝聚在一起的纽带是植根于每一个人心中的对于他人和社会整体的喜爱这种先天感情。很明显，两性之间相互爱慕，父母对后代只讲付出不求回报，就是明证。我们同情他人的苦难，分享他人的快乐，虽然他人的苦难和快乐并没有对我们自己产生有利或不利的影响。投入社交使人快乐，离群索居让人痛苦。因为情感是人的本性，任何行为都受到情感的推动，否则行为就没有善恶之分。所以，要判断一个行为的善恶就是判断推动行为情感的善恶。夏夫兹博里确信，人人在内心中都知道只有有利于整体和他人的行为才是善的，反之则是恶的。"一种理智的生命，不通过任何情感而行事，这就不能在本质上使其成为善的，也不能使其成为恶的，只有当与其相关的整体的善或者恶是触动其激情或者感情的直接对象时，它才能被假定为是善的。"②夏夫兹博里并不否认人天生有自私的感情，因为整体目的的实现也需要个体的存在，但即便这样，人天生的社会性感情仍然是不可抹杀的，这是一切道德的基石。

对于夏夫兹博里来说，霍布斯和洛克犯了一个极大的错误，即认为道德判断和行为的对象仅仅是行为的结果；相反，夏夫兹博里认为行为的善恶在于其动机。一个人的行为即使其结果有害，只要其动机是善的，这个人就是善的，反之一个人的行为即使其结果是有利的，但只要其动机是恶的，就改变不了这个人恶的本质。没有动机或不是出自自由意志的行为便没有善恶之分，夏夫兹博里在这一点上与康德一致。如果善就是对整体和他人有利，那么一个人行善的动机不是他想

①　Ernest Tuveson, Shaftesbury on the Note so Simple Plan of Human Nature, *Studies in English Literature*, 1500–1900, Vol. 5, No. 3, Restoration and Eighteenth-Century, 1965(Summer): 405.

②　Shaftesbury, *Characteristics of Men, Manners, Opinions, Times*, ed., Klein. Lawrence E., Cambridge: Cambridge University Press, 1999: 169.

因此而为自己获利，而是因为他认为这种行为是正确的，他愿意这样做，如果有任何奖赏的话，那就是他因此而得到一种特殊快乐。甚而至于，一个人不仅应该追求有利的结果，更应该从动机上维护超越一切个体之上的道德法则，也是为了表达对善本身的热爱。如果人们只是为了自我利益或为了获得奖励或逃避惩罚才做道德的事，那就永远也不会有稳定的道德法则，因为人与人之间的需求是各不相同的，每个人自己的需求也在不断变化。出自自我利益的任何行为永远都不会是善的，最多只是在不损害他人和整体的时候是无所谓善恶的。只有每一个人都怀着对最高的善的热爱，对道德法则和完美的社会秩序的热爱，道德法则才能得到维护，完美的社会秩序才能得以形成。

二、道德感

夏夫兹博里所遭遇的困难是：既然人天生就具有社会性感情，乐于向善，但在人类社会中又为何有如此多的恶行存在？这正如霍布斯和洛克所遭遇的困难，既然人人为己而活，人类社会却居然维持着哪怕是不完善的秩序，又有那么多人愿意乐于助人、匡扶正义。他们都承认人类生活需要一个富有秩序的社会，霍布斯和洛克认为人们是为了保全自己而结成社会，夏夫兹博里则认为人天生就需要也喜欢相互交往，这有助于实现人类社会的整体利益，而且人们也从中得到快乐，这种快乐远远超过了肉体和感官所能获得的任何快乐。

夏夫兹博里或许相信，凡存在即合理。"我们不能说任何事物是全部地或绝对地坏的，除非我们能够确定地说明和肯定，我们所说的'坏'是指在任何其他系统中，或在对于任何其他生命或机体来说一无是处。"[①] 同样，社会性感情和自私感情都先天地存在于人心中，本身并没有善恶之分，因为它们都是社会整体所不可缺少的。一个个体没有保全自己的欲望和能力，或者对任何他人和整体的利益都漠不关心，都不利于整体的延续。如果这两种感情都是自然的，但是还有恶的存在，那么恶只能来自某种感情的过度。自私感情过度到损害他人和整体的利益，必然是恶的。同样，"即使是大多数最自然的友善和爱，例如各种生命对自

---

① Shaftesbury, *Characteristics of Men, Manners, Opinions, Times*, ed., Klein. Lawrence E., Cambridge: Cambridge University Press, 1999: 169.

己后代的爱，如果这种爱是过度多的和超出一定界限的，它无疑是恶的"①。

不过，困难是人们怎么知道他的行为是善的或恶的，因为善恶指的不是外在的形式，而是内在的动机或情感。我们怎么感觉到一个行为的动机是善的呢？夏夫兹博里说，我们本来就知道，我们的本性中具有一种特殊能力，让我们知觉到出自某种动机的行为的善恶，因为善的行为使我们快乐，恶的行为让我们厌恶。这种能力就是反省（reflection）。

在能够形成实物的普遍观念的生命中，不仅给予他们以知觉的外在事物是情感的对象，而且行为本身和怜悯、友善、感激等情感，以及相反的情感都会通过反省被带入头脑当中，成为情感的对象。所以，凭借这种反省的感官，产生了一种面向情感自身的情感，这种情感原先已被知觉到，而现在则变成了被喜爱或不喜爱的新的对象。

作为其他心灵的观者或听者的心灵，也有耳目，也能分辨比例，辨别声音，并审视呈现于面前的每一种情感或思想。它不会让任何东西逃离其审查。它感到感情之中的柔软和粗涩、适意和不适意，发现错误和公正、和谐和嘈杂，这是现实的和真实的，就像它们存在于任何音乐的韵律、感性事物的外在形式，或画像当中一样现实和真实。它也不能抑制自己的敬慕和狂喜、厌恶和轻蔑，不管这些东西与这个或其他主体是否利害相关。②

反省这一概念应该来自洛克，在洛克那里指心灵"观察自己对那些观念所发生的作用时，便又会从内面得到别的观念，而且那些观念亦一样可以为它的思维对象，正如它从外面所接受的那些观念似的"③。可以说，由反省而来的观念是关于我们自己心理活动的观念。不过，洛克认为快乐和痛苦的观念是通过感官和反省两种途径进入心灵的，而不单是通过感官或反省被知觉到的。"感官由外面所受的任何刺激，人心从内面所发的任何思想，几乎没有一种不能给外面产生出快

---

① Shaftesbury, *Characteristics of Men, Manners, Opinions, Times*, ed., Klein. Lawrence E., Cambridge: Cambridge University Press, 1999: 172.

② 同上。

③ 洛克：《人类理解论》（上册），关文运译，北京：商务印书馆，1983年，第93页。

乐或痛苦来。外面所谓的快乐或痛苦，就包括了凡能娱乐我们或能苦恼我们的一切作用，不论它们是由人心的思想起的，或是由打动我们的那些物体起的。"① 洛克说，快乐和痛苦的观念激发我们注意和选择某些对象，促使我们追求某些对象，躲避另一些对象。

但夏夫兹博里所谓的反省的确与洛克的反省仍有很大的不同。首先，夏夫兹博里明确说，反省的对象是情感，而不是事物的任何外在性质，即使情感需要通过某些外在性质表现出来，本身也与外在性质完全不同。其次，痛苦的情感通过反省被再次知觉到时，不一定仍然产生痛苦的情感，例如，对他人友善可能损害我们自己的利益，因而是痛苦的，但这种痛苦再被反省到时却又可以是快乐的。再次，最后的情感反应可以跟我们自身的利害没有直接关系，也就是某个人对另一个人表现出友善的情感不能给我们自己带来任何利益，但是它仍然令我们感到快乐。最后，这种反省也是一种直觉，它不需要将这些情感还原为更简单的观念。

的确，依靠外在感官我们不能看到他人的情感，但是夏夫兹博里说我们还有"一只内在的眼睛"（an inward eye）："一旦眼睛看到形象，耳朵听到声音，美就立即产生了，优雅和谐就被人知道和赞赏。一旦行为被观察到，一旦人的感情和激情能被人觉察到（大多数人感觉到的同时就已经能分辨），一只内在的眼睛就立即会加以分辨和领会漂亮的和优美的、可亲的和可赞的，否则就是丑陋的、愚蠢的、古怪的或者可鄙的。因此人们怎能不承认，正如这些区别就存在于自然之中，这种辨别能力也是固有的，只能出自自然？"②

这只"内在的眼睛"就是后来哈奇生所谓的道德感。这种先天能力让我们能够直觉到一种行为的善恶。我们知道自己的行为是出于自我利益还是为了整体或他人的利益，我们也可以通过他人的情感反应知道自己行为的效果。夏夫兹博里确信人具有一种共同感，使人与人之间可以相互交流，所谓人同此心，心同此理。

行善会带给我们快乐，这种快乐不少于自我利益而来的快乐，正是这种快乐引导我们行善。正如身体的各种部位处于协调状态时，那就标志着这种状态符合人身体的本性，因而也就是健康的，人们能由此享受健康带来的快乐。在心灵方面也是如此："心灵的各个部分和要素，它们的相互关联和依赖，构成灵魂和性

---

① 洛克：《人类理解论》（上册），关文运译，北京：商务印书馆，1983年，第94页。

② Shaftesbury, *Characteristics of Men, Manners, Opinions, Times*, ed., Klein. Lawrence E., Cambridge: Cambridge University Press, 1999: 326–327.

情的那些激情的联系和构造，可以被那些认为这种内在解剖值得一做的人轻易理解。可以肯定，这种内在部分的秩序或协调本身与身体的秩序和协调一样真实和确切。"[1] 心灵中各种情感的协调，就标志着这种状态符合人的本性，因而是健康的，人们能从中感受到另一种快乐。在面对他人时，如果一个人有适度自爱之情，被我们称作勇敢，他可以克服外在的困难和不幸而生活下去，这让我们心生尊敬，反之一个懦弱的人，则让我们鄙视。如果一个人对他人充满仁爱、同情和感激的社会性情感，就让我们感到欣慰和赞赏，反之对他人的不幸漠不关心甚至幸灾乐祸的人则让我们愤慨甚至恐惧。总之，那些行为及其主体让我们感到快乐是因为它们符合人的本性，而那些行为及其主体让我们感到痛苦则是因为它们违背了人的本性。对于每一个个体来说也是同样的情况，如果我们自己拥有适度的自爱，能克服外在的困难和不幸，我们就感到骄傲，反之就感到痛苦。但是，如果我们只有自爱之心，仇视他人，我们就时刻处于焦虑不安之中，唯恐他人以同样的态度对待我们自己。所以，真正说来，过度的自私并不会让我们感到快乐和幸福，真正的快乐和幸福来自与他人共享快乐和分担苦难。尽管一个社会并不完善，人与人之间并不和谐，但是我们还是非常珍视这些快乐。

夏夫兹博里并不怀有一种天真的乐观主义，认为人天生就知道行善，社会一开始就具有和谐的秩序，否则我们就不会看到如此多的不幸和堕落。即使自然提供了宜居的场所并赋予其生存的能力，人类还是面临着诸多威胁，需要不断奋斗才能求得温饱和安全。同样，人即使天生就具备善恶之感，但还是会因为外在环境和内在性情的影响而做出错误的判断，不能践行善的信念，甚至他的本性也会发生畸变。奢侈淫靡的生活会让人们丧失了克服困难和不幸的勇气，专制暴虐的统治让人们对同胞失去信任只求自保，追名逐利的风气让人们相信人不为己天诛地灭。这种畸变也是自然地发生的，但并不符合人的本性，也无助于生活的幸福。幸福的生活需要一个自由和谐的社会秩序，也需要一种和谐的内在性格或性情。这两点是夏夫兹博里整个思想的核心主题。他不遗余力地批判专制的政治、狂热的宗教、重商主义和功利主义哲学，也不厌其烦地宣扬自由和美德。

我们可以发现，对夏夫兹博里而言，道德感并不是他学说的全部内容，道德生活仅仅依靠先天情感是不够的，而且还需要理性的反省。就每一个个体而言，

---

[1] Shaftesbury, *Characteristics of Men, Manners, Opinions, Times*, ed., Klein. Lawrence E., Cambridge: Cambridge University Press, 1999: 194.

自然虽然赋予他判断善恶的情感，但自然的情感并不保证他能始终行善，只有他从内心确立坚定的信念，他才能主动地、自发地行善。所以，他不仅要顺应自然的情感，而且还要有意识地知道他在行善，因他行善的动机体验到快乐。"如果一个生命是慷慨的、友善的、坚定的和富有同情心的，然而，如果他不能反省他自己做了什么，看到他人做了什么，以至于不能注意到什么是有价值的或者真诚的，并使那种价值和真诚的观念成为其情感的对象，他就不具有道德的性格。因为只有这样而不是其他，他才能具有正确和错误的感受，一种对什么是凭借公正、平等和善良的情感而行动的或者相反的情绪和判断力。"[1]一个人必须在后天生活中从自己和他人那里获得经验，并加以理性的反省，认识到真正的善是什么，哪些行为仅仅是出于自私的情感，哪些行为仅仅是一种偶然的表现，而哪些行为是发自内心信念的，他应该使对真正的善的认识转化为他的一种性格（character）或性情（temper），这种性格不会随着外在环境的偶然机缘而变化，也不会因自我欲望或利益的驱使而波动和迷失。所以，善既是一种和谐的秩序，也是一种和谐的性格。

拥有美德的人能够抛开一己之欲来客观地判断他人和自己的行为，他行善不是为了期待未来的报偿，也不是为了躲避未来的惩罚，也不是出于对任何政治和宗教权威的服从，他不为任何外在的结果，仅仅是为了表现他自己的美德，仅仅是出于对美德和最高的善的热爱，并从中获得一种特殊快乐。夏夫兹博里并不认为服从道德仅仅是一种义务，相反行善可以给人们带来更大的甚至是最大的快乐。任何感官快乐都是短暂的，甚至会导致心情的烦躁。沉迷于感官快乐的人是因为他只专注于自我利益，没有在社会交往中感受到超越自我利益的精神性的快乐。当参与到社会交往中时，我们却感受到因仁爱、感激、慷慨、同情和互助等情感而产生的相互信任、尊重和友爱。即使是感官的享受也只有在社会交往中才能产生更大的快乐。即使我们因为行善而产生的苦恼，最终也还是会转化为快乐。"自然情感中所具有的苦恼，即使它们完全与快乐相反，却仍然能获得比沉迷于感官快乐更大的充实和满足，而且如果持久或延续的温柔和友善的情感能够持续下去，甚至是由于恐惧、害怕、悲痛、忧伤，心灵中的情感仍然是令人愉悦的。我们甚至对美德那种忧郁的方面也能感到高兴，她的美在阴云密布的包围中仍能保存自

---

[1] Shaftesbury, *Characteristics of Men, Manners, Opinions, Times*, ed., Klein. Lawrence E., Cambridge: Cambridge University Press, 1999: 174.

己。"[1] 我们的道德生活的任务就是摒弃对感官快乐的沉迷和对自我欲望的执着，培养我们对于更高尚的快乐的趣味；我们对善的认识和体验越是充分，我们的趣味就越是敏感，也就能获得越强烈的快乐。

自夏夫兹博里始，英国哲学兴起了一种情感主义（sentimentalism）传统，与培根以来的经验主义形成鲜明的对照。夏夫兹博里本人并没有完全信赖情感，实际上，他反对任何随意冒失的冲动，哪怕是他所谓的自然的社交情感也不能保证正确的道德判断，他要求的是一种经过理性调节的情感。他反对纯粹的数学式的理性计算，但在他那里情感与理性并不是直接对立的。[2] 不过，他对情感的倚重仍然给人留下深刻印象，并使得情感在 18 世纪英国哲学中取得了主导地位，几乎没有任何一个哲学家能避开情感这个话题。情感主义的兴起很明显地突出了个体体验在知识和实践中的重要意义，当然情感只有承担起在认识论当中的角色，与理性取得联系或和解，才能避免主观主义和相对主义的危险。情感的凸显对美学的发展来说是至关重要的，它为美学争取到了自身独立的领域，同时又不至于完全脱离于整个哲学之外而失去可靠的原则。

三、美的本质

夏夫兹博里的美学是作为其哲学的一部分出现的，不过不是从上而下演绎出来的，而是被当作一种事实的证据来证明自然中精神的存在和人性中有向往超感官快乐的倾向，因而他的美学总是有着道德、政治和宗教上的诉求。当然，这并不意味着美学在夏夫兹博里那里没有自己独立的原则。

夏夫兹博里所持的新柏拉图主义使他相信，宇宙万物无不是一种精神的创造物。因为无论在任何地方，没有一种事物是完全无用的，在一个事物之中没有任何一个部分或要素是多余的。这个世界以及其中任何事物都被置于一个适当的环

---

① Shaftesbury, *Characteristics of Men, Manners, Opinions, Times*, ed., Klein. Lawrence E., Cambridge: Cambridge University Press, 1999: 204.

② 夏夫兹博里和后来的作家们用到许多表示情感的词语，如 affection、sentiment、passion、temper、humour、disposition、character 等，相对而言，在夏夫兹博里这里，affection、passion 是人性中先天的倾向或冲动，可译作感情和激情，它们是普通的、共同的；sentiment 指经过反省的恒定的取向，可译作情绪；temper、humour、disposition 指个人的偏好和性情；character 偏重指稳定的个人性格。为避免用语混乱，本文只在需要明确区分的场合运用不同的名称。

境中，并被赋予适应其环境的外在形式和内在能力，以能够繁衍不息，或者在整个世界中发挥其独特的作用。因此，夏夫兹博里认为，只要承认这个世界是富有秩序的，就必须承认这种秩序来自一种精神，这种精神主宰着这个世界，也赋予世界中的事物以生命。就像后来的康德在《判断力批判》中所阐述的那样，自然事物不仅在实质上具有合目的性，在形式上也具有合目的性，虽然这些性质来自人天生的判断力，而不能断然归之于自然事物本身。美就是事物在形式上的合目的性。

在夏夫兹博里看来，富有秩序的形式就是美的，这种观念从古希腊以来就是西方美学的主导观念，可谓老生常谈。他有时候称美就是比例、匀称、和谐等性质，这些性质总是对人充满吸引力。"如果我们想到最简单的形象，比如一个圆球、一个立方体或者骰子就足够了。为什么即使是一个婴儿一眼看到这些具有比例的事物也乐不自禁呢？为什么人们倾向于喜爱球面或者球体、立柱体以及方尖碑，而对不规则的形象——就这方面而言，就会心生拒斥和轻蔑呢？"[1] 从这里首先可以肯定的是，在夏夫兹博里看来，美的对象不是指事物某个孤立的性质或者洛克所谓的简单观念，而是作为整体的事物或者复杂观念。然而，关键的问题是这些性质为什么是美的，它们为什么会让人喜爱。

夏夫兹博里不是从亚里士多德的角度来理解美的，也就是认为美的秩序源自数学的原理："美的最高形式是秩序、对称和确定性，数学正是最明白地揭示它们。由于它们（我说的秩序和确定性）是许多东西的原因，所以，很显然，数学在谈论这些东西时，也就是以某种方式谈论美的原因。"[2] 这种理性主义的解释在近代仍然非常普遍，但夏夫兹博里对这些性质的理解更多的是来自他的新柏拉图主义。但凡富有秩序和比例的形式都意味着有一种精神或意图在其中，或者是最高的神性，或者是事物内在的生命力，或者是人的心灵、思想、性格。所以，美的事物看起来是因为它们的形式或外表，实则是因为其中包含的精神或心理。美最终超越了外在的可计算的比例。

在《道德家》一文中有一段酷似柏拉图的《大希庇阿斯》的对话，夏夫兹博

---

① Shaftesbury, *Characteristics of Men, Manners, Opinions, Times*, ed., Klein. Lawrence E., Cambridge: Cambridge University Press, 1999: 326.

② 苗力田主编：《亚里士多德全集》（第七卷），北京：中国人民大学出版社，1993 年，第296 页。

里在其中阐发了他对于美的理解。代表夏夫兹博里的特奥克勒斯说道："无论你对其他的美怀有什么激情，我们知道……你不会这么艳羡任何财富，认为有什么美在其中，尤其是那一堆天然之物。但是徽章、金币、浮雕、雕像以及华美的绫罗绸缎，无论在哪种事物里面你都能发现美并爱慕这种东西。"[1] 因而，美的原因首先不是事物的质料，而是事物之所以如此的形式。其次，造就这些形式的东西就是使这些事物之所以美的真正原因，在上述这些事物中，这种东西就是技艺或艺术，因此，"技艺就是那种能美化的东西（that which beautifies）"。如果将这种东西抽掉，这些事物就不美了，"物体本身不能产生美或者使美永驻"[2]。对于柏拉图来说，美是个难题，因为他无法说明使各种不同事物之所以美的真正原因是什么，或者说如果美本身就是理念，他也没有说明理念是如何使这些事物成为美的。看起来，夏夫兹博里解决了这个难题。

技艺就是一种设计，包含着一种意图，只有心灵或精神才具备这种能力，被设计和意图的事物里面仿佛就有心灵的存在，使其表现出完整统一的形式。所以，美的事物或是某个意图的产物，或是本身就具有自己的意图。"美、漂亮、标致，从来不会在事物自身中，只在技艺和意匠中；从来不在物体本身中，而是在形式或者形成力中。"[3]

所以，形式本身的意义是多重的，夏夫兹博里将其归结为三个层次：第一层也是最底层的形式是"僵死的形式……它们具有一定的形态并且是被形成的，无论是由人还是由自然，但是没有形成力，没有行为或者智力"。第二层形式是"能形成的形式（the forms which form），亦即它们拥有智力、行为和活动。……因而这里存在双重的美。因为，在这里都是形式，即心灵的效果和心灵自身"。这种形式实际上就是人的心灵。第三层也就是最高层的形式，"不仅形成我们称之为单纯的形式的东西，而且甚至能形成那种能形成的形式。因为我们自己是杰出的塑造物体的建筑师，并能利用手让一种无生命的物体形成各种形式，然而那种甚至能塑造心灵自身的东西将由那些心灵所塑造的美都包含在自身当中，因而也就

---

① Shaftesbury, *Characteristics of Men, Manners, Opinions, Times*, ed., Klein. Lawrence E., Cambridge: Cambridge University Press, 1999: 321-322.

② 同上，第 322 页。

③ 同上。

是一切美的原则、来源和源泉"①。

存在三个层次的形式，也就有三个层次的美。真正的美超越了外在的形式，是一种形成力，是最高的心灵和精神。这个结论看起来与柏拉图的理论十分相符，但却有着很大的差异，因为柏拉图的理念与感性世界是相分离的，而夏夫兹博里所谓的形成力就与感性世界融合在一起。这与亚里士多德的传统截然不同，因为形成力不是一种抽象的数学原理，而是具体的生命力。虽然后来的休谟批评夏夫兹博里把自然世界与人的心灵妄加类比，不过，这种类比恰当地解决了传统哲学中把理性与感性相分离的难题，也为他的美学提供了合理的基础。然而，由于夏夫兹博里把美的原因或本质归之于心灵或精神，他就很难再对美的对象做出具体而确定的规定和描述，这项任务是后来的美学家所努力要完成的，就像哈奇生的寓于多样的统一和博克对崇高与美的对象的外在性质所做的规定，虽然这些规定也总是不可避免地存在局限性，不可能囊括所有被人认为是美的对象。

夏夫兹博里没有对各种类型的美做出区分，但他所描述的美却超出了传统的范围。根据他对美的本质所做的阐述，最美的对象就是自然，因为它是最高的精神或形成力的创造物。在遥远的太空，一切天体看似混乱，但都遵循着严格的秩序而运转；在我们所居住的地球上，有明媚温暖的阳光，有富饶的土地，高山耸立，大海浩渺，虽然形状各异，色彩杂陈，甚至相互对立，但又无比和谐，构成了一个无限的整体。有些事物初看之下并不能给人愉悦，有暴风骤雨、险峰洪流、戈壁荒漠，看来是阴森恐怖的，又有各种猛兽毒虫，狰狞可怕，但只要我们从最大的整体来理解，这一切却又是井然有序，恰到好处，无不令人惊叹造物主的伟大智慧和仁善之心，因而让人体验到一种独特的美。对自然美的赞美顺应了16世纪以来英国人的态度，但也引出了近代一个重要的美学概念，即崇高。在近代美学中，夏夫兹博里不是最早阐发作为审美范畴的崇高的，但是他的著作中更频繁地使用了这一概念，并第一次从一种统一的哲学来描述崇高。

> 这里，在山腰，一棵树那宽阔的边缘使我们疲惫的旅行家能坐下来
> 稍歇片刻，他来到曾经苍翠挺拔的松林，杉树和高贵的雪松塔形的树冠
> 高耸入云，使其余树木在其面前相形见绌。这里有一种不同的恐惧抓住

---

① Shaftesbury, *Characteristics of Men, Manners, Opinions, Times*, ed., Klein. Lawrence E., Cambridge: Cambridge University Press, 1999: 323-324.

了我们刚刚歇息的旅行家，他看到蓝天正被广阔的森林覆盖，投下了巨大的阴影，使这里暗无天日。昏暗微弱的光线更令人感到阴森可怖，任何事物都静止不动，使人感到窒息般的沉寂，时而又传来茂密森林中声音激起的一阵嘶哑回声，真是使人心惊胆战。死寂中蕴藏着冲动，一股不知名的力量惊动着心灵，可疑的事物始终触动着人警惕的神经。神秘的声音或回荡在耳边，或仅仅是幻觉。形形色色的神性好像要在此显形，在这片神圣的树林中要使自己变得更鲜明，就像古人筑起了神庙，在崇拜他们的宗教。即使是我们自己，性格虽然单纯，也能从这个地球诸多明亮的地方读懂神性的声音，宁可选择这个朦胧的场所来辨明那个神秘的存在，它对我们短浅的目光来说疑似一片乌云。

到这里他又稍停了一会儿，原先凝滞的目光向远方眺望着。他显得更加平静了，气定神闲。由这些，我很容易就觉察到我们的描绘要告一段落了，不管愿不愿意，特奥克勒斯决定要离开这片崇高的景象。清晨过去了，太阳已经高高悬挂在天空。①

在这段描写中很明确地在美学意义上运用了"崇高"一词，并包含了后来美学家赋予崇高的诸多性质和心理模式。崇高的对象高大广阔，或者充满神秘、巨大的力量，在人心中产生惊奇甚至恐惧。这些对象之所以能打动人是因为其中包含着一种强大的精神或神圣的观念，足以让人敬畏和崇拜。显而易见，这些都是以他的目的论为基础的。在夏夫兹博里那里，自然美高于任何艺术美。"裸露的岩石、古老的山洞、天然的洞穴以及断流的瀑布，荒野之中那骇人的优美，还可以更多地展现自然，都是更迷人的，在崇高庄严这一点上要超过对皇家花园的精确模仿。"②

在夏夫兹博里看来，艺术就是对自然的模仿，但是他对模仿的理解与众不同，既不像柏拉图那样视艺术为对事物表象的模仿，也不像亚里士多德那样认为艺术模仿的是事情的可然律或必然律，艺术模仿的是蕴涵于自然之中的那种形成力或"至高的神灵"（sovereign genius）。在每一种艺术发展的过程中都形成了自身的法

---

① Shaftesbury, *Characteristics of Men, Manners, Opinions, Times*, ed., Klein. Lawrence E., Cambridge: Cambridge University Press, 1999: 326.

② 同上，第318页。

则，亦即诗歌的韵律、造型艺术中的比例，以使作品成为一个和谐的整体。但这些法则的真正作用不是让艺术家模拟事物的外表，而是体悟自然之物的内在本性，领会自然中那种形成力营造万物的伟大匠心。在这个意义上，各种法则只是工具而非最终目的。艺术家所要做的不是模仿，而是来自心灵的创造，只有这样，他才能将生气灌注到所描写的对象中，作品中的对象才是真实的。"一个画家，如果他具备些天赋的话，就能理解构思的真实性和统一性，而且知道，如果他紧随自然并严格地模仿生活倒反而会产生不自然（unnatural）。因为他的艺术不允许将所有自然都带进单个作品中，而只能是一部分。然而，他的作品，如果既是美的又是真实的，这作品自身必然就是一个整体，是完整的、独立的，无论多么伟大广阔都是可能的。"① 因此，艺术家永远都不可能去模仿外在的自然，他们需要深入细致地研究各种比例和法则，但并不是要用这些比例和法则来取代真实存在的对象，而是要以有限的形象去模仿自然中的形成力或神灵是如何造就各种事物并使其充满活力的。可以说，艺术家就是第二造物主。

> 没有比我们现代人甘愿称之为诗人的那种人更乏味了，只掌握了押韵的雕虫小技，就笨拙地玩弄巧智和幻想。但对名副其实的诗人来说，作为诗歌的大师或者创造者，能够描绘人物及其情态，赋予每一个动作以正确的主体与局部，如果我没有想错的话，人们会发现他真是一个与众不同的生命。这个诗人堪称第二造物主，宙斯麾下的普罗米修斯。就如那个最高的艺术家或者优美的大自然，他锻造了一个整体，始终一贯，匀称和谐，每一部分都主次分明。他注意到了激情的界限，并知道他们明确的曲调和节律，这样他就能正确地再现它们，彰显情操和行为之崇高，区分美丑，辨别可爱与可憎。②

这样看来，夏夫兹博里在很大程度上打破了古典主义的美学原则，虽然他在具体的艺术批评中很多时候仍然延续了古典主义的惯例，但对创造性想象的强调和对自然的崇尚以及那略带神秘主义的思想，无疑开启了浪漫主义的先河。

---

① Shaftesbury, *Characteristics of Men, Manners, Opinions, Times*, ed., Klein. Lawrence E., Cambridge: Cambridge University Press, 1999: 66.

② 同上，第 92 页。

但是，夏夫兹博里并不认为艺术的任务在于表现艺术家自身的情感，他从来不认为情感的强烈与否是美的标准。艺术的真正目标是真实地刻画对象内在的性格和特征，亦即对象的生命，真实才是艺术的标准。然而，以有形的形式去模仿无形的生命，这本身是一个矛盾。像古典主义批评家所说的那样去模仿古代的艺术典范，熟练掌握各种问题的严格规范，是不可能实现这一目标的，因为没有任何对象是完全普遍和永恒不变。要达到真实，艺术家必须反观自身，设身处地去体验对象应该所是的样子，同时也必须学习以如何运用和创造形式的语言来表现对象应该所是的样子。

在一篇看起来还未完成的论文《造型艺术》中，夏夫兹博里意欲建立一门艺术语言学。他提出了三种或三个层次符号（character）：第一，记号（notes），即声音、音节、词汇、话语的标记（marks），以及通过声音和话语这些媒介表现出来的情绪、感受和意义的标记。第二，标志（signs），即对真实的形式和自然的存在的模仿，或通过凸面或凹面等方式来造型，或者通过线条、颜色，根据光学，运用线和面来形成身体的面貌和肢体等，它们与第一种符号之间的区别在于以逼真的外形来模仿对象。第三种，也叫作中间状态的一种，即象征（symbols）。当第二种符号，即标志被用作媒介来传达情绪、感受、意义时就可以叫作象征。三种符号都是为了指示外在对象，但艺术创作所用的符号不只是抽象的记号，也不仅只具有逼真的形象，而是要以逼真的形象表现对象的内在性格和特征。这种形象不能是孤立和静止的，而是要凝聚对象的生成和变化过程，要突出其鲜明的特征。"如果其本质性的经历、激情、习惯、形式等，被吸纳进来，那么这种符号就是雅致、优美而正确的"，这就是第三种特征，即象征型特征的实质。夏夫兹博里说："特征仍是真理，历史性就是一切的一切……被模仿的事物、被特殊化了的事物就是一切的一切，是作品全部的愉悦和快适，是情境中那神秘的魅力。"就像黑格尔所说的那样："理想之所以有生气，就在于所要表现的那种心灵性的基本意蕴是通过外在现象的一切个别方面而完全体现出来的，例如，仪表、姿势、运动、面貌、四肢形状等，无一不渗透这种意蕴，不剩下丝毫空洞的、无意义的东西。"① 因此，真实的形象是具体而富有生命感的，来自外在形式与内在性格或特征的符合。"所谓美的东西也就是和谐和匀称的东西，而和谐、匀称的东西也

---

① 黑格尔：《美学》，朱光潜译，北京：商务印书馆，1979 年，第 221 页。

就是真的;与此同时,结果就是,美的和真的也就是令人快适的和善的。"① 在夏夫兹博里看来,艺术的作用就在于帮助人们领会自然的和谐,体验事物真实的存在方式。

当然,艺术最重要的主题是人及其生活,因为人本身就是自然最杰出的造物,人也通过各种艺术领会自然中最高的精神,经营自己的社会生活。夏夫兹博里并不否认艺术的审美意义,但审美本身就是道德的表现方式,如果艺术不能对人的道德有所提升就是毫无意义的。所以,真正来说,"在诗人们加以赞美,音乐家们加以歌颂,建筑师和其他艺术家们都予以描绘塑造的美当中,最令人愉悦、最迷人的那种美来自真实的生活,来自情感。能打动心灵的情感只能是来自这个心灵自身,并就是自己本性的那种情感,例如情操的美、行为的优雅、性格的微妙变化和人的精神的机理和特征"②。在对美的追求和体验中,人们感受到协调着整个自然和社会的最高精神的存在,领悟到它对万物的仁善,这种仁善是人天生就喜爱的。这种仁善表现出来就是善良的性格和优雅的行为举止,这些东西让人们体会到社会交往的快乐。所以,夏夫兹博里经常提到行为、心灵和性格的美,实际上这些美就是他整个美学乃至哲学的旨归。任何一种美如果背离了对内在心灵的真实表达,反而会成为最丑的形式:"每一个人或多或少都是一个鉴赏家。每一个人都追求一种魅力,想着博取这个或那个维纳斯的芳心。事物的可爱、可贵、得当会鲜明地表现其自身。如果人们不能将它们运用到理性和道德这样较为高贵的地方,它们就会盛行在其他地方,即表现在低劣的事物上。"③

四、美感理论

在夏夫兹博里之后,几乎所有英国美学家都不会否认美是一种与物理性质截然有别的性质——或者它根本就不是一种性质,就像休谟所言"美是一种情感",并意识到美对于整个哲学乃至生活的重要意义。哲学家们一方面致力于精确描述美的形式的规律,另一方面也面临一个更为艰巨的任务,即对美感进行系统的描

① Shaftesbury, *Characteristics of Men, Manners, Opinions, Times*, ed., Klein. Lawrence E., Cambridge: Cambridge University Press, 1999: 415.

② 同上,第 62 页。

③ 同上,第 64 页。

述，因为如果美不是一般的性质，而是在人的心中产生一种特殊观念或情感，那么人们是通过何种感官和方式来知觉到美的，美作为一种观念或情感具有哪些特殊性质？作家们所运用的方法和语言不尽相同，但基本的原则却是源于夏夫兹博里。

夏夫兹博里总是把美与善相类比，因此美感也与道德判断相关。道德上的善恶是由动机或性格决定的，对善恶的判断就是对动机和性格的判断，动机和性格总是要表现在行为和表情上，却不是行为和表情本身，所以对善恶的知觉不仅依靠外在感官，更依赖"内在的眼睛"、对错感或道德感，它们在人心中生成快乐和痛苦的情感。夏夫兹博里认为美丑不是由事物的质料决定的，因为使一物成其所是的东西是其内在的形成力或生命力，它们虽然表现为事物的形式，但超越了形式本身。在人的知觉中，美丑不仅是一种客观事实或存在，而且是表示快乐和情感的情感，所以夏夫兹博里有理由相信对美丑的判断也依赖一种不同于外在感官的感官，后来的哈奇生称之为内在感官。不过，夏夫兹博里本人从未使用过类似的术语。再次引用他关于道德判断的那段话：

> 一旦眼睛看到形象，耳朵听到声音，美就立即产生了，优雅和谐就被人知道和赞赏。一旦行为被观察到，一旦人的感情和激情能被人觉察到（大多数人感觉到的同时就已经能分辨），一只内在的眼睛就立即会加以分辨和领会漂亮的和优美的、可亲的和可赞的，否则就是丑陋的、愚蠢的、古怪的或者可鄙的。①

在这里，他明确表示道德判断依赖一种独特的内在直观的能力，而审美判断却不需要外在感官之外的能力。但是我们知道，在夏夫兹博里那里，真正的美并不是外在的形象、声音，而是一种内在的形成力或生命力，如果不能深入理解这种内在的东西，我们就不能真正领会美，此时我们只是被动地感到一种快乐，而不是主动地领悟美的原因。既然有三个层次的美，最高的美是一种不可见的力量，那么仅仅依靠外在感官是不能真正理解美的。因此，我们是通过一种复合的能力来知觉到美的。我们通过外在感官知觉到事物的外在形式。与此同时，我们也凭

---

① Shaftesbury, *Characteristics of Men, Manners, Opinions, Times*, ed., Klein. Lawrence E., Cambridge: Cambridge University Press, 1999: 326.

借理智领会到形式背后的意图，尤其是当我们面对较为复杂的对象时，理智的作用就更为明显。"如果形式没有被思考、判断和考察，而仅仅是作为安抚躁动的感官、满足最粗俗的欲望的偶然符号或标记，就不能产出真正的力量。……如果兽类不能领会和享受美，因为作为兽类只有感官（肉欲的一面），那么人也不能凭借同样的感官或肉欲的一面感受或享受美，而且他所享受到的美和善都凭借一种更高贵的方式，凭借那最高贵的东西，即心灵和理智。"[①]后来的美学家，如博克也认为作为审美能力的趣味需要三种能力，即感觉、想象力和理解力。所以，认为夏夫兹博里像哈奇生那样主张审美能力是一种内在感官是不很恰当的，虽然他的理论很容易被理解为这样，因为他极力证明美在人心中形成的效果与感官快乐截然不同。这是理解夏夫兹博里的美感理论的一个核心话题。

在证明人天生就喜爱善而不是首先受个体欲望或利益驱动的时候，夏夫兹博里坚持认为人所享受到的很多快乐都与个体欲望或利益无涉。"对科学或学术略有所知的人最后不会仅仅是理解了数学的原理，而没有感到在施展他的才智取得发现时，尽管仅仅是推测性的真理，他也得到了一种优于感官的快乐和愉悦。当我们充分地研究了这种沉思性的愉悦之后，我们应当发现这种愉悦与生命的个体利益绝无关联，也不是个体机体的自我利益的对象。这种热衷、愉悦或喜爱完全表现在外在于他或者他陌生的东西上。尽管这种反思的吸引或快乐来自对曾经感知到的快乐的观察而被理解为自我激情或者功利性思考，然而最初的满足却只能源于对外在事物中的真理、协调、秩序和匀称的喜爱。如果事实是这样，那么这种激情实际上应该等同于自然情感。"[②]这种快乐源于人的本性，而不是出于对利益的追求，人们甚至不是有意为了这种快乐而从事这些活动，只是由于这些对象触动了我们心灵中的某种机制，我们才投入其中。这种快乐不是来自对象的性质对我们外在感官的刺激，有时只是来自我们内在能力的发挥，或者像马克思所说来自"本质力量的确证"，人的所有追求最初都源于这种快乐，即使随后的活动越出了这个界限。在我们追求这种快乐的过程中，尽管可能会伴随有种种的不安乃至痛苦，我们也能够获得比感官快乐更加持久而充实的满足。夏夫兹博里没有把这种快乐局限于对美的对象的观照，但它无疑就是近代美学中所指的审美快乐。

---

① Shaftesbury, *Characteristics of Men, Manners, Opinions, Times*, ed., Klein. Lawrence E., Cambridge: Cambridge University Press, 1999: 331.

② 同上，第 202—203 页。

　　审美快乐的获得需要感官，但却不是感官快乐。同样，审美快乐的获得需要理智，但不是纯粹理智的快乐。的确，在对许多对象的观照中都需要理智的参与，否则我们就无法理解事物的本质以及整个自然的秩序，但是在夏夫兹博里那里决定自然成为美的原因并不是物理和数学的原则，否则我们就不可能体验到自然中那种形成力或生命力，甚至否认它们的存在。物理和数学的原则要将所有事物进行分解，正是这种原子主义的原则和方法导致了怀疑主义，夏夫兹博里批评理性主义"在每一件事情上都紧随理智，想要知道任何事情，但又不相信任何事情"①。因为理性主义相信任何事物都由不可分的微粒或性质构成，但最后只能认为现实的事物只是心灵的虚构；相反，当我们从一个事物中感受到美时，就必然确信这个事物是具体而现实的，有一种内在的力量使其成为一个整体并具有恰当的形式，这种确信不是来自存在的感觉，也不是来自纯粹的计算和推理，只有当感觉和理性的积淀进一步转化为一种直觉时，我们才能体验到真正的美或者美的原因和本质。因此，作为美感的这种直觉需要感觉也需要理智，但又超越了二者，导向对自然中神性或"至尊的神灵"的崇敬和热爱。只有诗性的语言才能表达这种崇敬和热爱：

　　　　哦，光荣的自然！至善至美！爱着万物，也为万物所爱，一种全能的神圣！她的容貌如此娇美，充满无上的优雅，对她的探索带来如此的智慧，对她的沉思带来如此的欢悦，她的每一点功绩比任何艺术的表现都是更雍容的美景和更高尚的景象！哦，伟大的自然！神之英明的化身！神助的创造者！甚或，你是神圣的神性，至高的创造者！我只祈求于她，只崇敬她。在这个僻静之所，这些纯朴的沉思是圣洁的，受着思想之和谐的鼓舞，虽囿于言辞，缚于音律，我仍歌唱深藏于被造之物中那自然的秩序，颂扬融化在它们之中的美丽，所有美和完满的源泉和准则。②

---

　　① Shaftesbury, *Characteristics of Men, Manners, Opinions, Times*, ed., Klein. Lawrence E., Cambridge: Cambridge University Press, 1999: 242.

　　② 同上，第298页。

夏夫兹博里把这种体验称作"理智的疯狂（a sensible kind of madness）"[①] 或"诗意的迷狂"（poetic enthusiasm）[②]。他所谓的审美快乐是经过理性思考之后的快乐，他有时候甚至认为情感并不是美的标准。卡西尔对夏夫兹博里所描述的这种美感进行了准确的评价："莎夫茨伯利的审美直觉概念的特点是，他不承认我们非得在理性与经验、先验与后验之间二中选一。他对美的沉思就是要说明如何去克服支配着 18 世纪一切认识论的基本冲突，并且把精神置于一种能超越这种冲突的新的优势地位。……美不是从经验中得来的一种内容，也不是像冲压出来的硬币那样从一开始就存在于心灵中的观念；相反，美是一种具体的基本倾向，是一种纯粹的能力，是精神的原始功能。"[③]

很显然，这种最高的审美状态或境界不是每一个人在一开始就能达到的，而是需要后天的长期锻炼。就像在道德领域，虽然人先天就有善念，并且具备基本的判断力，但这不代表人们一开始就完全理解善的本质，施行高尚的行为并形成善良的性格，只有运用理性不断理解自然、人和社会的本性，并把这些理解内化为一种性情或情操，真正的善才能得以实现。在审美领域也一样，人天生具备一些审美能力，从规则匀称的形式上体验到一种非感官快乐，但这并不意味着他已经领会了美的本质，并从中感受到那种崇敬和热爱。所以，最初从感性形式那里所获得的快乐还是很粗浅的，甚至会让人沉溺于感官快乐，偏离真正的美。要领会和体验真正的美，我们一方面需要理解外在形式的最终原因，另一方面需要理解审美体验中的心灵的状态，即非功利性的状态，因为我们最初的审美快乐也源于这种态度。当然，这两方面实际上最终是一体的，只有怀着非功利的态度，我们才去理解外在形式的原因，也只有更充分地理解这种原因，我们才能更彻底地放弃自我利益和感官欲求。正如只有抛弃自我利益的立场，我们才能做出正确的道德判断。在西方近代美学史上，是夏夫兹博里第一次确立了审美的非功利性原则，这也是整个近代西方美学的基本原则。

在《道德家》中，夏夫兹博里举了很多例子："你正在欣赏大海的美，这时你仅仅是在远处观看，如果你脑海中有一个念头想要支配它，就像强大的舰队司令

---

① Shaftesbury, *Characteristics of Men, Manners, Opinions, Times*, ed., Klein. Lawrence E., Cambridge: Cambridge University Press, 1999: 246.

② 同上，第 320 页。

③ 卡西勒：《启蒙哲学》，顾伟铭等译，济南：山东人民出版社，1988 年，第 317 页。

（admiral）那样要成为大海的主人。难道这种幻想不是很荒谬吗？"[1] 因此，对美的欣赏与实际占有事物本身之间存在本质的区别，并且后者这种功利性的态度恰恰是审美欣赏的障碍。

> 这位总督[2]新郎，站在他那些半人半牛的怪物中，游弋在西蒂斯的怀抱中。但是有位牧羊人，站在高高的巨石或者海角的某处，怡然自得，忘记了自己的羊群，只是惊奇于大海的美。当然前者并不比后者更多地占有大海。[3]

夏夫兹博里还举了一个有趣的例子：

> 如果说快乐就像美食那么强烈，你会鄙视将这种美的观念运用到美食所产生的快乐上。你应该不会赞成一些奢侈的古罗马人那种荒谬的品味，如果他们听说有种炖肉是由身披美丽羽毛或者鸣声婉转的鸟来做成的，他们就觉得越好吃。[4]

这样的例证毫无疑问很容易吸引现代读者的注意力，因为我们一般是把康德看作是真正提出审美非功利性的哲学家，夏夫兹博里却几乎先于他100年就已经指出了这一点，其例证是如此恰如其分。

外在形式之所以吸引我们，最终是由于我们体会到了其中有一种非物质的东西，即使我们并不理解其为何物，但我们必定承认那不是一种机械的构造。我们也必然由此认识到，真正的美超越了感性形式，表象的美（representative beauty）低于理性的美（rational beauty）。非功利的态度引导我们进入那种"诗意的迷狂"之中，我们体验到美带给我们的神秘快乐。

---

① Shaftesbury, *Characteristics of Men, Manners, Opinions, Times*, ed., Klein. Lawrence E., Cambridge: Cambridge University Press, 1999: 318.

② 据说从前威尼斯公国的总督每年都要带领一支船队到亚德里亚海，投下一枚戒指，并说"大海，我娶了你"，以宣示威尼斯的统一。

③ Shaftesbury, *Characteristics of Men, Manners, Opinions, Times*, ed., Klein. Lawrence E., Cambridge: Cambridge University Press, 1999: 319.

④ 同上，第330页。

如果我们追逐实体的影子的时候，我们会不知所措。因为，如果我们能信任推理（reasoning）所教授给我们的东西，那么任何自然事物中的美都只是最初的美（first beauty）那模糊而迷人的影子。所以，每一种依赖于心灵的真正的爱和仅仅是对美的沉思的爱，或者真正如其所是，或者显现为直接作用于感官的不完美的对象，理性的心灵如何能停留在这里，或被仅仅触动感官的愉悦所满足呢？①

然而，需要提到的是，夏夫兹博里虽然坚持美感或审美经验完全与感官快乐无关，但他从不像康德那样排斥概念性的认识的意义。因为，如果我们不知道某个形式属于何物，就无法理解这个形式为何如此和谐，也就不会产生对创造这个形式的力量的崇敬和热爱。只不过最后的审美经验不会停留在理性认识上，但有了理性的思考，美感就不会面临主观主义和相对主义的危险。

五、审美与社会

从夏夫兹博里关于美和美感的理论当中，人们可以发现，他的美学带有浓厚的道德意义。的确，他的整个哲学就是为了追求一个和谐完美的社会。人类社会的构造不是物理和数学的，而是由有生命、有理性和有情感的人构成的，和谐完美社会的枢纽就在于人善良的心灵，只有人的内心怀有这种美好的意愿，美好的社会才能最终实现。威逼利诱只能暂时维持现状，但不能长久，何况在这种状况中人本来就是不幸的。所以，关键的关键是把人原初那些友善、同情的自然情感激发起来，把爱整体和他人的倾向内化为每一个人的坚定性格和德行，让我们以善为乐，我们的行为才能成为真正的善。正如孔子所言："知之者不如好之者，好之者不如乐之者。"

人们很容易认为，夏夫兹博里的学说不过是继承了远到贺拉斯、近到西德尼的寓教于乐的传统，审美和艺术只是道德和政治的工具，而没有独立的价值。但是，这仅仅是表面上的相似，实质上却相去千里。寓教于乐可能意味着道德和政

---

① Shaftesbury, *Characteristics of Men, Manners, Opinions, Times*, ed., Klein. Lawrence E., Cambridge: Cambridge University Press, 1999: 318.

治的价值标准掌握在少数人手中，教化是灌输和专制的另一个名称，这样只能让人被动地服从所谓的善，但从不能让人主动地行善。只有人们亲身体验到行善的快乐是至高无上的，他的行为才真正是善的。夏夫兹博里坦言，对于何为善、何为恶，人们是有共同感的，它们本无须他人灌输，也无须任何形式的威逼利诱，因为人们早已感受到善给他的那种纯洁的快乐；相反，灌输和专制、威逼利诱只能辱没善的尊严，行善最终成为一种负担和痛苦，"因为美德本身仅仅被理解成为一种交易，而且我知道很少有人，甚至是信教和虔诚的人，赞成这一点，这和小孩儿吃药没什么区别，棍棒和糖果才是最好的药引子"①。他又说："仅仅依靠贿赂或者恐吓去使人们行善说明不了任何真诚和可贵。确实，我们可以做任何我们认为得当的交易，可以赠予我们所爱的人以任何东西，但是没有卓越或者智慧会主动地回报那些既不可贵也非应得的东西，并且如果美德不是真正可贵的，那我就不知道有什么可贵的东西可以作为交易的目的。"②

夏夫兹博里主张美善同一，这不仅是因为从理论上看，美与善都源自自然中最高神性的善良意图和伟大创造，而且也体现在具体的实践中。如果人的行为是真正善的，那么它也应该是美的，让他人从中得到愉悦；反过来，美的行为才真正是善的，因为美代表着性格与外表的相符，那些徒有其表的言行举止最终只会让人厌恶痛恨。就像我们面对事物形式的时候，任何威逼利诱都不能改变我们心灵因其美丑而生的感受。同样，只要怀着一种非功利或超越的态度，人行为的善恶也自然会向我们展露，任何造作和欺骗都将现形。善和美都来自我们对最高神性的崇敬和热爱，所以，"美和善是一体和同一的（beauty and good are one and the same）"③。这样看来，美不必是善的工具，两者是相互依存的，离开了善，美就徒有其表，乱人心智，就像老子所说："五色令人目盲，五音令人耳聋，五味令人口爽，驰骋畋猎令人心发狂，难得之货令人行妨。是以圣人为腹不为目，故去彼取此。"离开了美，善就变为专横强暴，实则为不善。"己所不欲，勿施于人"，事实上，己所欲者也勿施于人，只需以美示人，善即远播。

所以，在人类社会中，善的实现需要的恰恰是充分的自由，让人听从自己本

---

① Shaftesbury, *Characteristics of Men, Manners, Opinions, Times*, ed., Klein. Lawrence E., Cambridge: Cambridge University Press, 1999: 258.

② 同上，第 46 页。

③ 同上，第 320 页。

性中对完美秩序的热爱之情，而不是服从强权和专制。除了猛烈抨击功利主义之外，宫廷和教会的专制成为夏夫兹博里哲学的另一个敌人。这个敌人以"严肃"对待一切，幽闭于冥想和迷信之中，拒绝与他人展开交流和辩论，也不允许人们根据自己的感受来理解正义和虔诚。他们害怕自由对话，以为这样就会歪曲真理。"某些绅士身上就充斥着这种顽固的习性和虚假的狂热，当他们听说了检验过的原则、被探索过的科学和艺术以及用幽默这种坦诚过滤过的严肃事情时，他们就想象所有信仰都必归于失败，所有得到确定的知识都将毁灭，没有任何有序或者得体的事情能在这个世界上久存。他们担心，或者意欲担心，宗教会被这种自由威胁，因而就厉声警告这种自由，虽然这种自由只是运用在私人谈话中并经过谨慎的修饰，但他们觉得好像这就是在公众团体和最严肃的集会中的公然挑衅。"①但是，对自由的遏制只能滋生迷信和滑稽，因为人们总是寻找一些隐秘荒谬的方式来释放自己的自由。"在精神上专制最严重的国家中最真实的是这种情形。因为最伟大的小丑就出自意大利人，在他们的作品中、在他们较为自由的对话中、在他们的舞台上以及普遍街道上，滑稽嘲讽最为风行了。这是可怜而痛苦的底层人们流露自由思想的唯一途径。"②

在夏夫兹博里看来，理解真正的美和善需要人们运用自己的理性，但理性只有在与他人的交往中才能得到磨砺，变得成熟。所以，在他眼中，真正的哲学就是社会生活的实践。"进入公共场合的人必得经历严格的训练或者锻炼，正如整装待发的武士，精通军事，善于操干戈御战马，因为兵强马壮还不足以制胜。只有良驹不足以造就骑士，只有强壮的臂膀也还不足以造就角斗士或者舞蹈家。仅具备天才也不是必然成长为诗人，或者仅具备才华也不必然成就一个优秀的作家"③；相反，"变得愚蠢的真正方法就是依赖一种理论体系"④。艺术也正诞生自社会实践。因为，为了与表达自己的思想，人们必须寻求一种他人易于接受的方式。同样，这种方式也是我们自己乐于接受的。所以，艺术就是一种对话。"人们很容易觉察到，说服女神（Goddess of persuasion）在一定程度上必定就是诗歌、修

① Shaftesbury, *Characteristics of Men, Manners, Opinions, Times*, ed., Klein. Lawrence E., Cambridge: Cambridge University Press, 1999: 36.
② 同上，第35页。
③ 同上，第87页。
④ 同上，第61页。

辞、音乐及其他艺术之母。"① 从这个角度出发，夏夫兹博里阐述了他自己的艺术史。当人类在其尚未完善的时期，只能过着茹毛饮血的生活，没有闲暇，也没有轻松的心情去细致思考什么问题。即使在自然状态中，人类社会不是每一个人对每一个人的战争，但人们还是没有多余的精力和财物从事艺术活动。人类社会发展的转机在于后来发明和掌握了语言，从此开始了相互交流，使社会机制日益完善起来。

> 随着时间的推移，社会事务逐渐建立在了安定而稳固的基础上，因共同目的和公共利益而产生的辩论和谈话就日益走进人们的视野，重要人物和领袖们的演讲被加以思考和相互比对，自然而然地，这一发言者比另一发言者的修辞技巧更令人易于接受，在思想的表达上也更令人愉悦，更为流畅。②

艺术起源于交流和辩论，而交流和辩论又是为着共同目的和公共利益而进行的。交流越是紧密，辩论越是激烈，语言的艺术就越能得到发展，变得精致而高雅，在此基础上，甚至出现了专门研究语言艺术的学科。"如果博学的批评家被人们欣然接受，哲学家自己也不再滥竽充数，自然就会产生次一级的批评家，他们将会把这门艺术分为几个不同的领域。语源学家、语言学家、语法学家、修辞学家以及其他一些大家、大师，就会出现在各个领域，通过彰显隐藏在真正的艺术家作品中的美，通过揭露假冒伪劣者所表现出的浅薄之处、虚假的矫饰和附庸风雅来表明真理和真相。"③ 这里还突出了艺术或修辞的另外一个重要特征，即令人愉悦。"如果重要人物和领袖们更意欲说服他人，他们尽其所能来取悦人们。所以……不仅是最好的思维方式和观念倾向，而且最柔美、最诱人的音调都会被加以运用，以吸引公众的注意力，通过表达上令人易于接受的特点来博取人心。……以至于只有真正的歌唱家才能被称作这个更为庞大的社会的第一个创立

① Shaftesbury, *Characteristics of Men, Manners, Opinions, Times*, ed., Klein. Lawrence E., Cambridge: Cambridge University Press, 1999: 106.
② 同上。
③ 同上，第108页。

者。"①

由此可见，艺术和政治是密切相关互为促进的。艺术的发展必然要求两个基本条件：一是对共同目的和公共利益的关心。如果像霍布斯所说的那样，人无论在自然状态还是在文明状态中，心里只怀着自我的目的和利益；如果说社会的建立是依赖暴力，就不可能有艺术产生。第二，必须有自由的政治。如果在社会发展过程中，"一个人或一些人的势力发展到凌驾于其余人之上，如果强权当道，并且社会事务是通过权势和恐怖来统治的，那么类似演说这些悲哀的学问和艺术就得不到培养，因为它们毫无用处。但是如果说服是引导社会的主要途径，人们在自己行动之前就心悦诚服，那么雄辩（eloquence）艺术就日益昌盛，人们就能听到演说家和游吟诗人，国家的能者贤人就致力于研究这些艺术，人们变得更为通情达理，更愿意为博学之士所治理"②。正是由于古希腊是一个自由的世界，所以它们在诗歌（荷马）、雕塑等艺术以及哲学（苏格拉底）上给后人留下了丰富的遗产，但是在恺撒和尼禄等人统治的罗马时期，"没有一尊雕像、没有一枚圣牌、没有一座建筑能再闪耀其光芒。哲学、智慧和学术上，曾有许多英明之君在此流芳，也与它们一同烟消云散，无知和愚昧笼罩着整个世界，继之以混乱和崩溃"③。可见，当美的艺术得到充分发展，政治也就必然变得自由开明，社会也必然和谐有序。因为，艺术的发展标志着人们越少受到强权的压制，而是根据艺术给他们的最纯粹的愉悦，也就是最公正的标准来判断政治和道德。艺术使人愉悦，愉悦的人也必然具备"良好性情"，"良好性情"使他能够理智地对待生活和政治。因而，艺术、哲学和强权是不相容的："在哪里暴力成为必要，理智就完全失效。但是，在另一方面，如果理智成为需要，暴力就会失效，因为在那里没有理智的强迫，只是凭借理智本身的力量而已。"④一句话，"所有高雅都源于自由"⑤。

在夏夫兹博里那里，政治和道德没有明确的界限，政治不是暴力和权谋，而是当人们进入更广泛的群体时的交往方式。当政治表现为艺术方式时，人们才由衷地关心公共利益，自由地探索和交流何为真正的公共利益，这不是出于对自身

① Shaftesbury, *Characteristics of Men, Manners, Opinions, Times*, ed., Klein. Lawrence E., Cambridge: Cambridge University Press, 1999: 106~107.

② 同上，第 108 页。

③ 同上，第 100 页。

④ 同上，第 263 页。

⑤ 同上，第 31 页。

利益的谋求和与他人的妥协，仅仅是出于对善本身的喜爱，正如对艺术之美的喜爱，因为艺术让人们看到各不相同的部分是如何围绕一个目的构成和谐整体的。"可以肯定地说，无论是对什么样的秩序、和谐及均衡的热爱都自然地对性情有所提升，有利于社交情感并对德行大有助益，这些无非就是对社会中秩序和美的热爱。……因为当人们沉思这种神圣的秩序时不可能不带着陶醉和狂喜，正如在科学和自由意识的共同主题方面，凡遵循着正确和谐和比例的东西都会使那些对它们有所知晓和从事的人激动万分。"① 显然，审美和艺术不是政治和道德的工具，恰当地说，所有这些都来自同一个源泉，给人以同样的体验。审美和艺术是高尚道德和自由政治应有的表现方式，它们是不可或缺、不可替代的。在夏夫兹博里之前，从未有人对美和艺术的社会意义有如此深刻的理解和阐述。当然，这是因为他处于一个更自由的社会中。

无论何种原因，在夏夫兹博里之后的英国兴起了一股美学热潮，人们竞相加入对美和艺术的谈论中来，留下著述的不仅有知名的哲学家，而且更多的是业余作家。他们的论题、主张、宗旨、语言，乃至写作风格都受到夏夫兹博里的影响，说他是 18 世纪英国美学学派的开创者是不为过的。然而，夏夫兹博里并不是一个追求完整体系的哲学家，他甚至反对建立体系的企图。他那种优雅但散漫的文风很难被人复制，也不容易让人得到清晰的理解，所以美学领域的种种具体问题仍然需要用更统一的原则和系统的方法进行描述。显然，18 世纪的英国作家们承担了这个工作，他们用经验主义哲学的语言和方法构建了一套细密而丰富的美学理论。从整个近代西方美学来看，是夏夫兹博里首次把美提升到如此高的地位，美负担着让人领悟最高神性、崇尚完善人格、热爱公共利益的重大任务。奥夫相尼科夫评价夏夫兹博里的思想时说："这是自由的思想，是自由思想的思想，是充满高尚的道德激情的思想，是论述人的和谐和全面发展的思想，是论述艺术的伟大道德作用和美对人的有益影响的思想。"② 从美学理论的建构来说，更有人因他提出审美的非功利性原则而奉其为现代美学的创立者。

---

① Shaftesbury, *Characteristics of Men, Manners, Opinions, Times*, ed., Klein. Lawrence E., Cambridge: Cambridge University Press, 1999: 191.

② 奥夫相尼科夫：《美学思想史》，吴安迪译，西安：陕西人民出版社，1986 年，第 123 页。

第四章

艾迪生

————

约瑟夫·艾迪生（Joseph Addison, 1672—1719），著名散文家、诗人和办刊人。他出身于威尔特郡的一个牧师家庭，早年受教于卡尔特豪斯公学，期间结识了后来与其一起办刊的斯蒂尔，之后又在牛津大学女王学院学习。由于在古典文学方面表现优异，且擅长拉丁文诗歌，所以毕业之后又在莫德林学院担任教师。德莱顿、萨默斯勋爵和哈利法克斯伯爵对他的才华非常赏识，为他从威廉三世那里争取到年金，使他得以到欧洲大陆旅行。后来辉格党掌握政局时，艾迪生又在哈利法克斯的帮助下担任公职，并长期担任下议院议员。然而，使艾迪生在历史上赢得声誉的还是他与斯蒂尔从1709年开始主办的《闲谈者》《旁观者》《守卫者》等杂志，他们在杂志上发表散文和社会评论，吸引了上流社会的大批读者，甚至成为绅士学习社交的指南。1712年，他在《旁观者》上发表题为《想象的快感》的一组文章，代表了他在美学方面的理论成就，他也因此被有些人称为18世纪英国美学第一人。

一、想象的性质

艾迪生是沿着洛克的观念理论来构筑他的美学的，这是经验主义哲学在美学中的正式运用。他一开始的论述仅局限于视觉，因为视觉的对象是最广泛的，不仅可以知觉广袤、样式等观念，而且还有颜色。相比于触觉"仅限于它的个别对象的数量、体积、远近"而言，视觉可以把对象进行"保留、改变和结合"，可以设想种种不在眼前的景象，因而"视觉是一切感觉中最美满最愉快的"①。显然，在艾迪生看来，视觉感知就已经是想象了，因为视觉把外在对象传递到心灵当中，转化为观念，而想象又在心灵中对这些观念进行改变和结合，创造出令人愉快的景象来。

艾迪生也许没有过多地在意洛克观念理论的复杂性，将其大大精简，虽然他多有断章取义之嫌，但也衍生出了富有创意的想法，为后来的美学家们大力发展。洛克在论述观念的来源和原因时指出一个影响深远的问题，即有些观念，如凝性、广袤、形象、运动、精致、数目等，被称作第一性质，是直接来自外物的，而另一些观念，如颜色、味道、冷热等，被称作第二性质，虽然其来源也在外物，但也有心灵自身积极运动的原因，简言之，这些观念具有很大的主观性。甚至可以被理解为是心灵自身能动地产生出来的，虽然要依靠外物一定的刺激。艾迪生只强调第二性质的观念存在于心灵中，"而绝不是存在于物质中的属性"②。

细究起来，艾迪生的理论有很多纠缠不清的问题。首先，他只谈论由视觉而来的观念，但这种观念并不局限于第二性质的观念，如形式、运动、数目等，在洛克看来就是第一性质的观念。其次，人们通常探讨的艺术，如音乐、诗歌却不是，至少不是主要凭借视觉的，如果艾迪生要把这些艺术都纳入想象的范围中，就需要解决一个难题，即把声音、运动等观念与视觉形象衔接起来。最重要的是想象这一概念也有着非同寻常的复杂内涵。艾迪生甚至没有辨析视觉和想象之间的差别和关系，他理所当然地认为视觉（在他看来也许只有视觉）产生想象，想象就产生快感。但视觉与想象毕竟不能相互等同，其间的区别和关系在后来的美学中是非常重要的，既然艾迪生不关注这个问题，我们就把它留到后面讨论。

想象自古希腊以来就是一个备受争议的概念，在艺术和审美中也具有特殊意义。就英国哲学而言，是培根把艺术创作和欣赏的任务交给了想象，而且他说想象的特点就在于把自然中事物随意地加以组合和分离。显然，艾迪生继承了培根

① 缪灵珠：《缪灵珠美学译文集》（第二卷），章安琪编订，北京：中国人民大学出版社，1987年，第35页。《缪灵珠美学译文集》中所收录的《想象的快感》包括了载于《旁观者》杂志1712年411—416期的6篇，但还有417—421期的5篇并未收录，这5篇主要是讨论文学的。全部的11篇文章可见 Joseph Addison, *The Works of Joseph Addison*, Vol. III, London: George Bell and Sons, 1902: 393-430.

② 缪灵珠：《缪灵珠美学译文集》（第二卷），章安琪编订，北京：中国人民大学出版社，1987年，第43页。

的学说，刻意要发挥想象的能动性作用。不过，在洛克那里，想象并不是一个十分重要的概念，虽然他承认在艺术中，机智能够"敏捷地把相似相合的观念配合起来，在想象中做出一幅快意的图画、一种可意的内现"，但他接着说："我们如果以严格的真理规则来考察它，那正是无理取闹。"① 言下之意，洛克认为，在认识上，机智或想象往往是导致谬误的祸首。不过，艾迪生也正是发现理性并不能解释观念联结的所有法则，或者说他试图阐明想象对观念的联结也存在一些规律，而这些规律与情感密切相关，从而为系统的美学理论的发展开辟了一条道路。

二、想象快感的性质与美的三种类型

先来看看艾迪生所谓的想象快感具有什么特点。"我之所谓想象或幻想快感，指来自视觉对象的快感，不论我们当时确实有这些对象在眼前，或是我们在看到绘画、雕刻、描写时，或在类似的场合，悠然想起它们的意象来。"② 这种快感很特殊，因为它"既不像感官快感这么粗鄙，也不像悟性快感这么雅致"③。详细一点说："它既不需要较重大的工作所必需的沉思默想，而同时也不会让你的心灵沉湎于疏忽懒散之中而容易耽于欲乐，但是像一种温和的锻炼，唤醒你的官能免致懒散，但又不委给它们任何劳苦或困难。"④ 在这里可以看到，在与感官快感、悟性快感的区别中，想象快感获得了自身的特性。人们立刻会问，想象快感如果可以被称作审美情感的话，与道德情感有何区别。后来康德就明确地加以区分，艾迪生没有明确提到这个区别是个遗憾。但可以明确的是，想象快感在一定程度上是非功利性的，正如他说一个有优美想象的人，"往往在田园牧地的远景上感到比主人还要满意的欣慰"⑤。

显而易见，在艾迪生看来，想象存在多种类型，或者具有多种规律，因为引起想象的对象不是单一的。他把引起想象快感的事物分为三种，即"伟大、非凡，

---

① 洛克：《人类理解论》（上册），关文运译，北京：商务印书馆，1983 年，第 123 页。
② 缪灵珠：《缪灵珠美学译文集》（第二卷），章安琪编订，北京：中国人民大学出版社，1987 年，第 35 页。
③ 同上，第 36 页。
④ 同上，第 37 页。
⑤ 同上，第 36 页。

或美丽"，然后分而述之。这个区分也许是来自朗吉努斯《论崇高》中的一句话，[1]看起来并没有什么标准，但却意义重大，因为后来的美学家对美所做的分类多半遵循这个框架。尤其是其中的伟大几乎就是因博克而闻名的崇高，只不过是博克根据两种截然相反的情感把崇高与美看作是两个对立的类别。他还说："世间有一些东西如此骇人或不快，所以一个对象所引起的恐怖或厌恶可能压倒由它的伟大、新奇或美产生的快感；但是甚至在它所给予我们的厌恶之中也混杂着一定愉快。"[2]更早时候，丹尼斯就看到恐怖、厌恶与崇高或伟大的关系，这里艾迪生又明确解释，因此我们可以看到，后来博克的理论不是全然的创造，而是由来已久。

"我之所谓伟大，不仅指任何一个对象的体积，而且指一片风光的全景的宏伟。这样的风景是旷朗的平野，苍茫的荒漠，耸叠的群山，峭拔的悬崖，浩瀚的汪洋，那里使我们感动的不是景象的新奇或美，而且一种粗豪的壮丽，在大自然的许多这些巨制中可以见到的。"[3]崇高的对象特征就是：巨大和壮丽。这个区别可以说预示了康德对崇高的区分，即数学和力学的崇高。艾迪生不是第一个提及和论述崇高的人，但他真正把崇高置于与美相平行的地位上，使其成为近代美学中一个富有特征的话题。同时，更为重要的是，他根据经验主义哲学的心理学对崇高的对象之引起快感的原因做了解释。崇高快感是一种"愉快的惊愕"以及由此而来的"极乐的静谧和惊异"。这种快感的原因是，"想象就喜爱给一个对象充满，

---

[1] Refer to Paddy Bullard, The meaning of the 'Sublime and beautiful': Shaftesburian Contexts and Rhetorical Issues in Edmund Burke's Philosophical Enquiry, *The Review of English Studies*, New Series, Vol. 56, No. 224,（2005）: 173-174. 这段文字的中译可见缪灵珠根据希腊文所译的朗吉努斯《论崇高》的第三十五章："你试环视你四周的生活，看见万物的丰富、雄伟、美丽是多么惊人，你便立刻明白认识的目的究竟何在。"见《缪灵珠美学译文集》（第二卷），章安琪编订，中国人民大学出版社，1987 年，第 114 页。笔者搜集到的英译本出自 19 世纪英国人 H. L. Havell之手，这段文字写作：When we survey the whole circle of life, and see it abounding everywhere in what is elegant, grand, and beautiful, we learn at once what is the 4 true end of man's being. 见Longinus, *On the Sublime*, trans. H. L. Havell, London: McMillan and Co., 1890: 68. 两段文字中，"丰富"和 elegant 的意思有差异，但"雄伟、美丽"和 grand, beautiful 则是一致的。无论这个看法是否成立，艾迪生确实对朗吉努斯倍加推崇，在他论文学的批评中随处可见。另外，艾迪生的著作中实际上也经常使用 sublime 一词。

[2] 缪灵珠:《缪灵珠美学译文集》（第二卷），章安琪编订，北京:中国人民大学出版社，1987年，第 37 页。

[3] 同上，第 38 页。

或者抓住大于它所能掌握的对象"①。这就是说，心灵的感知由于环境和习惯总是为平常之物占据，而巨大或壮丽的对象却打破了这种阈限，它使心灵感到一种恐惧和震撼，陷入一种僵滞状态，与此同时，它也使心灵突破藩篱，豁然开朗，获得了一种自由感觉。这种解释的确只是"经验之谈"，其所运用的心理学理论并不系统，但后来美学中的崇高理论却多少都包含着这样的内涵，人们试图为其找到更坚固的根据，做出更系统的阐述。

另外，艾迪生并不认为崇高与美不能相容，他说："设使这种壮丽之中加上一点美或非凡的性质，例如，惊涛骇浪的海洋，繁星陨落的天空，或者河流、林木、乱石、草地参差于其间的广阔风景，那么快感就逐渐弥漫于我们胸中，因为它不只来自一个根源。"②不过，后来的博克则认为崇高与美是截然对立的两种观念，正如黑与白的分明一般。

新奇的对象如果有某种特征的话，那就是不同于常规，它之所以令人愉快，是因为当心灵被平常事物包围时，久而久之就会感到厌倦和沉闷，因而失去活力，而新奇之物则能在死水之中激起一簇涟漪，使心灵重新获得激情。新奇本身就是自然世界和现实生活丰富多样的表现，吸引人们孜孜探索，使生活充满难以形容的魅力。不难发现，新奇的心理原因在一定程度上与崇高是相似的，虽然艾迪生没有仔细说明其区别。我们不妨这样来区别，崇高的对象在体积和力量上是巨大的，其效果是恐怖、震撼和惊愕，而新奇的效果则是惊奇、愉悦和活跃。但是，艾迪生的一句话更点出了新奇的新奇之处："也正是新奇使得伟大的愈伟大，美的愈美，以加倍的娱乐授予我们的心灵。"③因而，如果新奇本身不足以成为一种独立的美的话，它对于伟大和美丽来说仍然是不可或缺的。新奇在近代美学中是一个颇有意味的概念，后来杰拉德直接接受了艾迪生的三种类别，并把新奇感放在七种内在感之首描述，但很多人却并不认为它就是美，因为没有什么事物能绝对和长久新奇，总要转为平庸，但艾迪生的这句话一语道破了新奇的秘密。

在美这个看来最为重要的问题上，艾迪生的论述却偏离了经验主义哲学的心理学原则，尽管他给予美以最高地位，"直接触及灵魂深处的东西莫过于美，美

---

① 缪灵珠：《缪灵珠美学译文集》（第二卷），章安祺编订，北京：中国人民大学出版社，1987年，第38页。

② 同上。

③ 同上，第38—39页。

以一种神秘的快感或满意立刻弥漫着你的想象，它以最后一笔完成了伟大或非凡的景物"，其神秘在于"物性总有一些变异，使我们一见就不假思索地宣判它们是美或是丑"①。这使得他关于美的论述缺乏精细的分析，看起来贫乏而空洞。不过，他提供了另外一种根据，亦即人的情感本性，美源于对同类的爱，尤其是异性之间的相爱，这种爱使人类得以繁衍和发展。"我们看到，不同种类的生灵各有其不同的审美观念，每一类生物最喜爱的美总是自己同类的美。"②即使是自然事物和艺术作品中的美，其作用最终在于获得人们强烈的喜爱。事实上，以爱为美的根源这个观念一直存在于18世纪英国美学中，当我们看到博克说美的根源是社交情感时，就会认识到其影响了。艾迪生也指出各种事物的美在于"颜色的鲜明或多彩，各部的对称和均衡，物体的安排和布局，或者这一切的配合适宜和相得益彰"③。不过，这仅仅是西方传统美学的延续，算不上任何创造，而且艾迪生也不打算在这个问题上多费笔墨。

艾迪生对三种类型的美的论述算不上系统和条理，也比不上夏夫兹博里那样广博和深刻，但其贡献在于运用心理学原则予以阐释，从而开创了一条新的美学道路。

三、艺术与自然

在对三种类型的美做了分析和描述之后，艾迪生承认，虽然他已经对美的对象进行了适当的归类并对相应的快感做了心理学的解释，但对美必然和充足的原因却不得而知："因为我们既不了解一个观念的性质，也不明白人类心灵的实质。"④这句话的意思是说，从认识论的角度看，人们无法精确地解释伟大、新奇或美的观念的构成法则和性质，也无法得知心灵活动的最终规律，所以也就无法说明一个观念为何引起特定的快感来。艾迪生也不打算多追究这些原因，的确，他只是个散文作家，而不是哲学家，且不说即使很多哲学家也自认为这个任务是不可能完成的。经验主义哲学的目标只在于对具体现象进行分析，进行适当的归纳，而

---

① 缪灵珠：《缪灵珠美学译文集》（第二卷），章安琪编订，北京：中国人民大学出版社，1987年，第39页。

② 同上。

③ 同上，第40页。

④ 同上，第41页。

不是试图运用一个或少数几个原则解释所有现象。但是，艾迪生相信最终原因只能是神意，让特定观念与心灵的活动规律相契合，从而产生特殊快感。也许正是因为其间原委复杂难解，才更使得人们叹服造物主的"善意与智慧"。

依照这个假设，伟大之物之所以给人快感，是因为它与神性是可以相类比的。伟大之物的特点正在于其打破任何有限的形式，充塞着心灵，犹如神性那种超越时空的无限刹那间攫住人的灵魂，使人陷入无尽的沉思，感受到神性的伟力。而新奇之物能给人快感，是因为它总是能激发人的好奇心和求知欲，思考和探索世间种种奇迹，而这些奇迹只能是神性的创造，因而新奇之物最终诱使人抵达对神性的沉思和赞美。同时，神性也使其余一切事物成为美的，"神赋予我们周围一切事物一种能力，它们都能在我们的想象中唤起适宜的观念；所以我们不能目击神的作品而漠然无动于衷，也不能环观众美而不感到一种审美的快感或满意"①。如此一来，艾迪生就在审美与认识、道德之间建立起了一种联系，即直接的美感也许并不完全符合认识的真理和道德的法则，但引导人们展开沉思和探究，获得切实的知识。所以，审美在一定程度上兼有认识和实践的性质，也把认识和实践贯穿起来。实际上，这一点在休谟那里就成为一个基本原则。

这种阐述明显让人意识到一种与夏夫兹博里相仿的柏拉图主义，仿佛与经验主义哲学的宗旨格格不入，但是艾迪生自认为这种阐述就来自洛克的哲学。既然洛克说第二性质的观念离不开心灵的能动性，艾迪生就认为，心灵在接受第一性质的同时，想象也必然被激发起来，处于活跃状态。无论艾迪生对洛克的理解有多少是误解或有意曲解，但他至少道出了一个重要信息，即美不是或不仅是外物的一种性质，而是心灵自我创造的结果，所以"假如我们静观万物而只见其原形和运动，万物的外观也就贫乏可怜"②。况且，神的作品并不是单调贫乏的，而是充满了多样性或者无数的装饰，这恰恰更容易使想象变得兴奋，也就给人带来更多的快感。这种快感不是来自直接的感官，而是想象活动的产物，其中有多种复杂的心理活动的参与。同时，这个观点也让人感觉到，一个事物的美不仅是因为其自身，而且还是因为与它相联系的其他观念。这必然使艾迪生的理论越来越复杂，同样也给后来人留下了借以发挥的空间，我们到后面会认识到这一观点的蓬

---

① 缪灵珠：《缪灵珠美学译文集》（第二卷），章安琪编订，北京：中国人民大学出版社，1987年，第42页。
② 同上。

勃发展。

　　另外，我们从此也可以得到艾迪生对于美的对象的一种主要观点，他虽然提到亚里士多德的美学原则，即美的本质是"恰当的比例"，也就是统一性和规则性，但他实际上更倾向于认为美的对象应该是多样的、丰富的、变化的。这无疑是一个值得注意的倾向，因为它是革命性的，而且后来的很多美学家都开始强调这一点。由上所述可以看到，艾迪生并未完全脱离经验主义的宗旨，而是发挥了很大的创造性。

　　也许正是因为对神性的无限崇拜，并把整个自然事物看作是被造物，因而艾迪生把自然美抬高到了艺术美之上。"艺术作品可能像自然景色一样优美雅致，可是永不能在构思上表现出如此庄严壮丽的境界。自然的漫不经心的粗豪笔触，比诸艺术的精工细镂和雕琢痕迹，具有更加豪放而熟练的技巧。"[1] 自然美胜于艺术美最明显的地方莫过于其广泛的范围和丰富，艺术作品终究存在于有限的时空内，可以被一览无余，但自然美却广袤无垠，瑰丽多变。从艾迪生的表述上看，自然美的最大优势就是其伟大或崇高。

　　这倒不是说艾迪生就认为艺术一无是处，可有可无。艺术的主要作用就是对自然美有所增益。他显然认为艺术就是模仿，也应该模仿，但艺术之所以模仿，并不是因为如此而来的作品本身是美的，而是因为艺术作品的逼真肖似不仅使自然景色如在眼前，而且可以让人们在相互比较中获得额外的快感。当然比较就是由想象来完成的。所以，"我们的快感就来自两个根源：由于景色悦目，也由于它们肖似其他东西"[2]。艺术与自然的肖似甚至可以使两者相得益彰，因为如果对自然景色稍加设计，使其显出人工的巧妙，同时也不流于呆板僵硬的斧凿痕迹。无论如何，我们可以发现，艾迪生反感西方传统美学和艺术理论所强调的理性和规范，而是更加推崇多样和变化，正如上文我们指出，他并不强调美在于比例的对称和均衡。他举例说道："我们往往喜爱有田野、牧地、疏林、流水参差变化而又格局甚佳的风景，喜爱有时在大理石上偶然发现的云树迷离的纹理，喜爱岩洞乱石迂回曲折宛若阑干的荒径；总之，凡是掩映成趣或井井有条，仿佛是妙手偶

---

　　[1] 缪灵珠：《缪灵珠美学译文集》（第二卷），章安琪编订，北京：中国人民大学出版社，1987年，第43页。

　　[2] 同上，第44页。

成而又有设计效果的景色，我们就喜爱它。"[1] 他也因此批评了英国当时的园林艺术把"树木栽成相等的行列和一律的样式"，做出规整的几何图形，赞赏意大利和中国的园林"所遵循的艺术隐而不露"[2]，自然而然，浑然天成。在近代美学中，艾迪生可谓第一个对传统的艺术规范提出质疑，其观点也为其后的美学家所支持，因而也的确反映了艺术发展的基本趋势，预示着浪漫主义的到来。

继园林艺术之后，艾迪生又谈到了建筑艺术，他认为这种艺术"比任何其他艺术更能立刻产生……想象快感"[3]。在他的心目中，最好的建筑就是巴比伦的高塔、城墙和空中花园，埃及的金字塔以及中国的长城。显而易见，这些建筑的最大特点就是巨大宏伟，符合艾迪生的崇高理论。同时，他不忘赋予这些建筑以神性色彩，他认为："我们对世界某些国家的最壮丽的建筑物不得不肃然起敬。正是这种虔诚心促使人们去建筑神殿和公共的崇拜场所，因为不但人们可以凭借建筑物的富丽堂皇邀请神灵居留于其间，而且如此宏伟的宫宇同时可以启发心灵，使之向往广大无垠的观念，而更适宜于祷告当地神明。"[4] 这样的解释倒是承接了他之前以神性作为美之终极原因的论调，但显然也是想当然地这样解释了，毫不顾忌历史和文化背景。艾迪生论建筑给人留下较深刻印象的是，他认为建筑物之所以伟大，体积巨大固然是一个原因，但更重要的还是应具有宏伟的风格。要具备这种风格，建筑物不能有过于繁复琐碎的装饰，而应该简洁厚重。哥特式建筑虽然格外高耸，却不如罗马的万神殿恢宏瑰玮，因为前者那些华丽的雕琢和错综复杂的纹饰，分散人们的注意力，导致了混乱。这样的论调算是别开生面。纵然如此，艾迪生观点多半是来自英国人对天主教的偏见，恨屋及乌，也就难免对哥特式建筑也肆意攻伐了。

四、模仿

艾迪生有一个理论非常特殊，也有很大影响，那就是他区分了初级想象快感和次级想象快感，前者指"确实在眼前的事物"引起的快感，后者指"来自曾一

---

① 缪灵珠：《缪灵珠美学译文集》（第二卷），章安琪编订，北京：中国人民大学出版社，1987年，第44页。

② 同上，第45页。

③ 同上，第46页。

④ 同上，第47页。

度映入眼帘而后来在心中唤起的形象，不论它是凭心理的活动或是因外物如雕像或描写之类激发的"①。这个区分并不指向自然和艺术的差别，而是指向视觉对象与想象的形象是否相符。在一定程度上，这个区分涉及眼前的对象是实在的自然还是模仿而来的艺术。例如，当我们看到一片自然风景时，视觉对象与心灵中想象的形象是一致的，或者说想象完全反映了视觉对象，未做任何修改——虽然我们也可以说两者并不完全等同，因为视觉对象是现实的，而想象的形象只存在于心灵中，这时，因此产生的快感就叫作初级想象快感。艾迪生把建筑物产生的快感也叫作初级想象快感，是因为建筑物并不模仿任何事物，而其他艺术，如雕像、绘画、诗歌却是模仿的，它们要力图达到如原物的一致，即肖似。不过，艾迪生认为，这些艺术也不是必须与人们确实曾见过的事物丝毫不差，欣赏艺术的人也不必见过原物。"我们只要曾见过一般的地方、人物、行为，而它们却酷肖或至少有点类似我们所见的表现，那就足够了——因为想象一旦积存了一些个别观念，它就有能力随意扩大，配合，或改变它们。"②按照模仿艺术与自然之间的接近关系，艾迪生把雕像放在第一位，因为雕像是立体的，其次是绘画，再次是诗歌或语言艺术，然后是音乐。这个排序与后来康德的排序多有抵牾，从中可以发现此间西方艺术观念和美学思想的微妙变迁。

　　无论如何，当人们欣赏这些模仿艺术时，总是力图要捕捉它们与被模仿物或自然之间的相似之处。不过，从理论上讲，像诗歌和音乐作品虽与自然毫无相似之处，但奇怪的是，它们也能够在人的心灵中唤起鲜活的观念来，"音乐大师却有时能够投听众于战斗方酣的境界中，以凄凉的景象或丧死的意境笼罩着他们的心情，或者催促他们进入乐土仙乡的美梦"③。而且文字仿佛更具有很大的魔力，"读者往往发现，凭借文字在他的想象中绘出的观念，比诸实际观察它们所描写的景色，更加色彩鲜明和逼真生动"④。这显然与艾迪生先前的观点相矛盾，他曾说只有肖似自然的艺术作品才是美的，但文字作品看起来与自然毫不相似。这里就需要用次级想象快感的原因来解释。实际上，我们前文提到，艺术模仿带来的

---

① 缪灵珠：《缪灵珠美学译文集》（第二卷），章安琪编订，北京：中国人民大学出版社，1987年，第49页。

② 同上，第49—50页。

③ 同上，第50页。

④ 同上，第51页。

快感是双重的，一个是来自对象本身的美，另一个是想象在比较艺术与自然时产生的快感，而比较就是次级想象快感的主要原因。"这种次级想象快感都来自心灵的活动，它将从原物产生的观念和我们从雕像、绘画、描写，或表现的声音所得来的观念予以比较。"① 由此还能推断出这样一种观点来，如果艺术与自然在形式上十分相似，那么心灵无须付出多大努力便可完成比较，实际上来说，心灵活动并不十分活跃；相反，如果艺术与自然既有相似又有差异，就需要心灵付出很大的努力，其活动倒是更为活跃。如果想象快感是与心灵的活跃程度成正比的，那么诗歌和音乐所产生的快感应该是最大的。除此之外，文字作品还可以自由选择，对原物中的观念进行随意的伸缩、组合，这就等于它给了想象以一些或隐或现的线索，再让想象去努力探索，这自然使得心灵跌宕起伏，心情也随之摇荡激动。这样看来，文字描写倒要比雕像和绘画给人以更大的快感。正因文字可以指涉现实事物，所以艾迪生和后来的美学家都给以诗歌最高的地位。

由此艾迪生也回答了我们前面所提出的一个问题，即想象的对象既然是形象，那么诗文和音乐又凭借何种形象活跃想象。现在可以看出，也许单个文字和声音本身不能形成鲜明的形象，但文字和声音的排列组合及其运动，在心灵中转化为形象，对想象给予一定的激发，产生了快感。当然，我们也明白，单个的文字和声音由于生活环境的习惯总是与某些事物联系在一起，从而也就为想象提供了形象。所以，诗文和音乐也是通过想象活动给人以快感的。

总的来说，初级想象快感来自视觉对象的直接刺激，次级想象快感与视觉对象之间的关系是较为间接的，这种快感虽然首先由视觉对象激发起来，但其真正的原因则是想象本身的活动。由于次级想象快感主要来自模仿艺术，因而艾迪生也就对模仿及其效果做了不同于前人的解释。亚里士多德就说人从模仿中能获得一种快感，至于这种快感如何产生，人们都语焉不详，而艾迪生则从心理学的原则进行了虽非别开生面的解释，但也将亚里士多德的传统糅合进了新的体系中。同时，这种解释的特别之处在于，模仿的目的不是理性认识，而是激发想象活动，产生一种精神性快感。由此出发，我们还可以提出这样的疑问：艺术真的必须肖似自然吗？实际上艾迪生的理论表明，模仿无须按部就班，丝毫不爽，倒应该对原物进行重新调整配合，给人的想象力留下自由活动的空间，因而就产生更大的

① 缪灵珠：《缪灵珠美学译文集》（第二卷），章安琪编订，北京：中国人民大学出版社，1987年，第50页。

快感。

最后，艾迪生还提出，由于诗文与现实事物之间存在巨大差异，因而让人们对诗文产生不同的趣味，有人觉得它栩栩如生，有人觉得它味同嚼蜡，只是形似而已。这里涉及 18 世纪英国美学中的一个重要问题，即趣味的标准。艾迪生的解释是，趣味之不同在于人们的想象力各有差异，因而产生不同的理解，但这并不意味着趣味毫无标准，因为在诗文的欣赏中还需要判断力，其作用是辨识文字运用是否正确。判断力是根据事实进行的，无关个体差异，因此可以保证人们对诗文有一致的理解。终究说来，在鉴赏当中，想象力和判断力缺一不可。"想象力必须热衷于保留它业已从外物获得的印象，判断力必须明察以认识何种词句最适宜于装饰它们而恰到好处。"[①] 当然，艾迪生对趣味的标准问题的解释还是粗疏的，到了休谟和杰拉德那里，这个问题才得到更绵密的分析和更深刻的论证。

五、论文学

基于次级想象理论，艾迪生发表了自己对文学创作原则的看法。首先需要提示的是：艾迪生的文学概念远远超出了今天所谓的文学范围，不仅包括诗歌、戏剧，也包括历史、哲学、道德等方面的文字作品，这也是当时流行的文学概念。他虽然没有明确反对亚里士多德的模仿论，即文学是对必然律和或然律的模仿，但从以上所述可以发现，在艾迪生看来，文学创作需要符合想象的规律，或者说人的心灵活动的规律。说到底，想象是对观念进行自由改变、拆分和配合的能力，它不需要恪守自然的客观法则，只需要遵循自身的法则，或者说它需要满足心灵的需要。但它究竟遵循着什么样的规则呢？从本质上看，艺术首先要遵循次级想象提供的比较法则，使模仿能够给心灵带来额外的快乐。随之而来的问题是：艺术创作，或者想象在对观念进行改变和配合时又要遵循什么法则。

显然，他认为某个观念并不是孤立地存在的，而总是通过种种方式与无数其他观念相互联系的，这些观念已经储存在人们的记忆中，并且形成了一定的秩序，虽然人们并不总是清晰地意识到它们之间的关联。这一点与洛克哲学中的原子主义有所不同，在洛克那里，人们首先通过感觉或反省接受个别的简单观念，虽然

---

① 缪灵珠:《缪灵珠美学译文集》(第二卷)，章安琪编订，北京:中国人民大学出版社，1987年，第 52 页。

无法断定这些简单观念简单到何种程度，但应该是感觉所能接受的最小的不可分割的观念，然后心灵再把这些简单观念组合起来形成复杂观念。例如，人们总是先接受一个平面、四个立方体或圆柱体的事物，还有某种颜色等简单观念，然后再认识到这些东西可以组合成为一个整体，这个整体在某些时候被称为"桌子"。艾迪生却没有明确支持这种原子主义，他显然认为人们可以首先接受"桌子"这个作为整体的事物，虽然也可以在随后的反省当中对这个"桌子"的各部分进行分割和变化。因此，部分和整体是不可分割的，尽管我们无法确定整体可以扩大到何种程度，但是只要某个个别的观念一旦出现在心灵中，其他与之相连的观念就自然而然地跟随而来，而心灵之所以能完成这种联结依靠的当然是想象这种官能。

"我们可以观察到，任何我们先前曾看到过的单个情境，经常会唤起整个的场景，并唤醒之前沉睡在想象中的无数其他观念；一种个别的气味或颜色就能够突然间伴随着我们初次见到的田野或花园的图景充满心灵，并且把与之相连的所有不同的形象展现在眼前。我们的想象心领神会，带领我们出其不意地进入城市或剧场，原野或草甸。我们还可以继续观察，当幻想回顾之前经历的那些初看起来惬意的种种场景时，在反思中会愈加惬意。同时，记忆也对原物给人的愉悦有所增益。"[1]

想象的这种能力与比较大不相同，而是把记忆中的观念进行联结，这些观念在之前的经验中存在接近关系。艾迪生意在利用想象的这种活动，说明文学创作中情感是如何产生的。当想象从某一观念开始联结观念，并形成一条轨迹（trace）时，也同时把这一观念所附着的情感贯穿到整条轨迹中，从而使文学所描写的场景也充满了情感；反过来，情感一旦活动起来，它就产生一种能动的力量，再把更远或更广的观念吸引过来，形成一个更为广泛和丰富的场景。想象的这种活动，在休谟那里被称作观念和印象的双重性。在这里，艾迪生显然已将其看作文学创作的一条根本规律。

> 因而，当任何一个观念在想象中出现时，随之散发出一股生气到其合适的轨迹当中，这些生气引起强烈的运动，不仅渗透到它们所指向的

---

[1] Joseph Addison., *The Works of Joseph Addison,* Vol. III, London: George Bell and Sons, 1902: 415.

特定轨迹中，而且也渗透到与之相近的每一股轨迹中，由此这些生气唤起了同一个场景中的其他观念，这个场景又立刻趋向一股新的生气，以同一方式开启相邻的观念轨迹，最终整个场景豁然开朗，整个景色或花园在想象中生机勃勃。但是，因为我们从这些地方得到的快乐要远胜于我们在其中发觉的不快，由于这个原因，起初就要一个更广泛的篇章灌注这种快乐的轨迹；相反，属于不快的观念只占到很小的部分，那么这一部分很快就会停滞下来，不能接收到任何生气，结果也就不能在记忆中激起其他不快的观念。[1]

后一句话表明，占主导优势的情感统治着各个部分，不容许记忆中相异的观念及其情感活跃起来。

根据想象的这种规律，艾迪生指出，一个作家应该储备大量的素材，从山间田野到城市宫廷，而且还要把这些充满生气的观念加以适当的整合，以最大限度地激发读者的想象。诗文中融合的观念愈是广泛，各个观念愈是壮丽雄浑，就愈能使想象倍加活跃，读者得到的快感就愈加强烈。当然，每个作家也各有专长，荷马长于伟大，维吉尔长于优美，而奥维德长于新奇，近代的弥尔顿则兼而有之。联想到艾迪生先前对美的基本看法可以看出，他认为主宰文学创作的法则不应是理性，而是情感。好的文学既应该有丰富的形象，也应该有统一的情感。

简单地说，想象联结观念的法则，一个是时空中的接近关系，另一个是形式和情感方面的相似关系。至于在具体的创作中，观念联结是如何表现的，怎样产生想象快感，这里可以用艾迪生的例子来说明。他把历史学家、自然哲学家、旅行家、地理学家的文章归为一类，它们都是对自然事物或实际发生事情的描写。好的文章不是按部就班，也不是随意摘取，而是依照想象的规律来组织其材料。例如，好的历史学家不会把整个事件和盘托出，相反，他们总是先叙述一些党派纷争，某些人物的阴谋诡计和钩心斗角，以激发读者的好奇心。同时，又给予适时的抑制，只有到最后才给读者一个意想不到的结局。之所以这样写，是因为想象力不喜欢一马平川、一览无遗，而是喜欢掩映迷离，享受探索的过程。自然哲学家总是向人们揭示一片微小的树叶上如何拥挤着成千上万的动物，这些动物即

---

[1] Joseph Addison., *The Works of Joseph Addison,* Vol. III, London: George Bell and Sons, 1902: 415–416.

使到了成年也无法为肉眼所辨别。他们也乐意告诉人们在地球之外有多少巨大的恒星和行星川流不息，有些星球上如何是一片火海，光芒四射。他们说地球的体积是人的多少倍，而土星的体积又是地球的多少倍，整个宇宙又是土星的多少倍。这些事物尽是人的眼睛所不能企及的，只能依赖想象力拼力驰骋。总之，想象不喜欢静止不动，只有在不断的运动中才能产生出各种快感。另外要说明的一点是：艾迪生从美学角度来评说各门学科的写作，正反映出 18 世纪人们不仅从理性上探索世界，同时也是为了获取审美的快乐，这是美学之所以能兴盛的一个重要原因。

需要注意的是：这里的情感不但是来自文学所模仿对象自身的特点及蕴涵的情感，而且取决于描写能否使想象的运动更为多样和广阔。艾迪生甚至说，哪怕是一个粪堆，如果描写得恰当，也能带来想象快感。当然，如果所描写的对象本身就是伟大、新奇或优美的，那么描写就能使其更胜一筹。

因而，这就引出了另一个问题，既然文学描写很大程度上取决于它所激发的想象活动，那么由此产生的快感范围和类型也就大大地被扩大了，不仅有通常的快乐，而且还有各种"神秘的激动"（secret ferment）。正如人们经常发现，画中最动人的容貌并不是单纯给人快乐的最优美的那种，而是略带忧郁和悲戚的那种。人们还可以想到，最让人动容的故事不是皆大欢喜的大团圆，而是描写充满了苦难、失败、恐怖、死亡的悲剧。显然人们从中得到了极大的快感，而其描写的人和事却没有一件能给人带来快乐，这就是自古以来人们评论悲剧时遇到的一大难题。所以，艾迪生讨论文学描写中的丑恶、悲苦、恐怖并不是偶然。

他认为："较严肃的诗歌努力要在我们心中激发起的两种主要情感就是恐怖和怜悯（terror and pity）。"[1] 这种两种情感的特点就是：它们在平常让人不快，而在文学描写中却能使人倍感愉悦。要回答这个难题的一个前提是认识到，文学描写的首要任务不是单纯描摹一个外表优美的形象，而是要在读者心中激起希望、欣悦、敬爱、同情等情感。其次，读者凭借恐怖、苦难的事情而得到快感，还要有另一个条件，那就是读者自己并不处于同样的恐怖和苦难中。"因而，如果我们考虑这种快感的本质，我们就应该发现，它不是恰好来自对可怕之物的描写，也不是来自我们阅读时做出的反思。当我们观看这种可怕之物时，我们很高兴自己

---

[1] Joseph Addison., *The Works of Joseph Addison,* Vol. III, London: George Bell and Sons, 1902: 419.

没有面临它们的危险。我们在思考它们时觉得它们可怕而又对自己无害。所以，它们显得愈是惊人，我们从意识到自己的安全而来的快感就愈大，简言之，我们一边观看描写的恐怖，又一边获得试探死去魔鬼的好奇和满足（curiosity and satisfaction）。"① 这正如，我们总是喜欢想起往昔时光所经历的危险，或远眺耸立的悬崖，但如果它们就要降临到自己或旁边的人身上，倒完全失去了兴趣。也许是为了理论上的一致，艾迪生认为，这种快感来自我们对自己处境和受难者之间的比较，庆幸自己的幸福和好运，只要苦难和危险不要发生在眼前。不过，常人在生活中并不总会遇到困难和危险，即使遇到也多是些微末之事，不能真正使自己感到恐怖，也难以满足自己的好奇心。文学便从历史中截取些故事，或者纯粹是杜撰虚构。所以，文学很多时候是想象力的创造，这既满足了读者的想象力，又没有真正的危害。

在今天的读者看来，艾迪生描述的这种心理是十足的叶公好龙。尤其是在了解了德国哲学家，如黑格尔、席勒和尼采等人对悲剧的阐释后，人们更是觉得艾迪生的描述多少有些浅薄，但是需要注意的是：艾迪生的描述完全是根据心理学的原则展开的，而不是从道德和政治的角度对文学提出强行要求。既然悲剧性的文学多出自想象的虚构，那么其他类型的文学也就极尽想象之能事，要去描写自然中不存在的东西，或者把自然中分散的伟大、新奇和优美的事物集中在一处，让读者的想象也随之无限驰骋，享受由之而来的快感。这种对悲剧性对象的心理学描写，为后来的英国美学家和近代西方的心理学美学提供了可贵的借鉴，其意义实不可低估。

---

① Joseph Addison., *The Works of Joseph Addison,* Vol. III, London: George Bell and Sons, 1902: 420.

第五章

哈奇生

弗朗西斯·哈奇生（Francis Hutcheson 1694—1746），出生于北爱尔兰的唐郡，其父为长老会派牧师。他幼年在基利莱接受教育，1711—1717 年前往苏格兰格拉斯哥大学学习文学和神学。从格拉斯哥大学毕业后，哈奇生返回爱尔兰，在都柏林的一所私立学院任教，并一直研究哲学，其代表作之一《论美与德的观念的根源》（*An Inquiry into the Original of Our Beauty and Virtue*，1725）便在此期间发表。由于其作品广受好评，1729 年哈奇生接替其导师卡迈克尔的道德哲学教席，直至逝世。他的哲学尤其是道德感理论影响深广，是苏格兰启蒙运动的奠基者，休谟、亚当·斯密的学说便是在他的影响下形成的。其著作还有《论激情和情感的本性与表现以及对道德感官的阐明》（1728）、《道德哲学体系》（1755），他的美学思想主要包含在《论美与德的观念的根源》（以下简称《论美与德》）中。

一、内在感官

哈奇生可谓夏夫兹博里的忠实信徒，尤其是对后者的道德理论倍加推崇。在夏夫兹博里看来，哲学或所有学问的最终目的都是道德的善，培养人的良知和性格，塑造社会风俗，以使人自觉地践行道德。夏夫兹博里的著作文风优雅而机趣，但并不是一个注重体系构造的哲学家，而哈奇生的一大贡献就是把夏夫兹博里的思想用严格的语言予以清晰的表述，使夏夫兹博里的思想具有更坚实的基础和原则，最终建立一套完整的哲学体系。这个体系的主题是：人天生具有一种直接感知和判断道德动机与行为的能力，即道德感官。具有讽刺意味的是：哈奇生所采用的哲学语言恰恰来自夏夫兹博里在思想上的敌人之一洛克。夏夫兹博里没有单独的美学，虽然他的著作也处处包含美学思想，哈奇生在夏夫兹博里的基础上建立哲学体系时也附带表达了自己的美学思想，这一方面是因为美的问题构成夏夫兹博里思想的重要部分，另一方面也是因为对美的问题的处理更有利于他阐明道德问题。所以，美学虽然只是哈奇生哲学中的一个次要部分，但18世纪英国美学在他那里第一次有了一个系统而严格的哲学基础。

哈奇生的美学思路与其整个哲学体系的思路是一致的，那就是证明人天生具有一种感知和判断美的能力，当对象呈现于心灵面前时，他能因这个对象具有某种特征而自然地感到特殊快乐或不快。这种能力就是内在感官或趣味，而它产生的特殊快感或不快就是审美快感或不快。再进一步说，如果人们能够理解这种较为简单的能力，那么也就能够自然而然地理解道德感官这种高级能力。所以，哈奇生的美学基础是其伦理学，虽然这并不意味着其美学没有独立性，只能说其美学是其伦理学和整个哲学思想的缩影，是理解后者的一条便利途径。

哈奇生以洛克的观念理论作为其出发点和参照点。首先，一切知识都始于感觉，"外在对象的呈现并作用于我们的身体，因而在心灵中唤起的那些观念可谓之感觉"①。由身体的不同感官所得来的感觉及其观念是有差别的，例如色彩和声音的差别。这种感觉和观念的最大特点是：它不由人的意志支配，也就是说，此时的心灵是被动的，它不能直接阻止和改变这种感觉。其次，心灵还有一些能动的能力，能够对感觉和观念进行综合、比较、伸缩和抽象，并把由感觉而来的简单观念进行复合，形成复杂观念，例如实体。

哈奇生指出，心灵还可以由感觉和观念产生快乐和痛苦，其原因是不可知的或者是出于人的本性。这种苦乐使不同的人从同一对象产生不同的观念，甚至同一个人也可能对同一对象在不同时刻产生不同的观念，产生这些差异的原因很多时候来自个人经历和社会习俗。不过，如果剔除了这些外在的偶然因素，那么同一简单观念所直接产生的苦乐情感应该是一致的，因为所有人的外在感官的构造都是一致的，因其产生的苦乐感觉也应该是一致的。但是，他又立刻发现，有一

① Francis Hutcheson, *An Inquiry into the Original of Our Ideas of Beauty and Virtue in Two Treatises*, Indianapolis: Liberty Fund, Inc., 2004: 19.（译文参考了中译本，《论美与德性观念的根源》，高乐田、黄文红、杨海军译，杭州：浙江大学出版社，2009年）

种快乐与"伴随着感觉的简单观念的那种快乐"截然不同，它们来自"美、整体、和谐名称对象的那些复杂观念"，而且这种快感有时更为强烈。"众所周知，人们对姣好容貌、逼真绘画的喜爱会胜过对最鲜艳活泼的任何一种颜色的喜爱，对日出云间朝霞似锦的景象、满天繁星的夜空、美丽的风景、整齐的房屋的喜爱要胜过明朗蔚蓝的长空、风平浪静的海面或辽阔空旷，没有树木、丘陵、河流、房屋点缀的平原。即使后面这些景象也并非那么简单。"① 所以，这种快感的第一个特征便是其原因是复杂观念。

其次，这种快感依赖于一种内在感官，虽然他认为"我们是否把这些美与和谐的观念称为视觉和听觉的外在感官的知觉，这无关紧要"，但他还是对两者做了区分。因为根据经验可知，有些人有着灵敏精确的视觉和听觉，能区分极其相近的色彩和声音，但是他们"不能从乐曲、绘画、建筑和自然景色中感受到任何快乐，或者纵然得到，也比其他人微弱一些"，由此而来，"这种较强的接受快乐观念的能力，我们通常称之为良好的天才或趣味"②。至少在音乐中，"我们似乎普遍承认有一种不同于听觉这种外在感官的某种东西，我们称它为知音之耳"③。

的确，哈奇生有充分理由把接受复杂观念的美的能力称作内在感官。按照洛克的理论，复杂观念的材料可以是由外在感官得来的简单观念，但外在感官本身没有能力形成复杂观念，而是要依靠心灵的主动能力。同样的道理，外在感官不能知觉复杂观念的美并产生相应的快感，而是需要来自心灵内在的另一种能力。同时，从哈奇生所举的例子可以看出，他所谓的美指的是简单观念之间的关系，而非简单观念本身。所以，有些人可以清楚地辨析单个颜色、声音，但不能欣赏整个的绘画和乐曲。哈奇生还提出一个非常特殊的例子，他说内在感官可以知觉到科学原理、普遍真理、一般原因以及某些广泛行为准则中的美，而所有这些东西都是外在感官无法知觉到的。这个例子更加说明哈奇生所指的美是关系，而不是一个单一要素。当然这是一个比自然和艺术更复杂的问题。

自然，这就引出了另一个问题，内在感官是一种什么样的能力？如果内在感官的对象不是来自感觉的简单观念，而是由简单观念构成的包含某种关系的复杂

---

① Francis Hutcheson, *An Inquiry into the Original of Our Ideas of Beauty and Virtue in Two Treatises*, Indianapolis: Liberty Fund, Inc., 2004: 22.

② 同上，第 23 页。

③ 同上。

观念，那么内在感官与复杂观念之间是什么关系？是内在感官本身构成了这种复杂观念，还是心灵中的其他能力构成复杂观念，然后再将其呈现给内在感官？哈奇生并不打算追究复杂观念是何种能力构成的，但他明确指出，内在感官只是在对复杂观念的知觉当中感觉到了快乐或不快，简单地说，内在感官表现为快乐或不快的情感。显然，哈奇生的内在感官与洛克所谓的反省最终是不同的，因为在洛克那里，反省与感觉是处于同一层次的，其作用都是被动地接受简单观念，但哈奇生的内在感官对应的却是一种复杂的对象，哈奇生也把内在感官看作是一种更高级的能力。但是，哈奇生的内在感官与洛克的反省之间也有很大的相似性，那就是洛克的反省也同样接受情感观念的能力，虽然关于情感是如何发生的，洛克的解释确实很模糊。[①]

这里还可以看到哈奇生和艾迪生的不同，艾迪生的想象力兼有构成复杂观念和欣赏复杂观念的能力，而哈奇生的内在感官却只是一种欣赏或接受能力。所以，内在感官不是一种认识能力，而是情感判断能力。"试想可知，我们肯定会认为这两种知觉之间的差异有多么大：诗人凭借他的知觉对自然美的对象深感陶醉，甚至连我们自己也对他的描写流连忘返；可以想象乏味的批评家或鉴赏家的那些冰冷无生气的概念，毫无雅致的趣味。后一类人可能具有源于外在感官的更完备的知识，他们能够说出树木、草药、矿藏、金属具体的差异，他们知晓每一片叶的外形、茎、根、花朵和所有种类的种子，而诗人们对此却常常一无所知。然而，诗人对整体却有着广泛的愉悦知觉，不仅仅是诗人，有着雅致趣味的人都会如此。"[②] 这并不是说认识与审美毫无关系，但是认识并不必然带来审美快感。相比起来，"诗人对整体却有着广泛的愉悦知觉"，这便是说，诗人更注重综合性的整体，认识则更注重区分和分析。认识的结果是某种关系，而审美的结果是特殊快感。

哈奇生所要说明的是：内在感官是一种直觉能力，因为它产生的快乐"不是源于有关对象的原理、比例、原因或用途的知识，而是因为，首先震撼我们的是

---

① 关于哈奇生的内在感官与洛克的反省之间的关系可以参考 Peter Kivy, *The Seventh Senses, A Study of Francis Hutcheson's Aesthetics and its Influence in Eighteenth-Century Britain,* New York: Burt Franklin & Co., Inc., 1976: 22-42.

② Francis Hutcheson, *An Inquiry into the Original of Our Ideas of Beauty and Virtue in Two Treatises,* Indianapolis: Liberty Fund, Inc., 2004: 24.

美的观念。最精确的知识也不会增加这种美的快乐，虽然它可能会从利益的期望或知识的增加中添加一种特殊的理性快乐"①。的确，这可以说明内在感官是一种直觉，无须经过推理的过程。重要的是哈奇生指出，审美快感不同于因认识产生的快感。同样，审美快感与任何实际利益的得失无关，"用整个世界作为奖赏，或以最大的恶作为威胁，都不能使我们赞美丑的对象或贬低美的对象"②。在很多活动中，对美的追求与其他欲求掺杂在一起，但这并不能掩盖审美是一种原始的冲动，不依赖于任何其他利益的满足和目的的实现。

这样一来，哈奇生的审美快感就变得纯而又纯，它既超越纯粹的感官快乐，也不同于因认识产生的理性快乐，也有异于因利益或目的实现而来的实际快乐。不过，这也符合哈奇生整个理论的意图，因为这正说明感知美的内在感官是一种天生的纯粹的能力，它不由任何其他能力构成，也不是其他能力的衍生物。

毫无疑问，哈奇生把夏夫兹博里的理论简化了，或者做了某种机械的片面的理解。夏夫兹博里从来不认为对美的判断仅仅依赖一种先天的感官，虽然这种感官是人乐于追求美的先兆，但要领会更复杂的美则需要理性的思考，需要后天的训练。夏夫兹博里也并不认为快乐就是美的唯一结果或标志，审美产生的是一种复杂的心理体验，它由感官激发起来，同时带有理性沉思，最终超越了感官快乐和理性沉思，达到一种神秘的迷狂状态。然而，哈奇生为了证明趣味或美感是一种区别于外在感官和纯粹理性的先天能力，便直接指定了一种内在感官，这种能力与外在感官和理性毫无关系。同时，内在感官仿佛不需要甚至拒绝任何锻炼和提升，哈奇生认为后天的习惯只能污染这种能力。再者，虽然哈奇生的意图是要以美感来类比道德感，但我们无法找到两者如何能相互联系，相互促进，因为他的美感在很大程度上与生活实践是脱节的。

二、绝对美

在哈奇生看来，美不是对象的某种性质，而是由某些对象在心灵中唤起的观念，对美的知觉离不开人天生的内在感官或趣味。但是，显而易见人们不会认为

---

① Francis Hutcheson, *An Inquiry into the Original of Our Ideas of Beauty and Virtue in Two Treatises*, Indianapolis: Liberty Fund, Inc., 2004: 25.

② 同上。

所有事物都是美的，美的快感的产生的确需要对象有某种独特的性质，以适于对内在感官发生触动，因而产生美的观念。哈奇生把美分为两类：本原的美和比较的美，或绝对的美和相对的美。他的意思是：一类美来自内在感官直接对对象的知觉，而另一类来自对对象与其被模仿之物的比较。这个区分与艾迪生对初级的想象快感和次级的想象快感的区分类似。

哈奇生首先阐述本原的美或绝对的美。为了便利，哈奇生先从简单类型开始，也就是"规则形体呈现给我们的那种美"。这个类型显示出两点：一是哈奇生所指的美主要限于形体，二是这种形体的主要特征是规则。从根本上说，这个观点只是个假设。他也许会说，这个论点来自经验，但很明显，经验并不能提供足够的证据。从美学史的角度看，这个观点更多是来自传统，即认为美就是"恰当的比例"。这个传统从毕达哥拉斯开始，到亚里士多德成为主导观念。然而，我们看到，艾迪生并不十分坚持这个传统，所以相比之下，哈奇生的观点要保守得多。他也许意识到这个论点的确是个假设，所以他说，"能唤起我们美的观念的形体，似乎是那些寓于多样的统一的形体。有许多关于对象的构想可以基于其他理由，如壮观、新颖、神圣以及我们后面会谈及的某些其他东西，而令人愉悦，但是我们在对象中称为美的一切，用数学方式来说，似乎处于一致性与多样性的复合比例中。因此，当物体的统一性相等时，美就随多样性而变化；当物体的多样性相等时，美就随着统一性而变化"[1]。

可以看出，规则性的表现之一就是可以以数学的方式来描述，他所举的简单类型也都是几何图形，然后在相互比较中来阐明寓于多样的统一这条原则。从这个原则来看，正方形要比等边三角形美，因为这两个图形都具有规则性，但正方形的边和角的数量要大于三角形。同时，等边三角形的美要胜过不等边三角形，因为两者的多样性相等，但等边三角形更富有规则性或统一性。

随后，哈奇生从这些简单类型扩展到整个物质世界。物质世界的多样性是无须强调的，他着重指出的是物质世界中到处都有一致性的表现。大至整个宇宙，其中各个天体都近乎球形，它们都按照椭圆形的轨道运行，而且每个天体运行一周的时间也是相等的；再到日月轮转、四季交替，所有动植物都在一定的时间内循环轮回；小至所有自然事物的形状、结构、运动都包含着规则性或统一性，例

---

[1] Francis Hutcheson, *An Inquiry into the Original of Our Ideas of Beauty and Virtue in Two Treatises*, Indianapolis: Liberty Fund, Inc., 2004: 28–29.

如对称、等距、等时和比例；一直到肉眼所不能见的事物内部构造，都可以发现惊人的规则性或一致性。哈奇生特别提到了音乐或和谐，因为它并不模仿其他事物，而是依靠音符之间具有的规则性的关系表现为曲调和节奏。

看到哈奇生对整个自然世界的描述，人们必定会立刻想到夏夫兹博里的宇宙论，在那里宇宙万物都受到一种精神的主宰，呈现为一个层层递进、环环相扣的整体，每一个个体只有在这个整体中才显出其存在的意义。因此，哈奇生对自然世界的理解同样具有整体论倾向。但是，也正是在这里哈奇生显示出与夏夫兹博里的不同，他的描述更多地带有机械论色彩，而夏夫兹博里的描述则完全是有机论，亦即无论是个体生命还是整个宇宙，都不是以机械方式凝结和运行的，而是有一种生命力或形成力贯穿其中，从某种意义上说，任何外在形式都是创造力的表现。不过，从另一个角度看，哈奇生的描述去除了不少神秘主义成分，看起来完全建立在科学观察的基础上。

在哈奇生的美学中有一个较特殊的部分，即原理的美。之所以把原理看作是美的，是因为它们也包含着寓于多样的统一这个原则，而且更充分地体现了这个原则。原理的特殊性在于它不是由从感觉而来的简单观念构成，而是由抽象的概念构成的，因而具有更大的统一性。而原理的多元性表现在两个方面：一是其适用对象的多样性，二是可以从中演绎出推论的多样性。例如欧几里得《几何原本》第1卷命题47说，"在直角三角形中，斜边上的正方形面积等于两个直角边上的正方形面积之和"，适用于所有边长的直角三角形。命题35说，"在同底上且在相同两平行线之间的平行四边形彼此相等"，可以推出所有三角形的面积等于底 × 高 ×2，由此还可以推出所有直线型平面的面积计算方法。

当我们在理解这些原理后就立即直觉到它们所包含的寓于多样的统一，因而给我们以快感。哈奇生特意反驳了原理产生快感的两个原因：一个是原理的发现可以带来利益，他不否认"知识可以扩大心灵，并使我们在各种事务上更加具有综合的视野和规划，由此也可以给我们带来利益"，但他认为，即使没有利益，原理仍然可以给人以快感，"令人愉悦的感觉常常源于平静的理性举荐过的那些对象"①；另一个是原理带来的快感源于发现原理时的惊异，但哈奇生认为这个观点过于强调对意外结果的获取，在他看来，对原理中的寓于多样的统一的初次发

① Francis Hutcheson, *An Inquiry into the Original of Our Ideas of Beauty and Virtue in Two Treatises*, Indianapolis: Liberty Fund, Inc., 2004: 40.

现的确会产生惊异，但原理的美关键在于它在任何情况下都令人愉悦。所以，提出原理的美是最终为了表明内在感官的先天性和直接性，独立于任何其他的原则和目的。

总的说来，哈奇生的绝对美具有几个要点：首先，哈奇生的绝对美的对象不仅包括自然事物，也包括音乐（他称作和谐）和建筑，它们不是对其他事物的模仿，它们的美是直接被内在感官感觉到的。其次，绝对美的对象含有寓于多样的统一原则，在一致性和多样性之一恒定的情况下，另一个要素的增加就意味着这个对象的美的增加。但很显然，哈奇生尤其强调一致性的优先性，正如他强调整体优先于部分。再次，在寓于多样的统一原则中，哈奇生突出了数学和机械关系，这一方面来自西方古代美学的传统，另一方面也来自现代科学的发展。但哈奇生强调审美与认识和效用无关，由认识和效用而来的快感无法取代审美快感。

三、相对美

"凡我们所称的相对美是在某种对象中所领悟到的美，它时常被视为某种原始的美的摹本。"[1]哈奇生试图让相对美也贴近绝对美所包含的原则，即寓于多样的统一，这里的统一主要指"原本和摹本之间的相符或某种类型的一致"[2]。所以，与艾迪生的次级想象的快感相似，相对美源于对原物和摹本之间的比较。哈奇生也认为"仅仅为了获得比较美，就不一定需要原本中有什么美。对绝对美的模仿的确可以在整体上造就更加优美的作品，然而精确的模仿本也是美的，尽管原本完全缺乏美"[3]。这看起来与他一开始下的定义有些抵牾，却无疑扩大了相对美的范围。不过，相对美主要还是某些类型艺术作品的美。

在对诗歌的论述中，哈奇生甚至认为好的诗歌不应该模仿高尚或完美的人物性格。"我们不应该把 Moratae fabula 或亚里士多德所说的 ἦθη 理解为道德意义上的高尚举止，而应理解为对实际举止或性格的正确再现，而且行为和情感符合源

---

① Francis Hutcheson, *An Inquiry into the Original of Our Ideas of Beauty and Virtue in Two Treatises*, Indianapolis: Liberty Fund, Inc., 2004: 42.

② 同上。

③ 同上，第43页。

于史诗和戏剧诗中的人物性格。"① 这样做的理由是："比起我们从未见过的道德上
完美的英雄来，我们对不完美的人及其所有情感有着更加生动的观念。所以，至
于他们是否与蓝本相符，我们无法进行准确的判断。进一步说，通过意识到我们
自己的状态，我们会更容易地为不完美的性格所触动和感染，因为在他们以及其
他人身上，我们看到了性格倾向的对比，自爱情感与荣誉、德行的情感之间的冲
突得到了表现，而这些东西在我们自己心中也常常被感受到。"②

　　这样的解释与他哲学整体上的乐观主义多少有些冲突，在 18 世纪的英国美
学中也算独树一帜，但道出了一些作品之所以感人的真实原因，而且也与亚里士
多德对悲剧人物的定义相一致，亚里士多德曾说悲剧主人公的毁灭是由于其自身
的缺陷或过错。的确，如果读者在阅读中仅仅保持一个纯粹的旁观者立场，没有
因共鸣而发生任何心理或情感的强烈活动，他就不可能真正沉浸到作品当中。当
然，哈奇生也没有忘记诗歌其他方面对审美的作用："凭借着相似性，明喻、暗喻
和讽喻才成为美，无论该主体或被比较的事物是否具有美，当两者都具有某种本
原的美或高贵性以及相似性时，这种美的确会更大些。"③ 这也就是说，诗歌语言
在节奏和韵律上的和谐虽然属于绝对美，但对于诗歌所依赖的相似性来说具有增
益作用。

　　相似性不仅可以用于描写人物性格，而且也可以让所有被描写的对象都显示
出强烈的情感，其原因是：人的心灵中有一种奇特的倾向，总是对所有事物都进
行一番比较，所比较不仅是事物的外在形式，也包括内在情感，而比较的根据则
是人本身的先天秉性。"无生命的对象往往具有这样的姿态，它类似于各种情景
中的人类身体的那些姿态，而身体的这些神态或姿态就是心灵中某些行为意向的
表现，因此我们的激情和感情以及其他因素本身，都获得了与自然的无生命对象
的某种类似之处。因此，海上的风暴常常是愤怒的象征；雨中低垂的草木是悲伤
之人的象征；茎蔓低垂的罂粟或被犁割断而逐渐凋零的花朵象征着少壮英雄的死
亡；山峦中年迈的橡树代表着古老的帝国；吞噬森林的火焰代表着战争。"④ 这些现

---

① Francis Hutcheson, *An Inquiry into the Original of Our Ideas of Beauty and Virtue in Two Treatises*,
Indianapolis: Liberty Fund, Inc., 2004: 43.
② 同上，第 34 页。
③ 同上，第 43 页。
④ 同上，第 44 页。

象在后来的美学中多被归于移情理论，在 18 世纪英国美学中则预示着联想原则，依照联想原则，事物本身无所谓美丑，只是因其让人联想到的某种性格、品质和情感才成为美的。哈奇生没有提出联想原则，从他的整个理论来看，他也不会赞成这个原则。在他看来，上述现象引起的美感只能来自心灵对原物和摹本之间相似和差异关系的比较。

相对美的另一个原因是艺术作品与其创作者的意图相符。很多时候，艺术作品中不一定每一个部分或细节都具有严格的规则性，而是呈现出一些凌乱的形态，但这些凌乱的部分或细节并不是出于偶然，也不是创作的败笔，而是创作者有意的设计，以免使作品过于刻板。所以，这些部分或细节虽然不具有完全的统一性，但因其符合创作者的意图而给人以美感。"因此，我们看到，在布置花坛、街景和平行道路时，严格的规则性常常会被忽视，目的就是为了仿效自然，甚至是那种荒野的味道。"[①] 需要辨析清楚的是，哈奇生所谓作品对于作者意图的适宜（suitableness）不同于一个事物对于某个目的或利益的适用（fitness）。适宜强调的是一个事物在形式上的整体性，同时这种整体表达了某个能动者的意图，这种意图对于所有人都是可以理解的，适用则表明事物虽具备整体性，但这个整体没有独立性，离开了它所服务的目的就没有意义。同时，这个目的或利益只对某个行为者具有意义，并没有普遍性。显然，哈奇生所描述的情形属于适宜的范畴，即使作为旁观者，我们并不了解作品的作者，但我们仍然可以从作品的形式整体中推断出作者的意图来，并理解形式是如何实现这个意图的，而且我们不需要通过这个意图实现其他目的。

意图或意匠这个因素的引入可能会使哈奇生先前建立的理论被瓦解，既然为了实现某一意图任何不规则的形式都可以吸纳，那么艺术作品就不受规则的制约了。然而，我们不要忘记，哈奇生在谈论诗歌时说，诗歌所模仿的对象，亦即内容可以是不美的，但在语言即形式方面还是应该具有统一的节奏和韵律。所以，意图的表达并不能完全违反规则性。如果我们表述得简单一些可以这样讲，艺术作品在整体上必须具有规则性，而在某些细节方法可以加入不规则的成分，以起到装饰作用。这样看来，绝对美和相对美不是毫无关系的两个范畴，相对美在地位上也并不低于绝对美。意图或意匠这个因素的引入最终来说是补充和丰富了本

---

① Francis Hutcheson, *An Inquiry into the Original of Our Ideas of Beauty and Virtue in Two Treatises*, Indianapolis: Liberty Fund, Inc., 2004: 44.

原美或绝对美，这一点体现在他对于美和美感最终根源的解释上。对于哈奇生来说，整个宇宙和自然世界的规则性绝不是偶然所致，显然有一种力量在支配着宇宙和自然世界的构造和运行。与此同时，人天生就具有感知这种规则性的能力，否则人就不可能指望在许多地方发现规则性的存在，两相契合，就在人的心灵中产生了快感或美的观念。所以，宇宙和自然的规则性背后必然存在一种意图，使得规则性与内在感官相互适应，这个意图不是来自人而是神，神为了人的快乐和幸福创造了这个世界并赋予人以这种特殊能力。神不仅是一种机械的力量，也具有仁善的品质。这无疑给内在感官是人的先天能力这个观点增添了又一条证明。然而，我们因此会设想，审美快感是否就来自对神的仁善的领悟，或者说对所有自然对象和艺术作品来说，审美是否有必要包含着对创作者意图的领会？也许我们有理由这么认为，但哈奇生自己没有这样断定。

四、论丑

对于哈奇生和夏夫兹博里来说，都面临这样一个问题，既然神或自然中的创造力造就了一个富有规则的世界，也就必然是无处不美，但现实情况是：人们的确认为某些事物是丑的或不美的。哈奇生的回答令人称奇："似乎没有一种形式其自身必定是令人不快的，只要我们不惧怕来自它的其他方面的恶，并不把它与其同类更好的事物进行比较。"[1] 这就是说，任何事物的形式本身并不是丑的，人们之所以称为其丑是出于两个原因：一是因为人们把它的形式与某种对自己有害的观念联结在一起，二是把它的形式与其同类的形式进行比较。人们之所以认为蛇是丑的，是因为人们曾经受到其伤害，或者听说有人受过其伤害，对于那些既没有受到过也没有听说有人受其伤害的人来说，蛇就不是丑的，即使也没有认为它有多美。人们之所以认为某个人的相貌是丑的，是因为人们总是把这个人的相貌与曾见过的更美的相貌做比较，从而使其看起来是丑的，实际上这个人的相貌也不真是丑的，只是我们没有看到我们所期待的那种美。所以，"畸形不过是美的缺乏，或者没有达到我们对异类事物所期待的美"[2]。在哈奇生看来，某种形式

---

[1] Francis Hutcheson, *An Inquiry into the Original of Our Ideas of Beauty and Virtue in Two Treatises*, Indianapolis: Liberty Fund, Inc., 2004: 61.

[2] 同上，第61—62页。

与利益或害处并没有必然的联系，这种联系很多时候是来自偶然，只要我们真正了解了一个物种的生存规律或某种事物的用途，抛开它们对我们的害处，这些事物的形式就不再显得是丑的。飞禽猛兽、狂风暴雨、悬崖峭壁初看之下是丑的，但是一旦我们明白它们对我们不会形成危害，反而会成为快乐的诱因。一个相貌丑陋之人，如果我们发现他内心善良，那他的相貌也就不再令人生厌。由此，哈奇生证明人的美感是普遍的，不存在根本上的差异。

由此而来，哈奇生也就把因习俗、教育和典范形成的观念联结看作是偏执、败坏趣味的主要原因。它们把宗教中的恐惧观念与某些建筑物联系起来，教给人们一些知识，使他们相信哥特式建筑要比罗马人的建筑更优秀，典范使人们模仿某些人的行为和思想。总之，在哈奇生看来，习俗、教育和典范所做的事情多半没有正确的根据，反而导致了许多偏见和误解。但是，无论它们的力量多么强大，有一个事实是不可否认的，如果在人的心灵中本来就不存在某种使我们知觉到美的力量，那么任何一种后天力量也不能使其生成。习俗、教育和典范的作用不过是增强或削弱人先天的美的感官，但从不能将其消灭。不管我们是否喜欢另一个民族的人，但每一个民族的艺术创造都表现出那里的人对形式的寓于多样的统一的追求。"很令人惊奇，印度围屏给女士们一般的想象力带来畸形的观念，在这种围屏上面自然显得非常粗野贫瘠，然而这些自然景色的单独部分并不能抛开所有的美和一致性：是美和一致性使人体表现出各种各样的扭曲姿态，可以从多样性产生某些野性的快乐，因为人体形态的某种一致性仍然是得到保留的。"①

哈奇生的解释有许多新颖之处，但也存在诸多悖谬。

的确，只有在人的心灵中存在先天的美感，美的对象才能被人感知，习惯、教育等因素才能依附于这种能力而发挥作用。但是，依照同样的逻辑，如果某种形式与其他观念之间不具有某种天然的联系，习惯和教育的作用也无法使它们结合得如此紧密，以至在某些情况下超过哈奇生所谓的内在感官。这样推理的结果是：要么内在感官必须能从所有的形式中得到快感，要么不存在先天的内在感官，寓于多样的统一这个原则也根本没有意义。诚然，哈奇生认为只要抛开某些偏见和个人利益的诱惑，任何形式都是美的，但他也承认不是所有人都有能力从中得到快感。即使哈奇生能从理论上说服我们，但问题是，认识到这个结论是一回事，

---

① Francis Hutcheson, *An Inquiry into the Original of Our Ideas of Beauty and Virtue in Two Treatises*, Indianapolis: Liberty Fund, Inc., 2004: 65.

从这个结论中得到快感是另一回事，毕竟他认为审美与认识无关。再进一步，认识真的与审美无关吗？显然，哈奇生在很多时候的论述都显示，认识的广泛和深入有助于我们理解更大范围的统一性和多样性，因而有助于我们用审美的眼光来鉴赏对象。

其次，如果审美必须排斥习俗和教育的影响，那么美的对象的范围就势必会缩小，仅限于所谓的自然事物。但是，我们必须承认，在我们的活动范围内，有多少是自然事物，即使面对自然事物，人的认知方式当中也必然包含由于习惯和教育形成的视角。所以，在人的社会中，很少可以找到哈奇生所理解的纯粹的美的对象。从美感作为人的先天能力的角度来看，我们也会有这样的疑问：当一个事物的形式给人以快感时，其原因必定不是求知欲或利益的满足吗？哈奇生认为，即使我们不考虑效用和个人利益，我们仍然感觉到快感，但同样真实的是，即使我们认为这个形式满足了他人的利益，我们自己也会因此赞赏这个形式，同时也不嫉妒其获益者或占有者。可以看出，哈奇生所谓的美和美感是纯粹形式的，排斥除此之外的任何其他意义和价值，然而这样也就使他的美学脱离了必要的社会文化语境，在很多时候变得非常贫乏。事实上，哈奇生很多时候也有意无意承认形式美常常与便利、效用、利益、道德等因素是并行的，例如，"由普遍公理的认识方式以及由普遍原因而来的运行方式，只要我们能够获得它们，对具有有限理解力和能力的存在物而言，必定是最为方便的"；"对寓于多样的统一的那些对象的沉思会比对不规则对象的沉思更清楚且更易为人理解和记住"；"对我们的理解而言，普遍公理显现为增加一切可能有用的知识的最佳手段"[1]。不过，对于更为复杂的社会因素，哈奇生并没有涉及。

最后，哈奇生所意欲证明的美感普遍性在很大程度上并没有涉及这个问题的真正核心。在他看来，尽管有各种因素的影响，但所有人都表现出对寓于多样的统一这个形式原则的喜爱，因而美感是普遍的。然而，这种普遍性仅仅能表明人有基本的审美能力或者对某种形式的先天偏好，而没有证明这种先天能力在程度上的差异性，换句话说，哈奇生的美感只是一种抽象的能力，很难在现实中得到表现。他没有具体说明美感是否会在后天得到发展，例如，是否可以知觉到更多的美，对同一对象是否可以获得更大的快感。这些问题使他的美学失去了很多现

---

① Francis Hutcheson, *An Inquiry into the Original of Our Ideas of Beauty and Virtue in Two Treatises*, Indianapolis: Liberty Fund, Inc., 2004: 79.

实意义。

哈奇生的最大贡献在于提出了内在感官这个概念，后来，这个概念也被休谟、杰拉德等人承认，这无疑是具有重要影响的。然而，哈奇生几乎把所有精力都用在从理论上证明内在感官的先天性与普遍性上面，而对于内在感官在审美鉴赏上的具体表现的论述却显得过于抽象和贫乏，几乎不能给我们带来实际的启发。而且，就他对美本身的定义而言，也几乎都来自传统的观点，尤其是强调美的对象在形式上的规则性和一致性，而不像艾迪生那样突出多样性以及各类美的对象在心灵中产生的丰富多变的效果，也不像夏夫兹博里的美学那样蕴涵深厚的意义，所以相对而言，哈奇生的美学是保守且单薄的。当然，哈奇生整个哲学的目标在于伦理学，美学只是其中的一个枝节，用来佐证其道德感理论，这些缺陷在他的哲学体系中并不是致命的。无论存在多少不尽如人意的地方，哈奇生对 18 世纪英国美学的贡献都不容抹杀，因为他的主要功绩在于开启了苏格兰启蒙运动，休谟、亚当·斯密、杰拉德、凯姆士、里德等人都属于他的后裔，而这些人的美学又构成了 18 世纪英国美学的重要内容。

第六章
荷加斯

威廉姆·荷加斯（William Hogarth，1697—1764），18 世纪英国著名的画家。他出身卑微，但从小就在绘画方面极富天资，据说他仅凭记忆就能将舞台上的场景画出来。他曾跟随银器雕刻家甘博尔和宫廷画师桑希尔学习，但他最终形成了自己的独特风格，尤其在风俗画和肖像画方面成就卓然。他的作品很多都取材于现实，无论是权贵还是穷人，他都不加掩饰地加以描绘，真实地展现了当时城市中各个社会阶层的日常生活。他注重表现动态中的人物及其心理，创作了一些组画，以更为连续和完整地记录事件，因此其绘画也非常富有戏剧性，后来的绘画大师雷诺兹说他发明了一种"戏剧性的绘画"。从文艺复兴开始，艺术家们受到人文主义者的影响，多有学者型的艺术家，把自己主张的原则用文字系统表达出来，荷加斯也是继承了这样的遗风，写出比以前画家更具有系统性的理论作品《美的分析》（1753）。同时，自夏夫兹博里伊始的美学风潮方兴未艾，荷加斯自然也加入其中，他一方面明显借鉴了艾迪生的想象理论，另一方面也标新立异，以形式分析作为主要方法，提出了使其在美学史上占有一席之地的蛇形线学说，让时人"以最简明、最通俗和最有趣的方式"理解美。

一、经验主义方法

作为画家，荷加斯把自己的研究范围划定在视觉对象上，虽然从这里得到的原则一定程度上也适用于其他艺术，但在他看来，美仅与形式有关。自然而然，

114

他对那些指手画脚的鉴赏家们颇不以为然，这类人的抽象思辨不能得出一条解释美和优雅的普遍原则来，所以一旦遇到难题，他们便转而求助于道德使自己脱离困境，因而也就脱离了真正的美这个主题。更重要的原因是他们对绘画的艺术法则不明就里，对自然塑造各种形式的规律缺乏观察。

荷加斯转而从前代画家那里寻找自己的事实论据。纵然许多画家发现和创造了美而不去探究美的根本原因，但他们毕竟在实践中默默地遵循着美的法则，甚至有人窥到了创造美的诀窍。例如，米开朗琪罗教导他的学生"一定要以金字塔的、蛇形的和摆成一种、两种或三种姿态的形体作为自己的构图基础。……因为一幅画所可能具有的最大的魅力和生命，就是表现运动，画家们把运动称为一幅画的精神。再也没有像火焰或火这样的形式能更好地表现运动了"[1]。迪弗雷努瓦说："一个美的形体及其局部，总是应该具有蛇形的、像火一样的形体。"[2] 还有其他画家，如鲁本斯和凡·戴克，虽然对蛇形线讳莫如深，但他们的作品也都或多或少地运用了这种手法。

显然，荷加斯并不满足于描述偶然的现象，也不满足于仅仅从艺术家的角度进行的观察，因为即使艺术家也可能养成了某种特殊的习惯或癖好，或为了标榜自己而怀有偏见；美的原则必须有更深刻的根基，能用以解释所有美的现象，也必须符合任何人的感官机能和思维规律，只要他们能抛开一切偏见。毫无疑问，荷加斯认为艺术是对自然的模仿，所以美的原则实际上并不在艺术中，而是深藏在自然塑造所有事物的法则中，对它的发现和描述也并不能完全依赖直接感觉，而必须遵循一定的方法，虽然由此而来的原则同时必然符合感觉的规律，也决定着艺术创作是否具有美和优雅。

这个时候，经验主义哲学方法的影响便鲜明地体现在荷加斯身上，这种方法并不复杂，其核心原则是：首先将眼前的现象进行分解，得到构成这些现象的最小要素，然后再通过观察和实验归纳出这些要素之间的一种或少数几种关系或法则，这些关系和法则便能解释所有的，至少是多数的个别现象。不过，这些关系或法则的效果最终仍然是通过人们的感觉得到验证的。对于荷加斯来说，要正确理解他提出的理论，人们首先应该学会用适当的方法观察万物的外形，其中隐藏着自然创造美的法则。他建议人们想象一个物体的外形为一个薄薄的壳，其中的

---

① 荷加斯：《美的分析》，杨成寅译，桂林：广西师范大学出版社，2005 年，序第 iii 页。

② 同上，序第 iv 页。

材料被完全挖空，而这个壳由一道道紧密并排的细线拼接而成。由此人们仿佛获得一种透视的能力，能从外部和内部同时观察到物体的整个外形及其每一部分是如何被构造起来的。虽然在现实中人们只能看到物体外表的某个局部，物体呈现为一个有着某个轮廓的平面，但用这种方法，人们就可以想象出物体的立体全貌，任一视角得到的轮廓都是构成这个薄壳的某一条线。用他自己的话说就是："我们的想象自然而然地进入这个外壳内部的虚空空间，而且在那里，像是从一个中心出发，可以从内部一下子看到整体，并明确地标出与之相对的对应部分，这样我们便记住了这个整体的观念，同时，当我们绕着它走动，从外部观察它的时候，这想象能让我们掌握这个对象的每一个面貌的由来。"①

所以，荷加斯将构成一切形式的基本要素确定为线，他的目的便是规定构成人们称之为美或优雅的形式的线具有什么样的性质。当然，荷加斯将得出更抽象和普遍的原理，以描述任何可见形式，乃至不可见的形式美。然而，荷加斯并不急于做出这样的规定，而是首先从对直接经验到的美的现象的观察开始，得出一些基本法则，然后对这些法则进行比较和分析，慢慢缩小范围，以最终得到美的根本法则。

首要的法则是适宜(fitness)②,亦即凡符合其目的的形式总被看作是美的。"尽管从其他角度看它并不美时，眼睛也会感觉不到这一对象缺少美，甚至还会认为它是令人愉悦的，特别是当眼睛经过相当的时间已经习惯于它之后。"③ 相反，即使是美的形式，如果运用不当，也会让人感到不快，就如螺旋形圆柱也许本身是美的，但若是用来支撑看似威严或沉重的东西便显得软弱无力。因此，一切被造器物的大小和比例都取决于其对于目的的适宜和恰当；或者说它们并没有完全固定的大小和比例，而是要适应于环境和整体中的其他要素或效用。总体上说，人的大腿比小腿粗，因为大腿要带动小腿运动，但赫拉克勒斯与墨丘利的形体并不能完全遵照同样的比例，因为前者以力量而闻名，而后者的性格则在于精明。

其次是多样。"人的全部感官都喜欢多样，而且同样讨厌单调。"④ 各种花卉、叶子以及蝴蝶、贝壳等食物的形状和色彩总是因其多样而讨人喜欢。不过，荷加

① 荷加斯:《美的分析》，杨成寅译，桂林：广西师范大学出版社，2005 年，第 6—7 页。
② 中文版译作"适应"。
③ 荷加斯:《美的分析》，杨成寅译，桂林：广西师范大学出版社，2005 年，第 11 页。
④ 同上，第 14 页。

斯所谓的多样指的是有组织的多样，而非随心所欲、漫无目的的杂乱无章，因而这种多样实际上就是有规律的变化。很显然，从这些方面可以看到艾迪生，甚至休谟的影子，而且我们将发现，荷加斯也确实像他们一样，是以想象这种心理活动来解释美的现象的。

　　接下来的两个法则分别是一致、整齐或对称和简单或清晰。实际上，这两个法则恰恰与前两个法则相对立。简单与多样的对立是显而易见的，一致强调的是外在的整体性，而适宜则强调内在的整体性，前者是刻板的，后者则允许整体中有丰富的变化，这种整体性不一定能得到外在感官的确证，但符合知性的规律。事实上，荷加斯也否认这两个法则的有效性。一致、整齐或对称突出一者与另一者，或者这一部分与另一部分的相似，这样的形式往往是静止的，使视觉处于凝滞状态，造成单调沉闷的印象；相反，"在我们的意识确信各个部分互相适应，完全可以使整体相应地站立、行动、浮游、飞翔等等而不失平衡之后，眼睛就会高兴地看到对象打破这种单调的移动或转动"[①]。对于对称的形式，画家们也总是力图避免从正面模仿，即使不得不描绘正面的时候，也总是要"破一破"，用云朵、树木等事物稍加遮掩，以赋予构图多样性。同理，"简单，缺乏多样，完全是乏味的，顶多也只是不使人讨厌而已"[②]。只有与多样结合，简单才能给人快感，因此金字塔虽然简单却也有着一定的变化，即从基部到顶端的变化，在不同视角中呈现的不同形态。塔一般是圆锥体的，所以艺术家便配以多边形的基座，而且奇数多边形比偶数多边形更优越，这也是大自然营造叶齿、花朵等事物的法则。当然，荷加斯拿出的最有说服力的例子便是群雕《拉奥孔》。从常理看，拉奥孔的两个儿子同样是成年人，在形体上与拉奥孔应该相差不大，雕塑家却把他们设计为只有其父亲的一半高，这样做为的是让这个群雕的整体呈现出金字塔形，因而增强了多样性。

　　确实，荷加斯并不是一味地否认一致和简单这两个法则的意义，一定程度上，它们使事物的形式保持匀称，不致成为丑的，也使艺术创造不发生太大的错误，但它们本身尚不足以产生美，因而必须与适宜和多样相结合。

　　前面的这些法则决定事物或形式具备基本的美，但如果要使它们显出优雅或

---

① 荷加斯：《美的分析》，杨成寅译，桂林：广西师范大学出版社，2005 年，第 16 页。
② 同上，第 19 页。

吸引力，也就是最高级的美，还必须符合更充分的条件，亦即繁复（intricacy）[1]。相比之下，这个法则显然更强调形式的运动性，因此也给形式增添丰富的装饰性，与之相伴随的是内在想象的活跃性。正如他说："一个活跃的心灵总是忙碌不停。探索是我们生活的使命，纵然有许多其他景象的干扰，也仍然令人愉快。每一个突然出现而暂时耽搁和打断探索的困难，都会让心灵倍加振奋，增强快感，把本来是辛苦劳累的事情变成游戏和娱乐。"[2] 简言之，受着一个目的引导的活动，过程越是复杂多变，就越是令人快乐，引人入胜。相应地，如果线条是构成美的形式的基本要素，那么线条也具备这种性质："它引导眼睛进行一种嬉戏的追寻，由于给心灵的快感，它称得上是美的：因而有理由说，优雅这个观念的原因，比起其他五个原则来，更直接地取决于这个原则，只是多样这个原则除外，它实际上包括了这个原则，也包括所有其他原则。"[3]

总而言之，美具有不同的程度或等级，而繁复这个原则赋予一个形式更微妙的变化和运动，是形式之所以美和优雅的关键。荷加斯的核心任务便是确定这种变化或运动具有什么性质，或者说构成这种形式的线条具有什么性质。当然，也值得注意的是，荷加斯很多时候把"美"和"优雅"两个词等量齐观，是很有意味的。他虽然多数时候在谈论美的形式，而且后人多将其美学称作是形式主义的，但实际上在形式的背后，他还强调更深层次的东西，即事物的性格或生命力。

二、蛇形线与想象

通过观察和比较可以得知，多样和变化比一致和单纯更能使一个形式显得美，那么线条也可以按照这样的原则来区分，即直线和曲线。"直线和曲线及其各种不同的组合和变化，可以界定和描绘出任何可视对象。"[4] 根据多样的丰富程度，荷加斯把线条分为以下几类：

一切直线只是在长度上有所不同，因而最少装饰性。曲线，由于互

---

① 中文版译作"复杂"。
② 荷加斯：《美的分析》，杨成寅译，桂林：广西师范大学出版社，2005 年，第 22 页。
③ 同上。
④ 同上，第 34 页。

相之间在曲度和长度上都可不同，因此而具有装饰性。直线与曲线结合成复合的线条，比单纯的曲线更多样，因此也更有装饰性。波状线，或者美的线条，变化更多，它由两种对立的弯度组成，因此更美、更令人愉悦。甚至在用钢笔和铅笔在纸上画这种线条时，手也运用了一种更生动的动作。最后，蛇形线由于同时在不同的方向上起伏盘绕，引导眼睛随着其持续的变化而使眼睛感到愉快，如果我可以用这种说法的话；同时，由于其在许多不同的方向上扭转，可以说（尽管只是单独一条线）包含有多变的内容，因而如果没有想象的辅助或一个图形的帮助，其所有的变化并不能由一条持续线在纸上得到表现。[①]

毫无疑问，由于蛇形线具有多个方向上的变化，因而最有装饰性，最能给视觉带来美感。不过，这并不代表蛇形线是使所有形体显得美的全部原因；相反，各种线条都在构造美的形态的过程中发挥适当的作用。同时，线条的组合应该遵循先前确定的各个原则。

直线和曲线的组合是较为基本的构形方式，这种组合常常用在建筑和各种器物上。作为首要条件，一个形态应该符合适宜和一致的原则。荷加斯举例说明如何才能制作出一个优美的烛台。一开始，烛台的直径、高度和蜡盘的大小要适当，并且对称，这使形体看起来有了烛台应有的样子。但若要使其优美，还必须给予一定的装饰，手段就是让立柱和蜡盘富有变化：可以在立柱和蜡盘的纵轴上标出一些点，也就是把烛台分成了几段；这些点不要过多，也不要等距，然后在这些点上画出与纵轴垂直的且有不同长度的线段，同时这些线段以纵轴线为中心保持对称；然后，再用各种或凸或凹的曲线连接这些线段的外端，这样整个烛台的外缘就呈现出一种凸凹有致的轮廓来，因而比纯粹的直线构成的烛台要美得多。对烛台纵轴的分段如果过多，那么最后构成的形态便过于杂乱或臃肿，不符合简单鲜明的原则。根据这个原则，荷加斯盛赞圣保罗教堂，"一切都处理得非常多样而不杂乱，单纯而不贫乏，华丽而不俗艳，明快而不生硬，雄伟而不笨重"[②]。

然而，如果要使一个形体显出更优美的装饰性，那就必须在某些细部运用波

---

① 荷加斯：《美的分析》，杨成寅译，桂林：广西师范大学出版社，2005年，第35—36页。
② 同上，第43页。

状线，在单纯和明晰的基础上，波状线能增添更多的变化和多样。当然，并不是所有的波状线都是美的，如果弧度太直，便平淡乏味；如果太弯，就笨拙臃肿，缺乏力度。荷加斯没有采用古希腊建筑和雕塑中的数学和几何方法，给出具体的数值，因而只能诉诸直觉，即使在他给出的例子中，最恰当的波状线也是在相互的比较中确定的。同时，向相反方向弯曲的弧度并不一定相等，而且任何一处都在发生渐变，所以可以肯定，荷加斯眼中优美的波状线不是完全对称的，也无法进行准确的度量，更何况适宜性这个原则也决定了运用到不同形体上的线条必然不能符合单一标准。

不过，蛇形线是最优美或最优雅的线条，因为它最富于变化。可以这样来描绘蛇形线：在一个较细长的圆锥体上画一条纵向的直线，把这个圆锥体向两个相反方向弯曲，这条直线便称为波状线。如果与此同时再将其稍加扭曲，那么这条线就是蛇形线，其两端甚至消失在可见表面的背后。显而易见，曲线和波状线是平面的，而蛇形线是在一个三维空间内旋绕，更富立体感，因而也就有更多方向上的变化和运动。这样，如果在其他线条上再适时地加上蛇形线的装饰，那么这样构成的形体便具有更强的立体感，会显得更加丰富生动。

在荷加斯看来，最能体现蛇形线美的地方便是大自然创造的某些动物，尤其是人的形体。从解剖学的角度看，他认为构成人体的任何骨骼都不是完全笔直的，总是带有一种弯曲，而肌肉纤维则以蛇形线的方式缠绕在骨骼之上。甚至有些骨骼，如骨盆扇面的弯转方向本身就是蛇形线，因而其整体显出很强的立体感。人体的外表覆盖着带有脂肪的柔软而透明的皮肤，尤其是女性的皮肤，掩盖了骨骼和肌肉上面某些僵直生硬的细节，因而皮肤的每一部分都表现出更加丰满而柔和的曲面和弧线，这也就增加了其魅力。所以，"人体较之于自然创造出来的任何形体具有更多的由蛇形线构成的部分，这就是它比所有其他形体更美的证据，也就是它的美产生于这些线条的证据"①。当然，荷加斯强调，只有健康的人体才具有更优美的蛇形线。如果将蛇形线去掉，人的躯体便立刻变得僵死呆板，或呈现为病态的样子，换句话说，蛇形线不仅使人体保持美的外表，而且也充分展现了其活泼灵动。作为生命体，人的各个部位必须要能符合灵活自如的行动这个重要目的。事实上，荷加斯也特别赞美自然的创造物达到了装饰性和效用

---

① 荷加斯：《美的分析》，杨成寅译，桂林：广西师范大学出版社，2005年，第53页。

的完美融合。

　　显而易见，蛇形线的性质恰恰就代表了使形体变得最为优雅的繁复原则，或者说繁复之所以美的真正原因在于符合这个原则的形体包含着蛇形线。但是，荷加斯并不简单地认为蛇形线是美的形体的唯一要素。正如在论证美的原则时他最后特意提出大小这个问题，这说明，要构成一个优美的形体，不仅其每一部分都是多样变化的，而且它们的大小和位置也都必须保持协调。一个优美的部分无论过大还是过小，都会造成怪诞可笑的结果。同样的道理，单独依靠蛇形线并不能构成美的形体，因为它必须符合整体的构图和形体，但无论如何，它是美的形体所必备的要素，因而也得到了更多强调，它仿佛就是美的标志，虽不是全部。

　　这样，凭借对具有各种性质线条的分析，荷加斯对最初通过直观或单纯经验得到的美的原则予以了准确而形象的描述。可以这样总结，凡运动、变化、多样的线条及其构成的形体，比静态、单调、刻板的要美。同样的原则也可以用来解释明暗、色彩、表情和动作等形式美。总而言之，只要对这些形式进行有效的分析、分解或抽象，得到其基本的构成要素——这些要素有着统一的性质，只是在量级上有所不同，然后再观察这些要素之间应具备的关系法则，我们就可以解释它们之所以美和优雅的规律。在符合适宜、一致、匀称等原则的前提下，美的色彩、动作的混合和运动方式会围绕一个核心要素在多个向度上进行富有节奏的变化。即使某种形式的基本构成要素并不是线条，人们仍然可以发现它们遵循的变化规律，比如人们可以把明暗程度分为5个量级。首先，只有渐变的明暗才是美的。其次，更令人愉悦的变化规则是543212345432112345，因为这种变化有多种向度。同时，如果明暗变化发生在不同方向上，那么它便像蛇形线一样具有强烈的运动感和立体感。

　　荷加斯没有像艾迪生那样把美分为新奇、伟大、美丽三种或更多的类型，但这并不代表他认为美只有单一类型，或者理想美只有一种，因为各种线条和形体的结合方式是多样的，由此显出的美的风格也应该各不相同。例如，庞大的、以直线和昏暗为主的构图或形体更容易制造出崇高的效果，以曲线、波状线及明快的色彩为主的构图或形体更倾向于是优美的，把人的视线引向形体内部和背后的蛇形线始终让人觉得是新奇的，这些不同的美给人的快乐当然也并不相同。不过，无论是何种风格的美的形式，都不能违背适宜、一致等基本原则，同时也需要富有变化的装饰："尺寸给优雅增添了伟大。但要避免过度，否则尺寸就变成了笨拙、沉重或怪诞。"[①] 尤其是那种与对象本身的性质不成比例的尺寸，如穿着成人服装的儿童，长着娃娃脸的成人，便非常可笑。即便是金字塔这种宏伟的建筑，之所以撼人心魄，也是因为它的各个侧面以及光照之下所呈现出的明暗富有变化。这样来看，荷加斯可以用蛇形线原理解释各种不同的美，虽然他并没有刻意强调美的分类。当然，他没有像博克那些列出崇高和优美的对象的各种性质，但毫无疑问的是，他的解释比博克更系统，在某种程度上也更有说服力。

三、想象与美感

荷加斯主要把自己的注意力放在对美的形式的分析上，这给人造成一个印象，即他没有充分阐释美感的性质和原因，不过这并不意味着他过于简单地看待了这个问题；相反，我们在很多地方都可以发现他受到了艾迪生和休谟的影响，将想象活动看作美感的主要原因，尽管他的阐释并不完善。

作为画家，荷加斯集中探讨的是视觉对象的美，也许他继承柏拉图依赖的传统，认为美本来就是视觉对象。然而，他几乎没有像博克那样把视觉活动看作是一种生理活动，也没有把美感看作是对象在视觉器官上留下的刺激。既然美的主要原则在于形式的变化和繁复，那么视觉在观察这样的形式时自然不会是停滞的，换言之，这时的视觉不仅仅接收到各个独立的印象或者一个笼统的整体印象，而且必然在各个印象之间进行来回地转移。所以，美感是视觉在对象的各部分之间进行的运动造成的，这种快乐最终来自内在的心理活动。根据艾迪生尤其是哈奇生和休谟的理论，视觉的这种内在运动应当属于想象的范畴。事实上，荷加斯常常使用想象这个概念，只不过他几乎将视觉运动与想象等同起来。荷加斯强调，总是有各种偏见干扰人们对于美的发现或欣赏，因而如果要发现真正的美，人们就必须学会用正确的方法观察对象，甚至还要摆脱某些艺术作品的误导，到对象的内部去寻找美的形式的构造，甚至要理解大自然创造这些形式的法则。的确，在多数时候人们也并不能直接看到使一物之所以美或优雅的蛇形线，这必须借助想象。

再次引用荷加斯关于繁复的形式之所以令人愉悦的原因的那段话：

---

① 荷加斯：《美的分析》，杨成寅译，桂林：广西师范大学出版社，2005年，第28页。

　　一个活跃的心灵总是忙碌不停。探索是我们生活的使命，纵然有许多其他景象的干扰，也仍然令人愉快。每一个突然出现而暂时耽搁和打断探索的困难，都会让心灵倍加振奋，增强快感，把本来是辛苦劳累的事情变成游戏和娱乐。①

这不禁让人想到艾迪生论新奇的一席话：

　　真的，我们往往对陈套的事物习以为常，或者对同一事物的多次反复感到厌倦，所以凡是崭新或非凡的东西都稍有助于使人生丰富多彩，以它的新奇面貌为心灵解闷消愁；它足以使我们心旷神怡，足以排除餍足之感，因为我们在惯常的平凡娱乐中往往要怨叹无聊。②

休谟也曾受艾迪生的启发，他说道：

　　最有力地刺激起任何感情来的方法，确实就是把它的对象投入一种阴影中而隐藏其一部分，那个阴影一面显露出足够的部分来，使我们喜欢那个对象，同时却给想象留下某种活动的余地。除了模糊现象总是伴有一种不定之感以外，想象在补足这个观念方面所作的努力，刺激了精神，因而给情感增添了一种附加的力量。③

　　正如人天生的感官和肉体欲望必须得到满足，同样心灵也难以忍受空虚匮乏的状态，它必然要寻求种种新奇非凡的观念来给自己提供刺激，排解沉闷厌烦，甚至有意给自己制造一些小小的难题，在破解这些难题的过程中享受成功的快乐。这种快乐无须人们占有真实的事物，不会让人贪得无厌，沉溺于奢侈放荡的生活，正是这种快乐诱使人们从事各种知识探索和艺术创作。对于荷加斯来说，这无疑

---

　　① 荷加斯：《美的分析》，杨成寅译，桂林：广西师范大学出版社，2005年，第22页。

　　②《缪灵珠美学译文集》（第二卷），章安祺编订，北京：中国人民大学出版社，1987年，第38页。

　　③ 休谟：《人性论》，关文运译，北京：商务印书馆，1980年，第460页。

就是美感的根源，也是各种艺术之所以令人愉悦的原因："解决最困难的课题，对于心灵来说是一种愉快的工作；讲寓言和猜谜语，似乎是小玩意儿，却能引人入胜；而我们又以多么大的兴趣去追寻一出戏或一部小说的虚构得巧妙的线索，我们的兴致随着情节的复杂化而不断增长，而当情节终于解开和一切都明朗起来的时候，我们也就感到彻底心满意足了。"①毋庸置疑，这样的快乐与感官快乐迥然不同，它并不来自单纯的感官刺激，更多是想象的追新逐奇，期待猜测。但是，纯粹杂乱的形式并不能让想象感到快乐，反而使其迷失方向，处于恍惚之中，只有在经历纷繁复杂的探索之后发现其间的规律和目的，想象才能得到满足。

事实上，当人们用眼睛观察一个对象时，也总是在用想象捕捉其中的运动轨迹，单纯的视觉并不能胜任这项工作。荷加斯举例说明，如果有一组对象（如一排字母 A）呈现于眼前，眼睛的注意力一般只能集中在一处，远离视野中心的对象总是变得越来越模糊。这就等于说，当人们浏览到一个对象的总体面貌时，清晰呈现于视野中的细节只有一处。所以，如果要清楚地把握对象的整体，眼睛就必须依次扫视每一个细节，也必须在这些细节中发现一条线索，依靠这条线索，形式的细节被贯穿为整体。可以说，视觉只是为心灵提供基本的素材，即将外在对象的构成要素转化为内在观念，是心灵在发现甚或创造和连缀这些素材或观念的规则，也就是在对象的形式中发现一条想象运动所依循的线，至少是一个运动的趋向，这样的线并不是平面图上的轮廓线。荷加斯所谓的蛇形线也就是想象的运动路线，因而在很多时候，他把想象看作把握对象形式这一努力的产物，粗略的观察或被动的印象却不能发现其存在。

由蛇形线引导的想象运动的特点在于，它不仅保留了视觉所接受的某个局部细节，也不仅把握了形式的可见部分，而且透过可见部分把人的视线引向未知的那一面，力图将一个对象构想为立体形态。在这个过程中，想象运动的路线更为复杂变幻，面临着更多诱惑，心灵保持着更旺盛的探索欲望，但最终又能得到一个更全面的意象。在某种程度上，蛇形线必须是隐藏起来的，否则就相当于把形式背后的东西敞露出来，没有给想象留下任何余地，正如"衣服应当唤起我们的某种愿望，但不能马上使之得到满足。因此，身体、肩膀和腿，都应当被遮盖起来，只是在某些地方通过衣服暗示出来"②。

① 荷加斯:《美的分析》，杨成寅译，桂林：广西师范大学出版社，2005 年，第 23 页。
② 同上，第 33 页。

然而必须注意到，只有多样而统一的想象运动才是美感的直接原因，破坏这种运动的做法都可能消解美感。最大的威胁便来自对想象运动的阻断，通俗地讲，是把一个形式分解为互不相关的细节。就如临摹者并不能理解原作的美，虽然他可以做到以假乱真，因为"他并不需要比哥白林的熟练织毯工有更大的能力、天才或生活知识，这个织毯工在织毯时按照一幅画工作，一丝不苟，几乎不知道他想做什么，不管他织的是一个人还是一匹马，到最后几乎是无意识地完成一匹漂亮的挂毯，挂毯上描绘的或许是伦布朗所画的亚历山大的一次战役"[①]。

对于想象活动以及变化原则的重视，让荷加斯对比例观念提出批判。不过，他批判的是用数学和几何方法把握美的做法。他并非完全否定比例的用处，因为它可以让人们掌握某个形体的基本结构，但也仅此而已，因为真正的美和优雅并不来自严格的比例。即使同一类形体，比如人体，在各个个体上都有很大差异，甚至是同一个体在行动中也并不总是保持恒定的姿态，尤其是肌肉和皮肤等组织也都时时在张弛伸缩，很难予以准确的测量："不管某些作者多么费力，要把人体肌肉的真正比例像数学那样准确地用线测量出来是不可能的。"[②]且不说准确但也是机械地按比例造成的形式本身就是刻板无趣的，这样的形式没有任何运动的趋向，所以也绝不会给人任何美感。人们发现和欣赏美更多地凭借的是直觉，这种直觉是在实际经验中养成的。骑手们知道不同用途的马匹应该具备什么样的骨骼和肌肉，妇女们对于人躯体美丑的判断多数时候要强于学者。事实上，杰出的艺术作品往往会打破常规比例，如观景殿的阿波罗，其大腿和小腿与上半身相比显得过长过粗，但也显得伟岸而优雅。

四、自然与艺术

荷加斯常常责备艺术家和鉴赏家囿于自己的先入之见，不去观察和理解自然的创造，"情愿追踪影子而丢掉现实"[③]，终而曲解和误解美的原则，倒是平常的人们能够摆脱偏见，做出准确的判断。这不禁要让人断定，艺术的任务便是正确的模仿自然。但他又说，自然之物中也未必全美，如猪、蟾蜍之类的动物就是丑的，

---

① 荷加斯：《美的分析》，杨成寅译，桂林：广西师范大学出版社，2005 年，序第 viii 页。

② 同上，第 68 页。

③ 同上，第 4 页。

凋零的草木也不美，幼年和老年的人同样乏美可陈。人们可以说，艺术模仿的是自然所创造的美的东西或者创造美的原则，但荷加斯又说，古人所塑造的垂死的角斗士和疯癫的牧神，虽然这些对象本身是丑的，但是"塑造手法之高超一如安蒂诺乌斯像和阿波罗像，区别只是，在后者的刻画上以准确的美的线条为主。尽管如此，它们的同等的价值赢得了普遍的承认，因为它们的制作所需要的是几乎同等的技巧"[1]。

的确，任何艺术美都无法比肩自然美，因为自然的造物不仅具有装饰性的美，而且也符合效用的美，前者表现在形式或外表上，而后者则表现在构成一物的体积和质量与其目的或用途的适宜性上。后者也许是《美的分析》的读者们容易忽视的一点。有些自然事物，如桦树叶子，或者如荷加斯所赞赏的菠萝这种果实的形式，布满了奇妙的曲线，连最优秀的雕塑家也难望其项背，这些形式美只是装饰性的，或者说是呈现于视觉的美。但在很多情况下，事物的各部分总是服务于某个效用，因而具有特定的材质和构造，以便能做出符合效用的运动，这些材质和构造的形式是由效用决定的。这样的形式有时并不会令视觉感到愉快，但人们仍然称之为美的。这两种美并不总是能相互交融，甚至在某些时候是互有抵牾的。哈里森发明的航海钟堪称最精巧的机械，但其整体和各部分的形式却异常杂乱，其运转方式也并不优美；如果人们称其为美的，那这种美只是效用的美。

然而，自然的造物却能将装饰美和效用美紧密无间地融为一体：

> 如果适合这种目的的机械是由大自然创造出来的，那么，它的整体以及每一部分就都会具有完全的形式美，而且这种形式美对于它的机械运动不会造成危险，似乎这种装饰性就是它的唯一功能。这种机械的运动也会特别优雅，而没有一点点附加于这些完美的目的之上的任何多余的东西。[2]

我们可以将这种相互交融的美称作理想美。在自然界，最美的也就是最有效的，最有效的也便是最美的。但是，理想美并非只有一种，在自然世界里，即使同一类事物的面貌也是千姿百态，有的马以力量见长，有的擅长速度，有的行动

---

① 荷加斯：《美的分析》，杨成寅译，桂林：广西师范大学出版社，2005 年，第 113 页。
② 同上，第 64—65 页。

敏捷，相应地，它们的骨骼、肌肉和整体形态有着很大的差异。正因为此，荷加斯认为自然创造的事物上面没有精确的比例，人们也不可能运用精确的比例来判断理想美，而是要依赖一种形成于经验的"卓越感觉"。

理想美是表现在运动着的事物上的，根据运动方式的多样性，自然事物的美也就有不同的等级：鱼的美无疑比不上马和狗的美，而最美的事物当然是人体。荷加斯相信，整体上协调的运动应该源自事物的某种内在力量，而这种力量又使得这个事物与众不同："一个形体不管多么非同寻常，只有当它的特殊面貌有着某种特殊原因或特殊理由时，才可以被理解为性格。"[①]人体及其运动之所以是最美的，就是因为只有人才有理智；只有成年时期的人体才是最美的，因为理智和教养使动作变得优雅起来。缺乏相应的内在性格，人的动作就变得呆板或造作："名门和富有之士，在举止的从容和典雅方面，往往会超过他们的模仿对象——他们的舞蹈教师。这是因为优越感使他们的举止行动毫不紧张，特别是如果他们的身体结构匀称的话。"[②]同样，在较低级的动物那里，自由运动的形体才是美的；反过来，人们可以通过面貌、表情、言语和举止来感觉到一个人的性格或情感。

荷加斯并不像艾迪生或夏夫兹博里那样认为自然中存在某种神性，也不会像法国的拉美特利那样把自然看作是一台完全由物质规律支配的机器，但其中的造化变幻莫测，又细致入微，仿佛是一个吸引人一探究竟的迷宫，是一个让人流连忘返的画廊，这个画廊里面的作品美不胜收，但各种事物的特征又得到恰如其分的刻画。毫无疑问，他对自然的喜爱之情，尤其是对他所谓的美的事物，也就是那些繁复多变、雅致鲜活事物的赞美，胜过任何的艺术作品，甚至艺术大师笔下的维纳斯的美"都不足以与英国厨娘的身材相提并论"[③]。相比于自然的神奇造化和实际生活经验造就的性格各异的人物，艺术的描绘真是不及万一。身为画家的荷加斯从未自卖自夸。艺术的职责并不是补充自然的不足，也不是美化自然或现实生活，而是潜心观察自然和现实生活的实践者和参与者无意地但又是必然地表现出来的千姿百态，并忠实地模仿或记录下来。然而，艺术的最终目的也许并非模仿，而是启发人们再次关注和体察眼前身边的自然和生活。看看荷加斯自己的

---

① 荷加斯：《美的分析》，杨成寅译，桂林：广西师范大学出版社，2005 年，第 75—76 页。

② 同上，第 124 页。

③ William Hogarth, *The Analysis of Beauty*, ed., Ronald Paulson, New York; London: Yale University Press, 1997, editor's introduction, xix.

画作，哪一幅不是来自生活，忠实地记录生活，其中三教九流无所不包，高雅低俗群相毕现，无论美丑都一视同仁，但是哪一个形象不是惟妙惟肖，令人击节拍案。荷加斯并非没有道德上的取向，但艺术并不是抽象的说教，无论何种性格，只要画家予以真实的描绘，观众一看便知，真伪善恶都会透过形式的美丑展露无遗。自然从容的举止是真诚高贵的，刻板造作的行为则是虚伪卑琐的，面对艺术这面镜子，人人都会做出正确的选择。

艺术就是对自然的模仿，但它并不模仿古典主义那种永恒但抽象的自然，而是真实而多样的自然，艺术呈现善恶美丑，但它无须说教。从这个角度来说，如夏夫兹博里所说，美善是同一的，虽然他们对于美和善的理解并不完全一致，但一致的是：自然的、自由的表现就是美的，也是善的。

荷加斯阐述的不是一般的艺术理论，而是一门关于形式语言的科学，是一门关于感觉的科学，这门科学来自对自然和生活的观察，而非来自某种先天观念。作为画家，荷加斯并不擅长理论思辨，甚至厌恶任何抽象的推理，但他那种具体而形象的分析独树一帜，其结论也暗合了 18 世纪英国美学的主流。

第七章

休谟

———

　　大卫·休谟（David Hume，1711—1776），生于苏格兰爱丁堡的一个贵族家庭，幼年得到母亲的悉心教育，加之"好学、沉静而勤勉"，1722年便进入爱丁堡大学，在那里他接触了笛卡尔和牛顿的学说，也为其后来的哲学生涯奠定了基础。由于家庭变故，3年后辍学，此后便再也未进入大学。他说自己"在很早的时候，我就被爱好文学的热情所支配，这种热情是我一生的主要情感，而且是我的快乐的无尽宝藏"[①]。出于经济方面的考虑，休谟曾试图经商，但一无所成，便又重新回到了自己所钟爱的哲学上来。1734年他到了法国，潜心学习，并写作他后来的名作《人性论》的前两卷，于1738年出版。但是，"任何文学的企图都不及我的《人性论》那样不幸。它从机器中一生出来就死了，它无声无息的，甚至在狂热者中也不曾刺激起一次怨言来"[②]。即使此后他将这部作品改写成《人类理解研究》和《道德原则研究》，也还是反响甚微。如果说他的哲学还发挥了些作用的话，那就是其中所表现出的怀疑主义和无神论的论调让他与爱丁堡大学的道德哲学教授职位彻底无缘。倒是他在1741年及之后所写的几卷《政治和道德论文集》大获成功，18世纪50年代所写的《英国史》也给他带来了他一心所想的"文名"。休谟生前在文学方面获得了成功，其哲学思想成为人们竞相争论的焦点，甚至还促成了由里德发起的苏格兰常识学派。

———

① 休谟：《人类理解研究》，关文运译，北京：商务印书馆，1957年，第1页。
② 同上，第2页。

一、经验主义与情感主义的合流

除了有很多关于美和艺术的论文，休谟在美学方面没有写过系统的著作，但他对 18 世纪英国美学的发展来说却是举足轻重的。他沿着经验主义哲学的道路，阐述了更为丰富也极具创造性的心理学理论，这为后来的美学对审美心理的描述提供了依据，也增添了充实的内容。出生于苏格兰的休谟无疑受到了由哈奇生阐发的夏夫兹博里确立的情感主义传统影响，加之美学问题在他的时代已蔚然成风，这自然使他的哲学渗透着浓厚的美学思维，在他的主要著作中本身就包含着大量美学思想。当休谟把经验主义和情感主义两种思潮相互融合时，自然就生成了一种美学，因为经验主义坚持认识始于感性知觉，一切知识和行为都以此为基础和出发点。同时，他尤其强调作为感性知觉的情感在认识和行为中的主导作用。如果按照鲍姆嘉通的定义，美学就是感性认识学，那么在休谟那里，认识和行为就遵循着美学的原则。所以，我们不应该把休谟关于美的言论视为零散的经验之谈，他的美学属于其哲学中不可分割的一部分，甚至可以说他的哲学就是美学，在很大程度上，离开了美学就不可能理解他的整个哲学。当然，他并不完全赞同夏夫兹博里和哈奇生的主张，他对经验主义和情感主义各有取舍，这使得他在经验主义哲学中贯彻了情感主义的原则，又使得他的美学采取了经验主义的语言和方法。他的美学比夏夫兹博里的美学具有更明确的概念和逻辑，也比艾迪生的美学更严谨而复杂。同时，他也把经验主义和情感主义中蕴涵的道德和政治观念吸纳进来，使他的美学既不像原先的经验主义者那么功利，也不像原先的情感主义者那么纯粹，这种折中的趋向也一直体现在他之后的美学思潮中。

把休谟关于美的言论摘录出来加以汇编是没有任何意义的，而是必须将它们置于休谟的整个哲学体系中加以理解，对于本文而言，最先要明确的是他的哲学意图是什么，而不是其中那些看似模棱两可的概念和令人费解的推论。休谟在《人性论》的引论中直言，要建立各门具有坚实基础和确切结论的科学前提是对人性进行准确的认识，不仅是"那些和人性有更密切关系的"科学，"即使是数学，自然哲学和自然宗教，也都是在某种程度上依靠于人的科学；因为这些科学是在人类的认识范围之内，并且是根据他的能力和官能而被判断的"①。"因此，在试图说明人性的原理的时候，我们实际上就是在提出一个建立在几乎是全新的基

---

① 休谟：《人性论》，关文运译，北京：商务印书馆，1980 年，第 6—7 页。

础上的完整的科学体系,而这个基础也正是以前科学的唯一稳固的基础。"① 但是,对人性的认识"必须建立在经验和观察之上",《人性论》的副标题就是"在精神科学中采用实验推理方法的一个尝试",显然,休谟的哲学在方法上要坚持培根依赖的经验主义传统。但是,人性究竟是什么呢? 这个问题至少可以从两个方向来回答:一是人追求的目的是什么,二是人具有什么能力以及这些能力如何运作。关于休谟的研究几乎全部集中在后一个问题上,而对前一个问题却少有人问津。的确,这个问题在休谟那里看起来并不十分明确,但是这两个问题在很大程度上是无法分离的。如果我们不知道人为什么目的而生活,也就无法理解人的各种能力是如何运作的,反过来也一样,如果我们不对人的各种能力及其运作方式进行观察,也就不知道人是如何实现其目的。回答这两个问题对于理解休谟的整个哲学来说是同样重要的。

　　在《人类理解研究》的开篇,休谟指出有两种研究精神哲学或人性科学的途径:一种依照的是趣味,产生了"轻松而明显的哲学";另一种则追求严格的理性,构造了"精确而深奥的哲学"。然而,两种不同的途径又包含了对人性的不同理解,前一类哲学家"把人看作在大体上是生而来行动的,而且在他的举止中为兴味和情趣所影响的:他追求此一个物象,而避免彼一个物象,至其或趋或避,则是按照这些物象似乎所含有的价值以为定的,是按照他观察这些物象时所采取的观点以为标准的";后一类哲学家"则把人当作是一个有理性的东西来加以考察,而不着眼于其作为活动的东西,他们力求形成他的理解,而不是来培养他的举止。他们把人性人物一个可以静思的题目,他们精密地考察它,以求发现出,有什么原则可以规范我们的理解,刺激我们的情趣,并使我们赞成或斥责某种特殊的对象、行动或行为"②。休谟没有断然判定孰优孰劣,因为它们"都可以给人类以快乐、教训或知识"。不过,我们可以断定的是:在他看来,人不仅是理性的,还是情感的、行动的,人不是一个孤独的思维机器,还是"一个社会动物",虽然无论在哪个方面过度执迷都会带来不利后果,"人们假设最完满的人格是介乎两个极端之间的"③。可以看出,休谟所指的这两派哲学就是以洛克为代表的经验主义和以夏夫兹博里为代表的情感主义。他认为洛克等人的哲学是偏颇的,而夏夫兹

① 休谟:《人性论》,关文运译,北京:商务印书馆,1980 年,第 8 页。

② 休谟:《人类理解研究》,关文运译,北京:商务印书馆,1957 年,第 9 页。

③ 同上,第 11 页。

博里以来的哲学也不尽完善，看起来他要走中庸之道，但其态度并非这么简单。事实上，休谟始终主张情感是人性中最强大的力量，所有理性知识最初都是由情感激发起来的，最后只有打动情感的知识才能促使人们行动，真正地发挥作用。所以，"一开始我们就可以说，由精确而抽象的哲学所产是一种重大的利益，就是这种哲学对于浅易近人的哲学所有的那种补益"[①]。相信了解休谟的人都记得他在《人性论》中的那句话："理性是并且也应该是情感的奴隶，除了服务和服从情感之外，再不能有任何其他的职务。"[②]

情感始终是休谟哲学的一条主线，毫不奇怪，他在《人性论》中要单列一卷讨论情感，理解任何其他主题都必须围绕这条主线，否则就会产生误解。休谟的研究者们之所以认为其哲学晦涩难懂的主要原因就在于偏离或抛弃了这条主线，当然并不排除休谟自己在推理上的烦琐以及某些时候的自相矛盾。休谟在经验主义哲学内部扭转了理性与情感的位置，但他仍然需要重新处理理性与情感的关系，的确他巧妙地解决了这个问题。在他的哲学中，情感始终是核心主题，理性只是一种方法，情感作为推动人行动的一种原始力量需要予以深刻而精确的观察和理解，这就是理性的任务。哲学虽然自身是一门实验和推理的科学，但需要牢记的是这门科学的对象是人，现实生活中的人是"行动的东西"，从根本上说受着情感的促动。这实在是一个纠缠不清的问题，休谟也常常困扰于此。正在研究哲学的人可以无所顾忌地进行纯粹的推理，但这不免要肢解活生生的人，得出些违背常情的奇谈怪论来，这样的哲学除了满足一时的好奇或蒙蔽无知者之外毫无用处。如果要让哲学进入现实生活，又不免让理性遭遇重重干扰，屈服于情感和想象的支配，使哲学半途而废，甚至推翻自己。面对此种困境，要么把哲学与生活划清界限，尽情让哲学去打破常识，怀疑一切，"自然本身"会"把我的哲学的忧郁症和昏迷治愈了"，我们可以"不再为了推理和哲学而放弃人生的快乐"[③]。如果要让哲学真正面对现实生活，成为现实生活的一部分或一种方式，就需要创立一种新的哲学，或者对哲学秉持一种新的态度。首先，通过直观来观察现实生活中的人所表现出的明显事实；其次，运用严格的理性来进行分析和实验，说明这些事实的原因，因此就可以认识到支配人认识和行动的根源和目的是什么，人依靠什

---

① 休谟：《人类理解研究》，关文运译，北京：商务印书馆，1957年，第12页。

② 休谟：《人性论》，关文运译，北京：商务印书馆，1980年，第453页。

③ 同上，第300页。

么能力来实现其目的，以及什么样的目的是正确的；再次，用理性的结论来指导人的生活，以求得人生的幸福，即情感上的快乐。这样的哲学出发点和归宿都是情感，其中理性的作用是有限的，虽然也是积极的，正如在现实生活中就是如此，因为盲目的情感必然导致狂热和迷信，人们必须学会反省和驾驭自己的情感。这种哲学正是休谟的目标：

> 我们如果侥幸把深奥的研究和明白的推论，真确的事理和新奇的说法调和在一块，因而把各派哲学的界限都接近起来，那就幸福了。我们如果在这样轻松推论以后，把从来似乎保障迷信并且掩护荒谬和错误的那种奥妙哲学的基础推翻了，那就更幸福了。[①]

显然，休谟不愿把哲学与生活相分离，哲学应该遵循严谨的理性，但最终还是要作用于人的情感，以能够让哲学的思考对生活中的自己和他人发挥实际的作用。由此可知，休谟在根本上把人看作是情感的、行动的动物，人生的目的就是追求快乐的情感。在很多时候，理性恰恰是人满足情感的一种手段而不是目的，若不是受到某种热情的鼓舞，人们也不愿意去从事那些深奥枯燥的推理了。

在这样一种语境中，休谟改变了人们对于理性的惯常看法。理性不仅是一种推理和计算的能力，不仅给人提供确实的真理，而且其过程和结论的精密、巧妙和完整这些特征本身就是让人欣赏的对象，也就是可以满足人的趣味。与休谟同时代的杰拉德曾说，"牛顿的理论不仅凭借其正确的推理满足人的理解力，同样也因其简洁和优雅使趣味愉悦"[②]，而且认为自然、艺术和科学都是趣味的对象。这样的理性不仅满足了个体自我的好奇心和求知欲，而且也在社会交往中给他人以精神上的快乐，使自我获得他人的尊重或敬慕。

我们可以很明显地在休谟那里发现，在满足情感或者让人获得快乐这一点上，任何科学都是一样的。所以，休谟是把理性置于现实生活这个最大的环境中来理解的，而不是局限于狭隘的哲学范围内。还有一点可以说明这个问题，休谟在《人类理解研究》中把理性分为两种，它们分别面对观念的关系（relations of ideas）和实际的事情（matters of fact）。他主要论述的是第二种理性，即受情感力

---

① 休谟：《人类理解研究》，关文运译，北京：商务印书馆，1957年，第18页。

② Alexander Gerard, *An Essay on Taste*, London, 1759: 191.

量主导的理性。事实上，他在《人性论》中也是试图从"实际的事情"角度来解释数学和形而上学的一些主题的，任何知识的构成都需要有感性经验的支撑，需要从情感上得到确证。可以说得更明确一些，任何科学都带有艺术的成分，以给人们带来某些特殊快乐。

当然，从另一方面来说，当休谟重新定义了理性与情感的关系时，他并不希望消除理性对于情感的积极作用。人的一切行动都受到情感的促动，但真正的幸福需要理性的协调。的确，理性是情感的奴隶，这是事实。不过，情感这个主人的确需要理性这个奴隶。情感最初是由感觉激发起来的，也很容易受到外界环境的纷扰，因而变得过度敏感易变、乖戾狂暴，这终究导致生活的不幸。当我们避开变幻无常的外在世界转向内心世界时，我们可以依靠较为温和淡漠的理性来使情感免受偶然的、不确定事物的扰攘，获得一种虽不那么强烈但却更为安宁静谧的快乐。所以，休谟推崇的不是直接爆发的情感，不是纯粹的感官快乐，而是经过知识、艺术和社交礼仪等中介表达出来的仪式化的情感，也就是一种审美化的情感。哲学源自生活而用于生活，哲学的目的是为人们带来快乐、自由和幸福，免受无知、迷信和专制的祸害。"有德之人、真正的哲人，能够支配自己的欲望，控制自己的激情，根据理性而学会对各种事业和享受树立正确的评价。"[1] 从以上这条线索来理解，说休谟的哲学是一种美学是有充分理由的。

可以看出，在休谟与夏夫兹博里之间有着诸多相似之处，他们都强调情感对于人生的重要性，也都承认理性对于情感的调节作用。然而，他们也有很大的不同，休谟反对夏夫兹博里那样的柏拉图主义，他很难认同夏夫兹博里的目的论，也不承认人天生就对与己无关的他人和整体充满怜爱之情。种种不同的原因在于休谟坚持了经验主义的方法，无论是科学知识还是道德实践，都只能从个体自身的经验出发并以此为最终根据，一切观念都必须能在个体的经验中找到根源，否则就是虚妄的。因此，休谟的美学在方法上是以经验主义的心理学为基础的，有着更具体明确的概念和清晰的逻辑，可以对审美经验做更详细明确的描述。

---

[1] Hume, *Of the Standard of Taste and Other essays*, edited by John W. Lenz. Indianapolis: The Bobbs-Merrill Company, Inc., 1965: 101.

二、美是情感

人总是要趋乐避苦，但是根据经验主义原则，情感并不会无缘无故地产生，人必须首先从外在世界中接受某些刺激，心灵才开始其活动。当然，人自然地具备接受这些刺激并在心灵中生成情感的官能，而且他甚至有为自己创造出快乐情感的能力。随着人的经验的不断增长，情感也就变得愈加复杂，为了追求更大的或对自身更有利的快乐，人也会主动地增长自己的经验。因而情感的发生和变化有一个非常复杂的过程和机制，在这个过程中，情感本身也不再单一，而是衍生出更多性质和类型。对于情感的发生和变化的机制以及情感在人生各方面的作用的探讨贯穿于休谟哲学的始终，从某种意义上说，甚至是其中核心的主题，因为离开这个主题就不可能说明认识和实践等领域的原理和规律。毫无疑问，这对于理解休谟的哲学是非常关键的。

人的一切活动都从知觉开始，休谟理所当然地认为一切知觉可以分为两种：即印象和观念。

> 两者的差别在于：当它们刺激心灵，进入我们的思想或意识中时，它们的强烈程度和生动程度各不相同。进入心灵时最强最猛的那些知觉，我们可以称之为印象（impressions）；在印象这个名词中间，我包括了所有初次出现于灵魂中的我们的一切感觉、情感和情绪。至于观念这个名词，我用来指我们的感觉、情感和情绪在思维和推理中的微弱的意象；当前的讨论所引起的一切知觉便是一例，只要除去那些由视觉和触觉所引起的知觉，以及这种讨论所可能引起的直接快乐或不快。①

休谟还说："我们的印象和观念除了强烈程度和活泼程度之外，在其他每一方面都是极为类似的。任何一种都可以说是其他一种的反映；因此心灵的全部知觉都是双重的；表现为印象和观念两者。"② 所以，印象和观念最关键的区别就是其强

---

① 休谟：《人性论》，关文运译，北京：商务印书馆，1980年，第13页。"意象这一概念本身是一个隐喻。……说一个观念是一个印象的意象，从字面意思上是说观念在没有刺激物继续在场时全部或部分地复制了印象"。（Dabney Townsend, *Hume's Aesthetics Theory: Taste and sentiment*, New York; London: Routlodge, 2001: 88）

② 休谟：《人性论》，关文运译，北京：商务印书馆，1980年，第14页。

烈、生动或活泼的程度。此外，休谟还把知觉区分为简单和复合两种，印象和观念都是如此。这个区分使休谟确定，所有简单观念和简单印象都是类似的，而且简单观念总是来自简单印象。复合观念和复合印象之间却不一定存在相应关系，但是既然复合观念和印象是由简单观念和印象构成的，而简单观念又来自简单印象，所以就可以说，复合观念也最终来自简单印象。人所有的思想都不可能超出最初的简单印象的范围，简单印象是一切知识和行为的出发点。

两相对比，首先，印象更多直接来自感官，是当下发生的，而观念则更多发生在思想中，是过去印象的重新呈现，这类似于霍布斯所谓的想象，即感觉的衰退。需要注意的是：休谟所谓的印象指的不是生理机能的直接产物，而是一种心理事实。当然，观念也是如此。其次，印象和观念之所以在强烈和生动程度上有差异，是因为印象具有更多内容，它们包含着"直接快乐或不快"的情感。这也是休谟在观念论上区别于洛克的地方，在洛克那里，快乐或不快的情感最初是由"感官和反省两种途径"产生的，但在休谟看来，这些情感本身就是原始的，而且是先于观念发生的。当一个对象呈现于我们的感官时，我们得到的不仅是一个意象，而是还同时伴随着某种直接情感，这两者最初是不可区分的，只有当这个对象不在眼前而被反省时，那些直接情感才会消退，因而转变为观念。在《人类理解研究》中休谟举例说道："一个人在感到过度热的痛苦时，或在感到适度热的快乐时，他的知觉是一种样子；当他后来把这种感觉放在记忆中时，或借想象预先料到这种感觉时，他的知觉又是一种样子。记忆和想象这两种官能可以模仿或模拟感官的知觉，但是它们从来不能完全达到原来感觉的那种强力同活力。"[①] 再次，印象和观念可以具有同一个对象，但它们不仅在强烈和生动程度上有差异，也意味着知觉方式上的差异，我们既可以直接地感觉到一个对象，也可以思维这个对象。可以说休谟是从现象学角度来描述印象和观念的，一个对象总是某种知觉方式中的对象，它可以呈现出多种面貌来。

显而易见，印象侧重于情感，而观念侧重于意象。两者的区分并非多余，这意味着休谟强调情感的原始意义，情感是最早出现于心灵中的事实，而且将始终伴随人的整个认识和实践过程，无论在何种情况下，只有强烈和生动印象的事物或事情才能吸引心灵，从而对人的生活产生显著的意义和作用。若不是梨能给我

---

① 休谟：《人类理解研究》，关文运译，北京：商务印书馆，1957年，第19页。原文中"想象"（imagination）为"想像"，为符合现在一般的用法，本文统一使用"想象"一词。

们甜美的味道，我们就不会研究其性质和生长规律，以求更多地得到它；若不是仁善令我们感到快慰，我们也不会要求他人善待我们，我们也不会善待他人。同时，这个区分也意味着情感不是自我维系的，因为在印象中情感与意象是并存且不可分离的，情感需要借助于意象来更有力地延续和增强，也就是说，印象和观念是彼此共存、相互促动的。当然，这不是说只有真实存在或通过外在感官接受的意象才具有这个作用，艺术中尤其是文学中的形象是凭借想象生成的，但也仍然伴随着情感；一个意象越是鲜明生动，如在目前，与之相随的情感就越是强烈。由此我们可以发现，休谟的这个区分对于美学的重要意义。

人们会有疑问，有些东西直接在我们眼前，但我们并不一定必然感觉到明显的快乐或不快。对此，休谟可以有其他解释，例如，这些东西不是第一次呈现给我们的感官，我们对它们太过熟悉了，因而不再感到明显的快乐或不快。休谟的确认为这是一个重要的原因。休谟还可以说，我们根本就没有对这些东西产生知觉，我们从来就没有注意到这些东西，对其视而不见，听而不闻。休谟明言他研究的不是物理事实，而是心理事实：一个事物通过光线进入我们眼中，这是物理事实，但如果从未被我们注意到就不会形成印象，它存在或不存在对我们来说是无所谓的，它既不会被认识，也不会被欲求。休谟也可以说，有些印象的确不十分强烈和生动，强烈和生动是相对的，印象只是比观念要强烈和生动，而且印象和观念的界限也不是绝对明确的，有些观念甚至比另一些印象更强烈，例如，回忆或想象中的宫殿要比眼前的一堵墙更强烈，但两者不是同一个东西；如果说回忆中的一个地方比我们现在见到时更令我们快乐，那是因为这种回忆不是纯粹的回忆，或者回忆的并不是这个地方本身，而是我们曾在此度过的快乐或不快乐的时光。看来这些疑问并不会完全驳倒休谟的理论，倒是引出更多有待解释的问题。对于美学来说，由此引出的最重要的问题就是：情感既会因外在现象而产生和变化，也会因内在的心理活动而消长波动，而且后一种情况更为普遍。

任何知觉从不可能是静止和孤立的，一个知觉会因为心理原因产生不断的变化；心灵总是遭遇一个空间中的并存以及在时间中接续的多个知觉，它们彼此之间总是要相互影响。在各种复杂的情境中，情感也会发生相应的变化并发挥不同的作用。为了说明在心灵中情感是如何运动的，休谟继而对作为其哲学体系基点的印象做了进一步的区分。他借用洛克的方法，把印象分为感觉印象和反省印象两种。

一个印象最先刺激感官，使我们知觉种种冷、热、饥、渴、苦、乐。这个印象被心中留下一个复本，印象停止以后，复本仍然存在；我们把这个复本称为观念。当苦、乐观念回复到心中时，它就产生欲望和厌恶、希望和恐惧的新印象，这些印象可以恰当地称为反省印象，因为它们是由反省得来的。这些反省印象又被记忆和想象所复现，称为观念，这些观念或许又会产生其他的印象和观念。[①]

他后来又把这两种印象称为原始印象和次生印象，"所谓原始印象或感觉印象，就是不经任何先前的知觉，而由身体的组织、精力或由对象接触外部感官而发生于灵魂中的那些印象。次生印象或反省印象，是直接地或由原始印象的观念作为媒介，而由某些原始印象发生的那些印象。第一类印象包括全部感官印象和人体的一切苦乐感觉；第二类印象包括情感和类似情感的其他情绪"[②]。

这个区分包含了几重意思：首先，印象本身虽然会停止，但会在心灵中得到延续并弱化为观念，而且即使心灵只是想到这个观念时还能生成不同于原始印象的新印象，所以印象或者直接说情感并不只是来自外在感官。心灵一旦接受了原始印象就仿佛被激活，不断地运动下去，继而再生成后续的不同观念和印象，以至无穷。其次，印象所包含的情感不是一成不变的，在与观念的相互作用下，心灵中又会生成更复杂的精神性的情感，这种情感才被休谟称作"情感"（passion），这种情感反过来又作用于人的感觉方式。对于休谟来说，反省或次生印象更加重要，因为现实生活中人们更多地受到它们的影响。再次，我们也可以继续推论说，心灵并不是被动地接受外在事物给它的刺激，心灵总是在已有经验的影响下认识外在世界和自我。因为从前的经验必然参与到每一个当下的印象中来，增强或削弱它。既然情感总是与观念相伴随，那么心灵为了追求令自己满足的情感还可以能动地制造出一些观念来。这会导致人的认识不可避免地发生一些歪曲或错误，但这些歪曲或错误也是人性所需要的。所以，印象一旦以任何方式保存在心灵中，就为心灵提供了材料储备，随时供心灵支配驱遣，以满足自己的需要。人为了追求某种快乐甚至会不顾真实情况，而去用想象和虚构来创造一些观念。不仅艺术是如此，现实的人生又何尝不是如此呢？

---

① 休谟：《人性论》，关文运译，北京：商务印书馆，1980年，第19页。
② 同上，第309页。

休谟的哲学主要就是研究心灵如何从最初的简单印象出发，一步步衍生转化，构成了人生所从事的各种事业。在这个过程中，印象和观念相互依存、相互转化、相互作用，但引导人生的始终是各种情感，主要是精神性的情感。人生无论是幸福还是不幸，一切都源自人性的规律，只要我们熟知这些规律，我们就可以获得幸福。幸福不仅需要外在的物质世界，更取决于内在心灵的状态。印象和观念相互作用和结合的方式不同，情感也就有不同的类型和形态，表现在认识、道德、政治、宗教和艺术等领域中。如果说美是与感性知觉和情感相关的概念，那么每一个领域都带有审美色彩，因此在休谟的哲学中经常有真理美、便利美、道德美、艺术美等多种说法，当然艺术美具有一些独特性质。

那么，美是什么呢？它属于印象还是观念，是何种印象或观念？休谟对美有一个定义：

> 美是一些部分的那样一个秩序和结构，它们由于我们天性中的原始组织，或是由于习惯，或是由于爱好，适于使灵魂发生快乐和满意。这就是美的特征，并构成美与丑的全部差异，丑的自然倾向乃是产生不快。因此，快乐和痛苦不但是美和丑的必然伴随物，而且还构成它们的本质。①

在很多时候，休谟对美这个概念的使用并不严谨和一贯。在这里，休谟所谓的美看起来是事物的一种性质，但事实上，美属于印象的范畴，亦即一种情感，或者心灵的一种状态。虽然在很多时候他也称某些事物或其中的某种性质是美的，但这毋宁说是出于表达上的方便，因为他从来没有像哈奇生那样把美规定为某种特定的性质。当然，情感几乎不会与某种观念或形象相分离，所以称美为事物的某种性质也并非不合理，但可以肯定的是：美的根本原因不在于这种性质，因为这种性质不是必然被所有人都称作是美的。他在其他地方明确说："美不在于圆柱的任何一个部分或部位，而是当这个复杂的图形呈现于一个对那些精致感觉比较敏感的理智心灵时从整体中产生的。直到这样一个观察者出现之前，存在的都不外是一个具有那样一些特定尺寸和比例的图形而已；只是从观察者的情感中，它

---

① 休谟:《人性论》，关文运译，北京：商务印书馆，1980年，第334页。

的雅致和美才产生出来。"①至于美属于何种情感或印象，休谟没有明确的说明，但根据他的体系和关于美的一些言论，这无疑是一个复杂问题。因为情感在不断的演化当中，而且因此而具有多种类型和形态，所以如果说美是一种快乐的情感，那么这种快乐也有多种类型和形态，而且也还有取决于各种不同的场合，如自然美与艺术美是不同的。

要理解休谟关于美的本质的观点，还是要回到他的哲学的出发点。根据经验主义原则，最初的经验始于简单印象。但我们同时还要清楚，简单印象虽然是心灵被动接受来的，并激发了原始的情感，但它们并不等同于客观事物及其性质本身，而且休谟在哲学上始终认为外在世界是不可知的，作为心灵认识对象的不是外在事物及其性质，而是已经存在于心灵中的印象。印象包括两部分，即情感和意象。例如，当我们看到一个红色的苹果时，出现于我们心灵中的不仅是红色和近乎圆形的形状，而且还有那种鲜艳和圆润的感觉。我们会说这个苹果是美的，实际上这个说法是含糊的，因为我们没有说清楚究竟美的对象是红色和圆形本身还是那些感觉。如果我们说这个苹果是美的，指的是其红色和圆形是美的，严格说来，这种说法是错误的，因为我们看到这个苹果时可以有不快的感觉，或者说不喜欢那种鲜艳和圆润的感觉。你可以说我这个人很奇怪，但不可否认的是，只有我喜欢那种感觉时，我才笼统地说这个苹果是美的。所以，真正说来，只有那种感觉是美的，或者说美的对象是那种感觉，而不是苹果的各种性质的观念，虽然这种感觉只有当一个苹果的各种性质呈现出来时才会产生，但只有这种感觉才给我们带来快乐。

因此，首先可以肯定的是，美是一种快乐的印象，而不是观念，如果它转化成了观念，那就说明它可能已经不美了。其次，美是一种次生印象，而非原始印象，鲜艳和圆润的感觉是原始印象，它既可以令我们快乐，也可以令我们不快。如果这种感觉使我们感到快乐，那么这种快乐便是次生印象。美就是这种快乐。的确，我们可以有原始快乐和不快的感觉，但这样的感觉是完全被动的，不是我们有意识地做出的判断，而且，即使是不快的感觉也可以产生美的情感，如烈酒、烟草的味道本身令人不快，但有些人还是很享受它们。显然，在欣赏崇高的对象和悲剧时，这种情形尤为显著。实际上，不仅是事物的某些性质才能产生美的情

① 休谟：《道德原则研究》，曾晓平译，北京：商务印书馆，2001年，第144页。

感，任何观念（包括情感的、道德的观念）在心灵内部的呈现、转化和运动都能产生和影响这种情感。所以，休谟认为美的原因是多重的："由于我们天性中的原始组织，或是由于习惯，或是由于爱好。"自然地，美这种情感也是多层次的。一个事物的某种性质给人的美是直接而单纯的，一片自然景色会在人心中产生较复杂的心灵活动，艺术作品却需要接受者有丰富的知识和严密的推理能力。此外，在科学研究中发现千差万别的观念都遵循着严格的法则，这种精确和巧妙的法则使人快乐。看到某种事物的形式和构造有效地实现其目的，这种便利的形式和构造也使人快乐；看到某人的行为给自己或他人带来福利，其中的努力和善意的行为也使人快乐。这些快乐都可以被称作美，它们各不相同，但都是心灵活动的结果，其中的规律值得深入研究。

三、美与想象

任何印象和观念都不是孤立和静止的，而是不断地在心灵中转化、结合和运动，并伴随着相应的情感活动，这对于描述美这种心理现象来说非常重要。

印象以两种方式得到保存和复现，即记忆和想象。休谟对两者的定义非常简单："我们从经验发现，当任何印象出现于心中之后，它又作为观念复现于心中，这种复现有两种不同的方式：有时在它重新出现时，它仍保持相当大的它在初次出现时的活泼程度，介于一个印象与一个观念之间；有时，印象完全失掉了那种活泼性，变成了一个纯粹的观念。以第一种方式复现我们印象的官能，称为记忆（memory），另一种则称为想象（imagination）。"① 因此，记忆与想象的区别就像印象与观念的区别一样，在于记忆中的观念比想象中的观念更加强烈和活泼。此外，休谟说，记忆受原始印象次序和形式的束缚，"记忆的主要作用不在于保存简单的观念，而在于保存它们的次序和位置"，而想象则"可以自由地移置和改变它的观念"②。但是，休谟后来又说："这两种官能的差别同样也不在于它们的复现观念的排列方式……因为我们不可能将过去的印象唤回，以便把它们与我们当前的观念加以比较，并看看它们的秩序是否精确地相似。"③ 就像赫拉克利特所说，人

① 休谟：《人性论》，关文运译，北京：商务印书馆，1980 年，第 20 页。
② 同上，第 21 页。
③ 同上，第 102 页。

不能两次踏入同一条河流，甚至一次也不可能。过去的事情只能留在心里，至于它是否与原来一样是无法保证的，但不管是否一样，既然留在心里便要继续发挥作用。这样，记忆和想象的差别只在于强烈和活泼的程度，而且两者还是可以转换的，微弱的记忆被认为是想象，而强烈和活泼的想象又被认作是记忆。这种转换并不是说两者是不可区分的，而是说它们在我们的认识活动中发挥的作用没有确切的界限，也就是说，两者的区分很多时候是主观的。的确，我们清楚地记得事情是这样的，但最终可能只是我们迫切希望事情原本是这样的。

显然，在休谟的整个哲学当中，想象发挥着更大的作用，记忆只不过是更强烈和生动的想象。心灵主要依靠想象来分离和结合或新鲜或陈旧的观念。既然想象如此自由，可以对一切观念加以分离和组合，那么它便毫无规律可循。但是，尽管如此，"自然似乎向每个人指出最适于结合成一个复合观念的那些简单观念。产生这种联结，并使心灵以这种方式在各个观念之间推移的性质共有三种：类似，时空接近，因果关系"[1]。在休谟那里，自由的想象和自然的倾向是两个无法解释的概念，他仿佛将它们看作是人的原始官能。不过，有了自然的倾向，想象便不是漫无目的的游荡了，依靠这三种关系，想象可以把所有的观念都富有秩序地联结起来。这两者形成了辩证关系，如果没有规律，便无所谓自由；如果没有自由，也无所谓规律。

但是，我们必须要问，心灵在什么时候选择自由驰骋或循规蹈矩，又为什么要这样或那样活动，答案只能是情感。"人类心灵中生来有一种苦乐的知觉，作为它的一切活动的主要动力和推动原则。"[2] 如果不是感觉到某种快乐或痛苦，如果不是为了追求快乐和避免痛苦，心灵就不会做任何活动，也不会选择把某些观念联结。休谟的同代人，尤其受了杜·博斯理论的启发，一般认为心灵喜欢活跃，厌恶倦怠，喜欢张弛有度或有节律地运动，厌恶平淡无奇或千篇一律。[3] 休谟用

---

① 休谟：《人性论》，关文运译，北京：商务印书馆，1980 年，第 22 页。

② 同上，第 139 页。

③ 杜·博斯说道："灵魂和身体一样有自己的需求，人最大的需求之一就是使自己的心灵不断地忙碌。与心灵的惰怠紧紧伴随的沉闷，这种情境对人来说是非常不适的，所以他经常选择使自己投入最为痛苦的活动中，而不会因此感到烦乱。"他又说道："除了外部的（按：即身体的）运动，还有两种其他方法使心灵忙碌。一个是，当灵魂被外在对象触动时，也就是我们所谓的一种可感的印象；另一个是，当灵魂用对有用稀奇的东西思考来娱乐自己时，恰当说就是去反省和沉思。"（Abbé Du Bos, *Critical Reflections on Poetry, Painting and Music*, Vol 1, translated by Thomas Nugent, London, 1768: 5）

经验主义的方法和更系统清晰的语言表达了这种观点。因而，在心灵中发生的不仅有观念的联结，也有印象的联结，只不过休谟认为"印象却只是被类似关系所联结的"，"悲伤和失望产生愤怒，愤怒产生妒忌，妒忌产生恶意，恶意又产生悲伤，一直完成整个一周为止。同样，当我们的性情被喜悦鼓舞起来时，它自然而然地就进入爱情、慷慨、怜悯、勇敢、骄傲和其他类似的感情"①。而且观念的联结和印象的联结往往是相互促进的，很多情感就是由观念和印象的双重关系产生出来的。当然，印象和观念在想象过程中应该发挥着不同的作用，强烈而活泼印象的作用是激发我们的情感，而观念的作用是使情感有所凭附。印象和观念的联结不断把原初的情感传递扩散出去，使其持续或中断、增强或减弱，甚至产生新的情感。同时，某些观念联结也能产生新的印象，亦即次生印象，其中的情感或情绪又促使心灵想象新的观念。依此原理，印象和观念不断相互作用。② 总的来说，自然的观念联结是心灵被动接受的，而想象则表现了心灵的能动性。想象更容易激发情感，因为自然的观念联结是很难被人觉察到的，因而也就不能使心灵产生强烈的反省或次生印象，而想象可以打破自然的联结法则，使心灵在遭遇困难时活跃起来，因而产生相应的反省或次生印象。

想象理论的运用使休谟在经验主义的体系中证明美是一种精神性的快乐，正如他之前的美学家所主张的那样，同时也说明了审美活动的一系列心理规律。首先，想象在心灵中构造对象的活动是美的情感的一个重要来源。一个对象使心灵感到快乐的原因有两个：一个是用印象提供强烈的刺激，以在心灵中激起直接情感来；另一个是在想象中保持较快速和活跃的活动，也就是在观念之间的推移。当然，这两者往往是共同作用的。休谟说：

> 最有力地刺激起任何感情来的方法，确实就是把它的对象投入一种阴影中而隐藏其一部分，那个阴影一面显露出足够的部分来，使我们喜欢那个对象，同时却给想象留下某种活动的余地。除了模糊现象总是伴有一种不定之感以外，想象在补足这个观念方面所作的努力，刺激了精

---

① 休谟:《人性论》，关文运译，北京:商务印书馆，1980 年，第 317 页。
② 可以类比地认为记忆和想象的作用也大致如此,记忆为我们的判断提供看似坚实的基础,使我们信以为真,想象为我们的判断提供紧密联系的推断过程。

神，因而给情感增添了一种附加的力量。[①]

可以说，一个对象的美主要来自想象对其各部分之间进行的联结活动，而不是来自直接的感官刺激，后者只是美发生的契机。例如，当我们看到一朵玫瑰花时，首先是颜色、形状、气味等简单印象，或者只是其中一个简单印象吸引了我们，此时我们心中有一种直接快乐，但对这朵花的细节并没有清晰的认知；其次，为了更好地了解这朵花，我们必须仔细地观察它的每一个局部和细节上的性质，也就是在想象中对一朵花进行分解，分解产生的观念会产生新的次生印象或情感；再次，想象又会把这些性质的观念进行联结，如果想象在各个观念之间的推移是十分顺利的，心灵中就会兴起快乐的情感，无疑，这种快乐也属于次生印象或次生情感。[②] 显然，休谟可以根据这个原理来说明，在形状、声音上符合一定比例、匀称、平衡或者规则的对象之所以容易让人感到美，就是因为它们使想象活动变得非常顺利。此外，在联结过程中各个观念或印象所伴随的次生印象或情感也会随之结合起来，或者相互增强，尤其是当这些观念或印象呈现出较大的多样性时，从这个角度来说，哈奇生所确立的寓于多样的统一这个原则是有道理的。然而，休谟不需要哈奇生所说的那种直接而单纯的内在感官，固然他也时常使用这个概念，但其内涵指的是由想象产生的次生印象或情感，因而他也不需要给美的对象或原因规定一个固定的性质或特征，因为美并不单纯依赖直接的原始印象。休谟也引用艾迪生的话来说明印象和观念相互联结时的效果："想象对于以前伟大、奇异而美丽的事物都感到愉快，而且想象在同一对象中所发现的这些优点越多，它就越感到愉快，因为这个缘故，它也能够借另一个感官的帮助得到新的快乐。例如任何连续的声音，如鸟鸣的声音或瀑布倾泻的声音，每一刹那都激发观赏者的

---

① 休谟：《人性论》，关文运译，北京：商务印书馆，1980年，第460页。

② 我们是先知觉到整体的一朵花，还是个别的性质，这是个非常令人困惑的问题。从知性的角度来看，休谟主张人首先接受的是简单印象，继而产生相应的简单观念，然后才能得到整体的花的观念，但他又认为想象可以把简单观念相互分离，也可以将它们结合（休谟：《人性论》，关文运译，北京：商务印书馆，1980年，第22页。又见该书第95页："每一个不同的事物都是可区分的；每一个可区分的事物都可以被分离"）。这样的说法显然是前后矛盾的，因为如果知觉始于不可再分的简单印象，那么想象就不需要分离什么东西。合理的解释只能是：对整体的一朵花和对个别性质的知觉都是简单印象，但是当心灵反省整体的一朵花这个观念时，又发现这个观念还可以再分离成更简单的观念。

心灵，使他更加注意他眼前那个地方的各种美景。"① 也许很多人并不会意识到这些复杂的心理活动，但很容易发现的是：当我们欣赏一个对象时往往会沉浸于一种独特的状态中，有时流连忘返。毫无疑问，当面对的是较新奇的对象时，我们都会有复杂的心灵活动。

美需要鲜明生动的形象作为刺激物或诱发物，在任何情况下，如果要在人们心中激起强烈的情感，就必须呈现给他具体的形象，正如艺术作品总是力求描绘更多的细节，而非进行抽象的推理。同时，为了使一个形象更加鲜明生动需要运用很多手法使人们的想象活跃起来，这个时候，一个形象本身的性质没有发生变化，但在心灵中引起更为强烈的情感来。总之，对审美判断来说，仅有外在对象的刺激是不够的，只有在主动展开想象活动时，心灵才有美的情感，只不过，在有些情况下美的情感是相对直接的，在另一些情况下是相对间接的。"有许多种美，尤其是自然美，最初一出现就抓住我们的感情、博得我们的赞许；而在它们没有这种效果的地方，任何推理要弥补它们的影响或使它们更好地适应于我们的趣味或情感都是不可能的。但是也有许多种美，尤其是那些精确的艺术作品的美，为了感受适当的情感，运用大量的推理却是必不可少的；而且一种不正确的品味往往可以通过论证和反思得到纠正。"② 但我们仍然要考虑到，如果我们不去注意眼前的自然景色，美也不会产生，因为我们不会主动地在心灵中构造对象；在欣赏艺术作品时，我们就更需要主动地调整自己的态度，运用推理正确地了解作品所描写的基本事实，才能使自己产生恰当的情感反应，并体会到自己的想象在观念之间推移时带来的快乐。所以，美始终是心灵自身创造出来的快乐情感。

然而，并不是所有事物都是美的，即使通常被认为美的事物也不是无时无刻地给人美的情感，一个非常重要的原因是习惯，也就是一个事物所处的心理环境。任何一个心灵总是积累了大量的观念和观念之间的联结方式，因为一旦想象在观念之间建立起了一定的关系，久而久之心灵就生成一种习惯，也就是今天人们常说的思维定式，这使心灵在想到一个观念或受到一种情感的触动时便自动地期待另一个观念的出现，直到形成一个完整的链条。因此，我们对于一个对象的美的

---

① 休谟：《人性论》，关文运译，北京：商务印书馆，1980 年，第 318 页。艾迪生的原文见《想象的快感》，缪灵珠：《缪灵珠美学译文集》（第二卷），章安琪编订，北京：中国人民大学出版社，1987 年，第 40 页。

② 休谟：《道德原则研究》，曾晓平译，北京：商务印书馆，2001 年，第 24—25 页。

判断在很大程度上取决于一种思维定式，而不是某些偶然的外在因素的影响。我们往往习惯地认为某些事物是美的或丑的，只要给予一点暗示，我们心中便会产生有关这些事物的一整套的想象活动。只要有人说出"玫瑰花"这个词，或者给出一种类似于玫瑰花的颜色、形状或气味，我们就立刻想到层层叠叠的花瓣、花瓣包裹着的明黄色的花蕊、衬托花瓣的绿叶、花朵散发出的醉人香气以及它们的相互位置和关系，我们甚至想到了前来采蜜的蜜蜂，这些想象本身就足以令我们沉浸在一种愉悦之中。"任何一个对象就其一切的部分而论，如果足以达成任何令人愉快的美，它自然就给我们以一种快乐，并且被认为是美的，纵然因为缺乏某种外在的条件，使它不能成为完全有效的。……想象有一套属于它的情感，是我们的美感所大大地依靠的。这些情感是可以被次于信念的生动和强烈程度所激起，而与情感对象的真实存在是无关的。"[1] 这显然是虚构的艺术作品也能感动我们的原因，因为只要它们描写的对象符合一般的习惯，我们就假定它们为真实的，从而激起相应的情感来。这倒不是说我们无法区分虚构与真实，而是说我们在某种态度之下把虚构的艺术看作是真实的。

不过，习惯的作用是双重的，它使我们的想象变得轻易而顺畅，也使我们容易适应一种情感，即使是起初不快的情感也会因习惯而变成愉快的，与此同时，习惯形成了一种自动化的观念联结，观念所连带的情感在延续过程中自然变得微弱，所以司空见惯的事物很少给人以美感。休谟说："一个美丽的面貌在二十步以外看起来，不能给予我们以当它近在我们眼前时所给予我们的那样大的快乐。但我们并不说，它显得没有那样美了；因为我们知道，它在那个位置会有什么样的效果。通过这种考虑，我们就改正了它的暂时现象。"[2] 的确，根据习惯性的想象，二十步之外的对象会给我们带来美，但倒不如说是美的观念。真正来说，习惯本身不会产生多么强烈的情感，多数时候它是新的判断的一个基准，只有在比较当中，它的作用和力量才更充分地表现出来。当时时都面对熟悉的对象时，我们不会产生任何明显的情感，但是当面对新奇或者长时间未曾见到的对象时，就势必会与习惯形成对比，因而产生鲜明的印象，在我们心中激起强烈的情感。美的对象应该是与众不同或出其不意的，能够引起人们的注意，从而更有效地诱发人们的想象。所以，心灵中进行的比较是产生美的一个有效方式。"在人性中可以观

---

① 休谟:《人性论》，关文运译，北京：商务印书馆，1980 年，第 627 页。
② 同上，第 624 页。

察到一种性质，即凡时常呈现出来的而为我们所长期习惯的一切事实，在我们看来就失掉了价值，很快就被鄙弃和忽视……我们判断对象时也是大多根据于比较，而较少根据其实在的、内在的优点；我们如果不能借对比增加对象的价值，那么就容易忽略甚至其本质的优点。"① 比较不改变对象本身的性质，但会改变对象给人们的印象，而且在比较过程中，新奇对象的出现会对习惯性的想象活动造成阻力，对阻力的克服使心灵活跃起来，因而比较本身就产生一种新的次生印象。"当灵魂致力去完成它所不熟悉的任何行为或想象它所不熟悉的任何对象时，各种官能就有某种倔强性，而且精神在新的方向中运动时，也有些困难。由于这种困难刺激起精神，所以就成了惊异、惊讶和由新奇而产生的一切情绪的来源；而且它本身是很令人愉快的，正如把心灵活跃到某种适当程度的每种事物一样。"② 看来，艾迪生把新奇本身作为一种美不是偶然的，休谟的理论可以对其做出很好的解释。

从这个角度来看，一个孤立的对象很少是美或不美的，或者说，其美与不美不单单取决于自身的性质，而是受到它所处环境的影响，甚至一个本身不美的对象在特定环境中也能给人带来美的情感。"丑自身产生不快；但通过与一个美的对象的对比，这个对象的美因此而更美，丑就使我们感受到新的快乐；正如另一方面，美自身产生快乐，但因与一个丑的事物对比而使其丑更丑，就使我们感受到新的痛苦。"③ 心灵很难固定在某一个观念上，总是游荡在各种观念之间，一个对象所引起的想象绝不会仅仅局限于这个对象自身的范围内，由此被想象到的其他对象的性质也会被加到这个对象上，或者产生相互的混合。同样，一个对象给人的美也不单单来自这个对象本身，也来自它所引发的更为广泛的想象。

想象不是抽象地进行的，而是发生在时间和空间环境中，比较不一定发生在两个具体对象之间，也可以发生在一个对象的时空环境与"此时此地"之间。休谟曾专门论述了观念联结过程中"空间和时间的接近和远隔"，这里的空间和时间不是物理上的，而是心理上的。想象在联结众多观念时，是不会毫无限制地跨越的，总是要遵循接近原则来将它们依次串联起来，就像一列火车到达目的地时不能漏过任何中间的一个站点。在休谟看来，离我们最近的印象或观念就是自我，想象这列火车从自我出发旅行时，在每一个站点也都要重新返回自我，然后再到

① 休谟：《人性论》，关文运译，北京：商务印书馆，1980年，第326页。
② 同上，第461页。
③ 同上，第413页。

达更远的观念。看来这趟列车是不断折返运行的。"当我们反省与我们远隔的任何对象时，我们不但先要经历位于我们和那个对象之间的一切对象，然后再达到那个对象，而且每一刹那都得重复那个过程，因为我们每一刹那都被召唤回来考虑自己和自己的现前情况。我们很容易设想，这种间断必然把观念削弱，因为它打断心灵的活动，而且使想象不能那样紧张连续，一如在我们反省一个近处的对象时那样。"① 简而言之，情感的强度与一个观念距离当下的远近是成正比的，离自我越近的观念所产生的次生观念或情感就越强烈，对我们当下的影响就越大，反之则越弱。"家中摔破一面镜子，比千百里外一所房子着了火，更能引起我们的关切。"② 其次，休谟认为时间的距离比空间的距离更容易削弱情感，因为观念在空间中是可以共存的，使想象实现顺利的联结，而在时间中观念只能依次呈现，使得想象必须一一经过。再者，同样距离在过去比在将来有较大的削弱情感的效果，因为时间总是向前迈进的，人们容易期待自己的未来，但不能改变过去，所以回想过去就是逆自然秩序而行。根据这个原理，如果我们要通过观念的联结来影响情感，应该是由远及近的，文学的叙述应该考虑到想象的这种规律。在《人类理解研究》的《观念的联结》一章里，休谟论述了各类叙事文学的法则。叙述应该具有统一性，也就是围绕一个主题展开，以使想象有一个明确的目的。同时，历史和传记的叙述最好是按照时间上从先到后的顺序，使想象实现顺利的推移。"即使一个要写阿喀琉斯生平的传记作家，也会像一个诗人那样通过展示事件之间的相互隶属和关系来串联事件，他应该把这个英雄的愤怒作为他叙述的主题。"③ 但比起传记和历史来，史诗要在事件之间建立"更紧密而明显的联系"，也就在最重要的事件之间建立紧凑的联系，不能事无巨细按部就班地悉数记录，这样就能"满足读者的好奇心，史诗的这种安排依赖于这种作品应有的想象和情感的特殊情形"④。显然，历史和传记的目的是真实，而史诗的目的则是感人，所以史诗的叙述不能服从一般的时空接近原则。

　　然而，从经验可以得知，在很多时候，时空的远隔反而会使情感变得异常强

---

① 休谟:《人性论》，关文运译，北京：商务印书馆，1980 年，第 466 页。

② 同上，第 467 页。

③ Hume, *An Enquiry Concerning Human Understanding*, ed., Stephen BucklE., Cambridge: Cambridge University Press, 2007: 22.

④ 同上。

烈。"显而易见，单纯观察和思维任何巨大的对象，不论是接续着的或是占有空间的，都会扩大我们的灵魂，而给它以一种明显的愉快和快乐。广大的平原、海洋，永恒、漫长的世纪，所有这些都是使人愉快的对象，超过任何虽然是美的但没有适当的巨大和它的美配合的东西。当任何远隔的对象呈现于想象前时，我们自然就反省到间隔着的距离，并借此想象到某种巨大而宏伟的东西，获得了通常的快乐。"① 因此，在某种情况下，远隔不仅不会削弱而且会增强情感。在这里休谟似乎也指出了一个重要因素，即除了时空的远隔之外，被想象到的对象本身应该是美的，当然我们也可以说它应该是重要或有价值的。空间上广大的对象之所以给人以快乐，一方面，是因为想象在构造这个对象时是把众多的观念叠加起来，如果每一个单独的观念都是美的或有价值的，那么心灵在反省想象最终构造出的复合观念时所感受到的不仅是每一个单独观念所带有的情感的简单相加，而可能是相乘或增殖。"任何极其庞大的对象，如海洋、一个广大的平原、一个大山脉、一个辽阔的森林，或者任何众多的对象集合体，如一支军队、一个舰队、一大批群众，都在心灵中刺激起明显的情绪，而且在那类对象出现时所发生的惊羡乃是人性所能享受到的最生动的快乐之一。这种惊羡既然是随着对象的增减而增减的，所以我们可以依照前面的原则断言，惊羡是一个复合的结果，是由原因的各个部分所产生的各个结果结合而成。因此，广袤的每一个部分和数目的每一个单位，当它被心灵所想象时，都伴有一种独立的情绪；那种情绪虽然并不总是愉快的，可是在与其他情绪结合起来并把精神激动到适当的高度时，它就有助于惊羡情绪的产生，这种情绪永远是令人愉快的。"② 另一方面，想象把异常众多的简单观念相结合时要付出很大的努力，这种努力本身就是一种新的印象，即情感；这个过程本身是痛苦的，但在成功时就转变成极大的快乐。因为"人性中有一个很可注目的性质，就是：任何一种障碍若不是完全挫败我们，使我们丧胆，则反而有一种相反的效果，而一种超乎寻常的伟大豪迈之感灌注于我们心中。在集中精力克服障碍时，我们鼓舞了灵魂，使它发生一种在其他情况下不可能有的昂扬之感。……反过来说，也是真的。障碍不但扩大灵魂的气概，而且灵魂在充满勇气和豪情时，还可以说是故意要寻求障碍"③。另外，既然在一般情况下时间的远隔

---

① 休谟：《人性论》，关文运译，北京：商务印书馆，1980年，第471页。

② 同上，第410—411页。

③ 同上，第472页。

更容易削弱情感，那么在特殊情况下也会产生更强烈的情感。同理，对过去对象的想象要比对未来对象的想象更能激发其强烈的情感，这就是人们对古代遗物倍加珍视的原因。这个原理也可用来解释史诗为什么比历史和传记更能感动人，史诗不去追求事件在时间顺序上的紧密连接，以使想象顺利地推移，而是只选择重大事件，这些事件本身就能给人以强烈的情感，而且事件之间的间隔需要想象付出更大的努力来实现联结，这又增强了情感。毫无疑问，上述原理形成的美就是夏夫兹博里和艾迪生所谓的伟大或崇高，但休谟的解释更多依赖的是经验主义的心理学，消除了形而上学和宗教内容。相比起来，较顺利的想象所产生的轻松活泼的情感就是优美的本质。

　　总结起来，想象以以下方式影响或产生美：第一，想象在心灵中对一个对象的构造引起美的情感；第二，习惯性的想象影响着一个对象在心灵中的呈现方式，因而也影响美的情感；第三，想象在对象之间形成的关系（如比较、时空位置）影响当下对象给人的印象或情感。但是，除此之外，休谟的想象理论还衍生出其他的观点。首先，一个对象因与其他对象存在密切联系而给人以美的情感，这就是联想，例如，某种款式的衣服本身不会给人显著的美，但因为其专属于某些显贵或某个令人尊敬的职业而被人认为是美的；一个陶罐因为来自古希腊那样一个伟大的时代而被人珍爱。其次，想象的运动方式本身，如方向、速度等生成一种印象，给人以美的情感。例如，视觉从下到上的运动给人努力的感觉，从上到下则给人放松的感觉，这种运动既发生在对一个对象的观察中，也发生在一个对象的运动方式中，这可被看作是后来美学中的内模仿说。这两种观点在杰拉德、荷加斯、凯姆士和艾利逊等人那里得到广泛的运用，此处不再详细展开。

四、美与同情

　　想象理论可以从知性层面阐释美这种情感的本质、原因及其规律，但是很显然，在休谟那里，知性并不是人的唯一能力。人的心灵所面对的不仅是无生命的物质事物，而且也能反省到他自己，面对与自己相同的其他心灵，始终处于与其他心灵的交往之中，也就是说，心灵也是实践着的，要与他人建立各种关系。人不仅知觉到各种事物及其性质，也知觉到自己原始的欲望、感情和倾向以及他人的善意、邪恶等内在性质。即使在实践中，人也必须服从知性的规律，然而只有受欲望、感情和倾向支配的知性才是现实的。"人不仅是一个理性动物,还是一个社会动物",显而易见,在道德理论中,休谟的出发点是有欲望、有动机、有性格的人,而不是纯粹知性的人。在道德实践中,物质世界以及人对它们的理性认识只充当中介和工具的角色。"你可以尽量爱好科学,但是你必须让你的科学成为人的科学,必须使它对于行为和社会有直接关系。"① 同样,美的情感可以从想象这种知性能力得到说明,但它并不是孤立和纯粹的。所以,在休谟那里,美有两个来源的原因,美既来自对外物的知觉,也来自人的欲望等内在性质,这两者原因并不是相互隔绝的,但美最终要在由活生生的人构成的社会中发挥作用,也受到社会的影响。基于人的内在性质而来的美的规律可以通过同情这种能力得到说明。

在休谟那里,同情也属于想象,只不过想象是把印象转化为观念,而同情则把观念转化为印象,也就是心灵由一个观念想象到这个观念由以产生的印象。因为印象总是一个人心灵中的印象,所以同情就是由一个观念想象到与这个观念相关的人的印象或情感,通俗地说,同情意味着我们能"设身处地",简言之,同情就是由物及人,这个人可以是我们自己,也可以是他人。"同情不是对他人的一种感受(某种形式的仁慈或仁善),而是对他人情感的复制。同情的典型例证是:当你被刀割时我的肌肉在抽搐,我也可能与此同时幸灾乐祸,或者认为你的愚蠢活该被刀割,所以我根本就不同情你(在更普遍的意义上)。"② 当然,从原则上讲,我们从来也不可能完全重新知觉到那个原初的印象,也就是从来也不可能真正地同情他人,因为我们从来也不可能成为他人。但是,我们如何能体会他人的心灵呢?休谟认为:"显而易见,自然在一切人之间保持了一种很大的类似关系,我们在别人方面所观察到的任何情感或原则,我们也都可以在某种程度上在自身发现与之平行的情感或原则。"③ 这并不代表我们能直接地理解他人的动机和情感,我们只能从自己出发来感知任何对象,包括他人。真正来说,我们是通过他人的表情、行为以及所属的事物来想象其内在的动机和情感的。所以,同情是先由己及物,再由物及人,最后由人及己的,中间需要有外物作为媒介。我们以物度人,

---

① 休谟:《人类理解研究》,关文运译,北京:商务印书馆,1957 年,第 12 页。

② Dabney Townsend, *Hume's Aesthetics Theory: Taste and sentiment,* New York; London: Routlodge, 2001: 99.

③ 休谟:《人性论》,关文运译,北京:商务印书馆,1980 年,第 354 页。

也以人度物，所发生的先后顺序是难以辨清的。美的情感是由外物激起的，但也必然受到他人对这物的态度的影响。

一个知觉之所以发生，总是因为某个对象与我们自己存在一种关系，这种关系不仅仅是时空关系，而且更是心理或内在关系。一个对象与我们最紧密的关系便是满足了我们的欲望和需要，因此我们关心这个对象，正如我们前文所言，我们可以视而不见、听而不闻，这代表对象与我们不存在真正的关系。对象不仅在我们心中留下其形式的印象和观念，也留下其满足我们欲望和需要的内在价值的印象和观念。这种内在价值便是效用。效用这一概念在休谟的著作中被频繁使用。他很多时候表示，效用或便利是美的一种原因，或者本身就是一种美。在《道德原则研究》中，他又把效用看作是道德的一个重要基础。的确，这种观点多半来自培根以来的经验主义哲学中的功利主义传统，但在休谟那里，效用是同情之能够发生的一个重要因素。如果不是知觉到一物的效用，我们就无法想象到与此物相关的人；我们从不可能直接知觉到他人的心灵和情感，除非通过与他人相关的外在性质。

这里首先要提到的一点是：对象的效用和形式并不是相互分离或矛盾的。因此，即使在对对象的形式的想象过程中，效用观念也是同时发挥作用的。正如印象对心灵的激发和想象的运行方式是美的重要原因，效用是美的另一种重要的原因，或者说也是一种构成要素。效用是对人而言的效用，效用本身就给人一种快乐，而且在这种快乐的引导下，效用在某些方面决定了我们对一个对象的构想方式。效用在人眼中成为一个事物成其所是的目的，在夏夫兹博里看来，整个宇宙客观地有一个目的，而在休谟看来这个目的只不过是人为地施加到外物上的，无论如何，效用作为目的决定了一个对象在人眼中的呈现方式。① "我们还有另外一种手段，通过它可以诱导想象更前进一步；那就是，是各个部分互相联系，并与某种共同目的或目标结合起来。一艘船虽然由于屡经修缮，大部分已经改变了，可是仍然被认为是同一艘的船；造船材料的差异，也并不妨碍我们以同一性归于

---

① 在《人性论》和《自然宗教对话录》中，休谟都有意无意地批判了夏夫兹博里的目的论。在笔者看来，休谟是对夏夫兹博里的思维方式做了一个颠倒，亦即不是外在的目的决定了人的存在方式，而是人的欲求决定了人看待外在世界的方式。从这个角度来说，休谟早已完成了康德所谓的哥白尼式的革命。当然，休谟有时候也说有些事物客观地内含有目的，他说："在所有动物中，美的一个相当重要的源泉是它们由自身肢体和器官的特定结构获得的好处，这种结构是与大自然给它们命定的特定生活方式相适应的。"但笔者认为这更多是为了表达上的方便。

那艘船。各部分一起参与的共同目的，在一切变化之下始终保持同一，并使想象由物体的一种情况顺利地推移到另一种情况。"①的确，想象之所以得以顺利地推移的原因一方面固然是船的各部分存在接近关系和因果关系，但想象也本可以根据这些关系延伸到更远的地方，也可以把船舷和海水或与其接近的其他对象或性质结合到一起，而不必受制于通常所谓的船所应有的范围。无疑，这只是受到了一个共同目的的引导，因此一艘船的各部分才在想象中成为一个整体，同时给人带来美的情感。然而，船的各部分本无所谓什么共同目的，是人把自己所知觉到自己行为的目的移植到了船的各部分上面。一个事物被人赋予不同目的或效用决定着这个事物在人心灵中的呈现方式，因而也带来不同的美感："显然，最能使一块田地显得令人愉快的，就是它的肥沃性，附加的装饰或位置方面的任何优点，都不能和这种美相匹配。田地是如此，而在田地上长着特殊的树木和植物也是如此。我知道，长满金雀花属的一块平原，其本身可能与一座长满葡萄树或橄榄树的山一样美；但在熟悉两者的价值的人看来，却永远不是这样。不过这只是一种想象的美，而不以感官所感到的感觉作为根据。"②效用观念有时规定着想象的方向，虽然其联结的路径是相似、接近和因果关系。

在这里可以总结，在休谟那里，美的原因是多层面的，因而美的情感也有多种类型，这里至少涉及形式和价值两个层面的美。

从效用的角度看，美的原因并不是某种固定的形式法则，被认为是美的事物甚至是违背通常的形式法则的，也就是形式法则服从效用法则。"甚至一种无生命的形式，如果其各部分的规则性和优雅性并不破坏其对任何有用的目的的适合性，将受到何等称赞！任何失调的比例或外表的丑陋，如果我们能够表明这个特定的构造对我们所意向的用途的必要性，为它辩护又将是何等令人满意！对于一位艺术家或一个擅长于航海的人，一艘船，船头比船尾宽阔高大，较之于如果被精确地按照几何学的规则、违背力学的一切法则而建造出来，将显得更美。一幢建筑物，如果其门窗是精确的正方形，将由于那种比例而伤害人的眼睛，因为它不完全适合于所意图服务的人类被造物的形象。"③没有任何一种性质和形式比例是所有美的对象共有的，因为各类对象有着不同的效用和目的。"男人的娇柔的

---

① 休谟：《人性论》，关文运译，北京：商务印书馆，1980年，第287页。
② 同上，第401—402页。
③ 休谟：《道德原则研究》，曾晓平译，北京：商务印书馆，2001年，第63页。

举止，女人的粗鲁的做法，这些是丑的，因为它们不适宜于他们各自的性格，不同于我们对不同性别所期望的品质。这就仿佛一出悲剧充满喜剧的美，或一出喜剧充满悲剧的美。"①因此，在休谟看来，审美判断不可能像康德所说的那样完全脱离利害关系和不依赖任何概念，否则想象便不能进行有目的的因而也是顺利的推移。

效用观念总是使人联想到一个事物与自己的利害关系，即使是艺术所遵循的一般的形式法则很多时候也是出于这个考虑。"在绘画和雕塑中，最必不可少的规则莫过于使形象平衡，根据它们的适当的重心而将它们置于最精确的位置，一个没有适当平衡的形象是丑的，因为它传达出倾跌、伤害和痛苦这些令人不快的观念。"②在感受对象的美时，我们往往不由自主地设身处地、身临其境，这便是同情。休谟以无数例子说明，当一个对象呈现于我们面前时，我们就立刻想到其效用，再想到享受这种效用的人，然后自己心中又兴起一种快乐。然而，此时我们并不仅仅想到我们自己。

> 大多数种类的美都是由这个根源（按：即同情作用）发生的；我们的每一个对象即使是一块无知觉、无生命的物质，可是我们很少停止在那里，而不把我们的观点扩展到那个对象对有知觉、有理性的动物所有的影响。一个以其房屋或大厦向我们夸耀的人，除了其他事情以外，总要特别注意指出房间的舒适，它们的位置的优点，隐藏在楼梯中间的小室、接待室、走廊等等，显然，美的主要部分就在于这些特点。一看到舒适，就使人快乐，因为舒适就是一种美。但是舒适在什么方式下给人快乐呢？确实，这与我们的利益丝毫没有关系；而且这样美既然可以说是利益的美，而不是形相的美，所以它之使我们快乐，必然只是由于感情的传达，由于我们对房主的同情。我们借想象之力体会到他的利益，并感觉到那些对象自然地使他产生的那种快乐。③

这里的意思是这样：如果这所房子是属于我的，我可以直接感觉到它的舒适和美；现在这所房子不属于我，但我知道房子的目的是让人住得舒适，当我看到

---

① 休谟：《道德原则研究》，曾晓平译，北京：商务印书馆，2001年，第119页。
② 同上，第97页。
③ 休谟：《人性论》，关文运译，北京：商务印书馆，1980年，第401页。

这所房子的各部分都很好地实现这一目的时，我可以想到拥有或居住在其中的人所享受到的舒适，因而感到它的美，即使我绝不奢望房主会给我一点好处。当然，这并不排除这所房子的形式本身通过我心中的想象活动也可以引起我的美感来，然而，如果我不知道房子这个对象的效用，以至于无法想象其各部分如何构成一个整体，这所房子给我的美感就大打折扣，甚至不能在我心中引起美感。同样明显的是：如果这所房子属于我，那么它就更容易给我美感。不过，如果我有意要向别人炫耀我的房子，那么由此带来的快乐就不限于美这种情感，而是骄傲或虚荣了。所以，很多时候美与效用有关，但美本身并不代表一种功利的态度，因为通过同情我们把自己置于一种普遍的立场上。美感必须以自我的经验为前提，但我们却能够超越自己利益来观照对象，我们仅仅是从一个对象因其各部分恰当地符合了其效用或目的而来的快乐。

> 我们的美感也大大地依靠于这个原则（按：即同情）；当任何对象具有使它的所有者发生快乐的倾向时，它总是被认为美的；正像凡有产生痛苦的倾向的任何对象是不愉快的、丑陋的一样。例如一所房屋的舒适，一片田野的肥沃，一匹马的健壮，一艘船的容量、安全性和航行迅速，就构成这些个别对象的主要的美。在这里，被称为美的那个对象只是借其产生某种效果的倾向，使我们感到愉快。那种效果就是某一个其他人的快乐或利益。[1]

艺术作品给人的美同样在很多时候依靠同情原则，就像休谟所举的例子一样，诗人所描写的优美的田园风光之所以能吸引我们，是因为诗歌让我们想到居住在这种风景中的快乐；剧中人物的喜怒哀乐、幸福悲伤也无不让我们牵挂，就像是发生在我们自己身上一样。不能引发我们同情的作品就不是好作品。我们无须在这些问题上多费笔墨。

无论是从想象还是从同情原则来看，美都可以是一种"纯洁的"情感，但人的情感不可能保持同一状态。自我所体验到美的情感势必要进一步转化，尤其是在社会交往当中，因为自我总是他人眼中的自我，他人也总是自我眼中的他人，

---

[1] 休谟:《人性论》，关文运译，北京：商务印书馆，1980 年，第 618 页。

所以自我对美的体验不能不受到他人的影响。美在很大程度上是一种社会性情感。休谟在《人性论》的论情感中专门提出美这个题目，在那里，美被当作各种间接情感的原因。休谟在论情感中重申情感属于印象，并对印象做了进一步的区分，由此也明确了各种情感性质和特征。他首先把印象分为原始印象和次生印象，也就是在论知性当中所谓的感觉印象和反省印象。接着，又把反省印象区分为平静的和猛烈的以及直接的和间接的。看起来，这些区分的原则完全来自经验性的观察和归纳，因而并不严格，但是当我们进入休谟对这些印象或情感的分析时，我们就会发现，休谟的这些区分绝不是为了论述上的便利。

休谟重点讨论的是属于猛烈，也是间接情感的骄傲与谦卑、爱与恨。他虽然认为这些情感都是不可定义的，但并不是不可分析的，因为这些情感都包含有一些相同或不同的原因和对象。骄傲和谦卑的对象都是自我，爱和恨的对象都是他人；骄傲和爱的原因是引起人快乐的性质，而谦卑和恨的原因则是引起人痛苦的性质。这些性质总是寓于一个事物，休谟称其为主体。因而骄傲和谦卑、爱和恨是在快乐和痛苦、自我和他人的交叉联合中形成的。这里先撇开美学问题不谈，首先值得一问的是：休谟曾加以怀疑的自我或人格的概念如何能在这里被毫不怀疑地使用。[①] 笔者认为休谟的怀疑是有充分理由的，但事实上他从另一个角度确立了自我的实在性。

在论知性中，休谟根据他的经验主义方法确定，人格不具有同一性，因为从知性的角度来说，人从来不可能接收到自我或人格这样的印象，所以其存在是没有根据的。在休谟看来，人格的同一性源于我们的思维在类比某些现象时发生的错误，实际上是我们想象的虚构。[②] 任何时候，休谟都否认任何先天存在的实体，

---

① 自我和人格是一个意思，休谟说："这个自我或者说就是我们各人都亲切地意识到他的行为和情绪的那样一个特定的人格。"（休谟：《人性论》，关文运译，北京：商务印书馆，1980年，第320页）

② 休谟做了这样的分析："我们考虑不间断的、不变化的对象时的那种想象活动，和我们反省相关对象接续时的那种想象活动，对于感觉来说几乎是相同的，而且在后一种情形下也并不比在前一种情形下需要更大的思想努力。对象间的那种关系促使心灵由一个对象方便地推移到另一个对象，并且使这种过程顺利无阻，就像心灵在思维一个继续存在着的对象那样。这种类似关系是混乱和错误的原因，并且使我们以同一性概念代替相关对象的概念。……为了向我们辩护这种谬误，我们往往虚构某种联系起那些对象并防止其间断或变化的新奇而不可理解的原则，这样，我们就虚构了我们感官的知觉的继续存在，借以消除那种间断；并取得了灵魂、自我、实体的概念，借以掩饰那种变化。"（休谟：《人性论》，关文运译，北京：商务印书馆，1980年，第284页）

人格或自我同样不是实体，而是心灵活动的产物。但是，源于想象虚构的自我如何能使人如此固执地相信是实际存在的呢？休谟并不认为我们无法区分真实和虚构。事实上，他已经指出人格除了来自想象的作用，还来自情感的确证："情感方面的人格同一性可以证实想象方面的人格同一性，因为前一种同一性使我们的那些远隔的知觉的互相影响，并且使我们在现时对于过去的或将来的苦乐发生一种关切之感。"① 因而从情感方面来说明人格同一性的原因是必不可少的，可以说休谟论情感的主要意图就在于解决与人格相关的问题。②

然而，我们还必须追问，人格或自我是如何成立，又如何得到体现？这些问题可以通过对骄傲和谦卑、爱和恨等情感的分析得到解释。所有间接情感总是指向一个个体，休谟称作对象。然而，一个对象总是一个具有意识的人眼中的对象，因此，这些情感必然是自我从另一个个体观察到的情感。以骄傲为例，其对象是自我，其原因是能引起快乐的一个事物，即主体，但是离开了他人，自我还是否能体验到骄傲这种情感？答案应该是否定的。因为，首先可以肯定的是，如果他人无法从同一原因中获得快乐，我就不会感到骄傲。其次，从他人的角度来看，只有他人在作为对象的自我与作为原因的主体之间建立起一种所属关系，才能理解我的骄傲。再次，也是很重要的一点，休谟强调，骄傲的原因，也就是能够引起快乐的事物，不仅与自我有密切关系，"而且要为我们所特有，或者至少是我们少数人所共有的"③。"特有"只能是我们相对于他人的"特有"。

他对骄傲等间接情感的分析显示，人格的同一性不可能由一个孤立的个体形成，而是要依赖他人的存在，或者说是被他人赋予的，自我的人格是在特定的社会文化中与他人交往时确立起来的。同时，人格的形成不依赖于理性，而是以情感的方式表现出来。如果说人格就是一系列具有因果关系的知觉，而因果关系不是客观存在，而是依靠情感支撑起来的，那么人格实际上是一种较为稳定的情感状态。从根本上说，休谟的情感理论是一种以情感为主线的社会交往理论。只有在社会交往中，人格或自我才得以确立。在论述爱和恨时休谟承认，我们意识不到他人的"思想、行为和感觉"，但他仍然坚持，"我们的爱和恨永远指向我们以

---

① 休谟：《人性论》，关文运译，北京：商务印书馆，1980年，第292页。
② 比如他在这一部分讨论到了"自由与必然"这个人格理论中的重要问题。
③ 休谟：《人性论》，关文运译，北京：商务印书馆，1980年，第326页。

外的某一个有情的存在者"①，即一个具有同一性的人格。这表明，在与他人交往的过程中，我们总是试图赋予他人一种同一性的人格。最终来说，自我意识的形成是以他人的存在为条件的。

回到美的问题上来。相比于四种间接情感，美并没有如此复杂的构成，因而是一种直接情感，尽管绝对不是简单的感官经验，但显而易见的是：作为一种快乐，美很容易转化成间接情感，继而发挥社会性的作用，反过来间接情感又必然增强美的情感。美本身是一种较为平静的情感，如果不能产生骄傲和爱这样猛烈的情感，我们就不必费尽心机去关注和追求它。美是借同情原则而被我们感觉到的，但有了各种间接情感，同情才是一种更为完善的原则。同情并不是对他人情感的简单复现，也是自我对这种情感的再次反应。当借同情原则感到一所房屋的美时，我们不能不对房主所享受的快乐产生爱甚至妒忌的情感，如果这个房主是我们的亲朋好友或者竞争者的话；在爱和妒忌的刺激下，我们心中的美会显得越发强烈。这种规律对于艺术作品的接受来说非常重要。作品总是某个人情感的表达，或者表现有情感的人，观赏者不仅是在自己心中复现这种情感，而且也要对这种情感有相应的反应，有对骄横者快乐的痛恨，也有对失意者苦难的叹息。这才使得"一个灵巧的诗人创作的戏剧的每一个跌宕起伏，仿佛魔法一般传达给观众；他们哭泣、颤抖、愤恨、欣喜，为驱动剧中人物的所有各类激情所激动。当任何事件阻碍我们的意愿，打断我们钟爱的人物的幸福时，我们就感到明显的焦急和忧虑。而当他们蒙受的痛苦出自敌人的背信弃义，残忍，或暴虐时，我们胸中就充满对这些灾难制造者的最强烈的愤恨"②。

从根本上说，在休谟眼中，外在事物不仅是一种人满足肉体欲望的物理性存在，同时也是一种情感性和价值性存在，用以满足人的情感需要和表征人与人之间的社会关系。人的生存不是生物性的，更多是社会性的，即使是所谓的来自苦、乐、善、恶的直接情感，在社会交往中也必然与自我和他人的观念联结起来，与间接情感发生相互转化。如果说人格是一种稳定的情感状态，那么它必须通过一些观念或意象表现出来，反过来我们也通过这些观念或意象来构造他人的人格。从原则上说，我们只能"以貌取人"，也生活在他人的"眼中"。我们力图通过德行、财富、权力、美等有形的东西将自我展现给他人，也凭借这些东西来确定他

① 休谟：《人性论》，关文运译，北京：商务印书馆，1980年，第365页。
② 休谟：《道德原则研究》，曾晓平译，北京：商务印书馆，2001年，第72页。

人的人格和身份。同样，我们设想他人也在通过这些东西来评价自我，因此而受到"我们眼中的他人"情感的影响，即使这些情感并不真实。"一个旅客的仆从和行装就表明他是巨富或中产之家，并按照这个比例受到款待"①，"出身名门而境况贫乏的人们，总是喜欢抛弃了他们的亲友和故乡，宁愿投身生人中间，从事低贱的和手艺的工作去谋生，而不愿在素知其门第和教育的人们中间生活"②。人性本就如此势利。最终来说，美是社会交往的产物。感官欲望的满足只是一时的感觉，而美则是一种稳定和普遍的情感，它产生于一个生活在社会中的有自我意识的人。

然而，只要我们稍加反省即可发现，各种间接情感，亦即社会交往中的情感模式对美的情感的影响并不那么简单。显而易见，使我们感到美的东西未必令我们骄傲，令他人骄傲的东西也未必让我们感到美，在其他间接情感中也同样如此。虽然休谟断言："如果我们观察一下人性，并且考虑一下，在一切民族和时代中，同样的对象永远产生骄傲与谦卑。"③ 但他也说："军人不重视雄辩的能力，法官不重视勇敢，主教不重视幽默，商人不重视学问。"④ 显然，自我的感受很多时候受到他人的挟制。我们往往在自己的感受和社会风俗的强加之间游移不定：有时候我们需要为了附和他人而虚假地表达我们的喜好，也有时候为了自己的喜好忽略他人的看法；有时候我们为他人并不欣赏的东西感到骄傲，也有时候对他人表示骄傲的东西示以轻蔑。休谟的理论并不周全。不过，不可否认的是，美在社会交往中承担着重要作用，人们几乎是必然地要用感性的方式来表现自己的性格和各种价值观念，并由此确立与他人的关系和整个社会的秩序。因此，选择什么样的美就代表着选择什么样的生活方式。从这个角度来看，美也有另外一种分类，即私人领域或隐逸的美以及公共领域或社交的美。当然，休谟自己没有这样表达。

以观念理论为出发点，以想象和同情的规律为线索，我们可以勾勒出休谟的美学体系来。最基本的美是一种印象或情感，它源于外物对人的刺激和人性中的原始情感，但美不是感官或肉体的反应，更多是一种精神性的心理体验，用休谟的话来说是一种次生印象。想象理论的介入进一步使美脱离了感官层面的快感，

① 休谟：《人性论》，关文运译，北京：商务印书馆，1980 年，第 399 页。
② 同上，第 358 页。
③ 同上，第 315 页。
④ 同上，第 358 页。

表现为思维在心灵内部的不同观念之间进行联结的各种模式以及与之相伴随的种种次生印象，这使得美容纳了包括科学、历史等内容在内的认识活动。从这个意义上说，美有着理性的内涵。同情理论则使美进入了社会交往的领域，美成为自我性格和社会交往模式的表现方式。从这个意义上说，美又有着道德和政治的内涵，反过来美渗透到休谟哲学的各个领域中。

五、趣味的标准

讲到休谟的美学，他的《趣味的标准》一文大概是不得不提的，仿佛休谟就是因此文而蜚声美学史的。也许令人感兴趣的地方在于，一个以怀疑主义闻名的哲学家反而执意要肯定趣味是有标准的。的确，这篇文章成为人们热议的对象不是毫无来由的，因为这个题目本身就是近代美学中的一大难题。对于 18 世纪英国的美学家们来说，解决这个难题甚至就是他们的目标。

当夏夫兹博里把情感作为道德和审美的根基时，他就面临着一些困境。在自柏拉图以来的哲学中，情感始终被置于人的各种官能的最底层。情感与感性认识和冲动被联系在一起，它只能对理性或理智的发挥造成困扰，而不能有助于真理的获得，所以应该被抑制。这种倾向表现在各种禁欲主义的主张中。夏夫兹博里本来的意图是要铲除道德上的怀疑主义和相对主义，他始终坚持德行是不以个人的利益和偏好为转移的。在他看来，除非在人性中间有对德行的天生趋向，德行才是普遍和可靠的。但是，夏夫兹博里在转而求助于情感时也面临着同样的困难。虽然他认为我们不应该听从感性情感的冲动，而是要确立一种理性情感，但他仍然意识到德行和美当中有些不可言说的神秘东西——人们常常用法语 je ne asia quoi（我不知道）来表示，人们可以凭借某种趣味直觉到它们，而依靠数学式的推理是不可能真正接近它们的，虽然也不是毫无意义。夏夫兹博里只能求助于目的论的形而上学和存在于人们中间的共同感或自然的社交情感来解决这个问题，但是这些观念的确是无法被证实的。同时，夏夫兹博里的目的是去培养一种对社会富有责任感和对他人富有同情心的人格，而对于如何在具体的审美判断或艺术鉴赏中确立可操作的标准，他从未做过尝试。到了 18 世纪，尤其是得到了哈奇生的推动，情感在哲学中乃至社会实践中的地位被人们普遍承认，相应地，与情感密切相关的审美问题也成为人们竞相讨论的话题，"趣味"变成了一个流行的词语，然而趣味所包含的模糊性和神秘性也一并留存下来，就像休谟所引用的那句著名的谚语一样："趣味无争辩。"（Be fruitless to dispute concerning tastes）

休谟的文章看起来要致力于解决这个难题，提供一个可操作的趣味的标准，据此可以判别哪些人的趣味是好的，哪些人的趣味是坏的。不过，很难说休谟实现了这一目的，因为我们根本没有办法根据他提供的方法来提高自己的趣味或者判别他人的趣味，他最多也只是提供了趣味的标准的可能性而已。他的论述中充满了各种疑惑甚至矛盾，被众多评论家激烈批判。让我们首先来捋清楚休谟这篇文章的思路，然后再从他的哲学体系中寻找其根据，并检验他是否解决了趣味的标准这个问题。

一开始，休谟就观察到，不仅身处不同民族和文化语境中的人，而且即使是同一个民族和文化中的人在趣味方面也有很大差异，很难说清楚谁对谁错。更加不可思议的是："要是我们认真加以检视，会发现实际上的差异比初看上去还要更大些。人们对各种类型的美和丑，尽管一般议论起来相同，但实际感受仍然时常有别。"① 因为人们在一般议论时所使用的都是抽象语言，而语言很多时候是不能表达真切的具体事实的。休谟在《人性论》中说："由于在大多数情况下这个名词所指的全部观念不可能都产生出来，我们就以一种比较片面的考虑简化了这种工作，并且发现在我们的推理中这种简化并未引起许多的不便。"② 所以，一般的议论都是比较含糊的。"优美、适当、质朴、生动，是人人称赞的，而浮夸、做作、平庸和虚假，是大家都指摘的。但是只要评论家们谈到特殊事例，这种表面上的一致就烟消云散了，我们就会发现他们赋予种种言辞的含义原是大不相同的。"③ 人们对道德的评价也是如此。因而，如果人们要在趣味问题上问出个是非曲直来，还是要还原到具体事例上来。不过，有一点需要提示的是：表达趣味判断的词语有些特殊，因为它们不是指外在事物及其性质，而指的是情感或价值，这类词语的意义还是较为确定的。"其实，在全部语言表述中，最不容易受到歪曲和误解

① Hume, *Of the Standard of Taste and Other Essays*, ed., John W. Lenz, Indianapolis: The Bobbs-Merrill Company, Icn., 1965: 3.（《趣味的标准》一文的中文版可见杨适译《鉴赏的标准》，载瑜青主编：《休谟经典文存》，上海：上海大学出版社，2002年。本节译文也参考了中文版）

② 休谟：《人性论》，关文运译，北京：商务印书馆，1980年，第33页。可参看第一卷第一章第七节《论抽象观念》。

③ Hume, *Of the Standard of Taste and Other Essays*, ed., John W. Lenz, Indianapolis: The Bobbs-Merrill Company, Icn., 1965: 3.

的，正是那些同其他意义联结在一起的、包含着某种程度褒贬的语词。"① 显然，休谟的意思是说，人们在赞赏或指责哪一类情感这个问题上还是有着较为一致的看法的，即使引起这类情感的对象各不相同，而且，人们既然多数时候在这类词语上有着共同的看法，那也就表明，人们是希望在趣味问题上找到标准的。

> 所以很自然地，我们要寻找一种趣味的标准，它可以成为协调人们不同情感的一种规则，至少它能提供一种判别的准则，使我们能够肯定一类情感，指责另一类情感。②

显而易见，解决问题的关键是：人们对某一具体事例的情感反应是否具有一致性。然而，这的确是一个难题。具体事物在人心中产生两种不同的结果：一个是对其性质的复现，另一个是由其引发的情感反应，前一个结果是否正确是容易确定的，而后一个结果是否正确则不容易确定。因为"由同一事物所激起的上千种不同的情感，却可以都是正确，因为情感并不表现对象中实际存在的东西"③。然而，另一种事实也是存在的，即人们在某些具体事例上还是有着较为一致的看法："要是有谁在奥格尔比和弥尔顿之间，或在班扬与艾迪生之间做比较，说他们在天才和优雅方面不相上下，人们一定会认为他是在信口开河，把小土堆说成同山陵一样高，把小池塘说成像海洋那么广。"④ 虽然，这并不是说任何细微的差别都不允许，例如我们不必非得要在弥尔顿和艾迪生之间分出个高下来。

休谟认为，人们之所以在这些事例上有着大致相同的看法，原因是艺术创作毕竟是遵循着一些法则的，符合这些法则的作品就必然给人带来快乐，反之则给人不快。不过，这些法则并不是像科学原理那么确定，因为人们从艺术作品中得到快乐依赖的是想象的规律，而不是物质的规律。可以说，为人们所喜爱的作品必定是符合艺术创作法则的，那些经过历代批评家赞美而历久弥新的经典作品必然是符合艺术法则的。

---

① Hume, *Of the Standard of Taste and Other Essays,* ed., John W. Lenz, Indianapolis: The Bobbs-Merrill Company, Icn., 1965: 4.

② 同上，第5页。

③ 同上，第6页。

④ 同上，第7页。

反过来，之所以有人对符合法则或好的艺术作品无动于衷或斥之为丑，是因为他们在主观上产生了偏差，或者是粗心大意而未能发现作品的精微之处，或者是受了外在环境的干扰而使自己的情感不能自由抒发出来，或者是因为性格上的心浮气躁、偏激乖戾而对明显的事实熟视无睹，或者是要标新立异、引人注目而故意抛弃公认的艺术法则。如果他们能够选择合适的时间、地点，保持从容沉静的态度，并且深入观察作品的细节，就能得到应有的快乐。总之，正如我们的外在感官由于疾病或环境干扰而对客观事物的性质做出错误判断。同样，"内在器官有许多不时产生的缺陷，会妨碍或减弱我们对美丑感受的一般原则发生作用。虽然某些对象依靠人心的结构，能够很自然地引起快感，但是我们不能期望因此在每一个人心中所引起的快感都完全相同。只要发生某些偶然事件或情况，就会使对象笼罩在虚假的光里，或者使真实的光不能传输到我们的想象以及本来的情感和知觉中"①。

如果说人天然的心灵构造是相同的，而且有某些事物，例如，遵循某些法则的艺术作品也天然地适于在人的心灵中引起美的情感来，那么只要我们能发现某些事物有恰当的性质或艺术作品遵循着某些法则，我们就能确定趣味的标准。不过，即使这样，问题还不能解决，因为艺术法则从来不是千篇一律、亘古不变的，有谁能发现它们呢？休谟认为我们可以依靠真正的批评家，他们具有一些卓越的能力：

有健全的理智，能同精致的情感相结合，又因锻炼而得到增进，又通过进行比较而完善，还能清除一切偏见。把这些品质结合起来所做的评判，只要我们能发现它们，就是趣味和美的真正标准。②

休谟把这五种能力都归于内在感官名下。健全的理智能使人进行准确的推理和判断，精致的情感可以使人敏感，锻炼让人接受众多的具体事例并沉浸作品中，比较可以使人们对各种事例建立起秩序来，而消除偏见则使人辨别清楚作品所要表达的真实目的，设身处地感受作品。如此一来，休谟就把趣味判断转化为了一

① Hume, *Of the Standard of Taste and Other Essays,* ed., John W. Lenz, Indianapolis: The Bobbs-Merrill Company, Icn., 1965: 10.
② 同上，第 17 页。

种事实判断，"这些只涉及事实而不涉及情感的问题"①。但是，我们又到哪里去找这样十全十美的批评家呢？休谟说，这样的批评家确实几乎不存在。不过，有些人确实在这些品质上要高于其他人，这却是事实。所以，我们只要承认这种理想的批评家所具备的品质就可以了。在科学方面不也是如此吗？实际上，没有任何人的理论能长盛不衰，"亚里士多德、柏拉图、伊壁鸠鲁和笛卡尔，可以彼此取代"，倒是像泰伦提乌斯和维吉尔这样的作家流芳千古，纵然他们的作品中也有不尽如人意的地方。

看来，趣味的标准并不难寻找，事实上它已经被人们承认了，那就是所谓的经典作品。这些作品给人带来的美感是最卓越的，它们就是典范，是一个标杆。依照这个标杆，我们可以给所有作品排个座次。同样，我们也可以把喜欢各个档次作品的人的趣味排个座次。当然，这些座次并不需要严格精确，因为要说维吉尔和贺拉斯哪个更优秀，这是不必太较真的，就像中国人不必在李白和杜甫之间分个高低。所以，要问欣赏李白的人趣味更高雅，还是喜爱杜甫的人的趣味更高雅，这是没有必要的，趣味上的这个差别是可以被允许的，因为这种差别源于个人的性格或普遍的文化，而不是人们有意为之。我们不应该因为作品中所描写的生活方式和风俗习惯与我们的时代格格不入就对这样的作品大加批驳，但是如果作品对道德上邪恶的行为和性格模棱两可，就必然降低它的价值，因为它给我们的情感带来不快。这样的意思是说，作品所表现出的情感态度远比其描写的事实更重要，是决定人们趣味的主要根据。

看起来休谟得到了一个较为确定的结论，那就是只要具备了上述各种优秀品质或能力，我们就能发现趣味的标准。然而，读者必定想问，能让人从中获得美的那些作品应该具备什么特征呢？如果我们拥有了这些品质或能力的话。休谟这样说："每件艺术作品都有它打算达到的目的或目标，在估量作品的完美程度时，就要看它是否与达到这个目的和达到的程度如何。雄辩的目的是说服人，历史的目的是教导人，诗歌的目的是用激情和想象来愉悦人。"② 这是真理，但不是什么高明的见解。

休谟这篇文章中包含的最大矛盾在于他把作为情感判断能力的趣味转化为了

---

① Hume, *Of the Standard of Taste and Other Essays,* ed., John W. Lenz, Indianapolis: The Bobbs-Merrill Company, Icn., 1965: 17.

② 同上，第 16 页。

一种理性判断的能力。当然，在夏夫兹博里那里，理性和情感就不是完全矛盾的，他所倡导的美是一种经过理性调和的美，从而让人们追求一种温和与稳定的情感状态。在休谟的哲学中，理性和情感也不是矛盾的，理性有辅助和矫正情感判断的作用，情感则能为理性指明方向。可以用《道德原则研究》中休谟对道德判断的一个观点来说明理性和情感的关系。"在每一堂刑事审判中，被告的第一个目标是反驳所指控的事实，否认所归之于他的行动；第二个目标则是证明，即使这些行动是实在的，它们也可以证明为正当的，即无罪的和合法的。我们承认确定第一点必须通过知性的演绎，我们如何能假定确定第二点必须运用心理的另一种不同的能力呢？……除了天生适合于接受这些情感的人类心灵的原始组织和构造，我们还能将什么别的理由永远派定给这些情感吗？"① 所以，为了能够使人的内在感官，即一种情感判断能力顺利地发挥作用，就有必要事先进行周密的推理，以提供确定的事实或材料。休谟认为，欣赏艺术美时也是如此："尤其是那些精巧的艺术作品的美，为了感受适当的情感，运用大量的推理却是必不可少的；而且一种不正确的品味往往可以通过论证和反思得到纠正。"② 但是，在这里休谟没有明确断言，通过理性得到的同样的事实必然在所有人那里引起同样的情感来。一个人在看到小偷行窃时冷漠旁观，这个事实是确定无疑的，但有人欣赏他非常明智，因为他教给人们如何自我保护，也有人觉得他毫无正义感，纵容犯罪。当然，在欣赏艺术作品时也可以有类似的情形，我知道《红楼梦》这部文学作品内容广泛、情节绵密、人物生动，我承认这是事实，但我还是认为简洁质朴的作品更符合我的趣味，烦琐隐晦的写作方式让我头晕。

　　显然，确定事实的理性判断和分出美丑善恶的情感判断是两种不同的判断模式，结论很可能是不一致的。然而，《趣味的标准》一文至少在某些方面认为相同的事实将决定不同的人感到相同的情感，只要给定的条件是相同的。这个观点是休谟的《人性论》和《人类理解研究》《道德原则研究》不能证明的。休谟放弃了夏夫兹博里式的目的论，转而从经验主义的传统来解析情感在人的各个活动领域中的规律。人先天的心灵构造可以是相同的，但是这仅仅是说，心灵活动所遵循的规律是相同的。这就是休谟所说的必然。例如，如果我们都被一朵玫瑰花所吸引时，我们都会产生相同或相似的想象；当被同一所漂亮的房屋吸引时，我们都会产

① 休谟：《道德原则研究》，曾晓平译，北京：商务印书馆，2001 年，第 23 页。
② 同上，第 25 页。

生相同或相似的想象和同情，因而得到相同或相似的美感。然而，前提是我们都喜欢它们，这是问题的关键。的确，有什么理论会证明我们都应该选择相同的对象或事实呢？

事实上，休谟在《趣味的标准》中认为趣味的标准的核心问题是：我们如何能得到相同的事实。他所举的《堂吉诃德》中桑科的两个亲戚品酒的例子，就是要证明这个问题。两个人之所以有精致的趣味，是因为他们能将酒中的皮子味和铁味分辨出来。同理，有些人之所以在艺术方面有卓越的趣味，是因为他们能准确分辨出作品的类型、作品所要实现的目的和所运用的恰当的手段。为了能养成这种能力，人们有必要在这些方面进行长期的锻炼、细微的比较、排除偶然因素和自身偏见的干扰。休谟曾解释过人们不能分辨和判断客观事实的原因，即通则（general rules）或习惯的影响

> 当一个在很多条件方面与任何相类似的对象出现时，想象自然而然地推动我们对于它的通常的结果有一个生动的概念，即使那个对象在最重要、最有效的条件方面和那个原因有所差异。这是通则的第一个影响。但是当我们重新观察这种心理作用，并把它和知性的比较概括、比较可靠的活动互相比较的时候，我们就会发现这种作用的不规则性，发现它破坏一切最确定的推理原则；由于这个原因，我们就把它排斥了。这是通则的第二个影响，并且有排斥第一个影响的含义。随着各人的心情和性格，有时这一种通则占优势，有时另一种通则占优势。一般人通常是受第一种通则的指导，明智的人则受第二种通则的指导。①

所以，在对事实的判断力方面，人们之间是存在差别的。如果其标准是准确的，那么判断力也有优劣之分，富有经验的人比没有经验的人更能准确地判断事实，但这仍然不能证明这就是休谟所谓的"肯定一类情感、指责另一类情感"的趣味的标准。通过学习，我知道一曲交响乐复杂精细的音调和旋律很好地实现了其庄重高雅的目的，但我同样发现民间小调的音调和旋律也很恰当地实现了其淳朴直率的目的，这并不代表我必须喜爱前者而排斥后者。然而休谟说："民间小调

---

① 休谟：《人性论》，关文运译，北京：商务印书馆，1980年，第172—173页。

并非完全缺乏和谐自然的旋律，只有熟悉更高级的美的人，才能指出它的音调刺耳，言语庸俗。十分低劣的美，在给熟悉最高级形式的美的有素养的人看，能给予他的不是愉快而是痛苦，因此他会称之为丑。"① 显然，这种结论是没有根据的。

但是，休谟为什么要确立这种标准呢？趣味上低劣究竟会造成什么不良后果？也许我们应该首先思考的是：我们为什么、什么时候需要趣味的标准。我们应该分清两种情况，即私人领域和社交或公共领域。在个人生活中，只要我们能够在想象上从一个对象获得快感，便是趣味情感。的确，如果我们在某个领域内积累了更多的经验，我们就在对象间建立了更精细的秩序，能展开更丰富的想象，从而获得更精致和更充分的快感。从这个意义上说，我们体会到这件物品比另一件物品制作更精致、工艺更复杂、形式上更和谐，或者具有更明确的主题。这可以称作趣味的一种标准。但是，我们无法说服别人也从同一类对象上获得同样的快感，因为他对此不感兴趣。另一种情况却很不相同，当我们参与社会交往时，我们的衣着、举止、谈话就成为别人评价的对象，我们希望博得他人的赞赏，避免他人的嫌恶。在这种情况下，所有事物都是一种媒介，就像我们在解释休谟提出的骄傲和谦卑、爱和恨等间接情感时所说的那样。被称作美的对象是作为为人们的地位、财富以及性格或内在品质的标志而出现的，在他人的评价中，我们心中形成骄傲或谦卑、爱或恨等情感。我们逐渐知道哪些事物一般来说被人赞赏或嫌恶，它们所代表的趣味就有了标准。外在地看，他人赞赏的是那些事物，但实质上赞赏的是我们的趣味。实际上，休谟所列举的优秀批评家所具备的各种能力恰恰就是许多美学家所称的趣味的各种要素。但是，仍然要提醒的是：对这些能力加以赞赏的前提是，所赞赏的对象是社会交往中的人所共同关注的。可是，我们知道并不是所有人都关注同一类对象。不同阶层、行业的人各有其关注的对象，如果要赞赏某些对象、嫌恶另一些对象，那也就代表着对不同阶层和行业的人的赞赏和嫌恶。这样，趣味就成为区分社会阶层和行业的标志，这恐怕是休谟把作为情感判断的趣味判断转化为理性判断或事实判断时隐含的意思，或者是必然的结论。

休谟接受了情感主义的影响，这使得他的哲学具有鲜明的美学意蕴。然而，他运用经验主义的方法描述了情感运行的规律，在这个过程中，他揭示出的确存

---

① Hume, *Of the Standard of Taste and Other Essays,* ed., John W. Lenz, Indianapolis: The Bobbs-Merrill Company, Icn., 1965: 14.

在一种特殊情感，它不同于纯粹的感官快感，而是内在的精神性快感，也就是艾迪生所提出的想象快感。如果说夏夫兹博里的思想倾向于以优雅的风格让读者感受到美的独特魅力，那么休谟以精妙的推理描绘了美感的复杂结构，形成了一套完整的审美心理学，虽然它与人的认识和道德交织在一起。不过，休谟本来也不打算把审美排除出认识和道德之外，只是他的美学显得更世俗，或者说更贴近日常生活中具体的审美经验。休谟的哲学极大地影响了同时代和后来的很多美学家，如果不是他对人性的细致刻画，就不会有杰拉德、凯姆士和艾利逊的美学。

第八章

博克

———

　　埃德蒙·博克（Edmund Burke，1729—1797），出生于爱尔兰，14 岁进入都柏林的三一学院，21 岁到伦敦的中殿律师学院学习法学。他一生中长期担任下议院议员，支持过美国独立革命，也反对过法国大革命，在其政治生涯中发表过多部政治著作，对后世影响巨大。由于其保守主义思想，他被看作是老辉格政治家，他最著名的政治著作是《法国革命论》。年轻时的博克却十分喜爱文学，在三一学院期间就成立俱乐部讨论文学，还创办期刊，发表剧评。博克唯一一部美学著作《对崇高与美的观念的根源的哲学研究》（以下简称《崇高与美》）也是在此期间——大约始于 1747 年——开始思考和撰写的，直到 1757 年才正式出版。这部著作极富创意，在 18 世纪英国的众多美学论著中脱颖而出，流芳后世。

一、论趣味

　　1759 年《崇高与美》第二版出版时，博克增加了一篇导言，名为《论趣味》，其原因应该是为了响应休谟的《趣味的标准》，与此同时，也为他自己的美学思想铺陈一个系统的理论基础。他说："表面上看，我们在推理能力上各人差异巨大，我们所获得的快乐的差异不会更小，但是尽管有这种差异——我觉得只是表面上的而非实际上的，理性和趣味的标准在所有人当中很可能都是一样的。"[①] 可见他

———
① Burke, *A Philosophical Enquiry into the Origin of our Ideas of the Sublime and Beautiful*, ed., Boulton; London: Routledge & Kegan Paul Limited, 1956: 11.

的目的的确是为了化解关于趣味的标准的纷争。因为，如果人们的理性和趣味差异悬殊，在日常生活中就不能进行有效的交流，对趣味这门科学的研究也是徒劳无功的。他承认趣味与理性是完全不同的两个领域，但他仍然确信趣味领域存在客观规律，人们可以通过研究其对象的性质、人的自然构造将它们揭示出来，就像人们在理性领域所取得的成果那样。

　　根据一般的见解，博克把趣味看作是"心灵中被想象的作品和雅致艺术感动，或对其形成判断的那种或那些官能"[1]。想象是趣味的核心，这的确是一个一般的见解，但博克的目的在于探索想象发生的根据和原理。要理解趣味的本质就必须把想象还原为更基本和确切的概念，即感觉。他认为："人了解外界对象的一切自然能力，是感觉、想象与判断，而首先是感觉。"而且他断定："由于没有人怀疑身体为整个人类提供类似的意象，因而就必须承认，当任何一个对象自然地、单纯地，仅仅以其适当的力量作用时，它在一个人身上激起快乐和痛苦，也必定在全人类身上产生。"[2]感觉作为生理机能是所有人共同的，它经由身体作用于人，既产生相同的意象，也产生相同的快乐和痛苦。"趣味"一词的本义，即味觉同样是一种感觉能力，它给人带来相同的经验。醋是酸的，蜜是甜的，芦荟是苦的，这些经验也必然会引起相同的情感，即甜味是令人愉快的，而酸味和苦味则令人不快。即使在隐喻意义上使用"趣味"一词，人们也有着相同的体会，比如人们会说 sour temper（乖张的脾气）、bitter expression（苦涩的表情），也会说 sweet disposition（温和的性情）、sweet person（和蔼可亲的人）。

　　如果说人们对于感觉给人的苦乐情感有着不同的体会，这多半是由于个人的习惯、偏见或者是身体失调，导致各人有着不同的偏好。不过，即使这样，人也不能否认感觉的共同性。有人喜爱烟草胜过蜜糖，但是他相信烟草苦蜜糖甜、光明使人快乐黑暗让人痛苦这些普遍的自然事实。同样的事实还有，人人都承认天鹅比大雁美、弗里斯兰母鸡比孔雀丑。显然，人们是可以把自然的感觉与后天的偏好区分开来的，前者的一致性不容置疑。这样看来，博克似乎认为美是事物中的某种客观属性，是通过肉体的、生理的苦乐感觉被人知觉到的，但没有像休谟那样，把原始的生理感受与内在的情感反应区分开来，或者他相信两者之间存在

---

① Burke, *A Philosophical Enquiry into the Origin of our Ideas of the Sublime and Beautiful*, ed., Boulton; London: Routledge & Kegan Paul Limited, 1956: 13.
② 同上。

恒定的因果关系。

在确定了感觉的性质和特征之后，博克指出，想象是感觉的再现，只不过想象是"一种创造性的力量，或随意表现感官所接受的事物意象的秩序和方式，或者以一种新的方式，根据不同的秩序组合这些意象"[①]。他特意提醒人们："想象这种能力不能生成任何绝对新的东西，它只能改变它从感官那里接受的观念的性状。"[②] 所以，博克理所当然地认为，既然想象源自感觉，那么在现实中给人苦乐的东西，再现到想象中时也一样给人相同的苦乐。当然，博克也采纳了培根对想象性质的规定，即想象倾向于发现事物中的相似性，并因满足人的好奇心而产生快乐。同感觉一样，想象是以自然的、直接的方式体验到这些快乐的，因而这些快乐对于所有人都是一样的，也不会因习惯和利益的干扰而发生变异。至于想象如何能产生快乐，博克求助于生理学的原则。正如外在事物作用于感官时产生苦乐的感觉，想象则使观念作用于身体内部的各种组织——主要是神经——而产生苦乐的情感。当然感觉与想象、情感与生理运动是相互影响的：感觉促使想象活跃，想象又带来内在组织的运动，因而产生苦乐的情感，而且这一过程是可逆的。总之，博克的想象理论建立在生理结构和功能的基础上，他几乎不承认离开生理运动的情感，这种理论显然带有霍布斯的痕迹。

既然想象与感觉一样，本身是一种自然的能力，那么趣味差异只能来自其他方面。想象的快乐有很大一部分源于对对象之间相似性的发现，那就需要可供比较的对象。这样的对象越多，发现相似性的概率就越大，主体所获得的快乐就越强烈。问题是每个人心中所储备的对象在类型上和数量上都有差异，也许还很悬殊，这使得同一对象在不同的主体心中产生不同的快乐。

> 一个不懂雕塑的人看见理发师的木制假头或某些普通的雕像时，他马上就感到惊讶和高兴，因为他看到了某些像人形一样的东西。他被这种相似完全吸引，丝毫注意不到其缺陷。我相信，没有人在第一次见到模仿作品时不会这样。我们假设，过了一段时间，这个初学者认识更精致的作品，他就开始鄙视他初次赞赏的东西，不仅鄙视那个东西不像一

---

① Burke, *A Philosophical Enquiry into the Origin of our Ideas of the Sublime and Beautiful*, ed., Boulton; London: Routledge & Kegan Paul Limited, 1956: 16.

② 同上，第 17 页。

个人，而且鄙视它与人的形体只是轮廓上而不是细节上相似。他在不同时间所赞赏的如此不同的形象严格来说是一样的，因而尽管他的知识有了进步，但他的趣味却没有改变。到此为止，他的错误来自对艺术知识的缺乏，而这种缺乏又是因为其经验不足，但他也可能仍然缺乏关于自然的知识。[①]

显然，博克的意思是：想象用以发现相似性的意象储备来自各种知识，而获取知识的机遇则是偶然的。同时，认识是理性的职能，所以理性的判断不能改变趣味的性质，却能够使人得到更丰富的快乐，因此也造成各人的趣味在程度上的差异。如果一个人根本没有经历过艺术作品所模仿的东西，从而无法通过比较得知其真实与否，那么他就不可能从中感到快乐。如果排除知识上的差异，则每个人都可以获得相同的快乐，而且作为艺术的欣赏者，多数人没有也不必掌握那么多专门的知识，所以知识的多寡对趣味的影响也不是决定性的。博克说，有些人之所以对维吉尔的《埃涅阿斯纪》不感兴趣，是因为他不能理解这部作品的高雅语言，如果将其翻译为像班扬的《天路历程》那样通俗的风格，那么这个人同样可以从中得到快乐。然而，让人费解的是，如果真的把《埃涅阿斯纪》用通俗的语言加以转述，它还是《埃涅阿斯纪》吗？另一方面，博克的意见也是正确的，对艺术作品的审美欣赏毕竟不同于理性认识。一个对《奥德修纪》中航海技术的描写百般挑剔的读者不可能欣赏到其中的美，他没有听从想象的自然力量，没有理解作品的意图和价值，得到最多的是推理的精细带来的自豪感。这样看来，过分强调理性的作用反而会让人对艺术产生不恰当的判断。

博克顺从多数美学家的意见认为："总的来说，人们普遍承认的趣味不是一个简单的观念，而是分别由对感官的初级快乐、想象的次级快乐和推理能力对于这两种快感以对于人的情感、风度和行为的判断构成的。所有这些都是趣味所必需的，而所有这些的基本作用在人类心灵中都是一样的；因为正如感官是我们所有的观念的主要根源，并因此是我们所有快乐的主要根源，如果它们并不是模糊而随意的，那么趣味的全部基本作用对于所有人来说都是共同的，这样的话，对于

---

① Burke, *A Philosophical Enquiry into the Origin of our Ideas of the Sublime and Beautiful*, ed., Boulton; London: Routledge & Kegan Paul Limited, 1956: 18–19.

这些事情的确定推论就有了一个充分的基础。"① 但是，博克倾向于认为前两者是趣味的本质要素，而后者则是辅助性的。如果一个人缺乏敏感的想象力，那就说明他没有趣味；如果他能对美的对象做出正确的判断，则可以说明他有好的趣味。

判断力的强弱和知识的多寡虽然不是趣味最重要的因素，却是趣味差异的重要原因，那么我们就可以说，只要具备同等的知识，人们的趣味就不存在差异，也就是说，趣味差异产生自后天经验，也可以通过后天经验加以抹平。但博克有时并不认可这样的结论，因为他提出每个人的感觉能力和判断能力也存在差异，"前者的缺陷导致趣味的缺乏，后者的弱点则构成一种坏的趣味"②。这个说法至少表面上与他最初的主张是矛盾的，单从感觉这个因素来说，既然感觉是人天生的一种能力，它们如何在每个人身上存在差异呢？博克的解释是："（趣味的）原则是完全一致的，但这些原则在人类每一个个体身上起作用的程度却是不同的，这种程度就如同这些原则本身的相似一样。"③ 这句话实在有些拗口，大概博克自己也觉得这个观点不容易成立。他的意思也许是：感觉和判断的原理或机制是客观的、普遍的，但每个人运用它们的能力不尽相同。但这同样解释不通，难道感觉和判断不正是运用它们的能力吗？

> 有些人天生感受迟钝，性情冷酷淡漠，很难说他在整个生活中是清醒的。对于这种人，最显著的对象也只能造成一种微弱而模糊的印象。另一些人一直处于粗俗和纯粹感官快乐的刺激中，或者为贪婪所累，或者痴迷于对荣誉和名声的追逐，以至于他们的心灵始终习惯于这些强烈和狂躁的激情风暴，不能被想象的细腻雅致的游戏所触动。这些人尽管是出于不同的原因，变得与前一种人一样愚钝麻木，但只要这种愚钝麻木被任何自然的精致和伟大或者艺术作品中类似的性质所打动，他们便回到同样的原则上来。④

---

① Burke, *A Philosophical Enquiry into the Origin of our Ideas of the Sublime and Beautiful*, ed., Boulton; London: Routledge & Kegan Paul Limited, 1956: 23.

② 同上，第 23—24 页。

③ 同上，第 23 页。

④ 同上，第 24 页。

照此说来，有些人天生就不具备养成高雅趣味的条件，这不是因为他们的感觉器官存在什么缺陷或障碍，而是因为他们的感觉能力是迟钝或冷漠的，虽然后天的习惯和偏好也会造成影响。这正如哈奇生既认为内在感官是先天的、普遍的，但又同时指出有些人的确无法知觉到美；既认为后天的习惯和教育可能损害先天的内在感官，同时又主张高雅趣味需要训练和培养。博克显然也陷入这种矛盾当中，尽管他有时是故意忽视这种矛盾的存在。他一开始说想象是趣味的核心要素，而想象是感觉的复现，所以应该具备普遍性和一致性，但到后来却又主张判断力是决定趣味高下的关键因素，高雅趣味必须以丰富的知识以及由此而来的精细判断作为基础，而知识的获得是后天经验，甚至不存在任何可资遵循的规程，只能在生活中积累，不断揣摩精美的艺术作品。重要的在于，知识的积累和判断的提高如何能纠正感觉和想象的缺陷，或者使它们变得敏锐，博克没有提供令人信服的答案。

二、论崇高

《崇高与美》能够在美学史上占有一席之地，一个重要原因是它把崇高与美相互对立，使崇高成为一个与美相并行，甚至超越美的审美范畴。早在 1 世纪就有托名朗吉努斯的作家写过《论崇高》，但直到法国新古典主义美学家波瓦洛在 1674 年将其译为法文后才备受关注。在博克之前的英国，论述到崇高或相似概念的人也不在少数，较早有丹尼斯在《诗歌批评的基础》（1704）一书中就提到，人们在对某些特殊对象如太阳的观念沉思时起初心生恐惧，继而感到崇敬，这很类似于博克意义上的崇高。夏夫兹博里及之后的艾迪生、哈奇生、拜利、休谟、杰拉德等人都论述过崇高的观念，比较著名的是艾迪生在《想象的快感》中列举了三种美，即非凡、伟大和美，其中伟大相当于崇高。艾迪生说，伟大的对象让想象自由翱翔、突破局限，因此令人沉浸于一种愉快的惊愕和静谧之中。几乎与《崇高与美》同时面世的杰拉德的《论趣味》，也明确把崇高单独列为美的一类。可以确定，关于崇高的讨论在当时已经非常普遍了。

令博克不满意的是：之前的美学家虽把崇高描述为一种特殊的美，但最终还是归到了美的名下。他认为前人之所以混淆崇高与美，是因为他们混淆了在原因上极不相同的两种快乐，即积极的快乐和由痛苦的缓解而产生的快乐。看到迷人的景色，听到美妙的音乐，在享受这样的快乐的时候，人们很难说清楚在这快乐之前自己处于什么状态，但这快乐肯定不是由于某种痛苦状态的消失。同样地，在被痛击或尝到苦味的时候，人们也不会觉得这痛苦是由于之前的快乐在溜走。然而，博克注意到，任何情感，尤其是强烈的快乐和痛苦，即使在诱发其活跃的对象消失之后还会延续一段时间，它们不会转化为相反的情感，却也不同于先前确定的快乐和痛苦。快乐在延续一段时间后自然终止，人的情绪就恢复到一种中性状态。如果快乐突然中断，人们就感到某种失望；如果人们意识到快乐的对象消失并一去不返，心里就生出一点感伤。无论如何，这些情绪不同于单纯的痛苦，即使是感伤的情绪，人们还愿意忍受，但任何人都不愿长时间地忍耐痛苦。同理，痛苦在消失或缓解之后也确实转化为一种特殊状态，这不是简单的悲痛或不悦，虽然也不同于确定的快乐，却又很像某种程度的快乐，或者说是相对的快乐。博克特意称这种快乐为欣喜（delight）。

之所以要鲜明地区分快乐和痛苦，博克的目的是要更进一步指出痛苦和快乐分别源于人的两种自然的激情，即自我保存的激情和社交性激情，前者就是求生的本能，是对危险和死亡的恐惧；后者是繁衍的本能，是对异性和令人快乐的对象的爱。博克以为自我保存的激情"是所有激情中最为强烈的"[1]。这个分类可以追溯到霍布斯和夏夫兹博里相互对立的主张，后有休谟加以调和，指出人兼有自私和有限的慷慨两种自然倾向。博克所提出的两种激情对于他的美学有提纲挈领的作用，它们是人类社会必不可少、相辅相成的内在驱动力，由此可以理解人类种种情感的类属和意义，同时这也使其美学有了人类学和社会学的基础。

崇高的形成与自我保存的激情有关。"无论任何事物，但凡适于极其痛苦和危险的观念，也就是说，任何可怕的东西，或者与可怕的对象有关的东西，或者其作用与恐怖类似的东西，都是崇高的一种根源。"[2] 当然，最令人恐惧的观念便是死亡。所以，崇高源于自我保存的激情——恐惧，但他明确表示恐惧不等于崇高感。因为在纯粹的恐惧之下，人的一切精神活动都会停止，不容许人有欣赏对象的心情。当对象引发恐惧的同时又不会对人造成真正的伤害，或者因空间和时间上的疏远使恐惧得到缓解时，恐惧才可以转化为欣喜，这种欣喜就是崇高感。

[1] Burke, *A Philosophical Enquiry into the Origin of our Ideas of the Sublime and Beautiful*, ed. Boulton; London: Routledge & Kegan Paul Limited, 1956: 38.

[2] 同上，第39页。

另外，博克指出赞叹、崇敬和敬重等情感中都有恐惧的成分，因而也都可以转化为崇高感。

在《崇高与美》的第二部分，博克列举了崇高的对象的种种特征，分别有：恐怖、模糊、力量、空旷、广大、无限、连续和一致、困难、宏伟、光亮、巨响、突然、时断时续、苦味和恶臭、痛楚等。这些特征是通过对各种感官经验进行观察和内省得来的，而不是由先验的法则演绎而来，这体现了经验主义的方法。不过，所有这些特征都有一个共同点，即适于引起心灵的恐惧，或者使心灵陷于一定的困难和危险，并激发感觉和想象去努力克服它们。

博克的例证既有自然对象，也有各种艺术作品。像其他美学家一样，博克美学所描述的审美对象不再局限于艺术作品，而是延伸到生活的各个领域，简言之，凡是给人带来快感的对象都属于审美的范围，这种美学注重探索的是这种独特经验的性质、活动规律以及它的社会文化作用。这使美学的范围得以扩大，并成为一门具有普遍意义的学科。而博克也在另一个维度上扩大了审美经验的范围，因为他所列举的性质不仅包括传统美学所圈定的视觉和听觉的对象，而且也包括味觉、嗅觉和触觉的对象，尽管这一点对后世影响甚微，但也不失为一家之言。

给人留下深刻印象的是博克对崇高原因的剖析，生理学原则在其中得到了绝佳的体现。博克反对洛克等人的观念联结论，即认为对象之所以给人带来恐惧是因为人们习惯于把对象的性质与某些可怕的观念联结在一起，以至于当人们提到这个对象时就不由得联想到那些可怕的观念；相反，他主张恐惧直接来自人对对象性质的知觉，因为情感是通过人体器官的生理运动，亦即肌肉、神经、纤维等组织的运动引发的。他关于黑暗对视觉器官作用的描述是一个典型的例子：

> 我们可以观察到，自然是如此设计的，当我们正在从光源后退时，瞳孔因虹膜的松弛而与我们后退的距离成比例地放大。假设我们不是一点一点地离开，而是一下子就从光源撤走，那么理所当然地虹膜的径向纤维的收缩也就成比例地变得更大。这一部位会因深度黑暗而收缩，以至于把构成这一部位的神经抽紧到超出其自然弹性，并因此而产生一种痛苦的感觉。①

① Burke, *A Philosophical Enquiry into the Origin of our Ideas of the Sublime and Beautiful*, ed., Boulton; London: Routledge & Kegan Paul Limited, 1956: 145-146.

同样的道理，任何感觉器官不自然的紧张或痉挛都会产生痛感。这种痛感对于人的生存来说甚为必要，因为正如体力劳动会锻炼人的四肢躯干，使之强健，较精微的感觉器官的紧张也是一种锻炼，是人得以健康生存的必要条件。因为崇高的对象并不真正威胁到人的生命，肉体器官不自然的紧张反而使心灵处于一种奋发昂扬的状态，感到征服困难和危险后的欣喜，亦即崇高感。这就是博克列举的种种性质激发崇高感的内在原理。

博克的理论虽然新颖独特，但很多时候难以经得住推敲，比如长时间盯视一个细小的点会使眼睛酸痛，但很难说这个点给人以崇高感。事实上，当博克在分析崇高对象的性质时，他并没有一味地贯彻这种生理学的原则，而是更多地运用艾迪生和休谟已经分析过的想象活动规律。在谈到"连续和一致"这种特征如何形成"人为的无限"时，博克认为，"连续，是在同一方向上绵延的很长的各部分所必需的，以便对感官不断刺激而给想象造成这样的印象，即各部分的行进超过了它们实际的界限"①，而一致则不至于让想象停顿下来，对无限的印象造成破坏。无限的印象会让人心生惊骇，以至于最后形成崇高感。然而，即使他可以说想象也会引起感觉器官的运动，但这也不一定正确，当人们读到"白发三千丈"时，视觉器官未必因"三千丈"这一观念做出多么复杂的紧张运动。最为关键的是，博克一味地强调的生理学原则让人感到他几乎完全排斥崇高中的精神因素，也无视这个观念所包含的历史和文化内涵，虽然这肯定不是他的初衷，我们将在谈论英国美学与政治和文化的关联时深入分析这个问题。

尽管如此，博克的崇高理论在西方美学史上的意义仍然不容抹杀。18世纪以来的美学和艺术批评抬高情感的地位，试图挣脱理性逻辑的桎梏，打破古典美学所尊崇的种种艺术规范，但始终难以找到恰当的语言来表达它的真正目的，因而不自觉地依附于古典美学。只有到了博克那里，美学不再唯美独尊，他把崇高从美的范畴中解脱出来，并视崇高为比美更强烈、更动人的情感。在他之前，从未有人把崇高提到如此高的地位，从此之后，美不再是审美经验的单一形态。博克的崇高相比于美显得更加自由奔放、云雷奋发。在博克眼中，艺术不必再受制于某些人为树立的规范，其目的就是去激发人心中自然的情感。

---

① Burke, *A Philosophical Enquiry into the Origin of our Ideas of the Sublime and Beautiful*, ed., Boulton; London: Routledge & Kegan Paul Limited, 1956: 74.

三、论美

与崇高感相反，美感源于社交性激情——爱。博克把社交性激情分为两类：一类发生在两性交往中，为的是繁衍种族；另一类发生在普遍社会中，即希望与他人、动物，甚或无生命的事物交往的情感，这类激情又有同情、模仿和雄心等。自我保护的激情促使个体生命的延续，多少带有自私的倾向，而作为社交性激情的爱则促使个体与异性和他人共处，凝聚社会整体；前者是通过痛苦和恐惧的情感激发起来，后者则是通过积极的快乐运转起来。正如崇高不等于纯粹的恐惧，美感也不同于纯粹的情欲或欲望。情欲或欲望是发自心灵内在的冲动，要求占有对象，而美感则是由对象唤起的爱，不需要占有对象，可以说只是对对象形式的静观，一定程度上是非功利性的。人们可能对并不美丽的异性产生情欲，但也可以爱某个异性而不带有任何情欲，人甚至也爱动物和无生命的事物。博克对动物的情欲和人的情欲的区分也说明了这一点，动物只是凭借本能直接地追逐异性，人却是有意识地选择异性，是通过某些可感知的外在性质的协助来间接地表现情欲，虽然这些性质本身就产生直接而迅速的效果。总而言之，"美是物体中引起爱或类似于爱的一些情感的那种性质或那些性质"[1]。

在《崇高与美》的第三部分，博克分析了美的特征，包括："第一，相对较小。第二，平滑。第三，各部分在方向上有变化。第四，没有尖锐的部分，各部分互相交融。第五，具有精致的结构，而没有明显富有力量的外形。第六，颜色纯净明亮，但不很强烈炫目。第七，若有炫目的颜色，也是散布在其他颜色中。"[2]它们的共同之处在于使感觉和想象处于一种轻松而活泼的运动中，从而使心灵对这些对象产生爱的情感。在阐释美的原因时，博克同样运用了生理学的原则。与崇高的对象使感觉器官处于一种不自然的紧张状态不同，美的对象则使感觉器官乃至整个身体处于一种低于自然的松弛状态，而且博克断言，这是一切确然的快乐的形成原因。所以，依照博克的观点，静止或常态的身体各器官并不会产生任何快乐，只有当各器官被对象刺激起来时才能产生各种情感，只不过，崇高与美的对象是使其向相反的方向运动，崇高的对象使其紧张，而美的对象则使其松弛，

---

① Burke, *A Philosophical Enquiry into the Origin of our Ideas of the Sublime and Beautiful*, ed., Boulton; London: Routledge & Kegan Paul Limited, 1956: 91.

② 同上，第 117 页。

从而分别产生恐惧和爱。崇高感和美感都不能脱离对象的特定性质或特征而产生。当然，博克关于崇高的理论所存在的缺陷也同样适用于关于美的理论，兹不赘述。

博克关于美的理论，除了生理学的阐释原则之外，还有其他一些创造性的观点值得关注，其中最重要的是他对传统美论的批判。博克指出，传统美论中有三种典型的学说，即比例说、适宜说、完善说。在他看来，此三种学说多为穿凿附会，不仅经不起经验的检验，甚至还使美这一观念含糊不清，阻碍了人们进行真正的研究道路。

比例说从亚里士多德以来几乎成为权威，在18世纪英国的很多美学家那里，如夏夫兹博里、哈奇生、休谟等，还可以发现这种学说的痕迹。博克反驳说，发现和确定事物形式的比例应该是理性的任务，美却是感觉的对象，它先于任何推理直接产生效果，在美的事物给我们以爱的情感之前，我们根本不需要预先用理性来计算其比例是否恰当。"美无须推理的协助，甚至与意志无关；美的外表有效地在我们心中引起某种程度的爱，犹如冰或火产生冷或热的观念一样。"[1]退一步讲，即使各种事物的形式表现出一定的比例，我们也几乎不可能确定究竟何种比例才是美的。人们普遍认为天鹅和雄孔雀都是美的，但它们的形式比例却大相径庭，天鹅有长脖子和短尾巴，雄孔雀却有短脖子和长尾巴。比例说的根源在于，人们根据习惯得知每一类事物都有其正常的形态，畸形就显得丑，但这不意味着畸形的对立面就是美；相反，某些适当超出正常比例的事物却给人以新奇感，从而更能带来美感，而正常比例久而久之倒变得平庸无奇。

适宜说认为事物之所以美是因为其各部分协调搭配，以使各部分的功用有利于实现整体目的，因而各部分也形成了和谐的比例关系，所以适宜说实际上与效用说唇齿相依，而效用说是比例说的翻版，但博克认为适宜说也很难得到经验的支持。因为依照这种学说，"猪楔形的鼻子，端部带有粗糙的软骨，小小眼睛深陷下去，头的整个构造非常适合于掘泥拱土，应该是极美的"[2]。男性与女性的身体各部分都各司其职，尽其功用，但男性那种阳刚之气更适于称作崇高而非美，因而用适宜说来解释美就是混淆概念。再说，当我们看到人的眼睛、鼻子、嘴巴是美的时，也极少会立刻联想到其各种功用。所以，适宜也不是美的本质特征。

① Burke, *A Philosophical Enquiry into the Origin of our Ideas of the Sublime and Beautiful*, ed., Boulton; London: Routledge & Kegan Paul Limited, 1956: 92.

② 同上，第105页。

179

完善说把美的根源归结为道德的善，博克认为这种学说无疑是在混淆概念。因为德行是心灵内在的品质，而美则是可感知的性质，两者之间并无必然关联。再者，让我们喜爱的人未必有高尚的德行，女人娇滴滴、病恹恹的神态最能引起人们的爱怜，但谁能说这就是美德的表现呢？有些英雄勇武刚毅，惩恶扬善，可谓有最高的美德，但我们却很少爱他们，反而是敬而远之。完善说可以说是一种理想，但不现实。

在博克看来，这几种学说的谬误之处在于，它们把超出事物可感知的性质之外的东西看作美的原因，或者就看作美本身，这样来探求美的本质无异于缘木求鱼，使美的观念失去事实的根据，陷于一种模糊不清的境地。一定程度上，博克美学彻底贯彻了经验主义原则，其生理学方法也更具唯物主义倾向，虽然是一种机械的唯物主义。从经验主义美学本身的发展史来看，博克仿佛有意清除夏夫兹博里以来的目的论的影响，即把超自然的精神看作自然的形式构成的终极原因，他对崇高与美的阐释很明显地带有更世俗的色彩。

四、语言的魅力

博克因其崇高理论而在美学史上确立了自己的地位，此后的美学家们几乎都会对崇高发表评论，并在自己的体系中给崇高留出显要位置。纵然如此，崇高这一概念并不是博克的发明，而相比之下，他对于语言的论述却包含了更多的独创性。在 18 世纪的英国，美学家们在艺术方面通常还坚持模仿论，自哈奇生开始，模仿还成为美的一种独特类型，虽然其内容多来自亚里士多德。博克也无意全盘推翻模仿论，但仍然突出艺术作品本身的审美价值，"自然的对象，通过上帝在物体的特定运动和构造与物体在我们心灵中留下的特定感受之间建立的联系的规律，来打动我们。绘画以同样的方式感人，虽然还附带有模仿的快感。建筑通过自然和理性规律来打动人，理性规律产生比例法则，所设计的比例能否恰当地适应于目的，作品的整体或某些部分就得到赞扬或责备"①。也就是说，艺术作品除了肖似的模仿，其自身的形式是否协调也是其审美价值的关键因素。由于语言本身不具备鲜明的形象性，所以批评家们讨论文学的时候通常是通过它们所表现的

---

① Burke, *A Philosophical Enquiry into the Origin of our Ideas of the Sublime and Beautiful*, ed., Boulton; London: Routledge & Kegan Paul Limited, 1956: 163.

观念来评判其审美价值的，但在博克看来，语言自身所能产生的美感甚至要强过其他的艺术形式。

根据词语所表现观念的不同，博克把词语分为三种：第一种词语表现由自然结合起来的简单观念，即一个或一类整体事物，如人、马、树、城堡，可称之为集合词语；第二类词语表现的是构成事物的单个性质的观念，如红色、圆的，可叫作简单的抽象词语；第三类词语表现的是前两类观念的联合及其关系，因而是复杂的观念，如美德、荣誉、信仰、司法，博克称这类词语为复杂的抽象词语。最特殊的是第三类词语，它们能够在心灵中产生有时是强烈的情感，但不提供相应的印象或形象

> 无论它们对情感施加什么力量，我相信这种力量不是来自它们所表示的事物在心灵中的再现。作为组合在一起的东西，它们不是真实的实体，我想也不能引起任何真实的观念。我相信，没有人在听到"美德""自由"或"荣誉"这些词语的声音时会构想出任何关于行为和思想的具体模态的准确概念，同时想到混合和简单的观念以及这些词语所代表的观念的诸种关系；他也不会有任何与它们混杂在一起的普遍观念；因为如果他有这样的观念的话，那么其中一些具体的观念，尽管也许是模糊不清的，就会很快被知觉到。但在我看来，事实从不会是这样。你可以分析这些词语，你必须将它们从一组普遍词语分解成另一组普遍词语，然后又分解成简单的抽象词语和几何词语，在任何真实的观念浮现出来之前，在你发现任何类似于这种组合的基本原则的东西之前，这一长串的分解很难被人一下子就想到，且当你发现了原始观念时，组合的效果就完全消失了。①

简而言之，如果说词语产生的效果有声音、图像和情感的话，第三类词语只有声音和情感的效果。复杂的抽象词语没有与之密切对应的具体事物或性质，而只是一些特殊声音，但它们被运用于具体场合中，与善或恶联系在一起，久而久之，习惯让人们一听到这些词语时心中就不由得生出某种情感，即使它们不再与

---

① Burke, *A Philosophical Enquiry into the Origin of our Ideas of the Sublime and Beautiful*, ed., Boulton; London: Routledge & Kegan Paul Limited, 1956: 164.

具体场景相关。毫无疑问,博克对这些抽象词语的解释是以夏夫兹博里以来的道德感理论为基础的,亦即善恶在人心中激起快乐或痛苦的情感,但博克的独特理解在于,习惯会使这些词语的声音与特定情感之前建立固定关联,跨过了这些声音与特定场景的直接关系。

甚而至于,博克认为在文学作品中运用所有类型的词语并不一定会凭借图像或者美学家通常所谓的印象和意象来影响读者;在快速的阅读中,单个词语瞬间被掠过,汇聚成词语流,读者很少有机会停下来仔细想象它们所代表的观念或印象。"谈话中词语迅捷快速地接续,确实不可能同时产生词语的声音以及它们所表现事物的观念;此外,有些表达真实实体的词语也与包含普遍和空洞的词语混杂在一起,要想从感觉跳到思想,从具体跳到普遍,从事物跳到词语,还能够满足现实目的,几乎是不可能的,我们也没有必要这样做。"[①]博克的意思应该是:人们很少能准确地、清晰地辨明每一个词语的确切含义,但这并不妨碍实际生活的交流。这颇像现象学美学家英伽登关于语言的看法,即人们很少单独地关注文学作品中某个词语及其语音和含义,在阅读过程中,人们几乎是同时就领会了整个句子,进而猜测或预想后面句子的意义。同时,一段话中的个别词语并不具备确切的含义,其含义是在与其他词语的比较和联结中明确起来的。博克举了18世纪英国著名诗人布莱克·洛克的例子,这位诗人6个月大时因天花而失明,但他描绘事物的"生动和精确",即使视力正常人也难与其匹敌,更令人称奇的是剑桥大学的数学教授桑德逊,同样是早年眼盲,却还能给人讲授光学,可见他在光和色方面的知识远超常人。

博克对词语与观念间关系的理解之所以一反常识,目的是要表明文学产生审美效果的特殊规律:"诗歌的效力确实很少依赖于感性意象的力量,所以我确信,诗歌将会失去其大部分的活力,如果活力就是所有描绘的必要效果的话。因为感人的词语的结合是诗歌最有力的手段,如果总是要激起感性的意象,诗歌最终要丧失其感染力,也要丧失其恰当和连贯。"[②]诗歌的感染力来自绵延不断的词语流对心灵的冲击,如果人们总是停下来仔细琢磨每一个词的含义,阅读过程就会时断时续,持续的情感也被切割得七零八落,语言描绘的效果自然是丧失殆尽。从

---

① Burke, *A Philosophical Enquiry into the Origin of our Ideas of the Sublime and Beautiful*, ed., Boulton; London: Routledge & Kegan Paul Limited, 1956: 167.

② 同上,第170页。

另一个角度来说，如果读者总是怀着模仿的观念，刻意寻找每一个词语在现实中的对应物，并将这些物的观念在头脑中加以组合，那就破坏了词语本身的组合规律及其产生的审美效果，所以诗歌不是严格意义上的模仿艺术，尽管在很多地方它也用到了模仿，但最需要诉诸情感的地方，模仿是无法奏效的。荷马的《伊利亚特》中这样描写皮安姆和元老们见到海伦时的场景："他们惊呼，如此貌若天仙，难怪九年来整个世界为之兵戎相向；多么迷人的优雅！多么高贵的仪容！她动若女神，行若女王！"① （博克用了莆柏的译文）荷马对海伦容貌的细节只字不提，没有人能形成确切的观念，但短短几行文字却胜过连篇累牍的精雕细琢。不过，在这里也可以看出，博克实际上还是继承了艾迪生的想象理论，诗歌最有效的描写在于激发读者的想象，而不是实事求是地模仿对象的细节。

然而，诗歌中的词语为什么能产生如此神奇的效果，也不仅仅是想象的作用，还有其他一些原因值得分析，而博克的分析也确实鞭辟入里。如果词语仅仅是凭借其表现的观念来感染人们，那么它们激起的情感必然不能很强烈，因为孤立的观念很难维持对情感的连续作用，而当我们阅读经典作品时，往往是心醉神迷、激动不已，比起其他艺术来，诗歌的感染力更胜一筹，所以诗歌也必然有其他艺术不具备的独特手段。在博克看来，诗歌之所以更能动人的原因有三个：首先，诗歌能使人产生更深切的同情。如果一个对象只是外在于我们，通过单纯的形象来影响我们，其力量是有限的，毕竟它与我们的倾向和立场无关，我们可以漠不关心、无动于衷。"我们异乎寻常地参与到他人的情感中，我们轻易被他们表露出来的真相所感动，并被带入同情之中。"② 诗歌的优势就在于，它能动用各种词语营造复杂的场景，其中的人物不仅向我们传达某个对象，而且还将他由这个对象被感动的方式也表现出来，换言之，诗歌不仅描写某个对象的外在特征，而且还将这个对象投入人物所特有的情感、立场、态度中。这个时候，影响我们的就不单是对象本身，还有与这个对象密切相关的人物，而最能打动我们的恰恰就是与我们自己相似的人物了。休谟的《人性论》初版于1738年，博克应该并不陌生，他所论的同情也应该是受了休谟的启发，但是把同情运用于对诗歌的特殊手法的解释也确实属于新的尝试，而且比起前人的理论来也更有效。

---

① Burke, *A Philosophical Enquiry into the Origin of our Ideas of the Sublime and Beautiful*, ed., Boulton; London: Routledge & Kegan Paul Limited, 1956: 171.

② 同上，第173页。

　　其次，诗歌能够进行更为自由的虚构。现实生活中的事物和场景多是平淡无奇，犹如过眼烟云，转瞬即逝，不能给人留下深刻的印象，也不能激起强烈的情感。纵然历史上不乏战争、死亡、冒险这些惊险刺激的事件，常人却无缘经历，或者真正说来也不愿经历，更不要说像上帝、天使、魔鬼、天堂、地狱这样的东西，人们根本就无从见识。诗歌却可以翻空出奇，将这些惊心动魄的事情描写出来，自然令人好奇，想一探究竟，而在诗歌中经历这些不寻常的事情，想象自由驰骋，情感也跌宕起伏。所以，诗歌能更出色地利用想象这种心理规律来营造新奇的效果。博克的这种说法自然是来自培根，培根说诗歌能够虚构常人不能经历的大是大非之事、大善大恶之人，起到道德教化的作用。

　　再者，即使是司空见惯的事物，在诗歌中也能焕发出新的生命和力量。这一来是因为诗歌可以予以虚构和夸张，二来是能够将它们置于奇特的场景之中，也就是把各种类似的词语，哪怕它们之间没有严谨的逻辑关系，堆砌在一起，形成一种整体的气氛。弥尔顿在《失乐园》中对地狱的描写就是一例："他们行经许多暗黑、凄凉的山谷，经过许多忧伤的境地，越过许多冰冻的峰峦、火烧的高山，岩、窟、湖、沼、洞、泽以及'死'的影子。'死'的宇宙……"[①] 这番景象的诡异恐怖，令人毛骨悚然，几乎都来自词语的密集组合，如果把其中一个词语拿出来，就不再具有原先的意味，也不会给人特殊感受。如果读者停下来辨析每一个词语所代表的实际事物是否真实，其间关系是否准确，这种阴森骇人的气氛就丧失大半。说到底，诗歌是依靠感觉和想象来领会的，而不能处处运用理性去推论。

　　博克劝人们不要过分追究诗歌中的词语与其观念之间的准确关系，一定程度上也是为他之前的崇高理论提供有力的佐证。作为一种强烈的审美情感，崇高的一个重要原因就是其对象除了有巨大、广袤的特征之外，总是处于一种隐约模糊的环境中，人们不能看到其边际，不能准确测量其性质，因而显出无限的特征。此时人们仿佛被一个朦胧未知的世界所包围，想象的力量在其探索中耗尽，理性也无用武之地，人们自然心生恐惧。在诗歌中，人们如果力求准确逼真，倒是违背了崇高的心理规律，适得其反。

---

① 弥尔顿：《失乐园》，朱维之译，上海：上海译文出版社，1984年，第70页。

第九章

杰拉德

———

亚历山大·杰拉德（Alexander Gerard，1728—1795），苏格兰人，受教于阿伯丁大学，之后成为该大学的道德哲学、逻辑学和神学教授。同时，他也活跃在宗教领域，是阿伯丁市的牧师，曾担任苏格兰教会最高会议议长。其美学方面的著作有《论趣味》和《论天才》，前者尤为著名。1756 年，爱丁堡艺术、科学、工业和农业促进会就"趣味"一题展开征文活动，杰拉德的《论趣味》荣获金奖，于 1759 年在休谟的协助下出版。这本书可以说是 18 世纪英国关于趣味的第一部系统著作。

一、趣味与想象

哈奇生的著作使人们相信，人天生具有一种审美能力，即内在感官。尽管他给这种感官提供了充分的形而上学基础，证明了其先天性、直觉性和非功利性等性质，但也因此而忽视了对这种感官予以充分的心理学分析，这使其美学显得抽象空洞，而且也存在诸多缺陷，例如，他区分了绝对美和相对美，但他并没有对这两种美形成的快感做出区分，而这两者并不完全相同。为了维护其理论的一贯性，哈奇生没有对艾迪生已经提出的崇高和新奇予以论述，但艾迪生已经指出，崇高和新奇的快感与美的快感是很不相同的。如果哈奇生将上述问题纳入自己的理论中，那么他所提出的美的对象的寓于多样的统一这一原则就必将受到挑战，威胁到其理论的一贯性。造成这一困境的主要原因应该是：哈奇生过多地依赖形而上学的规定，而没有注重心理学的分析。此时，休谟的人性哲学给了杰拉德很大帮助。休谟对形而上学不感兴趣，他以人性原则，即人的心理能力及活动规律，贯穿了哲学的各个领域，这同样也为后来的美学提供了方法论的参照。总的来说，杰拉德更多地借鉴了休谟而不是哈奇生，虽然他仍然志在把哈奇生所勾勒的美学描述得更加完善和系统。

为了解决哈奇生留下的难题，杰拉德采取了折中道路。首先，他承认人具有不同于外在感官的先天内在感官，但这种感官本身并不完善，而是需要适当的后天培养。其次，在他看来，内在感官并不是单一的能力，而是可以被区分为几个类型：新奇感、崇高感、美感、模仿感、和谐感、荒诞感和德行感。同时，他认为这几种内在感官是由一种更基本的能力构成的，即想象力，换句话说，内在感官是想象力在不同的环境中与其他不同能力相结合而成的。所以，杰拉德称一般意义上的美感为趣味，称不同趣味为某种想象力或感官。他说："趣味主要由几种能力的发展构成，它们通常被称作想象力，也被现代哲学家认为是内在感官或反省感官，它们为我们提供了比外在感官更为精细和雅致的知觉。这些能力可被简化为以下几条：新奇感、崇高感、美感、模仿感、和谐感、荒诞感和德行感。"① 因此，《论趣味》的任务在于"探讨趣味的本质。我们其次将努力揭示这些感觉在趣味的形成中是如何活动的，有哪些心灵的其他能力参与了它们的活动，是什么使这些感觉得到提升和完善，被我们称作良好的趣味，同时良好的趣味是如何获得的。最后，我们将通过考察趣味的这些来源、活动和对象，确定其在我们官能中的真正位置，其确定的领域和真正的重要性"②。在哈奇生那里被当作基本原则的内在感官，到了杰拉德那里只是趣味的构成要素或者不同表现。当杰拉德把内在感官等同于想象力的时候，他也改变了哈奇生所规定的内在感官的基本性质，即弱化了其被动性，强化了其能动性，因为想象力是一种具有改变、组合和创造观念的能力。

然而，杰拉德的理解存在某些矛盾的地方，既然内在感官是想象力与其他因素构成的复合能力，那么它们就不是原始的、天赋的，而且因为想象力的随意性，内在感官也就可能没有普遍性和必然性。为了解决这个矛盾，杰拉德对想象力的规律进行了深入的探讨。

----

① Alexander Gerard, *An Essay on Taste*, London, 1759: 1-2.
② 同上，第 2 页。

杰拉德认为，人心中的一切现象"或者来自感觉的普遍规律，或者来自想象的某种活动。因而趣味尽管自身是一种感觉，但就其原则来说，却可以被恰当地归于想象"①。这种说法显然是一个悖论，因为如果趣味不是外在感觉和反省，那么它也就不是原始和简单的能力，而只能是派生和复合的能力；既然是派生和复合的能力，那么它就不是感觉。对此，杰拉德做了一种独特的解释。之所以说趣味是一种感觉是因为，首先，从经验层次上看，"它为我们提供了简单的知觉，完全不同于我们通过外在感官或反省所接受的知觉"②。因此，趣味能够使我们了解外在事物的形式和内在性质，并了解我们自己的能力及其活动。从这一点上看，内在感官与外在感官和洛克的反省具有相同的性质，它们都是直接的，也就是说，在我们运用推理来理解对象的构成和性质之前，我们就已经得到了某些观念和情感。其次，正如从外在感官和反省而来的简单观念是单一的，不能再还原为更简单的要素。同样，趣味活动给人的情感也是单一的，不可分析的。再次，像外在感官一样，趣味的活动不受意志的支配，只要一个对象呈现于我们面前，我们就必然感受到快乐或痛苦的情感。

但是另一方面，趣味本身并不是知觉，只能说它"因对对象原始和直接的知觉而生，但并不包括在这些知觉中"③。因为趣味还有更复杂的原因或来源，也就是说，趣味在结果上或在给人的感受上是简单的，其原因却是复杂的，因而外在的感官知觉和反省可以是趣味的一种来源，但不是趣味本身。例如，两种不同的酒香气也不同，如果把两者混合在一起就产生了第三种香气，但这第三种香气给人的感受却仍然是直接的、简单的，虽然其来源却是复杂的。通常，白色给人的感觉是单一的，但实际上白色是由其他七种颜色构成的，所以白色这个观念的来源也是复杂的。之所以说趣味的来源是复杂的，是因为除了外在感官之外，还有想象力，而且两者之间不是截然相隔的。这样看来，趣味是一种综合性的能力。不过，这一点在休谟的《趣味的标准》一文中也有相同的看法，而博克的看法也大致如此，所以这是18世纪英国多数美学家的意见。

杰拉德认为感觉有一条规律是少有人加以阐明的。当一个对象呈现于感官之前时，心灵便使自身适应于这个对象的性质和外表，并通过意识或反省感到一种

① Alexander Gerard, *An Essay on Taste*, London, 1759: 160.
② 同上，第161页。
③ 同上。

情感。不过，这个适应过程具有一定的困难，正是这种困难迫使心灵发挥其活力。在杰拉德看来，"心灵适应于当前对象的活动是趣味的多数快乐和痛苦的来源，而且这些（情感）的结果会加强或削弱许多其他（情感）"①，换言之，心灵适应对象的过程本身就伴随着快乐和痛苦的情感，但这些情感又会产生后续的情感。因为心灵从一种状态转移向另一种状态的过程虽然非常迅捷，但绝不是同时的，而是需要一定的时间，也需要克服一定的困难。"心灵的每一种情绪都具有某种稳定、坚韧，或顽固的状态，这使心灵不情愿放弃它对这种情绪的控制。每一种感觉或情感，若有可能，就不愿被削弱或消灭。"②因此，一旦某个对象占据了心灵，我们就很难立刻转向其他对象。即使这个对象已经不在眼前，它仍然会影响心灵的状态，使心灵倾向于朝着相同的方向运动，尤其是习惯会增强这种趋向。凡与当前对象相似的对象就会顺利增强心灵的状态，而性质相反的对象则使心灵产生不适或痛苦。从这个方面来说，趣味情感源于外在感官的普遍规律。

然而，趣味不同于外在感官，它是一种"派生和次生的能力。通过指明产生（趣味情感）的心理过程，或者列举形成（趣味情感）的性质，我们可以将其追溯到更简单的来源"③。这些来源就是想象力的活动。"想象力首先被运用于呈现不伴随有回忆，或不伴随有对其曾出现于心灵中的知觉的观念。"④杰拉德完全借用了休谟的观点，认为当记忆衰退时，观念之间便丧失了其原有的秩序，而想象则赋予观念以新的秩序。想象根据观念间的"相似，或相反，或者仅仅因习惯或其对象的接近、并存或因果关系结合在一起的观念"⑤而进行联结。"想象一旦认定或知觉到观念间有前文所提到的任何结合的性质，它就很容易并急切地从一个观念推移到其关联物。它赋予它们（观念）以一种关联，以至于这些观念几乎变成不可分割的，而且通常显得是在一起的。"⑥所以，想象把本来是分离的观念联结成一体，甚至感觉不到它曾在观念之间推移的过程，而是一下子将它们作为整体把握，但这些观念在外在感官看来却是独立和分离的。"所有触动趣味并激起情感的对象都是由想象创造的形式或形象，想象把事物的部分或性质结合成复杂形

① Alexander Gerard, *An Essay on Taste*, London, 1759: 165.

② 同上。

③ 同上，第 166 页。

④ 同上，第 167 页。

⑤ 同上。

⑥ 同上，第 168 页。

态。"① 由此可以肯定，在杰拉德看来，审美对象是复杂观念，而且只有在形成复杂观念的过程中，想象力才处于活跃状态。

想象之所以产生快乐，原因有几个方面：第一，在联结观念的过程中，想象可以把某一个观念的性质传递到其他观念上面，因此也就把起初所产生的情感带到整个形式或形象上面。第二，在联结观念的过程中，想象会对这些观念进行比较，有时比较的效果会超过联想。比较使一个快乐或痛苦的观念变得比原初更快乐或更痛苦。在上述两种情况中，想象从一个观念到另一个观念的推移或者较为顺畅，或者较为艰难，但是都会激发心灵处于活跃状态，从而产生快乐的情绪。第三，"想象不仅作用于自身的微弱观念，而且经常与我们的感官联合起来活动，将其效果扩散到感官的印象上。感觉、情绪和情感，凭借相互联结的力量，很容易在感受或趋向上成为相似的，而且它们甚至比我们的观念构成更紧密的结合。因为它们不仅像观念一样联合起来，而且还完全融合和混合在一起，以至于在它们所构成的混合体里面，不能被分别知觉到"②。毫无疑问，杰拉德赞同洛克的观念联结论或联想论，同时在这里借用了休谟的观念和印象的双重性理论，即观念凭借接近关系相互联结的同时也把印象（情绪）传递到每一个观念上，而印象凭借相似关系相互联结的同时又把相应的观念吸引在一起。在这些情况中，情感并不直接来自外在感官及其对象，而是想象活动的结果。想象的任何活动都伴随着某种情绪，"这些情绪不是虚幻、空想或不真实的，而是由想象的活力普遍产生的，它们的确是非常重要的，对心理活动产生最广泛的影响。通过相互复合，或与人性的原始性质相复合，它们生成了我们多数的复合力量。它们尤其产生所有的情感和趣味，前者是通过与心灵中宜于引起行动的性质相结合而产生的，后者是通过与感觉的一般规律结合而产生的"③。

二、七种内在感官

杰拉德是从对各种审美现象的描述来开始他的美学探索的，其目的首先是发现作为趣味的来源的七种内在感官所具有的不同特点，分析这些特点的原因，以

① Alexander Gerard, *An Essay on Taste*, London, 1759: 169.
② 同上，第171页。
③ 同上。

图在最后总结出趣味的根本原则来。

在开始探讨新奇的感觉或趣味时，杰拉德跟随哈奇生的思路区分了源自外在对象和源自心灵活动自身的快乐和痛苦，他没有明确否认前者是审美情感，但他显然认为后者才是真正的审美情感，它们更丰富、更细腻，而且不直接受外在对象的影响。"只要心灵处于一种活跃和昂奋的情绪中，我们就有一种快乐的感觉"，而活跃和昂奋的情绪又主要来自心灵对困难的克服，而且如果能成功地克服困难，则这种成功的意识（consciousness of success）又会产生新的喜悦（new joy）。言下之意，即使是不成功的克服也会给心灵带来快乐，因为克服困难的行为本身已经使心灵处于活跃、昂奋的情绪中了。根据这个思路来推理，我们理所当然地想到，心灵内部的快感主要取决于心灵所面对困难的类型和程度。杰拉德也指出，这种困难应该是适度的（moderate），既能使心灵运动起来，又不至于将其完全挫败——当然休谟已经指出了这一点；相反，如果一个对象没有给心灵留下任何活动的空间，它就不能产生快感："一个作家的简洁明晰甚至会令人不快，如果这种风格表现得太过因而没有为激发读者的思想留下空间的话。尽管过分的晦涩令人愤慨，我们却因其情感的细腻而得到极大的满足，晦涩总是包含着某种细腻的情感，伴随着思想的迟疑，要让人猜测其全部的内涵，只有全神贯注才能有所理解。"[①] 这很容易让我们想到莱辛在《拉奥孔》当中对雕塑艺术原则的描述。

（一）新奇

在关于新奇的趣味或感觉的论述中，杰拉德列举的心灵遭遇的困难有以下几种情况：一是对古代文物残片的研究，文物研究者因为其年代久远就力图恢复其本来面貌或者予以完整描述，虽然物品本身并不具有多少重要性，但对其所包含的模糊信息的追溯却给心灵以很大的激发，因而带来探究的快乐。二是对我们不熟悉的事物的构想，使心灵面临困难，但也激发了心灵的活力，使其产生一定程度的愉悦。如果对象本身就是令人愉悦的，那么构想的过程就产生更大的快乐。例如，一个陌生人对一片风景的观赏，人们在科学中的发现和在技艺上的创造，初次经历总是比熟悉之后更令人激动。同时，人们在生活中也主动地寻求一些新奇的事物和活动，以缓解长时间专注于某一事物和活动而生的倦怠和厌烦。心灵

---

① Alexander Gerard, *An Essay on Taste*, London, 1759: 4.

总是厌恶产生慵懒与呆滞的一致性和习惯性，倾向于接受带来活力和悬念的新奇之物。在艺术中也同样如此，很多时候，人们往往因为厌倦了某种风格而去模仿中国式的风格或复活哥特式的趣味。不过，杰拉德补充说，人们所追求的新事物本身应该也是美的，否则新奇只能增强人们对这个新事物的厌恶。三是心灵在克服困难和构想新鲜对象时，往往伴随有惊奇的情绪，这种情绪会增强快感。因此，诗人们一方面搜寻人们通常无法见到的形象和故事，而且也在作品的结构上追新逐奇，打破前人的成规，力图给读者以出其不意的感觉。"新奇能使魔鬼焕发魅力，使事物令人愉快，虽然它们除了罕见之外别无他长。"[①] 四是如果一个事物既新鲜又新奇，那么由新鲜产生的快适的情感或情绪就会与新奇产生的快乐相互增强，产生更大的快感。例如，一套新衣服本身就使一个儿童快乐，但是如果他发现新衣服的款式与众不同，他就获得更大的快乐，因为这套新衣服"会激发他的骄傲，使他期待吸引同伴的注意"[②]。毫无疑问，杰拉德的这点认识来自休谟的同情原则。五是新奇的快感有时在反省中被增强。在构想一个新奇的对象时，心灵克服的困难越大，它获得的快感就越大，但是当我们在随后反省自己的行为时，那种成功的意识会使当初因新奇产生的快感变得更强烈。同时，如果我们随后认识到我们实际上先前已经具有这个新奇对象的知识，那么由新奇产生的快感也会因我们所具有的知识而被放大，虽然没有当初的新奇感就没有随后的这种更强的快感。

从杰拉德对新奇的描述中，我们可以看出这样一个逻辑，即新奇的基本原因是心灵对困难的克服和对新鲜事物的构想，当然这两点本身是一体两面的，凡不熟悉之物都会给想象力带来困难，凡给想象力带来困难的也大都是新奇之物。但是，也许我们很快就意识到，新奇之所以能产生快感需要其他一些条件，或者这种快感会与其他种种因素相互作用、相互增强，而这些其他因素并不一定属于审美的范畴。

（二）崇高

杰拉德显然把伟大与崇高视为一物。他分两方面描述崇高，即崇高的感觉和崇高的对象。对崇高的感觉的描述，杰拉德明显借用了艾迪生的解释："当一个巨

---

① Alexander Gerard, *An Essay on Taste*, London, 1759: 8.

② 同上，第10页。

大的对象呈现于眼前时，心灵使自己扩张到与这个对象同等的程度，并被一种伟大的感觉所充满，这种感觉完全占据了它，使其陷入一种庄严的静谧之中，而且以一种沉寂的惊叹和崇敬打动它。心灵发现自己将自身扩张到其对象那样的规模是如此困难，因此就活跃和激发出了自身的情绪；当它克服了此种情形中的这种对峙之后，它有时想象自己就身处于它所观赏的这片景象的每一部分；从这种巨量的感觉中，它感到一种高贵的骄傲，并享受它自己的这种能量的优越感。"① 对艾迪生有所补充的是：杰拉德提到心灵能够克服对象的巨量所带来的困难，并因此感到一种骄傲和高贵，这种理解是杰拉德的创见，并不见于 18 世纪英国的其他美学家，而且与他在解释新奇感时运用的原则是一致的，也与后来康德对崇高的描述非常类似。

杰拉德对于崇高的对象也有着自己独特的理解。崇高的对象固然应该是巨大或巨量的，但单凭这个特点一个对象并不必然产生崇高的感觉，除非"它也是简单的，或者是由大致类似的部分构成的"；相反，多样性有损于对象的崇高，"无数小岛散落在海洋中，打破整个远景，会大大地削弱了这景色的宏伟。多姿的云彩使天空的面貌焕然多变，这可以增添它的美，但必定分散其宏伟"②。之所以如此，是因为多样性会对心灵或想象力产生截然不同的效果。由多样而微小部分构成的对象会使想象力忙碌于观察各个部分，而心灵恰恰就厌恶琐碎无聊的活动，厌恶不完整的观念，"但是，我们可以轻而易举地接受一个简单对象的概念，无论这个对象多么巨大，在发挥了这种能力之后，我们自然而然就把这个对象理解为一体；景色的每一个部分都暗示着整体，从而使想象扩张和扩大到无限，以至充满心灵的空间"③。

崇高的对象并不局限于范围上的广大，而且也包括持续的长度和巨量的类似事物构成的整体。例如，人们往往认为庞大的军队是崇高的，但其特点不在于占据空间的广大，而在于人数的众多、队列的方向一致，因而也具有简单或整一的特点。所以，在杰拉德看来，崇高的对象应该具备两个要素：一个是巨大或巨量，另一个是简单性或整一性。这看起来与哈奇生对绝对美的规定是相似的。的确，杰拉德说："科学的崇高正在于其普遍原则和一般公理，从这些原则和公理中，就

① Alexander Gerard, *An Essay on Taste*, London, 1759: 13.
② 同上，第 15 页。
③ 同上，第 16 页。

像从一个不竭的源泉中，衍生出无数的推论和次要原理来。"[1] 他也用这个原则来解释情感或品质上的崇高，如英勇、慷慨等，它们之所以崇高并不是因为这些情感或品质本身的特征，而是因为它们的原因、对象以及效果，我们总是根据这些因素来认识它们的。当我们提到英勇时，就会想象一个强大的征服者，战胜了重重危险，征服了众多国家，仿佛统治着整个世界，其名声也流传百世；当人们提到仁善时，也不由得想象一个人的恩惠不仅限于近邻，而且扩及众多人群和整个社会。所以，情感和品质上的崇高也具有上述两个要素。显然，在杰拉德看来，任何情感和品质都可以转化为广度、长度等方面的数量。无疑，杰拉德对简单或整一性的坚持是受到了艾迪生对建筑物伟大的描述，这使得他能够对崇高的对象予以量化，而不仅仅是做抽象或模糊的比喻，虽然这种量化会使他排除很多通常被称作崇高的对象，或者运用其他的原则进行补充。例如，风暴和闪电等对象被称为崇高，但并不具有上述特征。杰拉德又根据这些对象所产生的效果与巨量或巨大的对象所产生的效果具有的类似性，即它们往往令人恐惧，因而可能被称为崇高。

在对崇高的阐释中，杰拉德还提出了一个特别的理论，即联想。之所以提出这个理论是因为他发现上述两个要素不能涵盖全部的被称作崇高的对象，也就是说，有些对象本身不是崇高的，但因与其他观念联结在一起而成为崇高的。很明显，这个观点来自休谟，而且他对联想的解释也源自休谟："联想的本质就是把不同的观念紧密结合在一起，以至于它们在某种方式上成为一体。在这种情况下，某一部分的性质自然地被归到整体或其他部分上面。至少说，联想使心灵从一个观念到另一个观念的推移变得快速而轻易，以至我们带着相同的情绪来观照它们，因而它们给我们的触动也是类似的。因此，只要一个对象始终把另一个伟大的对象带入心灵中，这个对象因其与后者的关联也被认为是伟大的。"[2]

杰拉德将联想理论特别运用于艺术领域，虽然由于每种艺术的媒介及其表现手法有所不同，但在表现崇高这种趣味上，大多都运用联想原则。究其原因，大概是因为艺术不可能创造像自然事物那样巨大或巨量的对象，也不能直接呈现某种高尚的品质，所以只能运用某些手法使人们联想到它们所模仿和表现的原物。文学中的某些词语或措辞被看作是崇高或高贵的很少是因为其发音，而主要是因

---

[1] Alexander Gerard, *An Essay on Taste*, London, 1759: 17.

[2] 同上，第20页。

为与其相联结观念的性质，或者讲话人的性格。建筑物因使人联想到力量和持久等观念，或者联想到其拥有者的财富和高贵被认为是崇高的；绘画运用某些色彩、光影来让人联想到自然中的事物，或者塑造具有某些特征和态度的人物，使人们联想到这些人物的品质。因此，即使有些艺术作品篇幅短小，但也能够充分传达崇高的感觉。不过，杰拉德指出，最好的表现崇高的作品，其模仿的对象本身应该是崇高的，如果被模仿的对象本身不崇高，则可以运用隐喻、比较等手法来赋予对象以崇高的色彩，但这些手法之所以能发挥作用也是依赖于联想原则。[①]

联想原则的进入的确可以解释巨量和整一性所无法解释的现象，但是这个原则使得杰拉德的崇高理论在某种程度上显得毫无规律。联想是习惯中接近或联结的观念之间的相互影响和转换，但是具有什么样关系的观念才能进入联想当中，并无一个确切的标准，因而联想活动就可能是随意的。杰拉德没有依赖像哈奇生那样的形而上学，也没有建立像休谟那样的人性哲学体系，这是使他的联想学说很不完善的一个原因。联想在他的美学中只能起到有限的补充作用。然而，他对于崇高的对象的量化阐释的确有所突破，对崇高的感觉的解释也与他用来解释新奇的感觉的原则有着相通性。

（三）美

杰拉德对美的感觉或趣味的阐释仍然贯彻了想象力的规律，同时也吸收了哈奇生的观点。他把美分为几类，包括形象的美、效用的美、色彩的美。

形象的美的性质是统一性、多样性和比例，"每一种性质在某种程度上都是令人快乐的，但所有性质结合起来才能给人充分的满足"[②]。之所以规定这些性质，是因为它们都符合知觉或想象力的规律，只不过这种规律与新奇和崇高那里的想象力的规律有所不同。在对新奇和崇高的对象的知觉中，想象力是在克服困难的过程中以及随后的成功意识当中为心灵产生快感的；在对美的知觉中，想象力产生快感的原因不是困难而是敏捷（facility）。"知觉一个对象时的敏捷，如果是适度的，就给我们带来快感：当心灵没有付出辛苦或劳累就能够形成知觉时，它就对自己充满赞赏。"[③]

---

① Alexander Gerard, *An Essay on Taste*, London, 1759: 27.

② 同上，第 31 页。

③ 同上。

　　使知觉变得敏捷的对象首先应该具有统一性或一致性，使心灵能够轻易快速地掌握"各部分的意义或整体的趋势"，而在通常情况下，这是需要付出很大的努力的。"具有这些性质的对象很轻易就进入心灵：它们不会分散我们的注意力，或者使我们忙于从一个场景转向另一个场景。一个部分景色就暗示着整体，促使心灵想象其余的部分，这就使心灵的精力产生一种令人愉快的释放。"[1] 但是，过度的统一性会使心灵凝滞不动，直至厌倦，因此多样性也是必要的，它能使心灵继续处于活跃状态。不过，过度的多样性也是有害的，它会使心灵忙于适应和掌握各个不同的部分，而无法形成一个整体景象，因而陷入无尽的劳碌和痛苦。所以，统一性和多样性应该相互交融，既使心灵在顺畅的知觉中得到满足，又能在克服适度的困难中保持活跃。

　　至于比例，杰拉德指的不是各部分之间可精确测量的关系，而是各部分对于一个目的的适宜性，这种适宜性只能被感觉到。还有一种比例是指构成整体的各部分的大小相对于整体要适度，如果太小，就不能被知觉到；如果太大，就会吸引太多的注意力，使人忘记了整体和其他部分。杰拉德用这个观点来批评哥特式建筑，因为它被过于琐碎的装饰所包围，同时整体上也过于单调。

　　最终来说，杰拉德首先强调的是知觉的整体性，心灵倾向于形成对对象的整体把握，任何不完善的把握都会使心灵感到失败和沮丧，因而产生不快。"正如最能给我们带来快感的莫过于使我们对自己的能力形成一种优越感的事物，最使人不快的莫过于那些让我们觉得自己的能力不完善的东西。"[2] 如此看来，心灵或想象力是一种主动的能力，自身带着一种实现某一目的的欲望。只有在这个前提下，多样性才是必要的，才能使心灵保持适度的活跃。所以，对于美的感觉或趣味来说，统一性、多样性和比例都是不可或缺的。

　　杰拉德讨论的第二种美是效用或适宜，这个明显是受到了休谟的影响。在他看来，效用或适宜的重要性要高于形象美的性质，"它是如此重要，尽管便利性在少数情况下有时会服从于规则性，然而较大程度的不便利一般会破坏所有源自各部分的协调和比例的快感"[3]，而且"在确立各种美和比例的标准时，我们非常

---

[1] Alexander Gerard, *An Essay on Taste*, London, 1759: 32.

[2] 同上，第 37 页。

[3] 同上，第 38 页。

注重适宜和效用"①。在艺术领域，凡是不能把适宜或效用与规则性完美结合的作品都不能成为杰作。尤其是在工具的制作上，效用具有决定性的意义，各种装饰都要服从于这一要素，如果装饰没有用在合适的地方就会使人不快。在艺术作品中，效用和适宜指的是作品的布局和技巧契合作者的意图或作品的主题。例如，在历史画中，一个次要人物的大小和位置如果高于主要人物就是不适宜的。富有天才的艺术家总是根据其目的或意图来选取素材、设置布局和各部分的装饰，而批评家也是根据其目的或意图来评判其作品的。实际上，杰拉德强调艺术创作中的效用或适宜是要突出作品的整体性，从这一点上说，是与他对形象美的描述一致的。

但是，杰拉德几乎没有区分效用和适宜在实用物品和艺术作品中的内涵和意义。一件工具的效用和适宜是对于另一个事物而言的，而艺术作品的各部分和所用技巧的效用和适宜则是对于其本身的目的或意图而言的，这显然是有区别的。例如，说一幅画挂在某个地方是适宜的，与说一幅画的布局对于它要表达的主体来说是适宜的，这是两个意思，前者更多的是把这幅画看作一种装饰的工具，后者则把这幅画看作是自足的，不需要服从另一个对象。也许，造成这种混淆的原因主要是杰拉德没有像今天的美学一样区分实用的艺术和美的艺术。的确，这个区分在休谟那里也不明确，但是休谟更强调效用在美感中的地位，无论是形式的比例或规则性，还是意图，都服从于效用，所以两者之间的矛盾并不明显。

杰拉德所讨论的第三种美是色彩的美。他把色彩的美分为两种情形：一是色彩本身的美，一是色彩因联想产生的美。他对前者的解释仍然运用了心理学的原则，这种美的原因在于色彩所产生光线的柔和。"色彩只是不同强度和样态的光线，某些光线对视觉器官较少伤害，因此在某些情况下被称作是美的。而有些色彩凭借其亮丽，给人一种活泼而强烈的感觉，因为心灵观照它们时产生一种欢快和活跃的情绪，从而带给我们以满足。"②这种解释显然比较单薄。不过，只有从他开始，色彩才真正作为一种美的对象出现在英国美学中，并运用统一的理论原则予以分析。

"但是，色彩的美在多数情况下要归因于联想；它们或者是通过天然的相似性，或通过习惯或舆论被引入并与任何适意的观念相联结而得到赞赏，而那些不被赞

① Alexander Gerard, *An Essay on Taste*, London, 1759: 39.

② 同上，第42页。

赏的色彩则与令人不快的观念相关。"[1]田野的碧绿被认为是美的，不仅是因为这种色彩对眼睛无害，也是因为它暗示着丰收这种令人快乐的观念，而服装色彩的美源自它使人联想到穿着者的身份、情绪和性格等因素。

以上三种类型的美的原则各不相同，但它们给人的感觉却是相似的。杰拉德认为，当三种类型的美结合在一起时就能给人以最大的满足，它们之间是相互增强的。一张姣好面容的美不仅源自其各个部位的协调比例，也源自红白相间的色彩本身，同时前两者都暗示着健康和活力以及良好的性格。

（四）模仿

杰拉德对模仿的论述很多地方都来自哈奇生，他甚至像哈奇生一样称模仿为相对美或次生的美。不过，他坚持用想象力的规律来解释模仿的快感的原因。模仿的最大特点是模仿作品与原物之间的相似，这种相似促使心灵在两者之间进行比较，在比较的过程中，心灵发挥自己的能力，这本身就产生快感；当心灵发现两者的相似之后，成功的意识又会使心灵对自己的"辨别力和敏锐性"表示赞赏，从而产生新的快感。同时，如果模仿是有意进行的，人们就会对艺术家的"技艺和精巧"产生敬佩，这种敬佩与技艺所要实现的效果结合起来，就使模仿作品给人更多的愉悦。[2]所以，模仿给人快感的原因是多重的。

像哈奇生一样，杰拉德并不认为模仿需要达到完全的精确，而且"天才之作（work of genius）中相似性过分地精确的话，就会堕落成令人不快的奴性；如果对相似的偏离是卓越技艺的结果，这种奴性就会被轻易消除"[3]。所以，模仿应该选取原物本质性和鲜明的性质，并凝聚在作品当中，使接受者对原物产生鲜活而强烈的印象。这也就是艺术创作常常运用隐喻和讽喻（allegory）的原因。这些修辞实现的不是外表的相似，而是感觉或印象上的相似，或者说是神似。

杰拉德承认，模仿最好去选择本身就是崇高或美的原物，因为这样会给人以多重的快感，但他显然更强调模仿本身的效果，而且他明确意识到，对丑的或不完善对象的模仿会产生一种特殊的审美效果，即谐仿和幽默（mimicry and humour）。所以，模仿可以把本来是令人痛苦的情感转化为快乐，而且这是模仿

---

① Alexander Gerard, *An Essay on Taste*, London, 1759: 43.

② 同上，第 50 页。

③ 同上，第 55—56 页。

带给人最强烈的效果。但是，最能体现模仿这种效果的莫过于悲剧了。"悲剧中产生的焦虑、忧戚、恐惧，通过模仿它们的对象和原因，并经过同情的感染，比起闹剧或喜剧所激起的欢笑和喜悦来，不仅给人更严肃的满足，而且是更强烈和高贵的满足。"① 如果这些情感"是间接性地产生的，它们就会鼓动和占据心灵，激发其最大限度的活跃性；同时我们潜在地意识到（悲剧）场景是遥远和虚构的，这就会使模仿的快感缓解这种场景初次发生时伴随的单纯的痛感"②。

如果以模仿作品与原物之间的相似程度为标准，那么雕塑是最高级的模仿，绘画次之，诗歌又次之。但是，如果按照想象的规律来评判的话，诗歌的模仿却是最动人的。由于模仿媒介的不同，诗歌的模仿需要克服更大的困难，因而也需要更精湛的技艺；反过来，这种模仿会激发心灵付出更多努力去发现作品与原物之间的相似性，因而也产生更大的快感。诗歌"具有模仿最高贵和最重要对象的独特能力，即内心中最平静的情感以及表现在长时间行动中的性格"③，这是其他艺术无法比拟的。我们可以发现，到杰拉德这里，对各种艺术类型的排序与艾迪生的排序有了一些变化，而更接近于康德的排序。

（五）和谐

和谐的感觉或趣味专门探讨声音的美，这与哈奇生的表述是一致的。不过，杰拉德认为声音美不仅为音乐所专有，而是出现在各种艺术当中，尤其是语言艺术中。他把声音美的快感分为两种：一种来自单音，一种来自组合音（a combination of sounds），但是和谐仅指组合音。和谐的声音组合规则与美的形象的规则类似，要求有统一性、多样性和恰当比例的结合，只不过这些组合是在时间中实现的。从心理学或想象力的规律来解释，对声音组合的欣赏还涉及回忆和期待两种活动。"我们从声音的延续中获得的快感，是对一种复杂性质的知觉，这种知觉由对当前声音或音符的感觉对之前声音的观念或回忆构成，因其混合和并发，产生一种仅有其一不能产生的神秘的愉悦，而且这种愉悦还由对后续音符的期待得到增强。"④ 所以，杰拉德认为，为我们所熟悉的音乐是最能让我们快乐的，因为

① Alexander Gerard, *An Essay on Taste*, London, 1759: 54.
② 同上，第 54—55 页。
③ 同上，第 58 页。
④ 同上，第 61 页。

我们对前后相续声音的理解可以与新奇的力量取得相互平衡。按照他先前所提出的想象的规律，在这种情况下，我们既容易对音符的延续形成顺畅的知觉，对乐曲形成整体性的理解，又有新奇对我们的心理所激起的活力。

在讨论音乐时，杰拉德提出了一个颇具创造性的观点，即"音乐主要的优势在于其表现力（expression）"。"它对情感的作用力是它最重要的优点，并且因所有感觉和情绪在给人的感受上都是相似的，因而就趋于相互引带，进入心灵；凭借其和谐，音乐在灵魂中产生一种快乐的情绪，使我们特别乐于响应所有令人快适的情感。"[①] 同时，由于声音天然就适于模仿某些对象和语调，或是让人联想到某些对象和语调，因此听者就自然在心中生出与这些对象和语调响应的情感，这些都有助于增加音乐的表现力。杰拉德对表现力的论述并不丰富，但这是西方美学史上第一次提出这一概念，在后来的美学中，这一概念逐渐成为与崇高与美同样重要的美学范畴。在英国美学中，到18世纪末的艾利逊，表现力已经成为一个核心概念。

（六）荒诞

正如以上几个范畴都来自艾迪生和哈奇生对美的分类，荒诞（ridicule）同样不是杰拉德的首创。17世纪的霍布斯就曾论述过笑这种情绪状态，后来夏夫兹博里专门写过一篇文章《共同感，论机智和幽默的自由》，哈奇生也写过《论笑》，这些内容都与杰拉德所谓的荒诞类似。但是，霍布斯的论述只是只言片语，夏夫兹博里和哈奇生则是把嘲讽、幽默等与荒诞相关的主题放在政治和道德领域来讨论的。可以说，是杰拉德首先把荒诞当作一个美学范畴，并对荒诞的构成和原则进行了系统的分析，虽然他的分析非常简洁。

荒诞的表现有怪异、荒谬、幽默、诙谐，虽然杰拉德提到这几种表现互有差异，但他只是集中论述它们的共同特征。"由它们而来的满足通常产生，并且总是易于给人以快活、欢笑和乐趣。尽管不如其他（趣味）那样高贵，但绝不是卑鄙的。它有自己的领域，虽然不如其他（趣味）重要，但也是有用而令人愉快的。正如它们（其他趣味）是评价严肃和重大的主题的，只有它有权评判更为荒唐可笑的主题。"[②] 所以，荒诞的对象与美的对象的特征是恰恰相反的，"其对象普遍是

---

① Alexander Gerard, *An Essay on Taste*, London, 1759: 64.

② 同上，第66页。

不协调，或者事物中关系的出人意料和非同寻常的混杂和矛盾，更准确地说，它是通过同一对象的一种不一致和不和谐，或者在主要方面密切联系的对象中，或者在整体上相反和不似的事物之间的意外相似或联系，来使人愉快的"①。这就是说，荒诞的对象有三种类型：第一，同一对象具有相反的性质，如自吹的人的懦弱，自称博学者的无知，高贵者的卑贱。它们之所以让人愉快是因为心灵总是习惯于把部分结合为一个整体，并认为各部分应该是统一的或具有紧密联系，但这些对象各种性质的相互对立恰恰使心灵的期待失落，因而使心灵将它们看作是可笑和荒诞的。第二，在整体上类似或具有密切联系的对象之间却存在截然相反的性质。例如，同一个家庭中的成员却有着不同的性格和举止，一种情感给人的感受非常强烈，但其原因却是微末小事；一个要完成的目标本身价值很小，但完成这个目标的手段却异常艰难和夸张。第三，根本不同的对象却存在某种意想不到的相似性，例如低等动物模仿人的动作。因为人的想象力总是将任何对象加以比较，即使这些对象初看之下没有任何可比之处，所以如果最后竟然发现之前未曾发现的相似，就会使心灵倍加活跃，从而给人以快乐。很明显，杰拉德根据的仍然是运用于前述种种范畴的心理学或想象的规律，其细致入微的观察自然也值得人们重视。

然而，杰拉德对荒诞的对象也进行了一定的限制，即极其恶的和真正悲惨的对象不能成为嘲笑的对象，虽然它们是最不和谐的，却不是荒谬的，只有当它们偶然出现在不适宜的环境中，以至不能让人施以同情时才显得是荒诞的。这个限制不是美学上的，而是道德上的。事实上，哈奇生在《论笑》当中也有相同的看法，而且认为真正善的对象也是不能被嘲笑的，因为不管怎样对它们进行不恰当的描写和比喻，人们仍然会报以崇敬。

（七）德行

杰拉德最后讨论的是德行的感觉或趣味。杰拉德赋予德行的趣味以非常高的地位，认为它与其他趣味本然地结合在一起，甚至要高于其他趣味。如果失去了道德上的正确导向，其他趣味就毫无意义，即使"某些特殊的美被人赞赏，但整个作品却被人谴责"②。美善同一是18世纪英国美学中一个普遍的倾向，夏夫兹博

---

① Alexander Gerard, *An Essay on Taste*, London, 1759:66.

② 同上，第74页。

里和哈奇生的论述具有很强的说服力，即美和善的判断模式以及它们在情感中所产生的效果是类似的，但两者的同一性也仅限于此，而不能相互取代。因此，德行的美在美学中仍然是个难题。杰拉德几乎是照搬了哈奇生的道德感理论，认为人天生就会喜爱善而憎恨恶，看到好人得到好报，我们就感到欣喜；看到恶人当道，就义愤填膺，因而道德判断就成为艺术作品给人的最大快乐。但是，杰拉德几乎没有意识到这样一个问题，即现实中与艺术鉴赏中的道德判断有什么区别。的确，在论述模仿的趣味时他也提到悲剧作为一种虚构所产生的特殊效果，但悲剧毕竟只是一种特殊的艺术类型，其审美效果也不是单纯依赖道德判断。杰拉德没有关注艺术创造对道德判断产生怎样的影响，在其他趣味上所运用的心理学或想象的规律也没有在这里得到贯彻。所以，关于德行的趣味论述几乎成为道德说教，也使这部分内容在他的美学中显得是一个累赘。

三、审美判断的条件

七种内在感觉只是构成趣味的七个要素，或者说是趣味的七种不同表现方式，所以真正来说，趣味是由这七种内在感觉综合而成的。在有些情况下，各种内在感觉会单独活动，或者占据主导地位，但当它们综合起来时，它们就会相互增殖，扩大自身所产生的快感，整个审美快感也达到最大程度的完善。

内在感觉的综合之所以达到这种效果，是因为人的情感或情绪本身具有相互影响和增殖的规律，而内在感觉的表现就是种种特殊情感或情绪。休谟在《人性论》中就详细探讨过这个原理，杰拉德显然是借鉴了休谟的理论。"我们的情感或情绪会因它们之间的相互影响在强度上获得一种极大增加并存在情绪，因它们的感受、趋势或对象，甚至它们在心灵中不存在任何联系时，也会汇合成为一体，并因这种混合产生一种强烈的感觉，因而当相同或差异的内在感觉给人的不同满足同时发生在心灵中时，就会给心灵一种复杂的快乐。"① 从对象方面来说，每一个对象都集多种特征于一身，其中有一种或几种是主要特征，适于激发某种内在感觉，产生主要的审美情感，但它还有一些次要特征，也会同时刺激其他内在感觉，产生不同的情感，这些情感就会使由主要特征产生的情感得到增强。失去由

---

① Alexander Gerard, *An Essay on Taste*, London, 1759:79–80.

次要特征产生的情感，由主要特征而来的情感也会被削弱。例如，崇高或伟大是最强烈的审美情感之一，但是如果没有新奇这种情感的支持，它本身的强度也会降低，因为最为强烈的崇高情感也会因习惯而不被唤醒；如果崇高的对象让人联想到某种高尚的道德品质，那么它给人的情感无疑又会得到更多的增强。总之，多种内在感官产生的情感要强于单一内在感官产生的情感。

在艺术鉴赏上也是同样的道理，杰拉德重点分析了诗歌给人的审美感受。"诗歌是多种美的混合体，因为相互综合而对彼此反射出更强的光芒。崇高、新奇、优雅、自然、高尚，常常在模仿时混合在一起，再加上虚构力量和最丰富的形象使它们更加鲜活，而韵律的和谐又使其带来更多快意。当诗歌恰好适于以音乐歌唱时，诗歌和音乐都会因这种结合获得新的力量。"[①] 所以，相比近代诸多美学家致力于对各种艺术做精确区分，杰拉德更重视艺术之间的相互融合。

然而，种种内在感官是否能被激发还取决于心灵本身的状态，即主导倾向（prevailing disposition），用后来美学的话来说，美感有赖于审美主体的态度。当心灵的状态与对象的特征相互契合时，对象就会深刻地打动和感染我们，但有时我们却无动于衷。所以，在审美鉴赏时，保持一种平和、平静、平衡的心理状态是非常关键的。的确，由于天性或习惯的影响，人们总是倾向于接受某种特殊情感，当两者相遇时，无须任何额外的刺激，心灵就会处于活跃状态。但是，从原则上说，对象的性质在任何情况下都必然会激发相应的情感，只要心灵保持一种恰当的态度，亦即一种开放的状态，以能在接受主要情感时，也能使其他的次要情感也汇合进来，如此便能获得一种完善的趣味。不过，审美态度的理论只有到了艾利逊那里才明确起来，成为近代美学中的一个核心内容。

对趣味的完善来说，不仅需要保持内在感官的敏锐，以使想象力处于活跃状态，而且也需要趣味本身之外的力量，首先就是判断力。判断力在美学中之所以如此重要，其原因在于 18 世纪英国美学所根据的经验主义哲学。从洛克以来，经验主义哲学便存在这样一个问题，即由感官而来的观念并不等于外在事物本身，这就使观念与外在事物是否相符成为一个问题，这是导致不可知论和怀疑主义的主要原因。也正是这种理论为 18 世纪英国美学提供了施展心理学分析的广阔领域，但在美学中也存在与哲学上同样的甚至更严重的问题，那就是趣味能否是普

---

① Alexander Gerard, *An Essay on Taste*, London, 1759: 82.

遍的，这个问题引发了整整一个世纪的争论。哈奇生在某种程度上证明了内在感官是先天的、普遍的，所有人不论贵贱都可以享受由其带来的快感，然而事实是：个体之间在趣味上的确存在差异，即便这种差异不是高下之分。为了避免趣味主观性和相对性的危机，美学家们不得不求助于更为客观的标准，即人的外在感觉。即使无法求证外在世界的实在性，但几乎所有哲学家都承认，因为人的感觉器官的构造是相同的，那么由此而来的感觉观念也是相同的，而且由感觉而来的内在观念或反省观念，即情感也是相同的。

　　然而，在很多情况下，人的感觉器官并不能根据其自然状态活动，因为它们又受到环境和习惯的影响，从而产生歪曲的知觉，也就是很多简单观念因为环境和习惯总是倾向于相互影响，或联结在一起。所以，要确定趣味及其情感的客观性和共同性，一条道路就是消除环境和习惯的影响，还原外在感官和内在感官的自然状态。哈奇生所采取的就是这条道路，在某种程度上，杰拉德也是这样。在他看来，判断力的作用就是把不管出于什么原因而混杂在一起的观念分割开来，以尽可能地还原为简单观念并寻找这些简单观念之间的联系。杰拉德说："只有对象中确定的性质被知觉到，与其他相似的性质被分辨出来，并被比较和混合，判断力才会活动起来。在这些活动中，判断力得到了运用，它参与到对激发它的每一个形式的分辨和形成当中。"[1]在审美鉴赏的过程中，"它（判断力）运用艺术和科学需要的一切方法，发现使人眼前一亮但深藏不露的那些性质。它考察自然作品的法则和原因，将其与艺术不完满的作品进行比较和对比，因此它提供使想象力产生观念并形成组合的材料，这些材料将深深地感染内在的趣味"[2]。同时，判断力也要对各种艺术进行比较，总结它们的规律，从而发现它们是如何相互增益，如何给人快感的；它也要发现每一件艺术作品的意图是什么，艺术家所运用的各种手法与这个意图是否适宜。判断力把它所发现的所有这些材料提供给内在感官，让想象力顺应其本性自然地活动，从而使心灵享受到艺术作品带来的快感。不仅如此，即使心灵凭借趣味和各种内在感官获得了快感，判断力还要对这些快感进行比较和权衡，判别其高下之分。

　　如此看来，审美鉴赏最终要依赖趣味及各种内在感官，但完善的趣味首先要依靠精确而正确的判断力，因此审美鉴赏不纯粹是情感活动，判断力始终在对其

---

① Alexander Gerard, *An Essay on Taste*, London, 1759: 90.

② 同上，第 91 页。

进行监督。内在感官与判断力各司其职。

    尽管反省感官和判断力相互结合，也是与真正的趣味一致的，但它们是以不同的比例结合起来的。某些时候，敏锐的感官是主要要素；另一些时候，精确的判断力是主要要素。两者都会做出正确的判定，但却受着不同原则的指引，指引前者的是感官的知觉，指引后者的是理解力的证明。一个人感到什么使人快乐什么使人不快，另一个人则知道什么可以让人满意什么让人嫌恶。感官天生就不会犯错，因此只要它是健全的，它就能避免错误，尽管判断力是不完善的。判断力通过检视感染趣味的性质，考察趣味不知其原因的情感，常常会弥补想象力的迟钝。[①]

    所以，如果人们的秉性各不相同，或者其内在感官和判断力在不同情况下各占优势，那么他们在鉴赏艺术作品时得到的快感也就有所不同。内在感官敏锐的人的快感来自强烈的情感，判断力强的人的快感则来自其精细的辨别和理解，知道自己情感的原因；从这种辨别和理解中，他得到了快感，但这是一种知性的快感（intellectual pleasure）。显然，杰拉德认为认识上的成功也能转化为审美快感，至少是有助于审美快感的，而之前的哈奇生是极力排斥认识对审美的影响的，在某种程度上，杰拉德的观点更接近于休谟。然而，这带来很多问题。当杰拉德认为判断力本身就能产生快感时，这种快感是否是审美快感？判断力是否属于趣味能力的一部分，如七种内在感官那样？如果审美判断同时需要趣味和判断力，那么何者优先？

    根据杰拉德先前的理论，判断力并不像内在感官那样属于趣味的要素，而且判断力与想象力是截然不同甚至相反的两种能力，判断力倾向于分析，想象力则倾向于联结和综合。既然它不属于趣味的范畴，那么判断力所产生的快感也就不属于审美快感。至于趣味和判断力何者优先，则无法从杰拉德的理论推断出来。不过，我们至少需要提问，既然内在感官本身是先天的，它们能够自然地发生作用，为什么又需要判断力的监督呢？因为这显然是在推翻内在感官的先天性这个主张，而是转向认为需要想象力等其他因素的引导。应该说，杰拉德意识到了哈

---

① Alexander Gerard, *An Essay on Taste*, London, 1759: 96.

奇生美学中的这种悖谬，他认为趣味需要后天的培养和锻炼。

四、完善的趣味

在杰拉德看来，各种内在感官固然是先天的，但先天的内在感官却还不是完善的。同时，人们在这方面的先天禀赋参差不齐，有些人的感官先天就健全而活跃，不经多少教育和锻炼就有很高的水平，而有些人的感官天生虚弱而迟缓，若不经过后天的教育和锻炼就不能做出敏锐和正确的鉴赏。杰拉德认为，无论是外在感官还是内在感官，都是可以在后天提高的，经过教育和锻炼，有些人的能力要优于他人。只不过，相对而言，外在感官是"人性的根本原则，就如物质世界的基本成分或规律，在很大程度上不受我们能力的影响"，而内在感官"是派生和复合的官能"，易受其他原因的影响而变化；"前者更多是直接服务于我们生存而非快乐"[①]，完全服从于人的本性的造物主的决定，而后者虽有利于我们的幸福和娱乐，但并不是生存之必需，而在很大程度上要依靠我们自己的培育和提高才能达到完善。显而易见，杰拉德在哈奇生和休谟之间采取了一条折中的道路。

最后，杰拉德总结，趣味的完善在于判断力和想象力的完善，具体表现为四个原则：敏感、精雅、正确以及这几个原则的协调。[②] 这些都是在经过长期专门的锻炼之后获得的。然而，在这个过程中也存在大量复杂的问题。

敏感指的是心灵是否能快速而细致地观察到对象的性质并产生活泼的情感。每个人的敏感程度天生存在差异，杰拉德注意到，虽然迟钝不是优点，但过度的敏感也是缺陷。"在某些人当中，趣味极为敏感，以至于只是带着热烈的兴趣和狂热的陶醉来观察艺术和自然的所有优点，观察不到任何缺陷和污点，也不感到嫌恶。有些人则只专注于推理，满足欲望，追求利益，完全是趣味的满足或不适的陌路人。"[③] 所以，对于趣味来说，重要的是培养一种适当的主观状态或态度，既不能过于迟钝，也不能过于敏感。

所谓培养或锻炼，很大程度上就是形成一种习惯，而习惯的形成又依赖于重复。然而，这里又产生一个悖论。"它们（习惯）通过重复给心灵以很大的顺畅，

① Alexander Gerard, *An Essay on Taste*, London, 1759: 100.

② 同上，第 104 页。

③ 同上，第 106—107 页。

而不给这种顺畅以负担，结果习惯就导致比（心灵初次知觉对象）时较少的愉悦或不适。"① 而杰拉德在论述内在感官时却强调趣味快感必须要有新奇等因素造成的困难，以便心灵在克服困难的过程中和在对成功的意识中获得满足，但杰拉德认为这个悖论只是表面上的悖论（seeming paradox）。② 因为重复和锻炼最终只会让我们更准确地区分美和丑，只对那些真正美的性质保持敏感，从而给我们带来更加高雅精致的快感。

任何自然景色和天才作品只要被长期重复观照就必然使人觉得索然无味，丧失兴趣，但是"趣味的对象是无限多样的，沉浸于这些对象中的人却不断地改变其目标，感受到真正不同的快乐和痛苦，尽管在最高层次上，这些感受是一致的。因此他就保持着一种新奇，使他保持知觉的活泼性，不断地运用趣味会产生某些效果，即抵消甚至常常超过因重复而逐渐衰退的敏感"③。所以，锻炼之后的趣味所获得的快感主要来自对不同对象之间进行的比较，而且趣味所涉猎的范围越广，这种比较就越细致，人们便可以发现从前并未注意到的细节，因比较而来的快感就越活泼。

对某一个对象的重复观察会使知觉变得顺畅，因而减弱印象的强度，但杰拉德认为这种顺畅如果是适度的，不但不会减弱我们从中获得的快感，而且会使快感变得"更加完整和准确"④。因为在重复之后，我们就能发现更细微的性质并形成相应的观念，我们更清楚地知道是什么性质使我们感到快乐。所以，有时一个毫无经验的人对某些对象无动于衷，当人们向他指出其中的美或丑的性质时，他马上就能做出赞赏或嫌恶的反应。完善趣味需要的不是直接、粗糙的反应，而首先是正确、准确的判断。

同时，当知觉经过锻炼变得精细而活泼之后，"习惯会增强思想的来源和过程，由此我们就得到了一种反省的感觉；这种感觉必须与其原因的活力保持某种比例。因而习惯于将自己的能力扩张以适应巨大对象的幅度，心灵就习惯于扩张自己进入一种崇高的情感。经过锻炼，它就能熟练地将统一性和多样性相综

---

① Alexander Gerard, *An Essay on Taste*, London, 1759: 107.
② 同上，第108页。
③ 同上，第109页。
④ 同上，第110页。

合"①。因此，由习惯产生的"反省的感觉"，也就是心灵将内在的各种观念进行扩大、比较和组合的能力，这些能力越是熟练，心灵就越对自己表示赞赏，从而获得快乐。这些能力的增强会让我们越容易接受那些我们习惯于接受的对象，因为它们更容易吸引我们的注意力，唤起心灵中曾存在的情感。

我们可以看到，杰拉德所强调的由习惯或锻炼而得到增强的敏感，其作用是把外在对象在心灵中以观念的方式重新呈现，并对这些观念进行比较、组合，真正使心灵感到快乐的不是外在对象本身，而是在观念之间进行推移的想象力，这种快感不是直接来自对象本身，而是来自心灵自身的活动。"一个具有趣味的人把想象的快感置于更高的地位，他认为它们更高贵、更真实。"② 因为来自想象的快感不受外在对象的左右，也不受欲望的干扰，它虽然比不上由外在对象直接刺激起来的情感更激烈，但却更纯洁（refinement）和雅致（elegance），而且消除了种种幻想和狂热之后，判断力也能做出更正确的评价。所以，趣味快感也是一种适度或温和的快感。

精雅与敏感是一脉相通的问题，在一定程度上敏感就形成精雅，只不过敏感侧重于描述知觉的活泼与细致，精雅则侧重于描述情感的雅俗之辨。人天生的趣味很少能分辨较低俗和较高雅的趣味，所以有些人只要看到自然或艺术中极小的优点就得到极大的满足，而有些人对这些优点弃之如敝屣，原因在于前者没有经过锻炼，从未见识过真正优秀的对象，后者则见多识广，能对对象的性质做出高下之分。"泰斯庇斯③ 在他所处的时代无疑让人们迷恋，尽管他那些鄙俗残缺的描写不能给后来惯于欣赏索福克勒斯和欧里庇得斯的更高雅的人以任何愉悦。普劳图斯粗俗的戏谑不仅取悦于一般的趣味，而且得到了西塞罗的赞赏，直到宫廷中的高雅在机智和幽默上变得精致之前，其声望一直不减。"④ 后来的人之所以对古老的作家进行批评，就在于他们的趣味变得更为完善，使他们对低级的作品失去了兴趣。所以，"趣味的精致和优雅主要依赖于知识的获得和判断力的提高"⑤，也就是说，既要有丰富的积累，也要有仔细比较的能力。最终来说，低级趣味是直

---

① Alexander Gerard, *An Essay on Taste*, London, 1759: 110.

② 同上，第 111 页。

③ 公元前 6 世纪古希腊诗人，悲剧创始者。

④ Alexander Gerard, *An Essay on Taste*, London, 1759: 117.

⑤ 同上，第 118 页。

接的、激烈的、粗俗的，高雅趣味则是想象的、温和的、精致的。在具备了丰富的积累和精确的判断力之后，人们就会在自己内心形成一个理想，以此作为判断具体对象的标准，不过杰拉德认为这个理想很少能得到满足。因为"当想象被展现其前的完美之物所激发和提升时，它就自然而然地（of its own accord）幻想更加完美的结果，比艺术家实际能创造出来的结果更完美。因为所运用的材料难以被驾驭，实际的创造总是难以符合完美的设想"①。杰拉德认为，达·芬奇的很多画作之所以未能完成，正是因为他对此感到绝望。无疑，20世纪很多美学家所强调的读者的能动性，在杰拉德这里以想象力的规律得到了说明。从创作方面来说，具有完善趣味的艺术家不应描写事物本来的样子，而是应该描写其应该是（ought to be）的样子。"敏感使我们对我们所知觉的美或缺陷有着强烈的感触。经验使我们在它们即使不明显时也能发现它们。正确必须更进一步，使我们不被虚假的表象所欺骗，不会赞赏明显鲜明的错误，也不会谴责平淡的优点，而且能根据其优劣为每一种性质指定恰当的地位。"②

人们在趣味上之所以会做出错误的判断，一方面，是因为人们在天资上的缺陷，或者受到环境的影响；另一方面，更多的是因为对象的性质很多时候并不明确，容易被混淆。对象的性质之所以不明确是因为有些性质表面上相似或接近，实质上却是相反的。"铺排夸张和匠心独创，刻板模仿和自然天成，可能被相互错认。要在贫乏和质朴、含糊和微妙、晦涩和文雅、啰唆和华丽、虚弱和柔美、干瘪和清晰之间做出正确的辨别并非易事，要在生硬和庄重、浮夸和奇崛、呆板无趣和恰如其分之间做出区分谈何容易。"③只有经过锻炼和培养的趣味才能解开虚假的面纱，真正确定它们的真伪。

除了辨别真伪，趣味的正确还意味着"我们不仅普遍感受到快乐，而且还要知觉到我们是以何种特殊方式感受到快乐的；不仅要辨别对象具有某种优点，还要确定这是一种什么优点"④，也就是说，我们必须知道快感的原因是什么，属于什么类型。因为一个对象总是具有多种性质，其中有些是主要的，有些是次要的，它们分别会刺激前文所述的七种内在感官，正确的趣味能够把这些性质进行分析，

---

① Alexander Gerard, *An Essay on Taste*, London, 1759: 124-125.

② 同上，第134页。

③ 同上，第137页。

④ 同上，第140页。

并理清它们之间的关系。

最后，趣味的正确还取决于对象的美及其给人快感的程度或等级。不同类型的美总是混合在一起，同时在我们的心灵中形成一种综合性的快感，趣味要判断这些美和快感的比例是否恰当。例如，如果很多对象都给人以崇高的感觉，但在有些对象中，崇高与新奇相混合；在另一些对象中，崇高与德行相混合，趣味不仅应该将这些不同的崇高的原因加以分析，知其所以然，而且应该判定哪种崇高更优越。

但是，正确与否的标准究竟存在于何处呢？休谟认为经典作品可作为参照物，因为它们在流传过程中已经得到了人们的肯定，也就是普遍同意可作为一个标准，但杰拉德显然否认这个标准。在某种程度上，正是普遍同意导致人们做出很多错误的判断。"错误或有缺陷的法则，或者是我们自己确立的，或者是默默从他人那里接受来的，可能败坏或约束我们的趣味，使我们做出错误的决定。"[1] 由于亚里士多德声名显赫，后人对他规定的许多法则都不敢有些许微词；因为莎士比亚受人爱戴，其作品中的诸多瑕疵也被认作是创造。一代有一代之文学，同样，一代又有一代之批评，过去的作家和批评家只属于过去，不能作为永恒的标准。最终来说，标准只能存在于我们自己心中，我们只应该顺从自己自然的感受。"不正确的趣味或者来自我们内在感官的先天迟钝，或者来自判断力的虚弱。前者使我们的情感变得模糊不定，难以做出比较，后者使我们无法知觉到哪怕是最清晰的观念或最明显的性质之间的关系。在两种情形中，心灵都会因迟疑不决而困惑不安。这是一种令人不适的状态，我们便渴望设法从中摆脱出来。"[2] 因此，正误的标准就是我们的心灵是否从我们自己的感受中得到另一种快适。但是，杰拉德的推论显然是自相矛盾的，因为使趣味产生差异的正是人的能力天生存在差异，所以自然的感受并不可靠。当然，除非我们认为人天生还有一种对由趣味而来的情感的判断能力，就像夏夫兹博里所说的"面对情感的情感"。不过，这仍然会使问题变得更加复杂，我们不得不怀疑这更深一层的能力是否可靠。

最后，趣味的完善需要各种原则的适当结合，即适度均衡（due proportion）。杰拉德把这个要素看作是正确的延伸，即"这不仅是局限于对象各部分的恰当和

---

① Alexander Gerard, *An Essay on Taste*, London, 1759: 144.

② 同上，第 142 页。

正确,而是扩及整体"①。因为"趣味不是一种简单的能力,而是许多能力的集合,这些能力因其活力、题材、原因方面的相似,已经相互联结并结合在一起"②。但是,并非每一种结合都是完善的,如果趣味中的每一个要素各自为政,或者秩序不当,就会产生乖戾的效果。同样,如果我们内在的各种力量结合不当,也不能形成完善的趣味。就前一种情况而言,如果想象力过于活跃,就会使我们对对象失于细致的分辨和比较,导致不正确的趣味;就后一种情况而言,如果我们过于喜爱崇高,那么就会排斥美所产生的优雅,导致情感上的粗鲁。

趣味的各种要素或能力之间的不均衡很多时候来自各人的天性,有些人天生喜爱崇高,有些人则偏爱优美。"些微的不均衡无须苛责,因为这是自然的。但是如果超出了一定的界限,人们就会认为这种不均衡蜕化为偏狭和扭曲的方式。然而,这种扭曲很大程度上不能归于某种原则天生的过度,而是其他原因所致。原始的过度只是为这种不均衡奠定了基础,其他原因则加强了这种天生的不均衡,使其愈发明显。这些其他原则的根源就是思想的狭隘,由此,我们无法一次清晰地理解许多的观念,也不能理清观念之间的关系,确定它们各自的契机,而是陷于烦乱和困惑。"③除非多加锻炼,丰富自己的经验,养成良好的习惯,否则就不可能使趣味各原则取得恰当的均衡,因为锻炼可以扩大我们的视野,让我们接受更为广泛多样的对象的风格,不为我们自己的偏好所束缚,也不为对象表面的炫丽所迷惑,从而做出正确的评价。"趣味各原则的恰当均衡意味着各原则的正确,除此之外,也意味着心灵的开阔和包容(an enlargement and comprehension)。"④

在对艺术作品的鉴赏中,完善的趣味意味着人们可以准确地分辨其主要特征和内在构成,但更应该把注意力放在对其整体的把握上。没有艺术作品是完美无缺的,但好的作品首先应该是一个整体,不能让细微的局部盖过整体;另一方面,好的作品也不意味着四平八稳、平淡无奇,而是能突破成规,树立独特的风格。正确的批评家也许只注意条分缕析,而伟大的批评家则能抓住作品的整体,发现其独特创造。"的确,最伟大的批评家关注的不是某个较好的局部,而是更高层次的美;不是对庸才的冷漠迟钝细节吹毛求疵,而是关注天才的大胆创新,是创

---

① Alexander Gerard, *An Essay on Taste*, London, 1759: 146.
② 同上,第 146 页。
③ 同上,第 151 页。
④ 同上,第 152 页。

新使（天才的作品）达到极致，拥有非凡的热情，放弃那些细枝末节。总而言之，博得我们赞叹的不是那些免受指责的无错平庸，而是勇敢精进，纵然夹杂着些错误，甚至因其粗犷的唐突让人惋惜。"①

五、趣味的运用

在《论趣味》的第三部分，杰拉德专门论述了趣味的职能和意义，其中涉及趣味与天才和批评的关系，同时也涉及了趣味在艺术和科学中的作用。

在 18 世纪英国美学中，天才这一概念首先出现在夏夫兹博里的《道德家》一文中。夏夫兹博里在其中保留了浓厚的柏拉图主义的神秘色彩，用来表示自然的内在精神，也指艺术家对这种精神的领悟能力，天才使艺术家能够像神一样进行创造。杰拉德是夏夫兹博里之后再次详细论述这一概念的作家，他虽然去除了其中的神秘色彩，但仍保留了其创造的内涵。"天才首先和主要的特征就是创造，体现在想象力广阔的包容性上，体现在对具有某种联系但相距最遥远观念的敏捷联结上。"② 可以看出，杰拉德仍然运用心理学的原则来定义天才。天才最主要的特征是想象的敏捷，"只要一个观念出现于心灵中，他们（富有天才的人们）便立刻将所有其他观念都揽入视野，哪怕这些观念只有一点关联"③。凭借这种能力，天才在看似杂乱无章的众多对象中迅速选出具有某种关联的那些观念，并赋予它们秩序，而且这种秩序看起来仿佛是自然而然的。

此外，天才的创造性也体现在"运用恰当的材料表现其意图的能力上"④。这一点在艺术中尤其重要，否则天才就是空洞无用的。"天才就是优秀的建筑家，不仅选取材料，而且把这些材料搭配成规则的结构。"⑤

天才的这两个特征都与趣味相似，甚至趣味就是天才的一部分，两者之间可以相互弥补增益。无疑，天才和趣味都来自想象力，天才运用想象力去创造美的对象，而趣味运用想象力来感受美的对象。但是，在杰拉德看来，天才的想象虽然敏捷而富有热情，但未必正确，趣味的想象却是心灵固有的能力，因此天才需

① Alexander Gerard, *An Essay on Taste*, London, 1759: 155.
② 同上，第 173 页。
③ 同上。
④ 同上，第 175 页。
⑤ 同上，第 176 页。

要趣味的矫正；反过来，有人虽富有趣味，却没有创造能力，这样的趣味仍然是狭隘的，而天才则创造出更为丰富多样的规则，也因此扩大趣味的界限，赋予趣味以更大的活力。只有兼具天才和趣味的大师才能创造出艺术法则，成为后世批评的标准。

同样，趣味是批评家的必备能力，而批评家也能提高趣味。"一个批评家必须不仅能感受，而且必须具有精确的辨别力，这种辨别力能使一个人清楚地反省他的感受，并向他人解释这些感受。"[①] 因此，批评家的特点在于他对趣味具有理性分析的能力。普通人只是积累了艺术中的美和丑，知道哪些令人快乐、哪些令人不快，但也仅限于此，而批评家则可以运用更多的能力知其所以然，知道哪种快乐是崇高还是美，来自模仿还是来自荒诞。

除了能够解释审美快感的原因，杰拉德认为批评家还应该对趣味进行分类和评级，这也是他强调哲学对于批评家重要性的主要原因，而哲学主要指的是分类和评级的方法。"趣味知觉到特殊的美和丑，因而提高我们需要解释的事实，而经验则使我们推断出结论来。但是，如果没有健全的抽象能力、最强的推理能力、细致而正确的归纳能力和关于人性原则的深厚知识，就不能形成结论。"[②] 这些方法无疑来自培根所确立的归纳法。归纳不是简单的总结，而是要根据普遍原则对现象进行有效的整理。普遍原则就是人性的原则，根据这个原则，我们可以明白对象因何令人快乐或不快。

"通过系统的归纳，那些较低级类别的普遍性质自然首先得到确定，但一个正直的批评家并不满足于此。通过重新归纳，从而推进到较高的细致程度，他将确定那些较不明显的特征，根据这些特征把几种较高一级的类别归于同一种类之下。重新归纳使他进一步分析，发现最高级的种类，并规定最广泛的艺术规律。因此他就达到了尽可能普遍的区分，而不至仅仅停留于对一般优点或缺点的没有意义的确定上。"[③]

的确，杰拉德是第一个在艺术批评中提出系统方法的人，虽然显得较为简单，但在趣味与哲学之间建立了有效的联系。

杰拉德认为趣味的对象有三种，分别是自然、艺术和科学。的确，在论述七

---

① Alexander Gerard, *An Essay on Taste*, London, 1759: 181.

② 同上。

③ 同上，第 183 页。

种内在感官的过程中，他并没有把趣味的对象局限于艺术作品。他是根据趣味与理性的比重来确定趣味与这三个领域的关系的。"自然是艺术和科学的共同课题，趣味和理性在其中是一同被运用的。在艺术中，趣味是最终的法官，而理性只是其侍从；在科学中，理性是至高无上的，但只有以趣味作为辅助，理性才能收获利益。"[1]

在面对自然时，理性的作用是考察其规律，而只有趣味才能发现其美。人的几乎每一种内在感官都能在自然中找到恰当的对象，其中既有整个宇宙浩大无垠的体系，也有每一种事物所呈现出的规则、秩序和比例；既有多样缤纷的色彩，也有壮丽的河海山壑、日月轮回、四季交替，无不充满令人惊奇的炫丽景象。在艺术领域中，各种服饰和用具，虽然主要以其效用满足人的需要，但也表现出美丑之分，给人苦乐之感。尤其是美的艺术（fine arts），"模仿自然中的优越之处，为趣味提供了更适当的材料，这正是其价值所在。音乐、绘画、雕塑、建筑、诗歌和雄辩，构成其独特而专属的领域，其权威至高无上"[2]。

首先，趣味在科学中的作用值得关注。杰拉德说："科学不仅可能包含真理或谬误，而且也包含美或丑、优秀或缺陷。"[3]虽然主宰科学的是理性，趣味只是辅助，趣味一旦越出合理的界限就会产生种种偏见和错误，但是趣味的辅助不是可有可无的。趣味的作用不是发现真理，建立体系，而是对科学的知识和体系进行有效的传播和鉴赏，并且让人在自然中发现更多的美。其次，科学发现中人的理性能力的施展和成功本身就是令人愉快的，这促使人们更加勤奋地发现自然的秘密，因此趣味快感对科学也有促进作用。再次，科学中的理性和趣味应该是一致的，大凡正确的推理都会让人感受到美，使人肯定其结论的正确，而那些不规则的理论也是令人不快的，它们多数也是不完善的。"牛顿的理论不仅凭借其正确的推理满足人的理解力，同样也因其简洁和优雅使趣味愉悦。"[4]这样的认识必然使人想到康德在《判断力批判》中的观点，即反省的判断力对纯粹理性的认识起到了引导性的作用。由此可以看到，在 18 世纪，人们已经把趣味的领域主要限定为美的艺术，趣味的作用却并不限于此，而是渗透到认识、技术和道德等一切领域中；所有的认识和实践不仅应该满足功利的需要，也应该在趣味上给人以

---

① Alexander Gerard, *An Essay on Taste*, London, 1759: 187.

② 同上，第 189 页。

③ 同上。

④ 同上，第 191 页。

快乐。各个学科和领域的确有着自身的法则，各自之间却不是相互隔绝的，联系它们的不仅是普遍的形而上学，同样也是趣味快感。趣味之所以能发挥这样的作用，一个重要的原因就是由其产生的快感的特殊性，至少从杰拉德的逻辑来看是这样的。

趣味快感特征有以下几个方面：首先，对象丰富，性质精雅。"良好的趣味能给一个人以他人无法得到的享受，并且使他从艺术和自然中几乎所有事物上获得娱乐。因为在产生快乐的过程中，即使心灵劳作但不使其疲惫，能使心灵满足而不使其厌倦，良好的趣味给他扩大了幸福的范围。"[1] 其次，与知性的快感相比，趣味快感虽然较少教导的意义，却更让人着迷，也更容易获得。"自然美向所有人开放，尽管只有少数人拥有财富，但多数人都可以得到艺术奇观带来的享受。趣味比理性更容易也更有把握得到提升。的确，有些人无法取得最高的完善，但极少人完全没有趣味的自然天赋，以至于不能从恰当的对象上接受快感。"[2] 并不是每一个人都能成为权威的批评家，但人人都可以从趣味中得到自己的满足。再次，与外在感官的满足相比，趣味快感更高雅。外在感官，在一定程度上与物质欲望紧密相连，其满足给人以极大的快感，但只要满足就容易产生厌腻和焦虑，而趣味快感则允许有无限的提升，让人精益求精。同时，只求物质满足的人很容易招致他人的轻蔑，而一个有着良好趣味的人却只会得到他人的尊重，使其愈加受到欢迎。最后，趣味情感给人们的娱乐增添许多荣耀。如果没有优雅和高尚的内涵，感官快乐就是无趣而可鄙的；有了趣味的润饰，财富的获取才能实现仁善和高尚的目标。

不仅如此，趣味还对人的性格和情感具有深远的影响。像趣味一样，情感也受到想象的作用，趣味和情感有着同样的原因，来自同一源泉，因此两者是相互类似、相互促进的。"想象的景象之所以能触动趣味是因为它把距离遥远的观念构成一体，这个景象又会激发情感。联想也对趣味具有巨大影响，而每一个精心研究过情感的哲学家都说明了情感是多么依赖于联想。"[3] 由此可以推断，何种类型的趣味将会造就何种类型的情感。因为，趣味和情感都容易受具体的形象而不是抽象概念的影响，"告诉我们一个人如何慷慨、仁善并富有同情心，或者如何

---

[1] Alexander Gerard, *An Essay on Taste*, London, 1759: 192.

[2] 同上。

[3] 同上，第196—197页。

冷漠、自私并铁石心肠，对其性格的这种一般描述过于模糊而不能激发爱或恨。把这些性格所表现的一系列行为再次展示一番，这样的故事立刻就显露出相应的情感"①。但是，只有富有趣味的人才能更敏捷地展开想象和联想。荣誉对多数人都有影响，但只有其趣味适于欣赏宏伟壮丽之景的人才能更体味到荣誉的伟大，更容易受到感染。同样，在社会交往中，富有趣味拒斥贪婪于财富和物欲的人，而更倾心于有着高雅趣味的人，因为他们能共享趣味带来的快感。

杰拉德的意思应该是：当一个人的趣味习惯于接受具有某种性质的对象时，他的情感也将会趋向于表现为这种性质的形式。在趣味上敏感的人也具有活泼的情感，而粗鄙低俗的趣味只能产生更粗鄙低俗的情感。"只要雅致趣味盛行之处，它就赋予我们行为的原则一种精致和优雅，让我们蔑视粗俗之人所热衷的鄙俗粗野之物。甚至在我们与粗俗之人被同一样事物吸引时，雅致趣味也使我们以一种高雅的方式来感受这些事物。"②

显而易见，杰拉德赋予趣味情感的性质以及趣味对于情感的影响都蕴涵着某种道德内涵。事实上，杰拉德也肯定了这一点，虽然他认为夏夫兹博里等人美善同一的主张有些极端。"经验极少会支持这种意见。一种对于美的艺术的趣味与一种对德行的高尚感觉，根据这个假设是同一的，但常常是分离的。"③在杰拉德看来，趣味和德行遵循着不同的原则，趣味只是影响德行的一个因素，而不是全部。但是，"从人的心灵的许多公认的性质来推断，趣味自然更有利于美德而不是恶德"，尽管趣味和美德并不完全一样。

杰拉德认为，邪恶的情感多半来自扭曲的趣味，因为这种趣味使人以一种不当的方式对待事物。"毋庸置疑，奢侈、挥霍、野心，主要出于这个原因。显而易见，如果趣味是完善的，以至让人发现（上述恶德）是一种虚假的美或崇高，或者至少是来自这些恶德及其对象的一种低级的美或崇高，并且如果趣味惯于接受更纯洁、更高贵的目标，那么曾误导许多人的那些观念必然对人们失去影响。恶德常常是由败坏或误用的趣味导致的，假使趣味是正确和恰当的，恶德就几乎被消灭，因为我们对于事物的态度在多数情况下会是正确的，是与事物的本性相

① Alexander Gerard, *An Essay on Taste*, London, 1759: 198.
② 同上，第 200 页。
③ 同上，第 202 页。

符的。"①

　　一个惯于接受高雅快感的人自然而然会轻视感官快感，能够抵御欲望的诱惑，而欲望正是高尚情感的障碍。同时，这样的人也会消除占据其心灵的偏见，因为他已经惯于接受快适的情绪，厌恶因粗野情感而生的狂躁。有着平静情感的人总是仁善的人。"只有当一个人的心灵被音乐、绘画或诗歌的魅力所软化时，才会更容易被友谊、慷慨、友爱和所有善良的情感所感染。"② 因而，完善的趣味本身并不是美德，而是使拥有它的人的情感变得温和善良，更乐意去被善良的性格和行为所感染。

　　趣味之所以对美德具有如此影响，是因为"人的心灵的所有秉性都有着密切的关联，一者发生较大变化时，会使其余秉性也产生相似的变化。一种健全的趣味不仅会被呈现于其面前的最细微的对象所感动，而且使灵魂中所有其他力量变得异常敏感。趣味的提升使一个人在每一场合都容易被细微的情绪感染。这又使道德感变得更加敏锐，使道德感的所有知觉变得更加强烈而细腻"③。所以，具有高雅趣味的人对所有善良的情感和行为都充满喜爱，一如对所有恶德和恶行充满厌恶。因为，凡是善良的情感和性格，其言行举止必然是优雅雍容的，反之必然是丑陋猥琐的。这是人性的自然规律，也是文明的民族优于野蛮的民族的地方。野蛮的人只能见到粗糙简陋之物，因而其情感也是暴戾狂躁的，其道德感也是迟钝的，不能辨别较细微的善恶。在文明的社会中，人们能更多见识优美的艺术，趣味得到了提升，情感也变得细腻敏锐，对善恶也有更深刻的感受。

---

① Alexander Gerard, *An Essay on Taste*, London, 1759: 203.
② 同上，第 204 页。
③ 同上，第 205 页。

第十章

凯姆士

———

亨利·霍姆，又译作凯姆士勋爵（Henry Home, Lord Kames，1696—1782），出生于苏格兰贝里克郡，16 岁之前一直在家中接受多名家庭教师的教育，之后跟随一位高级法官的文书做学徒，1723 年成为一名出庭律师，次年成为大律师，多年后成为巡回法庭的法官。但他还有更多头衔，如农学家、哲学家和作家，曾创立爱丁堡哲学协会，参与精英协会，与休谟和亚当·斯密交往甚密，同样是苏格兰启蒙运动中的核心人物。他的主要著作有《道德和自然宗教的原则》（1751）和《批评原理》（1762），后者是一部美学著作，而且称得上是 18 世纪英国最全面、系统的美学和批评著作之一。这部著作旨在描述人性中的知觉和情感规律，以作为对任何美的艺术展开批评的依据。显而易见，凯姆士延续了之前作家们的主题和基本思想，但他的体系从整体上而言更加完备，在具体问题上也不乏创见，称得上体大思精。事实上，其影响也非常深广，先后再版 30 多次，直到 19 世纪德国美学大行其道之时，它才逐渐淡出人们的视野。如果将其置于 18 世纪英国美学的发展历程中，凯姆士最突出的贡献在于全面而详细地描绘了情感的规律，从而为确定美感的性质和趣味的活动方式提供了一个起码是貌似精确的坐标。

一、趣味与批评

批评的对象是美的艺术，而美的艺术则是趣味快感的主要来源。所以，凯姆士的任务便是：一方面，确定趣味快感的性质、原因和规律；另一方面，探讨构成美的艺术的内容及其法则，这构成了《批评原理》的主要内容。

继承源远流长的古代传统，凯姆士认为趣味主要依赖视觉和听觉，这两者的知觉方式和给人的感受（feelings）都有别于其他感官。一切知觉都发生于外物对感官造成的印象，但在触觉、味觉和嗅觉的知觉中，人们可以明确意识到外物对感官的印象，在视觉和听觉那里则没有。因此，由这两种感官而来的快乐和痛苦的感受不是纯粹肉体的，而是精神的，也是较为精细的。这些原因使得视听的快感，也就是趣味快感具有独特的性质。它们虽然源自感官，但超越了肉体的快感，虽然像知性的快感那样是精神性的，但却无须人们付出艰苦的努力。所以，视听的快感也兼具其他两者的优点，它们像感官快感那样容易获得，也像知性的快感那样高贵优雅。当然，艾迪生在《想象的快感》中已经发表了同样的看法，但凯姆士指出，视听的快感发展还可以让人们进而享受道德和宗教上的快乐。由此可以确定，凯姆士并不像博克那样关注视觉和听觉的生理机制，也不认为趣味快感与生理器官的运动存在必然的关系，而是如休谟一样，着重研究由它们而来的观念和思想及其存在方式在心灵中的效果。他也许觉得没有必要用想象或内在感官这些概念来表明趣味快感的特殊性，或者认为视听的知觉与想象并不存在根本的区别。不过，我们将看到，他在很多时候仍然倚重这两个概念。

视听之所以能带来特殊快感，其根源在于人天生的知觉规律。他对知觉的看法显然有别于休谟和洛克，在后者那里，知觉是从感觉和反省开始的，最初形成的是各个分离的简单观念或印象，而在凯姆士看来，人首先得到的是"一个持续的知觉和观念的序列（train）"，"没有一个事物显得是孤立和完全缺乏联系的，所不同的是：这些联系有些紧密有些松散，有些近有些远"[1]。只是在有些时候我们注意某些观念而忽视其他观念，才使得这些观念看起来是孤立的。这更接近于现代心理学中的格式塔。只不过，在描述使知觉和观念形成无尽序列关系的时候，凯姆士多半采纳了休谟总结的模式，如因果关系、时空接近、高低、前后、相似相反等。因此，只要有一个观念出现于心中，其他一系列观念就同时随之而来。观念之间关系的显现受到两个主观因素，如意志、心境和个人判断力的影响，这两个因素使我们倾向于突出观念间的某种关系，但总有些倾向对所有人都是一样的。例如，我们总是先看到一个事物的主体，然后再延伸到其附属或装饰部分；我们

---

① Lord Kames, *Elements of Criticism*, Vol. 1, London, 1765: 26.

总是首先把一个事物看作整体，随后才考虑其细微的构成部分；想到沉重的物体总是沿河而下，轻纱的烟雾总是升腾而上；想到一个家庭时，总是先祖先后后代；想到历史事件时，总是在时间上由远及近、由因到果；在科学考察中，我们总是由具体的结果追溯到普遍的原因等，这些思维方式是自然的。

心灵在顺着这些自然关系运动时总是伴随着苦乐的情感。

"现在看来，我们因本性的构造而喜爱秩序和关联。当一个对象通过某种适当的关联进入心中时，我们就意识到从此而来的某种快感。在同等级别的对象中，快感与关联的程度是成比例的，而在不同级别的对象中我们要寻求某种秩序时，快感主要来自富有秩序的排列。在顺自然进程或我们对秩序的感觉而追溯对象，人们都能意识到（这种快感是如何而来的）。心灵轻快地顺河流而下，从一个整体到部分，或从主要部分到附属部分，但要顺着相反的方向，人们就意识到这是一种颠倒的运动，这种运动是令人不快的。"①

根据这个原则，"凡符合我们观念的自然进程的艺术作品就是适意的，与此进程相反的作品就是不适意的"②。因而，在凯姆士看来，适意和不适意并不是人的情感状态，而是对象或观念的性质，它们分别在人心中引发快乐和痛苦的情感，换言之，适意和不适意是人认识到的事实，即一个对象是否符合认识和道德的法则，由此可以确定，至少趣味情感是经认识之后产生的，或者说是反省的产物。也许他应该像休谟区分直接印象和间接印象那样，把情感区分为直接情感和间接情感或反省情感。事实上，他也曾说，情感本身也常常是思考或反省的对象。这个区分可以让凯姆士得出这样的结论，即使一个对象或观念本身直接带给人痛苦，但在反省之后则是适意的，因而让人快乐："由畸形事物或野蛮行为引发的痛苦情绪，在被反省时也是适意的，就像由河流或高耸屋顶引起的快乐情绪一样，在被反省时也是适意的。悲痛和怜悯的痛苦情感是适意的，这是所有人都赞同的。"③或者说人可以以参与者和旁观者两种角色的态度来体验同一个对象，作为旁观者，一个人既可以反省别人，也可以反省自己，趣味情感始终要保留这两种态度。

面对一个花园，我直接感觉到了快乐或不快，但同时我也在反省这快乐或不快是否适意，即是否合理，从而再次产生快乐或不快的情感。问题是，我们是否

① Lord Kames, *Elements of Criticism*, Vol. 1, London, 1765: 30-31.

② 同上，第31页。

③ 同上，第91页。

有必要做出这样的区分，或者说我们是否真的是这样体验的。不过，凯姆士可以说，前一种快乐或不快不是趣味判断，它们可能是不合理的。比如，我见到花园中有一座金色的假山，我感觉到了悦目的快乐，但这种快乐也许不合理，因为这座假山与整个花园的素雅静谧并不协调，因而我又感到了不快；我也会想到花园的主人是在炫耀，过着一种奢侈淫靡的生活，这时，我的快乐又令人痛苦。这样的体验始终伴随着认识和推理。无论如何，对对象的适意和不适意与情感上的快乐和痛苦的区分，为凯姆士的艺术理论铺平了道路。

然而，令人疑惑的是：这样的反省及其对象是否属于视听的范围，尤其是当人们面对人的行动的时候，情况就更加复杂，除非凯姆士认为视听的知觉始终伴随有认识和道德判断的反省，只是这样的反省并不总是被人们意识到。不过，可以认为凯姆士始终坚持，任何观念，无论是知识的、道德的，都必然通过视听对象表现出来，因而可以被人直觉到，并做出相应的情感判断。所以可以肯定，虽然把趣味的对象限定在视觉和听觉的范围内，但凯姆士并不认为这样的对象仅仅局限于作为外在感官的视听的直接对象，因为趣味除了从自然现象中获取快感之外，更多地面对的是艺术作品，而且他多数时候讨论的也是面对艺术作品的趣味。艺术作品，尤其是诗歌，除了语音之外，如果还有什么是视听的对象，那么它们必定是由想象，至少是内在的视听构造起来的。无论如何，他不会认为趣味快感来自直接的视听感官，倒不如说，视听从外在或内在世界接受了某些对象，并让心灵以一种旁观者的态度对艺术的内容及其表现形式经历复杂的情感体验。

所以，视听的快感虽然是先天的，是通过直觉的方式表现出来的，但也需要锻炼加以提高，提高的途径就是培养在艺术方面的趣味。"对这些艺术的趣味就像自然生长在泥土中的树木，但如果不经栽培就不能臻于优秀。这种趣味是容许净化的，只要悉心照料，就能得到极大的提升。"[1] 因为，就像人的道德感一样，艺术的趣味也会受到习俗、教育和性格方面的影响，这些影响可能有益也可能有害，只有对人的本性和艺术的规律进行深入研究，才能使其得到正确的发展。这就是批评这门学科的内容和任务。批评并不仅仅是总结和归纳艺术法则，理性的推理可以让趣味变得成熟而敏锐："对这些令人快适的对象的推理实践趋向于成为一种习惯，而这种习惯又会增强推理的能力，使心灵适应这些对象中更复杂和抽

---

[1] Lord Kames, *Elements of Criticism*, Vol. 1, London, 1765: 14.

象的部分。"① 另一方面，批评并不完全是抽象的，因为其对象是感性的、令人快适的，由浅入深的训练使"这种推理变得敏锐，足以解开哲学中所有的复杂难懂之处"②。这也就是批评的推理不同于数学和形而上学推理的地方，因为它是实践性的，"数学和形而上学不能提高我们关于人的知识，也不能运用于生活中的一般事务，而一种对艺术合理的趣味源于理性的原理，却终于交往中优雅的主题，并使我们在社会中的行为变得高贵而得体"③。所以，批评既提升人的情感，也提升人的理解，推而广之，它使人们远离狂躁的情感，克制自私的欲望，不致耽于游戏田猎；它激发人们投身于社会交往，同情他人，培育道德感，热爱美德，憎恶丑恶。

毫无疑问，在凯姆士看来，艺术的本质在于模仿，正确合理的模仿是适意的，因而在趣味上给人以快乐。无论是艺术创造还是鉴赏，都需要对艺术模仿的对象和技巧有深入而正确的研究和认识，这个过程是不断增进的，但最终可以接近人的认识、情感和道德的本性。然而，这种正确并非仅仅是理性认识的正确，而是感性表现的真切和合理，他称之为理想的呈现（ideal presence），以区别于实际的呈现（real prensence）。

与实际的呈现不同，凯姆士把理想的呈现比作是"一场醒着的梦"（a waking dream），"就像一场梦，当我们反省自己当前的处境时它就消失了；相反，实际的呈现是由目光来保证的，需要我们的信念，不仅是在直接的知觉中，而且在随后反省这一对象也是这样"④。同时，理想的呈现与反省的回忆也有区别："当我想到一件过去的事情时，但没有形成任何形象，这很难说是在反省或回忆我亲眼所见的事情。但是，当我非常清晰地回想一件事情时，以至能够形成一个完整的形象，我把它知觉为在我眼前的事情。这种知觉是一种直觉行为，反省是无法进入其中的，就像无法进入视觉的行为一样。"⑤ 显然，理想的呈现就是如在眼前的呈现，我可以作为一个假想的旁观者亲历事件，以至于理想的呈现常常十分模糊，与反省的回忆无法区分。

---

① Lord Kames, *Elements of Criticism*, Vol. 1, London, 1765: 16.
② 同上，第 17 页。
③ 同上。
④ 同上，第 77 页。
⑤ 同上。

艺术描写的目的就是营造一种理想的呈现，使读者仿佛成为旁观者，亲历整个事件的发生。当读到历史中的西庇阿在扎马战役中征服汉尼拔时，"我感到两位英雄正投入战斗，我感到挥舞刀剑，鼓舞军队，我以这种方式经历了这场战役，每一个细节都历历在目"[①]。只有在此时，读者对被描写的人物产生同情，达到忘我的境界。"这就是一种幻想的快感（pleasure of reverie），处于这种快感中的人忘记了自己，完全被在心灵中穿过的观念所占据，他所构想的对象真正地存在于他眼前。"[②] 这是普通回忆所做不到的，或者是因为它们的观念太模糊，或者是因为，如果观念很清晰的话，又过分急切地想要看到结果。这正违反了情感发生的规律："我们的情绪从不是即刻发生的，甚至在能最快地达到高潮时，也要经历生发和增强的几个不同阶段。要给这几个阶段以时机，把每一种情绪的原因在恰当的时刻呈现于心灵之前是必要的，因为一种情绪只有通过印象反复地予以激发，才能达到高潮。"[③] "当理想的呈现是完整的时，我们把每一个对象都看作是在眼前，整个心灵被富有趣味的事件占据，无暇反省。"[④]

相反，如果读者时刻都在反省事实的真假，他就不可能产生任何同情性的情绪。即便是历史也是这样，它之所以被认为是真实的，是因为它比传说给人以更生动的观念。最能表现理想的呈现的体裁是戏剧，绘画的效果要次之。因为绘画把心灵封闭在一段时间内，这段时间内没有事件的接续。同时，情绪不能在瞬间或凭借单个印象就活跃起来，而是需要不断给印象予以提示和增强。

"通过理想的呈现这种方式，语言的影响不仅局限于内心，而且还扩及理解力，并能增强信念。因为，当事件是被以生动的方式叙述时，每一个情节都仿佛在我们眼前，我们不必费力去质疑事实的真实性。"[⑤] 凯姆士的主张沿袭了亚里士多德的学说，文学应该模仿可能发生的事情，要使情节接近于自然或常理，同时也应该有生动的细节描写，使整个场景历历在目。所以他反对史诗中的机械神（machinery），因为它偏离了常识，过分夸张，也许这能带来暂时的新奇，却不能像理想的呈现那样使读者产生同情性的情绪。

---

① Lord Kames, *Elements of Criticism*, Vol. 1, London, 1765: 78–79.

② 同上，第79页。

③ 同上，第79—80页。

④ 同上，第80页。

⑤ 同上，第84—85页。

当然，凯姆士也想到一个问题，即如果理想的呈现就是让读者身临其境，信以为真，那么人们就不需要任何虚构了，而且只要叙述能达到这种效果，历史和传说也没有区别。凯姆士的解释是："现实事件中的榜样非常少见，以至没有其他途径的帮助就不能产生德行的习惯。即使现实事件产生了这样的效果，历史学家们也没有记载下来。"[1] 因此，为了培养我们的道德感，人们就从真实的历史中选取些故事，或进行纯粹的虚构，给我们树立起来榜样，通过生动的描写，让我们全情投入，激发我们的同情性情绪，从而养成一种内在的习惯，即一种行善的冲动。这与培根的说法无异。

二、情感及其规律

虽然凯姆士没有明确表示，但毫无疑问的是，在他看来，艺术模仿的对象主要是具有情感的人及其行为。的确，任何事物的形式都能给人快乐或痛苦的情感，但这些形式不过是情感的表现而已。艺术的目的是正确地模仿情感的运动，无论作为原因的情感是否是令人快乐的，只要得到正确的认识和表现，它们就能被转化为适意的，因而在被反省时给人带来趣味上的快乐。所以，批评的首要基础就是认识情感及其客观规律。很难说凯姆士对情感的论述像休谟那样有什么统一的原则，虽然他惯于在对比中说明许多情感性质，其中的某些观点也有一定的启发性。

除了将所有情感区分为快乐和痛苦，并指定其原因是对象的适意和不适意外，凯姆士对情感的一个重要区分是：有些情感跟随着欲望，并促使人行动，而有些则不跟随着欲望，前者可被称作情感（passion），而后者则是情绪（emotion）。如对花园、建筑等对象的感受是不跟随欲望的，而对善良或恶劣行为的感受是跟随欲望的，即希望它们的主体得到好报或惩罚。甚至对无生命对象的感受也可以是伴随欲望的，例如对于财富、待售的画作就总是有占有的欲望，因为对它们的感受在我们心中激起了内在行为，这种内在行为影响意志，使我们做出外在行为。不过，情感与情绪之间是可以转化的："一张姣好的面容在我们心中激起一种快乐的感受，如果这种感受消失时没有产生任何后果，那么用恰当的话来说它就是

_____

[1] Lord Kames, *Elements of Criticism*, Vol. 1, London, 1765: 87.

情绪；但如果这种感受，因为对象反复地呈现于眼前，变得非常强烈，以至伴随着欲望，那么它就不能被称作情绪，而应被称作情感。"① 情感和情绪都有其原因，这个原因对于情感来说也是其对象，但对于情绪则不是对象，换句话说，情绪有原因，而没有对象。

人的情感不同于动物的本能，而是审慎的（deliberative），也就是有预期目的的，行为是实现目的的手段，而欲望就是行为的动机。"从经验中我们得知，欲望的满足是愉快的，而对快感的预见经常变成行动的额外动机。"② 接受哈奇生在《论情感和感情》中的看法，凯姆士根据目的又把审慎的情感分为自私的和社会的，虽然两者可以汇集在同一个行为中，"如果慈善单就其把一个人从困苦中解脱出来，那么这个行为纯粹是社会的；但是如果从另一方面来说是为了享受一种高尚的行为所带来的快感，那么这种行为又是自私的"③；相反，由于本能没有有意识的目的和欲望，也就无所谓是自私的或社会的。

欲望的强度取决于对象的性质，同时也决定情感的强度。欲望的强度与无生命的存在、有生命的存在和理智的存在对象之间是成正比的。面向理智的存在的欲望之所以最强烈，是因为"我们的欲望是受偏爱的满足所左右的，我们满足欲望的手段，在帮助或伤害一个理智的存在时是不超出其目的的，而面向一个无生命的存在的欲望既不会产生快乐也不会有痛苦，所以除了获得财富外没有更高的满足"④。基于这个原因，凯姆士认为人类的语音在激发情绪和情感方面是最有力的。"相比于无生命的对象，声音除了其本身的效果外，还被人为营造以引起恐怖和欢乐。"⑤

因此，以人的品质和行为为原因的情感与众不同。凯姆士说，对德行的同情性情感实际上不是情感也不是情绪，因为它们包含着欲望，却没有对象："一个感谢的行为在旁观者或读者那里不仅产生对行为者的爱或尊重，而且还产生一个单独的感受，这个感受是对感谢的模糊感受，没有一个对象。然而，一个感受使旁观者或读者倾向于做出感谢的行为，但不是在一般场合下的感谢行为。……这种

---

① Lord Kames, *Elements of Criticism*, Vol. 1, London, 1765: 42.
② 同上，第45页。
③ 同上，第46页。
④ 同上，第49页。
⑤ 同上，第50页。

感受具有以下方面的独特性，它伴随有做出感谢行为的欲望，但没有对象；尽管心灵在这种状态下渴望一个对象，毫不理会并没有释放这种欲望的机会。任何友善或怀有好意的行为在另一个场合中不被关注，现在却被热切地注视，这种模糊的感受进而转化成一种真实的感激情感。在这种情形下，善意是加倍地得到回应的。"[①]凯姆士的意思是：在面对高尚的行为时，旁观者的感受是双重的，既有对行为者的崇敬情感，希望行为者得到好报，同时也有一种单独的情绪，即旁观者自己也试图做出相同的行为。这也许是心中的一种模仿，因为他没有意识到缺乏现实的条件，也没有实现的对象，简而言之，旁观者把行为的品质或性格暂时移植到了自己心中，或者将自己看作是行为者本身。凯姆士把后面的这种感受叫作对德行的同情性情绪。

凯姆士把这种同情性情绪看作是先天的、自然的，而且是促使人行善的最终动力。"观察到在人类天性中有这种德行的刺激物让人惊叹：正义被感到是我们的责任，由自然的惩罚得到保卫，罪恶从不会逃脱惩罚，一种对尊严和卓越美德的温暖感觉是让人去做高尚慷慨事情的最有效的刺激物。"[②]同情性情绪的作用是通过榜样来实现的，而不是抽象的观念，榜样会给旁观者一种暗示，久而久之，这种暗示在旁观者心中形成了习惯，使其时刻准备把榜样所给予的情绪实现出来："这种独特的情绪将乐意找到一个对象来将自己施加于其上，无论如何，它必然要产生某种效果。因为那种善良的情绪在某种程度上就是德行的一种锻炼。它是一种引导性的心理锻炼，如果没有外在地表现出来的话。"[③]有生命、有理智的人作为原因和对象的同情性情感或情绪无疑是从休谟那里得到启发的。同时，在以叙事为主的艺术中，这些情感和情绪也是核心内容。

同休谟一样，凯姆士认为情感总是处于运动当中，而这种运动又总是伴随着其原因或对象的变化。情感的运行就如物质的运动一样："需要一个持续的外部原因，当这个原因撤销时，它也就停止了。"[④]因为一种情感或情绪总是与某种知觉或观念相联结，不能孤立地存在。的确，在有些时候，强烈的情感会使其原因在心灵中延宕一段时间，但也不可能永远如此，因为新的知觉不可避免地要进入心

① Lord Kames, *Elements of Criticism*, Vol. 1, London, 1765: 55-56.

② 同上，第 58 页。

③ 同上。

④ 同上，第 95 页。

灵。另外，即使情感会延续一段时间，但其强度或性质却不可能始终如一。情感的强度取决于其原因对心灵造成的印象，当这个原因是单独存在时，其印象就较强；如果心灵要分散注意力去关注多个对象，其印象就较弱，但每一种情感或情绪都有不同的运动轨迹。一些情绪一开始就强烈但不能持久，如好奇和恐惧；有些情绪一开始时就达到其完满状态，并持久很长时间，由树木花草等无生命的对象引起的情绪便是如此；有些情感，如爱和恨是逐渐达到顶峰的，又慢慢开始衰退，而有些情感则永不消退，如嫉妒、骄傲、怨恨等。当然，情感或情绪的增强和衰退还受环境的影响。

情感性质和运动同样受到心灵内部观念联结的影响，因为心灵在沿着各种关系在观念之间运动时，也在传递情绪或情感。只要观念序列中的某一个观念给人以快乐的情绪，这种情绪就会传遍整个序列。一个英雄身上微不足道的细节看起来也大放异彩，就像亚历山大的歪脖子也被国人模仿，仿佛真的是美的；在一个恋爱中的人眼中，情人的一举一动都让他陶醉。[1] 同样，敌人身上的所有特征都是坏的，被人嘲讽，带来坏消息的人也变成了人们厌恶的对象。像休谟一样，凯姆士也认为这种心理规律正是宗教迷信的根源。不过，凯姆士称由这种联想而来的情绪为次生情绪，相应地，次生情绪由以发生的情绪或情感便是初级情绪（primary emotion）。[2] 次生情绪的强烈程度依赖于观念间联系的紧密程度，反过来次生情绪的产生也会加强观念间的联系。但是，次生情绪也很容易转化为情感，如果其附着物成为欲望的对象的话。因此，一种情感常常产生另一种情感。这种情况在自爱（self-love）这种情感上最明显，凯姆士认为自爱是最强烈的一种情感。每一个人都爱自己，但是这种爱不断地扩散到子女身上，对子女的爱也是非常强烈的，虽然是一种次生情绪，却很容易转化为带有欲望的情感，甚至能与最初的自爱情感相抗衡。

根据对象的性质和运动方式，凯姆士列举了情感的存在和运动方式，包括情感和情绪的发展和衰退，混合共存，知觉、意见和信念对情感和情绪的影响等。总的来说，情感和情绪与它们的对象之间存在相似性："不同环境下的运动都产生与之相似的感受，例如，迟缓的运动引起倦怠的不快的感受，缓慢而一致的运动引起平静而快乐的感受，敏捷的运动产生激奋精神的活泼感受，并推动一种行动。

---

① Lord Kames, *Elements of Criticism*, Vol. 1, London, 1765: 60.

② 同上，第62页。

水流经石头而降落，在心灵中引起一种与狂躁混乱的激动，这与其原因是极为相似的。当力量是经过某种努力而发挥出来的时，观者感到一种相似的努力，好像这力量就在他心灵中发挥。一个庞大的对象，让人感到有东西在心中膨胀。一个上升的对象使观者站得笔直，声音也产生与之相似的情绪或感受。一个低调值的声音是心灵下沉，如果这种声音还是饱满的，就含有某种庄重的感受，这种声音与其产生的感受是一致的；一个高调值的声音通过唤醒心灵而使其振奋，如果这种声音还是饱满的，就既唤醒心灵，也使其膨胀。"[①]

对象的混合导致情感和情绪的混合。例如，不同的声音同时发出就可以形成和声，在人们听到和声时，这两个声音也可以被分辨出来，因此和声产生的情绪也是混合或复杂的，而非单一或简单的。视觉对象不同性质的混合也可以产生混合的情绪。例如，一棵树是由多种颜色、形式和大小构成的，它虽然被知觉为一个对象，所以其产生的是一种复杂的情绪，而不是结合起来的不同情绪。然而，只有相似的情绪或情感才容易结合在一起，不同的情绪或情感则不可能同时发生，只能前后相随，即使这种转变发生得非常迅速。在这两极之间，情绪由于其原因的某种相似或者具有某种细微的联系总是在不同程度上进行结合，产生复杂情绪。例如，一片美丽的风景和飞翔的鸟儿所产生的情绪在很大程度上就是相似的，虽然它们的原因仅有细微的联系。一个处于不幸中的情人，她的美丽给人以快乐，她的不幸却让人痛苦，两种情绪虽然截然不同，但也能产生结合，因为它们的原因具有密切联系，这种复杂情绪可谓苦乐参半，或者可以叫作甜蜜的愁苦，或者快乐的痛苦。无论如何，把原因加以组合或者因为不同感官的同时参与所产生的复杂情绪要比单一的情绪更为强烈。令人奇怪的是凯姆士认为，音乐不适合表现恶毒、残忍、嫉妒和暴怒等反社会的情感，因为音乐本身要求各个音符之间都是和谐的，所以与这些情感之间不存在任何相似性。[②]

知觉、见解和信念影响着情感和情绪的变化和运动，因为这几者之间都是相互联系、相互影响的。任何情感都可能为外在对象抹上一层特殊色彩，在心灵中生成相异的知觉、见解和信念。凡符合心灵当下状态的印象或观念很容易呈现出来，而与此相悖的印象或观念就显得微不足道。所以，冷静的心情适于精确的知觉和思考。即使来自最有智慧的人的意见，只要他被发现带有某种情感或偏见，

---

① Lord Kames, *Elements of Criticism*, Vol. 1, London, 1765: 144.

② 同上，第113—114页。

就不会被人采信。但是，情感总是要为自己找到合理的借口，因而就会赋予对象以某种色彩。凡我们为之奋斗的事业就被认为是崇高的，凡我们反对的人就被描述为是卑下的。尤其是那些不适当的情感，"由于它们的影响，对象被放大或缩小，一些细节被增添或蒙蔽，为了满足证明（情感为合理）的目的，每一个事物都被变色或伪装"①。这些影响会造成判断的错误，而且主体自己甚至意识不到这种影响。

凯姆士对情感和情绪的论述内容庞杂，虽然他习惯性地运用二分法辨析了多种类型，但很难说这些二分法有着统一和连贯的标准。不过，这些理论仍然为他的批评体系提供了较为充分的基础，尤其是他对于快乐和痛苦、适意和不适意的区分，使得趣味能够区别于直接感觉，艺术能够区别于现实生活。艺术是对饱含情感生活的反省和认识，正确和合理的模仿能给人带来趣味上的快乐，但归根到底，艺术是模仿，甚至是虚构，而且虚构能够做到真实，这种真实指的是情感的真实。当然，艺术给人的趣味情感本身也就包含了认识和道德的价值。

三、崇高与美

对于 18 世纪的人们所热衷于讨论的各种美的形态，凯姆士的观点与博克有些近似，那就是认为它们是对象的性质，而非人心中的情感，对于这类性质的知觉需要的是视听的感官。但他也与博克有着极大的不同，那就是认为这些性质并非是博克所描述的各种物质属性，而是指各种感官所知觉到的适意，正如他把美归于事物的第二性质。同时，他也避免像博克那样，用生理学的规律来解释美的效果，而是坚持了心理学的原则。正如上文所描述的那样，表面上，他认为知觉美的能力是外在感官，实际上却是观念联结或想象和同情。从某种程度上说，凯姆士将博克及其之前的理论进行了糅合，使其结论更符合常识，但内在充满了矛盾。值得注意的是，对于艺术批评而言，关于各种美的描述也可以用来解释艺术作品本身的形式，因而形式美也具有独立的价值。

凯姆士把美的对象分为两类：一类是单个对象，另一类是对象间的关系，前一类包括了美、崇高、运动和力量、新奇、高贵和优雅（dignity and grace）、可

---

① Lord Kames, *Elements of Criticism*, Vol. 1, London, 1765: 125.

笑、机智等，后一类包括了相似和差异、一致和多样、协调和适当、习俗和习惯等。很显然，他尽可能地把之前人们论述的题目都纳入了自己的体系中。不过，崇高与美是其中的主角，很多时候，其他各个要素对它们起到辅助作用。

对于狭义的美，凯姆士声称，就其本意而言，指的是视觉对象的适意。这个主张不是毫无来由，因为"美"这个词在西方历史上很多时候就专指视觉对象的性质。只是因为其他对象给人的感受与视觉对象给人的感受存在相似性，美才泛指各种对象。同时，凯姆士认为，视觉对象相比其他外在感官的对象是最复杂的，每一个对象都具有多种属性，包括颜色、形状、长度、宽度和厚度等，也包括很多部分，例如一棵树就由树干、树枝和树叶构成。所有这些东西都构成一个复杂的对象。每一个属性和部分都给人以不同的情绪，不过，这些情绪都有着相同的特征，那就是甜蜜和欢快（sweetness and gaiety）。

凯姆士把美分为两种：内在美和关系美（intrinsic beauty and relative beauty）。这两个名称与之前哈奇生和杰拉德所谓的绝对美和相对美不同，它们是根据对象的性质而区分的。内在美指的是单个对象的美，而关系美则指一个对象相对于其他对象的效用的美。这个区分更接近于奥古斯丁以来的传统。不过，凯姆士认为，这两种美很多时候也是密切关联的。内在美仅仅是感官的对象，例如对一棵橡树、一条河流，对它们的知觉只需要视觉行为，而关系美则同时伴随着理解和反省活动，例如一件工具或机器的美，除非我们知道它们的作用和目的，否则我们就无法知觉到它们的美。"总之，内在美是根本的美，而关系美则是与某种好的目的或意图相关的手段的美。"[1] 但是，两种美并不是完全分离的，它们更多地统一在同一个对象上，这个对象也因此显得是美妙的（delightful）。"人体的每一个部位就兼具两者。一匹马的精美比例和苗条的体型天生就适于奔跑，使人看上去就感到快乐，一方面是由于其对称，一方面是由于其效用。"[2] 这里又能见到荷加斯的影子。

在内在美当中，最复杂的是形状的美，因为一个形状会由很多性质构成，"例如，把一个身体看作一个整体，其形状的美源自其规则性和简单性；从部分与部分之间的关系来看，统一性、比例和秩序都促成了形状的美"[3]。所以，形状的美

---

[1] Lord Kames, *Elements of Criticism*, Vol. 1, London, 1765: 159.

[2] 同上，第 160 页。

[3] 同上。

的特征就包括规则性和简单性、统一性、比例、秩序。对这些特征的感知也依赖人先天的直觉。显然，凯姆士承认哈奇生所谓的内在感官。在所有这些特征当中，凯姆士最看重的是简单性。他的解释是：当众多的对象或细节一起涌入心灵时，人的注意力很容易分散，人不能同时关注到所有的部分或细节，只能顺次予以关注，因而不能形成一个完整的形象；相反，简单的对象是最容易被把握的，能让人清晰地注意到其所有细节。同时，在艺术作品中，简单性就意味着"高贵和庄严"（dignity and elevation），这是一种高级的美。从一定程度上说，凯姆士认为美的其他特征不过是简单性的不同形态。因为这些特征也很容易让人把握对象，"让我们把对象形成更清晰的形象"[①]。

崇高源于空间上的巨大，这巨大又有两种：一是横向上的巨大，二是纵向上的高耸，凯姆士特意将前者称作宏伟，但宏伟和崇高的对象都让人产生某种程度上的恐惧和崇敬。"宏伟的对象使观者努力扩张他的身体，这在普通人完全屈服于自然时表现得尤为明显，在描述宏伟的对象时，他们自然而然地全力使自己的身体在空中扩张开来。高耸的对象产生一种不同的表现，它使观者向上伸展，并踮起脚尖。"[②]

像杰拉德所说的那样，凯姆士认为单凭空间上的巨大并不能构成宏伟或崇高，而且也需要有一些美的特征的参与，即规则性、比例、秩序和颜色等。在巨大这个前提下，所参与的美的特征越多，对象就越显得崇高或宏伟。罗马的圣彼得大教堂、埃及的金字塔和高耸入云的阿尔卑斯山之所以宏伟和崇高，就是因为它们也包含着一些美的特征。身着统一制服的军团、同一色的马群，显得宏伟并令人生畏，但是如果它们其中没有某种统一性或一致性而是杂乱无章，那就丝毫不显得宏伟。所以，无论是美的对象还是崇高或宏伟的对象，都应该首先是适意的。只不过，在崇高或宏伟的对象当中，规则性和比例等特征由于对象的巨大而不能被人注意到，所以也就不需要很精确的规则和比例。同样，在崇高或宏伟的艺术作品中也不需要精确的规则和比例。因而相比之下，宏伟或崇高的情绪不是甜蜜和欢喜，"一个适意的巨大对象占据了整个注意力，使心中充满了强烈的情绪，这种情绪尽管是极其快乐的，但更多是严肃的而不是欢悦的"[③]。观者甚至会感到

---

① Lord Kames, *Elements of Criticism*, Vol. 1, London, 1765: 162.

② 同上，第170页。

③ 同上，第171页。

一种狂喜，心灵冲破了任何限制，进入一种无限的境界。然而，凯姆士提出了一个与前人不太相符的观点，即宏伟或崇高的对象也应该有一定的限度，不能过分巨大或高耸，因为这样的对象不能被眼睛一下子把握，从而使心灵处于涣散或困惑的状态，也就不能有一种明确而快乐的情绪。

　　凯姆士也论述了道德意义上的崇高，或者说只有这种崇高才是真正的崇高。物质对象的从小到大、从低到高、由近及远的运动都会产生一种宏伟或崇高的情绪，当然这些对象在一定程度上应该是巨大的。广阔的平原、大海让人的目光从一点延伸到无限远，也使人的身体感到一种横向的拉伸，高耸的山峰则使眼光从低到高一直攀升，也使人的身体有一种纵向伸展的感觉。总之，对象的性质所带来的特殊的身体运动都会使心灵产生一种一致的运动，这种运动也就是一种情绪。在艺术中也同样运用这种方式来表达一种崇高的思想或情感，"人们必定已经观察到，若干思想或情感被巧妙地排列成一个递升的序列所产生的令人愉悦的效果，给人以越来越深入的印象：在一个段落中，各个成分的这种排列就被称之为一种高潮（climax）"[1]。由此，凯姆士也把视觉对象的崇高或宏伟扩张到抽象的领域中。一种道德品质之所以被人称为是崇高的，是因为它让人感到其主体藐视一切渺小的东西，从而让观者在感觉上有一种上升的运动。国王的地位就用王座的居高临下来表达，祖先之所以被尊敬是因为他们让人们从现在一直追随到久远的年代。而且，凯姆士声称，最伟大的崇高莫过于"最英勇和高尚的人的行为"[2]。"当主题是他自己这个类的历史时，人们必定意识到一种更恒久和甜蜜的崇高。他欣赏如亚历山大或恺撒、布鲁图斯或伊巴密浓达等最伟大的英雄的崇高。他与这些英雄一起沉浸在最崇高的情感和最惊险的征程中，与他们共有一种豪迈，想不到自己竟与他们同气相连，有着同样的心境，久久不能平静。"但是，凯姆士指出，当人们遇到关于更高的存在者，即神和圣徒的作品时，情况就不同了，因为人们跟不上诗人的想象，亦即无法想象这些存在者所处的是一个什么世界，因而也不能使自己保持一种饱满的崇高情绪，反而有一种从高处急速坠落的感觉，但这种坠落的感觉像崇高一样不是平缓的，而且也能给人一种特殊快乐。

　　根据崇高的一般特征，凯姆士强调，艺术中表现崇高应该突出主要对象和整体，不要铺排微末之物；绘画中不要使画面分割为碎裂的部分，要使每一个事物

① Lord Kames, *Elements of Criticism*, Vol. 1, London, 1765: 182.

② 同上，第 183 页。

都保持整体；在诗歌中可以运用对比，或欲扬先抑的方法。

至于新奇，凯姆士说它最能吸引人，他通过比较说明了新奇的效果。一个新鲜的对象产生的情绪叫作惊奇（wonder），这种情绪立刻占据了整个心灵，使其无暇顾及其他对象。新奇之所以能对心灵产生影响的原因是人性中有一种先天的好奇心，这种好奇心促使人获取知识，实现有利的目的。为了确定新奇的本质，凯姆士把由新奇引起的惊奇与惊羡（admiration）区别开来，他认为惊羡只针对做出非凡之举的人。同时，凯姆士还区分了惊奇与惊诧（surprise），惊诧的原因是对象的出现是出乎意料的。一头大象对于一个英国人来说是惊奇的，而对于一个印度人来说不值得惊奇，但如果印度人在英国看到大象，他就感到惊诧。不过，惊奇和惊诧有一个共同特征，即持续时间短暂，它们一旦达到高潮就立刻衰退，惊奇变为熟悉，惊诧变为适应。

在凯姆士看来，惊奇本身既不快乐也不痛快，但它们会在不同的情况下使其他情绪发生改变，因而自身也成为快乐的。所以，惊奇的情绪或者直接成为适意的，或者间接地引发人的恐惧，有时候适意和恐惧两种情绪结合在一起。另一方面，惊奇也受对象的性质的影响，如果对象是无害的，惊奇就是一种快乐的情绪；如果对象是极其危险的，同样，惊诧自身也难以确定是快乐或痛快，但凯姆士认为在有些情况下，出人意料的对象完全抑制心灵，使其暂时处于一种麻痹状态；如果对象是危险的，会使毫无准备的心灵陷入狂乱无助之中，失去所有能力。凯姆士说这种状态无所谓快乐和痛快，因为此时的心灵毫无意识，而且这种状态是短暂的，因而也不具有恒定的特征。不过，这种状态与多数作家所说的崇高的情绪倒是相似的。显然，凯姆士有意识地反驳博克关于崇高的观点。在他看来，只有清醒的头脑才能感觉到审美的情绪。最终，凯姆士认为单纯的惊诧是不适意的，如果与某种原因相配合则可以加倍地使一个对象令人快乐或痛快。

在各种美的形态中，有一组确实值得格外关注，那就是高贵和优雅，凯姆士用它们来形容人的性格、行为和情操，也可以说，它们表示的是德行的美。美的艺术正是根据人性中的这些法则来表现性格、情操和行为的尊严与优雅或者与之相反的性质，因此也决定了艺术本身的尊严和优雅或者相反的性质。人的行为本身包含着道德上的价值，但在凯姆士看来，富含审美意味的行为具有更多的道德价值特性，这种特性决定着艺术应该如何表现人的行为，以营造恰当的审美效果。

一如既往，凯姆士用比较的方法进行了辨析，例如高贵与伟大的差异。

"人的行为表现在许多不同的方面，它们本身表现为伟大或卑微的；对于行为者而言，它们表现为适当或不适当的；对于被它们感染的人来说，表现为正确或不正确的。我现在还要加上一条，它们也被区分为高贵和卑劣。如果人们倾向于认为，对于人类的行为来说，高贵与伟大一致，卑劣与卑微一致，那么反省之后，它们的区分却是非常明显的，一个行为可以是伟大的但并不高尚，卑微却并不错误。但是，我们只能把高贵赋予高尚的行为，卑劣赋予错误的行为。每一个高贵的行为使行为者得到尊敬和尊重，而卑劣的行为让人轻蔑。一个人因伟大的行为被人赞赏却经常不被爱戴或尊重，一个人也并不总是因琐细或卑微的行为而被蔑视。恺撒横渡卢比孔河的行为是伟大的，但并不高贵，因为其目的是征服其他国家；行军中的恺撒在小溪中解渴是一个琐细的行为，但这个行为并不卑劣。"[1]

如此看来，伟大是一种客观的描述，而高贵则能产生一种独特的情感，是内在德行的感染力，这种德行超越一切外在条件，不再以任何可见的表现来衡量，代表着人性的完善。这仿佛是孟子所谓的"浩然之气"，"其为气也，至大至刚；以直养而无害，则塞于天地之间"，拥有这种德行的人以正义为己任，而不再为他人的评价所左右，所谓不以物喜，不以己悲，他可以舍生取义，行于天地之间而问心无愧。

"优雅可以这样被定义，即来自高雅动作和表现尊严表情的适意的外表。其他精神品质的表现对这种外表来说并不是本质性的，但可以极大地提升之。"[2]如果说高贵重在描述内在品质，高雅则偏重其外在表现，具有高贵德行的人自然是随心所欲不逾矩，举手投足器宇不凡，既不是不修边幅，也不是矫揉造作，一切都源自自然的流露。高贵和优雅这对概念自然会让人联想到后来德国的席勒提出的秀美与尊严，它们的内涵也是基本相当。

四、滑稽

值得人们注意的是凯姆士对滑稽（ludicrous）的论述。这一点应该是受到了夏夫兹博里、哈奇生和杰拉德的影响，当然也是对 17 世纪以来英国流行的讽刺艺术的反思。滑稽源于对象的可笑，在外在方面表现出来的情绪是笑。"人有这

---

[1] Lord Kames, *Elements of Criticism*, Vol. 1, London, 1765: 286.

[2] 同上，第 288 页。

样一种本性，即他的能力和官能在施展中会很快地变得迟钝。睡眠的恢复、中断一切活动，都不足以使他保持旺盛精力：在他清醒的时候，不时的娱乐对于使他的心灵从严肃的事业中松弛下来是必要的。"①

首先，可笑的对象看起来是轻微琐碎的，因为我们不会笑话对于自己和他人来说是重要的东西；真正的不幸之后引发怜悯，而不可能是可笑的，但轻微或空想的不幸却是可笑的，不值得怜悯。其次，在自然和艺术的作品中，违反惯例或明显过度和短缺的东西才是可笑，例如一张过长或过短的脸是可笑的。总之，"凡是正确、恰当、得体、美丽、匀称或宏伟的东西都不会是可笑的"②。

其次，在大部分情形中，可笑与其他情绪或情感是不能并存的，除了一种情形，即由不适当的行为产生的轻蔑，可笑与情绪相结合产生的是嘲讽或耻笑。所以，引人发笑的对象有两类：可笑的和荒谬的，它们之间的区别是：可笑的对象仅仅是令人快活的（mirthful），而荒谬的对象既令人快活也令人轻蔑，因而也带着一定的痛苦情绪。

但是，可笑和荒谬虽然有所差异，但其效果来自某种对立形成的滑稽。例如，用一种高雅的风格来描写低下的对象，以极大的努力来完成一件琐屑或没有价值的事情，或者低下的人不切实际地追求极其高贵的事业或品质。只不过，凯姆士认为所要对比的东西之间的距离不应该太大，否则就会超出读者想象力的界限。同时，在引起可笑的效果时，一个虚构的故事应该具有活泼的形象或情节，能够让人感到这些形象或情节是真实的，也就是说，它们可能在现实中发生。例如，一个被伪称是荷马所作的故事《蛙鼠之战》，是对《伊利亚特》的谐仿，其中老鼠们因为青蛙们的背信弃义而对青蛙们宣战。与此同时，宙斯倡议众神参与战争，但雅典娜因为受过老鼠的伤害而拒绝参战。结果，老鼠们把青蛙们打得一败涂地，宙斯为了不让青蛙灭绝，派了螃蟹们阻止老鼠，最终挽救了青蛙。凯姆士说，这样的故事就超出了人的想象力，人们无法认为老鼠和青蛙知道什么是正义，因而也就不能引起人们的兴趣来。无疑，可笑或荒谬在凯姆士那里是以社会和道德意义作为基础的，是表达社会关系和道德规范的一种模式，也就是说，它们只是一种虚假的高贵。从这一点来说，凯姆士，包括哈奇生，都遵循了亚里士多德的主张，即喜剧模仿的是比平常的人坏的人，虽然这种人的品质不是有害的，但地位

---

① Lord Kames, *Elements of Criticism*, Vol. 1, London, 1765: 218.
② 同上，第219页。

必定是低下的。所以，所有滑稽的风格成为上等人描述下等人的特有方式。

还有一种滑稽叫作幽默，可分为两种：一种是性格的，一种是艺术的。有些作家有意描写一下本身就滑稽的对象，以使读者发笑，但这只表明他是个滑稽的作者，因为他并没有表现他自己的性格。幽默的作家是这样的："他假装得很认真和严肃，对对象的描述引起欢快的笑声。一个在性格上真正幽默的作家，不是有意而为的，如果是有意为之，他必定是为了成功而假装这种性格的。斯威夫特和丰丹在性格上就是幽默的，他们的作品也充满幽默。艾迪生的性格却不是幽默的，但他那种精妙和雅致的散文作品却极尽幽默之能事。阿巴思诺特的幽默画则在诙谐上超过前面那些人，显示了伟大的天才，因为如果我没有说错的话，他在性格上没有那种独特性。"[1]

此外，凯姆士也提到了反讽（irony）和谐仿等滑稽的类型。"反讽以一种独特的方式把事物转化成荒谬的，这种方式在于去嘲讽用伪装来夸耀或自诩的人。"[2]"谐仿必须与任何一种嘲讽区别开来，它通过模仿一些严肃的重要事情来为一个轻快的主体赋予生气；它是滑稽的，而且可能是可笑的，但嘲讽并不是其中的必要成分。"[3]不过两者并不相互对立，"嘲讽可被成功地运用于谐仿，而谐仿也可以被用于帮助嘲讽"[4]。

从夏夫兹博里以来，嘲讽成为一个批评中的热点，他曾说嘲讽是检验真理的最好标准，经不起嘲讽的真理就是虚假的。而后来的作家，如哈奇生和杰拉德却说正面的事物是不能被嘲讽的，凯姆士很多时候也这样认为。显然，他熟知夏夫兹博里的言论。"被羞辱的人奋起反对，坚持嘲讽对于严肃的主题来说是不适宜的。真正严肃的主题是决不适于被嘲讽的。但是也有人被鼓动去反对这个观点，当人们怀疑某个对象是否真正严肃时，嘲讽是决定这个争议的唯一方法。因而这是一个著名的问题，嘲讽是否是真理的检验？"[5]

凯姆士是从另一个角度来看待这个问题的："用准确的词语来表述这个问题应该是，嘲讽的感觉是否是把荒谬的事物与不荒谬的事物区分开来的恰当检验。人

---

[1] Lord Kames, *Elements of Criticism*, Vol. 1, London, 1765: 293.

[2] 同上，第 296 页。

[3] 同上，第 297 页。

[4] 同上，第 298 页。

[5] 同上，第 299 页。

们理所当然地认为，嘲讽并不是推理的主题，而是感觉或趣味的主题，这就是我的出发点。没有人怀疑我们的美感是美的事物的真正检验，同样，伟大感是伟大或崇高之物的真正检验。我们的嘲讽感是否是荒谬之物的检验这个问题难道就更可疑吗？嘲讽不仅是真正的检验，而且确实是唯一的检验。因为这个主题与美或宏伟一样并不受理性的管辖。如果任何主体，由于时尚或习惯的影响，已然得到了某种尊敬，虽然从本质上说它们不配这个称号，那么什么是消除这些人为的嘉美的适当方式，并还这个主题以本来面目呢？一个具有真正趣味的人会诚实地看待这个主体，但是如果他犹豫不决，就让他运用嘲讽这个检验，它能将这个主题从虚假的关联中分离出来，赤裸裸地展现其本来的不适宜。"① 如果一个机智的人要极力嘲讽那些最严肃和重要的事情，凯姆士认为，这等于在滥用机智，必然"经不起正确而精细的趣味的检验。最终，真理即使在普通人那里也会取得胜利。因为嘲讽这种才能被歪用到错误的目的上而去谴责它，这一点也不荒谬：如果一种推理的才能因可能被歪用而被谴责，还有谁会觉得可笑呢？可是，后面这个情形的结论与前面那个情形同样是正确的：也许更正确，因为推理这种才能是最经常被歪用的"②。

最终说来，凯姆士认为嘲讽只是一种消极的检验方式，只是在人们对某些事情感到困惑时才值得去运用，而对于肯定的、严肃的和重要的事情则不能被嘲讽。但是无论如何，嘲讽是不应该被完全阻止的，在某些特定情况下，只有它能承担起还原真理的任务来。"如果我们真的失去了检验真理的这个标准，我不知道结果会怎样：我看不到什么标准会让我们避免人们把微末之事冒充为重要的事情，把外表和形式冒充为实质，把迷信或狂热冒充为纯洁的宗教。"③

凯姆士真正推崇的滑稽是机智。与前几种滑稽不同，机智不能用以形容行为、情感和外在事物，"可以确定的是，'机智'一词适用于滑稽，并因其独特性而伴随有某种惊诧的思想和言谈（thoughts and expressions）。同时，在一种形象的意义上，机智表现了一种创造滑稽的思想和言谈的承诺：我们通常说一个机智的人，或一个富有机智的人"④。由这个定义可以把机智分为两种：即思想的机智和言语或

---

① Lord Kames, *Elements of Criticism*, Vol. 1, London, 1765: 299–300.

② 同上，第300页。

③ 同上。

④ 同上，第301页。

言谈的机智。同时，思想的机智也有两种：即滑稽的形象、把关系甚微的事物滑稽地结合在一起。

滑稽的形象因其独特而让人惊诧，这样的形象是自然中没有的，而是来自想象，因为想象是最活跃的官能，所以它构造的形象往往出人意料。同样，把关系甚微的事物结合在一起产生滑稽的效果也是因为想象的这种结合往往超出人的意料。在机智这种效果中，想象的灵光一现使心灵充满欢悦，让人处于一种轻松快活的状态中。

言谈中的机智通常被叫作词语的游戏（a play of words）。"这种机智多数时候依赖于选择一个具有多重意义的词语：通过这种技巧，在语言中玩弄出变戏法一样的骗局，简单直白的思想附上了一种截然不同的面貌。"[1] 不过，凯姆士认为词语的游戏只是一种粗浅的机智，但很多民族的人都喜爱这种娱乐，变得越来越精致，以至于让人们对它充满争议。因为语言作为一种交流的工具系统，其意义要求是相对精确的，但有些词的意义却是多重的，也就是双关语，以至于使相同的思想有了新的形式，这种形式使读者的好奇心在探究其真实意思的过程中得到了满足。这种娱乐并不会延续很长时间，因为当语言变得成熟时，原先的同义词就渐渐变得有了明显的差异，人们从中得到的新奇感也就随之消失了。即使一种语言中存在很多歧义，但词语的游戏并不适用于严肃的作品。

五、情感的表现

在凯姆士的情感理论中，很有特色的一部分是情绪和情感的外在符号，亦即情感的表现，这就等于把人的表情和行为当作了一种专门的审美对象。对于这一论题，之前的美学家们，除了作为画家的荷加斯之外，稍有涉及。荷加斯注意到了表情和动作与人的性格之间的关系，而且很注重它们本身给人的美感，但从心理学和哲学层面来系统地描绘情感的表现方式，以为艺术批评提供科学根据，凯姆士确有开创之功，虽然他所依赖的心理学和哲学原则本身并非独创。毫无疑问，与对情感规律的描述和分析一样，这部分内容将为检验艺术的表现是否正确和准确提供必要的根据。这一系列的内容更让人们确信，艺术的魅力和真正的美源于

---

① Lord Kames, *Elements of Criticism*, Vol. 1, London, 1765: 309.

人自身的本性和性格，而知觉美的能力绝不仅仅是视听感官，而是内在的直觉、想象和同情。

> 灵魂和身体的关联是如此密切，以至于灵魂中的每一次振动都在身体上产生一个可见的效果。同时，在这种活动中存在一种奇妙的一致性，每一类情绪和情感恒定不变地伴随着其特有的外在面貌。这些外在面貌或符号被看作一种自然的语言也许不是不合适的，当情绪和情感在心中发生时，这种语言或符号将它们表现给所有的旁观者。希望、恐惧、喜悦、悲痛都有外在展现：一个人的性格从他的脸上就能读出，而且人们知道，给人留下深刻印象的美不是来自漂亮皮肤的固定特征，而是来自善良的本性、健全的理智、生气、可爱，或者其他精神品质，这些品质是表现在容貌上的。①

显然，凯姆士相信任何内在的心理活动都自然地和必然地会表现在外在的身体上，但是另一方面，他也清醒地意识到，要理解身体上的语言是一件复杂的事情。因为要理解这些语言或符号需要的不仅是眼睛，眼睛只能看到形象、色彩和运动及其它们之间的组合，但是内在的情感是不可见的，要在外在形象与作为其原因的情感之间建立关联则需要其他能力。简单地说，单纯的外在形象、色彩和运动是所有事物都具有的，它们给人的快乐只是物质或外在的美，是通过眼睛或其他外在感官就可以直观到的，而人身体的各种性质和特征则必然有内在的情绪和情感的原因，要读懂这些东西就需要穿透它们，揭示它们与情绪和情感的隐秘关联。

首先，凯姆士对身体符号进行了分类："情感的外在符号有两类：自觉的和不自觉的。自觉的符号也有两类：有些是任意的（arbitrary），有些是自然的。词语很明显是自觉的符号，而且是任意的；除了表达某些内在情绪的简单声音，这些声音在所有语言中都是一样的，必定是自然的作品。因此无意中惊叹的声调在所有人中间都是一样的，还有同感（compassion）、痛恨和失望的声调，也是一样的。"② "其他类型的自觉符号包括自然伴随某种情绪的一些姿势或手势（attitudes

---

① Lord Kames, *Elements of Criticism*, Vol. 1, London, 1765: 336.
② 同上，第337页。

or gestures），它们之间惊人的一致。外露的喜悦（joy）是通过跳跃、舞蹈或身体的某种拉伸来表达的，外露的悲痛是通过身体的下降或压低来表现的，在所有民族和时代中，伏倒和跪倒都用来表示深深的崇拜。"① 总之，在自觉的符号当中，人造的语言是任意的，而身体动作是自然的。身体动作这种自然符号是通过同形方式来表达情绪和情感的，也就是说，身体的高低姿态和运动也表达着情绪和情感的高低状态，情绪和情感的高低意味着快乐和痛苦这两个级别类型。同时，身体某些部分的姿态和运动同样也能够暗示某种特定的情绪和情感："例如，谦卑自然地通过把头低垂来表达，傲慢则扬头，失落和沮丧则把头歪向一边。"②

身体与情绪、情感之间的同形关系在被观察并总结出规律之后，艺术家便有了可资利用的素材，艺术作品当中也形成了某些固定的模式。最明显的便是戏剧中演员的表演了，他们把平常的姿态和动作加以夸张并形成固定的程式，就能更有效地吸引和打动观众。

与自觉的符号相对的是不自觉的符号，它们都是自然的，"或者是某一种情感所独有的，或者为许多情感所共有。每一种活跃的情感都有一种独有的外在表现，但快乐的情感是例外，赞赏和欢乐（admiration and mirth）就是如此。快乐的情绪都是较不活跃而具有共同的表现，从中我们可以总结出某一种情绪的强度，但不是这一类情绪的强度。我们知觉到一种欢快或满意的表情，但却不能再知觉到更多东西了。所有痛苦的情感都是猛烈的，因其外在表现而能被相互区别开来。因此，恐惧、耻辱、愤怒、焦虑、沮丧、失望，都有独特的表现，我们对它们的体会不会有任何混淆：有些痛苦的情感在身体上产生猛烈的效果，如发抖、扭曲和晕厥。但是这些效果在很大程度上取决于性情的独特性，在所有人中间都是不一致的"③。

不自觉的符号当表现在面貌上时也有两种类型：有些是短暂的，情绪消失时，这种表现也就消失了；另一些则是因为猛烈的情感不断发生而逐渐表现出来的，这种情感在某个人身上形成了某种特有的性情和脾气，因而这种表现成为那种情感的固定符号，这些符号是可被用以表示一种性情和脾气的。在这里，我们仿佛看到了休谟人格理论的影子。在休谟看来，情感是贯穿各种知觉的一条红线，是

---

① Lord Kames, *Elements of Criticism*, Vol. 1, London, 1765: 338.

② 同上，第339页。

③ 同上，第342页。

情感铸就了一种较为稳定的人格。凯姆士的意思是比较明确的，短暂的表现不表达一种性格，而固定的符号则是某种性格的表现。婴儿因为尚未形成成熟的身体和特定的性格，所以其各种表情都是随意而短暂的，而且很难为人们理解，当他成为青年时，身体变得硬朗成熟，表达情感和情绪的姿态也就逐渐稳定下来，也容易为人辨别。

的确，凯姆士想象身体姿态这种自然符号是一种普遍的语言，"空间的距离、种族的不同、语言的差异，都不会掩盖或使其迷惑，即使教育具有强大的影响，但也没有能力去改变或歪曲，更别说毁灭其意义了。这是上苍的审慎安排，因为如果这些符号像词语一样是任意和可变的，那么陌生人的思想和意图对我们就是完全隐藏着的，这将导致社会形成巨大甚或无法克服的障碍。但是，正如物质是富有秩序的，喜悦、悲痛、恐惧、耻辱等情感的外在形式也形成了一门普遍的语言，打开了一条直通人心的道路"①。凯姆士还是想象上帝这种创造或人的这种自然本性最终是有利于社会交往和人类的整个幸福的。

首先，几乎可以肯定地说，凯姆士对于情感和情绪的表达这个问题理解得过于简单了，尤其是将语言这种符号纳入其中的时候。的确，没有人会怀疑人的情感和情绪都必然要得到外在的表达，但是认为所有情感和情绪都会必然自然地表达出来却是值得怀疑的。其次，凯姆士认为词语是自觉的符号，却是任意的。一来他没有说明任意的是什么意思，如果任意指的是毫无规律的话，那么就不能说这是一种普遍的符号；二来他没有说明他所指的词语仅仅是象声词还是表意的词语，但无论如何两者是不同的，表意的词语可以是约定俗成的，却不会是任意的。再次，也是最根本的，身体的姿态是自觉的，也是自然的符号，这在一定程度上是矛盾的，因为身体的姿态可以是自然养成的，但如果有意识地加以运用，那么符号与情感之间也许就不存在一致的关系了。

也许是为了对后一个疑惑加以解释，凯姆士补充了行为（actions）这种符号，并认为它是"人心最有效的解释者（interpreters）。通过观察一个人在一段时间里的行动（conduct），我们会准确无误地发现推动他做出行为的种种情感，他的所爱和所恨"②。不过，与此同时，他却说道："它的确称不上是一种普遍的语言，因为只有具备洞察力的天才或者广泛见识的人才能彻底地理解它，然而它是一种人

① Lord Kames, *Elements of Criticism*, Vol. 1, London, 1765: 342.
② 同上，第 343 页。

人都能在某种程度上辨别出的语言。而且它与其他外在符号结合在一起时，就为我们对他人做出行为的方向提供了充分的手段：当我们理解了这个道理时，如果我们犯了错误，那么这错误绝不是无知的必然结果，而是出于莽撞和疏忽。"① 所以，当他再说即使有些情绪和深思熟虑的情感并不突然也不强烈，但无论如何行为还是能将内在情感暴露出来时，显然就不讲道理了。只能说，凯姆士希望任何情绪和情感都能够自然地表露出来，在社会交往中尽可能不要去刻意掩饰情感。

继而，凯姆士提出了情感接受的五条原则：第一，每一个或每一类情感都有特定的符号，它们必定会在旁观者那里产生某种印象。第二，快乐的情感符号在旁观者显得是适意的，痛苦的情感符号是不适意的，只有骄傲这种情感是例外，它在主体心中是快乐的，但其符号则可能是不适意的。第三，适意的对象始终产生快乐的情绪，不适意的对象产生痛苦的情绪，因此快乐情感的外在符号是适意的，也必定在旁观者那里产生快乐的情绪，反之则是不适意的、痛苦的。第四，所有快乐情感的外在表现基本都是一致的，而痛苦情感的表现则是不同的。同理，快乐情感的符号在旁观者那里产生的快乐情绪也是一致的，而痛苦情感的符号在旁观者那里产生的痛苦情绪则是不同的。第五，痛苦情感的外在符号有些是动人的（attractive），有些则是可憎的（repulsive），这取决于痛苦情感本身是否是适意的。

的确，情感和情绪表现的一般规律是存在的，这为人类社会的顺畅交流提供了充分的媒介，但凯姆士清醒地意识到，这些一般规律对艺术来说并没有实际意义，因为艺术的目的并不是表现这些一般规律，而是表现在具体情境中的情感和情绪。为此，他提出了情态（sentiments）这一概念。"对不同情感具有一个概括的观念，还不能使一个艺术家对所有情感都做出正确的再现。综上所述，他应该只是同一种情感在不同人中间的不同表现。情感从性格的每一个特质那里接受一种色彩，因此一种情感在感受、情态和表达的不同情形中，很少能在两个人中间是相同的。"② 很显然，情态指的是具有个体色彩的情感和情绪，这样的情感是具体而现实的，而非理论和逻辑的。在凯姆士看来，艺术作品所要表现的正应该是这种具有特殊性的情态，而非关于情感的一般观念，否则它将失去表现力（expression）。无疑，这让人想到他先前所谓的那种理想的呈现。

首先，因为情态是特殊情感，所以在表现时必须具有更大的准确性，这种准

① Lord Kames, *Elements of Criticism*, Vol. 1, London, 1765: 343-344.

② 同上，第 356 页。

确性来自对所要再现的人的性格和情感的深入体会，获得这种准确性也需要一种"非凡的天才"。不过，在具体的创作中，对情态的把握不仅需要外在的观察，而且还需要一种内在的体验，即设身处地，对于作家来说尤其如此。"唯一的困难就在于，作家只有湮灭自己（annihilating himself）才能成为另一个人，这需要他对假定性格的情态了如指掌，这种情态绝不是通过研究，甚至知觉流露出来的，而且这种情态对于他来说常常是令人愉悦新颖的，正如对于读者那样。"①一个平庸的作家只是站在旁观者的角度来描写人物的动作和语言，仿佛这些东西不是发自人物内心的。不过，让人意外的是，凯姆士认为最难塑造这种情态或性格的体裁是哲学对话，这也不由得让人想起自夏夫兹博里以来在英国兴起的对话体哲学作品。"通过赋予每一个说话者以合适的性格，在推理中间穿插性格，使其不仅在思想上，而且在表达上富有独特性，需要卓越的天才、趣味和判断力。"②

其次，最难表现人物的情态，但较为动人的作品是戏剧。一般的作家只是个旁观者，是用自己的反省、冷漠的描写和华丽的雄辩来娱乐读者；一般的演员也只是像一个路人一样表述人物的语言，这样演出的戏剧只能叫作描写的悲剧（descriptive tragedy）。在戏剧中，"情态应该显得是情感的合法子孙，而叙述的情态则与此相反，只是情感的私生子"。凯姆士说莎士比亚的人物虽然并不完美，但的确展现了自然的情态，而法国作家们的作品就是一种典型叙述的情感，到处都是千篇一律的夸张雄辩，但没有一处自然流露的情态。在《李尔王》当中，李尔王在女人们面前表达被背叛时的爱恨纠结，剧中没有夸张激烈的雄辩，只有失望落寞时的欲言又止，而在高乃依的《西拿》中，当艾米莉亚的阴谋被发现后，奥古斯都却赦免了她与其情人，这本是艾米莉亚表达其惊喜与感激的最佳情景，在凯姆士看来，这种情态本应以激烈的动作加以表现，但高乃依却使艾米莉亚像一个旁观者一样叙述自己的处境。

要准确地表现情态，凯姆士总结出艺术中表现情态应遵循的几条法则：第一，"情感很少会一致地延续很长时间，它们通常是起伏不定的，高涨与平息相互急速交替，除非情态符合这种起伏的规律，否则它们就不是正确的"③。第二，"情感的不同阶段及其不同方向，从生到灭，必须仔细地根据它们的顺序来表现：因为

---

① Lord Kames, *Elements of Criticism*, Vol. 1, London, 1765: 357.

② 同上，第 358 页。

③ 同上，第 364 页。

将这个顺序错乱，情态就显得是牵强而不自然的。例如，怨恨，当被一种恶意的伤害而激起时，就要向伤害者发泄：因而复仇的情态首先出现，并且在被伤害的人为自己感到哀痛时，必定要在某种程度上耗尽"①。第三，"有时一个人同时被几种不同的情感所激动，在这种情况下，心灵就像钟摆一样摇摆"。第四，"自然赋予我们情感，当情感适度时是极为有益的。无疑，自然有意使情感服从于理性和良知的统治，因而情感与理性和良知相对立而占据主动的情形是违反自然规律的。心灵的这种状态是一种无序，人人都以此为耻，极力要隐藏和掩饰之"②。

这些法则以及其他观点无疑突破了古典主义的藩篱，而且有诸多发人深省之处。例如，作家只有隐藏自己才能更深切地体会到作品中人物的情态，最有效地表达情态的方法并非一味地雄辩，而是沉默或自然的流露。这些法则并不规定艺术的形式，一切都以再现真实的情感运动为目的，这自然暗示了古典主义的终结和浪漫主义的萌动。

六、论艺术的形式

凯姆士用《批评原理》的第二卷来讨论艺术的问题。西伯尔说："尽管热衷于艺术中的批评话题并确立法则，但凯姆士更关心'原理'而非'批评'。艺术通过在人心中激起适意的感受而给人娱乐，因而批评问题总是由心理学、美学得到阐明和解决的。"③凯姆士关于艺术的看法都建立在他先前情感理论的基础上。

凯姆士对艺术进行了简单的分类描述。他认为，在所有美的艺术中，只有绘画和雕塑在本质上是模仿。声音和动作在某种程度上也能通过音乐被模仿，但是就音乐本身而言，与建筑一样是原始的创造。但是，语言是个更复杂的问题。"语言像音乐或建筑一样不是从自然那里模仿，除非是在模仿声音或动作的地方，像音乐那样。因此，在描写独特的声音时，语言有时具备这样一些词语，即它们除了具有激发观念的习惯力量之外，还因其柔和或刺耳等特征而与被描写的声音相似，而且有些词语因其发音的迅捷或迟缓而与它们所表示的动作相似。语言的模

---

① Lord Kames, *Elements of Criticism*, Vol. 1, London, 1765: 365.

② 同上，第 369 页。

③ Walter John Hipple, *The Beautiful, the Sublime, and the Picturesque in Eighteenth-Century British Aesthetics Theory*, Carbondale: The Southern Illinois University Press, 1957: 100.

仿力量还能更进一步：有些词语的高亢适于成为高尚观念的恰当符号，粗鄙的对象则被声音刺耳的词语来模仿，多音节的词语发音平缓适于表现悲痛和忧伤。词语对心灵具有一种特别的效果，是从其意义和模仿力量那里提炼出来的，它们因其声调的圆润、甜美、模糊或粗涩而对耳朵来说是较适意或不适意的。"① 我们可以这样总结，语言兼具模仿和表现两种力量。然而，除此之外，凯姆士还指出，语言还有一种更优越的美，即表达思想的美。这种美与思想本身的美是可以分开的，因为即使是本身并不美的对象也可以用优美的语言来表达，甚至掩盖了对象本身的不适意。因此，凯姆士总结了语言的四种美：来自声音的美、语言意义方面的美、来自声音和意义相似的美、格律美。然而，从整体上看，语言的形式或语音本身可以是美的，但前提是它们能符合意义的美。这并不代表凯姆士认为形式完全服从于意义，意义本身不是抽象的观念，而总是带有情感色彩，所以完整的意义是由语言各层次的要素构成一个和谐的整体而得到表达。

语言的声音美包括字母、音节、词语、语句和话语等各个层次。值得关注的有两点：一是声音从简单到复合总是让人感到更多的快适，尤其是在强调和长度上递增的组合最能表现语言的声音美。二是单一声音的平滑和粗涩本身无所谓适意和不适意，只有在一种语言系统中才能显出来，但是凯姆士有一个观点很有新意，即相比之下粗涩的发音要比平滑的发音更有意义。"一种连当地人说起来都困难的语言，必定会接受一种较平滑的语言，但假设有两种语言，其当地人说起来都很顺畅，依我看来，较粗涩的语言应该更受欢迎，即使它还保留着一些更为圆润的声音，这很明显与清晰声音对心灵的不同效果有关。一种平滑的声音因为能使心灵镇定并使其平静下来因而是适意的；相反，一种粗涩突兀的声音却激励心灵：在发音时被感觉到的努力会传递给听者，听者在自己心灵中也感到一种相似的努力，引起他们的注意，并促使他们行动。"② 所以，在语言中要充分利用对比的法则，因为声音的变化比一致更容易对心灵产生影响。

所谓语言意义方面的美是就语言是传达观念的工具而言的，这种美清晰而明确。它可被分为两种："第一，是来自正确选择词语或素材来构造语句的美，其次是来自对词语和素材适当组织的美。"③ 简言之，前者指的是用词的恰当和正确，

---

① Lord Kames, *Elements of Criticism*, Vol. 2, London, 1765: 3-4.

② 同上，第10页。

③ 同上，第14页。

后者是句法的适当组织，两者的缺失都会造成模糊含混。不过，凯姆士更加详细地论述了后者。最终来说，完美的表达就是在词语、句法与观念、思想之间形成相互对应的和谐关系，也就是用词语和句法来表达思想中的观念联结和分离、相似和对立、一致和多样等关系，赋予思想以语言上美的秩序。

声音与意义的相似与上一个主题有一定的联系，这种相似关系有助于表达的清晰，但是如果意义的美偏重于词语的选择和句式的组织的话，突出了语言结构对意义的塑造作用，声音与意义相似的美则更强调语音本身的审美效果对于意义的助益，它更依赖于人心灵的感受能力或直觉能力。

声音与意义的相似有时是自然的，这主要是指人造的象声词而非对自然声音的模仿，如形容树木倒下的词语，"cracking""crashing"等。但是，这种相似更多时候不是自然的，因为从实质上说，声音与动作、情态等并不存在任何相似关系。这时，声音对于动作和情态等对象的相似是通过人为的发音方式实现的："同一段文字可以用不同的语调讲出，高扬或低微、甜美或艰涩、轻快或忧郁，以能和思想或情态相一致。"[1] 但是，"这种一致必须与声音和感觉的一致区别开来，后者是不凭借人为的发音方式的表达来被知觉到的，它们是诗人的作品，前者则必须归因于读者"[2]。所以，从根本上说，人为的发音方式是一种欺骗，然而宏伟、甜美和忧郁等性质或思想必然会被表达出来并被转化为词语，而词语本身就是一种声音，因而在声音和其他感觉、动作以及内心思想给人的印象之间也能建立起一种相似关系，这种相似不是自然的模仿关系被知觉到的，而是因为它们分别在人心中造成的情绪存在某种相似关系。同样，词语组合而成的语句的连续发音给人的印象也与其表达的意义给人的印象之间存在一致性，这是因为连续的发音是一种运动，其表达的意义和思想也是一种运动，这两种运动给人的感觉能建立起一种一致关系，而且这些运动及其相似关系更为复杂，也更令人快乐。细心的读者可以发现，凯姆士这里所根据的原则与他在论述情感与其原因之间的对应关系时所运用的感应原则是一脉相承的。

凯姆士试图把声音与意义的相似关系与他所描述的情感运动的规律广泛联系起来，以凸显这种相似关系所造成的强烈的审美效果。因为语言的声音与其表达的对象之间本身存在巨大差异，但出人意料的是，它们在心灵中造成的感受或情

---

① Lord Kames, *Elements of Criticism*, Vol. 2, London, 1765: 68.

② 同上。

绪却又存在惊人的相似，这种差异和相似之间的对比关系因此产生了惊异的效果，所以重又增强了声音与其表达的对象之间的相似给人的快感。

从某种程度上说，格律美在凯姆士那里是对以上三种美的综合。声音、意义及两者的一致在实践中逐渐被总结出来，形成了一定的法则，这些法则也就是格律。只不过，格律是由连续的声音构成的，而不是停留在单个字母、词语的层面上，而且形成法则的格律具有了音乐一般的韵律。作为一种法则，韵律是对声音的长短、高低和快慢富有秩序的组织，服从一致与多样相结合的基本规律。虽然格律有多种样式，并在各个时代和民族中有不同表现，但凯姆士总结了格律的五个基本要素：一是构成格律诗行的音节的数目，二是音节的不同长度，三是结合在词语中的音节的排列，四是发音的暂停或停顿，五是音节在音调上的高低轻重。在这五个要素中，前三个是本质性的，否则就无法与散文区分开来。发音的停顿是为了分割语句及语句中的成分，增强格律的韵律以及为阅读时换气提供机会。音调的高低轻重也是为了突出韵律，因为它加强了阅读时的节奏感。

在这些原理的指导下，凯姆士分析了各种修辞，如比较、比喻、隐喻和寓言等。有情感理论作为根据，凯姆士的解释也总是能带来很多新意。例如，他对拟人的解释，拟人即"赋予无生命的事物以意识和自己的运动"，从而给人一种错觉。凯姆士认为这种修辞的根源是心灵的一种自然倾向，"心灵被某种情感激动时，倾向于赋予无生命的事物以意识。这是情感对我们的观念和信念影响的一种独特事例"[1]。在凯姆士那里，拟人有两种类型，即动情的拟人（passionate personification）和描写的拟人（descriptive personification）。前一种是诗中人物表达情感的一种手段，即把无生命的事物当作倾诉的对象。有些情感，如哀伤、恐惧和喜悦等，是人们急切地想要宣泄出来的。通常情况下，独白就能使其满足，一旦这些情感变得过分强烈时，就只能通过他人的同情而得到满足，但是如果他们拒绝他人同情这种自然的安慰方式，便倾向于转向无生命的事物，将这些事物看作是富有同情心的存在。[2]描写的拟人是指诗歌的作者把一个无生命的对象赋予一种能动的力量，但并不确信这个对象就是真正有生命的，所以这种拟人只是临时把一个对象赋予不完整的意识或自觉的行动。这种拟人可被看作是明喻的一种。例如，《哈姆雷特》中的诗句："看哪，黎明身披赤褐色的斗篷，在那东方高

---

① Lord Kames, *Elements of Criticism*, Vol. 2, London, 1765: 181.
② 同上，第182页。

山上的露水上漫步。"① 凯姆士认为，后一种拟人是不完整的，因为被描写的对象并没有人一般的灵性，这种拟人只是想象的结果，而前一种拟人则真正把无生命的事物当作了富有情感和意识的人，言说者对此深信不疑，虽然有时只是暂时的深信。同时，从另一个角度说，动情的拟人适于表达强烈的情感，而描写的拟人则适于表达缓和的情绪。

在对各门艺术的评述中，凯姆士对园艺的看法值得一提。

从对心灵的情绪或感受影响的强度和广度来说，各门艺术可以分为几个级别。首先是诗歌，它能够激发人性中几乎所有的情绪。绘画要次之，因为它只能通过视觉来激发人的情绪，尤其擅长表达痛苦的情感，因为痛苦的情感是通过外在符号表达出来的。园艺除了通过规则、秩序、比例、色彩和效用来产生美的情绪之外，还可以激起宏伟、欢快、狂乐和忧郁的情绪，甚至是粗犷和惊奇的情绪。最后是建筑，它有规则、秩序、比例产生的美，但在色彩上有欠缺。不过，建筑在效用上最有优势。②

相比较起来，园艺有一个优势，它可以有各式各样的景观，连续地引发不同的情绪，只要它具有足够大的面积；较小的园艺，如果让人能一眼尽收，那就最好营造一种印象，或艳丽，或娇美，或朦胧，但决不要试图将这些印象混杂在一起。建筑也同样如此，即使它能够被营造得很宏伟，但也不要试图创造多种表现力。建筑很难得到长足的发展，一方面，是由于材料的缺乏；另一方面，是各种装饰样式不够丰富。

因而，对于园艺和建筑来说，最主要的原则就是简朴，繁复的装饰只能让人眼花缭乱，无法形成一个整体印象。只有低俗的艺术家才会堆砌各种琐碎的装饰，就好像一个缺乏趣味的女人要在衣着的每一处都填满饰物。华丽装饰的另一个恶果是让对象变得更加矮小猥琐。就园艺本身来说，其原则有以下几条：第一，一个园艺最简单的设计就是需要各种自然对象：树木、小径、花坛、溪水等的点缀；第二，更复杂的设计有建筑物和雕塑，但自然事物和艺术作品要相互装饰；第三，最完美的设计是要把各种东西都聚集在一起，不仅要产生美的情绪，还要产生宏伟、艳丽等情绪，这些东西要合理配置，或者是拼接，或者是接续，要视具体情况而定。例如，艳丽和朦胧的相互接续能给人以最大的快乐（因为对比的效果），

① Lord Kames, *Elements of Criticism*, Vol. 2, London, 1765: 186.

② 同上，第339页。

但如果把它们拼接在一起则是令人不快的混杂，具有类似特点的对象如果拼接在一起却会有更好的效果。[①]

与住所相毗邻的园艺一定要规则，也就是要与作为中心的建筑的特点相一致，而在远离这个中心的地方则需要更散漫的设计，如果有更大的面积，就会形成宏伟的效果，但小巧的园艺只好符合严格的规则。广袤的田野最好用树木分割成一眼能全览的板块，将这些板块设计成尽可能多样的风格，这样会使美的景观成倍增加。[②]园艺不是一门创造性的艺术，而是对自然的模仿，或者本身就是被修饰过的自然。凡是不自然的东西都应该被摒弃，如裁成动物状的灌木、吐水的野兽。在园艺设计中，一切琐碎的东西都应该避免，所以不要把小径和树篱造成迷宫。[③]凡尔赛的园林在这方面犯了很多错误，它们的设计者试图去除任何自然的东西，认为自然的东西对于一个伟大的君王来说太过粗俗，但这些东西与阿拉伯的故事一样不过是国王的娱乐。[④]从这些言论中不难看出，凯姆士倡导的是一种质朴庄重的审美趣味。

七、趣味的标准

最后，凯姆士来到了 18 世纪英国美学中一个聚讼纷纭的话题：趣味的标准。相比于休谟的《趣味的标准》，凯姆士的思考要复杂得多。

凯姆士首先确定，就"趣味"这个词的本义来说，人们确实没有必要指责相互不同的倾向，甚至在其他外在感官方面也是如此，即使有人偏爱腐尸胜过香花，偏爱噪声胜过妙乐，人们也无须惊诧。即使将这个论断扩及其比喻义上面，人们也很难加以反驳，有人喜爱布莱克默胜过荷马，喜爱自私胜过仁慈，因为只有他自己才能知道什么东西对他自己来说适意或不适意，其他人很难将意见强加给他。这个推断虽然有一定的道理，但也难以令人完全信服。

惯于进行二分法的凯姆士想到，具体情况应该具体对待。"趣味无争辩"这句谚语在有些时候无疑是正确的，因为人们很多时候并不是刻意地喜爱或不喜爱

[①] Lord Kames, *Elements of Criticism*, Vol. 2, London, 1765: 343.

[②] 同上，第 347 页。

[③] 同上，第 348 页。

[④] 同上，第 349 页。

某些东西。如果有哲学家要为人类的快感划定个界限，他也不会事无巨细，而是把源自不同对象的快感进行分级，而且人们也只能知觉到一些较为粗略的分类，许多不同的快乐同样令人喜爱。何况个别人的偏好并不源于趣味，而是出于习惯、模仿或怪癖。在凯姆士看来，他自然无意于精细的分类，为的是让每一个领域都充满许多快乐，"每一个人都可以对自己那一份快乐感到满意，而不去嫉妒他人的快乐"①。如果某一种趣味过于精致，那就会让多数人蜂拥而至，其他领域则无人问津。"在我们现在的处境中，很幸运多数人对他们的选择都不很挑剔，而是很容易就适应了命运交给他们的职业、快乐、事物和群体。即便其中有些令人不快的情形，习惯也很快使其变得舒适。"② 这样看来，趣味的标准关乎社会交往法则和秩序。

然而，总有一些趣味是出自人的共同本性的，这个时候人们自然会谈论好的趣味和坏的趣味、正确的趣味和错误的趣味，人们常常会批评某些作家或画家的作品是好是坏。如果这些做法并不违背常识，也不是毫无意义的，那么趣味的好坏必然在人性中有其基础。凯姆士相信："如果我们能探明这个基础，趣味的标准也就不再是个秘密了。"③ 言下之意，符合人类共同本性的趣味是好的，相反则是坏的。

纵然存在文化和习俗上的差异，凯姆士相信，人类的本性仍然是永恒的、普遍的，无论在道德方面还是美的艺术方面均是如此。当人们在某些重要事情上的观点遭到反对的时候，他总是感到不快，因为他以为自己的观点是符合共同标准的，对持有异议的人感到愤慨。当然，如果只是细枝末节、无关紧要的事情，人们便不会如此斤斤计较。

在趣味问题上，哪些事情才是重要的呢？"有无数人耽于赌博、吃喝等粗俗的娱乐，觉得美的艺术带来的更雅致的快乐毫无意思，但是与所有人类都说着相同语言的这些人，也宣称自己喜爱更雅致的快乐，始终赞同那些有着更高雅趣味的人，为他们自己那些低下鄙俗的趣味感到羞耻。"④ 可以看出，无论是什么样的人，都能感觉到人性的尊严，视其为最高权威，即使他自己有着特殊偏好。

---

① Lord Kames, *Elements of Criticism*, Vol. 2, London, 1765: 383.

② 同上。

③ 同上。

④ 同上，第 386—387 页。

因我们对于共同标准的确信而产生的趣味和情操上的一致性，引出了两个重要的终极根源，一个与责任有关，另一个与消遣有关。在道德上，我们的行动毫无例外地都应该指向善而抵制恶，这是人类社会的最大幸福，为了达到行为上的一致，意见和情操上的一致就不可或缺。

在通常的消遣上，尤其是美的艺术，一致性的根源也是显而易见的。正因为有这样的根源，才能产生了豪华精致的建筑、优美的花园和无处不在的装饰，它们都普遍地给人快乐。如果没有趣味上的一致性，这些东西就不会得到任何荣誉上和利益上的回报。"自然在每一个地方都始终如一，我们由自然造就，因而对美的艺术有着高雅的品位，这美的艺术是幸福的伟大源泉，并对美德也大有助益。同时，我们生而有一致的趣味，以为那高雅的品位提供恰当的对象，若非这样的一致性，美的艺术就从不会绽放光彩。"①

这也引出了另一个最终根源。人类因出身、职位或职业而被分成不同的阶层，这种情形无论多么必要，都导致了相同地位的人之间产生隔阂，这个后果却因为所有阶层的人都能接近公共景观和娱乐而在一定程度上有所缓解。这样的集会对支撑社会性感情来说至关重要。所以，为了这种社会性感情，自然而然地就会形成趣味的标准，任何个体都会毫不迟疑地予以赞同。这个标准确定了什么行为是正确或错误的、适当或不适当的。同样地，美丑的标准也因此而形成，以让人们赞同好的趣味，谴责偏离普遍标准的趣味。

然而，历史告诉人们，没有比美的艺术的趣味更为多变的东西了，一如道德趣味。不过凯姆士巧妙地化解了这个难题。变化和差异并不能说明道德和艺术方面的所有趣味都是同样正确和高雅的，它们只能说明趣味是不断进化的：最初的人类没有结成紧密的社会关系，因而是野蛮残忍的，但社会逐渐形成了严谨的秩序，人类也具备了理性，趣味变得精致起来。"要确定道德的法则，我们不会求助于野蛮人的共同感，而是更加完善的人的共同感；在形成统治美的艺术法则的时候，我们也有同样的诉求：在这两方面，我们都不是问心无愧地依赖于地方性和暂时性的趣味，而是依赖于高雅民族的最普遍和最持久的趣味。"②

当然，艺术趣味的正确和错误并不像道德趣味那样鲜明，因为后者的对象是行为，是非常明确的，而艺术趣味的对象却不是这样。再者，道德趣味作为行为

① Lord Kames, *Elements of Criticism*, Vol. 2, London, 1765: 387-388.

② 同上，第389页。

的法则和法律，因为要让人们来遵守，所以必须要明晰、确切，而道德趣味仅供娱乐，如果过于强烈鲜明，反倒容易让人们忽视更重要的事情，而且也消除了好坏趣味的差异，这等于阻止人们相互竞争，也就阻止了艺术的发展。

这样一来，道德趣味在所有人那里都是一样的，但更精致的艺术趣味却只属于少数人。那些以苦力为生的人完全不需要美的艺术所需要的趣味，也有很多人沉溺于感官享受，没有资格谈论趣味。所以，艺术趣味的标准虽植根于普遍人性，但只有在少数人身上得到体现。对整个人性以及艺术和道德方面的趣味危害最大的便是感官淫乐，因为在时间推移过程中，淫乐必定会泯灭所有的同情性，导致野兽般的自私，让人成为行尸走肉，反之艺术上的趣味却需要教育、反省和经验，这些东西只有在有规律的生活中活力才能得到保持，并保持人的自然本性。

第十一章

布莱尔

修·布莱尔（Hugh Blair，1718—1800），出生于爱丁堡，父亲为商人，曾担任地方法官和税务官，但其祖上罗伯特·布莱尔曾做过查理一世的专职牧师，其后家族中也有担任圣职者。据说这位罗伯特·布莱尔口才出众，喜爱诗歌，且将在文学方面的优良基因世代遗传下来。到了修·布莱尔，其父仍然很重视他的教育，在其12岁那年便被送进爱丁堡大学学习人文学科，文学、哲学、神学、逻辑、历史，门门课程都很优异，期间令其得意的是他写的一篇论文《论美》还曾作为学期论文而得到嘉奖，被当众宣读作为典范。1739年，他获得艺术硕士学位，两年后在爱丁堡的长老会教区做福音书的演讲，次年被正式任命为牧师。在近20年的牧师生涯中，他的演讲才能不断得到磨炼，也获得教众的认可和尊敬，声名日隆。1757年，圣安德鲁大学授予布莱尔神学博士学位。在亚当·斯密、凯姆士等好友的鼓励下，1759年开始，他在爱丁堡大学开设写作课程，讲授他在演说方面的经验和学说。3年后，国王竟批准爱丁堡大学专门为他设立修辞学课程，聘他为修辞学和美文学教授，直到1783年退休。不过，1777年他的演讲才在伦敦出版，名为《关于修辞和美文的演讲》（以下简称《论修辞》），并从此广为流传。如果算上各类缩写本，再版不下百次。

一、论趣味

布莱尔的《论修辞》集毕生演讲布道之经验，炼成精华，但他与其他美学家一样，试图为自己的学说铺就更扎实的基础，所以在此书的开篇他首先论述的是这个世纪美学中的核心语语："趣味。"他说，趣味是人先天辨别美丑的能力，幼儿会被规则的形式、图画和雕塑所吸引，粗鄙的农民也从民谣故事、天地万象中得到乐趣。所以，他像哈奇生一样视趣味是一种内在感官，也像艾迪生那样称之为想象。不过，现实中人的趣味高下有别，这一方面是因为各人禀赋不同，品味美的那种精致的内在能力各不相同，另一方面更重要的则是文化和教育的原因。可见趣味是由两种因素合成的："理性和健全理智对趣味的所有活动和决断都有很大的影响，以至于一种特别良好的趣味可被看作是一种由对美的先天敏感和高超的理解力（understanding）混合而成的。"[1] 在对艺术作品的欣赏中，人们可以清楚地看到这一点。天才的创造不过是模仿自然，表现人的性格、行动和态度，我们之所以从中获得快乐，只有依赖趣味，但要判断艺术家的模仿和表现是否成功，则必须运用理解力来比较作品与原物之间的关系。

这样，布莱尔在一开始便对趣味有了一种比较特殊的定义。趣味包含先天的敏感和理解力，这是前人都承认的，但他给两者划分了明确的分工，在艺术欣赏中，敏感只是对艺术所模仿的现实做判断，而理解力则要判断模仿是否正确和准确。敏感是先天的，在所有人那里都应该一样，只是由于个人的无知和偏见，才造成其迟钝和偏颇，这个时候便需要理性来矫正。所以在他看来，理解力甚至比敏感还重要，有很强的理解力能让人不被虚假的美所欺骗，也能比较不同的美，给它们分出等级。不过，从另一方面来理解，理性的作用也只是消除各种不利因素，让趣味恢复其自然状态。所以，趣味无论如何都是普遍的、有标准的，美只要得到恰当的表现，就必然得到普遍的赞赏，无论是男女老少、古今中外。不管哪个时代，人们都喜爱荷马的《伊利亚特》、维吉尔的《埃涅阿斯纪》，被视为标准和典范。当然，布莱尔对趣味的标准这个问题的讨论并没有超出休谟和杰拉德。

既然趣味有高下，那么批评就有必要存在，教会人们分辨好坏。高明的天才确实无须被指导，荷马不是读了什么系统的理论才写出杰作的，但那是因为批评所依赖的法则早已埋在他天性中，这天性时时在实践中给出暗示。对于批评来说，布莱尔一定是采纳了休谟的观点，也遵循经验主义原则，指出普遍原则也都是来自经验，从具体一步步总结到普遍的。这并非说批评无用，法则固然是天才所创，

---

[1] Blair, *A Bridgment of Lectures on Rehtoric*, Carlisle, 1808: 14.

但谬误也随之而来，批评的作用就在于指出谬误，并让人避免，其结果就是造就良好的趣味。

将趣味简单地分为敏感与理智两大块，确实使趣味的含义变得更为明确，布莱尔省却了对敏感和理智的哲学论证，他的目标也本不在于哲学，而是经验性的批评，进而能够为读者提供一定的写作和演说上的指导。然而，到他这里，18 世纪英国美学失去了哲学上的革新，逐渐也就失去了激进的锋芒。在他的批评理论中，人们又回到了四平八稳的古典主义原则上，虽然在语言等问题上他也有一些新颖的观点。当然，面对新兴的小说、民谣、论辩性对话等各种文艺现象，新的美学显然还没有做好充分的准备，只有等到华兹华斯、柯勒律治等诗人在这种美学的启发下创造出新的作品之后，人们才能见到这种美学的效应。

简要地分析了趣味之后，布莱尔直接转到两种主要的趣味情感，即崇高与美。他承认艾迪生的开创之功，将想象的快感分为优美、伟大和新奇，但他觉得前人对这些快感原因的分析和描述仍然是一团迷雾。

对于崇高，布莱尔首先指出，最简单的现象便是广阔无边的天空、平原和海洋，所以所有的广阔都能产生崇高的印象，但是单有广阔还不能产生更强烈的崇高，还必须要有高度和深度。"空间无论在长度上延伸多远，也不能形成像高度或深度那样强烈的印象。尽管一片无垠的平原是一种宏伟的对象，然而当我们仰望一座高山，或者从可怕的悬崖或高塔俯瞰时，这高山、悬崖或高塔就更加崇高。苍穹的广阔宏伟除了其无边的广度，还源自其高度，大海之广阔宏伟不仅来自其广度，而且也来自巨量海水那不断的涌动和无可抗拒的力量。"[1]

崇高之最丰富的来源还是巨大能量和力量的作用，如地震、山火、喷涌的大海、剧烈的风暴。一条溪流如果只是平缓地流动就是优美的，那么从山间奔涌而下，响声震天，那就是崇高的对象了。同样的道理，赛马很优雅，而战马却更富有力量，也更崇高。与此同时，布莱尔也注意到，一物之所以崇高，不仅是因为其自身的性质，而且还可能是因为与其相关的周围景象，无论是视觉的还是听觉的："所有庄重威严的观念，甚至是接近于恐怖的观念，都会极大地增进崇高，例如黑暗、孤独和寂静。"缀满繁星的夜空比青天白日会让想象觉得它更威严宏伟。大钟浑厚的响声，如果在静谧的夜晚听起来，也就倍加崇高。此外，朦胧、混乱

---

[1] Blair, *A Bridgment of Lectures on Rehtoric*, Carlisle, 1808: 22.

等因素也必然会增强崇高。

　　布莱尔特意提到的另一类崇高是道德或情操的崇高，这种崇高来自心灵活动，来自人类的情感和行为。而心灵活动中更崇高的是慷慨和勇敢，它们产生一种类似于自然中宏伟事物的效果，让人心生崇敬。只要我们看到一个人在危急关头只身前行，冷静而无惧，抛弃庸俗杂念、一己私利，不怕危险和困难，我们心中的崇高之感就会油然而生。可想而知，历史和文学中对古代英雄伟人的描写之所以令人感动，其原因也多在于此。

　　可以看出，布莱尔把崇高分为自然的和道德的两类。这并不新鲜，但让人注意的是他又把物质的崇高分为幅度和力量两类，这无疑让人想到康德在《判断力批判》中把崇高分为数学的和力学的两类的做法。至于康德是否读过布莱尔的书，我们就不得而知了，但从康德对博克的引述和批评来看，他应该是知道布莱尔的，而布莱尔的书自打出版开始就不断被译为各国文字，广泛流传，这点猜测也就不无道理了。提到博克，在此也可以补充一点，布莱尔虽未直提其名，但显然批评博克把恐惧视为崇高的原因，虽然不排除崇高的东西可能带有恐怖。

　　以修辞为要旨的布莱尔自然要讨论写作中的崇高。他首先提出一个观点，即写作中要想获得崇高的效果，前提是写作的对象本身应该是崇高的："作品中崇高的基础必定始终在于所描写对象的本性。"[1] 否则，无论有多么精美的刻画，也不能激起高昂威严的情感来。其次，崇高的对象也应该得到恰如其分的描写，这种描写必须有力、简洁、质朴，但前提也必须是诗人或演说家自己要对对象有鲜活的印象，怀有强烈的情感。说到诗人这方面，布莱尔指出古代人具有很大优势。古代社会处于未开化状态，在天才眼中，一切都那么新奇，他们的想象很容易就活跃起来，因而很容易带来崇拜和震惊的情感，而在文明社会中，人们的天才和风尚变得愈发雅致，这不免丧失些力感和崇高。

　　古往今来最崇高的作品，当属宗教经典。"它们对至高存在的描写不可思议地高贵，这高贵来自对象的伟大，也来自再现这对象的手法。"[2] 朗吉努斯也曾从《圣经》中举例，"神说：'要有光'，就有了光。"其崇高来自这种强力的设想，而神的力量之发挥也迅捷而灵巧。《诗篇》第十八章中，也有对上帝的崇高描绘："我在急难中求告耶和华，向我的神呼求。他从殿中听了我的声音，我在他面前

---

① Blair, *A Bridgment of Lectures on Rehtoric*, Carlisle, 1808: 24

② 同上，第28页。

的呼求入了他的耳中。那时，因他发怒，地就摇撼颤抖，山的根基也震动摇撼。才他鼻孔冒烟上腾，才他口中发火焚烧，连炭也着了。他又使天下垂，亲自降临，有黑云在他脚下。他坐着基路伯飞行，他借着风的翅膀快飞。他以黑暗为藏身之处，以水的黑暗、天空的厚云为他四围的行宫。"在这里，上帝的观念已令人畏惧，而他的作为，他身处的环境之黑暗阴沉，更增加了其威严。在古希腊，荷马的史诗同样宏伟崇高，其原因也同样是那种天然的质朴。他写战争场面，总少不了神的参与。一时间，天地万物都骚动不安，朱庇特在天空电闪雷鸣，海神尼普顿用三叉戟搅动海水，战船、城市和山脉一同摇撼，冥王普路托从其王座上一跃而起，地域中种种恐怖而神秘的景象一下子展露无遗。

简洁和质朴的描写为何是崇高的关键，布莱尔的分析值得一看。崇高的作品所描写的对象本身是伟大高贵的，一下子就把人心中的情感提到最高，使人陷入一种狂热，而这种狂热延续下去才令人快乐，所以必须防止这种狂热低沉下去。这个时候，如果作者铺排陈列，用不必要的繁缛修饰，面面俱到予以描绘，他必然会转移读者的注意，让紧张的心情松弛下来，情感的力度也随之减弱，最后崇高也就丧失殆尽了。基于此，布莱尔在现代诗人中推崇弥尔顿，其《失乐园》中撒旦的描写大胆自然、随意流畅，形式上不拘泥于格律，反而比莆伯对《荷马史诗》的翻译更显宏伟。

除了间接和质朴，崇高的描写还需要力度，而力度的关键则在于为对象设置一个恰当的环境，这种环境须多用具体细节，避免抽象的观念。细节的连缀能让想象保持激越的状态，也使人处于一种迷狂的情绪之中。弥尔顿描写战争中的天使撕碎山峰，泉石散落，树木纷飞，尽显巨人本色，维吉尔却有失当之处，他写埃特纳火山喷发时，形容其"呻吟间呕出五脏六腑"，此时的山峰倒像个病恹恹的醉汉，这里不仅是比喻不当，而且描写太过笼统。看来，布莱尔在运用他的理论时，并不厚古薄今，而是一视同仁。

美的情感很容易与崇高区分开来，"它是一种较平静的情感，更加温柔舒缓，不会让心灵很兴奋，而是产生一种令人愉快的宁静。崇高激起一种过于激烈的感觉，难以持久，而来自美的快乐则能延续更久"[①]。此外，能唤起美感的对象非常多样，而它们产生的感觉无论在类型上还是程度上都各不相同，这导致"美"这

---

① Blair, *A Bridgment of Lectures on Rehtoric*, Carlisle, 1808: 38.

个词的含义也模糊不清。因此，布莱尔按照美的对象类型来描述美感。

布莱尔认为色彩的美有两个来源：一是借用了洛克所提出的观念联结论，指出色彩的美更多的是来自联想。比如，绿色之所以令人愉快，是因为它与风景的观念有关联，蓝色则让人想到天空和海洋。如果色彩本身就带来美感，那它们通常都比较精致，但不耀眼。比如，树的叶子、鸟的羽毛，既很靓丽也很多样。形状的美也有复杂的原因，一般来看，规则的形状容易给人美感，因为它们让人想到适当、恰当等观念，而且符合一定的法则。然而，人们很快就发现，自然中的对象给人带来更多美感，但它们几乎没有什么整齐的规则，而是变化多端。对此布莱尔并未简单贬低规则形状，而是为它们规定了一个范围，那就是为了实用目的的形状多采取规则特征，例如房屋、门窗，但若是建筑一座花园，就应该抛弃规则形状，尽可能自然随意，否则只能令人作呕。运动也是美的一个来源，布莱尔采纳的是荷加斯的观点，即曲线、波浪线、螺旋线要比直线美。不过，色彩、形状、运动固然能分别给人美感，但在实际中它们更多的时候是结合在一起的，花草树木、飞禽走兽，皆是如此，尤其是自然风景，其中布满了种种事物，相互搭配，小桥流水、墟里炊烟、林间阳光，都是美不胜收。

还有一类特殊的美，也就是人的容貌，它汇集了色彩、形状和运动的美，但真正来说，"容貌的美主要依赖于一种神秘的表现，它传达心灵品质，有精明睿智，或善良情性；有正直、仁慈、敏感或其他可亲的性情"[1]。这些性情总的来说都源自一类道德品质，那就是社交性的德行，它让人充满了温柔、亲和、慷慨。与之相对的是一种高洁伟大的德行，它们需要非凡的努力才能表现出来。比如，英勇、豪迈，视死若归，这些德行表现出来自然就给人崇高的情感。可以看出，布莱尔承续了18世纪英国人普遍的情感分类，巧妙的是他剔除了休谟所谓的"有效的慷慨"。容貌的美在凯姆士的《批评原理》中就已经论到，而布莱尔将其单列为美的一类，虽然比之凯姆士要简洁浅显，但促使后来的艾利逊也专门论述容貌的美，而且极尽细致而完整。此外，布莱尔也必定熟知杰拉德的《论趣味》，他也提到了新奇、模仿、韵律及和声的美，但并无新意可言。至于写作中如何达到美的效果，布莱尔言论不多，只是强调需要将各种美糅为一体，而且不要在美与崇高之间有所偏废。

---

[1] Blair, *A Bridgment of Lectures on Rehtoric*, Carlisle, 1808: 42.

事实上，布莱尔的前辈对崇高与美的论述几乎穷尽了所有内容，无法给他留下多少发挥的余地，而且他也不再像他的前辈们那样在形而上学和心理学方面有所建树，所以给人的印象是平淡乏味。然而，读者也很容易发现，布莱尔并不是刻意要把趣味理论归结为死板的法则，他多次赞赏艾迪生和弥尔顿，视其为现代作家的典范，在审美趣味上也偏向于变化多样，可见他在艺术方面比休谟更多地脱离了古典主义的束缚。

二、论语言

布莱尔的主要论题是修辞和美文，语言自然是他最关注的问题，而且也表现出更多的创新之处。可以说，他不似凯姆士那样只是从修辞学角度来看待语言，而是像夏夫兹博里一样把语言看作是一种社会交往的媒介、传达情思的手段，所以理解语言首先要理解语言在社会发展中发生成熟的原理。

布莱尔指出："要形成关于语言之起源的充分观念，我们必须思考人类在其最远古、最愚昧状态时的环境。"[1] 在那个时候，人类居无定所，四处游荡，除了家庭之外无所谓社会，即使是家庭社会也并不完整，他们要不断放牧狩猎，因此聚少离多。在这种状态下，很难想象人类能有统一的语音和语汇来表达他们的观念。就算少数人聚集在一起，有一些统一的语音和语汇，也未必能一直流传下去。如此看来，只能说语音在社会形成之前就已经存在，但这一点同样不可能得到充分的论证，的确很难说那些精确的类比、微妙的逻辑能在社会之前就普遍流行。因此，有人提出所有语言的起源都是神圣的启示，但是不可想象整个完善的语言系统都能在顷刻之间凭借启示建立起来，只能说："上帝只是教会我们最初的父母一些适用于他们景况的语言，正如他在其他方面所为，他让他们自己来根据未来之必需扩充和发展语言。"[2] 所以，最初的语言必定简单而贫乏，而后才慢慢地丰富和复杂起来。

可以设想有一个阶段语言尚未被发明，人们为了相互交流，只能凭借奋力喊叫、手舞足蹈，这些是自然赋予人们的基本符号，也被所有人理解。直到现代，所有语言中都还有表示喊叫的感叹词，它们无疑就是言谈的基本要素。当还有很

---

[1] Blair, *A Bridgment of Lectures on Rehtoric*, Carlisle, 1808: 47.

[2] 同上，第48页。

多内容需要交流的时候，人们就用声音来模仿，最初只能模仿自然中的事物所发出的声音，例如模仿鸟的鸣叫、蛇的嘶嘶声、有东西落在树林中咔嚓咔嚓的声音。因而，古代人词语较为匮乏，人们交流的时候总免不了手舞足蹈，用各种手势体态来传达其思想。当然，这些类比的方法只能解释原初的语言，而成熟的语言已经脱离了这样的阶段，甚至丢掉了原初语言的一些痕迹。现代语言中的词汇普遍可被看作是一种象征，而非模仿，是一种随意或俗成的符号，而非观念的自然符号。

然而，布莱尔并不因此而否认古代语言的优越性；相反，它们在一定程度上表现出非常迷人的魅力。在古希腊和古罗马的语言中，还保留着很多音乐性和动作性的发音，正因为此，人们发现古代演说家的言辞绘声绘色，它们甚至能合乎节拍和音律，可以用乐器来伴奏，现代人的言语却千篇一律，枯燥无味。西塞罗曾说，著名的演说家罗西乌斯善用各种简单明了的手势，而他的长处是措辞比较丰富。罗马人喜欢看哑剧，沉浸其中，甚至像看悲剧那样涕泗滂沱。与此同时，古代人的词汇总是与某些可见的事物联系在一起，充满了比喻。"因为要表示任何的愿望或情感，或者心中的活动或感受时，他们没有专用于那种目的的固定表达方式，只好通过暗指某些与那感情或情感紧密相连的可见对象来描绘，因而一定程度上就将那愿望或情感也让他人看得见。"[1]这样的风格既是古代人的必需，也是因为他们仿佛处于幼儿阶段，对各种事物都充满好奇或恐惧，因此想象活跃，情感丰富。现代人语言丰富了，情感却迟钝了，"不是诗人，而是哲学家成了人们的导师，在他们关于所有话题的推理中，引入了一种更平白、更简朴的写作风格，我们现在称之为散文（prose）"[2]。

与口头讲话相应，文字书写也经历了一些变化和发展。在人类社会早期，人们首先要满足口腹之欲，当外物还没有名字的时候，如果人们想要得到某物，就只能用喊叫和手势来表示，如果他已经掌握了名字，他就必定首先把那个物的名字说出来，以表达其急切之情。比如，他想得到水果，他就会说，"水果给我"，拉丁文当中就是这样表达的，而在英语中则说，"给我水果"。这样看来，古代语言把客体放在句首，是按照直观秩序来组织的，而现代语言按照理解的秩序来组织，把主体放在句首，其次是动作，最后是动作的对象。但现代语言也因此而面

---

① Blair, *A Bridgment of Lectures on Rehtoric*, Carlisle, 1808: 54.

② 同上，第56页。

临一点劣势，那就是在诗歌中语词转换和倒装的自由度要小很多，虽然像意大利语等语言更接近于古代语言，自由度要大一些。

书写是从讲话发展而来的，其中的文字主要有两个类型，即物（things）的符号和话（words）的符号，[①]图画、象形文字和象征符号属于前者，为古人所用；字母文字属于后者，为现代欧洲人所用。图画出现最早，源于模仿，但也很不完善，因为不可能很完整地记录时间中延续的事件。象形文字随后而起，主要是用象征的手法，即用具体之物来表达抽象观念，埃及人用苍蝇来表示谨慎，用蚂蚁表示智慧，用鹰表示胜利，但这样的文字神秘难解，因而不是记载知识的完善工具。之后又出现如汉字这样的文字，它们是简单而任意的记号，并不类似所指的外物，但这种文字数量巨大，不便掌握，阻碍了学术的发展。在物的符号这些文字之后，才出现了话的符号："为了改善上述交流方法的缺陷、模糊和单调，第一步就是发明一种并不直接表示物，而是表示物之被命名和区分的话。"[②]所以布莱尔认为，音节系统要比字母系统出现得早，至今还保留在埃塞俄比亚和印度等地方，但这种文字也不完善，因为它们的数量依然庞大。无法得知是谁发明了字母，但据说是卡德摩斯将其引入希腊，最初只有 16 个字母，而后才不断扩充，以恰当表示多样的发音。

毫无疑问，布莱尔如其他作家一样的欧洲中心主义的言论多半是来自臆测空想以及一种虚假的历史主义，但即便如此，他也没有像读者期待的那样，从美学的角度对文字的这一发展过程予以深入解读，也没有用凯姆士那样的心理学解释这一过程。随后，他重点分析了英语这种语言的要素及其优劣，如词性、词格、时态，指出英语词汇丰富、句式简洁。这些都是为了阐述他所认为的理想的风格，有用词的明晰、精确，句法上的清楚、统一、有力和悦耳。这些说教简明而实用，配有准确而丰富的例证，足以成为学习者的教科书。这样的说教虽然能让人写出正确而清晰的英语，但恐怕很难培养出多少富有创造力的天才，让他们写出崇高或优美的作品来。

令人印象深刻的是布莱尔对形象语言的探讨，而且也是在此处开始讨论修辞问题。在他看来，写作除明晰、精确之外，还要有修饰，也就是形象语言的使用。"形象可被描绘成由想象或情感促动的语言。修辞学家普遍将它们分为两大类：词

---

① 布莱尔的意思是文字有表意和表音两种，物的符号是表意的，话的符号是表音的。

② Blair, *A Bridgment of Lectures on Rehtoric*, Carlisle, 1808: 61.

的形象和思想的形象。前者通常被称为比喻，体现在词被用来指示不同于其原意的东西。因而，如果这个词被改变，这形象也就被破坏了。……另一类，叫作思想的形象，认为形象只包含在情感之中，而词语用其字面意义，就如在叫喊、疑问、呼语和比较中。在这里，尽管词语会变化或从一种语言译为另一种语言，这同一个形象仍被保存下来。"[1] 到这里，布莱尔才用到了想象和情感的一些理论，它们来自休谟及其之后的作家，从中我们可以看到这些理论如何被运用到文学领域。

布莱尔认为，比喻在某种程度上源自语言的匮乏，但主要还是来自想象对语言的影响。"想象从不会专注于任何单个或单独的观念或对象，而是专注于伴随有可被看作是其附属物的观念或对象。这些附属物经常比主要观念本身还要更有力地作用于心灵。它们也许在本性上更悦人，或者为我们的构想更熟悉，或者让我们想到更丰富的重要细节。"[2] 这些附属物甚至喧宾夺主，使主体徒有其名。当人们形容一个国家最为强盛的时候，不由得就想到植物或树木的茂盛，因而说："罗马帝国在奥古斯都手里最为繁荣（flourished）。"比喻和形象之所以能造成优美和优雅的风格，是因为它们使语言变得更加丰富多彩，能够描写所有种类的观念，哪怕这些观念之间的区别多么细微。同样地，运用一些平常少用的形象和比喻还能使风格变得伟大高贵，就像名门望族身着华丽服饰。运用形象和比喻的时候，读者的想象中同时就出现了两个对象，而又不会令人困惑。例如，托马森的诗句"但在那远方强大的白昼之王降临，在东方歌舞升平"，"白昼之王"明显指太阳，而"王"则又使他高贵伟大，"歌舞升平"又让人感到日出东方的壮丽。如此一来，想象在东方的太阳和宫廷中的君王之间来回穿梭，同时又能看出二者之间的相似。

比起单纯的词语来，形象可以使主体呈现出更加清晰动人的景象。因为它们不仅让抽象的概念转化为可见的形态，而且还将其置于一种独特的环境之中，让人有更清楚、更深入的领会。即使是一种捉摸不定的信念，也能在形象中表现出额外的活泼和力量。所有的比喻都建立在两种对象之间的关系上面，两者之间在想象中相互转化、相互激荡，自然要比单纯的陈述和推理生动活泼。这种关系可以是指示、因果、包含，因而就有了不同的比喻，例如明喻、暗喻、提喻。基于对形象语言性质的规定，布莱尔解说了各种修辞手法，比如暗喻、夸张、拟人等。

---

[1] Blair, *A Bridgment of Lectures on Rehtoric*, Carlisle, 1808: 102–103.

[2] 同上，第 103 页。

一如既往，他的解说条理分明、翔实有据，也同样缺少深入的思辨。

三、论风格

即便掌握了语言的基本规律和修辞的基本规范，人们仍然会发现各个领域的写作具有不同的特色，不同的作家也表现出不同的风格，所以人们通常所谓的风格，既源于文体也来自作家的性格。但人们普遍都认可，一部作品在整体上应该具备统一的风格，"我们仍然期待在任何一个人的作品中发现某种统一的风貌，我期待风格的突出特征体现在其所有作品中，这风格标志着他心灵的独特天才和禀赋"①。李维在演说上的风格不同于其历史作品，塔西佗也是如此，但是这两位历史学家在演说上风格的不同也还是有迹可循的，一者繁华富丽，另一者简洁凝练。若是没有这种可以辨识的风格，人们就可以说一个作家只是拾人牙慧，而不是受了天才的激动有感而发。可以设想，在布莱尔看来，文体上的风格是外在规范，但在这规范之内，个人的天才才是风格的真正原因。

作家影响风格的首要因素是其思维模式，有人明晰，有人模糊，由此造成简洁或繁缛的风格。简洁的作家将其观念压缩在几句话里，宁缺毋滥，要么不说，要么字字珠玑，极具表现力，语句有力而非优雅。这种风格以塔西佗、孟德斯鸠为代表。而风格繁缛的作家要将其观念完全暴露出来，步步为营，巨细无遗。前一种作家求助于读者的想象力，而后一种作家则需要理解力。这种风格以西塞罗、艾迪生为代表。它们各有优长，也各有用处，谈话需要较为繁缛，这样能不断抓住读者的注意力，不断刺激其思维活跃起来。而书面的描写则需简洁，这能够激发读者的想象，而烦琐的词语和细节则必然阻碍想象，使作品模糊不清。无论是诗歌还是散文，最活泼有力的描写就是准确地选择一两个重要细节，贯穿始终。

然而，两种风格都不能过度，否则就造成缺陷。过于简洁的风格固然让人觉得强健有力，但也容易粗糙枯涩，因为这类风格的作家会用一些生僻词，句子中有很多强行的插入语。在布莱尔看来，17 世纪的作家们通常有此倾向，罗利、培根、胡克、卡德沃思等人，皆是如此，但这也是事出有因，那个时候的英语尚不成熟，作家们多用拉丁文的句法来组织英语，所以显得刻板无文。到了 18 世纪，

---

① Blair, *A Bridgment of Lectures on Rehtoric*, Carlisle, 1808: 128-129.

作家们的语言少了些力度，但自然流畅，明白易懂。

影响风格的另一个要素是修饰思维的方法，可分为干涩、朴素、洗练、雅致、华丽等五个层级。干涩的文风拒绝任何修辞，只能被理解，不能悦人耳目，多用于说教，显得明晰条理。朴素的风格仅有少数修饰，作家们依靠自己的理智来写作，但并不枯燥无味，如果运用得当，反而显得生动有力，令人愉快，斯威夫特是这类作家的典范。而洗练这一风格的作家不同于前者的地方在于，他们有意地追求一些修饰，但十分克制。他们精于选词炼句，不求韵律和谐，即便有一些形象语言，也简短精确。雅致的风格比洗练有更多的修饰，几乎能用到所有的修饰，但没有一个方面存在过度或欠缺。它用词纯净准确，造句严谨巧妙，形象语言恰到好处，音律悦耳悦目，同时在推理上也符合理解力的规律。华丽的风格则意味着过度的修饰，这种风格在年轻人那里犹可原谅，但到了成熟的作家那里便难以容忍。这种风格貌似优美，实则形象过于泛滥，判断力忙于理出头绪，反而抑制了想象，因而令人生厌。

质朴（simplicity）常被用来指一种风格，但人们也许并不真正明白质朴的准确内涵。布莱尔说，人们对质朴的理解至少可以分为四种：首先，质朴可与成分的多样相对。比如，在悲剧中，单一情节与多重情节相对而言是质朴的，在这个意义上，质朴与统一性类似。第二，质朴可以指思维的模式，与精细相对。质朴的思维是自然流露出来的，有感而发，通俗明白，而精细的思维则错综复杂，令人难解。布莱尔说此种意义上的质朴与风格无关。质朴的第三种意义有关风格，可与华丽和烦琐相对，与朴素或洗练类似。第四种意义也与风格有关，但与修饰的多寡无关，而是与表达思维的方式有关，表现为自然晓畅，与修饰并不冲突，而是与修饰的造作相反。所以，质朴的作品自然天成，毫无斧凿痕迹，它们可能用词丰富，充满形象和想象，却得来全不费工夫。在这样的作品中，作家的情感和禀赋自然呈现，全无伪装。"读一位质朴的作家就像与一个身居高位之人在家中随意交谈，我们能领略其本色的风貌和真实的性格。"[1]追求质朴也可能伴有缺陷，那就是缺乏美感，但真正的质朴因为是天才和感情的自然流露，所以它便容得下一切恰当的修饰，而且不露任何造作之态。

与质朴相对立的风格是矫饰（affectation）。很有意思的是，布莱尔二话不说，

---

① Blair, *A Bridgment of Lectures on Rehtoric*, Carlisle, 1808: 138.

直接拿夏夫兹博里开刀，虽然夏氏的作品有诸多优点，但没有任何质朴之处。"他仿佛认为像其他人那样说话就是粗俗，有失大家风范。因此他便穿上高底靴，说话拐弯抹角，故作优雅。在他的每一句话里，我们都看见刻意经营的痕迹，而不见有来自内心的自然温和之情的那种轻松自如。他用尽各种各样的形象和修饰，有时是用得巧妙，但很明显他痴迷于此道，一旦抓住某个令他愉快的隐喻或典故，他就会轻易放手。在一定程度上说，他拥有趣味上的精巧雅致，但也可被称作过度和病态的，没有一点情感上的激动，他性格上的冷漠也让人想到其作品中的故作深沉之态。对于模仿者们来说，没有哪个作家比夏夫兹博里更危险的了，他有许多光彩夺目的美，却也身陷诸多巨大的错误。"①

布莱尔的话说得没错，夏夫兹博里著述不多，但每一篇文章都精雕细琢，精益求精，读起来仿佛置身花园，繁花似锦，绚丽多彩，曲径通幽，柳暗花明，但对于想要得到明白答案的读者来说则觉得曲里拐弯，晕头转向。然而，布莱尔与夏夫兹博里显然不是走在同一条路上，目的地也各不相同。布莱尔事先就有一个清晰的目标，那是众所周知的价值和真理，所以他只关心如何建一条康庄大道，直达目标，而夏夫兹博里首先怀疑芸芸众生所求取的目标是否正确，如果不拨开迷雾，就谈不上让真正的价值和真理显露真容，而且价值和真理也许从不是明白可见，一成不变，能够直接传授给别人，或直接被别人接受，所以他必须像苏格拉底那样让自己和他人反躬自省，抛开成见，终而虚怀若谷，此时真理才不是被他人赐予，而是由自我争取。但是，给人指出明路也许容易，但要自我内心明澈却不容易，若非先自我剖析、自我批评，就不能接受任何真理，更谈不上传达真理，这一过程艰辛而漫长，欲速而不达。想想夏夫兹博里所处的时代，是光荣革命刚刚结束，精神领域百废待兴，况且宫廷和教会的专制之风也未彻底扫除，而他所设想的自由政治首先要清除权威，由自由个体自觉自悟，而不是盲从轻信，所以写作和表达首先是以人为鉴，自我检视，自然免不了迂回曲折，步步小心，否则便误入歧途，难觅正途。这个过程有破有立，其破的手法异常特殊，面对权威，夏氏提出要嘲讽，并视之为严肃之理的试金石。反过来看布莱尔，对现存价值和真理深信不疑，启蒙理性信心满怀，无须质疑和反省，只需恪守客观规则，便能大功告成，他自然就不理解夏夫兹博里的良苦用心，简言之，夏夫兹博里将

① Blair, *A Bridgment of Lectures on Rehtoric*, Carlisle, 1808: 138−139.

写作和表达看作是一个自我检视的过程，而布莱尔则视其为一种简单有效的工具，殊途且不同归。

夏夫兹博里筚路蓝缕，开创别具一格的英国启蒙运动，不是以科学知识照亮整个宇宙，指导社会生活，而是力图破除迷信和权威，激发个体的自然良知，让人树立高尚情操，从而淳化社会风俗。但他确实秉持一种贵族姿态，显得茕茕孑立，难有和者，加之后期作品破旧居多，立新居少，因而留给人多是阴阳怪气的嘲讽和辩论，而不是晓畅明白的论述说教。到了布莱尔这里，人们明显可以看到，他不再似夏夫兹博里那样忧心忡忡，在他眼中，不再有可破之物，只有不成熟之处，所以呈现出的是一派乐观。

有一种风格不同于质朴和矫饰，可叫作热烈（vehemence），它蕴涵着一种力量，但也可与质朴相容。具有这种风格的作家，怀有一种独特的热情，想象活跃，不顾及那些低俗的优雅，任心中的情感倾泻而出。这样的风格"属于更高一等的演说，只能从说话的人那里得到，而非在书斋中写作的人所有。德摩斯梯尼是这种风格最充分而完美的典范"[1]。

叙述了各种风格之后，布莱尔向学习者提出一些指导以使其作品获得一种好的风格。第一，说话和写作的前提是要对自己所要表达的观念或主题有清晰的认识和深切的感触，之后才能动之以情，晓之以理。第二，就是勤加练习，但不能随意而为，必须熟悉创作的基本要素和规范，但也不能过于拘谨，字字斟酌，否则就会阻断情感和想象的运行。第三，有必要熟知和学习各类风格的名家，这样会形成一种正确的趣味，也能增加创作的素材，同时也能以名家为鉴，找出自身的不足。第四，切勿照搬他人风格，亦步亦趋的模仿只能阻塞自己的天才。第五，风格一定要适合于主题，也要适合面对的听者和读者。第六，"切莫过多专注于风格，以至于干扰了对思想的关注"[2]。"用美的言辞来装饰琐碎平庸的思想，比提出许多富有活力的、独创性的和有用的感想要容易得多。"[3] 有些时候，某种风格可以通过勤奋练习来塑成，但思想却多来自天才，有了思想和情感，风格便不必刻意营造也能自然而成，学习法则和典范，是为了到最后为我所用，不拘于定法。

18世纪英国美学由于并不单单关注艺术理论和批评，而是注重揭示审美经验

---

[1]　Blair, *A Bridgment of Lectures on Rehtoric*, Carlisle, 1808: 139-140.

[2]　同上，第142页。

[3]　同上，第142—143页。

的规律，所以此前尚未有人专门讨论文学或写作的风格，虽然他们都对美予以了前所未有的详细分类；此前更没有人把风格与一个人的心理特征或性格联系起来，描述不同风格的原因，当然这种心理特征或性格不同于个性，即情感上的倾向以及生活阅历的总体特征，而是强调了作家思维模式上的独特性，所以他所描述的理想风格虽然突出作家自己的思想和天才，但也更强调演说和写作的主题和面对的不同接受者，也就是强调了文学的应用性。这样的风格理论迥然不同于浪漫主义文论视文学为情感的表现，甚至为艺术而艺术。尽管这样，布莱尔的风格论也显出其新颖之处，鉴于其著作的流行程度，未必没有对后来的文论形成影响。

四、论雄辩

如果说布莱尔强调文学的应用性，那么最能体现这一点的便是他对雄辩的论述，因此这也是其《论修辞》中富有特色的一部分。所谓雄辩，自然是一种于公共场所进行的演讲，与私人谈话和写作截然有别。所以，对雄辩的认识离不开对人们在社会中进行公共交往的方式，也离不开对政治体制的考察。字里行间，布莱尔透露出建设一个适应于现代社会公共领域的努力，这使其修辞学也超越了纯理论的说教，显出一定的社会政治内涵。从这个角度来说，布莱尔也继承了夏夫兹博里和艾迪生的文化批评传统，当然他们之间也存在很大的差别，夏氏注重解构传统的专制文化，艾迪生注重激发市民文化的批评活力，而布莱尔则侧重正面建构理性的社会交往。

布莱尔首先给雄辩下了个定义："雄辩是一种说服的艺术。它最基本的要素是坚实的论证、清晰的步骤和演说者真诚的仪表，风格上和表达上的这种优雅才能抓住注意力。"[1] 健全的理智（good sense）必定是其基础，否则就没有真正的雄辩，傻瓜除了能说服傻瓜外，不可能说服任何人。在说服一个有头脑的人之前，我们必须先进行证明，让他相信。不过，哲学家可以通过证明来使我们相信真理，而一个演说家则能唤起我们的感情，说服我们心悦诚服地付诸行动，但无论如何，证明是打动人心的一条途径，是演说家首先要掌握的，否则说服就不够稳固，虽然演说家并不停留于此，而是"必须向情感讲话，必须为想象描绘，并且触动内

---

① Blair, *A Bridgment of Lectures on Rehtoric*, Carlisle, 1808: 155.

心"①。要做到后者，所有能抚慰人心、令人心动的创作和朗诵艺术都必不可少。

由此而言，雄辩可以分为三个层次：最低层次的雄辩旨在取悦听众，歌颂的言辞、就职演说、干谒权贵之辞、高谈阔论便是如此，其中的修饰固然也给人带来无害的娱乐，但终究不免会蜕变为浅薄无趣的卖弄风情。第二个层次的雄辩的目的不仅是取悦于人，而且还给人些教导、鼓励，让人相信，演说者用尽技巧来选取有利于己的论据，编织优美得体的言辞，以博得他人的赞同和支持，这类雄辩主要用在法庭上。第三个，也是最高层次的雄辩不仅令人相信，而且还引人瞩目，让我们与演说者达到情感上的共鸣，爱其所爱，恨其所恨，让我们心中充满要决心去行动的活力和热情，公众集会中的辩论以及布道坛上的演说属于此类。"这种高级的雄辩总是情感的结晶。我们所谓的情感是心灵的一种状态，它由眼前的某个对象激起和点燃。这就是公开演说者为感染其听众的那种众所周知的狂热的力量。在这里，那种深思熟虑的激辩和殚精竭虑的修饰，它让心灵无动于衷，与循循善诱的雄辩背道而驰；在这里，所有矫揉造作的手势和发音都有损于演说者的价值；在这里，一切必要之物以及被认为是必要之物，都是精诚所至，水到渠成，都是为了令人信服。"② 这三个层次的雄辩中都有情感的参与，但情感有真有假，有表面的有深沉的。情之所至，然后才有真正的雄辩。

讲到雄辩的历史，布莱尔将其与社会体制联系起来。在古代东方或埃及，有某种雄辩的存在，但它们更多的是诗歌，而非真正的雄辩，因为人们之间的交往并不频繁，加之那个时代只有独裁政治，一个人或少数人掌管政府，而民众只要盲目地服从，他们只是被驱使，而非被说服，公开演说无足轻重，而且在平息争讼时多用武力强制，说理辩论自然无用武之地。

只有到了古希腊的共和国，人们才看到有作为说服艺术的雄辩出现，而且其成就前无古人，后无来者。古希腊诸城邦，先有暴君独裁，而后被民主政府驱赶，然而民众受自由精神的激励，积极参与政治，相互竞争，如果不用武力，便要用语言来决出胜负，这就是雄辩之所以兴盛的原因。古希腊最伟大的演说家当属德摩斯梯尼，在他那里，雄辩臻于完美。德摩斯梯尼天生不善言辞，也不善于取悦他人，甚至平常说话也带有口吃，但他隐居山洞，潜心学习，每日面朝大海，把汹涌的波涛当作喧闹的听众。他口含卵石，锻炼发音，悬剑于肩，矫正身姿，练

---

① Blair, *A Bridgment of Lectures on Rehtoric*, Carlisle, 1808: 155.

② 同上，第157页。

出优雅的动作。不过，时代也提供了伟大的机遇，当马其顿强大起来，意欲主宰整个希腊的时候，自由精神受到了威胁，德摩斯梯尼拍案而起，他怀着无私的公共精神，激起同胞的尊严，揭穿菲利普想要麻痹雅典人的险恶用心。为了达到这个目的，他谴责同胞唯利是图、好逸恶劳，对公共事业麻木不仁；他号召同胞一起回想祖先的荣耀，唤醒他们的正义、仁爱和勇敢。在他的演说中，没有华丽的辞藻，没有精致的修饰，但处处显示出其公共精神所焕发出的热情。"是思想的活力，尤其是他自己的思想，才形成了他的性格，使他卓尔不群。他仿佛不在意词句，只在乎实质。我们忘记了演说者，只想着演说主题。"[1] 德摩斯梯尼把自己糅进了他演说的主题当中，不去哗众取宠，而是与听众同声相应，产生共鸣。德摩斯梯尼的演说并非完美无缺，遣词造句生硬干涩，缺乏优雅，反过来这倒也是他的优点，因为他的每一个词都充满表现力，每一个句子都坚定雄健，显出一种崇高。

古罗马人的雄辩艺术学自古希腊，但他们无论在活力上还在敏锐上都比不上老师，罗马人的情感太迟钝，想象力也不活跃，民众冷漠无情。他们的语言就像他们的性格，僵硬古板，不适合多样的创作。相形之下，希腊的作品更多源自天才，而罗马的作品则来自规范和技巧。他们的性格和语言与其政体有莫大的关系，在共和国时期，公共演说便成为获取权力和名声的工具，称不上是雄辩。在西塞罗之前，雄辩有短暂的繁荣，克拉苏和安东尼乌斯最为著名，但他们的作品都不能长久流传，包括西塞罗的对手荷尔顿西乌斯也是昙花一现。在西塞罗之后，古罗马便进入暴君时代，人民失去自由，饱受奴役，自然也就没有雄辩的地位了。

西塞罗的出现，使得雄辩进入一段辉煌的历史，他足以称得上是古罗马雄辩的标志性人物。他的思路非常清晰，论据恰当，每一处都井井有条，从不打无准备之战，在这点上，他要超过德摩斯梯尼。他的语言优美华丽，句式严谨细致又变化多端，读起来圆润流畅，绝无生涩突兀之处。西塞罗的演说通常都有一段序言，以唤醒听众，尽力博得他们的喜爱。他既能优雅婉转，动人心弦，也能在严肃重大的题目上迸发出力量和热情。然而，这位伟大的演说家也有其缺陷，最大的缺陷就是斧凿痕迹过于明显，"他仿佛常常渴望获得崇拜，而不是运用论证。因而他有时显得卖弄炫耀，而不能言之凿凿；在应该疾风骤雨的地方，显得散漫

---

[1] Blair, *A Bridgment of Lectures on Rehtoric*, Carlisle, 1808: 160.

无力"。他的每一段话都音韵和谐，富于节奏，但也过于华丽，缺乏力度。所以，他虽然身居要职，贡献巨大，但仿佛总是在为自己唱赞歌，换言之，他宁可让人关注自己而不是他为之服务的事业。

罗马帝国的衰亡没有换来雄辩的繁荣，基督教的出现带来了忏悔、布道等类型的雄辩，但它们都不算是真正的雄辩，因为那个时代的人们沉溺于空洞牵强的思想，玩弄文字游戏。他们的演说也粗糙无文，空洞干瘪。即便在中世纪之后的欧洲，人们也不再像古希腊和古罗马那样重视雄辩，也不有意培养。世人的天才转移到了其他地方。只有两个国家，法国和英国还保留着雄辩的传统。法国人的禀赋适合学习人文学科，也从公众那里得到了支持，而英国则有自由的政府，人民有自由的精神和天才，但雄辩终究不比古代那样风光。

雄辩之所以在现代社会衰落，布莱尔认为有以下几个方面的原因：一是现代人的思维方式发生了变化，那就是要求精确。公共演说者在激发听众的想象与情感时总是缩手缩脚，反过来他们自己的天才也受到束缚，难以施展。而人们之所以要求正确的推理和健全的理智，实际上主要是因为其性情过于冷静或冷漠。反观古希腊人，他们情感激烈，想象活跃，使他们更能欣赏演说的美。二是现代国家体制发生了很大的变化。尽管英国议会给公开演说提供了现代社会最高贵的场所，但相比于古希腊和古罗马，演说仍然作用有限，就更别说专制政府了。想当年，古希腊的法庭上，至少有50人组成的陪审团，加之法律简单稀少，雄辩的作用可想而知，而现代的法律体系复杂烦琐，一个人穷其一生也很难吃透，诉讼就必须依靠证据和推理，留给雄辩的余地就少之又少了。宗教领域也是如此，教堂之中的布道更多的是阅读，而非朗诵，各教派之间歧见纷争，多半依靠考据论辩来解决，其表达自然是严密冷静，少了许多热情澎湃的演说。

纵然现代的雄辩相形见绌，但布莱尔并不刻舟求剑，试图让社会形态适应雄辩艺术，而是基于现代社会的形态来重建雄辩艺术。不要刻意模仿古人，这是布莱尔的明智之处。布莱尔针对现代社会的特点，给出了自己的指导意见。不管社会怎么变化，雄辩的基本特点是不变的，那就是坚实的论证与恰当的修饰和表达，健全理智和严密思维是这门艺术的基础。一个演说者首先应该熟悉其讨论的主题，有真材实料，这会让他的演说透出一股刚健有力的气势，否则再是天花乱坠，过后来看也是味同嚼蜡。其次，一个演说者要遵循一条主要法则，他必须对自己所宣讲的观点有坚定的信心，永远不要削弱自己的论点和论据，这股激情可谓雄辩的生命。再者，公众场合的辩论不同于布道坛的布道，它不允许你有充分的准备，所以在辩论开始时你可以有条不紊地介绍自己的观点，但随着辩论的深入这种做法就不再适合，刻意讲究显得很优雅，但始终不如自由奔放的言语来得有说服力。这不是说不应该有所准备，而是说在辩论过程中不要过于雕琢语句。无论如何，演说的最高境界就是与听众达到相互共鸣，而这依赖的是激情，虽然这种激情应该与主题相适应。"在大规模的集会中，激情很容易被激发起来，在这里，激情的运动是通过演说者与听众之间的相互同情而交流的。言语的热情、情绪的热烈澎湃，源自由某种伟大而公开的事物所激发和鼓舞的心灵，源自近乎完美的喜闻乐见的雄辩的独特性格。"①

在布莱尔看来，演说就是对群体情绪的操纵和调控，所以演说者必须掌握这种情绪的规律。一种情绪很容易在公众集会中相互传染，演说者却始终要保持清醒的头脑。"甚至热情契合于主题，并且由天才而推动的时候，当活力被感受到而非掩饰的时候，我们也必须小心，以免冲动使我们陷得太深。如果演说者失去自我控制，他就立刻失去对听众的控制。他必须开始的时候保持温和，然后设法让听众渐渐地与自己一同活跃起来。因为如果他们的激情与他自己的激情步调不一，人们立刻就感觉有那种不和谐。始终要让对听众的尊重约束自己的热情，防止其超出适当的界限。当一个演说者能掌控自己，以至于能保持对论证的密切关注，甚至是对某种精确表达的关注，这种自我控制、这种激情之中的理性之力，会极大地愉悦人心，也令人信服。"②

布莱尔在美学理论上实际上并无多少创见，而是直接取自前人或当时的常识，不免平淡乏味，但是从另一方面说，他也把流行的美学理论加以运用，用来指导实际生活中的写作和演说，力图反对繁复造作的学院作风，回归西塞罗的文学传统。他的语言平白晓畅，通俗易懂，很适合教科书来使用，所以影响甚广。不过，这里想要指出的一点是，从布莱尔身上人们很容易发现，纵然18世纪英国美学运用心理学的方法提出诸多创造性的观点，但更多的时候还是尊重传统，一定程度上是从心理学的角度对传统的文艺规范进行解释。然而即便如此，这种美学的创造性终将在浪漫主义那里得到彰显，诗人注重内在心灵的探索和表达，诗歌的目的在于激发心灵中的情感。

---

① Blair, *A Bridgment of Lectures on Rehtoric*, Carlisle, 1808: 169.
② 同上，第 170 页。

第十二章

艾利逊

————

阿奇博德·艾利逊（Archibald Alison，1757—1839），出生于爱丁堡，曾就读于格拉斯哥大学，在那里他结识了后来著名的哲学家斯图亚特，后来也曾进入牛津大学贝列尔学院学习。1778 年，他接受英格兰教会的任命，获得布朗士泼斯的副牧师职位，此后的生活都在宗教事业中度过。他的布道以思想平和、言辞优雅而著称，拥有广泛的听众，并且出版过一本布道文集。但是，他更因其美学著作《论趣味的性质和原理》（1790，以下简称《论趣味》）而广为人知，也因此成为苏格兰启蒙运动中的一个重要人物。很明显艾利逊吸收了之前几乎所有的美学观念，如哈奇生和杰拉德的内在感官、休谟的想象和同情、荷加斯和博克的唯物主义，但他突出了其中的想象理论或观念联结论，并以此把各种学说整合在一起，形成一套完整的美学，在其中，他尤其强调了心灵性质或性格对于美和趣味的重要意义。这使得他的美学更合理，也更有包容性。单就审美经验理论而言，艾利逊的美学是最为广泛和完善的。

一、趣味情感的本质

在《论趣味》的导论中，艾利逊首先对趣味给出了定义："一般来说，趣味被看作人类心灵的一种能力，凭借这种能力，我们知觉并欣赏自然或艺术中美的或崇高的东西。"[1] 同时，在对这些性质的知觉中伴随着一种特殊快乐情感，可以被

———
[1] Archibald Allison, *Essays on the Nature and Principles of Taste*, Vol. 1, Edinburgh, 1811: preface, xi.

称作趣味情感[①]。趣味的对象可分为崇高与美两类,因而趣味情感也可分为美的情感和崇高的情感两类,所以关于趣味的研究就有两个方面:一是对象中崇高与美性质的本质,二是趣味这种能力的本质。因为当我们沉浸于崇高与美的情感中时,我们就不再能意识到这些情感的原因,所以从方法上来说,只有通过"多样而耐心的实验,我们才能逐步确定这些特殊性质,这些性质通过我们本性的构造永远是与我们所感到的情感关联着的"[②]。同时,当这些性质和趣味能力的本质得到确定之后,我们也就自然而然地可以确定各种产生崇高与美艺术的一般原理。

不过,艾利逊刻意提醒我们,在探索趣味情感的这两个问题之前,最重要的一步应该是首先考察作为效果(effect)的趣味情感本身,也就是说,我们最终感觉到的崇高与美的情感是什么。因为他认为之前的美学家都犯了一个相同的错误,那就是把趣味情感仅仅看作是一种简单情感,或者说把趣味情感与趣味情感所产生的所有心理效果混淆了,并把这种简单情感归因于人类心灵的某一个原理或规律。有人假设,人有一种特殊感官能知觉到崇高与美的性质,因而断定趣味艺术就是对被这种感官发现的性质的模仿,艾利逊指出这样的理论家有霍加特、温克尔曼和雷诺兹等人,他们的探索专注于趣味情感的原因而非趣味情感本身的本质。也有人认为,人并不具有某种特殊感官,而是认为心灵中有一种众所周知的原则和性情,而这也是一切趣味情感的基础。例如,狄德罗将趣味情感归因于对关系的感知,休谟归因于对效用的感知,他们更多地关注趣味情感的本质而不是其原因。艾利逊认为这些结论并不符合事实,因为在每一种趣味情感中都伴随有许多其他偶然的快乐情感。例如,"从对象的其他性质而来的各种简单的快乐,从物质对象而来的快适感觉的快乐以及因我们本性的构造而与我们的官能发挥相关的快乐"[③]。因此,只有清晰地认识到趣味情感发生时在我们心里产生的效果,才能真正把趣味情感与其他偶然的情感区分开来,从而确定其本质,也只有这样才能最终确定趣味情感原因的性质以及趣味这种能力的本质。

---

① 这里的"情感"原文为"emotion",在论艾利逊的这一章中,作者没有刻意区分 passion、emotion 和 sentiment 等词语,因为艾利逊本人也没有辨析这些词语,他多数时候都使用"emotion"一词来表示美感,为了符合中文的表达习惯,作者一般都译为"情感"。

② Archibald Allison, *Essays on the Nature and Principles of Taste*, Vol. 1, Edinburgh, 1811: preface, xiii-xiv.

③ 同上:preface, xvi.

艾利逊说，人们通常都把崇高与美的趣味情感归因于想象力，但不一定理解这些情感所产生效果的本质，想象力的活动都包括哪些成分。因而，他首先开始从现象层面观察崇高与美的情感是如何作用于人的心灵的。他观察到，当崇高或美的对象呈现于心灵之前时，总是在每一个人的想象中激起一系列与原初对象的特征或表现相类似的思想；反过来，简单地知觉到这些对象并不足以激发崇高或美的情感，除非同时伴随有心灵或想象活动。伴随着对一系列快意或壮丽思想的想象，我们的心灵就被情感所充盈，"我们目前的对象好像不能提供充分的原因"①。因为不管是面对自然景观还是艺术作品，当我们只是关注眼前的对象时，我们就不能追溯那些在心灵中快速流过的思想的进程或关联，原来的满足也就随之消失了。所以，"只有当我们的想象被它们的力量点燃，使自己沉浸于在我们心灵之前穿过的种种形象之中，并最终从这种幻想的游戏中觉醒，就像从浪漫梦境的魔力中觉醒，我们才能感到他们作品的崇高或美"②。

当人们的想象被抑制时，崇高或美的情感就不能被知觉到，在这种情况下，自然或艺术美只对外在感官发生作用，其效果对于每个拥有相同感官的人来说都是一样的。同时，对于同一个人来说，当他处于悲痛之中时，他对温暖的晨曦或壮丽的日落都无动于衷，但是当他心情愉悦因而想象力自由活动时，崇高或美的情感才达到了完满的程度。因而只有在特定的时刻，人们才能感到对象的崇高与美，关键在于他的想象力是否是自由活动的。

> 每个人都必定感觉到，当心灵处于这样的状态，即想象是自由和无拘无束的时候，或者注意力不被任何个人或特定的思想对象占据的时候，以至于使我们不拒斥对象在我们面前所创造的任何印象，这样的状态才最有利于趣味情感。因此，只有在虚静无碍之时，趣味的对象才能产生最强烈的印象。只有在这样的时刻，我们转向音乐或诗歌作品以求娱乐。操劳、悲痛或忙碌的时候，另有消遣的时候，则破坏了我们对崇高与美的敏感，至少在这个时候是如此。同样，这个时候的心灵状态不利于想象的放任。③

---

① Archibald Allison, *Essays on the Nature and Principles of Taste*, Vol. 1, Edinburgh, 1811: 5.

② 同上，第6页。

③ 同上，第10—11页。

　　毫不奇怪，艾利逊指出，批评不利于人们感受文学艺术的崇高与美，因为在这个时候人们时刻关注的是作品的某些局部细节的价值，想象因此受到约束，甚至是有意地抑制想象力，这让人难以感受到初次见到作品时的愉悦。"考察牛顿哲学论证的数学家，研究拉斐尔设计的画家和计较弥尔顿韵律的诗人，在这些时候都丢失了这些作品给予他们的愉悦。"[①] 相反，一个想象丰富的年轻人很容易被任何没有很大价值的作品所激动，这并不是因为他们不具备判断的能力，也不是更多的经验就能产生更大的敏感，至少因为在这个年龄阶段，想象力很容易被激发，进入一种奇妙之境。因而只有把注意力从细微之处转移开来，顺从想象中思想的自然流淌，才能重新体验到作品中的美。

　　然而，在趣味情感的产生过程中，注意力并非被完全抑制，因为注意力在起初要为想象确定一个方向，但是它不应该始终伴随着想象，也不应该停留在某个单独的观念上。崇高与美的情感程度与心灵中思想关系的紧密程度是成正比的，想象力的施展便依赖这些思想的关系，这种关系主要是与原初对象的相似性。因此，心灵中思想的相似性决定着想象力的活跃程度，也决定着趣味情感的强度。这种相似性不仅局限于眼前的对象，而且也扩及无数不在眼前的思想。艾利逊描述了早春景色给人趣味情感的原因："温和而轻柔的绿色铺展在地面上，有树木和花朵的柔弱面容，还有正在成长的幼小动物，然而冬季的影子让人徘徊在树林和山坡上，所有这些都一同涌入我们的心灵，让我们感到幼年生命面临的令人担心的脆弱。带着这样一种情绪，无数观念都呈现于我们的想象。很明显，这些观念不仅局限于我们眼前的景色，或者在等待刚刚到来的美时的孤寂，而且几乎不自觉地扩展到与之类似的人的生命，带给我们所有希望和恐惧的形象，根据我们所处的特定状况，这些形象主宰着我们的内心！"[②]

　　艾利逊最终把想象带领到对人生命的领悟或同情上，因而也使眼前的对象具有了人一样的生命和性格，或者说对外在对象的欣赏最终是对自己生命的同情。"在这种情感中，每个人都必定感受到，景色的特征一旦在心灵中造成印象，一系列相应的形象便在想象中出现。无论这些印象的性质是什么，他的思想的整体情调都带有这种性质或特征，他的愉悦感与占主导特征的一致性程度是成比例

　　① Archibald Allison, *Essays on the Nature and Principles of Taste*, Vol. 1, Edinburgh, 1811: 14.
　　② 同上，第16页。

的。"①

但是，注意力这种能力占优势的人却不会发生这样的想象，因而就不会产生这样的情感。"对于对象中产生简单情感的性质，有用、快适、适宜或便利的性质来说，他们与其他人有着相同的敏感，但对于美这种更高级和更复杂的情感来说，他们显得完全没有意识到，或者只有当他们在一定程度上能放松严谨的注意力，并服从于思想的类似关系时，他们才与他人共享这种情感。"②因而，在艾利逊看来，商人和哲学家都缺乏趣味所需的想象力，因为他们总是将一个对象与某种价值相连接。③

由上所述可以看出，趣味情感的增强有赖于想象的活跃。在艾利逊看来，想象本身又是可以通过某些锻炼或运用而得到提升的，或者说有许多因素影响着想象。

对想象力有益的能力首先是联想（associations）。第一种联想与记忆和历史有关："看到出生于其中的房屋，受过教育的学校，度过快乐童年的地方，没有人会无动于衷。它们唤起许多过去幸福和友爱的形象，它们与许多强烈或珍贵的情感相连，所有这些都引向一种如此漫长的一系列感触和回忆，以至于没有其他景象能让人如此心醉神迷。"④虽然目前的对象本身并不美，但因为它们让人联想到过往生活中幸福快乐的事情而变得迷人，并成为一个人一生的钟爱之物。有些对象并不勾起一个人的回忆，但因为与某个著名人物或事件相连而在观者心中产生崇高与美的情感。比兰尼米德⑤更美的地方不可胜数，但对于那些记得在此处发生伟大事件的人来说，却没有什么地方比这里更能吸引他的想象力了。同样，沃克吕兹山谷因彼得拉克居住于此而变得更美，而阿金库尔⑥则因一场伟大的战役而变得崇高。

艾利逊甚至认为一片风景也会因为伟大诗作的描写而愈发崇高与美。即使是艺术作品，除了其本身的崇高与美以外，其他因素也对此有所增益："无论汉德尔的音乐如何崇高，但在后来的某些场合中，其独特影响不仅要归因于这种崇高本

① Archibald Allison, *Essays on the Nature and Principles of Taste*, Vol. 1, Edinburgh, 1811: 17.

② 同上，第 19 页。

③ 同上，第 20—21 页。

④ 同上，第 23—24 页。

⑤ 英王约翰于 1215 年在该地签署《大宪章》。

⑥ 1415 年英军在此击败法军。

身，而且也以某种独特的方式归因于它被演奏的地方，这个地方本身能很好地激起许多庄严的情感，但是在很大程度上也是因为这个地方葬有如此多的杰出死者，对于那些意识到他们祖国光荣的人来说，音乐演奏的场景就变得最为神圣。"① 艾利逊强调，接受者的性格、习惯、职业和所处的环境都会使其形成特殊联想，从而使艺术作品增加了许多额外的审美内涵，这些内涵与作品本身的美是不可分割的。一个普通人只能看到绘画对自然的精确模仿，但对于一个画家来说，他还想到了在精确模仿时所需要的各种天才和技巧。毫无疑问，这些因素也必然会在他心中产生各种复杂的情感，这些情感也属于趣味情感效果的一部分。同样，当这个画家看到一片自然风景时，他也会习惯性地联想到模仿这片风景所需要的各种创造及其实现的难度，这让他更能注意到常人忽略的构图和透视、光和影等诸多细节，在他头脑中所展开的这一系列联想又会在他心中产生更多的愉悦。

另一种联想与回忆或历史无关，而是由当前对象引发"额外的一系列构想"（additional train of conceptions），它们本身不属于当前的景物或描写。"它们与景物或描写的特征相合，但并不必然属于它们，这些构想一开始以惊奇的情感触动心灵，随后又产生一种增强或额外的一系列形象。"② 也许艾利逊的例子会让他的观点更明确一些："在秋天晴朗的傍晚，落日的美看似在任何情形中都无须增添什么。云彩散射出多彩的光芒，太阳温柔的光线给万物披上了如此丰富的光泽，在昏暗阴影的对比之下，整个自然都正平静沉入酣睡，这一切造就了这片景色，也许世界上没有其他景色能比这使想象充满愉悦。然而，无人不知这美丽的景色能从晚钟这个细节那里得到了补充。"③

在艾利逊看来，晚钟并不属于落日景色的一部分，但无疑增添了落日景色的美。他并未说明晚钟是真实存在的，或是由观者在联想中增添的。不过，无论如何，这种情形不同于上文所描述的联想，因为晚钟和落日都属于当下，晚钟的响起把想象从眼前的景色引向了另一个方向，更多的想象又增强了人们对于眼前景色的情感。艾利逊又引用哥德史密斯的诗歌：

常在这傍晚时分，登上远处那座小山。

---

① Archibald Allison, *Essays on the Nature and Principles of Taste*, Vol. 1, Edinburgh, 1811: 36.
② 同上，第 43 页。
③ 同上，第 44 页。

听到村夫们的喧闹，声音多么润甜。

我漫不经心地在这里缓行，

青年们和着挤奶女工的歌声，

混杂的音符从下面隐隐传来；

从容的羊群俯身触摸它们的幼崽，

聒噪的鹅群在池塘中喋喋不休，

玩耍的孩童放学归来，

门前的狗在对着风轻声吠叫，

爽朗的笑声诉说着无邪的心灵：

伴随着夜莺的歌唱，

所有这一切都轻柔交织，没入树荫。[①]

　　他尤其赞赏最后两句，它们使晚景显得更加空灵生动。

　　从艺术手法的角度看，艾利逊所要表达的是：在晚钟悠扬跌宕声音的对比之下，秋日傍晚明亮的景色在眼前逐渐模糊，想象却由此而被更活跃地激发起来，因而给人以更强烈的美感。同样，哥德史密斯诗歌的结尾两句也起到了这个作用，在夜莺的歌唱中，对晚景的描写戛然而止，与此同时，也留给人无尽的遐想。

　　艾利逊提出的第三种联想较为特别，即对以往诗歌或其他艺术作品的熟稔将增加我们对自然中美的敏感。艾利逊说，在我们生活的世界中，日出日落，月盈月缺，春去秋来，斗转星移，都为人们所熟悉，就如同日常生活中的种种琐事，无论多么优美和宏伟，也再不能在人们心中激起任何的愉悦感，只是人类生活之目的的有用工具。但是，这些事物在一些人那里却是另一番景象，他们沉浸于对古典文学的研习中，在诗歌描写的触动下，想象重又被点燃，就如同获得了"一种新的感官"（a new sense），此时当他们再去观照自然时，就悠然想起诗人们的优美诗篇，眼前的自然也因此而焕然一新，给人以无尽乐趣。如果他们再去继续学习现代诗歌，就又获得了无数美的联想，这些联想不会伤害古典诗歌，而是与它们融合在一起，成为快乐新的源泉。

　　当人们熟知越来越多的文学作品时，自然给人们的就不再是单纯的形象，而

---

　　① Archibald Allison, *Essays on the Nature and Principles of Taste*, Vol. 1, Edinburgh, 1811: 45.

是成为文学中所描写的"伟大人物、艰难历险和优雅风尚"的标志。"对忒俄克里托斯、维吉尔、弥尔顿和塔索的记忆装点了自然，使其变得神圣；他们的天才仿佛还萦绕在赋予这些天才以灵感的景色中，使天才所居于其中的每一个对象焕发光芒；他们想象的创造仿佛就是自然中称职的居民，是他们的描写给自然披上了美的衣裳。"① 文学不仅为联想提供了许多源泉，而且还赋予自然面貌以种种性格，把自然与我们心中的各种情感连为一体，"因此为庄严或欢悦的沉思提供了几乎是取之不竭的源泉"②。

值得注意的是：根据文学的这种独特作用，艾利逊把掌握了文学知识的人与常人区分开来。这种人即使不被常人认同，他们的经验却给他们一种"永恒和纯洁的愉悦"。"自然就是他们的朋友，无论是最可怕的，还是最可爱的景色，他们都能在其中发现某些提升想象或感动内心的东西。无论风景如何变幻，他们仍然可以发现自己就身处自己曾经赞美和喜爱的对象中。"③

到此我们可以发现，人们从某些对象那里所感受到的趣味情感并不是简单或凝滞的，而是伴随着丰富活跃的想象。这个观察带来的结论是：趣味情感是由某个对象激发起来的，但其真正的原因是心灵内部的想象，而且想象没有一个固定不变的模式，因此趣味情感也是如此。的确，将趣味情感归源于想象，这已经是老生常谈，但艾利逊强调的是：趣味情感并不是在刹那间完成的，而是一个持续的过程。

二、想象与趣味情感

艾利逊已经证明，崇高与美的情感的产生总是伴随着想象活动。想象是由一系列思想的自由联结构成的，因此崇高与美的情感在心灵中的效果就在于想象活动的生成。然而，单是想象的一般活动还不足以解释趣味情感是如何产生的。因为并不是任何观念的序列都伴随有快乐，遑论崇高与美的情感。同时，即使某些对象在心灵中激起了一系列的思想，但没有激起任何快乐或愉悦的情感，简言之，并不是任何想象都伴随有趣味情感，所以就必须探索是哪种想象产生或增进趣味

① Archibald Allison, *Essays on the Nature and Principles of Taste*, Vol. 1, Edinburgh, 1811: 65.
② 同上，第66页。
③ 同上，第68页。

情感。艾利逊认为，在本质上与趣味情感相关的想象主要受两种因素的影响：一是构成一个序列的观念或构想的性质，二是这些观念或构想接续的规律。

艾利逊观察到，在日常生活中，很多观念和感觉既不产生快乐也不产生痛苦，它们可被称作庸常观念（indifferent ideas），它们在心灵中所造成的印象仅仅是让人意识到它们是存在的。的确，在日常生活中，一些对象也会让人产生联想，联想中的观念与这些对象的特征是相似的，但这种联想也不一定产生任何情感，最多只是伴随着因我们对自己能力发挥的意识而产生的一般快乐。① 与之相反，受崇高与美的对象所启发的一系列思想必然会激发某些情感，无论是单个思想还是由其构成的序列都是如此。不过，单个思想或观念产生的只是简单情感（simple emotion），而整个序列产生的情感才是趣味情感。艾利逊把这样的观念称作情感观念（ideas of emotion）。例如，由春天的风景所启发的观念会产生欢快、喜悦和温柔的情感，由古迹所启发的形象则产生遗憾、忧伤和崇敬的情感。由这样一些情感观念构成的想象就伴随有趣味情感，换言之，只有某个对象首先给人以一种情感，由此而来的想象的快乐才是趣味情感，单纯的想象并不是趣味情感。

与趣味情感伴随的想象活动与日常思想序列之间的另一个区别是，后者当中观念间的关联很少存在普遍原则，或者说缺少一种主导性的关系或纽带（predominant relation or bond）。由于日常的观念序列只有一种松散的关系，所以观念间的关系以及情感之间的关系常常受到干扰，以至我们不能说整个观念序列是快乐或痛苦的；相反，由崇高或美的对象所启发的观念序列，无论其中个别观念之间的关系如何细微，但是"总是存在某些贯穿整体的普遍的联结原则，给予这些观念以特定和确定的特征。根据一开始被激起的情感性质，它们是欢快的，或哀伤的，或忧郁的，或庄严的，或令人敬畏的，或让人振奋的，等等。……无论最初的情感具有什么特征，相继而来的形象仿佛都与这个特征具有一种关联，而且如果我们从这些形象回溯，我们将发现不仅在序列中的个别思想之间具有一种关联，在整体当中也有一种普遍关系，与最初引发它们的情感是一致的"②。

由此可以得出，构成与趣味情感相关的想象活动应该有两个条件：其一，观念序列中的每一个观念都应该是情感观念；其二，整个观念序列应该具有一个普遍原则或主动性关系，因而具有一种特征。艾利逊对这两者分而述之。

---

① 由此可见，艾利逊并不同意杰拉德把想象施展本身所产生的快乐当作趣味情感。

② Archibald Allison, *Essays on the Nature and Principles of Taste*, Vol. 1, Edinburgh, 1811: 77.

艾利逊确信，在人们感到崇高或美这些复杂情感之前，总是首先感到某些喜爱之情（affection），也就是说，我们被对象的某些性质触动或引发了兴趣，否则就不能有前者的产生。这些喜爱之情是简单情感，例如欢快、温柔、忧郁、庄重、振奋、恐怖等，感到这些情感并不意味着必然有美或崇高的情感跟随出现，而缺乏这些情感则必然不会有任何趣味情感。从语言的角度看，说一个人认为一个对象是美或崇高而没有感到任何喜爱之情，这是自相矛盾的；从经验的角度看，当我们和他人在一个对象是否是美或崇高的问题上产生分歧时，我们总是推断说，这个对象在我们心中激起了一系列在他人心中没有发生的联想，或者认为他人心中的一系列联想是我们所没有意识到的。

一个对象要在一个人心中产生简单情感，在很大程度上要依赖这个人的性格取向。年龄、天性、职业、心情或特殊习惯使某个人只对具有某一种特征的对象敏感，而对其他所有事物都无动于衷，或者拿功利的眼光去看待它们，或者只对符合自己性情的事物感兴趣。即使在我们试图感受崇高与美的时候，我们也难免会把那些无关紧要或索然无味的性质作为关注的对象。"只有达到更高的层次，或者从事自由的职业，我们才能期待发现一种具有精致或全面趣味的人。在生命的较低层次上，因为人们的知识和感情局限在狭隘的范围内，相应地，他们对于美或崇高的见解也就不知不觉地束缚在狭隘的范围内。"[1]

然而，自然和艺术中的哪些性质是我们应该关注的对象呢？艾利逊以美第奇的维纳斯和观景殿的阿波罗为例说明他的观点："前者的娇弱、质朴和羞怯，后者的优雅、高贵和威严，是表现这些人物的无与伦比的艺术，一般来说，就是首先给观者的想象力造成印象的性质"；相反，"具有最好趣味的人过后再观看它们时却没有思考这样的表现，他们可能观察到了它们的尺度，可能研究了它们的比例，也可能关注到了它们的保存状况以及它们被发现的史实，或者甚至是制作它们的大理石材质。的确，所有这些都是这些雕塑的性质，正如其威严和优雅，在某个特殊时刻，它们也肯定曾经吸引了有着最精致趣味的人的注意力。在这种情形中，人们感受不到美的情感，毋庸置疑，在感受到美的情感之前，观者必须停止对这样一些索然无味的性质进行思考"[2]。

从艾利逊所做的这个对比中，我们可以看出：首先，用休谟的语言来说，趣

---

① Archibald Allison, *Essays on the Nature and Principles of Taste*, Vol. 1, Edinburgh, 1811: 97.
② 同上，第98—99页。

味的对象不是观念，而是印象；其次，趣味的对象不是凭借外在感官知觉到的，而只能凭借一种直觉，也许艾利逊在一定程度上承认哈奇生所谓的内在感官，但艾利逊实际上强调的是一种情感直觉；第三，趣味的对象指的是艺术作品或自然在人心中造成的效果，而不是造成这种效果的手段。当艾利逊认为批评会破坏我们的趣味敏感时，他说："它们使我们惯于以法则来思考每一部作品，它们使我们关注取得效果所依赖的原理，而不是把作为效果之基础的性质当作趣味的对象，因而它们不是关注对美或崇高的知觉表现出的神秘而充满热情的愉悦，它们提供给我们的最大享受不过是来自对艺术的精巧观察。"① 总之，趣味的对象不是艺术作品或自然的某种性质，而是它们在人心中激发的情感或情绪。

但是，从某种程度上说，艾利逊作为趣味的对象的情感与表现这种情感的手段或性质肯定是不可分离的，如果这些手段和性质不存在，观者心中也就不会有相应的情感。所以，趣味的对象最终要取决于观者看待外物的方式，是以理性的方式，还是以情感的方式；是把艺术作品或自然事物的性质当作感官的对象，还是准备好展开活跃的想象。正因如此，艾利逊随后即谈到了习惯对于趣味的影响，习惯会使事物在我们心中失去新鲜感，仅仅把它们当作实现某一特定目的的手段。服装或装饰的时尚之所以会让普通人趋之若鹜，是人们习惯于把它们看作是上流人等充分享受的对象，因而要急切地加以模仿，但是一旦它们给人的新奇感减弱，它们与上流人等之间的联想关系也就随之消失，也就不能再给人任何愉悦。

趣味情感的第二个条件是普遍的联结原则，亦即其对象在人心灵中引发的想象在特征或情感上要具有统一性。艾利逊首先指出，自然景色在表现上往往是混杂的，不适于让人产生一种单一的情感。清晨的欢快总是受到琐碎或艰难事务的干扰，正午的庄严有嘈杂忙乱的工业活动的破坏，傍晚的宁静也少不了粗俗嬉戏的纷扰，最崇高的情境总是被掺杂着些猥琐事物或人工的痕迹，最秀丽的景色也同样难免有人为的造作或夸张的装点。这些情形让人不知所措，不知该注意哪些东西，无法形成统一的情感。相比之下，园林艺术则有着很大的优势，艺术家可以剪除那些与所要效果不相符的枝节，而去选择那些与景色整体特征一致的细节，因而也就更有利于唤起"更饱满、更单纯和更和谐"的情感。② 所以，我们常常谅解自然中的不协调，但对艺术则提出严格的要求。

---

① Archibald Allison, *Essays on the Nature and Principles of Taste*, Vol. 1, Edinburgh, 1811: 100–101.
② 同上，第122—123页。

　　同理，绘画要比园林更有优势，因为园林所用的素材只能来自自然，而绘画则可以选取无数的素材，甚至是自然中所没有的东西，画家可以把它们都融合在自己的作品中，因而创造出具有更高统一性的作品来。更重要的是绘画还可以模仿人的生活，"尤其是人们的生活，在支配或加强自然特征方面是如此重要，这一点是与园林景观所不能相容的，很轻易就落入他模仿的范围内，这比荒蛮或被装点过的真实景色更能提供给他产生更强力量和表现（expression）上更大统一性的手段"①。显而易见，艺术比自然更能创造普遍的联结原则，这种创造性正是艺术的优势。"正如凭借着这种创造，我们去评价艺术家的天才，凭借他们的作品，艺术家的趣味才始终如一地明确起来。……因而正是作品的这种纯一和简明，把伟大的艺术大师与对自然的单纯模仿者区别开来。"②当我们的趣味愈发敏感，更熟悉那些富有诗意的作品时，我们就更加注重绘画中的表现（expression），我们所寻找的不是模仿，而是特征（character）。"并非技艺，而是画家的天才，赋予其作品以价值。我们发现他所运用的语言不是面向眼睛说话的，而是用来触动想象和感情的。"③艾利逊尤其提到，"艺术家呈现给我们的是想象的创造，只有自然的表现还存留于其中，那些更多有意味的情感才能被唤醒"④。艾利逊对天才的强调，尤其强调天才与情感之间的关联，的确值得我们注意，因为这正是稍后的华兹华斯诗歌创作遵循的核心原则。

　　自然而然地，艾利逊赋予诗歌比绘画更高的地位。绘画只是诉诸眼睛，而诗歌则直接面向想象，让人以其他感官去知觉；绘画只能描写存在物的一个瞬间，但自然的整个历史都是诗人的领地，"呈现在它不同产物的生长和衰落进程中的各种面貌，由这些不同面貌或表现而产生的强有力的效果"，"诗人能赋予他所描写的所有事物以生气"⑤，而且"所有精神和理智世界中的崇高与美都任由他驱使，通过赋予他的景色中无生命的对象以心灵的性格和感情，他能够立刻创造出一种表现，各个地位的人都能理解，每一颗心灵都能感受"⑥。总而言之，诗歌有更丰富的素材让它创造统一的表现，这种表现直接诉诸人的想象和直觉，唤起读者心

① Archibald Allison, *Essays on the Nature and Principles of Taste*, Vol. 1, Edinburgh, 1811: 126.
② 同上。
③ 同上，第 129 页。
④ 同上。
⑤ 同上，第 131 页。
⑥ 同上。

中更强烈的情感。也正如此，人们对诗歌提出了更严格的要求，因为素材和感官没有对它造成任何束缚，所以人们就不能原谅任何细微的瑕疵，"我们的想象没有被它的作品给予满足，如果其表现的纯洁和力量没有符合内心的要求的话"①。

无疑，这样的观点颇有些浪漫主义的色彩，在艾利逊那里，艺术不单纯是对自然的模仿，而是运用自己的媒介创造一种理想的情境，其中有一种"表现的统一性"（unity of expression），由此各种事物被赋予一种生命或性格；艺术向人们展示的不是严格的法则和熟巧的技艺，而是一种纯一和简明的情感，这种情感很大程度上也是来自艺术家自身的性格和情感。

但是，趣味情感与简单快乐情感仍然有着巨大的区别。简单快乐情感不需要额外的思想序列。"快乐的感受直接来自对象或性质的出现，不依赖于任何事物以达到完满状态，而是依赖这种完满状态由以被接受的感官的完善状态。欢乐、遗憾、仁善、感激、便利、适宜、新奇等情感，毫无疑问会被我们感受到，尽管我们心灵中并没有将这些情感贯穿一个观念序列的能力，当这种能力没有施展的时候，我们也必定在无数事例中感受到这些情感。"②然而，在趣味情感出现的时候，心灵的这种能力却是必需的，因为只有在整个观念序列都充盈着某种贯穿始终的情感时，我们才能感受到趣味情感，而当这种观念序列没有产生的时候，我们感受到的仅仅是简单情感。因此，当我们的趣味开始活动时，就有两种能力同时被运用，一是某种情感或喜爱之情被激起，二是想象被激发而形成一个对应于这种情感的思想序列。在想象活动时总是伴随着特殊快乐，而这种快乐反过来又不断增强着原先的简单情感，这就形成了崇高与美这样的趣味情感。由此，艾利逊认为趣味情感必然是一种复杂的情感，他把这种情感叫作乐趣，把简单情感叫作快乐（pleasure）。简单情感的快乐只需要吸收外物就能满足，犹如食物对于饥饿，休息对于劳累，而趣味情感的乐趣则还需要想象产生规则和一致的思想序列。

三、声音与色彩的美

在分析了趣味情感的效果以及趣味情感所需要的特殊想象之后，艾利逊便可以专心解决趣味理论中的传统问题，即崇高与美的对象性质和趣味这种能力的本

① Archibald Allison, *Essays on the Nature and Principles of Taste*, Vol. 1, Edinburgh, 1811: 134.
② 同上，第 159 页。

质。对于前一个问题，艾利逊要证明的是对象的物质性质并不是趣味情感的真正原因，只有这些性质作为精神性质标志的时候，它们才可能引发趣味情感。当然，他并没有否认有些物质性质更易于激起简单情感，这为趣味情感的形成提供了契机。

显而易见的事实是：物质世界中的许多对象本身就可以产生崇高与美的情感，而且艺术也正是运用各种物质对象来产生预期的效果，但是把崇高与美的情感归因于物质对象及其性质本身则是不合理的。因为物质对象是通过外在感官为人所知的，如果这些对象和性质是孤立存在或者没有与其他对象或观念产生任何联结，那就不能在人心中产生任何情感，而仅仅是感觉或知觉。"玫瑰的气味、鲜红的颜色、菠萝的味道，如果仅仅被看作一些性质，从由以被发现的对象中抽离出来，只能说是产生了快适的感觉，而不是快适的情感。同理，阿魏[①]的气味，或芦荟的味道，如果指的是抽象的性质，人们普遍地说它们产生的是不快的感觉，而非不快的情感。"[②]

接下来换另一个角度，如果物质对象及其性质与其他性质发生联结，就会产生不同的结果。艾利逊发现，物质对象及其性质可以凭借人性的特殊构造而产生情感，"在人的身体中，特定的形式或颜色是特定激情或感情的标志。在艺术作品中，特定的形式是灵巧、趣味、便利、效用的标志。在自然的作品中，特定的声音和颜色等性质是平安、危险、丰饶或荒芜等性质的标志"[③]。因此，物质对象及其性质并不是因为自身而在人心中产生情感，而是因为它们是另一些性质的标志，情感的真正原因是那些被标志的性质。

艾利逊列举了物质对象激起性质与产生情感性质之间的联结方式，主要有直接的联结和相似的联结两种。直接的联结主要是与效用的联结，与意匠、智慧和技艺的联结，与心灵、性格和气质的联结等。相似的联结值得给予较详细的叙述，主要是指物质性质指示着无生命对象中的"心灵动人或有趣的性质"（affecting or interesting quality of mind）："我们从经验中得知，身体的某种性质标志着心灵的某种性质。当我们在无生命的物质中发现了相似的身体性质，我们就倾向于赋予它们相同的表现力，设想它们在这种情形中标志着相同的性质，正如在另一种情

---

① 植物名，果实苦辛。

② Archibald Allison, *Essays on the Nature and Principles of Taste*, Vol. 1, Edinburgh, 1811: 177.

③ 同上，第 178—179 页。

形中它们是直接从心灵中获取其表现力。"① 正如人们经常提到橡树的气力、桃金娘的娇柔、岩石的勇敢、紫罗兰的质朴，这些性质本来只有人和动物才有，但因为这些事物的性质与人和动物的身体、姿态等性质之间存在着相似性，我们就顺势把这些性质也转移到它们身上，描写自然景色时所用的拟人手法正来自这种相似的联结。有时候相似的联结来自物质对象给人的感觉与我们内在情感以及物质对象与其产生效果之间的相似，如逐渐上升的感觉与进取的情感、逐渐下降的感觉与憔悴的情感、安静的场面与平静的心情、晨曦的光彩与希望的喜悦之间的相似。不过，有些联结是专属于某些个人的，某种颜色、声音或形式与某个人从事的职业或记忆中的事情和经历存在的就是这种联结。这样的描述很容易让人想到凯姆士已指出的情感与其原因之间的相似关系或感应关系，但它们更接近于休谟的同情原则。

物质对象和性质与产生情感性质之间的联结是如此普遍，以至于只要前者呈现于眼前，人的内心就立刻会意识到它们所标志的另一种性质，反之一旦这些联结被破坏，物质对象和性质就不再产生任何情感。所以，"物质性质常常与其他性质联结，并且在这样的情况下，它们像其他标志一样通过把我们的想象引向它们所标志的其他性质来打动我们。看起来同样明显的是：凡在物质或其性质产生崇高或美的情感的地方，这种效果必定来自物质性质本身，或是由于我们本性的构造，它们的性质适于产生这样的情感，或者来自与它们相联结的其他性质，物质性质是作为这些其他性质的标志或表现而发挥作用的"②。如果第一种情况因为不符合经验和推理而被推翻掉，那么就可以肯定，崇高与美不能归因于物质对象和性质本身，而应归因于被联结的性质。

在具体分析的过程中，艾利逊把物质对象分为声音、色彩、形式和运动几类。显然，这些都是视觉和听觉的对象。对于声音这种对象的论述典型地体现了艾利逊的证明方法及其结论。他把声音分为简单的和复合的，又把简单的声音分为来自无生命的自然的声音、动物的乐音以及人类嗓音的乐音。

艾利逊把自然的声音称为杂音（miscellaneous sounds）。他说这些声音大都是崇高的，但它们之所以崇高不是因为它们本身的性质，而是因为它们与危险、巨力和威严等观念联结在一起。他用以下方法或实验来证明这一点：第一，某一种

---

① Archibald Allison, *Essays on the Nature and Principles of Taste*, Vol. 1, Edinburgh, 1811: 182–183.
② 同上，第188页。

声音并不具有某种不变或确定特征的崇高，而是因其表现性质的不同而有所变化。这里所用到的方法是契合差异法。如果声音本身就是崇高的，那么人们就可以期待不同特征的声音与不同的效果之间存在严格的对应关系，但事实并非如此。对大多数人来说，雷声是崇高的，这种崇高的基础是敬畏和某种程度的恐惧，"但是它在面临久经干旱的农民那里带来的情感是多么不同，农民看到的是上天最终同意了他们的求雨；对站在阿尔卑斯山之巅的哲学家来说，他听到雷声只是在脚下翻滚；对深受古代迷信影响即将要交战的士兵来说，雷声很受欢迎，就像胜利的征兆！在这些情形中，声音本身是相同的，但它产生的崇高的性质却多么不同！"[1] 同一种声音在不同的环境中，在不同的人听起来各有各的崇高，因为不同环境中的人因此产生的联想是完全不同的，虽然这种声音是这些不同特征的崇高的共同契机。第二，不同的声音可以产生相同特征的崇高。这里又用到求同法。一般来说，声音崇高的普遍特征是洪亮，有很多例子可以证明这一点，但也有很多例子证明微弱的声音也可以是崇高的，只要它们能使人联想到危险、力量或阴郁等观念。"暴风雪那喧闹狂暴的声音无疑是崇高的，但在此之前往往先有一种低沉微弱的声音，事实上比暴风雪本身的喧嚣更加崇高，因而诗人们也经常用这种声音来增强他们对这种场面的描写。"[2] 这些声音本身是微不足道的，但由于让我们联想到即将来临的暴风雪给人带来的危险和恐惧就变得无比崇高。艾利逊甚至提到，苍蝇的嗡嗡声是很鄙俗的，但在夏日中午的深深寂静中，这种声音却异常崇高；水滴声本身也无足轻重，但是如果人们听到从大教堂的穹顶上时不时有水滴滴下，却是非常崇高的。第三，如果联想消失了，那么声音也就不再崇高。艾利逊在这里采用的是随变法。他首先承认，在很多情况下，声音与其所暗示的性质之间存在不变关系，这些关系并不是人为确立的，而是由自然规定的。例如，雷鸣、飓风、洪流和地震的声音总是和力量、危险、威严等性质的关系联结在一起，这些关系不是由人的意志改变，也不受想象偏好的影响，因此人们倾向于认为，它们本身就适于激起崇高的情感。不过，有时候人的判断会失误，错把其他

---

① Archibald Allison, *Essays on the Nature and Principles of Taste*, Vol. 1, Edinburgh, 1811: 195.

② 艾利逊引用了汤姆逊的诗《冬》："在树林，在沼泽地里，临近的暴风雪的精灵在低啸。在摇摇欲坠的悬崖边，在崎岖的丘陵上，溪水潺潺，山洞也有预感，轻声鸣鸣，幻想的耳朵倾听这漫长的回声。暴风雪之父已来临。"（Archibald Allison, *Essays on the Nature and Principles of Taste*, Vol. 1, Edinburgh, 1811: 199）

声音，例如马车的辘辘声，当作这些声音，因此感到了崇高的情感，但是一旦人们认识到自己的失误，这些被错认的声音就变得不再崇高了。有时候人们对舞台上模拟出来的雷声也感到崇高，但一旦人们认识到这仅仅是模仿，他的崇高感就会立刻消失。还有很多幼童对雷声并不表现出恐惧或崇敬的情感，除非这种声音非常巨大，或者看到其他人的警觉，因为他们还没有把这些声音与危险的观念联结起来。可见，即使有些联结是自然形成的，但是如果这些联结被破坏或消失了，那么他们也就不再产生崇高的情感。

后来在论证音乐之崇高与美的时候，艾利逊也运用了差异法，即面对同一首音乐，有人能明辨其旋律和节奏等严格的法则，被认为有知音之耳，而有人则不能辨别出来，但是能辨别音乐法则的人未必能体会到音乐所表达的情感观念，而不能辨别这些法则的人却可能感受到情感观念。

总之，声音崇高的原因不在其自身而在于它所表现的情感观念，一种声音只有在适宜的环境中，对于处于某种适当心理状态中的人来说才是崇高的。以同样的方法，艾利逊证明自然声音的美源于人们对它们所表现的快乐、温柔、可爱和感动等性质的联想。

关于动物乐音的崇高与美，艾利逊自然而然地认为其原因是人们对动物所具有的性质、生存方式、所居住环境等因素发生的联想。狮子的狂吼、熊的咆哮、狼的号叫、鹰的嘶鸣之所以崇高，是因为它们表现了这些动物的力量和残暴等性质，适于在我们心灵中引起强有力的情感。狗的吠叫和狼的号叫相差无几，但其产生的崇高却无法比拟。奶牛的低声哞哞如果与凶猛和巨力联系起来，无疑也是崇高的。鹰的嘶鸣只有在岩石和荒野之中才是崇高的，但被驯服的鹰在房舍的嘶鸣则毫无崇高可言。很多鸟的鸣叫声都是美的，但是如果我们对这些鸟的形态和生存方式并不了解，这些声音就显示不出美来，"一个外国人不知道鹳鸟的叫声有什么美，但对熟悉这种鸟并且认其为快乐的迷信的荷兰人来说，它的叫声的美却是独一无二的"[1]。夏日从远处田园中传来的奶牛的哞哞声是美的，但如果是来自近处的农舍则是十分令人不适的。因此，没有一种动物的发声本来就是美或崇高的，而在于它们在适当的环境中，当人们的心情易于被打动时，让人们联想到了另一些情感观念。

---

[1] Archibald Allison, *Essays on the Nature and Principles of Taste*, Vol. 1, Edinburgh, 1811: 229–230.

　　同样，人的嗓音音调之所以美或崇高是因为它们表现了心灵的某种性质，例如激情或感情。无论认为人的嗓音与这些激情或感情之间的联结是自然的还是人为的，不可否认的是，人们从幼年起这种联结就已经建立起来了，指导着我们的观念和行为。艾利逊以与先前相同的方式证明人的嗓音音调只有在表现了"合宜或有趣的感情"（pleasing or interesting affection）时才是美或崇高的，同时也需要接受者有适当的心情，当这些声音与心灵中的性质不再有关联时就不再是美或崇高的。艾利逊刻意提到人的嗓音还有一种美，即同一音调的不同强度或特征，它们表现着一些不同的性质，例如发音器官的完善和整个人的健康以及心灵的不同性情或性格。

　　在艾利逊对人的嗓音的论述中值得注意的一点是："声音之所以美或崇高是因为它们表现了激情或感情，这些激情或感情引起了我们的同情。"① 美的声音表现的是"合意或有趣的感情"，虽然何谓合意或有趣却有些耐人寻味。

　　总之，声音的崇高与美虽然源于它们与其他情感观念的联结，而不是源于它们自身的性质，但这并不是说这种联结是随意的；相反，大多数的联结是自然形成的，在人幼年的生活过程已经初步固定，以至于每一种声音自然而然地引发某种情感观念，因此而成为崇高或美的。也正因此，艾利逊试图对声音的性质进行归类，并指出相应的情感观念。声音的性质可分为以下几类：高和低、浑厚和尖厉、长和短、渐强和渐弱，前两类是声音自身的表现，后两类是与其他声音结合的方式。高音与力量和危险等观念相联结，表现猛烈和冲动的情感；低音与虚弱、温顺和娇嫩等观念相联结，表现温柔和哀愁等情感；浑厚的声音与节制、高贵和威严等观念相联结，表现克制和忍耐等情感；尖厉的声音与痛苦、恐惧或惊奇等观念相联结，表现惊异的情感。长和短、渐强和渐弱的声音则是对上述声音所指示的性质和表现情感的增强和减弱。艾利逊认为，最崇高的声音是高亢、浑厚、延长和渐强的声音，最不崇高的声音是低、尖厉、断续和渐弱的声音；最美的声音是低沉、浑厚而渐弱的声音，最不美的声音是高亮、尖厉且绵延渐强的声音。当然，艾利逊认为这些只不过是些一般原则，存在着大量的例外，这也正说明声音的崇高或美并不源于其自身的性质。

　　与杂音相对的是复合的声音，亦即音乐，艾利逊认为这种声音是"我们的本

---

　　① Archibald Allison, *Essays on the Nature and Principles of Taste*, Vol. 1, Edinburgh, 1811: 237.

性易受感染的最重要和最纯洁快乐的来源"①。音乐就是声音的接续，接续的声音应该既各不相同又互有联系，但艾利逊认为音乐的美或崇高还需要一些其他条件。首先，构成音乐的声音之间不仅要有联系，而且这一系列的声音在整体上应该具有统一性。正如一段话语的每一个词之间不仅要有意义，而且还应该符合语法规则，使得这段话语表达一个确定的观念，音乐也是如此，它要让人们在声音的接续中发现有一个目的存在。首先，每一首音乐都需要有一个根音（fundamental note）或主音（key），其他声音要与其建立类似关系，这就是音乐具有了统一的音调。其次，音乐中声音的接续要具有规则性或一致性，也就是要具有节奏（time）。整首音乐都被分割成了均等的间隔，构成每个间隔的声音多少让人们听起来快慢不同。确定的根音和一致的节奏共同形成了音乐中声音接续的要素。

以这两个要素构成的音乐之所以能在人心灵中激起崇高或美的情感，是因为它们使人产生很多联想。音乐作品中的根音或主音像人的嗓音音调一样表现着心灵的某种品质或感情，人们对于一首音乐是否美存在争议，但对于它是欢快或庄重、昂扬或消沉却很少有争议。同样，音乐的节奏也表现着各种感情或动人的品质，快速的节奏适于表现欢乐和喜庆，慢速的节奏适于表现忧郁和悲哀。声音的接续和演进仿佛与情感中思想的运动之间存在一种类似关系。②在这一点上，艾利逊与凯姆士存在相似之处，不过他坚持认为，人们是通过联想而把声音看作是情感的标志。

不过，艾利逊继而指出，由这些法则形成的音乐就像人的嗓音一样，如果没有意义明确的词语，而是一般的标志，就只能表现某一类情感，而不是具体的情感，例如雄壮、正直、遗憾、爱、感激等，除非借助于词语。③他的意思符合一般规则的音乐只表现模糊，而不是清晰明确的，因而也不是足够强烈动人的情感。如果要实现更好的效果，还需要有另外的条件：首先，围绕根音或主音的其他声音应该具有多样性，这可以"既吸引我们的注意，也保持想象的持续活跃"④。其次，音乐中多样的声音在结束时应该返回根音或主音，这不仅让人感觉到一个有规律的整体，也激发了我们的期待，因而就使我们的情感得到维系和增强，而不

---

① Archibald Allison, *Essays on the Nature and Principles of Taste*, Vol. 1, Edinburgh, 1811: 251.

② 同上，第 259 页。

③ 同上，第 263 页。

④ 同上，第 266 页。

是倦怠。这些条件使音乐像是一个处于强烈情感中的人正在表达其情感的原因和发生的过程，每一个具体的声音都激起我们的好奇心，直到最后发现原因时得到满足。由此而言，不同层次的人在音乐鉴赏上的差距，未受教育的人只是对一首音乐中的个别片段感兴趣，而在音乐上有造诣的人却能观察到整体，注意到音乐中的技巧、新奇、学识和创造所表现的品质，也能分辨出不同的演唱者或演奏者所表现出的不同效果，因而也能享受到更多的崇高与美。

最终，艾利逊认为音乐给人的快乐来自三个层次：第一，单个声音的性质；第二，声音的接续，亦即创作本身的性质；第三，单个声音以及创作所表现的性质。但是，他也表明，音乐美或崇高的根本原因不是前两者，而是人们对它们所表现的性质，即情感的感觉。的确，单个声音及其富有规则的组合可以给人带来快乐，但艾利逊称其为机械的快乐（mechanical pleasure），只有它们所表现动人的情感而来的快乐才是趣味的快乐，即崇高与美的情感。[1]

对于视觉对象的论证也有相似的结论。在艾利逊看来，大部分的颜色都与我们心灵中的一种确定的意象（imagery）相联结，因而被认为表现着许多愉快和动人的性质。这些联结包括三类：一是来自有色对象的本性，当我们习惯于看到某个具有颜色的对象能够激发情感时，我们就倾向于把这个对象的一些性质也加到它所具有的颜色上。例如，因为白色是白天的颜色，所以就向我们表现了白天的喜悦和欢乐。同理，黑色因为属于黑夜而表现了黑夜的阴郁和悲哀，蓝色因为属于晴朗的天空而表现了天空的愉悦和温和，等等。二是来自某种颜色和心灵的某种性情的类比。正如心灵的性情一样，人们也常用温柔和坚强、柔和大胆、轻快和阴郁来形容颜色的特征，同样也形容颜色的明暗程度是强烈、温和或文雅，所以一种颜色总是让人联想到某种心情。三是来自偶然的联结，例如紫色的高贵源于国王的服饰。当然，这些偶然的联结是某些国家或民族中特有的，也可能是某个人所特有的。例如，某个职业的制服颜色让这个国家或民族的人联想到这个职业人的性格，某个人的爱人习惯穿着的颜色对这个人来说也就具有了某种性格。

这一结论的好处在于，它能说明趣味情感并不是单一的，而是存在不同的层次。它们不像杰拉德和凯姆士所列举的不同类型，因为这些类型的划分多基于经验性的观察，而艾利逊的这些层次却有着分明的递进关系。当然，更重要的是：

---

① Archibald Allison, *Essays on the Nature and Principles of Taste*, Vol. 1, Edinburgh, 1811: 288.

通过这些层次，艾利逊更清晰而系统地证明了崇高与美源于物质对象所指示的精神性观念。

无论如何，艾利逊运用其常用的方法证明了颜色的崇高与美并不是来自其本身的性质或特征。在论证的过程中，艾利逊提到，在我们周围的种种事物有很多是无关紧要的，这些事物并不美，因为它们无法在我们心中激起任何情感，只有那些色彩炫丽，或者显贵要人们的着装才能吸引人们的注意，容易在人们心中激起某种情感，因而是美或崇高的。显然，艾利逊认为一个事物的颜色如果是美或崇高的，那么它应该首先是新奇的，不过他仍然强调崇高与美的另一个前提是人们已经熟悉了这种颜色令人快乐的联想。这种情况在时尚领域特别明显，当人们开始看到某些人身着一种新鲜颜色的服装时，很少认为这种颜色是美的，相反它令人失望，但是"几周，甚至是几天的时间就能改变我们的观点，一旦这种颜色被那些引导公众趣味的人所采用，成为上流社会和高雅之士的标志，它立刻就变得美了"[1]。显然，这种颜色的美来自人们对上流社会和高雅之士地位或品质产生的联想。当然，过些时日一旦那些人不再穿着这种颜色的服装，那么这种颜色也就不再美了，甚至被人鄙夷。

四、形状的美

由于把崇高与美归源于精神性观念或心灵品质，艾利逊有效地打破比例、适意、效用等传统学说，虽然仍然可以将它们保留，而且还能在一个更大的理论系统中维系它们的合理性。这一点在他对形式美的论述中得到了充分表现。我们可以从中看出，在艾利逊那里，生命或者上文所提的心灵品质是美感的重要根据，只有当形式中焕发出生命感时，审美主体才会与对象之间产生更亲切的同情。夏夫兹博里关于自然和宇宙的目的论和有机论、休谟和亚当·斯密的同情理论，在艾利逊这里汇为一体，形成一套完备的体系，虽然他并未涤除一些老生常谈或陈腐的观点。

艾利逊把形状分为有生命的和无生命的两种，他主要论述无生命的形状，但他的意图是要证明，只有充满生气，形状才能成为美的。与声音和色彩的美类似，

---

① Archibald Allison, *Essays on the Nature and Principles of Taste*, Vol. 1, Edinburgh, 1811: 304.

艾利逊认为形状的美的表现来自三个方面：一是形状所属事物本身的本性所表现的性质；二是来自它们作为艺术的主题或创造所表现的性质，前者可以叫作自然美，后者可以叫作相对美；三是形状的美也来自偶然的联结，这种美可以叫作偶然美。

事物自身在本性上有一些美的性质，尤其体现在一些简单形状中。形状本身是由线条勾勒出来的，所以线条的性质就容易激发一定的美感。由折线构成的形状有着坚硬、强力和持久的特征，反之由曲线构成的形状则有虚弱、脆弱或纤弱的特征。通过我们的感官，前者向我们表现出粗糙、尖锐、生涩等感觉，因而是崇高的，而后者则表现出柔软、平滑和精致等感觉，也就是美的。另外，艾利逊特意提到了荷加斯所提出的螺旋线或蛇形线，但他举到的例子是植物或其他纤弱的事物，他认为这种线条让人联想到一种放松的感觉，因为这种线条好像自由舒展，不受任何约束；相反，折线构成的事物则让人联想到一种外在的力量把它们束缚起来。单就线条本身而言，蛇形线或螺旋线是最美的。所以，事物的性质通过感官的知觉与心灵中的品质存在一种对应关系，虽然两者属于完全不同的范畴，其间的关系也可能被破坏。从日常用语的角度证明形状的美并不源自其自身的性质，一方面，人们常常用表达情感的词语来形容外在事物；另一方面，一般人或儿童并不像哲学家那样会把事物的形状和事物本身区分开来，因而也就用形容事物的本性来形容其形状。

不过，曲线或螺旋线是美的，这只是一个一般而非绝对的原则，因为有时折线也可以是美的，当它们构成一个精致或优雅的形状时（艾利逊尤其强调，装饰所用的坚实材料，如钢铁、玻璃等，如果做工小巧精致，可以说是最美的）。不过，如果曲线过于繁复而构成混乱的形状却是令人不快的，因而也就不美。无疑，线条是否美要取决于它在人心灵中产生的联想。同时，形状的大小也影响美感，事物的巨大本身就可以体现崇高，因为它会使人容易产生清晰而有力的联想。高耸表现了昂扬和慷慨。深度则表现了危险或恐怖。长度表现着广袤，让人望不到边际，因而联想到自由和无限。宽度表现的是坚实和持久，让人联想到民族、帝国、自然法则的稳定以及对好人的信赖。

即使是复杂的形状，如果人们要从中获得一定的美感，也必须设法将它们简化为某些性质，或者抽绎出某些关系，从而可以发现其表现力。复杂形状是由多种形式的线条构成的，简单形状的美的原理是不能直接套用过来的，因为简单形状是由视觉通过其构成线条的一致性或相似性被辨识的，而复杂形状是通过线条的相似性和差异性，或者说是一致性和多样性被辨识的，因此复杂形状的美受到不同线条之间构成关系的影响。哈奇生用以描述美的原则在这里只被限定在复杂的形状上，艾利逊并不否认一致性和多样性能够直接因人的本性而在视觉中产生一种快适的感觉，并且传达一种令人快乐和动人的表现力，因而成为美的，但是艾利逊将其联想原则或观念联结原则贯彻到底，他认为单凭视觉感知到的形状本身并不美，它的美来自其表现力，这就等于否定了哈奇生所提出的美的基本原则。不过，他的论证倒也表明复杂形状的美不是通过视觉这种外在感官知觉到的，虽然他并不承认我们需要一种特殊的内在感官。

　　为了解释复杂形状的美，艾利逊提出了这样一个论点："如果对形状的自然美的解释是正确的，即在于它们表现了某种动人或有意味的性质，那么这样假设也是很自然的，即在形状的构成中，有某种适当性（propriety）应该产生自表现力的构成；正如线条是因不同的特征而被辨别的，不同线条的混合就会产生混乱而非美，而且形状的构成只有在多样性中保留一种同一关系（the same relation）才是美的，这种同一关系在所有其他类型的构成中也是需要的。"①

　　艾利逊对这个观点的证明如下：首先，人们都知道，相似性和差异性或一致性和多样性的结合本身并不构成一个美的形状，因为很多事物都具有复杂的形状，例如土地、水、植物等，但在其中很多时候只有混乱而没有美；相反，只有人们在一个对象中发现某种表现力或确定的特征时，这个对象才是美的，是这种表现力或特征决定了它的形状的构成是美的。"一旦我们得到这种印象，一旦我们感受到景色的表现力，我们立刻就意识到构成这景色的不同形状是适合于这种特征的。我们觉察到，并且常常想象，在这些部分中间存在一种协调性，因此我们会说在这些部分中间存在一种关系，有一种和谐，在把不同的细节组合得如此恰当时，大自然是有意要产生这一效果的。同时，我们也以在想象中完善这片景色以自娱，或者去除某些不协调的细节，或者加入某些新的细节，因此这种普遍的特征就更加有效地得到保持。"② 所以，美的复杂形状中是存在一种特殊关系的，这种关系是其表现力或特征所必需的，否则这个复杂形状就是混乱的，然而这种关系不仅仅是感觉的结果，而且也是想象力和理性作用的结果。

---

① Archibald Allison, *Essays on the Nature and Principles of Taste*, Vol. 2, Edinburgh, 1811: 7.
② 同上，第 10 页。

　　艾利逊描述了人们在复杂形状中感知到美的过程：首先，"我们为这一目标（让他人感知到美）所采取的自然而一般的方法是，告诉听众对象的特征或表现力的观念，而且在给予它们以这个一般的概念之后，我们进入这个对象的构成细节当中，努力向听众解释，不同部分的安排具有多么大的恰当性以保持或提升这种富有特征的表现力。同时，如果我们成功地做了这样的描述，我们必定会被理解，而且还向听众传达了对象构成的卓越和美的充分信念"①。由此可见，艾利逊不否认审美判断中概念的意义，也就是不排斥理性认识的作用。

　　其次，具有不同特征的形状需要一致性和多样性的不同比例，以适应这个形状本身适于激发特定情感的本性。有些情感要求对象有较大的一致性，而有些则要求有较大的多样性。虽然艾利逊认为，一般来说，强烈的情感以及接近于痛苦的情感要求对象有一致性或同一性，属于积极快乐的情感则要求有多样性或新奇性，但很难确定一致性和多样性的具体比例应该是多少。从自然景色来说，同等程度的一致性在宏伟或伤感的景色中是令人快乐的，在欢快或绚烂的景色中则是令人不适的。同样，同等程度的多样性在某些景色中是美的，而在另一些景色中则是相反；反过来，在一个地方有不同的景色，虽然其构成的一致性和多样性的比例并不相同，但人们很容易发现它们都是美的。"我们是凭借何种法则来确定这些比例不同的美的？肯定不是凭借构成本身，否则一种确定的构成应该永远是美的，而是凭借构成与景色的表现力或特征的关系，凭借这种构成与我们心灵的要求和期待相符，凭借这种构成与景色所激发的情感所产生的兴趣或想象的特定状态。"②在植物当中，每一种树木都有自己的特征，并不能要求它们的形状有相同的一致性或多样性，否则看起来就是丑的。③不过，艾利逊仍然坚持，复杂形状应该有一个主体部分，其他部分应该为了突出或修饰主体部分而被选择。例如，在构造一片景色时，可以运用不同特征的树木，但这些特征应该服从于景色本身的整体特征，因为我们就是根据这个整体特征来判断个别部分是否适宜的。④总之，一致性和多样性以及它们的比例只应该根据景色、建筑、家具所要表现的整体特征来进行判断，但是美并不存在一种固定的一致性和多样性的比例。所以，

---

① Archibald Allison, *Essays on the Nature and Principles of Taste*, Vol. 2, Edinburgh, 1811: 19.

② 同上，第21—22页。

③ 同上，第27-28页。

④ 同上，第29页。

一致性和多样性的构成本身并不美，只有当它们表现了一种特征时才是美的。

最后，艾利逊总结了美的构造法则：一是富有特征或表现的形状应该被选择作为构造的范围或主题；二是多样性应该服从于表现力或者这种表现力适于激发的情感本性；三是构造复杂形状的形状或者是独立的或者是从属的，无论是何种形状，只有特征在其中得到保存的形状才是最美的；四是从属的形状，或者说用以设计独特景观或情境的形状，其特征必须由这种景观或情境的特征来决定，即只有符合这种特征的形状才是最美的。

正如在其他地方，艾利逊证明事物的美多半是由其所处的情境，或者由观者的联想引起的，因此形状的美自然也会服从这样的法则，虽然他并不强硬地认为，这些联想可以是随意的；相反，联想也必须与事物自身的某些特征以及由此而生的表现力相适宜。如哈奇生那样，艾利逊将艺术美称作相对美，但他没有强调相对指的是艺术与自然之间的模仿关系，而是更注重探讨艺术家的意图和设计对于艺术美的重要意义。所以，在他看来，艺术中形状的美包括形状所指示的性质，即为了某个目的通过才智或设计而产生的性质，这种美就叫作相对美。"当我们在一方面发现技艺或才智，另一方面发现其有用性或恰当性时，我们意识到一种十分令人快乐的情感。我们凭借经验已经发现这些形状与这些性质相关联，这些形状自然地而且必然地表现在这些性质，以某些情感打动我们，这些情感就属于这些形状所指示的性质。因而，在这些形状当中有一种美的额外来源。"[①]

设计的作品总是包含着两个要素：一是艺术或设计，二是艺术或设计所指向的目的，因而艺术作品的美就依赖于设计的才智或卓越，即营造的适宜或恰当，也依赖于目的本身的效用，两者都能在人心中引发一定的情感，因而相对美就源自这两方面。艾利逊首先阐述形状所表现的意图。在发现有适宜或效用存在的形状当中，我们必然推断其中有设计或意图的存在，亦即适宜或富有效用的形状就指示着设计或意图的存在。最能有效地指示设计或意图的形状是那些具有一致性或规律性的形状，而毫无一致性或规律性的形状被认为完全是偶然形成的，即使其中本没有人为的设计，以至于当人们在自然景物中发现一致性或规律性的时候，往往将这些性质归之于某种理智的心灵。

艾利逊特意指出，一致性或规律性只用来指作为整体的对象，同时指整体中

---

① Archibald Allison, *Essays on the Nature and Principles of Taste*, Vol. 2, Edinburgh, 1811: 56~57.

各部分的相似性。所以，一致性主要指的是对象各部分之间的关系，而规律性指的是这个对象的整体；有时候有些而非全部部分之间具有一致性，因此整体上并不具有规律性。但无论如何，具有此种性质的形状的美并不来自此种性质本身，而是因为它们表现出一种设计或意图，是这种设计或意图在我们心中引发了情感。有时候人们在两种截然不同的事物之间发现有相似性，例如一棵树的形状类似于一种动物，这种相似性并不意味着这棵树是美的，只能说它是奇特或令人惊奇的，因为这棵树本身并不存在一致性或规律性。

由此可以推断，艾利逊并不认为艺术的价值在于肖似的模仿，而在于精巧的设计，他也从艺术史的角度说明，最初的艺术家在模仿人形时，试图展现的和观者所赞赏的是其技艺和灵巧，而非简单的相似。同时，一致性本身并不是在所有情况中都同等的美，美的程度取决于获得这种一致性的难度，或者其设计或技艺表现力的强度。构成简单形状的线条也可能具有一致性，但它表现的美的程度较小，而由更多部分构成的复杂形状所具有的一致性和规律性具有更大程度的美，因为它们体现了更巧妙的意图和技艺。由于这个原则，等边三角形要比不等边三角形美，但是在一致性的基础上，越富有多样性，形状就越美，因为这展示了更复杂和精巧的设计或意图，所以等边四边形又比等边三角形美，等边六边形又比等边四边形美。同时，具有更多样和复杂的部分与一致性和规律性的形状就产生了精致的美（beauty of intricacy）。艺术史的发展也说明了这一点，最初艺术家主要是通过简单的一致性和规律性来展现其技艺的，随后他们就加入越来越多和复杂的成分，其作品也越来越精致；艺术家所描摹或塑造的人体最初多讲究一致性和规律性，后来就模仿更加丰富和优雅的姿态。这也就是说，当我们在看似纷杂的构成中逐渐发现一条一致的规律时，这种构成就越显得美，因为其中表现了更为精妙的设计和意图。艾利逊以这种方式解释了一致性与多样性产生美的内在原因。

但是，在艾利逊看来，艺术的最终目的和最高境界并不是营造一致性和规律性，因为一方面，只有掺入更多变化的一致性和规律性才是更美的，最初创造简单的一致性和规律性的技艺终将失去人们的崇敬，艺术家们必须创造出更为复杂多变的形式；另一方面，美的最终根源是事物所表现的情感，所以艺术必然要追求对情感的表现，也必须寻找那些更能准确地表现强烈而细腻情感的形式。事实上，这两方面的要求是一致的，因为更复杂的形式就是更能激发情感的形式，更丰富和细腻的情感也需要更复杂多样的形式。艺术家很难在真实的生活中见到完美的形式，因而必须借助想象。"单单是画家或雕塑家的想象就可以弥补这种缺憾：他会一步步地努力将形式美和表现力美结合起来，因此就逐渐上升到理想美的概念，上升到形式的创造和姿态的创造，这些比在自然本身中发现的任何形式都更美。"[①] 随着对情感表现要求的增加，那些一致性逐渐被放弃，转而创造更多的变化，"美的姿态很少具有一致性，并且在激情或感情的表现中，在真实生活中所发生的每一种形式都必须被引进来"[②]。多样性更能获得观者的敬慕，因为它比简单的一致性更能表现艺术家的技艺和精巧。

由此，艾利逊断言，一致性和多样性是区分古代和现代艺术的一个重要标志。

艾利逊并不认为一致性和多样性是相互对立的，相反它们必须相互融合，因为两者都体现着艺术家的设计和技艺，而设计和技艺正是美的一个基础。只不过，如果把形状仅仅看作是意图的标志，就要求其一致性和规律性，否则多样性就是混乱。但是，人们要求艺术不仅有设计，而且也要求有精巧或丰富的设计，只有多样性才能充分体现这一点，否则一致性就是呆板无趣的。所以，只有把一致性和多样性相互融合的作品才是完美的。

一致性和多样性的美一方面来自它们所指示的设计或意图，另一方面来自它们的构造所带来的效果，即维持和促进对象的特征所激起的情感。虽然相对美也离不开设计所表现的性质，但不能把两者相混淆。艺术家有时为了特征或表现力而牺牲设计，有时为了设计而牺牲特征或表现力。但是，艾利逊明确表示，在艺术中特征或表现力要优先于设计，换句话说，他主张艺术的主题或内容优先于形式，虽然形式本身也具有一定的表现力，原因一是由特征或表现力所激起的情感要比设计本身的表现力强烈和动人；二是特征或表现力美更普遍地被人凭借直觉感受到，设计的美却只能被艺术的行家感受到；三是这种美更为持久，因为它源自人性的永恒原则，而设计的美依赖于某种艺术所流行的特殊时代。由此，艾利逊确定了两条原则："设计的表现力应服从于特征的表现力，并且在每一个形式中，艺术家所研习的一致性和多样性的比例应该服务于这种特征，而不是服务于他自己的灵巧或技艺。"[③] 因此，正如在机械艺术中，艺术家不应该为了技巧而牺牲效

---

① Archibald Allison, *Essays on the Nature and Principles of Taste*, Vol. 2, Edinburgh, 1811: 88.

② 同上，第 89 页。

③ 同上，第 108 页。

用；在趣味艺术中，艺术家也不应该牺牲特征或表现力这些更高级的美。艾利逊认为，美的艺术盛极而衰正是由于艺术家本末倒置，醉心于设计或技巧。

显然，形式构成的效果有两种，即效用和美，因此也有两种艺术，即机械艺术和美的艺术。然而，人们判断两种艺术的方式并不一样。"在目的为普遍效用的机械艺术中，所有人在某种程度上都是作品的裁判，因为他们在某种程度上就是这种效用的裁判。但是在美的艺术中，却仿佛需要某种特殊才能，至少是那种并非人人皆有的才能，人们既不是，也不会觉得自己就是裁判。因而，人们情愿听从那些在美的艺术上有所实践的人，自然地这些人显得最有资格成为艺术美的裁判，而且当艺术以不断翻新的新奇来取悦人们时，人们也理所当然地认为，新的就是美的。由于艺术家自然地倾向于把设计的表现力置于特征的表现力之上，由于美的艺术自身的本性，不能提供永恒的判断原则；由于人们普遍倾向于听从那些最容易也最喜欢堕落的人，在所有国家中，趣味艺术在一段完美的时代之后蜕变为艺术家的技巧和技能的表现，逐渐陷于一种粗野状态，几乎与它刚兴起时一样粗野。"①

相对美的另一个根源是形式的适宜，或者说是手段对于目的的适当运用。一条船的形状有利于航行这个目的就说明这种形状是适宜的，虽然其各部分看起来也许并不协调。从这个角度出发，艾利逊明确反对博克的看法。博克在《崇高与美》中举了很多动物的例子，如长着长鼻子的猪、长着大皮囊的鹈鹕、长着尖刺的刺猬和豪猪等，他认为人们并不会因为这些动物的特征有用而视它们为美的。艾利逊反驳说，人们之所以认为这些动物不美是因为它们的形状并不符合自然美的规律——"形式的自然美一下子就打动我们，因为它不需要任何先前的经验，也不需要任何密切的注意。"② 此外，也是因为这些动物让人联想到它们那些并不令人愉悦的本能、性格和生存方式，但是如果不去考虑上面这些因素，而是从这些动物形式构造的适宜性来看，它们就是美的对象。有些对象甚至丝毫没有自然美的迹象，但人们仍然称其为美，就像内科医生称放血或发热理论是美的，外科医生说手术器械是美的。③ 适宜的美与自然美并不相反对，而是相互增益的。一个自然美的事物如果适宜于实现某个目的，无疑就获得了额外的美。

---

① Archibald Allison, *Essays on the Nature and Principles of Taste*, Vol. 2, Edinburgh, 1811: 113.
② 同上，第 120 页。
③ 同上，第 122 页。

　　不过，适宜并不总是产生美的情感。"这样的性质，如果是常见或细微的，就不能产生足以强烈到成为美的基础的那种情感，而且因为我们从适宜性那里接受的情感本身比许多其他快乐的情感要低级得多，所以比起我们所熟知的多数其他类似的性质来，也许在更多情况下，这些性质被观察到却不产生美的情绪。除非这些性质是显著而新鲜的，否则多数人在适宜性的表现当中不能感到任何的美。"[①]

　　艾利逊把匀称或比例的美也归因于适宜，而不是因为匀称这种比例自身。首先，他认为"匀称提供给我们的快乐与任何感觉的快乐都不相似，而只与在手段恰当地适应其目的的情况中所感到的满足类似"[②]。同样，不匀称所给人的不适也与任何感觉上的痛苦不同。虽然"匀称这种性质由物质形式直接向我们表现出来，以至于我们意识不到这种判断与感官的确定有什么差别"[③]，但艾利逊的意思是对匀称的美的判断只是一种直觉。这并不意味着纯粹的直觉，有时也需要经验。当我们遇到一台非常精巧的机器时，除非我们先前就知道其工作原理或者其用途，否则就无法判断其美丑。显然，与休谟一样，艾利逊并不认为美的判断不需要概念。

　　其次，人们描述匀称使用的语言也说明匀称依赖于适宜。"如果一个普通人被问到某个具体的建筑物、机器或工具的比例为什么使他愉悦，他会自然而然地回答说因为它们使对象适合或适应其目的。"[④]当我们向他人解释一台机器的比例为什么美时，我们只有描述它的各部分是如何搭配以实现其目的。同样，当他人知晓了这台机器的用途时，也会因其各部分的适宜而感到一种快乐的情感，因而称其为匀称。所以，在很多时候适宜与匀称是同义的，但是两者之间也有差别。人们将一个形式称为匀称，是从两个角度来看待的："第一，就其整体或与被设计目的的普遍关系来看待，或者当它被考虑为一个整体，而不对其各部分做任何区分；第二，就其各部分的关系与这个目的的关系来看待。因此，当我们遇到一台机器时，我们有时从它对于被用以实现目的的整体效用来看待，有时从不同部分为实现这个目的而具有的恰当关系来考虑。当我们从第一个角度来考虑时，正确地说，我们考虑的是其适宜性；当我们从第二个角度来考虑时，我们考虑的是其

[①] Archibald Allison, *Essays on the Nature and Principles of Taste*, Vol. 2, Edinburgh, 1811: 123.

[②] 同上，第 124—125 页。

[③] 同上，第 126 页。

[④] 同上，第 127 页。

匀称。"① 所以，适宜主要表达的是手段与一个目的之间的整体关系，匀称指的是"适宜这种关系之下的一种特定或从属的关系，即各部分对于一个目的的适当关系"②，简言之，适宜侧重指一个形式整体与其目的之间的关系，而匀称侧重指实现某个目的的整体各部分之间的关系，关键在于我们是否有意把这个整体分解成各个部分，但前提是我们知道这个对象所能实现的目的是什么。

再次，某个形式有着多种比例，也就意味着它有着为实现某个目的而必要的各部分，如果各部分之间对于这个目的来说没有直接的关系，那也就不存在任何精确的比例。的确，有很多事物的形式各部分与其目的之间没有关系，因为这样的事物的作用只是装饰，因此我们也不能看到有任何精确的比例。对于这种事物的形式，我们也没有固定的美的观念。就像一把椅子的某些部件只有装饰作用，这些部件的样式也可以随时变化，虽然它们不能破坏椅子的形式在整体上的适宜性，但是有些部件的比例必须是固定的。比如，支腿的高度，因为它们是为便利的目的而被设计的。

最后，我们对于形式的匀称感觉就是与我们关于其构造适宜的知识相称的。如果我们不知晓某个形式的适宜性，我们也就感觉不到其特殊的比例或匀称。同样，如果我们更熟悉某种事物的功用，我们就能从其形式中的比例或匀称中体会到更多的快乐。所以，离开了适宜性，一种形式便没有比例或匀称的美。

根据适宜性和匀称理论，艾利逊对建筑这门艺术进行了专门的论述。关于建筑中匀称或比例的美的三个结论："这些比例的美来自对支撑所加重量的适宜表现。比例的美的第二个来源是它们对保持房屋特征的适宜性表现。这种美的第三个来源包含在它们对一般形式中特定用途或目的的适宜性表现。前两种表现构成了永恒的美，第三种表现构成了偶然的美。"③

除了自然美和相对美，复杂形式还有另一种美，叫作偶然美，因为这种美既不是来自事物自身的本性，也不是来自人为的设计或创造，而是来自偶然的联想。之所以称作是偶然的联想，是由于这种联想不是在所有人当中所产生的，而是只属于个别人。"这些联想产生自教育、思想的独特习惯、处境和职业，只有那些

① 同 Archibald Allison, *Essays on the Nature and Principles of Taste*, Vol. 2, Edinburgh, 1811: 129.
② 同上，第130页。
③ 同上，第188页。

受相似原因引导而形成相似联想的人才能感受到这些联想产生的美。"① 对一个从儿时起就熟悉的特殊形式，人们总是从中联想到很多快乐的回忆，因而激发起动人的情感，这个形式美甚至要超过那些自然美和相对美。不过，有时候这种联想并不为一个人所专有，当一个地方或民族的人们都有这种联想时，这个形式就标志着这个地方或民族的趣味。但无论如何，这种联想都是偶然的，因为在很多时候这种联想会发生变化，正如在时尚方面所表现出来的那种变化。

归纳起来，形式美有三个来源：我们将某种特殊形式联结于来自形式本身，或者来自具有这种形式主体本性的表现力；形式所指示的设计、适宜性和效用；我们把某种形式联结于偶然的联想。

同时，所有形式或者是装饰的，或者是有用的。装饰美有三个来源：来自形式本身的表现力，来自设计的表现力，来自偶然的表现力。

但是，艾利逊最为推崇的是来自形式本身的表现力美："每一种装饰形式真正和积极的美是与它所独有的表现力的性质和持久性成比例的。然而，我们能从这些表现力接收到的最强烈和最持久的情感是那些产生自形式自身本性的情感。正如我已经表明的那样，我们从设计的表现力接收到的情感既不强烈也不恒定，偶然联想所产生的情感则常常随着兴起的时代而衰退。……唯独来自形式本身的表现力美是持久的，因为它建立在人类心灵一致构造的基础上。"② 艺术家的任务就是不断深入研究形式本身的表现力，这种表现力是"纯粹而永恒的"，因此就要摆脱因他自己所处时代和从事艺术的一般偏见而产生的偶然联想。尤其在重要的艺术中，艺术家更应该追求持久的表现力，只有在那些容易过时和腐坏的艺术类型中，他才可以以新奇或技巧来满足当时人们的偏好。

实用美来自两个方面：一是适宜性，二是效用。艾利逊强调实用形式所产生的美的情感要比装饰美所产生的情感要弱，但是这种情感更为持久。所以，艺术家应该追求的是把装饰美和实用美结合起来。在形式效用相等的情况下，越能产生令人快乐的表现力，形式就越美。如果效用与自然美发生冲突，效用应该优先。③

最后，值得一提的是：艾利逊专门把运动看作美的一个重要原因，因为运动并不像线条那么明白可见，但也确实对人的心灵或想象发挥作用。艾利逊指出，

---

① Archibald Allison, *Essays on the Nature and Principles of Taste*, Vol. 2, Edinburgh, 1811: 192.

② 同上，第 200 页。

③ 同上，第 201—202 页。

运动在人心中引起许多有意味和动人的联想，这些联想或者来自运动姿势，或者来自运动的事物本性，但无论如何，运动本身并不是美的真正原因。艾利逊是从运动的原因来开始其分析的，他认为运动是由可见或不可见的，亦即可有感官感知或不可感知的力量引起的。重要的是：在艾利逊看来，在运动中人们更容易想象到一种生命力，即运动是由事物自发或内在的力量发起的，如果这种力量是外在强加的，那么运动就无所谓美和不美。

不同特征和不同程度的力量在人心中产生不同的情感。一种运动崇高或美取决于两个要素：方向和程度。方向有直线、折线和曲线、螺旋线之分，程度指快和慢、猛烈和轻缓之分。总体而言，崇高的运动是直线的、猛烈的，而美的运动则是曲线的、螺旋线的和轻缓的。[①] "最崇高的运动是依直线而快速的运动，最美的运动是依曲线而缓慢的运动。"[②] 此外，运动的崇高与美也受到运动的事物性质的影响。缓慢的运动一般是美的，但巨大物体的缓慢运动却是崇高的，像大气球的缓慢上升、战争中军队的缓慢行进。快速的运动一般是崇高的，但令人愉悦或喜爱的事物快速运动却是美的，如烟花的急速上升、夜空中亮光的闪现；折线运动既不崇高也不美，但闪电的运动是十分崇高的；依波浪线的缓慢运动一般是最美的，但蛇或蟒的运动最令人不适或痛苦。[③]

五、道德美

人的容貌和形体的美是艾利逊专门讨论的一个话题。当然，依据他对物质的划分，人属于有生命的物质。对于 18 世纪的作家来说，人是自然和神性的宠儿，被赋予了最高的美和智慧，因而也是趣味科学所探讨的热点。

但是，艾利逊的重点是研究"人类的美是否可以被归因于我们本性的某种规律，因此容貌和形态上的某种外表本来地和独立地就是美的或崇高的？或者就像在无生命的物质那里，是否可以归因于我们联结于其上的各种快意或悦人的表现力？"当然，这也是始终贯穿于艾利逊著作的一个问题。

根据艾利逊在无生命物体上确立的美的原理，即无生命的物体上最大的美来

---

① Archibald Allison, *Essays on the Nature and Principles of Taste*, Vol. 2, Edinburgh, 1811: 210–212.

② 同上，第 212—213 页。

③ 同上，第 214—215 页。

自其特殊性质与心灵的某种性质或倾向的相似，人的容貌和形体的美也来自它们对心灵性质的表现，而且它们应该具有更多的美，因为人本身就是具有心灵的，其外形就直接表现心灵性质或倾向，而不必通过相似来表现。对于人的外形的表现力来说，唯一的界限就是人的心灵自身，即理智和道德能力的界限。不过，艾利逊仍然坚持，容貌和形体作为可见的形式本身也包含着某种美，所以应该把这种美与心灵性质或倾向与作为表现力本身的美区别开来。对于他的整个美学体系来说，这一部分内容将最终把道德美引入进来，而且道德美能统领其他的美。

艾利逊把人的外形的崇高与美分为以下几类：容貌、形体、姿态、动作。毋庸置疑，就人的外形作为物质对象而言，它们的美同样有三个来源，或者说有三个层次的美，其一，作为物质对象本身的表现力；其二，与心灵的性格或倾向的类比；其三，偶然的联想。最后一点可以用来说明情感或情绪因习惯而在外形上的表现。作为有生命甚或有灵性的对象，人的外形更直接地体现了心灵性质或品质，也就是道德。所以，人的外形是物质和心灵的结合体，从中可以看到物质对象的崇高与美如何最终来自道德。

例如，在谈到容貌色彩的美时，艾利逊指出，如果离开我们本性的原始规律，这些美都不是准确和确切的，因为"它们全部取决于我们的道德观念，并且不仅与它们所指示的性情有关，而且与这些性情的程度有关"①。艾利逊运用了他一贯的证明方法契合差异法。人人都能观察到容貌的不同色彩，但在不同的环境中，同样的色彩却以不同的方式给人触动。苍白可能源于嫉妒，也可能源于罪责，也可能源于深仇大恨。如果单是色彩本身就是美的，那它的美便到处都一样，但这不是事实，结果只能是：色彩的美依赖于它所指示的性情，这种美随着表现力的变化而变化。容貌色彩的美需要人们的解读，至少说它需要人们能透过色彩直觉到其表现的心灵品质。由此也可以推断出来，虽然艾利逊没有明言，但只有忠实地表现了心灵品质的色彩才是真正美的。

"每一种这样的性质，或由于其本性，或由于经验，或出于偶然，成为能产生情感性质的标志，或是某些道德感情的体现。"②物质性质的崇高与美并不是由于其自身，而是由于它们是某些其他性质的表现，后面这一类性质适于通过人性的构造产生悦人或有趣的情感，质言之，崇高与美不是物质自身的性质，而是来

---

① Archibald Allison, *Essays on the Nature and Principles of Taste*, Vol. 2, Edinburgh, 1811: 239–240.
② 同上，第415页。

自心灵的表现。艾利逊自认为他的观点与柏拉图学派的主张相合，这种柏拉图学派在英国由夏夫兹博里、哈奇生、阿金赛德、斯宾塞等人传承，并在里德的《论人的知性能力》中得到更明确而深刻的表达。

心灵能产生的情感性质或者是积极的，或者是消极的，或者是如仁善、智慧、正直、创造、想象等能力，或者是如爱、喜悦、希望、感激、纯洁、忠诚、无邪等感受和感情。"在观察或信赖心灵的这些性质的过程中，由于我们本性的原始和精神的构造，我们必定会体验到不同的强烈情感。"[1] 然而，心灵性质只有通过物质这种媒介才能为我们所知。同时，物质性质也必然指示着心灵性质。两者之间的关系有直接的和间接的两种。直接的关系有两种：一是物质性质作为心灵力量或能力的直接标志。人类的艺术或设计的作品就直接指示着智慧、创造、趣味，或者艺术家的仁善，而自然的作品则直接指示着神圣的艺术家的力量、智慧和仁慈。二是作为心灵的所有感情或倾向的标志，我们就喜爱或同情这些感情或倾向。动物的音调和动作就向我们表现出它们的愉快和欢乐，人发音的音调指示着各种情感。我们所喜爱或赞赏的人类心灵中的所有感情就通过容貌和形体的各种外表向我们直接指示出来。

间接的关系有：一是由经验形成的。物质的特定形式或外表被认为是我们所同情或感兴趣的心灵的感受或感情由以产生的手段或工具。技艺的产品通过各种方式向我们指示着便利、快乐，或者它们给人类生活带来的幸福，因而作为幸福的标志，这些产品以幸福本身必然产生的情感来打动我们。自然景色由于被认为给许多生灵提供了居所而指示着某种精致的智慧，因此获得美的评价。二是由类比或类似形成的。物质性质和心灵性质之间存在某种类比或类似关系，因此前者就向我们有力地表现了后者。无生命对象的颜色、声音、形式，在人类的思想史上多被人格化，诗人或艺术家们这样做的时候并不是为了展示他们的技艺，而只是"顺应了调节人想象力的最有力的法则"[2]。三是来自联想（本意上的）。通过教育、幸运或偶然的机会，物质对象与心灵中悦人或有趣的性质联系起来，此后就永远地表现着心灵中的这些性质。例如，流行式样中的颜色和形式就因此成为美的，表达宗教、爱国或荣誉的对象也因此而打动我们，自然景色也因为其中发生的事件成为美的。四是来自个人的联想。事物及其某些性质因为与个人经历存在

---

① Archibald Allison, *Essays on the Nature and Principles of Taste*, Vol. 2, Edinburgh, 1811: 418.
② 同上，第 421 页。

联系而容易在这个人心中激起某种情感，这个事物及其性质也因此具有了某种特殊性格。

艾利逊最后的任务是要说明，物质世界的崇高与美为什么会依赖于它们所表现的心灵中更高的性质，也就是说，人类本性构造的最终原因是什么。艾利逊依然求助于目的论，但是他的思路有些奇特。他仿佛认为是人的好奇心促成了目的论，而自然本身是否存在目的则并不明确。是好奇心使人不找到那种最终原因就誓不罢休，他不满足于把物质世界归因于某种设计，而且还要归因于仁慈的设计。这种思维方式不仅让人们探究自己的心灵法则，还要探究构造心灵的那种力量和智慧。[①]因而，对美的规律的研究必然要延伸到对整个自然和人性的研究。

人始终被物质世界的对象所围绕，由于人性的原始构造，这些对象能够给人以快乐或痛苦，如果根据这条原则，那么人的快乐和痛苦就源于此。因此，只有某些颜色、声音和形式才是美的，但是人们所能享受的快乐也是不平等的，因为那些无法见到和拥有这些性质及其所属事物的人就无法享受外在自然能够给予人的快乐。进一步说，如果只有某些容貌和形体的颜色、声音和形式本质上就是美的，那么人类幸福，乃至于人性中最重要的感情和情感的分配无疑太过专断了。这种法则是与人类社会的义务原则相反的。因为如果这样的话，那些不具有这些容貌和形体的人的自由或热情就会被扼杀。这样的话，父母必将因子女的丑陋外表而抛弃他们，夫妻和朋友之间的感情也会因对方的疾病、痛苦和衰老而消失，整个社会只关心那些偶然获得外在姣好容貌的人，而且"甚至凭借自然本身，贵族统治就得到确立，不可避免地不依赖任何的才干和德行，只依赖人类所确立的财产或者血统的影响"[②]。

如果趣味情感及其它所给予的所有幸福都是由心灵的永恒表现力产生的，那么这个系统提供给人类本性的幸福不仅是简单的，而且也能在最简单的事情上看到。只要物质世界的外表向我们表现了我们所喜爱和赞赏的性质，由于我们的教育、联想、习性、事业，只要物质世界的性质在我们的心灵中与动人的、有趣的情感相联结，崇高与美的快乐就能被感受到，那么我们的心灵就不是被外在对象的特征所支配，而是能够赋予它们以它们本身所不具有的特征，无论这些对象本身多么普通平常或者粗鄙低俗。因此，我们就不由自主地从那些拥有外在美的人

---

① Archibald Allison, *Essays on the Nature and Principles of Taste*, Vol. 2, Edinburgh, 1811: 424.
② 同上，第 427 页。

转向那些表现着天才、知识或德行的外表质朴的人。在每一个国家的公共生活中，国民趣味的裁判者漠视年轻、地位或优雅的外在优势，热爱那些展示其能力的残缺外表，或者维护自由的暮年政治家。

物质美依赖于它们所指示的性质，正是艺术，无论是机械的还是自由的艺术，是发展进步的伟大根源。如果存在某些物质形式、比例或组合的原始和真正的美，如果美的情感只是本质上局限于这些性质，那么任何借助于物质的艺术都会停滞，趣味的感官必然反对任何新的进步。[1] 如果自然所规定的某些形式及其组合法则本身才是美的，那么艺术家就不敢偏离它们。即使艺术家处于实用的动机而偏离这些法则，旁观者就会表示不满。因此美感就与效用感相反，自然的但美的形式就会是一生产品的永恒标准，任何新的创造都不会发生，即使人类社会要求效用上的进步。

但是，如果美依赖于物质形式所指示的另一种性质，人类艺术就会取得发展。由于表现了适宜、效用、创造、努力和天才，艺术才产生赞赏和愉悦。艺术领域成为无限的，即使是较低级的机械艺术，也会因其表现的天才和善意而获得最高荣誉。不只是曾出现于宗教和迷信中的形式才受赞赏，每一种形式及其组合都成为有教养的趣味的范围，观者的心灵追随着艺术家的创造。美的艺术也不再服从于宗教、迷信，只去创造那些被认为是神圣的事物。"形式以及他身边的物质自然的景物不是支配而是去唤醒他的天才。邀请他去探察它的美的根源，因为这样的考察，把他的构想提升到对形式及其组合的想象上，这种想象比自然呈现给他的任何美都更为纯洁和完善。正是在这种追求中，理想美（ideal beauty）才最终被感知到，这种美是艺术家最为高尚的抱负所要感受和表现的；这种美不是被任何通俗的法则创造的，或被感官的效果所衡量，而是能产生比自然所激发的更精致的情感和深沉的愉悦。"[2]

更为重要的是：由于我们本性的这种倾向，趣味情感总是与道德情感相交融，而道德情感是能感动人的最大的快乐，最终能服务于德的提升。"虽然物质世界的对象是用来吸引我们的肉眼的，但其中也有直达我们内心的潜在联系。只要它们给我们以愉快，它们就始终是更高级性质的标志或表现，通过这些标志或表现，我们的道德情感被唤起。"[3] 各种自然景色"都适于唤醒我们的道德情感，一旦我

---

[1] Archibald Allison, *Essays on the Nature and Principles of Taste*, Vol. 2, Edinburgh, 1811: 430.

[2] 同上，第434页。

[3] 同上，第436—437页。

们的想象受到刺激，它们就把我们引向一连串的迷人意象。当我们沉浸于其中时，它们就使我们的心胸因卓越精神的概念而焕发光彩，或者使我们沉醉于道德之善的梦想中"①。

艺术作品不仅通过其自然美打动我们，也因为表现了优美、雅致、和善、高贵、庄严等性质，在我们心中唤起相应的情感，使我们本性中最为高尚的情感得到展现。艺术的相对美表现了艺术家的创造、天才、趣味和想象，这些对我们理智的成就产生重要影响。艺术让我们领会到人类心灵的高级能力及其成绩，而这正是高尚追求的基础。对这些性质的赞赏也刺激我们努力发挥这些能力。

人的容貌和形体是自然之目的最鲜明的体现。我们在这里感觉到的不仅仅是原始或动物性的效果，而是心灵的性格中的可爱东西。一旦我们注视人的容貌和形体，我们感到的不仅是转瞬即逝的快乐，而且还有凯姆士所谓的"对德行的同情性情感"②，我们自己的德行也因此得到了开阔和提升。物质世界也由于事物所指示的表现力而成为"道德锻炼的场所"（a scene of moral discipline）。即使人们完全意识不到这一点的时候，这种影响也依然始终发挥作用，我们的道德感受被唤醒，道德情感被激发。因此，"无论是在自然景色中，还是在人的作品和创造物当中，在家庭的感情中，在普遍的社会交往中，我们周围的物质形式也暗暗地影响着我们的性格和性情，并且在最单纯的愉快时刻，即使我们仅仅是意识到了我们所享受的快乐，他人给予我们的善意也被用以指导一个神秘的领域，由此我们关注道德的提升，道德情感和法则得以形成，这些在往后不仅创造我们自己的真正荣誉，而且也创造我们必然要与之联系在一起的人们的幸福"③。

最后，在艾利逊看来，物质世界所指示的表现力对我们还有一种更重要的影响，亦即宗教情感。因为，我们必然要感受到存在本身的创造者，感受到我们与他的高贵联系，自然世界就是他的天意的标志，使我们感受到神性的存在。"在作为万物居所的物质符号的宏伟体系中，只有以一种原初和果敢的虔诚为基础，给予它们能够解释自身的有力方法，并将它们居于其中的宇宙不仅仅看作是人类的日常生活或是娱乐的居所，而是活生生的上帝的神庙，赞美才是恰当的，才能侍奉上帝。"④

① Archibald Allison, *Essays on the Nature and Principles of Taste*, Vol. 2, Edinburgh, 1811: 437.
② 同上，第440页。
③ 同上，第440—441页。
④ 同上，第447页。

第十三章

吉尔平

———

在 18 世纪末，英国美学中出现了一个新的词语："画意"（picturesque），并且引起了普莱斯、利普顿和奈特等作家的激烈争论。要说正式把这个词纳入美学并与崇高与美形成三足鼎立之势的人，则是威廉·吉尔平（William Gilpin，1724—1804）。吉尔平是一位国教牧师，但对艺术情有独钟。事实上，吉尔平出生于一个艺术之家，其父约翰·伯纳德·吉尔平曾服役军队，也是一个业余艺术家，受其影响，吉尔平从小便喜欢写生，热衷于收藏版画，而其兄长索雷·吉尔平后来还成为职业画家。吉尔平就读于牛津女王学院，期间又开始研究园艺，曾出版《园艺对话录》（1748），其中有一部分专论美学，便用到"画意"一词。虽然这种用法还未确定严格的理论意义，但可以看出他对于画意这一观念的思考由来已久。后来在《论版画》（1688）一书中正式提出"画意"一词，并论述其基本原则。再往后，吉尔平遍游英国各地。自 1786 年以来的 20 多年间出版多部（包括去世后他人编辑出版）《画意美观察》，用英国各地的风景来诠释画意。吉尔平关于画意的系统理论出现在《画意美、画意游和风景写生三论》（1782，以下简称《画意美》）当中。

一、画意美

可以肯定，自《园艺对话录》出版以来，吉尔平提出的画意受到许多关注，但也遇到许多批评和误解。吉尔平发现，人们把画意美理解为符合绘画法则的美，但他认为画意美与绘画不是毫无关联，但绝不能等而视之，画意美应该是独立的一个类型。但人们的误解也并非没有道理，因为吉尔平一开始也是在一般意义上来运用"画意"一词的，人们很容易联想到英文中的另一个词"pictorial"，意为形象的、生动的，而且他论述的主要内容是园艺和版画。在《园艺对话录》中，他解释画意是那些粗糙、不规则的自然景色所表现出的特征，这样的景色适合用绘画来描绘。在《论版画》一书中，吉尔平提出了能够使版画具有画意美的一些原则，其中最重要的一条是"roughness"，但他也论述了绘画的传统因素，比如构图、光线、线条等，这同样容易让人把画意与绘画表现出的美混为一谈。

在后来的著作中，吉尔平抛开了园艺和其他艺术，专门探讨自然风景之美，虽然他的画意并不专指这一点，但画意无疑在自然风景中有最充分的体现。在《画意美》当中，他鲜明地指出了人们的误解，即"所有的美都在于画意美——并且自然面貌只是根据绘画法则来被考察"，然而"我们始终在讲一种截然不同的东西。我们谈论自然的广阔风景，虽然无意于用画意的目光，却对想象有强烈的影响——常常是一种更强烈的影响，比当它们被用画笔适当描绘时更强烈"[①]。因而吉尔平迫切要把画意美与其他的美区分开来，当然也就必须赋予画意美以某些鲜明的特征，尤其是要阐明画意美与绘画之间的微妙关系。

吉尔平说："关于美的争论，如果能确立一种区分，就可能会解决。就如美的对象和如画（pictureque）[②]的对象一样，在其自然状态中令人快乐的性质与能够用绘画来明示的性质的区分也是存在的。美的观念随对象而变化，也随观者的眼光来变化。石匠在平整的墙上看到的美，建筑师却看不到，建筑师是在一种不同的观念下来观察建筑物的。画家也一样，他拿艺术法则来比较眼前的对象，用一种不同于普通人趣味的眼光来观察，普通人只是简单地看到美。"这段话当中包含着一个值得深思的观察，那就是直接感受的美与从特殊角度发现的美之间存在巨大差异，画家、建筑家拥有一套专业技巧，怀有特殊目的，自然会把眼前的对象纳入一个观念体系中，使其在这个观念体系中显出其独特性质，所以他们能看到普通人忽视的东西，但也会忽略普通人关注的地方，简言之，观者的观念体系或认知体系不同，对象就会显出不同的美，甚至在一些人眼中是美的，而在另一些

---

① William Gilpin, *Three Essays: on Picturesque Beauty; on Picturesque Travel; and On Sketching Landscape: to Which is Added a Poem, On Landscape Painting*, London, 1794: preface, ii.

② "picturesque"一词用作形容词，为符合中文表达习惯，本文多写作"如画"。

人眼中却平淡无奇。

吉尔平的目的显然不是要夸大当代美学所谓的"期待视野"的作用，相反他想证明的是：纵然有这些影响，画意美在对象方面总还有些客观的根源，所以他的问题是："使一些对象特别地显现为画意的那些性质是什么？"为了参照美而说明画意的特征，吉尔平首先要给美下个定义。他显然不愿意在这个问题上制造太多困扰，直接采纳了博克的观点，亦即美的特征在于平滑或光滑（smoothness or neatness），而且他也很少分析这些特征对于感官和心灵的影响，也就是 18 世纪英国美学家们通常采用的方法。在他看来，博克的观点已经是常识：大理石打磨得越光滑，银器擦拭得越明亮，就显得越美，"仿佛眼睛很喜欢顺畅地滑过一个表面"[①]。但这仅仅是通常的美的特征，而画意却恰恰相反，"光滑和平滑的观念不仅不是画意的，实际上还剥夺了画意美的所有表现。不仅如此，我们还可以进一步果断地宣称，粗糙构成了美和画意之不同的那个关键点。正是这种独特的性质，使对虾在画作中令人快乐"[②]。

粗糙毕竟是一个含糊的概念，吉尔平又做了进一步的解释。一般而言，粗糙指的仅仅是物体的表面，如果说到其轮廓，人们则用 ruggedness（凸凹），无论大小事物，人们都可以见到这样的特征，例如树的皮、崎岖的山峰、陡峭的山崖。即便是艺术的创造物上，人们同样可以发现美和画意的差别。帕拉迪奥式建筑各部分的比例、适当的装饰和整体上的匀称都非常令人愉悦，但是如果要用一幅画来表现，这样的建筑就显得过于规整，只能令人失望。如果真的要画，人们就必须拆掉一半，另一半也要损毁一点，并在周围配上些残垣断壁。"一句话，我们必须将它从一幢平滑的建筑物变成一堆粗糙的废墟。"[③]在园艺当中也是如此，草坪不能一马平川，而是要分割成块，种上些枝叶蓬乱的橡树，而不是齐整的灌木丛；其中的道路也不能过于平整，边缘不能顺滑，而是要故意制造些崎岖不平，挖出些车辙，撒上些碎石，堆上些草丛，这样一来才显得富有画意。给人画像的时候也是如此，像雷诺兹这样的画家不会把头发弄得整整齐齐，而是故意要把头发弄乱一点，蓬蓬松松奔拉在肩上；维吉尔描写阿斯卡尼俄斯的时候，也刻意描

---

① William Gilpin, *Three Essays: on Picturesque Beauty; on Picturesque Travel; and On Sketching Landscape: to Which is Added a Poem, On Landscape Painting*, London, 1794:4.

② 同上，第 6 页。

③ 同上，第 7 页。

写其飘逸的长发；弥尔顿描写夏娃的时候说，她蓬乱的金色长发未加修饰，盘绕至婀娜的腰间。

读者们肯定会留意到，吉尔平所描述的画意很多时候与博克所提的美的特征无关，倒是更接近崇高的特征。例如，"是什么给性格以高贵，给表现以力量：那些充满智慧和经验的线条，那些饱满的意味，远超过玫瑰色的皮肤或者青年的迷人微笑？除了布满皱纹的前额又是什么呢？难道不是反射着光线的突出的颧骨？面颊上的肌肉隆起，又消失在蓬乱的胡须中？"① 荷马对朱庇特的描写就是这样。吉尔平所谓的画意仿佛兼具崇高与美的特征，但不是简单的混合。

吉尔平强调，画意的很多方面符合美的特征。人的形体有着恰当的比例和顺畅的线条，显得优美雅致，但在运动当中就表现出很多变化；即使在静止的时候，如果平滑的表面加上些许皱褶就显得很有画意。看来，画意的特征在于在美的事物局部增加些粗糙凸凹的性质。不过，尤其是在描绘绘画和文学中对人像的表现时，吉尔平显然要强调的是外形对于内在性格的表现力："当人的形体被情感所鼓动时，肌肉就因强烈的运动而隆起，整个外形得到最强的表现——但是，当我们说到肌肉因用力而隆起时，我们指的仅仅是自然的用力，而不是在解剖学上故意展示，在解剖学上，肌肉尽管位置正确，但过于膨胀。"② 因此，适合于绘画表现的对象不仅是在外表上具有某些特殊性质，而且还是因为它们透露出某种内在性质。这不是说画家不必服从解剖学原理，只是说仅仅服从解剖学原理是不够的，同时在解剖学原理的基础上，运动的人体比静止状态下更具画意。因为运动总是出于某种意图或情感，所以运动的形态或者说运动的结果也总是表现了意图或情感。吉尔平并未进行这样的分析，但他对于运动的重视应该是18世纪英国美学从荷加斯开始便显露出来的倾向，静态的比例则渐渐处于下风。看来，画意除了强调事物局部所具有的粗糙特征之外，还应突出事物的动态性。吉尔平指出，动物身上的画意美也表现在运动之中："作为具有画意美的对象，我们更欣赏筋疲力尽的负重马匹、奶牛、山羊或者驴。它们那更加结实的线条、粗糙的外皮，更能展现画笔的优雅。""在如画的对象上，他除了那些包含了表现出精神的性质，还

---

① William Gilpin, *Three Essays: on Picturesque Beauty; on Picturesque Travel; and On Sketching Landscape: to Which is Added a Poem, On Landscape Painting*，London, 1794:10.

② 同上，第12页。

能发现什么？"① 精神或灵气（spirit）是画意不可或缺的一种要素。

但是，适合于绘画表现的画意美并不是怎么去画都可以。正如具有画意美的对象本身要有些粗糙的特征，要有动感，绘画也不能过于工整。"一种随意的手法是绘画中非常令人满意的一部分，以至于我们无须惊奇，艺术家会特别强调这一点。"② 这并不是因为在画家那里工整流畅的线条难以掌握，而是随意而大胆的笔触本身就令人愉快。即使是一些精致的形象也不能画得处处精细而拘谨，总是需要配合一些随意洒脱的局部细节，否则就没有了强烈对比。在风景画中，画家通常会增加某些粗糙模糊的景象，吉尔平认为这会给自由发挥留出一些空间，如果笔触过于纤弱拘谨，就无美可言。当然我们可以说，从观者的角度而言，也可以留下更广阔的视野和自由的想象空间。总之，在吉尔平看来，艺术作品之所以富有表现力，是因为艺术家避免规整古板，千篇一律，无论是构图，还是光影和色彩，他们把尽可能多样的部分构造为一个有机整体，从而使作品显出画意，否则便是虚假造作。这意味着艺术作品具有丰富性，而丰富性又依赖于部分的粗糙和随意以及各部分之间形成的鲜明对比。如果从对比的角度来说，平滑也不被排斥在画意之外，相反是很有必要的。只有在平滑的衬托下，粗糙随意的部分才显得更有画意。"要是一个对象以某种特殊方式富有画意，就必须有一定比例的粗糙，至少要形成一种对比，这种粗糙在纯粹美的对象上则不是必要的。"③

到此，吉尔平只是说明，一个对象是否富有画意，最恰当的检验方法是将其置于艺术作品，尤其是绘画作品中，看它是否表现出令人愉快的特征来。在绘画中，最重要的法则是寓于多样的统一，使不同的性质形成鲜明对照，所以一味地平滑、规整令人乏味，而适度的粗糙、随意则能给予适当调剂，让整个画面显得自然和谐。但这样一来，现实对象就应该服从绘画法则，失去了自己独特的美学特征，而这正是吉尔平所要反对的。另一方面，吉尔平虽然指出画意不同于美的一些特征，画意与美的关系却不十分明确：画意虽不同于美，但还与美有一些相似之处（吉尔平经常把画意和美连用，即画意美），或者依赖于美的一些特征。例如，画意需要一些平滑的性质，也需要符合恰当的比例。人们自然就产生疑问，

---

① William Gilpin, *Three Essays: on Picturesque Beauty; on Picturesque Travel; and On Sketching Landscape: to Which is Added a Poem, On Landscape Painting*, London, 1794:14.

② 同上，第16—17页。

③ 同上，第25页。

画意是与美有别，成为与崇高与美并列的美学范畴，还是属于美的一类？与美相比较，画意更高级，或是与其平等？不过，按照博克对于美学范畴的分类，吉尔平所举的例子说明画意还兼有崇高的某些性质，虽然有些特征恰恰与崇高相反，例如连续性。在吉尔平那里，一望无际的大海虽然崇高，却无画意。从这一点来看，画意应该是一个独立的范畴。

吉尔平首先要解决的问题是：画意可以脱离艺术尤其是绘画而又有自己的原则，至少需要证明，一个对象即使没有进入绘画也同样可以具有画意。吉尔平意识到，简单地将绘画与现实对立起来无助于解决问题："对于这个问题，我们可以回答说，富有画意的眼睛厌恶艺术，独独钟情于自然，并且由于艺术中充满规则，而规则只是平滑的代名词，自然的形象却是不规则的，这也只是粗糙的代名词，这里我们找到了解决问题的方法。但这个方法令人满意吗？恐怕不是。"[1] 因为并不是所有艺术都充满规则性，同时富有画意之眼的人不仅在自然中发现画意，也在艺术形象中能发现同样的特征，简言之，艺术和自然中同时存在富有画意的对象。也许结论可以是：自然中本身就存在一些画意的特征，艺术只是模仿或运用了这些特征而已。的确，借艺术法则来鉴赏和评价自然美，并不代表人们就必然是拿艺术法则来规定自然美，只能说自然和艺术中的美遵循着同样的法则。但是，如果要阐明画意是一种区别于艺术的独特的美，也许更加严格的标准是：人们应该指出，自然中有些美的对象是艺术无法表现的，简言之，画意的范围要大于艺术。可惜的是，吉尔平没有回答，甚至也没有提出这样的问题。

不过，吉尔平确实愿意提出一些发人深思的问题。如果从自然与艺术的关系中不能清晰地分辨出画意的本质特征，人们就会从其他原则来加以说明。哈奇生曾确定美的特征为寓于多样的统一，吉尔平试着确定画意的原则为"简单与多样的恰当统一"（happy union of simplicity and variety），其中多样表明粗糙的意义。广阔的草原是简单的，但没有美可言，如果打破其单调的表面，像乐园一样配置些树木、石头和斜坡，也就是有了多样或粗糙，就显出了画意。然而，吉尔平对这个原则也不满意，因为美也遵循同样的原则，而且这个原则并不适用于园艺，如果其中用到粗糙，花园就会显得混乱无序。

既然画意与绘画等艺术有关联，吉尔平又提出，是否可以从绘画艺术的本质

---

[1] William Gilpin, *Three Essays: on Picturesque Beauty; on Picturesque Travel; and On Sketching Landscape: to Which is Added a Poem, On Landscape Painting*，London, 1794:26-27.

来理解画意。人们可以说，因为绘画是模仿的艺术，所以被模仿的对象自然在富有画意的眼中显得最为恰当，也是最容易被模仿的。这些对象通常有更鲜明的特征，在模仿中也容易显出这些特征。但吉尔平随即又提醒，画家们知道，容易模仿的并不是那些复杂多样的，亦即粗糙的事物，至少并不比光滑的事物更容易模仿。或者人们也可以认为绘画不是严格模仿的艺术，而是制造假象的艺术，即凭借相似的色彩来制造出一种处于适当距离之外的自然的相似物，但近距离的对象就难以被描绘，既然遥远之物显得不再清晰，自然就是粗糙而模糊的，也适于用粗糙的笔触来描绘，所以画意美应该指的是远景的特征。不过，这种推断也与事实不符，许多画家并不擅长粗糙的风格，但其画作一样令人赞赏。同时，如果对象本身就是如画的，无论出现在哪类画家的作品中也同样具有画意。到最后，吉尔平坦承，要总结出画意的普遍原则是徒劳的，而且他在一定程度上讽刺了在哲学上为趣味和美确定最终原则的努力。

的确，也许并不是所有现象都能在哲学层面上总结出一些普遍原则来，但无论如何，吉尔平已经确定画意的核心要素是粗糙，这在一定程度上也算给画意规定了基本特征，然而这种尝试终究还是模糊不定的。博克确定崇高与美的一系列特征，其根据在于对人的情感的分类以及对这些情感性质和运行规律的描述，而吉尔平几乎没有涉及任何心理学规律，也无意于从人性根源来探讨美学问题，这使得他对画意的描述停留在现象层面。即使不谈 18 世纪英国美学普遍依赖的心理学，吉尔平既没有建立一套系统的美学，其分析也缺乏方法意识，这很难让人们确定画意在 18 世纪英国美学中的位置，虽然他仿佛能给这种美学带来一些新鲜的东西。博克的美学虽然具有完整的体系，但在解释具体审美现象时仍然显得乏力。例如，平滑的表面、柔和的线条、鲜亮的色彩就能使一个事物成为美的吗？也许很难，许多蛇类就有这些特征，大概多数人不愿认同，倒不如说蛇是崇高的，因为它们令人恐惧。

如果只是从现象层面对画意进行描述和规定，吉尔平也应该尝试给富有画意的对象确定一个较为准确的范围。比如说，哪一类对象典型地具有画意美；或者他可以参照哈奇生、博克等人对于美的定义来规定画意美，以便确定画意与美和崇高的关系，这样也可以让他不至于认为广阔平坦的草原是不美的；或者他也可以指出画意美给人带来的典型的心理感受是什么，以便描述众多的非典型的画意美。不过，抛开这些困惑不谈，吉尔平的画意确实提出了一种独特的审美趣味，即强调对象形式上的特征，强调这些特征对于内在性质的表现力。

二、画意之游

从哲学原理上阐释画意未果，吉尔平转而描述画意的效果。这种描述与吉尔平的阅历有关，在与雷诺兹的通信中，他自称没有见识过伟大的画作，但他在自然审美方面有着丰富的阅历，他遍游英国全境，并出版多部游记，这些游记的一个主要目的便是展示英国自然风景的画意美。18 世纪英国美学的范围一开始便不局限于艺术，而是在生活领域，在人性中寻找美的根源，艺术法则也是来自这些根源。到了吉尔平这里却有一个很奇怪的转变，他反过来用艺术法则来阐明自然美，虽然其目标不全是艺术鉴赏，而是试图将艺术与自然贯通起来。说到这里，可以补充一句，在英国美学中，自然景观当然是重要的审美对象，但吉尔平是第一个专门讨论自然审美的作家，这一定程度上是 18 世纪的英国人试图逃避工业化和商业化的结果。有包括中产阶级在内的许多人都热衷于游历山水，享受宁静且洁净的乡村风光，而上流阶层则在乡间大力兴建园林。理所当然，自然审美成为一种风尚，也成为构建美学理论的重要经验基础。自然审美并非停留在感官享受上，而且还代表了一种高尚的精神追求，吉尔平说："一如许多旅行全没有目的，纵情娱乐而不知为何而娱乐，我们要提供一个目的，这个目的可能会吸引某些空闲的心灵，而且也的确可以给那些为了更重要的目标而进行的流行提供一种理性的娱乐。"[1] 所以，吉尔平在这里谈到画意，实质上更是要讨论自然审美的内涵和意义，虽然他也继续努力更准确地界定画意。但是，我们应该记住，吉尔平借旅行而进行这种界定也有其特异之处，旅行是一个动态的过程，所以吉尔平对画意的探讨当然不会停留在对对象的静态分析和描述上，而是必然要在动态过程中展现画意的内涵。

在吉尔平眼中，自然界的对象有一大特征，那就是多样性，山川河流、花草树木，皆表现出无限的多样来，没有两块石头、两棵树木是完全一样的，而且在光影交错之间，同样的景色也在不定变幻。自然美虽然可以分为优美和崇高，但吉尔平认为这个分类不甚准确，一个原因是优美和崇高的界限不是截然分明；二

---

[1]　William Gilpin, *Three Essays: on Picturesque Beauty; on Picturesque Travel; and On Sketching Landscape: to Which is Added a Poem, On Landscape Painting*，London, 1794:41.

是从画意的角度而言，单纯的优美和崇高并不造就画意。"当我们谈到一个崇高的对象时，我们总是认为它也是优美的。我们称其为崇高或优美，只是作为崇高的观念，或者简单的优美观念占据主导地位。"① 同时，要把一个对象称作如画，光是崇高或优美是不够的，但凡崇高的对象也必然带有某种优美的成分。也许吉尔平不是否认博克的分类，只是认为纯粹的崇高和优美仅仅存在于观念之中，而在实际的对象中，二者是互有渗透的。同样的道理，单纯新奇的对象也算不上富有画意。新奇的对象中固然有时也存在美，人们之所以赞赏它们却不是仅仅为了新奇；相反，在其最平常的形态中，人们也许可以见到最多的美。如其他美学家一样，吉尔平也认为，新奇之所以不成为一种美，是因为新奇并不长久。

吉尔平实际上也指出了博克美学的缺陷。从理性分析的角度看，博克试图找到优美和崇高的观念在对象上的客观原因，吉尔平发现的是在审美欣赏的过程中，人们也许很少会紧盯着对象的某一种或几种性质，既然人们没有刻意关注这些性质，那它们就不太可能是优美和崇高的原因。基于此，吉尔平要分析审美欣赏的过程，指出在其中人们关注的对象究竟是什么。在他看来，人们欣赏景观的时候，如果要看出其中的画意，要关注的不仅仅是对象的形式和构造，而且还要将它们与整个天气环境联系起来，观察自然所产生的各种奇妙效果。"旅行中最大的快乐就是一片宏伟的风景出其不意地映入眼帘，这风景又有某种偶然的天气环境相伴随、相和谐，给这风景以双重的价值。"② 与博克相比，吉尔平更强调对象与其环境的整体关联以及因这种关联而产生的变化。单纯从审美心理学的角度而言，吉尔平比博克更充分的解释更符合事实。

吉尔平还发现，画意的眼睛更关注活的形式，而非自然的"无生命的面貌"。当然，关注活的形式并不是要给予其解剖学的理解，而是将它们看作景色的装饰。就像人们欣赏人自身的美时，不是凝视其形式上的准确性，而是在行动中的表现，我们只是考虑其整体的形态、服饰、群属、职业，我们只是随意地在其多样的表现中发现这些东西，而不是仅仅选择他们身上的某种特征。同样，当我们欣赏动物的时候，也不是仅关注其自身，而是将它们置于某种环境中，如公园、森林或是草地，草原上奔跑的马、高空飞翔的鸟才是动物本来的面貌，它们真正是美的，

---

① William Gilpin, *Three Essays: on Picturesque Beauty; on Picturesque Travel; and On Sketching Landscape: to Which is Added a Poem, On Landscape Painting*，London, 1794:43.

② 同上，第 44 页。

更具有画意。这一点同样建立在吉尔平强调的整体性原则上，也是博克美学所忽视的。事实上，除夏夫兹博里、荷加斯和艾利逊之外，其他美学家都未充分重视这一点。如上文所述，吉尔平的画意不是一种静态美，而是强调动态美。这种动态既来自运动的单个对象，也来自对象与其环境之间的动态关联。从某种程度上说，吉尔平视粗糙为画意的基本特征，也是因为粗糙的对象会引起观者感官以更活跃的运动以及因此而来的心灵的运动，甚而至于心灵的运动是最高目标。

吉尔平随后说，画意的眼睛并不只盯着自然，而且还进入艺术领域。绘画、雕塑、园林都是画意的眼睛关注的对象。如果它们表现出粗糙的特征来，它们就能引起感官和想象的运动。由此也不难理解，在所有的艺术中，吉尔平最中意的是古代建筑的遗迹，如荒废的塔楼、哥特式拱门、城堡和修道院的遗迹。"这些是艺术最丰富的遗产。它们因时间而变得神圣，如大自然自己的作品一样值得我们崇拜。"[1] 这些奇特的艺术形式不仅仅是人为的创造，也是时间打磨的结果，它们在作用于感官的同时，也在引发人们对于远古时代的遥想，对超越于任何有限自然力量的崇敬，这些便是心灵活动。

艾利逊把美的根源归为对象让人联想到的心灵品质，有时候他也是通过将单个对象置于整体环境而实现的，但更多的时候依赖于有些武断的直觉，吉尔平则试图更为清晰地描述心灵的活动过程和层次，亦即"心灵是如何被这些对象满足的"。总体上说，自然对象给人的快乐是精神性的，这种快乐源于对美的探寻，但吉尔平并不像艾利逊那样把美归于心灵品质。在他看来，"尽管在理论上这一点看似是一种自然的高潮，但我们不能过于坚持这一点，因为我们很少有理由希望每一个画意美的赞赏者也是德行美的赞赏者，每一个自然的热爱者都领悟到'自然只是某种结果的名称，其原因即是上帝'"[2]。当然，他并不反对将从自然中获得的美提升到道德和宗教的高度，让人体尝到心灵的宁静和宗教的敬畏，因为它们毕竟可以对抗"放荡的快乐"，但这一切都不能停留于随意的玄想，而是必须从具体的经验中分析和推演出来。

在画意之旅中，愉悦的第一个来源就是对景色的追寻。新鲜景色纷至沓来，令人目不暇接。此刻，心灵始终处于一种"惬意的悬念"中。因为人们总是容易

① William Gilpin, *Three Essays: on Picturesque Beauty; on Picturesque Travel; and On Sketching Landscape: to Which is Added a Poem, On Landscape Painting*，London, 1794:46.

② 同上，第47页。

被新奇之物吸引，所以就不断移步换景，期待新的景物闪现。吉尔平把富有趣味之人在自然中寻求美比作运动家打猎时追寻小巧的猎物。其次的愉悦来自对对象的把握。人们不只是满足于看到新奇的对象，而且还要运用心灵的能力来观察和理解它们。有时，人们把眼前的所有东西视为一个整体，赞叹其构图、色彩和光线。如果这种心愿不能实现，人们通常又会分析构成景色的局部，从各种视角相互比较，甚至将它们与艺术的模仿相比较，观察美丑之间的微妙界限。然而，在自然审美中，最大的快乐不是来自这些理性的认知和探索，而是一种入神（deliquium）状态。当一片宏伟的景色展现在眼前，虽然其构图并不正确，人们却被深深震撼，无法依靠思想的力量去领会它们，也不能用艺术法则来评价它们，换句话说，所有的精神活动都突然凝滞，一种狂喜刹那间传遍心灵。这时候，我们与其说在审视，倒不如是在真正地感受。在艺术欣赏中人们也同样会获得类似的体验，但最能激起这种体验的是粗糙的速写："它有时给心灵一种令人惊叹的效果，让想象一下子遇见所有生动的观念。这些观念给艺术家带来灵感，而它们也只有想象才能传达。"① 当然，我们可以理解，吉尔平赞赏速写与他的整体性观念是相通的，速写不会让观者计较局部细节的细腻真实，而是首先给人带来景色的全貌，而且速写不会给景色设置明确的界限，需要观者的想象力予以积极的填补，因而速写的美是一种动态美。

吉尔平接下来提到的愉悦却也许令人疑惑，他说这种愉悦"源自对我们观念的总体族系（general stock of ideas）的扩大和修正"。自然界的每一类事物都如此多样，对于心灵中已有的观念而言，眼前的每一个对象都是新的，当它们进入心灵时就与已有的观念进行结合，因而对已有的观念形成持续的补充和修正，最终让人们对自然事物有更深入的理解。在吉尔平那里，心灵中关于一类事物观念的储备可以叫作完整观念，这种观念是对众多个别观念的综合，所以只见过一棵橡树的人不会具有关于橡树的完整观念，"但是考察过千万棵橡树的人必定见识过那种美丽植物的所有变化，并且获得一种关于橡树的丰富、完整观念"②。看来，完整观念并不是关于一类对象的一般观念，而是对这类对象众多突出特征的把握，心灵中对这些特征的储备越多，完整观念就越鲜明，所以完整观念终究不是认识

---

① William Gilpin, *Three Essays: on Picturesque Beauty; on Picturesque Travel; and On Sketching Landscape: to Which is Added a Poem, On Landscape Painting*, London, 1794:50.

② 同上，第51页。

论概念，而是丰富的形象，虽然吉尔平称之为"正确的知识"。如此我们便可以理解吉尔平所提出的另一种愉悦，这种愉悦来自基于正确的知识对对象的再现，但这种再现不是精确的描摹，而是在速写中寥寥数笔的勾勒。这种粗糙的勾勒可以给我们留下最深刻的印象，可以唤起我们记忆中关于这类对象的绚丽色彩和闪烁光线。这种再现的愉悦源自反省和回味，而非直接感知，吉尔平借用艾迪生的话，称这种愉悦为"次生的快乐"，它们虽不如真实地呈现那么强烈，却能绵长持久，"更为一致，更能持续"。在这里，吉尔平实际上也在强调心灵活动所带来的快乐，因为这种再现不是模仿，而是心灵的创造："它也用一种我们自己创造的观念来让我们欢喜，而且不会因劳累而减弱，这种劳累常常会削弱在狂野荒凉的自然中旅行的快乐。"[①]

甚而至于，这种创造并不仅仅是对回忆中景象的描绘，而且还可以是对想象中景象的描绘。吉尔平借用摄影术说："想象变成了一个暗箱，正是这种差别，暗室才能如实地再现对象：当想象被最美的景色所打动，并被艺术法则所磨炼时，才形成自己的形象，这形象不仅来自自然中最令人赞叹的部分，而且是最富趣味的。"[②] 由此可以解释，艺术家们为什么总是喜欢临摹奇异的景观，因为这会让他们的想象处于放松状态，能虚构最美的图景。当然，吉尔平强调，这些创造都是基于自然法则，做到这一点之后，即使人们明知作品中的场景全是虚构，却仍可以被深深吸引。"自然就是原型。由此而来的印象越是强烈，判断力就越敏锐。"[③] 吉尔平并未完全打破古典主义的艺术原则，但是就其突出自然审美中想象的创造活动而言，他无疑提出了一种新的美学原则，道出了 18 世纪英国美学所未道出的思想。

正是由于突出想象的创造性，吉尔平并不只是夸赞优美或壮丽的自然景观，而是劝导人们平等看待一切自然事物，从那些平淡甚至贫瘠的景观中发现美。这一方面是因为，即使在荒凉贫瘠的地方也仍有一些奇特之景。吉尔平列举英国最荒凉的地方，即从纽卡斯尔到卡莱尔的荒野，军用通道从这里经过，"通道已被荒废，荒野一望无际，长达 40 英里。但即使在这里，我们始终看到有些悦人耳

---

① William Gilpin, *Three Essays: on Picturesque Beauty; on Picturesque Travel; and On Sketching Landscape: to Which is Added a Poem, On Landscape Painting*，London, 1794:52.

② 同上，第 53 页。

③ 同上。

目的东西。石楠丛连片而生，草地千变万化。在这些纵横交错的地带上面，我们看到美丽的光线，沿着山坡倾泻而下；有城堡点缀其间，羊群、松鸡、千鸟和其他野禽成群结队。连片的城堡矗立在一座黑黝黝的小山的背阴里，而远处又一片明亮，常常形成一幅完美无瑕的画面"[1]。当然，即使在这些描绘当中，我们也可以发现吉尔平在自己想象中为回忆中的景色进行构图、着色，不过他意在指出另一种审美方法，即在没有宏伟景象的地方，人们仍然可以仔细欣赏丰富的细部和其中质朴的美。更重要的是，另一方面，如果能够不受失望情绪的影响，人们还能在想象中为自己创造美景，设想在哪里可以添一座山，造一条河，修建一座城堡或修道院，广袤的空间恰恰是想象力的舞台。无论如何，自然的造化都超过艺术创作，其构图、光线、色彩之丰富远非艺术可以比拟："通过研究自然，我们的趣味越精雅，艺术作品就越贫乏。"[2]让人更难忍受的是园艺中过于精细的风格，"园艺风景多么单调乏味！多么幼稚荒唐！河岸那么平行顺滑！草坪及其边缘多么不自然！"[3]

可以看到，吉尔平对于画意效果的描述实际上重新捡起了心理学原则，虽然他并不打算像其他美学家那样构建一套心理学体系。不过，吉尔平的新意也不在于其心理学的描述，而在于他在通过心理学解释画意效果的时候，更加倡导动态美，这既体现在他把自然审美看作一个流动的过程，也体现在自然审美经历了从感官活动到想象活动，再到创造活动的过程。最终自然审美带来的同样是一种超越了感官快乐，这是 18 世纪英国美学一直坚持的原则，但是吉尔平试图借自然审美打破传统的艺术法则，而其他美学家在艺术问题上则难以找到突破的方法，所以即使吉尔平在美学上没有提出更新颖的方法和理论，我们也仍然可以看到他在古典主义到浪漫主义的转变过程中所发挥的作用。

三、画意与艺术

虽然吉尔平一开始便试图将画意看作一个独立的美的类型或范畴，以厘清画

---

[1] William Gilpin, *Three Essays: on Picturesque Beauty; on Picturesque Travel; and On Sketching Landscape: to Which is Added a Poem, On Landscape Painting*，London, 1794:55-56.
[2] 同上，第 57 页。
[3] 同上。

意这一概念与绘画的关系，但从词源来看，画意终究不能脱离与绘画的关系，而且即使在自然审美的过程中阐明画意的时候，吉尔平也不时以绘画法则来描述画意美的特征。在《画意美》的最后一篇论文中，吉尔平更为直接地探讨画意与绘画的关系。不过，吉尔平提到绘画时，尤其看重的是速写，因为速写并不拘泥于细节的刻画，而是捕捉对象的瞬间形态。同时，吉尔平更为赞赏的是速写以大胆而灵动的线条对对象之特征的强化和对想象活动的激发，所以速写的作用不在于准确地记录，而是进行主动审美欣赏的一种辅助手段，最终自然是高于艺术的。"速写艺术之于画意的旅行者，一如写作艺术之于学者。每一方对于凝固和传达各自的观念来说都是同等必要的。"[1] 速写有助于自然欣赏者在头脑中将对象的理想形态予以稳固，甚至是将其创造出来。这样一来，吉尔平并不是简单地延续艺术模仿自然这种传统观念，而是要重新确立艺术与自然的关系，自然而然也发表了对于艺术的独特理解。

速写或取自想象，或取自自然。想象的速写若是出自大师，便有巨大价值，因为这样的速写就是他的初次感知，是最强烈、最鲜明的。画家的想象中储备了来自自然的所有精致的形式和动人的效果，画意可以信手拈来，随意挥洒，形成各种云诡波谲的场景，而且在这个过程中，画家自己也进入一种迷狂之中，一切皆为自然流露。与此同时，这些速写又经得起艺术法则和画意之眼的严格检验，虽然吉尔平没有阐明其中的标准具体究竟是什么。

吉尔平重点讨论的是取自自然的速写，这种速写从自然中采取某个视角，或为了将景色固定在自己的记忆中，或是将其传达给他人。要将面前的景色记录下来，旅行者最先要考虑的是选取一个最好的视角，一步之遥就可能导致巨大差异。其次要考虑的是如何将这个视角中的景色恰当地缩略在一张画纸的范围之内，因为自然景色的幅度是无限的，画纸却规定了限度；要注意不要让画面容纳过多的东西，如果景色非常宽广，旅行者可以以某些景点为核心将其分成两幅画面或更多，以便表明各个景物之间的关系。

速写的首选工具是黑铅，它可以快速而流畅地把心中的观念表达出来，而且其灰色也可以轻易擦拭，给随后的修改留下很大余地，但黑铅更大的优势在于它能准确地表现景色的标志性特征；在创作过程中，黑铅只需要勾勒出外在轮廓和

---

[1] William Gilpin, *Three Essays: on Picturesque Beauty; on Picturesque Travel; and On Sketching Landscape: to Which is Added a Poem, On Landscape Painting*, London, 1794:61.

具备关系，而无须过分注意明暗。这些优势使黑铅可以让人在寥寥数笔间就记录下眼前景色。当然，这样的作品很多时候也还是半成品，只是把主要景物描绘下来，不至于被人很快忘记。同时，这种单一工具也导致丰富的远景难以被准确地再现。所以，吉尔平提议，在遇到内容复杂的景色时，有必要用文字来把遗漏的东西记载下来，留待日后用其他工具加以补充和润色，例如印度墨水。

如果速写的作用不仅是把景色固定在记忆中，而且还要传达给别人，那就必须要做更多修饰。首先，需要更完整和准确的构图，轮廓要更清晰，体现出光影的效果。其次，形象和环境也要做一些润色。总之，要更像一幅画，这可称作修饰的速写。当然，不是任何事物都要予以修饰，而只是那些作为主题出现的事物。

要有完整的构图，意思是要给作为主题的对象一些辅助，而且这个对象尽量不要变形，虽然不是做到逼真。因为自然最缺乏的就是构图，其观念对画意的速写来说过于广泛，因而需要构图予以约束。所以构图不是否认速写的自由，而是运用艺术法则使自然景色的特征更鲜明。例如，人们可以随意在画面底部设置一些前景，可以在某个地方增添一些植物，也可以削减一些景物，最终的目的是要通过对比来凸显主景，使画面在整体上更和谐。在修饰的速写中，线条也更优雅一些，避免使草率的笔触显得失真。为此，即使真实的景色中具有一些过于突出的部分也要用一些树木花草加以掩饰，去掉一些看上去较为刺眼的东西，否则画面就显得杂乱。在用黑铅勾勒出主线之后，有些地方需要用铅笔描绘更明显的轮廓，也有些地方可以用印度墨水去渲染。吉尔平强调，即使轮廓不是简单的外形，线条也不能过于死板和连续，而是要显得自由随意，只要不违背明暗关系即可。

说到这里，读者肯定会有疑问，既然是取自自然的速写，这些"创造"如何能不脱离自然。这个问题涉及人们如何理解艺术。从哈奇生之后，当然在西方从亚里士多德以来就流行这样的观点，即人们在艺术作品中看到模仿与原物的相似本身就是审美快乐的一大来源，但是，特别是在绘画领域，清楚模仿如何能做到相似或逼真却是一个难题。吉尔平觉察到了这一点，那就是："最完美的绘画艺术也不可能显出自然的丰富。当我们考察任何自然的形式时，我们发现自然各部分的多样性是最完善的修整也难以企及的，并且一般来说，试图做到最完善的修整最后将显得死板。"① 如前文所说，在吉尔平眼中，自然最大的特点在于其多样性

---

① William Gilpin, *Three Essays: on Picturesque Beauty; on Picturesque Travel; and On Sketching Landscape: to Which is Added a Poem, On Landscape Painting*, London, 1794:72.

和动态性，但绘画的产品只能是静态的。如此一来，绘画越是想以确定准确的线条和色彩模仿自然事物，结果就越是远离自然的本质。所以，要表现自然美就不能依赖线条和色彩本身，它们做不到自然的多样和动态。不过，它们可以让观者的心灵运动起来。如果说艺术是在模仿自然，那么这种模仿是通过欺骗来实现的。"因而画家不得不借某些自然的色调或富有意味的笔触来欺骗眼睛，从这些色彩和笔触，想象得到了线索。我们在克劳德的风景画中常常看到远景的神奇效果，如果走近了观察，这些远景是由一种简单的笔画构成的，染上些自然的色调，与一些富有表现力的笔触混杂一起。"①

也许，我们可以从吉尔平那里得出这样的结论：所有艺术都需要接受者的想象和心灵的参与和投入，最好的艺术是那些能够唤醒接受者想象和灵感的艺术，让他们能更深入地理解自然。当然，吉尔平在讨论光线和阴影的时候，目的同样在于表明自然景色是丰富而灵动的，最闪耀的光线并不一定是适合画面的光线，光线要与阴影形成对比，同时一定要表现出光的渐变。在速写中，不妨让一两个活的形象进入其中，例如马车、小船、牛羊，或者人，但用笔一定要简洁，精雕细刻反而显得造作。从构图的角度而言，这些形象可以标识出地平线，但主要作用是使画面富有生气。

吉尔平讨论了速写的诸多技巧，但正如他自己所说，对于速写，我们"不能指望有很高的精确性"，因为"整体观念只能被寻找，而不是画面的独特性"②，速写中可以有山川河流，有城堡寺庙，有渺茫远景，可以体现相互关系，但是它不会像完善的绘画那样雕琢具备细节。这并不意味着吉尔平对精致的绘画持有什么偏见，只是因为只有专门的艺术家才能在此领域有所斩获，而吉尔平所推崇的速写则针对那些境界较低的人，这些人仅把艺术当作闲暇时的消遣。"绘画既是一门科学，也是一门艺术"③，从业者需要掌握解剖学、透视学等知识，也需要投入毕生的精力，而且还要有出众的天才，所以极少有人能出类拔萃，臻于完美。在吉尔平眼中，速写多半是业余者的爱好，主要作用是在自然审美的过程中记录景物，在头脑中构想理想的景致，从而将感官娱乐转化为带有知性色彩的审美快乐。

————————

① William Gilpin, *Three Essays: on Picturesque Beauty; on Picturesque Travel; and On Sketching Landscape: to Which is Added a Poem, On Landscape Painting*，London, 1794:72-73.

② 同上，第 87 页。

③ 同上，第 89 页。

言下之意，以精确复制对象为目标的专业艺术并不是自然审美所必需的，审美与艺术不是毫无关联，但审美不必以艺术为己任，所以吉尔平固然比许多美学家更多地涉猎艺术，但他所倡导的是生活美学。

从博克的优美一崇高二分法到吉尔平的画意，也许有人试图从中发现理论发展的某种必然性，是否可以将画意纳入一个新的美学体系中，但吉尔平并没有在这三个概念之间建立紧密的联系，虽然他声称自己提出画意的目的是要让美这个核心概念变得更清晰。之所以无法找到其中的必然联系，是因为吉尔平没有在画意的特征和效果背后构造一套哪怕是粗略的哲学体系，对自然和人性给予新的理解和阐释，所以他试图补充博克的美学时，无法对博克的哲学，尤其是其中的情感理论形成有效的挑战或改造，从而为构造更完整的画意理论铺平道路。当然，这不是完全否认画意概念在审美实践领域的积极意义。博克的美学虽然将审美置于社会生活的语境中阐明美的本质和意义，在艺术领域对莎士比亚和弥尔顿的推崇也指明了英国审美趣味的新趋势，亦即冲破古典主义的规范，确立一种更为热烈的、富有情感表现力的趣味，但具体到实践层面就会遇到重重麻烦，在解释具体对象之所以产生审美快乐的原因时不能做到完全有效。吉尔平发现博克美学的缺陷在于它把对象从广阔的环境中隔离出来，而且将对象的性质进行原子主义的分析，因而破坏了对象本身以及与其环境的整体关系，所以他虽然指出画意美在对象上的特征应该是粗糙，但这个特征的作用恰恰在于让观赏者形成整体观念，而不是专注于具备细节。同时，在旅行中欣赏自然景观，在速写中重视自由大胆的线条和着色，也是为了将观者的视线从单个对象引向更广阔的环境，这就形成了当今环境美学家伯林特和卡尔松等人提倡的参与式审美模式。

当我们从这个角度来看，吉尔平借艺术而阐释画意在一定程度上是为了通过艺术中的构图、运笔、着色等技巧来标识出自然审美的动态性，从感官的观察到想象的构造，再到复杂的心灵活动。可以想到，作为牧师的吉尔平应该更充分地描述自然审美所引起的宗教和道德性质的心理活动。这样看来，吉尔平可以建构一套更为复杂的审美心理学，虽然他没有表现出这种宏伟的愿望。

第十四章
普莱斯

吉尔平所提出的画意虽然没有形成系统的美学理论，但他还是带来了很大的反响，在 18 世纪 90 年代在英国掀起了一场围绕画意以及园艺学的争论，这场争论中较为重要的一个作家是尤维达尔·普莱斯（Uvedale Price，1747—1829）。普莱斯出生于赫里福德郡，其父同样是一位业余艺术家。其早年生活乏善可陈，虽然曾受教于伊顿公学和牛津的基督教堂，但在 20 岁出头时继承了佛科斯雷的家产之后便无所事事，终日混迹于伦敦的社交圈，被人称作"那个时代的纨绔子弟"。好在自从娶了一位伯爵的女儿为妻之后，普莱斯回到老家安定下来，精心打理地产，并在园艺方面开始钻研，发展出以画意为中心的园艺理论，同时在古代语言方面也有一定造诣。从 1793 年开始，普莱斯还担任赫里福德郡的郡长，直至去世。他的美学思想主要体现在《论画意及其和崇高与美的比较，兼论绘画研究对于改良真实景观的用处》（1796）中。

一、绘画与园艺

在开始介绍普莱斯的思想之前，这里首先要提醒，吉尔平论述画意主要是为了引导他人找到自然审美的有效途径，普莱斯却是直接在园艺学领域论述画意的，也就是说，他的画意理论主要是运用于园艺学或园林建造的。在吉尔平看来，园林是人造之物，免不了追求规则齐整，因而留下许多人工痕迹，比起大自然的丰富多样来，必然显得贫乏无味。从某种程度上说，普莱斯同意吉尔平的批评，但他试图改变园林建造的这种风气，所以崇尚自然的画意理论就有了用武之地。不过，普莱斯实际上提出了一个难题，何谓自然？大自然的风貌千姿百态，有雄伟的高山大海，也有纤美的溪流花草，还有更多事物难以被美的语言描述和归类，建造园林时，效仿哪种才算得上是自然风格，自然的精髓又是什么？到最后，大概必定是言人人殊，没有定则了。

普莱斯认为园林改良是有标准的，这个标准不是当下流行的、获得时人赏识的园林样式，而是应该来自具有更长久影响的更高的权威，这样的权威只能是伟大艺术家的作品。普莱斯很清楚，园林不同于绘画，绘画的技巧不能直接用于园林，但研究绘画之所以有益于园林，是因为这些艺术家对自然美已经做了最深入的研究，无论是其普遍的效果，还是最微末的细节，他们观察了形式和色彩的性质和特征，也尝试将它们进行最佳组合，体现在最终的作品中。像休谟一样，普莱斯并不以为伟大的艺术家完美无缺，可作为颠扑不破的绝对标准，但他们毕竟长期以来受人崇拜，甚至被神圣化，因而影响了人们在某个领域的判断力。所以，他们积累的经验仍值得参考。园林虽然将自然本身当作素材，在自然环境中营造美的效果，但面对自然美，普通人知其然却不知其所以然，绘画将自然界各种风格的事物排列组合，聚合于方寸之间，给视觉形成强烈印象，园林也当然可以从中得到借鉴，简言之，自然本身是美的，但这些美散落于各处，普通人很难领会其中奥秘，而绘画对这些美深有研究，集中展现，同时也展现了自然美的原理和规律。

"如果改良艺术像绘画艺术一样，业已经过如此长期的培育，依据固定的原则，并且流传有天才的各式作品，经历了历代的检验（尽管艺术家的最初构想中不可能有树木的繁荣和枯萎这种巨大变化），那就没有必要来参照和比较现实的作品和模仿的作品了，但目前的事实是：臻于完美创作的唯一典范，从自然之作品而来凝聚于艺术作品唯一固定不变的精选，是在最著名大师的画作和构思中。"[1]

虽然绘画和园林在普遍原则上是相同的，在实践上却不同。普莱斯提到一种区别："仅仅从创作画面的角度来观看自然，与从改良我们关于自然观念的角度来观看画面，前者如果靠得太近，就会使我们的趣味变得狭窄，而我相信后者一般

---

① Uvedale Price, *On the Picturesque, As Compared with the Sublime and the Beautiful; And on the Use of Studying Pictures, For the Purpose of Improving Real Landscape,* London, 1796: 8-9.

来说使趣味变得精致和开阔。"①普莱斯的意思应该是：有些画家只重视细节的描摹，但不理解整幅画面的和谐，也不理解自然之所以具有如此效果的原因，而园艺必须重视这些。事实上，最伟大的画家也有"开阔而自由的心灵"，熟悉除绘画之外的其他艺术，达·芬奇、米开朗琪罗、拉斐尔、提香等人莫不如是，在他们眼中，绘画和自然相得益彰。其他画家却不是从研究自然为出发点，而是从绘画来看自然。特别是有些鉴赏家钟爱某个画派，熟知其特点和优长，但很少关注这些画家是如何理解自然的，所以到了园林这个领域，这些鉴赏家就无计可施了，这无疑是本末倒置。如果人们抛开派别上的偏见，甚至超越绘画的界限，对形式、色彩、效果以及可见对象组合的普遍原则烂熟于心，那就不仅可以理解绘画法则，也可以将这些对象看作景色的一部分，看到它们如何与周围的环境结合在一起，当然这便是园艺的目标。实际上，并不是所有自然景色都适合于绘画，所以园艺借鉴的是绘画艺术研究自然得出的普遍原则，而不是绘画本身的法则。如果说不能将绘画法则直接运用于园艺，它们至少可以纠正园艺中的缺陷。同时，随着园艺的进一步发展，随着人们对自然的进一步认识，园艺最终将不再依附于绘画，得到更普遍的原则："这些便是绘画原则，因为这种艺术通过从整体景色中那些较为乏味和零散的对象中分离出那些最动人和天衣无缝的东西，已经更清楚地表明了这些原则，但它们实际上也是所有可见对象必须依赖的，也是必须参考的普遍法则。"②

看来，就园艺而言，主要问题是这个领域尚未出现久经考验的典范，甚而至于，当下的园艺甚至是违背从绘画中得出的普遍原则的。"一个画家，或者说任何以画家的眼睛观察的人，对树丛、树带、人造湖以及那些已完工地方的始终不变的平滑和千篇一律，无动于衷，如果不是心生厌恶的话，另一方面园艺家却认为这些是最完美的装饰，是自然能够从艺术中汲取的点睛之笔，并因此必定认为克劳德的作品相对而言是粗鲁的、残缺的。"③与吉尔平一样，普莱斯最为反感的是充满人工痕迹的、造型规整的园林，这种风格与优秀的风景画所遵循的原则背道而驰。普莱斯之所以推崇克劳德，是因为其作品中不存在任何规整的东西，山

---

① Uvedale Price, *On the Picturesque, As Compared with the Sublime and the Beautiful; And on the Use of Studying Pictures, For the Purpose of Improving Real Landscape,* London, 1796: 10.

② 同上，第 15 页。

③ 同上，第 16—17 页。

水树木都自然错落，相映成趣，呈现出一种开放的图景。其中的建筑物也不追求整饬规整，而是被树木遮掩，被水汽笼罩，显得氤氲朦胧；近景中的湖泊河流没有平滑的水岸，而是掩映在山石草木之间，蜿蜒曲折，时断时续。显而易见，普莱斯崇尚的是一种接近自然的开放式园林，追求多样变化，反对刻板规整。从这个角度，普莱斯提出了画意："在我看来，现代流行的园艺所缺乏的东西是画意，因为园艺家仅关注高度的光亮和流畅的线条。"[1]

普莱斯不愿意将其批评停留在经验层面上，而是希望在人性中找到画意的根据。规整刻板之所以受到批判，是因为它忽视了美感的两个重要来源：其一是多样，其二是错综。普莱斯认为两者有所差异，但相互依存。

对于错综，普莱斯如此定义："对象的布局由于一种局部和不确定的掩盖，激发和滋长了好奇心。"[2] 对于多样，普莱斯建议人们参照错综的定义："在我看来，总体而言，正如错综指的是布局，多样指的是对象的形式、色调和光影，它们是如画景色的最大特征，因此单调和裸露是被改良环境的最大缺点。"[3] 所以，与多样和错综相对立的是单一或单调。也许，普莱斯可以用荷加斯的话来解释这一点："探索是我们生活的使命，纵然有许多其他景象的干扰，也仍然令人愉快。每一个突然出现而暂时耽搁和打断探索的困难，都会让心灵倍加振奋，增强快感，把本来是辛苦劳累的事情变成游戏和娱乐。"[4] 当然，几乎所有18世纪的英国美学家都相信，某种欲望的满足是快感的主要来源；混乱和残缺的对象诱使想象力去寻找线索和补足整体的欲望，而征服其中的困难，最终实现目的就给人带来满足。

在一片景色中，如果一切都千篇一律，一览无余，就无法使想象活跃起来，也不可能产生除直接感官刺激之外的其他快乐。在普莱斯看来，当时流行的园林便是这种风格："在以各种技巧装饰的小路上看起来是与土地的构造相反的：两侧被规则地削出斜坡，种上规则的植被，而其中的空间（如果还有空间的话）和道路也是整齐划一地平行排列；路弯处明显是人造的，路边草地的边缘也被齐整地削平。总之，一切都像是用一套模子造成的，以至于好奇心这一最活跃的快乐之

① Uvedale Price, *On the Picturesque, As Compared with the Sublime and the Beautiful; And on the Use of Studying Pictures, For the Purpose of Improving Real Landscape,* London, 1796: 25.

② 同上，第26页。

③ 同上，第26—27页。

④ 同上，第32页。

源几乎被灭除了。"①而在乡村道路的环境中，所有细节都保持着地表的错综复杂。弯路急促，出人意料，水岸时断时续，这里有些树丛，那里有些灌木，偶尔还夹杂些石头；草地边缘没有人工裁剪的痕迹，而且道路本身的边缘都是行人和动物踩踏出来的，丝毫没有单调一律的样子，所有这一切都增加了整体上的画意效果。普莱斯尤其提到林区景色，其中千百条道路，穿过野生的草丛灌木，柳暗花明，四面八方汇集而来，极富画意，但是如果这些道路平整顺滑，干净整洁，那就画意全无。的确，对于园林而言，植物是非常重要的一种素材，而普莱斯钟爱的尤其是那些没有被人为规划的野生树木，"与绅士们种植的那些可怜的被束缚的树笔直齐平相反，无人修剪的老树枝杈横生，径直跨过那些小路，常常有某种生气和活色"②；其间地面崎岖起伏，树根虬结交错，羊群栖居树荫之下，显得自然而然。

二、定义画意

从对实际例证的描述上看，普莱斯明显是支持吉尔平的，但对于吉尔平的定义，普莱斯不甚满意。普莱斯认为吉尔平只是含糊地运用了"画意"一词，亦即画意是适于在绘画中表现，或者可在绘画中表现出出色效果的景象特征，这个定义内涵上不够准确，外延上也不够广泛，而且无法让画意与其他美的形态清晰地区分开来。"的确，如画的对象因其可在绘画中得到展现而让人快乐，但每一种在绘画中得到表现的对象同样是如此，如果它足够令人快乐的话，否则人们就不会画它，因而我们就应该总结说（当然人们并不打算这样说），绘画中所有令人快乐的对象就是如画的，因为这里没有做出任何区分或排除。"③普莱斯的批评无疑是有道理的，画面中的一个苹果、一幢建筑物都可能是令人愉快的，但不一定像吉尔平所言那样是具有画意的。当然，在普莱斯看来，重要的是吉尔平没有将画意这个概念汇合到一个完整的美学体系中，把画意与崇高和优美截然区分开来，同时也过于依赖绘画艺术来定义画意，因而导致这个概念处于含混不明的状态。

---

① Uvedale Price, *On the Picturesque, As Compared with the Sublime and the Beautiful; And on the Use of Studying Pictures, For the Purpose of Improving Real Landscape*, London, 1796: 28–29.

② 同上，第32—33页。

③ 同上，第48—49页。

普莱斯说："我希望在这部作品中，画意的特征能像崇高或美一样确定分明，也不那么依赖绘画艺术。"①

之前，普莱斯在论述园林时，确实把某些优秀的画作视为营造景色的典范，但他认为，那是因为那些画作符合了自然中美的规律。言外之意，园林景色并不一定要来自绘画，所以他希望画意这一概念能够突破绘画的限制，植根于更普遍的原则，终而可以与崇高和优美建立区分关系，形成一个完整的体系。为了达到这个目的，普莱斯首先从词源学上为画意松绑。"画意"这个词首先源于意大利语"pittoresco"，在法语和英语中没有相对应的词语。

> 不像在英语中，"pittoresco"不是来自被画的事物，而是来自画家，而这个区别并不是无足轻重；因为一者指的是一种特定的模仿及其适于模仿的对象，而另一者指的是从考察所有特殊效果的习惯而来的对象以及自然的一般外观，一个艺术家为这些对象所迷恋，而一个普通的观察者却可能无动于衷，因此与再现它们的能力无关。英语词汇自然而然把读者的思维引向了绘画作品，并且从主体的这种偏颇而狭隘的视野而来，事实上仅仅是画意的一种展示变成了画意的基础。崇高和优美在词语上并不是同样指涉任何视觉艺术，因而也适用于其他感官的对象：的确，"崇高"一词在其原来的语言中以及在一般意义上，意为高耸，因而严格来说也许应该仅与视觉对象有关，然而我们会毫不犹豫地称韩德尔的一首交响曲是崇高的，称科雷利著名的田园曲是优美的。但是，如果有人简单地、不经验证就称斯卡拉蒂或海顿心血来潮创作的乐章是如画的，人们肯定有理由取笑他，因为如画这个不能用于声音，但这样一个乐章的变奏突如其来、出人意料——从某种轻松率意的特征和打破常规的面貌而言，与自然中类似的景色如出一辙，正如协奏曲或合唱曲与眼前宏伟或优美的景象具有某种相似性。②

实际上，普莱斯的解释与吉尔平有共同之处，吉尔平也经常使用"画意之眼"

---

① Uvedale Price, *On the Picturesque, As Compared with the Sublime and the Beautiful; And on the Use of Studying Pictures, For the Purpose of Improving Real Landscape,* London, 1796: 49.

② 同上，第54—56页。

（picturesque eyes）这样的词语组合，也就是说，"画意"一词可以指一种独特的观察方式。虽然吉尔平从来没有——事实上普莱斯也没有——明确解释这种用法的特定内涵，但我们知道他强调画意是需要人们去发现的，也必须动用想象和思维能力。另一方面，普莱斯借崇高和优美具有越出视觉范围的含义来说明画意的广泛性，当然也有道理，这一点在博克那里已经得到了论述；相反，从艾迪生以来，很多美学家理所当然地认为美原本仅指向视觉对象，却没有予以充分的论证。不过，这里最值得注意的是普莱斯指出："在我们的所有感觉之间有一种普遍的和谐与相似，当它们源自类似的原则，虽然是通过不同感官来触动我们的，并且这些原因（如博克先生已经进行了出色的解释）从不能如此清晰地被查明，当我们把观察局限于单单一种感官时。"[1] 很明显，我们的某种感官从来不是孤立地发挥作用的，而是并发的，存在相互影响，这相对于后来美学中所谓的通感或联觉（synaesthesia）。

普莱斯要证明，画意与崇高和优美有着继而不同的内涵，但同时也需要在它们之间建立有效的联系。既然各种感觉可以连通或感应，因而如果由某些性质构成的某种特征能产生独特的效果，无论这些性质在自然中还是在艺术中，人们就应该将这种特征归为一类，并赋予其一个独特的名称。博克已经有力地指出之前人们混淆了优美和崇高的含义，普莱斯又提出，还有一种混淆同样存在，甚至博克自己也没有意识到，那就是画意与优美的混淆，以至于人们甚至会造出"画意美"这样的词语来。当然，读者立刻会想到，普莱斯指的是吉尔平。

普莱斯辩解说，他并不是反对这种表述方式，反对的是人们用这个表述一幅画面的总体特征，而其中却包含着种种景象和不同类型的对象。比如说，一座古旧的茅舍、一个老妇人富有画意美。如果画意和优美混合起来，结果仍然是美的，这个用法倒情有可原，如果画意与恐怖、丑或畸形混合在一起，人们便不愿意称之为画意美，虽然也含有画意的特征，那么人们就可以非常明显地辨认出画意是具有自身特征的。不过，普莱斯相信，人们很难把画意和美混合在一起，因为两者的根本性质是截然相反的。

根据博克的理论，美最基本的性质是平滑，即一个事物的表面绝对地平整一致，没有一点多样或错综；美的另一个性质是渐变，也就是线条的变化不是突然

① Uvedale Price, *On the Picturesque, As Compared with the Sublime and the Beautiful; And on the Use of Studying Pictures, For the Purpose of Improving Real Landscape,* London, 1796: 56.

或断裂的，而所谓错综则是相反，人们难以从错综形式中去把握一根线条的来龙去脉。如果画意是与美相反的特征，那么其基本性质恰恰就是粗糙、突变以及不规则。普莱斯确信，依赖这些性质，人们就足以将画意和美区分开来。

普莱斯以建筑为例加以说明。完整的希腊神庙表面平滑，色彩均匀，无论在绘画中还是现实中都是优美的，但如果是座废墟，那就是如画的。在从优美到画意的转变过程中，首先，是气候因素，如雨水、雾气，使其失去表面和色彩的一致性，变得粗糙和多样。其次，石头经过风化变得松动脆弱，进而局部崩塌，石块随意散落，周围的道路上杂草丛生，逐渐凸凹不平，踪迹模糊。同时，鸟类把种子丢弃在石缝之中，长出的植物遍布整个建筑，加速了其衰朽，墙壁、门窗的规整线条变得支离破碎。照此来看，哥特式建筑本身就比希腊式建筑更有画意，因为其形状、表面和线条更加粗糙、多样，如果年久失修，变成废墟，甚至其整体结构上的对称也荡然无存。当然，普莱斯也描绘了自然界中山水、植物、动物的画意，也解释了有些画家为什么比另一些画家的作品更有画意，区分原则与吉尔平也很相似。不过，也许是为了过于突出画意的广泛性，普莱斯在有些地方显得较为牵强，例如说希腊神庙本身是优美的，但如果根据博克的理论来说则无疑应该是崇高的；又说驴比马更有画意，追究起来却不知驴究竟哪里比马显得更多样和粗糙。一如说山羊比绵羊更有画意，但是一般来说绵羊的毛既是通体白色，没有多少变化，而且也比山羊的毛更卷曲。普莱斯的意思也许是山羊让人联想到它们本来生活在崎岖的山坡上，它们与岩石、杂草浑然一体，显得比平整草地上的绵羊更有画意？

从心理学的角度，普莱斯也借用博克的理论来说明画意与美的区别。博克认为，美的情感源于爱，既有两性之爱，也有同类之爱和对异类的爱，但两性之爱应该是最基本的，而这种爱最直接的表达方式就是爱抚；美的对象虽然主要通过视觉吸引人，但与此同时，也激起人想去抚摸它们的欲望。画意却很难符合这套理论，因为令人喜爱之物总是年轻新鲜的，而粗糙却是年老衰弱的标志，因而不能激起人们的喜爱之情，虽然普莱斯补充说，画意并不一定意味着衰老："一者在于平滑，另一者在于粗糙；一者在于渐变，另一者在于突变；一者在于年轻、鲜嫩的观念，另一者则在于年老，甚至衰朽的观念。"[1]

---

① Uvedale Price, *On the Picturesque, As Compared with the Sublime and the Beautiful; And on the Use of Studying Pictures, For the Purpose of Improving Real Landscape,* London, 1796: 82–83.

画意与崇高的关系，虽不似与优美那样是对立的，但也截然不同。首先，崇高要求对象有巨大的尺度，画意却与尺度无关；巨大的对象可以是如画的，小巧的对象亦可如此。其次，崇高的对象令人敬畏和恐惧，因而不可能去形容轻巧活泼之物，而画意的特征碍于错综和多样，既可用于最宏伟之景，也可用于最艳丽之物。再次，崇高的一大特征是无限，但富有画意的对象无论大小，都必须有其边界。此外，画意的多样也与崇高所需要的一致相反，风雨欲来之时阴云密布是崇高的，但不是如画的，风雨过后云破日出则是如画的。总的来说，"两种特征之间最根本的区别是：崇高因其庄严绝无美的那种可爱，画意却使美更加迷人"[①]。

在博克看来，崇高产生的情感首先是惊愕和惊惧以及痛苦和恐惧，在身体内部，崇高对象通过对感官的强烈冲击，使神经处于一种超出自然水平的紧张状态；优美与此相反，其对象使神经放松，给人一种温柔倦怠的感觉。与崇高和优美的效果相比较，普莱斯认为，画意的效果是好奇，"虽然不那么鲜明有力，却有一种更普遍的影响。它既不让神经放松，也不猛烈地拉伸，而是通过其活泼的动作使它们随时待命，因为当与其他特征混合起来时，就纠正美产生的倦怠或崇高产生的惊惧。但是正如每一种纠正的本质一定是取自它所要纠正的东西的独特效果，当画意和其他两者结合在一起时也是这样。自然会卖弄风情，它使美更有趣、更多变，但也更活泼。……又因为它的多样、错综，它的半遮半掩，激起了让心灵活泼起来的那种好奇，使心灵的各种能力被惊愕绑接在一起的锁链松动一些"[②]。

普莱斯强调，画意有其独立的形态，但它常常与优美和崇高结合在一起。一个对象既不平滑，也不宏伟，而是充满了错综、突变，其形式、色调、光影变幻莫测，那就是如画的。例如，一条小路或水路被粗糙的田垄或堤岸围绕就富有画意，但是如果这些田垄或堤岸不断上升，直到其间的道路变成了一道深深的山谷，遍布大大小小的山洞、斜倚的石块，这个景象给人宏伟险峻的感觉，这就有了崇高的成分，但还保留着些画意；如果田垄或堤岸变得平滑，缓缓倾斜，中间的草地平坦柔软，还有蜿蜒的小溪穿流而过，水质清澈，波光粼粼，那就显出优美，也不失画意。

普莱斯之所以能够将画意与优美、崇高结合起来，相互增益，也是因为他发

---

① Uvedale Price, *On the Picturesque, As Compared with the Sublime and the Beautiful; And on the Use of Studying Pictures, For the Purpose of Improving Real Landscape*, London, 1796: 103.

② 同上，第105—106页。

现博克对于后两者性质的列举确实存在一些矛盾，也就是说，博克注意到了一些局部的、孤立的性质，但没有说明这些性质如何能糅合在一起。例如，柔软和平滑是美的重要性质，如果一个对象的表面是坚硬的，再经过精心打磨，那必定是异常平滑的，却无论如何不是柔软的，就如一个娇媚的女性皮肤就是柔软和平滑的结合，但如果在一幅画中将其打磨得很光滑，那就不再柔软了。在自然景色中亦是如此，溪中的石头被水流冲刷得很光滑，但不柔软，如果上面覆上了青苔，就不仅平滑，也显得柔软；花园中的草坪被剪得齐平，不仅不再柔软，而且原先的碧绿也消失了。如果要将这些性质融合在一起，就不仅是美的，而且还是如画的，换句话说，画意往往能将属于美的那些性质完美融合。然而，对于画意如何与崇高相融合，或者如上文所说使崇高变得稍加柔和，普莱斯并未真正论述。

从具体事例来看，普莱斯的确能够将画意与博克所论的崇高和优美区分开来，而且他也实事求是地指出画意与崇高、优美多半是相伴而行的，而没有过分突出画意的独立性。与此同时，他也在心理学层面上阐明，崇高源自恐惧，优美源自爱，画意则源自好奇。从中可以发现，普莱斯把艾迪生首次提出的新奇一定程度上更完善地纳入与崇高、优美并存的体系中，因为无论是艾迪生还是后来的美学家，都没有具体指出新奇本身的性质是什么。在他们看来，新奇只是一种暂时和偶然的性质，完全依赖于主体的心理习惯，在外在对象上没有实在的表现，普莱斯则参照博克的体系，确定了这些性质，即粗糙、多样和不规则。当然，这并不能完全反驳艾迪生和其他美学家的观点，但这些性质的确更容易造成新奇的效果。照此看来，普莱斯推陈出新，用画意取代了新奇，同时将画意提升到与崇高、优美同等的地位上。"我不禁要自夸比较了三种特征，并相互参照解释，由此得出，画意填补了崇高和优美之间的空缺，说明我们从许多在原则上不同于二者的对象上得到快乐，这些对象应该有一个独立的分类。"[①]

三、艺术中的画意

一开始，普莱斯是由绘画阐释画意的，但在确立了画意独特的原则之后，他便可以由画意重返艺术，说明画意在艺术中的表现以及艺术由此而形成的不同风

---

① Uvedale Price, *On the Picturesque, As Compared with the Sublime and the Beautiful; And on the Use of Studying Pictures, For the Purpose of Improving Real Landscape,* London, 1796: 137-138.

格。这颇似康德由分析进至演绎的路数。

普莱斯首先指出，在崇高、优美和画意三种特征中间，园艺家或艺术家可以营造的唯有优美和画意二者，而崇高则超出人力之范围，只能在一定程度上被强化或弱化；在剩下的二者中间，艺术家们最容易把握的则是优美，尤其是在博克（在普莱斯看来）清晰地确定了其原则之后，艺术家们更是师出有名。但普莱斯首先提出警告的便是艺术家们对美的曲解和滥用，那就是毫无节制地制造平滑和渐变。之所以如此，一个重要的原因是制造这些效果几乎用不着什么趣味和创造，只需要掌握一些粗浅的技术便可："只要能制造一张精致的芦笋花床的人就等于具备了园艺家最重要的资质，并可以很快领会抹平斜坡、找到水平的秘密。"① 然而，过多平滑的色调和流畅的线条导致的是许多平淡乏味。

普莱斯早就指出，在自然中优美和画意是经常混合在一起的。在所有造物中，最吸引人的美体现在女性娇美的容貌上，但即使在这里，自然也力图避免单调乏味。"希腊人认为，要使脸部其他流畅的线条显出韵味，鼻子到前额的一条几乎笔直的线条是非常必要的。因此，眉毛、睫毛给眼睛这个平面覆上一些阴影，还有相对粗糙的头发，半遮半掩，也衬托和渲染着其他地方的柔和、洁净和平滑。"② 玫瑰可谓花中女王，色泽明亮、构造精巧，却生长于灌木之中，叶子呈锯齿状，茎上布满棘刺。自然界中其他植物也莫不具有粗糙多样的性质，当然很多时候是作为装饰存在的，使整体的美益发活泼而雅致。在艺术创作中也有丰富的例子。圆柱是平滑的，但柱头是粗糙的；建筑物的立面是平滑的，饰带和檐板是粗糙的。总之，装饰部分多半是粗糙多样的，整体结构则服从美的原则。"一幢朴素的石头建筑，没有任何富有棱角的装饰，可是非常优美，也有人认为其因简朴而独特，但是如果一个建筑师要装饰尖顶或者圆柱及其柱头以及房屋或神庙上平滑的石头构件，几乎所有人都能觉察到优美的建筑和装饰丰富的建筑之间的区别。"③ 这样看来，艺术中美和画意的混合，画意主要被用在装饰部分，而整体上则遵循美的原则，这种构造与自然对象中的画意有很大区别，自然对象，尤其是在植物的形态上，画意是可以独立存在的。

---

① Uvedale Price, *On the Picturesque, As Compared with the Sublime and the Beautiful; And on the Use of Studying Pictures, For the Purpose of Improving Real Landscape,* London, 1796: 125.

② 同上，第 126 页。

③ 同上，第 134—135 页。

在艺术中，根据画意成分的多寡，或者对于画意诸性质的运用方式，艺术作品表现出不同的风格来。普莱斯对绘画中光影效果的分析具有典型意义，也得出了一些简略的结论。有些画家以优美见长，如柯勒乔，他注重流畅的线条和轮廓，形状和色彩上的转换尽量不要突兀，或显出明显的痕迹；他画中的光线没有耀眼炫目的效果，而是在渐变中显得柔和细腻，将一切都融合在一起。"他总是被称引为柔和无痕的转变、效果浑然一体的完美典范，给人留下可爱的普遍印象。"[①]但柯勒乔的绘画并不会僵硬死板，因为他通过率性的笔触打破了其他画家的那种刻意修饰，因而避免呆板无趣。在欣赏这种绘画的过程中，观者"当他感到灵魂之光的平和宁静让人温暖欢乐，但不够热烈奔放时，他的心仿佛随着幸福而膨胀，充满了仁爱慈善，爱并呵护周围的一切"[②]。

与之相对，鲁本斯的绘画则注重强烈明亮的光线，表现出一种独特的画意。他的画作中，光线有时从一处缝隙透过，有时从云层中穿过，就像闪电一样，在形象上留下点点闪烁不定的光芒；有时候急促的水流从某个地方奔涌而出，流溢在树根之中，被分成一缕一缕。突然迸射的光线与黑暗的背景形成强烈的对比，"所有这些炫目的效果都是他那生气勃勃的画笔所增强，那些锐利而鲜活的笔触，给每一个对象以生命和活力"[③]。画面上没有圆润婉转的线条，没有浑然一体的光辉，其幽暗深邃更具有崇高的风格。

在普莱斯看来，克劳德的风景画在光线的处理上又更胜一筹。克劳德的画作看起来也非常鲜艳，但他不像柯勒乔那样刻画流畅的线条和渐变的色调，因为他用弥散的光模糊了物体的边缘，也不似鲁本斯那样营造强烈的光影对比形成奇幻效果，所以相比之下，最能表现画意。"克劳德的画作非常明亮，但这种明亮是弥漫于整幅画作中的，达到了巧妙的平衡，通过几乎是可以触摸的气氛变得柔和温润，这种气氛遍布每一个部分，并把所有东西结合起来，最后没有哪个局部会吸引眼睛，整体上光彩夺目，宁静祥和，每一种事物都被照亮，每一种事物都处于最甜美的和谐当中。"[④]

---

① Uvedale Price, *On the Picturesque, As Compared with the Sublime and the Beautiful; And on the Use of Studying Pictures, For the Purpose of Improving Real Landscape,* London, 1796: 152.

② 同上，第 146 页。

③ 同上，第 150 页。

④ 同上，第 152—153 页。

　　普莱斯从光影效果来分析画意的表现自有其道理，因为所有事物的轮廓、形状、色调都是在与其他事物的对比中，在与整体背景的对比中显现出来的，而这种对比又依赖光线的强弱和对比。他像吉尔平一样描述了自然景色在一天中不同时刻表现出不同的面貌，黎明时分的晨曦、正午的阳光，让同样的景色给视觉形成不同的印象。所以，园艺家也必须研究光线的效果，以创造富有画意的景观。黎明或黄昏时候的景色最显画意，"从这种环境中，园艺家可以学到一门非常有用的学问。事物在天空中显示出的轮廓尤其值得注意，所以任何笨拙、纤瘦或者不协调的东西都不应该出现，因为所有时候在这种情形中，几乎所有东西都被晨曦融合在一起"[①]。总之，在任何一种风格中，画意都是不可或缺的。一幅画可以是优美的，但如果过于强调分明的线条和轮廓、鲜艳的色彩，而不用任何方式来润色渲染，它们就会蜕变为生硬乏味。一幅画可以是崇高的，但如果过于昏暗，就失去活力。所以，画意不是要取代崇高和优美，而是让二者显出更多魅力。

　　普莱斯试图忠实地遵循博克关于崇高与美的描述，但也像博克一样过于关注对象局部细节上的性质，而非整体上的特征，这使得他的描述琐碎死板，也可能像博克一样陷入矛盾。反过来看吉尔平，他实际上更多地强调对象的动态性和生命活力，突出单个对象与其环境之间的总体关系，也看到观者想象活动的积极作用，一定程度上比普莱斯更有说服力，但可以肯定的是：普莱斯在粗糙之外又加入错综这一因素，使他对画意的定义更加严谨。

---

　　① 　Uvedale Price, *On the Picturesque, As Compared with the Sublime and the Beautiful; And on the Use of Studying Pictures, For the Purpose of Improving Real Landscape,* London, 1796: 165.

第十五章

想象理论的得失

━━━━━━━━

　　自夏夫兹博里正式将美学问题纳入哲学领域以来，经过艾迪生、休谟、博克到艾利逊等一系列重要美学家的一路开拓和发展，18世纪的英国形成了一套独具特色的美学。虽然每一个美学家的理论都各有千秋，但其间的线索仍清晰可见，围绕着一些主要命题，由一些独特的概念加以支撑，这些命题和概念既从前代继承而来，又以经验主义哲学的方法加以阐释，汇聚成一个较为完整的系统。相信此前对各个美学家思想的评述可以展现出这些传承关系。总的来看，18世纪英国美学主要是一种审美心理学，也就是着重于描绘审美经验的性质、构成和运行规则。这使得它必然采取与以理性主义为基石的新古典主义不同的原则和角度，不再仅仅研究审美对象的性质和特征，而是要以审美主体的心灵活动作为研究对象。从这方面来看，英国美学真正确立了美学的主体性原则。

　　毋庸置疑，英国美学抓住了古希腊西方传统美学的致命缺陷，也就是人们不可能在美的对象的外在属性上得到普遍而永恒的标准，例如比例、适宜和完善等，对此荷加斯和博克从事实上予以了致命的批判，并提出了全新的看法。这并不意味着传统美学的完全终结，却也标志着新的美学思潮的滥觞和喷涌，这种思潮终将在艺术创作和审美取向上得到体现。甚而至于，美学家们凭借审美经验的特殊性而排斥理性在美学中的主导地位。显而易见，美是由于人们在情感上受到触动而被知觉到的，审美鉴赏与理性认识截然有别。即使美学家们并不打算颠覆古代的艺术经典，但他们的理解方式已发生巨大变化。美是一种情感，这在一定程度上成为近代西方美学的一个基本原则。这样看来，18世纪英国美学是近代西方美学的开端。同时，这种美学之所以成为近代意义上的美学，就在于它绝不是停留于对某种新的审美现象的直观把握，或者是对这些现象的粗浅归纳，而是要在新的原则和基础上解释所有的审美现象，这些原则和基础来自对人性的独特理解。显而易见，英国美学不是单纯的艺术哲学，而是要囊括现实生活中所有的审美现象和审美经验，并纳入人性的基本原则和规律中。当然，美学家们不仅需要这样的原则和基础，而且也需要适用于规定和解释具体审美现象的特殊概念和方法。由于18世纪英国美学从之前的经验主义哲学那里借鉴了诸多原则和方法，因而称其为经验主义美学也名副其实，但是17世纪经验主义哲学的主要内容是认识论和伦理学，而其后的美学则发现审美与认识迥然不同，其伦理学的价值取向甚至大相径庭，加上之前的经验主义哲学本身内含的缺陷，这就不能不给这种美学在理论上带来诸多障碍和矛盾。所以，18世纪英国美学既提出了许多崭新的乃至革命性的观点，也留下一些疑惑，但这些疑惑也正是促使这个世纪和后来美学发展的重要动力。

一、感觉与情感

夏夫兹博里提出人凭借一种天生的直观就可以辨别美丑时，就等于摆明了18世纪英国美学的首要问题，那就是这种直观的根源是什么以及由这种直观感受到的美是什么。当然，这两个问题本身可以说是一个问题，因为美的存在方式与感知美的方式必然是相互对应的。哈奇生发扬了这个观点，虽然在很大程度上也简化和歪曲了夏夫兹博里的整个思想，他认为人天生就必定具有一些独特的感官，它就像外在感官一样直接给人带来快乐与不快的情感，哈奇生称其为内在感官，或者就是通常所谓的趣味。但它与外在感官又截然不同，因为由它而产生的情感与纯粹的感官愉悦存在根本的差别，后者引起肉体上的欲望，前者则与此无关，甚至与主体自身的利益无关。外在感官的主要功能是接受外物的性质形成简单观念，而美的东西在多数情况下是复杂观念，当复杂观念被拆分成简单观念之后，或者说一个美的东西被拆分成许多部分之后，美就消失了。由此看来，美应该存在于构成复杂观念的简单观念的关系中，或者通俗地讲是在一个整体事物部分之间的关系中，哈奇生称这种关系为寓于多样的统一，而内在感官可以直观到这种关系，并由此生成一种特殊快乐。为了维护内在感官的直观性，哈奇生认为内在感官对美的对象或观念的领会不同于理性认识。

哈奇生实际上已经在寻求洛克的帮助，希望通过在与外在感官的对比中确定内在感官的存在，而夏夫兹博里把对于美的直观能力描述得过于神秘，缺乏近代哲学所希望的科学性。哈奇生对夏夫兹博里的解释与夏夫兹博里的本意是有出入的，夏夫兹博里所谓的那种直观是基于其目的论提出的：与人们能够直接领会到一个行为背后的动机相应，人们也能够看到美的事物背后隐藏着的神性精神。但问题是，无论是神性精神还是对它的直观能力在经验主义哲学中均得不到有力的支持，因为经验主义否认任何无法在感官经验中找到其根源的东西，虽然美学家们会用其他方法来予以解释。抛开这一点不说，哈奇生的观点也有一些令人疑惑之处。如果没有外在感官，内在感官是否还能够运作？内在感官能直接知觉到简单观念之间的关系，而简单观念却只能由外在感官得来，如此看来，内在感官是在外在感官的基础上运作的，因此是后起的，而它是否是先天的也还是可疑的。

内在感官可以是一种先天能力，能在已存在于心灵中的简单观念中间发现某种关系，并让人感到某种快乐；也可能是后天的，因为这些关系也可以由认识能力来发现，但这样的话，内在感官就不能离开认识而运作。所以，内在感官的一个重要作用是能在心灵中引发一种特殊情感。但这里也存在疑问，那就是这种情感是否是原始的，其根源又在哪里？美学家们承认存在一种无关利害或非功利的情感，这是他们阐述的基本命题，但这种情感总有些虚无缥缈，如果不是来自更深层次的原则就无法成立。哈奇生描述了这一现象的独特性，但不能从正面予以证明。他认为只有具备寓于多样的统一这种性质的对象或观念才能引起美感，但经验事实并不支持这一点，作为艺术家的荷加斯对此有着严密的批评，尤其是崇高这一范畴被正式承认之后，哈奇生的观点就更无立足之地了。所以，此后的美学家表面上接受内在感官和趣味这一概念，但他们希望从最基本的事实将其抽绎出来，这个事实就是感觉，但这个过程是非常艰难的。

经验主义的基本原则是：所有知识都应该与可感知的现象相关，所以其基本方法是通过分析找到构成知识的不可再分的要素，然后观察这些要素之间的关系，便可得到知识的基本原理。构成知识的基本要素不可能是先天存在于心灵中的，只能是后天获得的，因为不可否认的事实是一个没有受过任何教育的人是不可能具有知识的；构成知识的基本要素只能通过感官来获得，正如一个盲人无论如何也不具备色彩的观念。但是，感官如何获得这些基本要素，这些基本要素又是什么，这些问题并非看起来那么简单。

培根在反对经院哲学抽象空洞的推理，力图获取关于自然的真正知识时，首先需要得到真实可信的材料，而能提供这种材料的非感官莫属。"既然全部解释自然的工作是从感官开端，是从感官的认识经由一条径直、有规则和防护好的途径以达于理解力的认识，也即达到真确的概念和原理，那么势必是感官的表象愈丰富和愈精确，一切事情就能够愈容易地和愈顺利地来进行。"① 当然，无论哪个经验主义者也不会认为感官所接受的东西就一定是真实可靠的。培根说，感官"有时不能给人以报告，有时它只能给人以虚妄的报告"。感官毕竟是一种有限的能力，同时代意大利的伽利略已经指明，人必须依靠一些仪器才能准确地观察到事物的本来面貌。实际上，科学研究的一个重要目的就是消除感觉的弱点和偏颇，而培根也知道由感官而来的东西必须经过论证和实验，"感觉所决定的只接触到实验，而实验所决定的则接触到自然和事物本身"②。培根虽然列举了影响感官的各种外部原因，但对于感官的内部活动或者心理学却几乎没有有效的研究。他也强调，为了形成知识，人必须同时求助于理性，但对理性作为一种截然不同的能力如何与感性能力发生关联却又讳莫如深。

霍布斯发现感觉并不像通常所理解的那样简单明了。首先需要探问的是感觉如何产生。他的解释遵循的是唯物主义原则。凡感觉就必然意味着存在能形成感觉的器官，这些器官属于人的身体，也就是物体。但如果作为物体的器官静止不动，它们就不能形成感觉，所以器官要么自身产生运动，要么受他物作用而运动。在这里，我们先从后者谈起。当外物作用于器官时，器官便运动起来，并将压力传递至神经或其他的经络和薄膜，终而抵达大脑和心脏；当大脑和心脏受到压力时就产生反作用力，也就是由内向外自我表达的努力或倾向。霍布斯虽未明言，但大脑和心脏应该是一种有别于外物的特殊物体，因为当它们产生反作用力的时候，不仅能驱动经络和薄膜，再经器官导向外物，而且在自身之内还产生了一种奇特的东西，即映象或幻象（seeing or fancy）③，亦即通常意义上的感觉。由此感觉有双重意义，既指映象或幻象本身，也指它们形成的过程。

① 培根：《新工具》，许宝骙译，北京：商务印书馆，1984年，第93页。
② 北京大学哲学系外国哲学史教研室编译：《十六—十八世纪西欧各国哲学》，北京：商务印书馆，1975年，第17—18页。
③ 在《论物体》中霍布斯也曾称感觉为 phantasm（幻觉、影像）。

这套唯物主义的学说既有精妙之处，也有难解之谜。说其精妙是因为它在感觉和外在世界之间构成一个不间断的链条，恪守物质运动的连续性原则；凡感觉必有原因，原因就是物体的运动。说其难解是因为我们无法确定作为映象或幻象的感觉与外物和身体器官是否是同一种东西，如果相同，就不应该叫作映象或幻象；如果不同，物体又如何能产生与自身不同的东西？可以肯定，霍布斯认为感觉与物体是互不相同的东西，虽然外物可以是感觉的原因。这个问题必然会引发很大的疑惑，也就是感觉是否能准确地复现外物，知识是否能真实地反映外在世界。霍布斯可以有自己的解释：一物作用于另一物，不是将自身的属性加给对方，而是引起对方属性的产生和变化。正如他自己所举的例子，我们的耳朵听到声音，而在外在世界声音不过是物体的振动，因为物体的振动刺激了耳朵，耳朵产生了自身特殊的运动，这种运动与物体的振动不尽相同，耳朵的运动引起的神经运动又有不同，最终感觉是大脑和心脏自身运动形成的结果。这种理解是对当时力学的借鉴，霍布斯也由此提出了偶性说。物体最本质的规定性是量的广延或称量纲。物之所以能被人感知，意味着它们不是在空间上挤占了感觉器官或把自己的一部分转移至感觉器官，而是引起其变化，因此物体中必然有一种不是物质的东西，可被看作是一种能力，这种能力使另一物的内部发生变化。这种能力就是所谓偶性："一个偶性就是某个物体借以在我们心里造成它自身概念的那种能力。"[①] 需要注意的是：偶性虽是一种非物质的东西，但绝不会脱离物体而存在，红色是一种偶性，但离开了具体物体也没有红色。当然这不可能解释所有的疑问，然而把感觉与其对象，即外在的物体区别开来这个观点已是霍布斯的一大创见。

这一套学说确实过于复杂，洛克对此进行了很大的简化，他承认物体的性质是一种能力，可以引发感觉，而对感觉的发生和形成过程不予深究，但他抓住了霍布斯的要点，将感觉的结果称作观念，这就把感觉的结果与物质的运动切断了关系，成了一种精神性的存在。观念与柏拉图的理念在英文中共用一个名称，这就等于说，如果存在某种精神的东西，也只能寓存于人心之中，而且如果观念是由外物引发的，那也只能是具体个别的。这同样暗含了一个重要观点，即从心灵内部而言，观念是一种原始的基本事实，由此而出发，知识的构成也是在心灵内部完成的。众所周知，洛克认为由简单观念到复杂观念是心灵自身主动能力的结

<hr />

① 北京大学哲学系外国哲学史教研室编译：《十六—十八世纪西欧各国哲学》,北京:商务印书馆, 1975 年, 83 页。

果。依照经验主义原则，已经形成的知识仍然是关于具体对象的知识，但相对而言，此时的复杂观念或多或少是抽象的，因为知识必定具有一定的普遍性。事实上，原初的简单观念是否是完全个别的，还是会具有类的性质，洛克没有细加辨析，事实也许很难这样。比如，我们从一片树叶那里得到一种形状的观念，这个观念与关于同一棵树上树叶的观念是否完全不同呢？毕竟即使是科学家也不会对树上所有的树叶一一查看。当然，经验主义者会说类的观念是一种复杂观念，是在简单观念之后形成的。几乎所有经验主义者都认为，心灵想到一个抽象概念的时候总要将其与具体事物联系起来，具体观念和抽象概念不会是完全分离的。

霍布斯和洛克对于感觉的解释确实有悖于常识，却让哲学家把研究的重心从外在世界转向了内在心灵。与笛卡尔的哲学一样，这也是一种主体性的转向，从而打开了心理学的广阔领域。一定程度上说，18 世纪英国美学之所以蔚成体系也是得益于这种心理学哲学。然而，就感觉这个论题而言，霍布斯和洛克的理论会引发很多疑问。第一个问题是：何谓简单观念？霍布斯虽未明确探讨，但他应该同意洛克的意见，即从感官而来的幻象或思想是简单的、不可分的，但他们都没有仔细思考所谓简单和不可分究竟到什么程度。他们都认为思想或观念是对外物性质的反映，乍看之下没有什么特别之处，仔细思量却大有疑问。我们看到一片树叶时，意味着感觉到了它的形状、颜色，还注意到其叶脉、叶边锯齿以及各部分的色差等细节，那我们会问，一片树叶、形状、颜色、叶脉、锯齿都是同等的简单观念吗？显然叶脉和锯齿比其他性质更简单。洛克把单位也称作简单观念，但如果说形状、颜色、叶脉和锯齿包含在一片树叶中，相对而言，树叶倒应该是复杂的东西了。然后我们还会问，我们是先看到一片树叶，还是先看到其他的各个细节呢？显然这要看我们首先注意到的是什么，单凭感官还决定不了什么是简单观念，什么是复杂观念。一个物体的形状无论多么复杂，但如果它能被眼睛一下就把握，那么在心灵中这种形状就可以是简单观念。照此来看，哈奇生所谓寓于多样的统一这种性质就不会是复杂观念了，多样和统一的观念很可能是心灵进行分解的结果。事实上，人们多数情况下是先看到一片树叶这种很复杂的东西，在仔细观察之后才发现更多的细节，甚至人们首先是看到了一棵树，然后才观察上面的树叶。无论如何，很多时候简单观念不是构成复杂观念的现成材料，而且很可能也不是感官直接得来的，也许感觉的过程应该是这样的：人首先看到的是一个复杂对象，在对这个对象进行分析得到简单观念之后，人才在心灵中重新构造成一个复杂观念，而这后一个复杂观念与当初直接感觉到的东西一定是有所区别的。所以，哈奇生所谓的复杂观念不知道指的是哪种复杂观念，如果他指的是心灵重新构造的复杂观念，那他就没有必要发明内在感官这种能力。

第二个问题是：虽然霍布斯的唯物主义可以在外物和心灵中的思想或观念间建立起实在关系，但二者毕竟有所不同，所以我们还有必要怀疑感官真的可信吗？这里问的不是感官的活动本身是否正常，一根笔直的木棍在水中看起来就是曲折的，但眼睛也忠实地反映了这个现象，否则我们永远也发现不了光的折射原理。这里的问题是：正常的感官有时也不能感觉到外物的性质，比如很少有人能在 10 米之外还能看见树叶上的叶脉，也看不见油画上的细微笔触，那么远距离看到的模糊影像算是真实地反映了事物的性质吗？一块油渍的表面五颜六色，且变幻不定，这些是油渍的真实性质吗？像在今天一样，霍布斯和洛克都相信，无论思想或观念与外物的性质如何不同，它们都是由外物本身的一些非常细微的微粒作用于感官而形成的。尽管这样，但洛克仍怀疑观念是否与外物的性质相一致。他做出了一个影响深远的区分，就是把我们关于事物性质的观念分为两种：一种是第一性质，如形状、凝性、广袤、运动、数目等；另一种是第二性质，如颜色、声音、味道等；实际上，他说还有第三性质，即一物影响另一物的能力。第一性质是物体本身就具有的，关于它们的观念也与这些性质相一致；关于第二性质实际上也是由外物的第一性质引起，但感官还产生了额外的运动，因而形成了第二性质，这些性质本身是外物所不具备的。洛克的办法解决了笛卡尔的难题，笛卡尔认为物质的基本性质是广延，颜色等性质却仿佛不占据空间，因此也就不是物质本身固有的性质。不过，既然人感觉到了颜色这样的性质，它们就不可能凭空而来，只能由物质的运动引起，但它们本身不是物质，而是心灵作用产生的结果。洛克的这个区分带来了严重的后果，观念已经不同于外物，而第二性质竟然是外物本身不具备的，人们就有理由相信任何性质都是心灵的主观产物，这就是贝克莱的结论，而休谟则对观念的来源不置可否，甚至否认外在世界的存在。不过，这倒也给艾迪生很大的启发，也许美也是一种第二性质，是外物本不具备的，而是由外物引发再由心灵生成的，也让后来的美学家坚定不移地从心灵那里探寻美的秘密。

我们必须注意到，经验主义对感觉的探讨可以分为两个方面：一是感觉如何发生，二是感觉的结果，即观念具有什么样的性质；前一方面更倾向于生理学，而后一方面则属于心理学。一定程度上，观念论是一种现象学，它不是应用科学，因而无助于人们发现物质世界的真实规律，其目的是要揭示生活在世界中的人的认识活动的规律。即使通过某些仪器人们可以发现事物所不为人知的性质，但这些性质到了心灵当中的时候仍然是观念，仍然要服从心灵的规律，对人的生活产生影响，这一点不在今天意义上的科学研究范围之内。然而，正如我们所看到的那样，霍布斯和洛克对感觉的分析显得过于草率，他们过于迷信原子主义，在某种意义上，他们也以自然科学的方法来研究心理现象，这让他们发现了许多被人忽略的现象，也违背了日常经验中的很多事实。霍布斯和洛克并未探讨多少美学问题，但他们仍为后来的美学提供了有力的工具，而后来的美学也将得出他们意想不到的结论。我们已经看到，18 世纪英国的所有美学家研究的不是外在事物的性质，而是它们对于心灵的影响，美不是外在事物的性质，而是心灵活动的产物。

哈奇生所强调的一个主要观点是：内在感官会给人带来一种特殊情感，情感也将是 18 世纪英国美学研究的一个重要问题，实际上关于情感的存在方式、运行规律及其对生活的影响是这个美学思潮所做出的最大贡献，因为 17 世纪之前几乎所有哲学家都将情感视为认识的干扰因素而逐出哲学的研究领域，遑论有任何积极的探索。

真正将情感纳入哲学领域的是霍布斯，而迫使他这样做的原因是他对于想象和思维的理解。在他看来，感官离开对象之后仍在继续活动，因而映象会持续留存和衰弱。这是简单的想象，但还有一种复合的想象，即不同的感觉或映象会被组合在一起，甚至是虚构外界并不存在的形象。这一观点也许是为了附和培根，培根说过，想象是一种能随意地分解和组合形象的能力，而这与霍布斯自己的体系并不非常契合，因为这样的想象几乎没有规律和原因，也没有凭附的媒介。霍布斯自己的复合想象应该是他所谓"想象的序列或系列"，也就是思维。他的基本观点是：

> 当人思考任何一种事物的时候，继之而来的思想并不像表面上所见到的那样完全出于偶然。一种思想和另一种思想并不会随随便便地相连续。但正像我们对于以往不曾全部或部分地具有感觉的东西就不会具有其想象一样，那么由一个想象过渡到另一个想象的过程也不会出现，除非类似的过程以往曾在我们的感觉中出现过。原因是这样：所有幻象都

是我们的内在运动，是感觉中造成的运动的残余。在感觉中一个紧接一个的那些运动，在感觉消失之后仍然会连在一起。由于前面的一个再度出现并占据优势地位，后面的一个就由于被驱动的物质的连续性而随着出现，情形就像桌面上的水，任何部分被手指一引之后就向导引的方向流去一样。但由于感觉中接在同一个被感知的事物后面的，有时是这一事物，有时又是另一事物，到时候就会出现一种情形，也就是说，当我们想象某一事物时，下一步将要想象的事物是什么很难预先肯定；可以肯定的只是，这种事物将是曾经在某一个时候与该事物互相连续的事物。[①]

这个观点也有些不太清楚的地方。表面上看，霍布斯认为想象至少与感觉有很大关系，感觉一个接着一个在心中形成想象，因而想象就形成了连贯的序列，简单来说，想象遵循时间和空间的连续性原则；一旦想到某个东西，这个东西就会把与它在原先感觉前后相连的东西牵引出来，这就形成了想象的序列。然而，这必然要使我们回去再讨论感觉的序列，而感觉是否有严格的连续性就很成问题：每个感觉就像一个一个的点，这些点之间是否有明确的秩序呢？这个很难说。我们走进一间房子，我们的感觉是否是从一个事物或者其性质向与其相邻的事物或性质连绵不断地行进呢？恐怕不是，事实也许是许多事物一下子涌进了我们心中，感觉比较模糊，关联并不紧密。即使是储存于心中的感觉即单个的想象也不一定再有清晰的时空秩序。所以，想象很难严格服从感觉的时空秩序。

事实上，霍布斯也并不认为这样，他的意思是储存在心灵中的思想会自然地发生某些关联。在他所区分的两种思维中有一种是无定向的，这种思维没有目的，思想之间没有恒定的关系，但他的例证表明，但凡被联系在一起的思想总还是有隐秘关联的。一个人在内战期间突然问一个罗马银币值多少钱，霍布斯说，实际上之间的联系是十分明显的，"因为这次内战的思想就导引出国王被献给敌人的思想，而这一思想又导引出基督被献出的思想，并进一步导引出那次出卖的代价——三十块钱的思想"[②]。这种思维看起来时空错乱，散漫无序，但思想之间至少有着相似性。

---

① 霍布斯:《利维坦》，黎思复、黎廷弼译，北京:商务印书馆，1985 年，第 12—13 页。这段话中的"思想"（thought）一词是映象或幻象的正式用语，大致相当于洛克的观念。

② 霍布斯:《利维坦》，黎思复、黎廷弼译，北京:商务印书馆，1985 年，第 13 页。

　　然而，也许只有第二种思维才是真正的思维，是心灵发起的主动想象，那就是定向思维，这种思维"受某种欲望和目的的控制"，思想之间的关系更恒定。霍布斯把定向思维分为由果到因和由因到果两种，也表明定向思维的意义更为重要。只有存在某种欲望和目的的引导，心中的思想才有了焦点和方向，使原本左冲右突、枝杈横生的思想汇集到一条道路上，"因为我们向往或欲望的事物所产生的印象是强烈而持久的，如果暂时中断的话，也会很快被恢复"①。这样来看，无定向思维也不是没有目的，只不过比较隐蔽，是一种无意识的思维活动，因为那个人问罗马银币值多少钱是因为他无意识中想出卖国王，霍布斯说他"存心不良"。

　　这里就需要注意欲望和目的这两个因素。在此前的哲学史上，思维历来就是理性能力，而欲望则无论如何不能归于理性的范围之内。的确，霍布斯并不认为没有欲望就没有思维，但那种思维没有方向，没有明确的因果关系，是心灵无意识的活动，即使从前经验中的思想存在一定的关系，这些关系也是松散的。只有欲望才使这些关系得到增强，稳固下来，只有这样，心灵才展开有意识的活动。通俗地讲，只有我们想得到一个东西，我们才展开真正的思维，在思想间建立明确的因果关系。这个时候，无定向思维中那些松散的关系并非没有意义，它们为定向思维提供了无数条道路，欲望则将这些道路引向一个目的地；或者说无定向思维中有很多碎片，欲望则将它们拼接成一张完整的拼图。从这个意义上说，没有欲望就没有思维。当然，既然是有欲望参与的思维，它便与一般意义上的理性思维有所不同。事实上，霍布斯也区分了两种知识，即事实知识和观念间知识，后一种知识以数学和几何为典型，也包括哲学，它们是有条件的知识，因为它们必须从一个确定的定义或命题开始，而前一种知识，他认为就是感觉和记忆，至少其目的是绝对的知识，也就是关于具体事实存在和可能性的知识，其典型形态是历史。这两种知识并不是风马牛不相及，因为学术知识是用一些语言或符号把事物间的因果关系确定下来而已，只不过由于语言自身的抽象性，知识就成了普遍的，而且人们也直接运用语言来进行推理。霍布斯所谓的定向思维无疑是指向事实知识的，当然其中可以包括学术知识，但学术知识只是构成整个思维的一部分，因为它们自身没有欲望和目的，但可以帮助欲望和目的的实现，质言之，学

---

　　① 霍布斯：《利维坦》，黎思复、黎廷弼译，北京：商务印书馆，1985 年，第 14 页。

术知识一定程度上是事实知识的工具。可以说，经验主义哲学更多探讨的是事实知识，这也构成了 18 世纪英国美学的一个重要基础。

霍布斯把欲望归于激情这个名称之下。激情意指人的自觉运动，与生命运动相区别。生命运动指的是今天所谓的生理运动，而自觉运动指的是有目的的内在行动："按照首先在心中想好的方式行走、说话、移动肢体等便属于这类运动。"①可以说，如果单单是行走、发声和引动肢体那就是生命运动而已，但"按照先在心中想好的方式"，则表明这些外在运动是有内在驱动力的，即设定目的和实现目的的方式，"因为行走、说话等自觉运动是中央取决于事先出现的有关'往哪里去'、'走哪条路'和'讲什么话'等的想法，所以构想映象便显然是自觉运动最初的内在开端"②。

从这里可以看出，自觉运动之所以不同于纯粹的推理，是因为自觉运动首先是对目的的构想，同时也包括驱动思维实现这一目的的动力以及对目的和主体自身的评价。总而言之，自觉运动这个题目要探讨的是定向思维中主体的各种内在状态。在霍布斯那里，这些状态呈现为一个不断转化的运动过程。构想映象而没有付诸行动时，激情只是意向。"当这种意向是朝向引起的某种事物时，就称为愿望或欲望，后者是一般名词，而前者则往往只限于指对食物的欲望——饥与渴。而当意向避离某种事物时，一般就称之为嫌恶。"③当这个事物不在眼前时，欲望和嫌恶就是爱和憎。"任何人的欲望的对象就他本人来说，他都称为善，而憎恶或嫌恶的对象则称为恶；轻视的对象则称为无价值和无足轻重。"④如果事物表面上是善的，则被称为美，反之则是丑；如果事物在效果上是善的，则是令人高兴，反之是令人不快；如果事物作为手段是善的，则谓之有效和有利，反之则是无益、无利和有害。为了贯彻其唯物主义原则，霍布斯把这一系列的状态看作是由感官引起的身体内部的精微的器官运动。在他看来，只要是肉体的运动便会引起感觉，这些感觉的结果便是愉快或不愉快的心理："这样说来，愉快或高兴便是善的表象或感觉，不高兴或烦恼便是恶的表象或感觉。因此，一切欲望和爱好都多少伴随

① 霍布斯：《利维坦》，黎思复、黎廷弼译，北京：商务印书馆，1985 年，第 35 页。
② 同上。
③ 同上，第 36 页。
④ 同上，第 37 页。

出现一些高兴，而一切憎恨或嫌恶则多少伴随出现一些不愉快和烦恼。"[①]

霍布斯的唯物主义会引起很多麻烦，因为我们很难把各种内在状态对应于体内的某些器官，尤其是愉快或不愉快的心理究竟是由哪种器官感觉到的呢？它们与由外物产生的映象有哪些区别呢？当然还有其他问题，比如，如果任何内在状态都是物质的运动，人是否能够控制这些运动而具有自觉性呢？最终霍布斯不会承认人有完全意义上的自由。在这里我们要思考的是前两个问题，首先可以确定的是：在霍布斯那里，愉快和不愉快的心理不是欲望，而是欲望的表象或感觉，这使得它们不同于由外物引起的感觉，虽然外物也会激发肉体器官的运动而产生映象，但情感是由肉体内部的运动产生的，其结果大概不能被称作映象或幻象。所以，我们最好做出区分，把由外物产生的感觉称作映象，把由欲望或嫌恶引起的感觉称作情感。同样的道理，爱和憎、善和恶、美和丑等，都是因对对象的不同看法而产生欲望的变体，所以本身不是情感，但它们能够产生相应的情感，虽然霍布斯没有详细分析。这样的观点看似违背常识，但仔细一想便有合理之处，因为对事物的形式和性质的感觉谈不上价值评判，只负责认知功能，而不产生情感；价值评判则是针对主体状态的，若没有任何欲求，也就没有价值上的差异，对价值的感觉只能用愉快和不愉快的情感表达。同时，我们还可以说，情感与肉体所受的刺激不一样，是完全内在的状态。这样，霍布斯为情感的发生和表现提供了较为稳固的基础和合理的解释。

其次，愉快和不愉快的心理究竟是依靠什么器官而被感觉到的呢？可以肯定不是耳目等感官，但必定也是肉体性的。如果是这样，那么在霍布斯那里就存在某些真正的内在感官，而非任何比喻意义上的内在感官。这个推断对哈奇生来说是有利的，因为存在某些内在感官，其作用是感觉到愉快和不愉快的情感，至于这种内在感官就是肉体器官，哈奇生大约不会同意。但对哈奇生不利的是，在霍布斯看来，这些情感不是由外物引起的，而是因欲望及其各种变体而生的。更加不利的是，霍布斯眼中的欲望都与自我利益相关，固然说不一定都与饥渴等自然需求直接相关，由此而来对事物的评价也是从自我出发的，即使是欲望的各种变体也必不能脱离开自我，自然而然，各种情感也是如此。霍布斯注意到，在社会交往中，自我必定要参考他人的欲望和情感，但如果要抛开自我利益而评价一切

[①] 霍布斯：《利维坦》，黎思复、黎廷弼译，北京：商务印书馆，1985 年，第 38 页。

事情几乎是不可能的，因为我们无法直接感知他人内在的欲望和情感。所以，哈奇生以为内在感官是对简单观念间某些特殊关系的把握能力，同时还能引起某些特殊快乐来，这些观点在霍布斯那里得不到支持。即使认为内在感官能直接从观念那里引起某种情感，只不过是简化了霍布斯的理论，哈奇生所谓能超脱个人利益的情感也是不可思议的。

如果哈奇生的内在感官理论除了有夏夫兹博里的启发还能在其他地方得到支持的话，最可能的便是洛克。洛克必定意识到霍布斯的唯物主义所带来的麻烦，他也不想迷失于其中，因为并不是所有构成知识的观念都能还原为物质运动或肉体器官的运动，这类观念必定另有来源，那就是反省。这些观念包括知觉或思维、意向或意欲，它们可被归为理解和意志，具体而言有记忆、分辨、推理、判断、信仰等。洛克认为反省发生于感觉之后，感觉引起心灵活动，人又可以通过反省来观察到这些活动，至于反省是否要凭借某些肉体器官，洛克大概不会认可，因为反省的对象中至少理解这一活动并不是肉体器官的运动。与此同时，洛克也并没有明确把情感归入反省观念，但又认为感觉和反省都伴随有情感。这个观点非常模糊。洛克与霍布斯对于感觉的定义不太相同，洛克的定义较狭窄，指的是外物对感官的作用，在霍布斯看来是不会产生情感的。当然，这又要看他们如何定义情感，如果情感可以指生理反应，比如柔软、刺痛，那洛克的说法也许是合理的，但问题是洛克自己也对情感没有很明确的定义。不过，从他对情感对于人的积极影响来看，他必定同意霍布斯的看法。正是因为有情感，人才在大千世界中选择和研究某些对象，并促使自己行动起来追求和避开某些对象，让自己适宜于在这个世界上生存下来，因而情感与善恶相关。这样一些情感应该不能局限于肉体反应，当然也应该通过反省而获得。

哈奇生可以把洛克的反省理解为一种内在感官，实际上洛克确实曾将反省称作内在感官，[①] 但这种反省与他的内在感官还有很大差距。首先，在洛克那里由反省而来的只是简单观念，甚而至于反省并不是针对具有某种性质的外在事物；其次，如果说哈奇生的内在感官面对的是复杂观念，那么在洛克那里形成复杂观念则是思维能力，这里不存在类似于外在感官的那种直接性；再次，在情感方面，洛克也不会认为存在脱离自我利益的情感，而且人不会对超出当下所追求的利益

---

① 洛克:《人类理解论》(上册)，关文运译，北京:商务印书馆，1983 年，第 69 页。

产生多大的热情。所以，哈奇生可以有充分的例证表明，人在很多时候有一种不同于外在感官的美感，美感专注于事物的形式而非其实际存在，美感意在感受一种情感而不追求理想的知识，美感表明人具有一种非功利的态度而不耽于肉体欲望和自我利益，但这些观点要从理论上予以严密的论证还缺乏很多东西。后来的美学家们虽然始终坚持这些观点，但实际上已经放弃了内在感官这个概念。

　　虽然哈奇生的尝试并不很成功，但霍布斯和洛克确实为 18 世纪英国哲学提供了很大的帮助。首先，对美的探索必须从心灵内部开始，虽然美离不开外在对象，但美的效果是在心灵中形成的。其次，美学应该着手分析构成美的各种要素，就像洛克所说的那样，无论多么复杂的观念都应该能被还原为简单观念，这种原子主义不管是否符合事实，却是一种有效的方法。对于 18 世纪英国美学来说，更为重要的是霍布斯和洛克让人们相信情感并不是一个杂乱无章的领域，而是像自然世界一样存在着严格的规律；情感在人性中有其根源，各种变体之间存在紧密的关系，所以人们可以像研究自然世界一样研究情感的运动。如果美在心灵中表现为情感，人们同样可以探明其根源，描述其规律，同样在人的生活中发挥至关重要的作用。当然，18 世纪的英国美学家们必须改造霍布斯和洛克的理论，以能够使它们适应美学的需要。

二、想象的秘密

　　霍布斯和洛克关于感觉和情感的理论虽然富有启发，但也无法从中直接推导出美感的存在及其规则。面对这样的问题，美学家们首先要证明（不仅是例证）的是在人性的根源中有美的种子。在霍布斯和洛克那里，情感与欲望有着密切关系，其作用就在于保全生命，追求实际利益。不过，他们也都承认并不是所有情感都与肉体欲望的满足有关，虽然也与较为长远的利益相关。正如洛克所说："感官由外面所受的刺激，人心在内面所发的任何私心，几乎没有一种不能给我们产生出快乐和痛苦来。我所谓快乐或痛苦，就包括了凡能娱乐我们或能苦恼我们的一切作用，不论它们是由人心的思想起的，或是由打动我们的那些物体起的。"[①]
霍布斯偶尔间也提道："想要知道为什么及怎么样的欲望谓之好奇心。这种欲望只

---

① 洛克：《人类理解论》（上册），关文运译，北京：商务印书馆，1983 年，第 94 页。

有人才有，所以人之有别于其他动物还不只是由于他有理性，而且还由于他有这种独特的激情。其他动物身上，对食物的欲望以及其他感觉的愉快占支配地位，使之不注意探知原因。这是一种心灵的欲念，由于对不断和不知疲倦地增加知识坚持不懈地感到快乐，所以便超过了短暂而强烈的肉体愉快。"[①] 这些观点值得美学家们去发挥，当然他们必须找到充分的根据。

首先给美学家们提供根据的倒是霍布斯和洛克的感觉论。两位哲学家都证明，外物与感觉在心中造成的结果是有区别的，对于感觉的结果，霍布斯称作映象或幻象，在认识中又被称作思想，而洛克则将其称作观念。众所周知，这样的看法是使经验主义走向怀疑主义的一个重要原因：既然心灵中只有思想或观念，对于外在事物究竟为何物，人就难以知晓。近代科学也证明，自然世界中的许多秘密是人们感觉不到的，人们不可能凭借自己的感官而得知构成事物的那些微粒及其运动，虽然可以通过实验和推理来论证。事物触动外在感官可以给人以快乐或痛苦的感觉，心灵中已经存在的思想或观念虽然不再作用于外在感官，但同样可以让人感到快乐或痛苦，当然它们与感官感觉到的快乐或痛苦就截然有别，也就是这样的快乐或痛苦不是肉体的，而是心理的。同时，如果凡思想或观念都会引发情感，那么它们就不仅是具有认识作用，或者说情感运行规则与理性认识法则并不相同，因为理性认识恰恰是要将思想或观念附带的情感色彩予以消除。当然，霍布斯和洛克的情感理论也表明一个重要观点，即情感本身绝不是空洞的，而总是与具体思想或观念相伴随，如果没有思想或观念，欲望就没有所指，情感就不会发生或者至少是没有意义的。这个观点在 18 世纪英国美学中是得到贯彻的，而且美学家们很好地阐释了观念与情感之间的互动关系，在休谟那里尤其充分。

由此而言，人的思维和行动并不完全依循物质世界的规律，而是更多地服从情感的规律。既然如此，人也不完全着眼于眼前的实际利益来决定自己的思维和行动。夏夫兹博里已经证明，人不会满足于实现肉体欲望，实际上肉体欲望本身并不会给人快乐——洛克也指出，欲望是伴随痛苦的，消除痛苦是获得幸福的首要步骤，否则人就不会在满足口腹之欲之后还要追求珍馐美馔、华服轻裘，因为这些东西显然超过了基本的生活需求，而且当一个人习惯于锦衣玉食之后，他很快就会陷入腻烦，失去之后更会感到加倍痛苦。如此看来，人反倒会发现和追求

---

① 霍布斯：《利维坦》，黎思复、黎廷弼译，北京：商务印书馆，1985 年，第 41 页。

其他快乐，以消除对物质生活的依赖和迷恋。从一定程度上说，真正的幸福不是放任物质欲望，而在于以理性恰当地节制。从这个意义上说，夏夫兹博里对自由的理解与霍布斯和洛克截然不同。当然，这种差异也源于他们对人性、道德以及哲学本身作用的不同理解。

夏夫兹博里并不否认人有自我保全的欲望，因为这恰恰是人类生存和繁衍所必需的。如果一个个体没有保全自我的能力，人类整体也将无法存在。但是，作为一种社会性生命，人不仅需要自我保全，而且必然存在一种能使社会形成秩序、凝聚为整体的天性，这种天性就是所谓的社交情感或自然情感。霍布斯认为人类社会之所以形成，原因同样是个体的自我保全，为了在竞争中避免两败俱伤，人类才结成契约。从激情的角度来说，社会的形成主要源于恐惧，而且恐惧也是维护契约的动机：无论是对自我消亡的恐惧还是对强大的国家力量的恐惧。然而对于夏夫兹博里来说，如果不是人天性中就具有对同类的爱这种感情，人必然会以一种消极的态度面对契约，他表面上遵守契约，内里却会抵触契约，因为按照霍布斯的观点，一个个体的权势一旦超过其他人，他就不再愿意与他人平等相处，弱势的人也不能指望得到契约的保护；相反，只有社交情感才能使人积极自愿地服从社会秩序和道德法则。夏夫兹博里同样认为情感是人的一种重要能力，人以情感的方式评价善恶，却提出了与霍布斯和洛克相反的观点。从夏夫兹博里那里，人们至少能够推论出，在人心中存在一种与自我利益相对立的情感。在 18 世纪，休谟和博克都继承了夏夫兹博里的主张，并与霍布斯和洛克自我保存的情感或自私情感相中和。在下文，我们会探讨 18 世纪英国美学中美在社会交往中所发挥的重要作用。

霍布斯提到的好奇心所带来的愉悦，夏夫兹博里提出的社交情感和人对超越肉体愉悦的快乐追求，它们可以作为不同于功利性情感的根源，然而问题是它们是如何表现出来，演化成通常所谓的美的情感的？此时，美学家们抓住了霍布斯和洛克的观念论。观念是由感觉形成的，是感觉的结果，而非感觉的对象，但是当观念本身成为观照的对象时，它们便不再与感觉有直接的关系。因此，如果说欲望与感觉存在直接关系，那么对观念本身的观照则可以免除这一层关系。对观念本身的观照便是想象，这一点本身也符合霍布斯的理论，因为在他那里，想象是感觉的衰退，亦即由感觉而来的映象的复现。所以，从霍布斯和洛克所阐明的外物与观念的关系这一点可以进一步推演出观念与想象的关系。因为脱离了与肉体欲望的直接关系，由想象而来的情感同样可以与肉体欲望满足而生的情感判然有别。因此我们便可以理解艾迪生为什么要将审美情感称作想象快感。他说，想象快感"既不像感官快感这么粗鄙，也不像悟性快感这么雅致"[①]。艾迪生把想象看作是主要与视觉相关的能力，但他也指出，想象本身无须有对象在眼前。实际上，即使对象在眼前也并不妨碍想象活动，因为想象的特长便是"保留、改变和结合"心中的观念或他所谓的意象。在这里我们可以看到艾迪生对想象的理解具有两个突出的特点：第一，意象这一概念强调了想象的对象是形式，而非事物本身的存在；第二，想象具有能动性，结合他对新奇、伟大和美三个概念的描绘，我们可以发现，他认为想象运动可以在心灵中唤起一些特殊美感。这两个特点是后来美学家们基本上都主张的，虽然还有待进一步的分析和描述。

同时还值得重视的是，艾迪生还有一句用以比较和描绘的话暗中透露了美感的一点根源："它（想象快感）既不需要较重大的工作所必需的沉思默想，而同时也不会让你的心灵沉湎于疏忽懒散之中而容易耽于欲乐，但是像一种温和的锻炼，唤醒你的官能免致懒散，但又不委给它们任何劳苦或困难。"[②] 人本来受欲望驱使而陷于痛苦，且需要通过劳苦的工作才能获得生活所需，若是一味地追求肉体欲望的满足又容易耽于欲乐，而过于耽于欲乐反而会伤及自身，因此也不是真正的幸福，所以人既希望避免工作的劳苦，又要避免过度的欲乐。这句话反过来说也是正确的，人既需要经受一定的劳苦——否则就不能生存，也需要适度的欲乐——否则就不能体尝幸福。艾迪生的意思显然是：面对自然和艺术的想象快感处于劳苦和欲乐的中间状态，意味着人生真正的幸福。这些描绘也真是意味深长，其间既附和了夏夫兹博里关于美感的非功利主张，也暗中承续了霍布斯和洛克的功利主义思想，并把它们糅合得水乳交融、天衣无缝。终究而言，美感是脱不开肉体欲望的满足的，但经过想象的神秘酝酿，美感又超越了感官愉悦。同时，想象活动却千变万化，让心灵始终处于活跃状态，让人既无须承担工作的劳苦，又能享受"温和的锻炼"。正如博克所言，这种锻炼能让机体处于适当的紧张状态，去战胜生存面临的困难。

人的心灵也有欲望，那就是它不能忍受完全的静止和平淡，而是需要不断被

---

① 缪灵珠：《缪灵珠美学译文集》（第二卷），章安祺编订，北京：中国人民大学出版社，1987年，第36页。

② 同上，第37页。

刺激，活跃起来，它才能感受到快乐；要满足这种欲望，不能单纯凭借外在事物，更多的是要依靠内在观念或意象。这是 18 世纪英国美学家们的共识。这就难怪艾迪生会把新奇当作一种美了，因为新奇的观念或意象可以打破心灵的平静，使其激荡起来。18 世纪的英国美学家们也照例把新奇当作一种美，虽然不是最重要的一种。正如休谟曾讲，新奇本不是事物本身的性质，因为此时被认为是新奇的东西，在被人们习惯之后也就不新奇了。显然，与新奇相对的是平淡，是人们习惯于某些现象时的一种状态，所以习惯这一概念也就显得相当重要了。

无论是新奇或是习惯都表明，在想象中观念并不是孤立地存在的，而是与其他观念相互联结。这一点早在霍布斯的理论中就有提示，正如霍布斯所做的比喻，想象中的思想只要有一个被触动就会引出一系列的思想来，就像桌面上的水被手指一引就自然地流向那个方向。对于想象中观念的联系为何如此紧密，霍布斯的解释并不十分清晰，洛克的解释却要清楚得多，虽然他很少用"想象"这个词。在洛克那里，简单观念之形成复杂观念有赖于思维能力，即结合、比较和抽象，但他也发现有很多观念并不是这样形成的，而是由于机会和习惯："有些观念原来虽然毫无关系，可是人性竟能把它们联合起来，使人不易把它们再行分开。它们永远固结不解，任何时候只要有一个出现于理解中，则其'与伴'常常会跟着而来。如果它们联合起来的数目在两个以上，则全队观念都不可分离，因而同时呈现出来。……习惯在理解方面确立其思想的常径，在意志方面确立其决定的常径，并且在身体方面确立其运动的常径。"[①] 当然，在洛克看来，他所谓这种观念的联络既不是植根于自然，也不合乎理性，乃是虚妄和疯狂的起源。一个人明知酗酒对身体有害，但还是要拿起酒杯。从理性的角度看，黑暗本是一种单纯观念，但人们却将其与恐怖观念联合在一起，"不单不敢想鬼怪，而且亦不敢想黑暗"[②]。自然，宗教上的迷信也源于此。

不过，无论观念的这种联结虚妄与否，事实上却支配着很多人的思想和行为，大概没有比这更自然的事情了。因此，到了休谟那里，甚至因果推断也不过是一种习惯，亦即认为曾经多次接续出现的观念之间存在因果关系。不管怎样，可以肯定的是：想象与情感之间存在密切关系，有时人们由想象或观念联结引起的情感比现实事物引起的情感还要强烈和持久。对于 18 世纪的美学家们来说，重要

① 洛克:《人类理解论》（上册），关文运译，北京：商务印书馆，1983 年，第 376 页。
② 同上，第 378 页。

的不是想象是否符合理性法则，而是是否可以激发适当情感。在他们看来，想象从一个观念到另一个观念的运行方式本身就会产生相应的情感，其中一条重要的规律是：习惯因为能够消除陌生和未知的不安而给人一种适度的快乐，但过分的习惯又使人感到倦怠，所以人们又希望遭遇陌生和未知，内心便产生一种想要克服这些困难的动力，以享受克服困难之后成功的喜悦。杰拉德的话具有典型意义："心灵适应于当前对象的活动是趣味多数快乐和痛苦的来源，而且这些（情感）的结果会加强或削弱许多其他（情感）。"[①] 总而言之，孤立的简单观念很难产生明确而强烈的情感，只有处于一个背景当中，作为想象运动的一个环节，观念才富有意义，也为想象的情感增强力量。

我们应该区分两种明显不同的想象，虽然很多美学家有时候将两者混合在一起，第一种想象是心灵对一个事物形式的构想方式。就像我们盯着一只在天上飞翔的鸟，我们的视线会随着鸟飞动的轨迹而运动，我们看到的始终是作为一个点的鸟，它一路飞行的轨迹则是由想象构想出来的，本身也就是想象运动的轨迹。即使是能被视野整体把握的事物，我们也会用想象的方式来观察。比如，当我们看到一条河流时，视觉的焦点会从某一端点开始向一个方向运动，视觉焦点滑过的地方则被留在想象当中，而尚未注意的部分也会随想象接续而来，到视野尽头之处，想象仍然不会停止，一直绵延下去。当然这种想象与感觉活动几乎不可分离，其运动方式随注意的重点而变化。实际上，想象的作用是首先将观念分解为部分，然后再以某种顺序组织这些部分，无论我们面对的对象是大是小，想象都可以这样活动。无论如何，停滞的想象不能产生强烈而鲜明的情感。

这种想象理论经由艾迪生的首倡和休谟的阐发，逐渐在后来的作家那里得到更系统的分析和描述。持这种想象理论的代表无疑是博克。他很明显地继承了霍布斯的唯物主义，希望将人类的几乎一切活动都归因于物质运动。所以，他认为想象实际上是感觉的延留和复现，想象运动与感觉运动存在着同构性，想象产生的情感也同感觉产生的情感相类似。他对于崇高感和美感的解释遵循着这样的原则。比如，他认为美的对象应该具有平滑的性质，因为平滑的物体让视觉和触觉进行顺畅的运动，而顺畅的运动则产生温柔的情感；崇高的对象应该具有无限性，很明显是因为这种性质能让视觉和想象进行绵延不断的运动。因此，某些对

---

① Alexander Gerard, *An Essay on Taste*, London, 1759: 165.

象给人美感或崇高感不是因为它们具有某种象征意义，而是因为它们直接给人的感觉和想象形成独特的刺激，这种刺激又产生特定情感。荷加斯的蛇形线学说同样是基于这种想象理论，因为蛇形线的优势正在于使想象产生多维度、多样却富有规律的运动。事实上，在他那里，能够产生这种想象运动的不仅是蛇形线，而且还有具有特定节奏的旋绕造型、明暗相间的色调等，但其原理与蛇形线是类似的。当然，对这种想象理论予以最为系统描述的应该是凯姆士，虽然这不是他美学中最重要的部分。凯姆士首先肯定心灵中不存在孤立观念，因为知觉本身就是一个连续的过程，所以人们得到的是"一个持续的知觉和观念的序列"。观念之间天然地存在关联，这是因为心灵本身就有一套观察事物和想象观念的规则，比如从主体到附属、从整体到部分等，凡是符合这些规则的知觉和想象就是令人愉快的。当然需要指出的是：就像休谟的哲学，凯姆士的想象与认识在一定程度上是一致的。

　　第二种想象可以叫作联想。也许一个对象或观念本身不能让人感到愉快，或者并不比其他对象或观念更令人愉快，但如果人们由此想到与其相关的另一个令人愉快的观念，那么这个对象或观念就同样会令人愉快；当然如果由此想到令人不快的观念，那它也同样令人不快。这种想象理论的源头就是上文所说的洛克的观念联结，在他看来，这种想象是谬误和虚妄的一大根源，在后来的一些美学家看来却是美感的重大来源，艾利逊就是这种理论的代表。艾利逊之所以推崇这种想象是因为他发现趣味情感的效果本不单纯，不能仅仅以感觉和想象来解释——当然他并不完全排斥想象的作用，而是还有更多的观念来引发和强化情感。在他看来，带有丰富联想的想象才能叫作趣味，由此产生的情感才能叫作趣味情感，而由单纯的感觉和想象产生的情感则应是简单情感。由眼前对象引发的联想可能与自我的回忆有关，但更多的是普遍观念，如历史、社会风俗、文学艺术等，所以如果一个人摆脱了自我利益的纠缠，反而能产生更丰富、更辽远的想象，进而由此产生的情感就越加浓厚。显而易见，在艾利逊那里，美感即他所谓趣味情感不完全是对对象或观念形式的想象激发起来的，或者说他主张的美学不是形式主义的，而是具有更多文化色彩，也使审美与认识、道德产生内在关联。

　　的确，联想的随意性会使美学失去客观性和科学性，然而艾利逊力图寻求更严密的逻辑，从形式主义的想象理论引出不同层次和方式的联想，从而建立完整的美学体系。首先，对于形式的想象本身能够引起特定情感，但是简单情感，而且这种形式不一定引发美感，因为有很多形式本身是中性的，既不美也不丑。其次，由想象而来的简单情感会让人联想到对象的表现力，也就是在想象当中形式暗示着或者人凭借直观可以感受到一个对象的本性。平缓的线条标志着对象的温顺，高耸的形状意味着对象的威严，温顺、威严并不是对象的形式，而是一种性格，但这样的性格不是出自随意的幻想，而是来自想象的自然倾向。因为想象总是被形式触动而运动起来，而运动本身又必然意味着存在一个能动者，也就是对象本身；然后，人自然地会把能动者即对象与人本身相类比，认为对象也是因内在的精神力量或情感而发出了特定运动，因而认为对象也具有类似于人的性格，不同的性格就会发出不同方式的运动。再次，由这个对象出发，人们自然地会联想到与其有关的对象或观念，这种关系或是时空接近，或是因果关系，或是其处于其中的整体生活，也可能是偶然关系，这些对象或观念与当下的对象由某种主导的情感所贯穿，形成一个综合的整体，因而它们都会继续强化对象的表现力或性格，因而在人心中引起丰富的趣味情感。最后，对象之所以美是因为它具有某种表现力或性格，而性格真正来说只有人才具有，所以美的本质最终在于人的性格或心灵品质。艾利逊的美学几乎容纳了之前美学家的所有思想，可以说是18世纪英国美学的集大成者，虽然他在美学史上很少被认真对待，原因也许是他的著作过于琐碎冗长，在具体观点上缺乏十分显著的创造性。而他最突出的贡献应该是将夏夫兹博里的美学糅合在以经验主义方法为主导的美学体系中，因为他合理地解释了美所蕴含的精神性因素：在想象和联想的作用下，由对象的形式可以推导出其内在表现力，一直往上可以追溯到整个自然世界背后的神性精神。

其实，很少有美学家所持的想象论完全是第一种意义上的，即形式主义的想象论，因为如果仅坚持纯粹的形式主义必然会使美学的内涵变得极为贫乏，无法让审美在现实生活中发挥更多意义，而这正是大多数美学家的重要目标，所以他们也不免要用到联想原理。被誉为形式主义美学开山鼻祖的荷加斯之所以认为蛇形线具有丰富的审美意味，是因为这种形式暗示着最大的效用，自然创造便将最美的形式和最便利的效用熔为一炉，他最终也认为最美的事物实际上是具有丰富性格的人的体貌，在人身上形式与内在性格达到了完美统一。在休谟那里，对人的性格和行为审美是通过同情这个概念来实现的，同情也是一种想象，其功能是把观念转化为印象，直接地说是把形式转化为情感，即由他人的行为或所有物来想象他人内心的情感，而之所以能如此的根据是自我经验，因而同情不过是推己及人。杰拉德和凯姆士则多采用休谟的方法，而且直接提出道德美或精神美的观念，但是由于关于物的形式观念与道德观念截然不同，所以他们在这方面使用的想象实际上是艾利逊所谓的联想。

总括起来，想象的作用有以下几点：第一，想象把外在感官获得的观念转化为内在观照的对象，同时可以对这些观念进行分解和重组，这个时候的观念变成了休谟所谓的反省观念，当然这个过程有时也与感觉交错在一起。第二，想象把直接欲望转化为内在情感，这是因为想象关注的是作为意象的观念，而非对象的实际存在，可以说想象把欲望形式化了，使人抛开了当下的欲望，反观心灵内在的运动。正如博克认为美感起源于爱，美感却不等于爱，美感是对爱进行反省而得到的情感。当杰拉德把科学当作趣味的对象的时候也是基于这种考虑，趣味的目的不是认识，而是反省科学研究中思维的巧妙运转，这等于说想象可以把几乎所有的思维和行为都形式化，以获得一种形式化的情感。第三，想象呈现为观念的动态推移过程，其分解和重组观念遵循某些自然秩序或者习惯，在具体情况下，符合秩序和习惯的想象令人愉快，但是适度打破秩序和习惯的想象反而能产生不同的愉悦，根据对象的不同性质和想象的不同方式，人们可以把美分为多种类型，如优美、崇高、新奇等。第四，想象可以由当前对象自由延伸到与其相关的其他观念，即联想，其他观念所引起的情感或具有的价值会使当前对象令人愉快，因而成为优美的、崇高的。

总结一段话：想象理论是 18 世纪英国美学的核心，凭借这个概念我们可以贯通这个时期所有美学家的学说，细细梳理下来，我们便可发现英国美学非凡的创造性，其中最显著的是美学家们运用这一概念第一次从心理学上完整地解释了美感的原因和规律。所以，通过想象的作用，18 世纪英国美学确立了审美活动和美学自身的独立性。至关重要的是：在美学家们把美确定为一种情感的时候，他们能够通过想象来清晰地描述情感的生成和运行规律，因此美学便具有了科学性。

三、想象的缺憾

想象的地位是如此重要，循着这个概念，我们可以把 18 世纪英国美学的许多内容勾连起来，形成一个完整的体系，但这套体系也不是没有问题，当然在这些问题的驱使下，美学家们会提出更具新意的观点来。

尽管想象化解了许多困难，但总体上说，这是一种形式主义的理论。这里所谓形式主义不是指英国美学仅注重描述审美对象的形式特征，而是指一种心理学的形式主义，具体而言，是美学家们把审美活动描述为一种纯粹的、甚或机械的心理活动，这种心理活动可以不带有任何认识和道德色彩。想象最能代表这种心理活动：想象把对象转化为内在观念，并在观念之间进行时间和空间上的运动，由此产生的情感也可以不带有任何价值色彩。

这一倾向就始于哈奇生，他的美学中几乎不包含想象理论，不过要顺畅地解释内在感官和寓于多样的统一这样的概念也迫使美学家们必须运用想象理论。因为，哈奇生虽然可以通过现象上的比较来说明内在感官或趣味的直觉性，却不能解释其中的规律，要确定内在感官的性质和作用，他只能从对象的性质来描述，而这种性质便是寓于多样的统一。这种性质本身与对象的价值毫无必然联系，只涉及其形式特征，而这种特征也无非就来自毕达哥拉斯以降的比例说。同时，他所确定的那种非功利情感在很大程度上只是说明与个人的欲望和利益无涉，但不包含更多积极的意义。此外，哈奇生还把趣味与理性认识相区分，甚至一定程度上是相对立的，这也会导致审美情感显得空洞而贫乏。

哈奇生的内在感官学说此后并没有受到很大的重视，想象理论大行其道，但美学家们仍然沿袭了经验主义的方法，也就是把想象看作观念之间的联结关系，而我们可以观察到，这些关系一定程度上可以说是数学关系和几何关系。这一点在杰拉德那里体现得非常明显。有了艾迪生的开创和休谟所提供的丰富探索，杰拉德第一次系统地勾画出想象理论，并以此来解释各种不同类型的美。对于美感而言，想象有两个重要的意义：一是想象激发心灵想要克服困难并获得成功感的欲望，二是想象为情感的运行提供了路径，并使其表现为不同的类型。对于第一点，杰拉德没有发掘更深的意义。在他看来，活跃的想象也许只是心灵的一种娱乐或者游戏，以排遣千篇一律的沉闷；就像绅士们钟爱的打猎，轻易捕获的猎物显然不能提起人的兴致，只有扑朔迷离的追索才让人乐此不疲。对于第二点，也就是想象在观念间推移的方式，杰拉德主要依靠数学和几何的方法来解释。新奇之所以让人快乐是因为这样的对象打破常规，使想象需要克服困难才能适应，而至于新奇可以产生多大的快乐则取决于新奇的程度。这里的问题是：新奇之为新奇指的是对象的何种性质，是价值上的还是形式上的？杰拉德无疑认为是形式上的，因而新奇程度取决于其偏离常规的多少，这样我们便可以理解哈奇生为什么说美的对象应具有寓于多样的统一这种特征。一致是常规，是让想象形成习惯的原因，而多样则是新奇，是适度打破常规或习惯的因素。对崇高感的解释更能显示杰拉德的形式主义倾向。他说崇高的对象有巨大和简单两个特征，也就是巨大的整体对象是由等量的单位构成才显得崇高。例如，军队之所以显得崇高就是因为它由众多人构成，而且服饰一致、队列整饬。最令人惊讶的是对人的崇高品质的独特理解：英勇的品质之所以让人感到崇高是因为人们想到具有这样品质的人仿佛是个征服者，战胜一个又一个敌人，征服一个又一个国家，最后君临天下；一个人具有仁善的品质令人景仰，是因为人们想到他的恩惠广施众人，不胜枚举。如此一来，杰拉德就把崇高的对象转化成了时间和空间上可以量化的观念。

当然，这些理论并不是杰拉德和其他美学家思想的全部，但的确是他们最具代表性的理论。由于依赖于外在对象的特定形式，所以有些美学家的具体观点与传统的比例说仿佛并无不同，只不过是从心理学的角度加以说明而已。但也必须指出，对于心理效果的强调也确实让人们对审美对象进行重新观察和规定。总的来说，18世纪英国美学突出了多样和变化，同时也削弱了比例和规则的地位。艾迪生把新奇列为一种美就是一个开端，而新奇本身就强调了多样和变化。虽然包括他之内的许多美学家对新奇这种美颇有微词，但若是缺少了新奇，其他类型的美就简直无法理解，也许新奇本身没有很大的价值，但它有助于增强优美和崇高这些美感。荷加斯在《美的分析》中用插图的方式几乎是羞辱了人们通常所持的比例和对称等观念，如果没有变化，比例和对称甚至比丑还要令人反感，至少丑的东西还能表现某些特征。在博克那里，比例和规则观念被驳斥得体无完肤；相反，对象的具备特征得到了强化。到了18世纪末，吉尔平、普莱斯等人提出了画意这个概念，用事实雄辩地证明，自然界几乎不存在任何严谨的比例、对称和规则，而是到处都变幻莫测。他们尤其注意到光线对事物的影响，在一天的不同时刻中随着光线的变化，事物显得扑朔迷离，美轮美奂；即使是像建筑、雕塑这样的艺术作品也是新不如旧，整齐明亮的建筑看起来刻板呆滞，随着时光流逝，有些地方坍塌碎裂，表面斑斑驳驳，轮廓参差不齐，倒显得意味深长，引人遐思。

对于审美对象特征取向上的变化确实值得从多方面予以深究，尤其是18世纪末画意概念的流行与以华兹华斯和柯勒律治为代表的湖畔派诗人的崛起、以康斯太勃尔和透纳为代表的英国风景画的繁盛有着莫大的关系。然而，从英国美学的理论逻辑而言，对这些变化的理解仍然是出自想象对形式的把握方式，因为人的心灵先天地厌恶死板的规则，喜欢对象犹抱琵琶半遮面，带着好奇心去探索对象。如此说来，想象不关心对象的存在，似乎没有功利的考虑，但它也不愿意对观念或对象以及整个世界有实质性的理解和领会。综观 18 世纪英国美学，这样的形容固然是片面的，因为任何一个美学家也不会把美看得如此浅薄，将其看作是一种无关宏旨也无伤大雅的娱乐，虽然他们的理论免不了要得出这样的结论来。从荷加斯到休谟，再到杰拉德、凯姆士和艾利逊，都提到效用之美，也就是说，审美鉴赏的过程中人们会考虑到对象的形式与其效用的关系，或者说此一物作为彼一物的有效手段给人的快乐，例如休谟说，不管从形式上看一艘船多么不协调，但想到这形式有利于船快速平稳地航行，人们就自然会认为它是美的。但这样一来，审美鉴赏就必须有理性认识的参与，这与美学家们坚持的审美直觉性是矛盾的，无论是面对自然还是艺术作品，美学家都认为理性认识都妨害到审美鉴赏，因为理性认识会将一个完整的对象加以拆解，阻断了想象的顺畅运行，阻塞了情感的自由释放。休谟曾说，一个圆形本可以给人美感，但如果有谁把这个圆形分解开来，从个别性质上一探究竟，美感就立刻消失了。博克也曾讲，如果有人在看《奥德赛》时总是想到其中的航海路线是否正确，那就与审美鉴赏南辕北辙，丝毫体会不到崇高感。

不过，这里还是要刻意提醒一下，在《趣味的标准》一文中，休谟遇到艺术鉴赏的标准如何确定的问题时，在万般无奈之下，他指出艺术作品实际上都是由一系列命题和判断构成的，细心而有经验的读者看出艺术家的构思和手法是否合理，是否符合艺术法则，因此能证明读者在趣味上的选择是否高明，而在《道德原理研究》中，休谟也指出艺术美是建立在理性认识的基础上的，在体验到美感之前，接受者应该首先对作品描绘的事实有正确的认识，鉴赏的确与认识不同，需要直觉式的趣味，只不过鉴赏所面对的是已经明白的事实。同样，这些言论与18 世纪英国美学总体上坚持的原则是有矛盾的，但也可以看出，美学家们很难漠视理性认识对审美活动的影响，事实上他们接受的最大影响之一就是经验主义的认识论。然而，问题的关键不是这种难以化解的矛盾，而是理性认识的参与是否能改变英国美学的心理形式主义。

美学家们可以说想象的运行轨迹恰恰也就是理性认识的法则，正如凯姆士所指出的那样，想象总是要遵循某些自然秩序，而这些与认识的法则并不矛盾，只不过想象同时还能激发起某种知性的快乐来。休谟在讨论想象的时候也指出，观念联结遵循的自然原则有相似、时空接近和因果关系三种，而印象则更侧重相似关系，这些关系也与认识法则在很大程度上是重合的。他的怀疑主义指向外在世界是否存在和可知、人格具有同一性，但这些关系他是丝毫也不怀疑的。如果说想象与认识是一致的，那么想象就不必顾忌自己是否正确，因为自然的想象总是正确的，最终而言，认识并不影响想象，这最多也就等于表明想象活动是暗合了认识法则的。如果说想象与认识的关系像休谟所说的那样，想象并不关心知识是否正确是因为这种知识已经被理性证明是正确的，想象仅是反省知识中观念之间的巧妙关系，那么想象就是把知识也形式化了，而且此时的想象不会为理性认识增添什么意义，也不能突破理性认识法则。

实际上，造成 18 世纪英国美学这种心理形式主义的始作俑者恰恰是经验主义的认识论。霍布斯和洛克的观念论让后来的美学家找到了解决难题的诀窍，但也给他们带来了麻烦。经验主义力图把认识的对象分解为不可分的原子，然后再寻找这些原子的结合方式。霍布斯和洛克在认识的起点上就发现，以这种原子主义的方法，构成知识的最小单位只能是心灵中的思想或观念。这些思想或观念，正如霍布斯称其为映象或幻象，好像是照相机拍摄到的影像，它们来自对象但不是对象本身，而是通过感官这种特殊仪器被摄入心灵中的表象。任何东西都可以成为这种表象，而不仅仅是所谓的外观；人们可以打开事物的外观，但其内部构造在人心灵中同样也有表现。不管外在世界是什么样子，人就依靠这样一些碎片来拼凑他自己的世界。通过感官，人与其生活于其中的世界就保持着这样一种若即若离、似真非真的关系。休谟可以怀疑，但他只能这样生活，如果真的要保持理性的话，人自己倒觉得远离了自己的生活，寸步难行。

霍布斯和洛克的一个巨大贡献还在于，他们强调了这样一个事实，就人还以激情、欲望、情感等主观方式来领会事物及其观念。这一理论有其独到之处，但也同时存在一些隐患。首先，霍布斯和洛克的经验主义肯定人天生就携带着欲望，并由此产生痛苦和快乐的情感，这些情感促使人行动，非此人就不能生存，这是不可否认的事实。因此，欲望和情感是人一切行为的推动力。人的确有理性，但用休谟的话来说，理性也不过是情感的工具，欲望和情感促使人们认识世界和组织社会。他们强调欲望和情感的个体性和功利性，在 18 世纪孟德维尔仍为此辩护，这一点是美学家们难以接受的，因而需要提出一种与此相反的情感类型，而想象恰恰可以胜任。想象不关心对象的实际存在，只是在观念之间游戏，所生成的是一种内在情感。唯有博克继承了霍布斯式的功利主义，将崇高与美的根源视为社交情感和自我保存的情感。不过，我们也要注意，在博克那里，审美主体并不真实地面对社交的诱惑和生存的考验，而是站在旁观者的角度回味和欣赏真实生活的境况，享受着没有危险的生存游戏。实际上，霍布斯的情感理论并不像看上去的那么简单，由直接的自然欲望演化出了丰富多彩的人类生活，囊括了认识、道德、宗教、政治等领域，其中也包含了人生最深切的生存体验。然而，18 世纪英国美学的想象理论在抵制马基雅维利主义的同时，却没有吸纳更多积极的内容。这样一来，情感本身仍然是一种刺激—反应的行为模式，即使在美学中也仍旧如此，只不过这个模式变成了心理学模式。

经验主义揭示，情感的活动具有规律，这种规律与观念联结存在对应关系，没有观念支撑，情感就不能被激发也不能被传递和转化，这无疑为情感客观性提供了有力的支持，但是由于经验主义的方法试图把一切都还原为原子式的因素，因此情感也被如此对待。为了保证美学的科学性，18 世纪的美学家们过于依赖经验主义的原子主义方法，因此想象理论成为解释情感运动的基础，这样得到的情感就成为单纯形式的情感，甚至把霍布斯（且不说夏夫兹博里）情感理论中的丰富内容也被去除掉了，或者说情感的意义被狭隘化了。

包括经验主义在内的近代哲学本身带有主客二元论的特点，这既让人更清晰地认识了世界中的对象，也导致了人与世界的隔阂和分裂。18 世纪英国美学同样带有这种倾向，这种美学是以旁观者的视角来审视内心的活动的。作为这种美学核心的想象理论典型地体现了这种倾向，想象所面对的不是外在世界，而是人自己的心理世界，它一方面清晰地描述了情感的运行规律，也在一定程度上导致了人与自身的分裂。

想象一方面是一种能动的力量，可以随意和自由地改变外在世界和内心世界给它的观念，心灵在这个过程中享受着自由创造的快乐；另一方面想象也没那么自由，它服从某些自然秩序或是习惯的力量，人本身也不可控制想象运动，这样说来，想象又是一种被动、机械运动。那么，想象到底是自由还是不自由呢？我们可以联想到霍布斯和洛克以及休谟对自由的讨论。总体而言，他们对于自由的看法是类似的，即自由是人具有做或不做某事的能力，而能力不受人的主观意愿支配。有时人们看起来有充分的自由选择此或彼，实际上却是由于他需要他所选择的东西和行为，也就是说他还是受着某种必然的力量控制，这种力量通常就是某种欲望，如洛克所言，欲望会使人不快，"不快是动作的源泉"。所以，自由说到底是一个中性的概念，是指人客观地存在某种能力。如此说来，想象就无所谓自由和不自由，如果人们用的是通常意义上的自由，即知其不可为而为之，那么想象是没有自由的。在想象中，人们享受着美的快乐，这种快乐却只是一种幻象，不可能对实际生活有丝毫的改变。

第十六章
美与道德

想象理论是 18 世纪英国美学的认识论基础，它们提供了有效的分析工具，可以使美学家们清晰地描述审美经验的心理规律，虽然这种理论先天地遗传了经验主义的一些缺憾。不过，18 世纪英国美学的真正目的绝不止此。事实上，这种美学的重要目标在于道德，想象理论一定程度上是证明这个目标的工具。英国美学之所以将道德作为其目标，一个重要的原因就是反对 17 世纪经验主义哲学家们所宣扬的功利主义，这种功利主义在霍布斯那里登峰造极，到 18 世纪也有孟德维尔为之声张。经验主义在道德和政治上的功利主义主要是将个体的现实利益作为衡量一切价值的标准，也将其视为社会秩序的形成原因。霍布斯所说的也许是事实，却令人难以接受。1688 年光荣革命之后，功利主义也不再适合作为整个社会的意识形态，美学的兴起实在是要重塑意识形态。然而，如果美学要成为一门科学，而不是简单的道德说教，它就必须同时保证其前提的合理性和逻辑上的一贯性；既然 18 世纪英国美学在方法上继承了经验主义，它势必要面临这种方法带来的困境，所以它对于功利主义的转化或融合并不那么顺风顺水，甚至还可能作茧自缚。自然，我们这里关心的不是这种美学主张的观点是否能让人在情绪上接纳，而是要从理论和逻辑上来解析其合理性。我们看到，18 世纪英国美学并不是简单地反对和否认功利主义，而是试图在非功利性原则下将其驯服，整合到新的体系中；反过来，美学的非功利性原则也可能被解构，转化为另一种功利主义。

一、经验主义哲学中的功利主义

对于经验主义哲学来说，功利主义并不是一个陌生的概念，因为它在培根那里就已显露端倪。培根将经院哲学视为敌人，一个重要的原因就是经院哲学不能提供有用的知识，亦即给人类带来福利的知识。他曾举例说道，自己时代的英国之所以繁荣昌盛全赖伊丽莎白的渊深学问和广博知识，如此才得以对抗西班牙，称霸世界；历史上的亚历山大大帝战功显赫，也是因为他重用学者，发挥了从亚里士多德那里学来的科学知识。由此可见，"知识就是力量"。当然，培根也相信知识可以陶冶人的道德品质，也可以滋养信仰。《培根全集》的编辑者麦克卢尔指出，培根把"致用的自然技术"和理论性的自然哲学加以区分，并突出前者的意义，意味着"科学的革命"。[①]这意味着，培根强调自然科学的目的在于改造自然世界，为人类所用。当然，很难认为培根的思想是严格意义上的功利主义，更不是个人主义，但他对于人类现实利益的关怀却可视作功利主义的先声。

18 世纪末的边沁被视为功利主义的创始者，他的功利主义有两条原则：一是最大幸福原理，二是自利选择。通常，这两条原则被运用于法理学和道德哲学领域。如果从英国哲学的传统来看，边沁的思想实在是霍布斯和洛克思想的延续和提炼，不同之处只在于后两人没有运用过"功利主义"这个词。关于霍布斯和洛克的功利主义，本书的导论中已有叙述，但这里还是要从他们的哲学体系进行推演，以便更清晰地表明 18 世纪英国美学是如何反驳和转化此二人的功利主义的。

在近代，经验主义作为一个哲学流派与理性主义相对立。不过，从原则上说，两者并非势不两立。梯利在其《西方哲学史》中强调说："所谓唯理主义可以指这种态度，它肯定知识的标准是理性而不是启示或权威。从这个意义来看，一切近代哲学都是唯理主义的。"[②]"所谓唯理主义可以指这种观点，它认为真正的知识由全称和必然的判断所组成，思维的目的是制定真理的体系，其中各种命题在逻辑上相互联系。这是关于知识的数学式概念，几乎所有新的思想家都视之为理想。"[③]经验主义承认这两种理性，只不过认为绝对的知识是不可能的，而且知识的起源是后天经验，而不是所谓的先天理性；由于后天经验是无限扩张的，所以经验主

[①] 胡景钊、余丽嫦：《十七世纪英国哲学》，北京：商务印书馆，2006 年，第 70 页。

[②] 梯利：《西方哲学史》，葛力译，北京：商务印书馆，1995 年，第 283 页。

[③] 同上，第 284 页。

义同时也不承认知识能达到绝对的确定性。

实际上，导致经验主义与理性主义相互对立的是二者在研究领域上的差异。经过主体性的转向，经验主义者和理性主义者都认为知识是由概念构成的，不同在于理性主义者认为概念应该是完全抽象的，因而不受事物感性多样性的限制和干扰，这样构成的知识才是普遍和确定的，而经验主义者则不承认有完全抽象的概念，概念不过是表达具体事物的语词，所谓抽象的普遍概念不可能与具体事物相分离。当然这种差异又可以说是形而上学上的差异。对于构成知识所需要的逻辑，经验主义者则是不否认的，甚至承认这些逻辑的确是人先天的思维能力形成的，问题是这些逻辑在什么地方有效。在现实生活中，人们所见到的，头脑中所想到的，都是具体的事实，那种以数学为理想的纯粹逻辑在现实生活中恐怕难以找到用武之地，即使被用到也是模糊的。所以，霍布斯区分了两种知识：一种是学术知识，是人们用语言符号来进行推理的知识，以数学和几何学为代表；另一种知识是事实知识，其内容不是抽象的符号，而是具体的现象，这种知识可谓之生活知识。后来休谟也做了这样的区分，他称之为观念间知识和事实知识，他也承认前者是不需要以经验为参照，他找不到任何理由来怀疑这种知识的普遍性和确定性；关于事实的关系是所谓的因果推断，休谟看来则是不确定的，固然可以说因果关系的观念是人先天就具有的，但谁也无法肯定地预料未来发生什么；因果推断是发生在人心中的，自然要受到人的目的和心理状态的影响，理性的分析和推理只能给人一些信心，却不是决定人做出选择的唯一因素。

总而言之，理性主义者试图以理性思维的逻辑来构建自然知识，而经验主义者则要以人性的逻辑来理解人的生活。经验主义者也是理性的，但这种理性，正如布莱尔所说，就是"在实践中判断手段对于目的的适宜性"[1]，而非对外在对象进行客观描述。一切知识都要放在人求取幸福生活中来看待，否则就没有意义，也许人最终也不能得到确定而普遍的知识，但只要能有利于生活也就足够了。诚如洛克所言："理解的正当用途，只在使我们按照物象适宜于我们才具的那些方式和比例，来研究它们只在使我们根据能了解它们的条件，来研究它们；倘若我们只能得到概然性，而且概然性已经可以来支配我们的利益，则我们便不应专横无度地要求解证，来追寻确实性了。如果我们因为不能遍知一切事物，就不相信一

---

[1] Blair, *Lectures on Rhetoric and Belles Lettres*, London, 1783: 18.

切事物，则我们的作风，正同一个人因为无翼可飞，就不肯用足来走，只是坐以待毙一样，那真太聪明了。"① 人只能追求自己可以追求的幸福，也只能认识自己能够认识的东西，离开人的能力来认识和行动，就只能陷入虚妄和疯狂。

看到经验主义者对知识的态度，我们就不难理解，他们的哲学为何要从感觉开始进入人的心灵世界。感觉是人天生的能力，它们接受的是具体观念，由于积累而形成习惯和经验，这就是知识，凭借它们我们可以得到我们能够得到的东西。在经验主义者眼中，也许不存在纯粹的知识，知识总是要满足人的某种需要，霍布斯说，需要是一切发明的源泉。当然，经验主义必然要遭到怀疑，因为感觉一方面始终在变化之中，并不可靠；另一方面每个人的感觉也未必相同，但经验主义可以坚持说，生活中本来也就没有放之四海而皆准的规则，每个人都必须根据自己的经验和处境来安排自己的生活。可以说，经验主义在认识论上就表现出某种意义上的功利主义。

既然需要是一切发明的源泉，自然而然，人的需要本身就成为经验主义哲学的一个重要论题。毫无疑问，在霍布斯和洛克看来，人最基本的需要就是生存，霍布斯有言："著作家们一般称之为自然权利的，就是每一个人按照自己所愿意的方式运用自己的力量保全自己的天性——也就是保全自己的生命——的自由。"② 这种需要并不受人自己的控制。他们的分析留给读者的印象是：促使人生存下去的不仅是自然所提供的物质资源，更重要的是需要在心中所产生的驱迫力量，那就是快乐和不快；如果人没有知觉快乐和不快的能力，人的其他能力也就是多余的了。洛克说："因为上帝意在保存我们的生命，所以他要使许多有害的物体在接触我们的身体以后，发生了痛苦，使我们知道它们会伤害人，并且教我们躲避它们。"③ 没有快乐和不快就谈不上欲望，"因为欲望之起，既是由于我们在需要一种不存在的好事时，觉着一种痛苦，感着一种不快，因此，那种不存在的好事就是一种安慰物；在那种安慰达到以前，我们就叫它欲望"④。

值得注意的是，在这里可以推断出这样一些结论来。首先，有欲望是因为想要的对象不在眼前；经验主义的认识论让洛克和后来的哲学家深受其害，因为从

① 洛克：《人类理解论》（上册），关文运译，北京：商务印书馆，1983 年，第 4 页。
② 霍布斯：《利维坦》，黎思复、黎廷弼译，北京：商务印书馆，1985 年，第 97 页。
③ 洛克：《人类理解论》（上册），关文运译，北京：商务印书馆，1983 年，第 95 页。
④ 同上，第 221 页。

中人们只能得到一些观念，而无法得知外物的存在，但是欲望或者不快则让人确信外物的缺场。因此，怀疑论只能从情感的角度来排除，而从认识的角度则无能为力。其次，既然好事的不存在让人感到不快，那么快乐或不快是与外物是否对人有利相关的，洛克说道："事物所以由善、恶之分，只是由于我们有苦、乐之感。所谓善就是能引起（或增加）快乐或减少痛苦的东西；要不然它亦得使我们得到其他的善，或消灭其他的恶。在反面说了，所谓恶就是能产生（或增加）痛苦或减少快乐的东西；要不然，就是它剥夺了我们的快乐，或给我们带来痛苦。"[①] 当然，应有之义是：他人的行为是善或恶也应是其结果是否给自己带来快乐或痛苦。也许有人认为，单凭苦乐情感一个人不可能知道什么对他真正是善的或恶的，有时候给人快乐的往往是不利的东西，而给人痛苦的未必是不利的东西，正所谓良药苦口利于病。对于这一点洛克给予的解释是：相较于苦口良药给人的痛苦，病痛之苦大概要强烈得多，对死亡的恐惧应该是最令人痛苦的，两痛相权取其轻，人必定要以其他方式来消除当下最强的痛苦。的确，无论是洛克还是霍布斯从来没有完全否认理性的作用，只不过理性充当的仅是手段的作用。同时，后来的休谟对此亦有更精彩的论述，这里无意赘述。

霍布斯与洛克在细微的地方有所差别，但总体的思想是一致的，那就是善恶与欲望有关，而情感是对欲望的感觉，因此情感也是对善恶的判断。而且，霍布斯更强调了欲望和情感判断的个体性："任何人的欲望的对象就他本人说来，他都称为善，而憎恶或嫌恶的对象则成为恶；轻视的对象则成为无价值和无足轻重。"[②] 如果把欲望和情感表达出来，都可以用直叙式的语言，即"我爱""我怕""我快乐""我斟酌"等。当然，从认识论的角度来看这一点是自明的：每一个人都只凭借自己而不能假借他人的感官来获得快乐和不快，也就无法得知一物是否对他人有利，所以关于外物的善恶之分也都只能由自己来判断。

然而，霍布斯的最伟大之处在于他是把欲望置于社会语境中来看待，精辟地阐述了个人欲望在建立社会和国家过程中的重大意义。社会或与他人的交往极大地改变了自我保全这一自然欲望的运作模式。一方面，直接肉体欲望的满足不再是个人生活的唯一目标；另一方面，人必然在社会道德法则中处理与他人的关系。当然，这两方面都与自我保全有着直接或间接的关系。

---

① 洛克:《人类理解论》（上册），关文运译，北京:商务印书馆，1983 年，第 199 页。
② 霍布斯:《利维坦》，黎思复、黎廷弼译，北京:商务印书馆，1985 年，第 37 页。

对于人类欲望的本性，霍布斯有一句话鞭辟入里："人类欲望的目的不是在一项间享受一次就完了，而是要永远确保达到未来欲望的道路。因此，所有的人的自愿行为和倾向便不但是要求得满意的生活，而且要保证这种生活，所不同者只是方式有别而已。"[1]质言之，人的欲望是永远也不会满足的，因为想要保证满意的生活是永远也不可能的。对这种恒久欲望造成障碍的因素一个是自然资源的有限性，另一个是他人的竞争，第一个因素自不必讨论，重要的是第二个。按照霍布斯的逻辑，在自然状态下，人与人相互平等，至少每一个人自认为如此，不允许别人超过自己，所以人与人相互竞争，为了避免受制于他人，每一个人都先发制人，用一切暴力手段来消灭或统治他人。这样的结果便是人人自危，两败俱伤，但人的理性又必然要寻求和平，以保卫自己，但和平必定要付出代价，就是自愿放弃一定的自然权利，来达到相互的和解，这就是契约。霍布斯的逻辑是：一旦要建立契约，人们就必定会寻求树立一个所有人都难以撼动的权威，否则契约必不稳固，因为如果只是少数人建立契约，追求相互平等，就会重又陷入竞争状态。这个团体之外的更大的团体必定恃强凌弱，要消灭和统治他们，老子梦想的小国寡民的社会是不可能存在下去的，所以人们必须要树立一个共同的权力，亦即形成稳定的法律，使其他人都服从于它，才可能永保和平。霍布斯以为，这个共同权力也最好是赋予一个人，以避免权力内部的相互竞争，这就是君主国家的政体。

我们现在要关心的是：在社会和国家形成之后，在法律和道德确立之后，人们又是出于什么样的动机，如何来评价道德法则，如何与他人相处，以什么样的方式来满足自身的欲望。可以肯定的是：在此之后，社会和国家必定不会是太平无事，因为人们仍然会"利用一切可能的方法来保卫我们自己"，只不过不再使用暴力手段，否则霍布斯就不会提出品行这一概念了。这个概念指的是"在团结与和平中共同生活的人类品质"，这些品质又可以"权势"一词来概括。对于权势，所有人都"得其一思其二、死而后已、永无休止"地追求，"因为他不事多求就会连现有的权势以及取得的美好生活的手段也保不住"[2]。看来，在所谓的文明社会中，人类之间也不是其乐融融，即便有了法律和道德，人与人之间的竞争关系也仍然存在，而法律和道德只是保证这些竞争不要造成无谓的伤害，至少保证给人的好处大于其遭受的伤害。一旦法律和道德确立起来，人们就立刻知道要

① 霍布斯：《利维坦》，黎思复、黎廷弼译，北京：商务印书馆，1985 年，第 72 页。
② 同上，第 77 页。

遵守它们，但遵守的动机仍然是自我保存，如洛克所言："人们所以普遍地来赞同德行，不是因为它是天赋的，乃是因为它是有利的。"① 所谓良心是有的，但也"只是自己对于自己行为的德行或堕落所抱的一种意见或判断"②，也就是说，对于遵守和违反法律和道德的行为，最终还是要付诸情感来判断，不管其中会运用多少理性。后来休谟也发展了契约论，提出他的道德理论。在他看来，有些德行是自然的，正义这样的德行则是人为的，但即使是人为的，一旦确立起来人们就自然地产生一种要服从它的情感，也就是说需要一种道德感，比如说对恪守德行的人的尊敬和破坏道德法则的人的憎恨或恐惧，单凭理性无法定义一种行为是否是正义的。不过，在霍布斯和洛克看来，要让人心甘情愿地服从道德规则、维护公共利益大约是比较困难的，一方面他们承认情感的力量（至少隐秘地透露了这层意思），虽然是出于对自我利益的感觉。另一方面也需要有奖惩的措施，让遵守者确信他会得到利益，让违反者受到应有惩罚；至于谁最有权力来执行这赏罚，霍布斯认为是国家这个巨灵，而洛克则在此之外还求助于上帝。

如果我们拿霍布斯和洛克的政治和道德学说与边沁的功利主义原则相比较，轻而易举便可发现他们之间的共同之处。首先，社会秩序形成的根源是人的自私以及由自私达成的妥协。其次，霍布斯和洛克同样承认有公共利益，也就是社会成员的最大利益，虽然实现这种利益的动力仍旧是人的自私本性。再次，但也不是不重要的一点，即道德判断是一种情感判断，虽然不排斥理性的辅助作用。

二、夏夫兹博里与非功利性原则

在康德那里，非功利性或无利害性原则只属于审美领域，但这个原则的起源其实是在道德领域中，18世纪英国美学兴起的契机恰恰就是夏夫兹博里在道德上的反功利主义。

夏夫兹博里提出这种主张自有其社会历史背景，却也由此提出一套系统的思想，虽然他本人极其厌恶系统的哲学。他抓住了霍布斯和洛克功利主义的一点要害，那就是：如果善恶是由个人的利益好恶决定的，那么一个社会中就难以形成普遍的道德准则，而且由此以往，他们关于人性、社会、道德、宗教的一系列学

① 洛克：《人类理解论》（上册），关文运译，北京：商务印书馆，1983年，第29页。
② 同上，第31页。

说都无法立足。

在人性方面，夏夫兹博里提出了一个不可否认的事实，即人类两性之间都乐于交往，他们都不求回报、无怨无悔地养育自己的后代，甚至其他动物也是如此。如果人类是自私的，他们就不会向任何他人示爱示好而不为自己打算，也完全有理由抛弃子女，任其自生自灭；如果不是这样，那他们天生就不完全是自私的，而是还有爱同类的本性。霍布斯可以说，两性之间所以交往是因为人天生有情欲，他们这样做只是为了满足自己的欲望，让自己生存下去；养育后代不过是为了让后代回报自己，不至于最后老无所养。而夏夫兹博里则说，不管是不是为了自己，但结果是由于两性天生相互吸引，养育后代，才使整个人类繁衍生息，看来上帝赋予人类这种欲望和倾向不是为了某个个体，而是为了人类整体，纵使个体没有意识到这一点。所以夏夫兹博里确信，人天生就怀有一种社交情感或自然情感（social affection or natural affection），因而爱异性、爱后代，也爱同类，由此人类才建立密切关系，能够构成社会。

霍布斯还可以提出反驳说，两性交往、养育后代毕竟范围狭小，不足以解释同类间陌生人的交往关系，一个人如何能体会到其他人的利益和爱好呢？同时，如果上帝使个人的行为符合整体利益，而个人却感觉不到，那就是盲目的行为，因此不能说明个人有意识地为他人着想，为整体利益着想。还有，如果遵守道德法则而得不到任何好处，甚至还反害自身，那谁又会遵守呢？即使建立了社会，制定了法律，难道不还是有人处心积虑要谋取私利，若不是树立绝对权威，严加制裁，让他知道所受之害甚于所得之益，甚至要发明出明察秋毫的上帝，告诉他今世之恶虽未得报应来世也将遭受更残忍的刑罚，让他心怀恐惧之心，还有谁会安心服从法律和道德呢？夏夫兹博里则可以回答，自私之心也是人之天性，但也仅为了让个人生存，如果他无力生存，人类也将覆灭。人们遵守法律和道德必定是有好处的，但谁又会认为那好处立刻就得到实现呢？既然当下看不到好处，那就说明人们不全是为了好处而行善的；也许有人认为行善是为了自己更大的好处，但是如果一个人连当下的好处都不能有望得到，他还会谋求长远吗？相反，正是因为有人自私自利，巧取豪夺，法律和道德才屡遭侵犯；尽管如此，社会秩序也仍然总体上得以维持，难道这不是人们为了整体利益而做到的吗？霍布斯本人也承认，从未有哪个社会事实上陷入"每个人与每个人的战争"。夏夫兹博里戏称，霍布斯如此毫不隐讳地揭露人性之丑恶，难道不是怀有恻隐之心，恐怕其同类受此伤害？

为了证明社交情感的先天性，夏夫兹博里提出了目的论的形而上学，这与霍布斯和洛克的思想截然不同。通过科学研究，人们可以发现，在自然界没有哪种物质和生命是多余的，它们共同构成了整体的自然界。物种之间相互依赖，相互促进，使自然界得以和谐运转。在一个物种内部，个体与个体之间、个体与整体之间也相互依存，没有整体，个体无法生存；没有个体，整体也无法延续。从一个个体生命来看，它的身体构造也同样被设计得恰到好处，既无缺失，也无累赘，以保证它能够自我维持。由此可见，自然界，乃至整个宇宙是一个整体，而之所以为整体，是因为其中必定存在一个精神性的目的，如此才能维系整体的运转。目的因同样存在每个物种和个体生命当中，只不过有些地方是外在目的，有些地方是内在目的，人作为一种有灵的生命，兼具两种目的。正因有了这样一种精神性的目的，整个宇宙才不仅是一个物质的、机械的构造，而是一种有机的存在。同样，人也不是一种物质存在，而且更有其精神性的生命，人类社会也不能被归结为一种机械构造，而是由一种精神性的纽带凝聚在一起，这就是社交情感。当然，由目的论还可以引出另一个重要结论来，即道德上的善恶标准绝不只是个人的利益。

夏夫兹博里起码有一点是与霍布斯相似的，那就是善恶是情感判断的结果，善令人快乐喜悦，恶令人痛苦厌恶；如果一个人没有感情，对任何行为都无动于衷，那就等于没有判断善恶的能力。但问题是，如果善恶不以自我利益为参照，人们又如何能判断它们？但在夏夫兹博里看来，善恶并非抽象观念，它们就体现在一个人的行为举止当中，我们看到一个人做了有利于他人的事情，给他人带来福利，我们就判断他的行为是善的，反之为恶。人们会进一步问，那福利并不发生在我身上，我如何能感觉到呢？夏夫兹博里说，人有一种先天的直觉可以感觉到，这就是他所谓的内在眼睛，即使他人的行为不会给我带来一点好处也不造成一点伤害，我仍然能体会到这行为带给我的快乐和厌恶。但人们还可以问，如果那个人只是想收买利用他人，以为自己得到更大的好处呢？夏夫兹博里可以回答，如果最后他人受到了伤害，我到时必然会改变我的态度，由爱转恨，而且因为我受到了欺骗，我的恨比之前更甚；相反，如果看到一个人暂时给他人带来小小的不幸却最终给他人带去更大的福利，我倒会更加敬重他。

然而，夏夫兹博里并不想单从结果来定义善恶，他更看重的是行为的动机，他是一个典型的动机论者。的确，有人会施小善而为大恶，但任何人都有情感，他的行为也都发自情感，所以决定这个行为之为善或恶的原因乃是动机，他所谓的内在眼睛一定程度上也是面对动机的。当然，人们立刻就产生疑问，人们怎么可以看到他人内心的想法呢？夏夫兹博里会说，任何情感都会表现在一个人的举手投足、容貌表情上，根据这些外在表征人们立刻就能直觉到其内在的情感。确实，这种直觉也许是错的，但至少人们是根据其动机来判定善和恶的，否则的话，就连善恶是什么都不知道。退一步讲，即使我们不知道他人的真实动机，但至少知道自己的动机，即我们做一件事或评判别人的行为是出于自我利益还是他人和整体的利益，如果是前者，那我们就是善的，并令我们快乐；后者则是恶的，并令我们自责或羞耻。以此类推，如果有人出于自私的情感而对他人行善，那他也是恶的。

如果我们只看重行为的结果，那我们就是在强求人们去做他们不可能做到的事情，因为人们的行为始终受到各种因素的干扰，使他的动机难以完满地实现。我们有些时候也不能正确地领会别人的处境和他的需要，但只要我们是出于对整体和他人的爱，客观地做出判断，他人也必能领会我们的善意。如果我们只看重行为的结果，并始终以自己的好恶来行事，那么善恶就没有任何标准，因为每个人对结果的看法总是有差异，我们的好恶总是随环境的不同而变化，而且由此我们就无法同他人交往，也不会形成任何道德规则；反过来，人们之所以愿意遵守道德规则，不是出于私利，而是出于对道德规则的尊重、对同类的爱。基于这样的理由，夏夫兹博里对霍布斯和洛克的赏罚论提出激烈的抗议。如果行善是为了奖励或避免惩罚，那就等于行善是一种交易，人们就会因需要的变化而随时随地改变自己的善恶观念，而且在这种情形下，没有人能安心生活，因为他总要提防别人如何算计他，要实现真正的和平就几无可能。另外，霍布斯和洛克那里的上帝，也担负着实行赏罚的角色，这就是宗教的作用之一。在夏夫兹博里看来，这样的上帝大约总是怒气冲冲，并不仁善，而真正的教徒只会非功利地爱上帝，赞美他完美设计宇宙，赋予人类以生存能力，指明幸福的方向，因而遵行上帝赋予他的职责，即爱他的同类。

夏夫兹博里遭遇的最大质疑就是：既然人性本善，热爱同类，尊重道德，那又是什么原因导致有些人作恶的呢？夏夫兹博里的回答是：过分的自私感情，这些人利用他人的利益和善意来满足私欲，而且既然人们认为这就是恶，那就证明人们的善恶之心是很分明的。实际上,作恶之人也不会得到真正的快乐,因为他总是要担心别人会发现他的恶意,遭到别人的报复。最重要的是:他始终会受到良心的谴责而惶惶不安。人天生有自私感情,也有社交情感,它们在人类生活中各司其职,如果越出一定的界限都会造成恶行,就如一个母亲爱自己的孩子是自然的,但如果娇生惯养、溺爱无度,那只能带来反作用。

所以,我们也要注意,夏夫兹博里固然重视情感的作用,赞成善恶给人快乐和痛苦,但他绝不认为直接的苦乐就是善恶的标准:"让我们真正地面对自己,并诚实地承认,快乐不是善的标尺。因为当我们仅仅顺从快乐的时候,我们会讨厌变来变去,此时热烈赞成的东西彼时就加以谴责;当我们顺从激情和单纯的性情的时候,从不能公平地判断幸福何在。"[1]一个成熟的人对善恶的判断不应该是无意识的直接反应,而是基于对善恶的清醒认识做出的判断,而对善恶的认识只有在不断的反省之中才会成熟起来,直至运用自如,成为一种第二天性。这样的认识和反省不是理性的计算,而是不断地观察自己在面对自己和他人的行为时,自己在情感上的反应是否真的恰当,如夏夫兹博里自己所说,让情感成为情感判断的对象。比如,当我们幸灾乐祸时也许觉得有一种快乐,但我们也可以再次体验这种快乐或者站在他人立场上体验这种快乐,在这样不断的反省当中,我们的情感就会变得理智、客观,进而成为一种习惯,可以直接指导我们对自己和他人行为的判断。所以,真正的德行不是盲目地行动,而是时时反省自己的动机是否符合人的自然天性,让两种情感在心中和平相处,陶冶成一种善良、平和、宽容的性情,培养对善恶美丑的判断力,以高雅的行为举止与他人相处,这才形成一个完善的人格。这是夏夫兹博里哲学的最终目的。

这一切也都可以与夏夫兹博里关于人性的观点联系起来。霍布斯以及洛克认为,人的本性就在于趋乐避苦。夏夫兹博里同样认为这是正确的,但关键问题是:人追求的究竟是什么样的快乐?如果人所做的一切都是为了自我保存,那么在霍布斯看来人所求的快乐,一个是肉体欲望的满足,另一个是统治他人。夏夫兹博里没有否认肉体欲望的满足给人快乐,但他坚决反对这种快乐就是人追求的真正目的;单纯的肉体欲望的满足谈不上好和不好,不过是维持生存的一种手段,而不是人所有意识地追求的快乐。人的肉体欲望毕竟有限,得到满足之后就很难再

---

① Shaftesbury, *Characteristics of Men, Manners, Opinions, Times*, ed., Klein. Lawrence E., Cambridge: Cambridge University Press, 1999: 138.

有更多的快乐，此时强迫一个人吃喝就等于让他痛苦。如果一个人沉溺于酒肉，伤害了身体，到最后他一见到这些东西就会大倒胃口，避之唯恐不及。有的人暴饮暴食，倒可能是心灵的空虚无法填补造成的。如果这时他找到了满足这种空虚的方法，他就会慢慢放弃这种不良嗜好，这样的方法就是对知识的追求。探索永无止境，由此他得到的快乐也会与日俱增，事实上也的确有很多人迷恋于此，虽经历许多磨难也终不放弃，这一点连霍布斯也是承认的。

对于统治他人能带来快乐，夏夫兹博里同样表示怀疑。一个始终想着要算计谋害他人的人，大概也会想到他人也正如此对待自己，处于这种情形中有何快乐可言呢？哪怕其他人迫于你的威势臣服于你，他也未必真的会为你着想，反倒时刻想着有一天要推翻你、统治你，反过来你自己也终日担心他如何背叛出卖你，时刻提防猜疑他，想尽办法威逼利诱，他稍有不从你就暴怒憎恨，此间又有何快乐可言呢？事实上，任何人都试图得到他人的善意对待，希望别人信任他，也希望信任别人，在相互友爱中得到温暖，就连那些十恶不赦之人也要信任几个帮凶，知道众叛亲离的结果。不过，一个作恶的人恐怕最终也找不到可以相互信赖的人，所以作恶之人未必有什么长久的快乐；反过来，一个仁善之人内心必定是快乐的，因为他终将得到他人的信任和尊敬，然而需要注意的是：夏夫兹博里并不赞赏上流社会的社交家，因为那里的人只是为了虚荣而表现出虚假的友谊。

在夏夫兹博里看来，精神性和社交性快乐一定程度上可以是统一的。一个人放弃物质享受，转而探求知识，他就会越来越多地发现自然世界和人类社会的秩序，他必定要赞叹造物主的智慧和仁善，因而更加热爱他的同类。同时，一个同情他人、热衷于公共利益的人也必不会沉溺于物质享受，因为那种快乐无法真正与他人共享，而由自然的社交情感而来的快乐，"就是通过交流来享受善，通过反省或通过分享他人的善而如其本然地接受善，愉快地意识到对他人实实在在的爱，对他人名副其实的尊重或赞许"[1]。

对功利主义的反驳为夏夫兹博里的美学铺设了重要的基础。美在夏夫兹博里哲学中的地位很是重要，他整个哲学的目的指向伦理学，而审美无疑是陶冶道德情操、培养完善人格的重要手段。艾迪生说想象快感既不似感官快感那么粗鄙，也不像理性认识那么艰深，能把人轻易引向一种精神性的娱乐，因而避免了道德

---

[1] Shaftesbury, *Characteristics of Men, Manners, Opinions, Times*, ed., Klein. Lawrence E., Cambridge: Cambridge University Press, 1999: 204.

上的堕落，一定程度上这也表达了夏夫兹博里的想法。

夏夫兹博里说，人天生就对某些形式具有选择倾向，一个懵懂无知的儿童就喜欢规则的形状，避开混乱无序的东西，这证明人天生就爱美。这与霍布斯的理论无疑是相对立的，霍布斯认为人们只有知道一物对人有利才将其外表定义为美的，但这个说法很成问题，一个儿童甚至是一个成人也不一定直接知道什么有利什么有害，却立刻就判断出这个美那个丑，所以最初的美丑观念与肉体欲望和自我利益没有关系。可以看出，在夏夫兹博里那里，爱美代表了人先天地对非功利快乐的追求，同时这也表明他对美最基本的定义，规则的、富有秩序的形式。

然而，这也仅仅是最基本的看法，因为由此得来的美感是无意识的反应，虽然其中包含了人最自然的天性，但毕竟不是能动的判断，而且这种反应很容易受到各种干扰而变得扭曲。正如对善恶的判断应该基于理性认识，因此可以使自然情感得以稳固坚定，不至于让其为偶然的感官欲望和自我利益所动摇，对美丑的判断也是如此。最初的美感依赖于物质形式，因而容易让人误以为外在形式越丰富、越亮丽就越能享受到美感，但最后会适得其反，让人丧失真正的美感或趣味，因为物质形式总是有生有灭、变化不定，由此感官也因强烈的刺激反应而变得脆弱迟钝，非更强烈的刺激不能满足，如此恶性循环，人就沉溺感性形式的刺激不可自拔，被其俘虏，失去了自由，而失去自由将是最大的不幸。

所以，美离不开物质形式，但也不能完全依赖于物质形式。为此，真正的美感也必须建立在理性认识的基础上，也就是美感应该不仅知其美，而且也知其所以美。当然，还是要提醒一下，所谓的理性认识并不等同于数学式的计算，因为从目的论的角度来看，整个自然世界和个别生命体的本质并不在于其机械构造，而是部分与部分、部分与整体之间的目的关系。正如在康德的哲学中，目的关系不能在纯粹理性中得到理解，而属于实践理性的范围。在夏夫兹博里那里，对自然世界和人类生活的认识就是对其间所包含的生命和精神的体验、同情、领悟，如他自己所说，这能让人处于一种"理智的迷狂"状态中。以这种角度来理解，每一种形式背后总是隐藏着某个意图或设计，如果我们直觉到这种形式是美的，那么其原因必然是这个意图或设计，正如我们认为像雕塑、金币这类东西是美的，并不是因为它们由贵重材质制成，而是因为其中包含有艺术。把这个思路扩大一下，如果我们发现自然世界存在规律和秩序，那我们就必然会想到它们一定是出自某种至高无上的精神，因而我们会认为整个自然世界就是美的。缺少了意图、精神这类因素，任何形式都是物质的，不是真美："美、漂亮、标致，从不在物质中，而在艺术和设计中；从不在物体自身中，而在形式或形成力中。只有心灵才能形成它们。缺乏了心灵的东西都是令人恐惧的，而无形式的物质本身就是残缺的。"[①] 这样我们就可以理解夏夫兹博里提出的三个层次的美，即僵死的形式；具有灵性生命的心智，即有形成能力的形式；最高的创造一切生命的精神，即最高的形式。依此理解，在所有事物中，人及其行为是最美的。

当然，人不是在任何情形下都能这样理解美，而是需要一种特殊态度，即非功利态度，人必须超脱于感官享乐、个人利益，才能真正地享受到美。如他举的例子，一个安闲地躺在海边岩石上的牧羊人比一个舰队司令更能感受到大海的美。如同对善恶的判断一样，审美判断也需要理性的参与，需要把自己置于一种客观公正、不偏不倚的位置上。实际上，在夏夫兹博里看来，美与善就是同一的，因为一个爱美的人，就是喜爱事物中富有秩序的、和谐的形式，他看到的不是事物的某个局部特征，而是整体，就如一个有德的人也是站在维护道德规则、社会秩序的高度来评价自己和他人的行为和动机，所以增强人的审美趣味就必定能提升人的道德境界，进而有利于社会的完善："对无论何种秩序、和谐和比例的崇拜和热爱，自然地改良性情，有利于社交情感，并极大地有助于德行，德行本身无非是对社会中秩序和美的热爱。"[②]

夏夫兹博里与霍布斯几乎处处针锋相对，而与洛克的共同点也只在于宗教宽容和政治自由，相比之下，夏夫兹博里的非功利性原则就格外醒目。虽然双方在逻辑上并无明显的漏洞，但要评出谁对谁错却不是件容易的事情，也没有哪个社会偏执一端，也许人性本无善恶之分或者善恶并存，只是在不同的处境中形成不同的倾向。霍布斯也不会怂恿人人作恶，夏夫兹博里也不敢保证人人行善。不过，相比之下夏夫兹博里更重视审美和艺术的意义，在生命后期，夏夫兹博里越来越投入对艺术的研究中，并资助一些年轻艺术家的学习和创作。他的哲学意在培养一种道德情操，这个目的不能通过外在的强制（如赏罚）来实现，而是要触动人的心灵，把其中那自然的社交情感激发起来并保持下去；实现这一目的最有效的手段之一便是让人抛开私利，感受自然的和谐韵律，体会至高无上、大公无私的

---

① Shaftesbury, *Characteristics of Men, Manners, Opinions, Times*, ed., Klein. Lawrence E., Cambridge: Cambridge University Press, 1999: 322.

② 同上，第 191 页。

神性精神，从而沉浸到美的快乐之中。在社会交往中，人们可以用美的方式来博得他人的赞赏和尊重，使善意得到接受和传播，由此可以感受到相互友爱的乐趣。无论是面对宗教的狂热之病，还是政治的专制之害，人们都可以用艺术来调节和化解，因而形成一种自由、高雅的风俗。

然而，要认为霍布斯和洛克没有美学思想，也是不公平的。众所周知，由于清教伦理的影响，洛克鄙视艺术，但霍布斯在文学上造诣颇深，晚年还把《荷马史诗》译作英文，他关于艺术中想象和判断力的观点也为人所知。不过，这里强调的是：在霍布斯的哲学中，美学（不是艺术理论）理应占有一席之地。按照他的政治学逻辑，人类结成契约建立社会和国家之后，法律应严禁任何人对他人施以暴力侵犯和人格侮辱，但他很清楚，人性中自我保全、相互竞争和统治他人的倾向绝不会偃旗息鼓、销声匿迹，还是要通过其他非暴力的、非物质的方式表现出来，在情感上折服他人，获得尊重和荣耀。毋庸置疑，这种方式一定程度上就是美的。当然，这是一种功利主义美学，而且在 18 世纪暗中得到延续。

三、非功利的功利性

无论从哪个方面来说，夏夫兹博里的美学都以非功利性为原则，他的目的论、情感论、动机论都有助于说明这一点。基于此，斯托尔尼茨认为夏夫兹博里开启了西方近代美学，至少 18 世纪英国美学是自他而开始的。几乎所有美学家都对美的道德意义有着浓厚兴趣，有些人甚至还提出道德美这个范畴，他们仿佛继承了夏夫兹博里的美善同一，细究起来却可发现事情没那么简单，他们并没有忠实地继承夏夫兹博里的衣钵。造成这种情形的原因并不复杂，那就是霍布斯和洛克的影响依然强大，一方面，是美学家们要从他们那里汲取认识论的基础和方法，要保证美学的科学性；另一方面，夏夫兹博里声情并茂的说教确实动人，但在经历了 17 世纪的动荡局势之后，很难有人相信夏夫兹博里的做法能彻底地解决问题，这让他的思想显得曲高和寡。

休谟说，他发现道德问题实际上是人们"应该"怎么做的问题，夏夫兹博里指明的是"应该"的方向，但现实生活事实上也许并不如此，况且夏夫兹博里的理论也不是无懈可击。夏夫兹博里提出的社交情感可以得到某些事实的支持，反过来霍布斯指出的人的自私本性也不是空口无凭。人的一切行为的确不单是为了满足口腹之欲，那种不计个人私利的快乐也并非没有根据，但问题是这种快乐在人的生活中究竟占据怎样的地位，是不是值得一个人放弃一切去追求？那种看似让人心醉神迷的迷狂在利害攸关的时候能发挥多大作用？单纯保持一颗仁爱之心就能现实地为整个社会带来福利，推动社会发展吗？人们创造的那些精美的艺术作品真的只是为了满足那种不求功利的乐趣吗？

休谟在霍布斯和夏夫兹博里之间采取了折中，人天性中有自私和有限的慷慨两种倾向。人不完全冷酷无情，对他人毫无善念，但人自身的先天能力无法让这种善念扩张得很远，他爱自己的家庭成员，也可以爱有血缘关系的亲戚，还可以爱自己的同乡，再远也可以爱自己民族的同胞，即使这样，爱这种情感也越来越淡。因为近在眼前的东西总是比抽象的观念要更容易生成强烈的印象，看到身边一个人遭遇险境，自己总不免有怜悯之情，而远在千里之外有人死于非命却不能对自己有任何触动。情感总要受到时空的限制。除了至亲之人，人们纵有仁爱之心也很难真正体会他人的内心。看到旁边一个人受伤流血，表情痛苦，这让我很是同情，但是痛不在我身上，我也只能想象自己在如此情形下感受如何，可是怎么也不会立刻就疼痛难忍，痛哭流涕。在休谟看来，人与人的交往依赖于同情这种特殊想象，把客观观念转化为生动印象，但这无论如何也不能在我心中复原他人的感受。亚当·斯密的说法也很有道理，人的同情是有条件的："虽然人类天生具有同情心，但是他从来不会为了落在别人头上的痛苦而去设想那必然使当事人激动的激情程度。那种使旁观者产生同情的处境变化的想象只是暂时的。"[1] 如果不与当事人处于同样或类似的情形中，也就是设身处地想象其情感发生的具体原因，我们就不可能做到真正的同情，甚至还可能做出错误的判断来，而且即使当事人和旁观者尽了各自的努力，也不可能完全感同身受，双方只能根据一般的习惯来客观表达自己的看法。所以，同情或者社会交往是离不开具体情境的，就像艺术表现一样，尽量地描述事情的来龙去脉，条理地刻画众多细节，才能打动人心，如果诉诸抽象的概念和精密的推理，就是再真诚的情感也无以传达。

说起来，休谟和亚当·斯密的同情理论是符合夏夫兹博里的思想的，夏夫兹博里也是希望人们培养一种客观的情感反应能力，但是由于休谟和亚当·斯密并不认同夏夫兹博里那种毫无限制的社交情感理论（以及作为这种理论的目的论形

---

[1] 亚当·斯密：《道德情操论》，蒋自强、钦北愚、朱钟棣、沈凯璋译，北京：商务印书馆，1997 年，第 21 页。

而上学），也由于他们继承了经验主义的认识论而坚持想象理论，所以他们仍然存在巨大分歧。当然，最大的分歧就是休谟和亚当·斯密丝毫没有否认人的自私本性在社会中的积极意义。他们的理由是：如果不是为了获得个人的幸福，即舒适的享受、高人一等的地位、他人的羡慕和尊重，人们就不会焕发出积极创造的活力，也不会为整个社会增加财富。他们也并不认为追求个人的幸福就必然牺牲他人的利益，比如一个人赢得财富不依靠窃取他人的财富，而是依靠自己的劳动、节俭和创造。就连极力拥护夏夫兹博里的哈奇生也这样说："由于财富和权力甚至是最大德行和最慷慨行为的最为有效手段和最有力工具，把对财富和权力的追逐谴责为非高尚品质的某些避世道德家的理性推论是多么软弱无力！只要目的高尚，对它们的追求就是值得赞美的；当体面的机会带来了财富和权力时，对它们的忽视是一种真正的软弱。"夏夫兹博里应该不会反对这样的言论，但也绝不会把财富和权力视为幸福的必要条件，或者认为拥有财富和权力本身是一种真正的幸福。

对于什么是美，休谟的论述非常复杂。他既赞成哈奇生的内在感，但在具体分析时又多用想象论，而且还运用了联想和同情等概念。当然，我们也可以用哈奇生所谓的绝对美和相对美来进行概括。如果绝对美指的是属于事物本身形式激起的情感，那么休谟可以用想象理论来加以解释，而且他对想象理论的发展和成熟居功至伟。关于想象理论前文已有详细介绍，兹不赘述，只需指出想象而来的快乐无论取决于习惯还是自然规律，只是负责把感官快乐转化为内在快乐，想象追新逐奇，拒绝平淡，哪怕是平淡的情感，只要随剧烈波动之后而来，也是令人快乐的。然而，想象并不能决定或判断一个对象在价值上的差异，想象的快乐本身是中性的，理论上说，它们并不一定比感官快乐更好或更坏。从一定程度上说，想象能使原初的感官快乐更加持久，也更容易让人沉溺于其中。因为感官快乐仅仅是暂时的，容易让人餍足，但是想象让人期待再次获得记忆中的快乐，而期待总意味着心理上的匮乏，本身是一种不快，亟须缓解，因而这种急迫的心情使得想象中的快乐比眼前的快乐更加令人痴迷，然而期待一旦得到满足，快乐就立刻衰退，人又会产生新的期待，甚至是更急切的期待，而且想象与外在感官一样容易在不断刺激中变得迟钝，又必须予以更强烈的刺激才能满足，所以人们便想尽一切办法来创造更新奇、更精致、更宏伟的东西对象，以获得想象中的快乐。由此而言，要从想象的快乐中推断出来道德上的意义是行不通的，不仅不能证明其有道德的善，而且还可能是满足个人私欲的有效手段。一个人可以研究自然世界而从中得到丰富而长久的快乐，也可以钻研华服美食来寻求感官上的刺激，如莫言的《檀香刑》所描写，有人还可以从研究如何施行酷刑以达到让受刑者遭受最大痛苦而得到满足。在人的生活中，几乎很少有什么快乐是单纯凭借感官就能得以持久的，都需要得到想象的支持。

休谟并不认为纯粹的想象是美感的唯一来源，还有很多其他因素会影响人们对一个对象的想象，一个很重要的因素就是效用。"桌子、椅子、写字桌、烟囱、马车、马鞍、犁，的确，可以推广到每一种工艺品；因为它们的美主要由于它们的效用而发生，由于它们符合于它们的预定的目的而发生；这是一条普遍的规则。"[1]"为了适用和便利而精心设计的一架机器、一件家具、一件衣服、一幢房屋，就其适用和便利而言是美的，受到人们快乐和赞许的凝神谛视。一双经验丰富的眼睛在这里可以敏锐发现愚昧和缺乏教养的人所看不出的许多优点。"[2]这种解释本没有新奇之处，上可追溯到奥古斯丁，下可看到哈奇生的相对美。休谟的特殊之处在于他并不停留于此，而且还运用了同情这一概念，也就是说，人们会由一个对象联想到其所有者，从而体会到表现在形式上的效用给人的快乐。

一般的想象会根据一般的概念来进行推断，"如敌人的城防工事由于建筑巩固可以被认为是美的，虽然我们可以希望它们全部遭到毁坏。想象坚持着对于事物的一般看法，并把这些看法所产生的感觉和由于我们的特殊而暂时的位置而发生的那些感觉加以区别"[3]。但在休谟看来，人们更多的时候会把一个对象与所有者联系起来，这倒不是说人们能够真正设身处地替他人着想，而是要把自己想象为对象的所有者来理解这个对象。这种理解与休谟的整个认识论是一致的，人很难对抽象的观念产生生动的情感，除非把自己与对象置于具体情境中。也许这里的理解与休谟自己的表述有所不同，但从他所举的例子中我们就可以发现其真实的意思：

> 大多数种类的美都是由这个根源（同情）发生的；我们的每一个对象即使是一块无知觉、无生命的物质，可是我们很少停止在那里，而不

---

[1] 休谟：《人性论》，关文运译，北京：商务印书馆，1980年，第401页。
[2] 休谟：《道德原理研究》，周晓亮译，北京：中国法制出版社，2011年，第31页。
[3] 休谟：《人性论》，关文运译，北京：商务印书馆，1980年，第629页。

把我们的观点扩展到那个对象对有知觉、有理性的动物所有的影响。一个以其房屋或大厦向我们夸耀的人，除了其他事情以外，总要特别注意指出房间的舒适，它们的位置的优点，隐藏在楼梯中间的小室、接待室、走廊等等，显然，美的主要部分就在于这些特点。一看到舒适，就使人快乐，因为舒适就是一种美。但是舒适在什么方式下给人快乐呢？确实，这与我们的利益丝毫没有关系；而且这样美既然可以说是利益的美，而不是形相的美，所以它之使我们快乐，必然只是由于感情的传达，由于我们对房主的同情。我们借想象之力体会到他的利益，并感觉到那些对象自然地使他产生的那种快乐。①

确实，休谟的意思仿佛是说，我们只有站在房主的立场才能体会到房屋的美，但是房主在其中生活得如何，是否真正感受到了舒适，我们却不得而知。当他展示其房屋的时候，也许正负债累累，只是想暂时享受一下虚荣而已，说不来还想把房屋高价出售于我们，所以我们只能设想自己居住于其中的感受如何。当然，这是一个十分微妙的问题，但也不是不可理解。同情是一种特殊想象，也服从想象的一般规律，也就是说，房主是站在普遍立场上来让我们理解房屋的舒适的，但如果我们不仅仅是想从形式上来考虑这种舒适的话，就只能运用同情的特殊原则，就是把普遍立场转化为具体情境，从自己作为居住者的角度来真切体会房屋的舒适。

休谟下一步的推理应该是：如果我们自己一穷二白无望住上这样的房子，我们就只能对房主崇拜，甚至还要巴结他；如果我们自己也有能力住上这样的房子，且与房主地位相当，却家道中落，看到房主得意扬扬地炫耀就不免要愤怒。不管怎么说，下一步我们就要想方设法来住上更好的房子，我们可以不偷不抢，但会加倍努力、加倍节俭，以期博取比对方更大的荣耀。如此一来，社会财富就得到了增长，艺术得到了进步。当然，关键是自己也得到了别人的尊重，因而倍感快意。这些情感也许与美已经不可同日而语，但也是水到渠成的事情，所以要说，美感一点也不带个人的功利是不太可能的。

休谟并不认为在美的外表之下隐藏有多么深不可测的精神内蕴，只是能在想

---

① 休谟：《人性论》，关文运译，北京：商务印书馆，1980年，第401页。

象和同情中得到快乐的东西，从本质上看，美的情感带有功利性质。然而，我们还是要强调，从美学角度看，休谟并不是一个利己主义者，因为美也有增强社会交往的功能。人的情感非常敏锐，只要偶然的机会就可能使其一发不可收拾，"得到点尊重和夸奖时，它们会得意忘形；略受轻蔑，它们就受不住。毫无疑问，像这样品性的人，要是同那些沉着冷静的人相比，它们总有更多的得意和快活，自然也有更多的刺骨的忧愁"①。由于所处情境的不同，个体的情感反应并不能完全一致，这意味着人与人之间很容易产生冲突，所以在现实生活中敏感的性格并不可取；相反，在表现自身情感或接受他人情感的时候最好是根据想象的"一般的看法"。这就像在艺术鉴赏中一样，我们面对的不是真实的人，也不必以真实的态度来做出反应，所以就很容易保持一种理智的态度，与此同时，我们又必须保持敏锐的判断力，明察秋毫，才能准确地把握作者的意图。显而易见，经常的审美锻炼有助于社会交往，"趣味的敏锐精致，对于爱情和友谊是很有益的，因为它帮助我们选择少数人作为对象，使我们在同大多数人的交往和谈话中持一种不偏不倚的态度"②。

亚当·斯密的话有助于我们理解休谟的意思："在两种不同的努力，即旁观者努力体谅当事人的情感和当事人努力把自己的情绪降低到旁观者所能赞同的程度这样两个基础上，确立了两种不同的美德。在前一种基础上，确立了温柔、有礼、和蔼可亲，确立了公正、谦让和宽容仁慈的美德；而崇高、庄重、令人尊敬的美德，自我克制、自我控制和控制各种激情——它们使我们出乎本性的一切活动服从于自己的尊严、荣誉和我们的行为所需的规矩——的美德，则产生自后一种努力之中。"③从中我们可以看到德与美之间的关联。

如此看来，休谟的美学确有些自相矛盾，一方面美是有功利性的，美与效用有关，给人以舒适便利的生活，让人享受到世俗生活的乐趣，又在社会交往中获得优势；另一方面美又没有功利性，想象对感官快乐予以转化，也能让人保持一种"一般的看法"，以客观的态度来面对自己和他人的情感，增进与他人的友谊。不过，我们观察到，在休谟和斯密看来，社会交往注定有些虚假，只是要以美的

---

① 瑜青主编：《休谟经典文存》，上海：上海大学出版社，2002 年，第 55 页。

② 同上，第 58 页。

③ 亚当·斯密：《道德情操论》，蒋自强、钦北愚、朱钟棣、沈凯璋译，北京：商务印书馆，1997 年，第 24 页。

方式把自私和竞争的本性掩饰起来，所以美终究还是功利性的。显而易见，休谟想把霍布斯和夏夫兹博里糅为一体，以夏夫兹博里的美学来缓解霍布斯极端的功利主义。从一定程度上说，他是成功的，美学在他那里发挥了积极的作用，美既不是道德的附庸，同时也促进道德的提升，但从根本上说，他的美学仍然是功利主义的。当然，休谟的伦理学也是功利主义的，美学上的功利主义倒也不会令人惊奇，值得注意的是美发挥作用的微妙方式。

　　这种功利主义在 18 世纪英国美学中并不鲜见，而是或隐或显地存在于很多美学家的体系中。明显的是博克，与休谟一样，他也坚持二分法的人性论，认为人有自我保存和社会交往两种基本的情感，以能够让人类生存繁衍。比起其他作家来，博克更重视肉体生命的意义。为了完成种类繁衍这一伟大而艰巨的任务，人类需要付出很多的努力，也必定需要有很大的快乐来促使人类去追求。首先这种快乐就是肉体和感官的，它们值得人类去追求。自我保存的情感虽然首先呈现为痛苦和恐惧，但它们的缓解也可称得上是一种快乐，虽然博克更愿意用"愉快"这个词来命名。无论如何，博克从来也没有给肉体和感官快乐道德上的谴责，他毫不犹豫地把人所创造的有利于社会交往的文化的作用归结为"引导、提高人的情欲"；即使同情这种社交情感也与道德没有很大关系，因为这不过是人类的一种本能而已，而且在他眼中幸灾乐祸也称得上是一种同情，还能带来莫大的快慰。由此而来，人生最应该追求的就是健康、财富、地位这类价值。"因为履行我们各种职责有赖于生命，精力充沛、事半功倍地履行职责依赖于健康"[①]，过于享受生命和健康反而让人消沉萎靡，上帝又赋予人雄心，迫使他凡事都要超过其同类，让他感到荣耀的快乐。毋庸置疑，博克眼中最大的美德就是勤奋，这能让人吸引异性、享受快乐、感受荣耀。如果所谓崇高与美指的是外在对象形式上的特征，它们的用处就在于人可以通过感官借它们来激发自己追求这些快乐的动力。如果还有什么用处的话，那就是它们可以使情欲不那么直露，使肉体不必经受太多折磨。

　　很少有美学家像博克这样直率，但也不否认美可以增进人的幸福。杰拉德说道："良好的趣味能给一个人以他人无法得到的享受，并且使他从艺术和自然中几乎所有事物上获得娱乐。因为在产生快乐的过程中，即使心灵劳作但不使其疲惫，

---

　　① Burke, *A Philosophical Enquiry into the Origin of our Ideas of the Sublime and Beautiful*, ed., Boulton; London: Routledge & Kegan Paul Limited, 1956: 41.

能使心灵满足而不使其厌倦，良好的趣味给他扩大了幸福的范围。"① 同时，美还有一个优势，那就是由美而来的享受不会像对财富的迷恋那样招致他人的嫉恨，反而还会博得他人的尊重。当然，杰拉德也不否认高雅趣味有助于培养美德，"只有当一个人的心灵被音乐、绘画或诗歌的魅力所软化时，才会更容易被友谊、慷慨、友爱和所有善良情感所感染"②，但他拒绝把美和善视为同一。而凯姆士则说："有无数人沉迷于赌博、吃喝等粗俗的娱乐，觉得美的艺术带来的更雅致的快乐毫无意思，但是与所有人类都说着相同语言的这些人，也宣称自己喜爱更雅致的快乐，始终赞同那些有着更高雅趣味的人，为他们自己那些低下鄙俗的趣味感到羞耻。"③ 这句话同样显露出了休谟式的主张，即美的情感一定程度上没有善恶之分，但它们在另一个领域中给人与人之间以文明的方式展开的竞争提供了机会。

很显然，夏夫兹博里的影响是非常显著的，但后来的美学家们也未必忠实于他的思想。在很大程度上，这种差异的原因是后来的美学家们无法接受纯粹的非功利的道德学说，而是宁愿在功利主义和非功利主义之间采取折中的立场，为相互竞争与和平交往划定了界限，虽然不是毫无交集。在经济和政治领域，人们应该相互竞争，以达到物质财富积累的目的，在文化领域则应该相互体谅、同情，以缓和竞争所产生的不平等，维持社会的凝聚力。当然，实际的结果也许事与愿违，相互竞争虽然产生不平等，但竞争是平等的，没有平等就谈不上竞争。文化上的交往仿佛是平等，但有时是最不平等的，因为文化上的地位即使通过个人努力也无法改变。这种悖论我们将在下一章解释。

① Alexander Gerard, *An Essay on Taste*, London, 1759: 192.

② 同上，第 204 页。

③ Lord Kames, *Elements of Criticism*, Vol. 1, London, 1765: 386–387.

第十七章

审美的社会学

说到 18 世纪的英国美学，趣味这个概念几乎是不得不讨论的，因为它简直就是这段美学的标志，有些美学家的著作在题目上就开明宗义，将美学视为关于趣味的学说。然而，要给趣味一个准确的、唯一的定义却并不是一件容易的事情，就连 18 世纪英国的美学家们也对这个概念莫衷一是。不过，在阐述了想象理论以及审美与道德的关系之后，人们可望对趣味这个话题有更清晰的认识。总体而言，趣味是一种特殊判断能力，人们从中可以得到快乐的情感，这种快乐不是感官快乐，它与想象有很大的关系；要得到这种快乐的情感，人们需要一种非功利的态度，所以趣味判断可与道德判断相类比。当然这只是趣味基本的特征，还有很多因素影响着趣味的发挥，比如一个人的性格、社会风尚或风俗等。我们会看到，趣味的意义是想象理论难以涵盖的，也不是纯粹的心理学可以解释的，在很大程度上，趣味还是一种社会交往能力，是在社会交往中对自己和他人的动机和行为的辨别和控制能力，美学家们对趣味的强调意在塑造一种社会交往的模式，从这个意义上说，趣味理论将社会交往审美化了。这些问题在关于趣味的标准讨论中有着鲜明的体现，而这些讨论是始终困扰着美学家们的难题。需要注意的是：说趣味的标准问题是困扰着美学家的难题，并不意味着因为没有统一的意见而无足轻重。实际上，这样的困扰才显得趣味的标准问题如此重要，使得所有美学家都无法回避，争相表达自己的主张，而且在这些互有差异的主张中，我们才看到趣味丰富的内涵。

一、何谓趣味

虽然趣味是 18 世纪英国美学中的一个重要话题，但美学意义上的趣味概念不是首先在英国出现的，而是源于文艺复兴时期的意大利和西班牙。考察这个流变过程不会解决所有问题，但会让我们看到趣味概念为什么会被英国的美学家们所重视，他们将其纳入新的理论体系中，或者说，用新的理论体系来阐释趣味概念。在文艺复兴时期，美学意义上的趣味只是用来表达艺术潮流的变化，在英国美学中则源于超出艺术批评的范围，上升到了哲学层面，用以表明一种不同于纯粹理性的认知方式，或者说他们试图用系统的哲学来阐释趣味概念，也由此改变了这种哲学。

在柏拉图那里，感觉在认识论当中被置于低级的地位，因为感觉无法得到普遍而稳定的知识。与此同时，情感与理性相对立，被排斥在哲学之外。到了亚里士多德，感觉虽然仍旧属于低级能力，但一定程度上被赋予了积极意义，它们能够为知识提供基本材料和经验。不过，亚里士多德对本义上的趣味即味觉的态度有些暧昧不清，一方面，味觉属于感觉的一种，而且由它获得的认知也比视觉和听觉狭窄，因而可以说是最低级的感觉；另一方面，亚里士多德又认为味觉与触觉相近，能够做出非常敏锐的分辨，人在这一点上胜过动物，所以味觉又仿佛是比视觉和听觉更高级的能力，是一种判断力。同时，在亚里士多德看来，虽然人的五官各有其特殊的感知能力，但人还有一种能力能够把由五官得来的感觉统合在一起，形成一种独特的判断力，而且这种判断力也是直接的。"最重要的是，当人需要分辨力的时候，触觉就是一种分辨的感官。当味觉最终成为艺术中判断力的一种隐喻时，其能力作为一种分辨和'精细的'官能是关键。"[1] 然而，很难说后来的艺术批评和美学中的趣味理论从亚里士多德那里汲取了多少帮助，因为一直以来西方美学的主导观念是美在于比例，而对于比例的运用和把握是感觉很难胜任的，只能求助于理性。只有在比例论遭遇挑战的时候，人们对于审美能力的理解才会发生变化。

在文艺复兴时期，受人重视的倒是柏拉图，瓦拉、费奇诺、皮科、布鲁诺和帕特里齐等人都"崇敬'神圣的'柏拉图，并用他来反对'野蛮的'亚里士多德。

---

① Dabney Townsend, *Hume's Aesthetics Theory: Taste and sentiment,* New York; London: Routlodge, 2001: 49.

他们认为，亚里士多德只不过是把柏拉图的论点进行了僵化和夸张"[①]。当然，他们对柏拉图有着独特的理解，之所以选择柏拉图，是因为他们试图借柏拉图来倡导一种新的精神生活，即不再只是沉溺于对来世生活的冥想，而是在现世生活中领悟人性，提高个人的内心修养，由此而更接近上帝，而不是依靠外在仪式或强制戒律，例如彼得拉克希望在隐居中探索自己的心灵，但他也广泛游历，以理解他人；萨卢塔蒂认为上帝把一切法则都已印在人心中，人只要认识自己，坚守道德法则就是服从上帝的旨意；布拉乔利尼和瓦拉也都为尘世的欢乐辩护，因为善就是顺应自然规律；当然更别提费奇诺那种柏拉图式的爱，因为上帝创造的世界不是干枯的概念，而是美的万物，善也应该在文雅的言行中表现出来才称得上真正的善，这样世界和生活才能让人去爱。这样的思潮会促使人们求助于内在心智和精神，或者说人文主义者追求的是在生活中的智慧。

在这些思想的感染下，文艺复兴时期的艺术不仅仅是去模仿古代的典范，恪守由数学计算得出的比例，而且还要表现艺术家及其所描绘对象的内在心灵，就像阿尔贝蒂所说的"高贵的灵魂"和"完美心智"。从文艺复兴初期的乔托到往后的达·芬奇、米开朗琪罗和拉斐尔等人的作品，人们可以轻易发现，艺术家个人的风格越来越鲜明。由此，艺术家们必然会改变对艺术作品的评价方式，他们意识到总有一些东西是单凭纯粹的法则无法表现出来也无法认识到的，艺术真正动人的地方也不在于那些法则，而在于那些属于艺术家个人的东西。对此，评论家必须依靠某种并非理性的特殊能力才能发现它们，也就是说，必须要依赖一种直觉式的判断力，因为人们无法套用现成的法则。只有这个时候，美学艺术的趣味才可能出现，"我们只有在文艺复兴时期才能看到富有表现力的艺术家的涌现，由于这种表现力，人们越来越依靠最终产生趣味理论的个人因素"[②]。

达布尼·汤森德考证，阿尔贝蒂的著作中首次运用了隐喻意义上的"趣味"一词："很多人说……我们关于美以及建筑学的观念都是虚假的，坚持认为建筑形式随个人趣味而变化多样，而不依赖于任何艺术法则。这是无知之辈的共同错

---

① 加林：《意大利人文主义》，李玉成译，北京：生活·读书·新知三联书店，1998年，第11页。

② Dabney Townsend, *Hume's Aesthetics Theory: Taste and sentiment,* New York; London: Routlodge, 2001: 52.

误，坚持认为他们不知道的就不存在。"① 在这里，阿尔贝蒂显然对趣味持否定态度，认为它只是个人偏见。不过，也可以看出，当时人们对于艺术是否应该固守法则是有争议的，而这一点在往后的言论中愈发明显。到了 16 世纪，意大利的艺术家和作家们有意识地把趣味与判断力直接联系起来，因为艺术家的个性和表现力逐渐成为人们关注的核心话题，趣味就用来评判艺术家的性格以及这种性格如何融入独特的表现形式中。与此同时，此时的艺术观念开始摆脱模仿论，人们开始重视想象的创造性以及艺术作品的装饰性，也就突出了艺术作品在审美上的自足性；艺术创造的幻觉作用不再只是欺骗观众或者指向模仿的对象，它们自身构成一个系统，在这个系统中，局部细节不是指示某种外在之物，而是浑然一体，其中仿佛含有一种不可言说的韵味。这些表现形式和韵味与艺术家的个性结合起来就成为作品的风格，对于各具特色的风格，人们也不能单单依靠艺术法则来判断和评价，而是需要一种如同直接味觉一般的辨别力来捕捉和体味。

卡斯蒂廖内的一段话点明了艺术鉴赏所需要的特殊能力，虽然同其他作家一样没有明确使用"趣味"一词："那些得到它们（艺术作品）的人首先要用作品来装饰布置他们的房子，这些房子比人所居住的房子更神圣，它们是多米尼克派亲爱的神父达·贝加莫的房子，贝加莫不仅像其他优秀的艺术家那样从透视的角度来看，而且还要从景观的角度、从所画的房屋的角度，站在远处观看，而且还观察作品中的人物，要用木头来做到伟大的阿佩利斯用画笔也难描绘的效果。事实上，在我看来，这些木头的颜色要比画家们所用的颜料更生动、更明亮，也更令人愉悦，所以这些神圣的作品可被称作一种新的绘画，不是用颜料而作的杰出之作。人们很崇拜同时也很惊诧，这些作品虽然是用一些片段拼接而成，但人们越是细看就越难发现接口，真是令观察者瞠目结舌。这位好神父给木头上色，用来模仿带有斑点和纹理的石头的才能，我相信在往后几百年里也无人能及，正如前无来者。"② 这里需要注意的不仅是艺术家用木头模仿石头质地的技艺，以假乱真，而且更重要的是从不同角度欣赏木雕的方式，其目的是要把雕塑与整个环境融为一体，鉴赏者要能把各个细节在自己眼中综合起来品味其效果。这需要一种眼光、一种趣味。

---

① Dabney Townsend, *Hume's Aesthetics Theory: Taste and sentiment,* New York; London: Routlodge, 2001: 52.

② 同上，第 53 页。

多尔切的一段话则直接强调了艺术家个性的重要性，而个性是使作品充满魅力的原因："他（拉斐尔）将令人愉悦作为主要目的，（正如实际上也是绘画的主要任务），追求的是雅致而非威严，并且他也熟悉另一种人们通常称作优雅的东西，因为他的所有作品除了在观赏者头脑中留下发明、设计、多样这样一些印象之外，还有普林尼形容阿佩利斯所画人物的那种东西，即魅力（venustas），那是一种不可言传的东西（je ne sais quoi），无论是绘画还是诗歌令人着迷的地方。因此这种东西让观者或读者心中充满了无尽的乐趣，而我们不知道是什么给了我们这样的快乐。"① 到了 18 世纪，人们也经常用法语 je ne sais quoi 来形容美，同样也强调美是理性无法把握的东西，但毫无疑问的是：艺术作品之所以引人入胜是因为其中包含了某种不可见的精神，表现在形式上就是优雅，它很大程度上来自艺术家自身，能体验到这种精神的是一种独特的判断力，亦即趣味。尤其值得注意的是多尔切所提到的"优雅"一词，这个词或者其同义词常常出现在人文主义学者的著作中，它原本指的是人行为的得体，也就是娴熟而自然地表现礼仪的举止，而不是为礼仪所束缚而显得僵硬猥琐。多尔切在这里运用"优雅"一词，同样意在说明艺术作品的魅力不是对现成法则的遵循，而是对法则灵活、创造性地运用，这使得作品中充满一种无以言说的神秘力量，而这种力量的根源无疑是艺术家自身的心灵和性格。

然而，只有到了 16 世纪后期，风格主义（或称矫饰主义）的艺术家们才很明确地把趣味作为一个美学和批评术语。朱卡洛强调艺术作品最吸引人的是优雅，而优雅与趣味有关："优雅是……一种温柔甜美的附属物，吸引着眼睛，满足了趣味……它完全依赖于良好的判断力和良好的趣味。"② 有意思的是朱卡洛把眼睛与趣味对举，趣味与眼睛既属于同一种官能，又存在区别，仿佛要说明，趣味是一种特殊感官。风格主义本身重视形式组合的美，摆脱了纯粹的模仿，甚至也不再依赖理想化的理论，即艺术美来自对所模仿对象最美细节的综合，所以形式组合的美不能直接在自然中找到对应物。无论是艺术创造还是欣赏，其任务不是发现作品与现实事物的相似性，而是能够在形式中间植入一种内在和谐，使其成为整体。宙克西斯为了画出想象中的维纳斯，把人间所有少女最美的特征汇集在一

---

① Dabney Townsend, *Hume's Aesthetics Theory: Taste and sentiment,* New York; London: Routlodge, 2001: 55.

② 同上，第 60 页。

起，但亚美尼尼说，即使这样也未必能画出所需要的效果："如果宙克西斯除了常人所不及的勤奋之外不具有一种独特的个人风格，他就从不可能把他从许多少女那里复制来的优美的个别部分构成和谐的整体。"[1] 可以看出，在这些艺术家眼中，趣味是一种综合判断力，和谐也不是能够精确计算的比例，需要部分之间的默契配合，需要将一种生气灌注其中。这样的趣味不是理性认识的能力，它就像一种感官，可以在一瞬间做出精确判断，所以它不免有一种神秘意味。17 世纪西班牙的葛拉西安写道："你能够像锻炼智力一样锻炼它（趣味）……你可以通过他的高尚趣味而了解一种高贵的精神：只有伟大的东西才能满足伟大的心灵。……极致的东西总是很少，能鉴赏它们的人也不多。趣味能够通过交流来传授：只有足够好的运气才能产生最高明的趣味。"[2]

在 17 世纪的英国，隐喻意义上的趣味应该已经成为一个通用的词语，虽然肯定算不上是一个正式的哲学术语，实际上在 17 世纪末的批评领域也是这样，著名的批评家如丹尼斯、乔治·法考尔等人也没有把趣味作为一个核心术语。只有在夏夫兹博里的著作中"趣味"一词才被广泛使用，其内涵与美学有着直接关联，但也超出了美学范围，尤其与道德实践关系紧密，因而显得异常丰富。试举两段话，可见夏夫兹博里对"趣味"一词的基本用法：

> 我的理解是，所谓时尚的绅士指的是这样一类人，一种天生优秀的天才或良好教育的理论使他们知晓什么东西本身就是优雅和适当的。有些人只是凭借天性，有些人则是通过艺术和实践，耳朵通晓音律，眼睛精通绘画，在装饰和举止等日常事情上有想象力，对所有的尺度有判断力，对能给所有聪慧之人带来娱乐消遣的多数领域有着普遍良好的趣味。[3]

> 如果他确实试图获得生活中真正的学问或趣味，他就必定会发现正派的心灵和慷慨的感情比外在世界中所有其他的齐整美观之物都有更多

---

[1] Dabney Townsend, *Hume's Aesthetics Theory: Taste and sentiment,* New York; London: Routlodge, 2001: 60.

[2] 同上，第 61 页。

[3] Shaftesbury, *Characteristics of Men, Manners, Opinions, Times*, ed., Klein. Lawrence E., Cambridge: Cambridge University Press, 1999: 62.

的美和魅力，一点真诚和淳朴比装饰、房产或权位等所有身外之物更加珍贵。为了这些身外之物，高尚之人往往变成流氓无赖，为了战战兢兢保住低贱的职位而放弃原则，出卖荣誉和自由。[①]

如果熟悉夏夫兹博里的著作，我们可以轻易发现他所用"趣味"一词的内涵。首先，一个人有趣味可以指他在艺术方面有一定的修养。具体来说，他了解各门艺术的相关知识，尤其是有欣赏能力，能辨别美丑。不过，夏夫兹博里从未要求一个有趣味的绅士掌握创造艺术作品的技能，所以在艺术领域趣味多指接受能力而非创造能力。其次，趣味还可以反映出一个人心灵的内在品质，至少是有着高尚正义的德行和善良的感情，不迷恋于外在的财富和权势，而追求一种精神境界。同时，更为重要的一点是：无论是艺术上的趣味还是道德上的趣味，都给主体带来快乐的情感，或者说趣味是一种情感判断能力，能够对美丑善恶做出正确、恰当的情感反应，而不仅仅是通常所谓的理性认识。一个人有趣味虽然标志着他具备理论知识，但更多地表现为一种实践能力，他需要掌握的是"生活中的学问"，也就是说，趣味是面对具体艺术作品和行为情境时做出正确判断和选择的能力，而且夏夫兹博里在很多地方强调，好的趣味能够增进社会交往，给他人良好的影响。从艺术批评到道德实践，趣味不再是一个松散的经验性的概念，而成为夏夫兹博里哲学的核心概念。

趣味之所以在夏夫兹博里那里变得如此重要，本身也有英国哲学自身的独特性这个原因。相比于笛卡尔视理性为人的本质，经验主义却突出感觉的意义，而由感觉而来的观念或思想总是具体的，所以在一开始人就需要对具体的对象做出辨别，最后获得的知识也仍然是面对具体情境的知识。特别是自霍布斯开始，经验主义将人的情感活动和心理活动作为研究的重点。的确，霍布斯以及洛克的哲学一定程度上仍带有理性主义的色彩，因为在他们看来，即使是情感活动也仍然遵循数学式的规则，但在他们的描述中，人们可以感受到，人不是一台思维的机器，而是一个有血有肉的个体，其生存的目的不仅仅是获得理论知识，而是在生活实践中求取快乐，虽然各种快乐有所不同；在追求快乐的现实生活中，人们更多依靠的是经验，人们必然要面对千变万化的具体情境，受到各种意外因素的干

---

① Shaftesbury, *Characteristics of Men, Manners, Opinions, Times*, ed., Klein. Lawrence E., Cambridge: Cambridge University Press, 1999: 168.

扰，因而必须灵活地领会和运用知识。

夏夫兹博里的激进之处在于，他不仅反对霍布斯和洛克的功利主义，而且要推翻他们的整个哲学体系。在他看来，即使霍布斯和洛克承认感觉和情感的特殊性，却仍然试图用纯粹理性的方式来描述它们的运行规则。说到底，他们对人的本性存在根本的误解，如霍布斯所说，人就是机器。这无疑抹杀了人的自由，人既不能主动地思考，也不能为他的行为负责，无力追求道德的善，因为一切行为都是出于必然的规律。研究自然界的物质规律和人的思维规律本身并非没有意义，最终的意义却在于有利于人的精神和道德，这才是人生的目的，整个哲学研究的意义就在于为自己指明正确的目的。

夏夫兹博里写道："如果一位游客偶然间走进了一家钟表店，想了解一下钟表，打问钟表的每一个零件是由什么金属或物质制造的，用什么上色，或者是什么让钟表发声，但不去询问这种器具的真正用处，或者是通过怎样的运动实现其目的，怎么才能造得最好，很明显，这样一个人对这种器具的真正本质知之甚少。如果一位哲学家以同样的方式研究人性，只是发现每一种情感作用于身体的效果是什么，它们会对相貌带来哪些变化，它们以怎样独特的方式影响四肢和肌肉，这可能使他有资格给解剖学家或画家以忠告，但不是给人类或他自己忠告：因为据这样看，他考虑的不是他的对象的真正运动或活动，也不把人当作真正的人，并作为一个行动的人来思考，而是把人当作了一架钟表或普通机器。"[①] 正如他在其他地方也说，解剖学家能告诉人们，在恐惧的时候，人的肌肉和神经是如何运动的，但他不能告诉人们如何才能克服恐惧。在《论狂热》一文中，夏夫兹博里分析了狂热这种心理现象的根源和发生、消长、传播的规律，但同时也得出一个结论，即应对宗教狂热的有效方法不是予以强行压制，也不是放任自流，而是通过幽默、讽刺的方式加以疏导，使人们在自由和谐的交往中保持一种平和的性情。因为狂热是人心中一种自然的倾向，在遇到自己热爱或恐惧的对象而又无法抒发的时候，情感郁积在心中就容易转化为狂热。诗人们也需要一点狂热，通过优美的语言和韵律自由地表达出来能够将这种狂热控制在适度的范围内，读者们吟咏酬唱，对诗歌法则进行批评提炼，使性情在狂热与理智之间达到巧妙的平衡，也有利于陶冶情操，换言之，人们能够在表达和交流中培养良好的趣味。

---

① Shaftesbury, *Characteristics of Men, Manners, Opinions, Times*, ed., Klein. Lawrence E., Cambridge: Cambridge University Press, 1999: 131.

　　显而易见，夏夫兹博里的整个哲学探讨的是目的和价值以及如何做出正确而有效的判断，而把一般意义上的理性认识摆在了次要的位置上。在一定程度上，对于目的和价值判断与文艺复兴时期艺术家们提出的趣味判断有着类似之处。审美评价离不开对艺术法则的认识，但决定作品审美价值高低的并不是艺术法则；几乎所有的艺术家都掌握了公认的艺术法则，但只凭艺术法则并不能造就优秀的艺术作品，只有那些能恰当而灵活地运用法则，并形成自己独特风格的艺术家才能使作品富有魅力，引人入胜。因为这样的作品呈现出来的是艺术家的性格，能勾起观者的同情和共鸣。同样，对于目的和价值判断不仅需要理性认识，而且更需要对行动者动机和情感的理解，也需要对具体情境的敏锐辨别，这样才能真正判断一个行为是否恰当得体。

　　统观夏夫兹博里的思想，总的来说，趣味包含两个关键要素，即情感和经验。正如前文所述，目的和价值判断首先是情感判断。如果一个人没有情感，对任何事物和行为都不做出情感反应，他就不知道何为善恶。同时，在夏夫兹博里看来，对于善恶美丑的情感反应是先天或本能的，这是他的伦理学和美学的基本前设。即使在道德判断和审美判断中需要理性，但如果没有先天情感，理性的推论就没有最初的出发点。道德判断和审美判断总是面对具体的事物和行为，但如果以理性的角度把美丑善恶归结为事物和行为的客观性质，那就意味着它们不包含情感色彩，而没有情感就没有价值判断；道德判断和审美判断会受到教育和风俗的影响，但教育和风俗并不能无中生有，在人心中植入情感。同时，教育和风俗的作用再大，也不能泯灭先天情感。

　　在夏夫兹博里看来，先天情感还不足以让人做出正确的判断，因为它们既然是先天和本能的，正如霍布斯所揭示，一定程度上就是必然的，所以它们并不能使人做出有意识的判断。与此同时，人的先天情感至少包含自私和社交两种，它们不是任何时候、任何地方都能产生善的行为，而且很多时候这两个情感错综交织，同时发挥作用，只有主动地加以控制才能使一个人形成善良的性格，做出正确选择。有意识的判断只能来自一种主动反省："如果一个生命慷慨、仁善、忠贞、慈悲，却不能反省自己或他人的所作所为，以至于不能注意到什么是可敬或真诚的，并将对可敬和真诚的那种注意作为自己感情的对象，那么他就不具备为善的性格。因为只有这样，他才能够具备对错的意识，具有一种对于出自正义、公正和善良情感或者出自相反情感的东西的情操或判断力。"① 毫无疑问，夏夫兹博里的这个反省概念是受了洛克的启发。在洛克那里，情感是由感觉和反省共同作用的产物。不过，夏夫兹博里强调的是：人对自己心中发生的情感具有反省能力，他称之为面对情感的情感。有了这种主动反省能力，才能说人有良心。

然而，纵使有先天情感和反省能力，道德判断和审美判断却还要面对具体情境，并没有一成不变的规则可以遵循，所以具体的判断需要经验的积累。某种程度上，夏夫兹博里认为单凭情感而判断是不充分的："让我们试着坦诚面对自己，并承认快乐不是善的尺度，因为当我们仅仅顺从快乐的时候，我们会感到厌烦，总是在这种快乐与那种快乐之间变来变去，此时谴责的东西彼时就全心赞成，因而我们在顺从激情和纯粹的性情时从不能公平地判断幸福。"② 这并不是要求人们放弃情感上的爱憎，而是还要站在他人的立场上或普遍的立场上反观自省，用他的话来说，要把自我"一分为二"，时时处处感受到他人对自己的评价；就像一个人作恶之后不可能心安理得，总是感觉到别人对自己的愤慨和鄙视。而这种反观自省，只有在与他人不断的交往中才能逐渐成熟起来，因为站在他人的立场上并不是人云亦云，丧失自己的判断力；相反，这种做法的目的恰恰是唤醒天性中原始的情感，树立更加自觉而普遍的信念。所以，反省并不意味着完全克制或束缚情感，而是消除各种偶然因素对人性中善良情感的干扰，使其得到自然而充分但也是主动的抒发。

这种境界不可能一蹴而就，而是一种在交往中不断学习的过程。这正如孔子提出的君子成长的几个阶段，"兴于诗，立于礼，成于乐"，道德和审美趣味的形成需要理性认识，也需要规则的约束，在实践中磨炼，最后能熟练变通，使每一个判断都发乎自然，随心所欲不逾矩；就像演奏音乐一样，死板地遵守乐谱总让人觉得僵硬刺耳，只有反复练习，融会贯通之后，把自己的性格灌注其中，音乐才能富有生命。夏夫兹博里出于同样的目的批评当时的哲学"只需要动手而不是动脑"，满足于寻找自然界中确定的规律，对于具体生活却毫无帮助，而在古希腊"不仅骑兵和步兵有训练的公共场所，而且哲学也具有较量的对手。理智和智慧有它们的学院并经受考验，不是脱离实际的形式主义，而是在更高贵的人群中

---

① Shaftesbury, *Characteristics of Men, Manners, Opinions, Times*, ed., Klein. Lawrence E., Cambridge: Cambridge University Press, 1999: 173.

② 同上，第138页。

公开锻炼，就像对在上流社会中的训练一样。这就是为什么处于社会最高层次上、担任最重要职务的人，即使在生命的最后时刻也不耻于在最重要的公共事务的间隙中进行这种实践"①。如此看来，趣味有先天情感作为根源，但也是一种后天经验，经过经验磨炼的情感由一种无意识的冲动酝酿成一种能动判断力。当然，这种经验与一般经验主义所谓的经验截然不同，它不是观念间习惯性的松散联结，而是一种整体的自我意识或人格，相当于伽达默尔从 19 世纪以来的德国哲学中提炼出来的体验这一概念："每一个体验都是由生活的延续性中产生，并且同时与其自身生命的整体相连。这不仅指体验只有在它尚未完全进入自己生命意识的内在联系时，它作为体验仍是生动活泼的，而且也指体验如何通过它在生命意识整体中消镕而'被扬弃'的方式，根本地超越每一种人们自以为有的意义。由于体验本身是存在于生命整体里，因此生命整体目前也存在于体验之中。"② 如果从这个角度来理解，我们更能看到夏夫兹博里对文艺复兴时期趣味观念的传承。艺术作品不是对外在对象亦步亦趋的模仿，而是在形式上自成一体，但能够促使这种整体形成的是艺术家在形式中融入了自己的生命体验。在夏夫兹博里那里，一个富有趣味的人就像充满魅力的艺术作品，他的德行、他的温柔性情、他的自然情感充盈于他的言行举止当中，显出一种无以言说的优雅。

从趣味这一概念的发源，到夏夫兹博里对它的扩张和充实，我们可以看出其复杂性。这种复杂性不仅在于贯穿了艺术、道德、礼仪以及社会交往的各个领域，而且还在于它既迎合了近代理性，又超越了理性。趣味要求人诉诸自己的理性，但它又强调如感觉一般的情感性和直接性；趣味希望达到自由开放的交往，但又要求保留人格的个体性和独立性，打破权威和外在规范的强制；趣味既倡导人顺应自己的天性，又赞成主动地控制和引导天性，养成一种独立而持久的性格。趣味希望将人的所有能力都统合起来，成为一种直接的表现力和判断力，但可以确定，趣味中最突出的因素是情感，而我们用经验这一要素来表明其综合性。

18 世纪英国的美学家们言必称趣味，关于趣味的学问就是批评学和美学，肯定是夏夫兹博里的影响所致，他们试图揭开趣味的秘密，用的方法则多半是霍布斯和洛克的遗产，这又与夏夫兹博里的旨趣背道而驰。的确，定义趣味是件两难

① Shaftesbury, *Characteristics of Men, Manners, Opinions, Times*, ed., Klein. Lawrence E., Cambridge: Cambridge University Press, 1999: 235.

② 伽达默尔:《真理与方法》（上卷），洪汉鼎译，上海:上海译文出版社，1999 年，第 89 页。

的事情，趣味是一种综合性的能力，定义却要通过分析找到构成它的基本成分，而夏夫兹博里从未分析过趣味究竟包含哪些成分。为了能够保证伦理学和美学的科学性，美学家们又必须求助于霍布斯和洛克的经验主义心理学，因为这两位哲学家详细地分析了心灵的各种官能，这一定程度上决定了多数美学家仍然是在认识论领域中来理解趣味的，而夏夫兹博里强调趣味的实践性。不过，美学家们至少在一点上是把握了夏夫兹博里趣味的要义的，即趣味并不能归结为霍布斯和洛克所列举的某一种官能，所以美学家们并不忠实于霍布斯和洛克，他们运用两人的哲学很多时候是为确定趣味的性质做参照。

哈奇生试图从洛克的感觉论和观念论推出内在感官或趣味的性质，正如我们前文的辨析，他的推理左支右绌，内在感官很难被置于洛克的体系中，然而正因如此，我们才看到趣味已经越出洛克的体系之外。哈奇生的主要目的是要表明，趣味与感觉有相同之处，它们都是人天生的官能或能力，都是直接地把握对象的性质，不同之处在于内在感官带来的是精神性的愉悦，而感觉只给人肉体上的刺激，因为一般的感觉只能接受对象的个别性质，内在感官却能直接把握复杂的整体；美正是存在于富有规则的复杂形式中，一个单音的美无论如何也比不上一首乐曲的美，漂亮的眼睛也无法与整张面容的娇美相提并论。在这种比较中，哈奇生实际上阐明了趣味的综合性。不过，他太过于强调趣味或内在感官的先天性和直接性，让人以为趣味是一种单纯的官能。同时，他也没有领会夏夫兹博里重视趣味的实践性特征。

在哈奇生之前，艾迪生也有一篇论趣味的文章叫《趣味的特征》。在他看来，人们既然广泛地使用隐喻意义上的"趣味"一词，那就说明，"在精神性的趣味……与感觉上的味觉之间存在非常大的一致性"。一个有着精致味觉的人能够品出十种不同味道的茶，即使把两三种茶混在一块儿，他也能做出准确的鉴别。同样，说一个人在文学上有精致趣味，那就意味着他"能以同样的方式区别不仅是一个作家身上总体的美和不足，还能发现他思考和表达自身的不同路数，其中有哪些是他独有的，有哪些思想和语言是外来的，他又是从具体哪个作家那里借来"①。艾迪生的例子与后来休谟在《趣味的标准》一文中所举的例子几乎一样，强调趣味的作用在于精细的分辨力，也就是能够在相似的地方发现细微的差异，

---

① Joseph Addison, *The Works of Joseph Addison*, Vol. III, London: George Bell and Sons, 1902: 388.

所以在他看来，好的趣味能够分辨哪些作品是优秀或平庸的，美的作品自然会给人快乐，而低劣的作品则让人不快。与哈奇生一样，艾迪生指出趣味是天生的，但不同之处在于，他并不认为天生的趣味有多大意义，"尽管这种官能在某种程度上是与生俱来的，却也有一些方法来培养和提升，否则趣味就易变不定，对拥有它的人来说也没有多大用处"①。提升趣味最有效的方法就是与他人交流切磋，因为一个人总是局限于自己的角度，而他人能提供多种不同的角度，使他能看到自己不曾注意的东西，因而得到诸多启发。与他人的交流理所应当包括熟读经典作品，深入作家的心灵中，因为知道现成的艺术法则并不是精致趣味的充分条件，"除了连一个趣味平庸的人都能说上几句的机械法则之外，还应该进入精美作品的精神和灵魂中……因此，尽管时间、地点和行动的统一和其他一些类似的要点是诗歌绝对需要的，应被透彻地解释和理解，但还有一些东西对艺术来说更是必不可少，它们能让想象振奋惊异，并让读者看到心灵的伟大，这一点除了朗吉努斯之外少有批评家曾考虑到"②。从这一点来看，艾迪生对趣味的理解比哈奇生更接近于夏夫兹博里。

事实上，艾迪生这篇论趣味的文章少有人提及，倒是他的想象理论对后来产生了决定性的影响，加上休谟的系统阐述，想象成了 18 世纪英国美学的主要内容，自然而然，美学家们把趣味与想象联系到了一起，想象甚至是趣味的核心要素。杰拉德定义趣味时说："趣味主要由几种能力的发展构成，它们通常被称作想象力，也被现代哲学家认为是内在感官或反省感官，它们为我们提供了比外在感官更为精细和雅致的知觉。"③ 这个定义看起来很是混乱，因为它把趣味、想象、内在感官、反省等同起来了，而又没有辨析它们之间的关系。杰拉德必定是想兼顾艾迪生和哈奇生对趣味的阐述，趣味既像感觉一样是一种直接判断能力，但又包括复杂的要素。他理解"趣味尽管自身是一种感觉，但就其原则来说，却可以被正当地归于想象"④，说趣味是一种感觉，是因为它"因对对象原始和直接的知觉而生"，也就是直接给人带来一种快乐，但这种快乐"并不包括在这些知觉中"，而是由想象把简单知觉串联、综合而生成的。一定程度上说，杰拉德的定义代表

---

① Joseph Addison, *The Works of Joseph Addison*, Vol. III, London: George Bell and Sons, 1902: 389.

② 同上，第 392 页。

③ Alexander Gerard, *An Essay on Taste*, London, 1759: 1.

④ 同上，第 161 页。

了 18 世纪英国美学家们对趣味的基本看法。正如前文介绍的那样，在美学家们看来，想象能更准确地描述内在情感性质及其运行规律，是想象把外在感觉转化为观念，并且在观念间推移时生成各种不同的情感。所以，美学家们将想象视为趣味的核心要素的目的实际上是为了突出趣味判断的情感性。

休谟发表《人性论》之后的美学家们太过侧重于分析各种不同类型想象的规律，并由此描述不同类型的美的情感特征，这使 18 世纪英国美学在具体内容上得到充实，但想象理论并不足以揭示趣味的真正内涵，反而使其变得狭隘而机械。因为美学家们所讨论的是审美接受的心理学，而不是艺术创造的想象，所以他们更强调想象的自然规律。在想象过程中，审美主体仿佛只是顺从这些自然规律，而没有体现主动的反省和积极选择。在 18 世纪末艾利逊的观点虽有些极端，但也反映出一些美学家的倾向。基于美感的直接性和想象的客观规律，他排斥批评对于审美鉴赏的积极意义。在他看来，批评是一种理性认识，很容易打断想象自由顺畅的运行，因而阻碍审美情感的生成。"每个人都必定感觉到，当心灵处于这样的状态，即想象是自由和无拘无束的时候，或者注意力不被任何个人或特定的思想对象占据的时候，以至于使我们不拒斥对象在我们面前所创造的任何印象，这样的状态才最有利于趣味情感"[1]，批评家们却把注意力放在作品的细节上，仅仅计较局部修辞的价值，对于美感漠不关心："考察牛顿哲学论证的数学家，研究拉斐尔设计的画家和计较弥尔顿韵律的诗人，在这些时候都丢失了这些作品给予他们的愉悦。"[2] 甚至对艺术法则的关注也不利于审美鉴赏："他们使我们惯于以法则来思考每一部作品，它们使我们关注取得效果所依赖的原理，而不是把作为效果之基础的性质当作趣味的对象，因而它们不是关注对美或崇高的知觉表现出的神秘而充满热情的愉悦，它们提供给我们最大的享受不过是来自对艺术的精巧观察。"[3] 这种观点显然与夏夫兹博里截然有别，在夏夫兹博里看来，如果不经受批评，一个人就会始终局限于自己的偏好，无法确立起普遍而恒定的趣味，换句话说，离开了批判这种交往实践，趣味就不能成熟和高雅。趣味应该知其美，也要知其所以美。

考虑到趣味的复杂性，更多的美学家在想象理论这个核心要素之外也寻找构

---

① Archibald Allison, *Essays on the Nature and Principles of Taste*, Vol. 1, Edinburgh, 1811: 10.

② 同上，第 14 页。

③ 同上，第 100—101 页。

成趣味的其他要素，其中最主要的是理性。博克认为趣味是"心灵中被想象的作品和雅致艺术感动，或对其形成判断的那种或那些官能"①，但他又补充说："所谓趣味，就其最通常的意义，不是一个单纯的概念，而分别由对于感官初级快感的知觉，对于想象次级快感的知觉以及有关推理官能的知觉构成，且与这些知觉之间的关系相关，也与人类的情感、态度和行为有关。"②也就是说，趣味至少是由感觉、想象和理性三种官能构成的。之所以需要理性，博克的理由是：艺术作品描绘的内容非常复杂，既有一个人的性格、作风和行动，也有不同时代和社会的风俗习惯、宗教道德，要理解这些东西，自然要依靠理性认识和推理，而不是先天的感觉和想象。让博克犹豫不定的是理解这些内容是否属于严格意义上的审美，与艾迪生和艾利逊一样，博克很怀疑那些关注航海技术的人是否能真的领会《荷马史诗》的美，但他依然认为它们都是趣味的对象。"我们所谓的趣味，确切地说很大一部分在于我们行为方式方面的技巧、对时间和空间的观察以及通常的道德礼仪。"③事实上，博克并不认为对事实的理性认识本身就属于趣味，而应该说趣味把理性认识审美化了，或确切地说，是以想象的方式来看待艺术作品描述的复杂内容。一个画家画的鞋在鞋匠看来是有错误的，但并不能因此而贬低画家的趣味，只是表明他在制鞋的知识上有所欠缺而已；对于画家来说，只要画得大体相似就可以了。虽然博克在艺术哲学上主张模仿论，即接受者从艺术作品中得到的快感实际上来自对所模仿对象的感觉和想象，但从他那充满矛盾的论述中，我们仍然可以看出，就理性认识属于趣味的一个要素而言，其主要作用是推动想象的运行，认识的理性本身不是趣味的真正目的。由此，趣味把理性认识转化为了情感体验。就像我们读《西游记》时真的要刻意探究唐僧去往印度的路线是否合理、各地的风土人情是否正确，那就不属于趣味问题了，因为趣味的目的是要考虑这些描述是否能让取经之路显得曲折离奇，是否能让读者感到悬念迭出，心潮起伏。这是想象的作用，唐僧心地善良、天真单纯，还有些刻板固执，而取经道路上则到处是豺狼虎豹、妖魔鬼怪，我们自然要担心他是否能逢凶化吉、功德圆满。博克认为，词语本身就可以营造或优美或崇高的效果，而不必纠缠于它们所

① Burke, *A Philosophical Enquiry into the Origin of our Ideas of the Sublime and Beautiful*, ed., Boulton; London: Routledge & Kegan Paul Limited, 1956: 20.

② 同上，第23页。

③ 同上。

描绘的对象是否真实。维吉尔写独眼巨人出现的场景，"三股疾风暴雨，三重浓云密雾，三团熊熊烈火，三阵凛冽南风，顷刻间混成电闪雷鸣，夹杂着恐惧愤怒，还有火焰喷涌而来"①，读者根本顾不上想这些是否就是事实，头脑中甚至也没有清晰的意象，只凭文字的声音、排列和转换，就足以让人胆战心惊，倍觉崇高。

事实上，在博克1757年发表其美学著作之前，已有人提出相似的观点，库伯在《趣味通信》（1755）中写道："趣味并不完全依赖于知性能力的自然力量和后天发展，也不完全依赖于肉体器官的精细构造，也不依赖于想象力的直接能力，而是依赖于它们的完美结合，并且没有哪一者独占优势。"②一个人可能有很强的理解力，博学多识，却没有趣味，也就是没有一种内在感官。在库伯看来，是内在感官把感觉、想象和理性三种能力和谐统一在一起的。显然，库伯理解的内在感官与哈奇生是不一样的，不是一种单独的能力，而是能将多种能力综合运用的第四种能力。他说艾迪生既不是伟大的学者，也不是优秀的诗人，但能将学识和想象完美结合，成为一个具有精致敏感趣味的人，"这使他能分辨出别人作品中的美，尽管他无法解释这些作品为什么美，因为他缺乏批判所需的深刻的哲学精神"③。这个评断很有意思，虽然也算中肯，但他强调的是，趣味是一种精确而公正的判断力，而非创造力。富有趣味的人既保持敏锐的情感，又能保持理智的距离。当然，在一定程度上，库伯与博克的观点没有太大的分歧，虽然库伯很推崇夏夫兹博里，主张真善美应该是同一的。

在杰拉德、凯姆士的美学中，趣味同样包含着理性这个因素，但他们也如博克一样，把理性认识转换为想象活动，因此而维护趣味情感的特征。毋庸置疑，若非趣味理论，尤其是想象理论的发展成熟，近代美学就很难获得其原则上的自足性，也很难成为一门独立的学科。自夏夫兹博里之后，趣味的内涵更多地集中于美学领域，而且与想象理论交织在一起，成为美学的一个核心概念。显而易见，这与夏夫兹博里的本意有所偏离，也把趣味的内涵狭隘化了。夏夫兹博里很少使用"想象"④一词，他无意于把趣味看作是人心灵中的一种自然能力，虽然它的确

① Burke, *A Philosophical Enquiry into the Origin of our Ideas of the Sublime and Beautiful*, ed., Boulton; London: Routledge & Kegan Paul Limited, 1956: 171.

② John Gilbert Cooper, *letters Concerning Taste*, London, 1755: 29.

③ 同上，第30页。

④ 在他的著作中，较为常见的是"fancy"，而不是后来美学家们奉为圭臬的"imagination"。

在人性中有其根源，因为正如我们前文所分析，如果想象具有自然规律，而不受主体控制，那么把想象视为趣味的基本内涵，就意味着趣味只是一种本能，主体也丧失其自由。后来的美学家们并非对此毫无意识，但他们在趣味的综合性与美学的科学性之间难以取舍时，很多时候选择了后者。不过，这个选择也将引发另一个难题，那就是如何解决趣味的差异性与普遍性或客观性之间的矛盾，而这个问题将暴露出趣味更深层次的秘密。

二、趣味是否有差异

有一个问题一直困扰着 18 世纪英国的美学家们，那就是趣味是否具有普遍性和客观性，或者更直接地说，趣味是否有标准。这种困扰表现在，即使在一个美学家的理论体系中，趣味既是普遍的，也有个体差异，而不是某些美学家认为趣味是普遍的，而另一些美学家则认为有差异。当然，从逻辑上说，既然美学家们总是争论趣味是否有标准，也就意味着趣味是存在个体差异的，否则就无须争论，同时也意味着趣味具有（至少是应该具有）普遍性，否则就谈不上标准了。就趣味理论作为批评学或美学而言，如果趣味这种能力不存在客观性，那么这门学科就无法成立了，如博克所言："我确信关于趣味的逻辑很可能同样被概括出来，并且我们能以很大的确定性来讨论这类性质的问题，如同纯粹理性领域内的那些问题仿佛更直接地具有确定性。而且，在这样一个研究的起点，如我们现在这样，很有必要把这一点尽量确定下来，因为如果趣味没有固定的原则，如果想象不是根据某些确定不变的规律而被触动，我们的工作可能就是无的放矢。"[1] 从实践的角度来说，"如果人类所共有的判断力和情操不存在某些原则，他们的理性或激情也就不可能被把握，以便能维持日常生活的交往"[2]。但他也无奈地承认，在趣味问题上，人们还没有找到像理性分辨真理和谬误一样的确定原则。

在较早时期，哈奇生在他的美学中指出了这样一种现象："显而易见的是，根据经验，许多人都拥有足够完善的一般意义上的视觉和听觉；他们可以感知所有单独的简单观念并从中获得其快乐；他们能把简单观念彼此区分开来，例如能分

---

① Burke, *A Philosophical Enquiry into the Origin of our Ideas of the Sublime and Beautiful*, ed., Boulton; London: Routledge & Kegan Paul Limited, 1956: 12.

② 同上，第 11 页。

辨一种颜色与另一种颜色的区别……当每个音符单独发声时，他们可以辨别声音的高低清浊……然而，也许他们不能从乐曲、绘画、建筑和自然景色中感受到任何快乐，或者纵然得到，也比其他人从统一对象获得的快乐要微弱一些。这种较强的接受悦人观念的能力，我们通常称之为良好的天才或趣味。"[1] 在他看来，外在感官产生的观念和苦乐情感在所有人那里都是一致的，除非人们把这些观念和情感与另外的感觉产生联结，例如一种颜色如果常被下等人运用，人们就容易对这种颜色感到厌恶，但是在需要内在感官或趣味的艺术鉴赏中，尽管不存在观念联结的影响，人们从中得到的情感却存在差异，甚至是有和无的差异。这很难说是哈奇生的真实想法，因为他的目的是要证明内在感官或趣味是先天的，而且是普遍的，在人类当中有一致性："内在感官是一种被动能力，它会从具有寓于多样的统一的所有对象中接受美的观念。当某种物质的质点渗入舌的味蕾时，心灵总是会受到规定去接受甜的观念，或一听到空气的快速波动就会产生声音的观念，在审美的事情上，似乎没有什么会比这更困难。后者如同前者一样，似乎与其观念无甚关联：相同的能力能同样地为前者，正如为后者一样，构造观念的诱因。"[2] 在现实的实践中，没有哪个地方的人在盖房子时把窗户设计得歪斜扭曲、七高八低，也没有人会认为胡乱泼洒各种颜色就会成为图画，之所以在某些时代和地方有人违背自然规律或常识，多半是因为教育和习俗养成的偏见："哥特人因教育而认为自己国家的建筑十全十美，而某些有敌意观念的关联会使他憎恶并刻意去毁坏罗马建筑，就像我们的某些改革者对待天主教建筑那样，他们不能把迷信的崇高观念与进行崇拜的建筑物形式分开。然而，令哥特人愉悦的仍然是寓于多样的统一中所体现的真正的美。"[3] 所以，如果抛开后天的习俗和教育的影响或干扰，趣味是具有一致性的。按照哈奇生的观点，人都能从寓于多样的统一的形式上获得美感，哪怕是习俗和教育的影响也还是建立在这种先天趣味的基础上的，再多的影响也无法让人喜爱丑陋畸形的东西。

简而言之，哈奇生认为，趣味差异源于后天经验，凡不受这些经验影响的趣味必定高于受其影响的趣味。后来的美学家们很少忠实地接受内在感官这个概念，

---

① Francis Hutcheson, *An Inquiry into the Original of Our Ideas of Beauty and Virtue in Two Treatises*, Indianapolis: Liberty Fund, Inc., 2004: 23.

② 同上，第 67 页。

③ 同上，第 64—65 页。

但对于趣味差异的原因，却与哈奇生有着非常近似的观点。他们的依据是想象的自然规律，这些规律对于所有人都是一致的。在博克那里，趣味由感觉、想象和判断力构成，他认为至少感觉和想象这两个因素在所有人那里都是一致的，人人都同意醋是酸的、蜂蜜是甜的、芦荟是苦的，也许有些人喜欢芦荟的苦而讨厌蜂蜜的甜，但这些都是后天习惯的结果，即使这样，他也不会否认芦荟苦、蜂蜜甜的这些事实。想象也会给人带来快乐和痛苦，这样的经验却以感觉为根源，而不会改变感觉的性质，固然说想象自身也会带来某些情感，比如想象对相似关系的发现会给人快乐，但这样的规律也是普遍的。趣味之所以有差异，在很大程度是由于每个人所获得的后天经验的不同："既然想象主要是由相似而生的快乐来激发的，所有的人在这一点上又几乎一样，尽管他们关于这些用以再现和比较的事物的知识一直在扩充。知识的这条原则是非常偶然的，因为它依赖于经验和观察，而非任何先天官能的强弱，正是由于知识上的这种差异才带来了我们通常所谓的趣味差异。"[1] 也就是说，如果每个人都具备同样多的知识，那他们的趣味就必定是一致的。这样看来，解决趣味差异的主要方法是获得丰富而准确的知识，因此杰拉德说："只有对象中确定的性质被知觉到，与其他相似的性质被分辨出来，并被比较和混合，判断力才会活动起来。在这些活动中，判断力得到了运用，它参与到对激发它的每一个形式的分辨和形成当中。"[2] 在鉴赏的过程中，"它（判断力）运用艺术和科学需要的一切方法，发现使人眼前一亮却深藏不露的那些性质。它考察自然作品的法则和原因，把将其与艺术不完满的作品进行比较和对比，因此它提供使想象力产生观念并形成组合的材料，这些材料将深深地感染内在趣味"[3]。不过，他又说，有人天生感觉不灵敏，想象力迟钝，判断力模糊，因而趣味往往是错误或偏颇的。

　　不管美学家们如何主张趣味普遍的先天基础和根源，但他们都无法否认差异的事实，对于这些差异的原因，众多美学家们认为是后天习惯或个人偏好导致有些人的感觉不够细腻、想象力不够敏锐。不过，我们还要辨析一个问题，即美学家们所谓的趣味差异是一些什么样的差异，是程度上的差异，还是性质上的差

---

① Burke, *A Philosophical Enquiry into the Origin of our Ideas of the Sublime and Beautiful*, ed., Boulton; London: Routledge & Kegan Paul Limited, 1956: 18.

② Alexander Gerard, *An Essay on Taste*, London, 1759: 90.

③ 同上，第 91 页。

异？如果说所有人都喜爱同一类对象，或者同一类对象能激发起同一类情感来，只是情感的强烈程度有区别，那么我们说趣味的这种差异是程度上的差异；反过来，如果说人们并不是喜爱同一类对象，或者说同一类对象不能激发起同一类情感来，那么我们可以说趣味的这种差异是性质上的差异。从某种意义上说，程度上的差异不算是真正的差异，不存在正确和错误的问题，另一方面也是可以通过培养和锻炼来消除的，而性质上的差异则是不可调和的，可以说有些是正确的，有些则是错误的。

对于博克来说，人们在趣味上的差异大多是程度上的，因为人类的感觉器官具有共同的构造特征和活动规律，所以对同一对象的感觉和由其引起的情感也应该是共同的，否则就会导致不可知论或彻底的怀疑主义。"如视觉，甚至味觉这种最模糊的感官快乐，在所有人那里都是一样的，无论地位高低，博学或无知。"[①]想象的快乐建立在感官快乐的基础上，理应具有一致性，即使它们自身也能从对相似性的发现或其他运行方式中获得快乐，这样的规律也是一致的，只要人们面对的对象是相同的。一个从未见识过艺术杰作的人，一看到一尊雕塑与原型有一些相似就大为赞赏，也许有人觉得他趣味低下，但只要有机会领略大师的作品，他也会改变看法，认为之前所见的雕塑拙劣无比。由此来看，趣味差异只是程度上的，原因是有些人的感觉天生不太敏感，或者是对一类事物的知识较为贫乏，但这些缺陷也都是可以补足的。休谟在著名的《趣味的标准》一文中也透露出相同的观点："虽然可以肯定地说，比起甜和苦来，美和丑更加不是对象的性质，而完全属于内在或外在情绪，但人们必定承认，对象中的某些性质是天然地适合于产生这些特定感受的。"[②]只不过人心中接受情感的那种器官或官能比外在感官更加纤细脆弱，容易受到外界因素的影响而发生波动，因此偏离正常规律。只要勤加锻炼，无论是感官、想象还是判断力都能得到提高，变得敏感而准确，最终成就高雅趣味。

在《人性论》中，休谟的观点却不这么简单。人之所以不能观察到事物的某些性质，原因也许不只是感官不够敏锐，而且还由于想象受到一种特殊规律的影

---

① Burke, *A Philosophical Enquiry into the Origin of our Ideas of the Sublime and Beautiful*, ed., Boulton; London: Routledge & Kegan Paul Limited, 1956: 16.

② Hume, *Of the Standard of Taste and Other Essays,* ed., John W. Lenz, Indianapolis: The Bobbs-Merrill Company, Icn., 1965: 8.

响，即他所谓的通则：

> 当一个在很多条件方面与任何相类似的对象出现时，想象自然而然地推动我们对于它的通常结果有一个生动的概念，即使那个对象在最重要、最有效的条件方面和那个原因有所差异。这是通则的第一个影响。但是当我们重新观察这种心理作用，并把它和知性的比较概括、比较可靠的活动互相比较的时候，我们就会发现这种作用的不规则性，发现它破坏一切最确定的推理原则；由于这个原因，我们就把它排斥了。这是通则的第二个影响，并且有排斥第一个影响的含义。随着各人的心情和性格，有时这一种通则占优势，有时另一种通则占优势。一般人通常是受第一种通则的指导，明智的人则受第二种通则的指导。①

简言之，习惯使人们相信某些印象或观念之间存在必然联系，使一个观念或印象的出现总是让人想象到其他的观念或印象，纵然这些观念或印象实际上并不存在。比如，由于我一个朋友经常穿黑色的衣服，以至于我看到一个穿黑色衣服的人就断定是他，即使眼前这个人不是他；因为我总是在忧郁的时候喝酒，以至于我一看到《将进酒》这个题目就觉得李白也很忧郁，尽管他事实上并不忧郁。

通则的作用很难说是先天的还是后天的，但无论如何都是自然的，尤其是第一种通则，任何人都会受其影响；第二种通则需要人们主动地控制，所以更依靠后天经验。需要注意的是最后一句话："一般人通常是受第一种通则的指导，明智的人则受第二种通则的指导。"想象一般情况下受自然规律的支配，很容易导致感官失常，却是一般人共有的知觉方式，换句话说，一般情况下，感官和想象活动相互影响，感觉不很可靠，然而是心灵的自然倾向；相反，只有少数人能克制活跃的想象，得到真实而正确的观念或印象，但是"不自然的"。所以，按照这个推论，如果趣味首先需要的是对对象性质的准确把握，那么这样的趣味反而是不自然的。也许有人会说，艺术鉴赏不同于理性认识，因为艺术作品中的形象是想象的结果，不同于现实事物，然而休谟的通则原理针对的恰恰就是想象的作用，这种作用在艺术鉴赏中会产生更明显的效果。当休谟想要依靠感觉和想象的

---

① 休谟:《人性论》，关文运译，北京：商务印书馆，1980年，第171—172页。

自然规律来证明趣味的共同性时，他在一定程度上是将趣味视为各个分离的感觉或观念。

通则原理说明了想象对于感觉的影响，或者说在想象的驱动下，感性知觉不是完全被动的。而哈奇生、博克以及写《趣味的标准》时的休谟则认为感觉、想象和内在感官都是一些被动能力，实际上这是他们将它们当作趣味共同性根据的原因。心灵仿佛是一面镜子，将对象映照其中，当镜面发生变形时，其中的映象就产生扭曲，解决这种扭曲的办法则是将镜面修平。然而，什么才是感觉和想象的自然状态，却不能依靠它们自己来证明，所以这些美学家们反过来又寻找美的对象的客观性质。哈奇生以为美的基本性质是寓于多样的统一，博克则列举对象之所以优美和崇高的一系列特殊性质，休谟在《趣味的标准》当中也认为艺术创造必定是遵循一些法则的，总的说来，就是艺术手法与其目的的适宜性。

但是休谟旋即指出，想要辨明艺术作品中的法则并不像找到酒桶里面带皮绳的钥匙那么简单。艺术法则并不是现成的，需要人们不断探索和总结，而且即使有艺术法则，它们也是抽象的，艺术的表现却总是具体的。哈奇生所谓的寓于多样的统一也是抽象的，符合这个特征的形式是无穷无尽的，问题是人们是从艺术法则还是从具体的作品中获得美感的呢？显然是后者。艾利逊的说法一定程度上是正确的，那些总是刻意寻找艺术法则的批评家不一定能从作品中得到美感。况且艺术法则不是优秀作品的充分条件，只是必要条件。休谟可以说凡给人快感的作品一定是符合艺术法则的，但反过来说符合艺术法则的作品就一定给人美感则是不一定的。即使人们有敏锐的感官和想象，也能观察到（或被告知）构成艺术作品的法则或对象中有某些特殊性质，也不能说明他们有很好的趣味。事实上，如果为了保证趣味的共同性和普遍性而将其分解为单独的感官或想象，那就是趣味理论的倒退，因为这等于违背了文艺复兴时期艺术家和夏夫兹博里对趣味的基本看法，即趣味是一种能动的、综合性的能力。在对艺术作品的认识方面，如果认为艺术作品就是各种单独性质或观念的机械组合，那就等于破坏了其整体性和和谐性。如前所述，这本身也非这些美学家们的本意，但关于趣味共同性和普遍性的争论使他们再次陷入自相矛盾的境地。

这些矛盾的一个重要根源还在于 18 世纪英国以想象理论为核心的美学。为了维护美学的科学性，美学家们把审美活动或艺术鉴赏视为一种纯粹的心理活动，将美感视为由想象的运行方式引起的内在情感，但如我们前文所分析，这种内在情感实质上是一种形式化的情感，不受任何个体性格和社会文化因素的影响，即使遇到这些因素，想象也会将它们转化为一种内在形式，即想象在观念间的时空运动。从这个角度来看，人的趣味并不存在实际上的差异，所以无须争论。美学家们很多时候也意识到趣味超出这个范围，因为趣味差异正是由于个体性格和社会文化因素的影响，而他们的解决办法是将这些因素排除在趣味概念之外，否认它们的积极意义，但这样做的结果是：这种办法把趣味完全等同于感觉和想象的官能，对于个体性格和社会文化因素形成的趣味差异，美学家们实际上是予以回避，或者说这个问题是想象理论或狭义上的美学无力解决的。

从感官的构造和想象的自然规律来证明趣味的共同性还带来一个疑问，即如果良好趣味的主要表现是对事物性质或艺术作品有正确或准确的认识，那么趣味还是一种审美能力吗？18世纪几乎所有美学家都认为美是一种情感，至少是引起一种特殊快乐来，这种快乐不是源于理性认识，而是源于一种直觉。如果遵循哈奇生、博克的逻辑，趣味倒应该是一种理性认识能力。也许美学家们会像休谟那样，说之所以重视理性的作用是因为理性能为审美提供准确的事实，以便为情感的发生奠定牢固的基础，因为同样的事实必然会引起同样的情感，但这个观点是否经得起推敲需要进一步分析。

在提出趣味的标准之前，休谟曾说："由同一对象激起的千百种不同的情感都是正确的，因为所有情感都不再现对象中实际存在的东西。……美不是事物自身的性质，它只存在于观照事物的心灵中，每一个心灵都知觉到不同的美。"[1] 不知道休谟说这句话时是否是认真的。的确，这句话很有道理，甚至能得到休谟自己哲学的佐证，但又需要进一步辨析。人们确实可以说美是一种情感，但首先要区分的是美是一种什么样的情感。拿博克的例子来说，人们都能感觉到芦荟苦、蜂蜜甜。同时，人们都觉得苦令人不快，而甜则令人愉快。不过，有人喜欢芦荟的苦，也有人喜欢蜂蜜的甜。这里应该将这三种情况加以区分，芦荟的苦和蜂蜜的甜是生理意义上的情感，它们是直接感觉；苦带来的不快和甜带来的愉快是心理意义上的情感，它们可以是直接的也可以源于反省，但在一定程度上也是被动的反应；因喜欢而生的快乐则是性格意义上的情感，这种情感的原因是复杂的，但必定不是直接的。在博克看来，生理上的反应将必然引发相应的心理情感和性格

---

① Hume, *Of the Standard of Taste and Other Essays,* ed., John W. Lenz, Indianapolis: The Bobbs-Merrill Company, Icn., 1965: 6.

意义上的情感，有人明知芦荟苦还要甘之如饴，那他的情感肯定是错误的，因而其趣味也是反常的。即便博克没有将这三种情感等同，那也是都将它们看作是心灵被动的反应，但这是完全错误的理解。实际上，这也未必是博克的真实想法，我们不要忘记，博克因其留名后世的崇高理论正是源自痛感，虽然他强调因痛感而生的快乐与一般意义上的快乐有所区别，但崇高感为人所喜爱甚至陶醉却是毋庸置疑的，因此如果说苦味必然给人不快是说不通的。事实上，博克的崇高理论恰恰可以说明生理反应以及由此而生的心理情感可以转化成特殊快乐。这个转化过程的一个基本条件是：在崇高感诞生的时候人已经脱离了真实的危险，或者说此时的情感不再停留在被动阶段，而必须有主动反省。艾迪生在论伟大的时候说：

> 人的心灵天然地憎恶仿佛是对它束缚的事物，每当视觉被幽闭在狭隘的界限之内……广阔的视野是自由的象征；眼睛有广大天地可以跋涉远方，漫游廓落的景物，迷失在呈现眼前的多彩的风光景色之中。这样广漠渺茫的远景对于想象是可喜可爱的，正如永恒或无限的思辨对于悟性一样。[1]

心灵的自由感实际上是产生于对之前狭隘视野的突破，显然，这种突破是需要有主动自我意识的，而不仅仅是被动的感觉。博克自己在解释崇高的成因时说，某些对象对感官和想象的刺激使感官和神经的紧张程度超过了其自然状态，但这个自然状态本身是很难确定的，只能通过比较来感觉到，比较这种想象加剧了痛感，而痛感能够让人的肌体变得健康，这也需要一种自我意识的主动反省，因为人们不可能在感到痛感的同时就感到健康。后来的康德指出，并不是所有人都能将痛感转化为崇高感，只有文明人才能做到这一点。

　　如果良好的趣味指的是准确认识构成作品的个别观念，确实只需要被动的感觉和想象就够了，即使中了艺术家的圈套，出现错觉，只要仔细观察或旁人指点，也能及时纠正，所以真正来说，这个意义上的趣味是共同的和普遍的。同时，如果良好的趣味还能够对艺术作品中的个别观念有自然的情感反应，像博克说的那样，能感觉到苦涩的不快和甜蜜的愉快，或者说看到红色就觉得兴奋，看到黑色

---

① 缪灵珠：《缪灵珠美学译文集》（第二卷），章安琪编订，北京：中国人民大学出版社，1987年，第38页。

就觉得压抑，又或者说读到林黛玉就觉得她娇柔妩媚，读到李逵就觉得他直爽威猛，那么人们的趣味至少说是相似的。然而，如果说这就是艺术欣赏的全部，则未免有些过于草率且浅薄了。所以，休谟以及其他美学家认为同样的对象能够引起同样的情感，这种观点在很大程度上是含糊不清的，而且使艺术鉴赏或一般的审美判断变得非常狭隘。固然休谟还提到，趣味的有些差别是源于个人的偏好与时代的环境，对于这些差别，只要不违背道德上的原则，就无须强求，但是这些偏好也不应该与感觉和想象的自然规律相抵触。说到底，休谟所主张的正确的情感反应大可以等同于一种事实判断，而谈不上对艺术作品有什么深刻的领悟。这样的批评家看不到如艾迪生所说的"伟大的心灵"，因为他们没有与作品中的人物以及艺术家自身发生心灵上的主动交流。他们看似情感丰富，实际上却冷漠无情、麻木不仁。正是由于这样的理由，艾利逊才对这样的批评家不以为然。

所以，从感觉和想象的自然规律可以证明趣味的共同性和普遍性。不过，这要取决于美学家们如何理解趣味，即趣味只是一种天生的直觉能力，还是包含了复杂的实践内涵。

三、标准何在

即便感觉和想象的自然规律可以作为趣味具有共同性和普遍性的一个重要根据，但休谟很难解释另一类问题，即为什么人们赞赏弥尔顿胜过奥格尔比，将艾迪生置于班扬之上。显而易见，休谟的看法不一定能被广泛赞同。身为印刷工人的奥格尔比相比于文学天才弥尔顿自然不可等量齐观，但班扬与艾迪生在文学史上的地位应该不相上下。事实上，就戏剧和史诗而言，班扬的影响远在艾迪生之上。不过，这里需要指出的是：这种比较判断与感觉和想象是否符合自然规律的判断在性质上大有不同。原则上说，人们可以清楚地知道班扬和艾迪生作品的内容、他们惯用的语言和修辞等艺术手法上的特点，但这些都不足以成为人们必须推崇艾迪生而贬低班扬的理由，因为是否能正确地判断不同作家的特点是一回事，而是否应该去赞赏一个作家是另外一回事。休谟说："最粗劣的涂鸦也富有某种光彩和正确的模仿，在这个层次上它们是美的，能打动一个农民或印度人的心，博得他们的最高赞赏。最粗俗的民谣也并非完全缺乏和谐自然，只有熟悉高级美的人才能指明它们音调刺耳、内容乏味。"① 既然我同时能够准确地认识到民谣和圆舞曲的旋律，也能正确地体会到其中的美，那我为什么必须喜欢圆舞曲而鄙视民谣呢？何况有些民谣在旋律的复杂程度上并不亚于圆舞曲。在这里，休谟的意思显然是说，美有不同的层次，一种美必定高于另一种美，如果美是一种情感。休谟的意思是说，情感也有高下之分，这种情感比另一种情感更值得人们去享受。这个观点与前述所讨论的问题明显不同。所以，趣味可以有两种差异：一个是我们是否能准确地辨别构成审美对象的特征，另一个是我们是否应该选择这种美感而排斥另一种美感。实际上，第二种差异才算得上是真正的差异，因为这种差异不仅是程度上的，更是性质上的。

　　人们也许立刻会说休谟这个观点显然是阶级的偏见或歧视，但我们姑且不要断然下这个结论，先来分析一些具体情况。

　　假定第一种情况。两个人面对同一幅画，甲熟悉绘画的透视、比例、色彩和笔法等艺术手法，而乙则不熟悉。两人都认为这幅画画得很像，因此很美。甲说它画得很像是因为这幅画符合透视法，而乙只是凭直觉认为画得很美。此时，人们会认为甲有更高的趣味，因为他看到了乙没有看到的东西。这个例子与休谟所举的桑科亲戚品酒的例子很相似。这种评判看似很有道理，却很模糊。毫无疑问，一个人如果掌握了某类对象的丰富知识，除了能感受到直接快乐之外，还能在各个对象之间展开细致的比较，由比较而来的鉴别会使直接快乐转化为内在快乐，这种快乐更细腻、更持久，一定程度上可以说他具有较高的趣味。但是，能看到一幅画符合透视，这是事实判断，而非情感判断，正如桑科亲戚能尝出酒里的铁味或皮子味，并不代表他俩真的尝出酒是好酒。如上文所分析，符合公认的艺术法则不是优秀作品的充分条件，掌握这些法则也不是良好趣味的充分条件，虽然也不可缺少，仅凭直觉来评价艺术作品的乙自然也不具有好的趣味。不过，把感觉和想象的自然规律作为趣味具有共同性和普遍性根据的时候，美学家们在很大程度上把趣味看作了一种技术，削弱了情感体验的重要性，当然这种做法最大的优点就是为确定趣味的标准提供了严格的，也是可操作的指标。

　　第二种情况。如果两个人具备同等的绘画知识，面对同一幅画的时候，他们都承认这幅画符合透视法，比例也很得当，而且正确地乃至细腻地模仿了一个对

---

　　① Hume, *Of the Standard of Taste and Other Essasys*, ed. John W. Lenz, Indianapolis: The Bobbs-Merrill Company, Icn., 1965: 8.

象。其中甲认为这幅画因此就很美，而乙则认为不美，因为画中的形象虽然逼真，但缺少了一些神韵，看起来没有生命力。通常来说，人们会认为乙的趣味更高，因为他看到了甲没有看到的东西。表面上看，这种评判与第一种情况是一样的，但也有模糊之处。透视、比例这些技法都是比较确定的，甚至还可以测量，而神韵这个东西就无法测量，因为它已经超出了透视和比例的范畴，必须依靠直觉才能觉察到。固然人们可以找一些证据，说你看安格尔的《泉》，那个少女的比例很恰当，而她的头稍稍偏向一边，身躯也轻微地扭动一点，因此就显得活灵活现，但是无论如何"偏向一边""扭动一点"都没有确切的数量指标，很大程度上无法印证。休谟也说："很明显，没有一条创作法则是靠先天推理来确定下来的，也不能被看作是理解力通过比较那些习俗和观念间的关系而得出的抽象结论。"他接着说："它们与所有实践的科学一样，其根据都是经验，不过是对那些能给所有国家和时代的人们带来快乐的东西的概括。"① 对于绘画来说，也许透视、比例都不是让人快乐的充分根据，但只要能给人快乐的作品必然是符合艺术法则，只不过这些法则尚未被人总结出来。从逻辑上说，休谟的推论无疑是错误的，而且很容易陷入循环论证，也就是说，要证明作品是否给人快乐，要看它是否符合艺术法则，而要证明作品是否符合艺术法则，又要看它是否给人快乐。

所以，让我们假设有第三种情况。有一幅画，大多数人凭直觉看了都觉得美，在一个熟悉艺术法则的人来看却不美，因为它不严格符合透视和比例，就像马佐拉的《长颈圣母》那样。这种情况与第一种情况类似，但其中一个要件由一个人换成了多数人。在这种情况下，要断定这种熟悉艺术法则的人有很高的趣味会让人犹疑不定，有人会说他趣味很高，因为他超越俗见，而且能从专业的角度来有根有据地评价作品，至少他的趣味是稀有的；也有人认为他的趣味也许并不低俗，但至少很怪异。但是另一方面有人也怀疑多数人从中得到的快乐是否真的是美感，或许很多人喜欢《长颈圣母》是因为被圣母的妩媚动人所吸引，甚至一直盯着她那若隐若现的胸部。不过，话又说回来，博克所谓的美感不正是以异性之间的吸引力为根源的吗，并且也几乎没有人会在被一幅画诱惑时真的做出什么出格的举动来，有了这种距离，爱就转化成了美感。无论如何，在这种情况下，人们对趣味高低的评价不仅是以美感是什么为根据的，而且还涉及一个人应该如何在群体

① Hume, *Of the Standard of Taste and Other Essays,* ed., John W. Lenz, Indianapolis: The Bobbs-Merrill Company, Icn., 1965: 7.

中做出选择，以在他人的评价中体现自己的身份感。在艺术史上，有些作品一开始并不为大众认可却被专业的批评家赞赏，最后青史留名，也有些作品虽不为当时的权威接纳却被大众喜爱，终成经典，其间的原因可谓神秘莫测。在 18 世纪英国美学中，很多美学家也与休谟一样，既希望趣味差异有可测量的标准，同时也认为好的趣味选择的对象就是在各个国家和时代得到普遍赞赏的经典，但这里需要指出的是：从这种倾向也可看出，在他们眼中趣味不仅仅是一个纯粹的美学问题，而是涉及社会交往或文化。

最后，再来看第四种情况。假设两个人都熟悉艺术法则，同时也重视自己的直觉，但他们对同一幅画有不同的见解，而且还力图用艺术法则来为自己直觉得到的情感来辩护。比如，他们看到了《长颈圣母》，甲认为这幅画的构图巧妙、色彩柔和、线条流畅，所以觉得很雅致，乙同意这样的观察和解释，但觉得总体风格浮华，换言之，甲表示赞赏，而乙表示贬斥。要旁人对此二人的趣味高下做出公断看起来是很容易的，但也确实是很不容易的，说容易是因为"雅致"是个褒义词，"浮华"则是贬义词，说不容易是因为要在雅致与浮华之间划出不容置疑的界限几乎是不可能的。举这个情况也是为了解析休谟的一个观点，他说："在各门语言中，都有某些词语表达褒贬之意。人们众口称赞写作上的雅致、适当、质朴和生动，指摘浮华、造作、生硬和虚假的壮丽。"[1]他同时也承认，当人们遇到具体的例子时，却很难断定它的风格究竟属于前一类还是后一类，这正如道德上的评价，人人都褒扬美德，谴责恶行，但具体到某一个人及其行为的评价上，人们总有些犹豫不决。无论如何，至少在艺术鉴赏当中，人们用这些词语表达的评价不是完全出于个人偏见，虽然也不能完全排斥个人偏见的存在，因为这些词语试图针对具体现象，并用一些事实和推理来证明，而且在某些词语上人们不容易混淆，比如雅致和质朴的区别还是很明显的。然而，事实上真正难以区分的是雅致与浮华、质朴与生硬，它们可以用来描述相似的甚至相同的事实，却也传达出仿佛是截然相反的情感评价，在很大程度上它们始终是相对而言的。一件作品在这些人眼中是雅致的，到另一些人眼中就变成浮华的，而在这些人眼中浮华的东西，到另一些人眼中倒显得比较朴素，所以从某种程度上说，作品本身无所谓雅致与浮华，它们与个人倾向有关。

---

[1] Hume, *Of the Standard of Taste and Other Essays,* ed., John W. Lenz, Indianapolis: The Bobbs-Merrill Company, Icn., 1965: 3.

在第一种和第二种情况中，虽然存在某些模糊之处，但相较而言还是明确的，因为在这两种情况中，人们面对的实际上更接近于事实判断，18世纪英国美学在确定趣味的标准时更倾向于依靠这种判断。而后两种情况涉及的更类似于价值判断，这里强调"类似于"的价值判断是想表明，人们虽然用这样一些词语来表达褒贬，但与一般的道德判断仍然不同，因为其中不包含直接的利害关系。比如说，人们普遍同意某人是个好人，因为他从来不伤害别人，一心为公，正直无私，还助人为乐，同时却也觉得他很不讨人喜欢，因为他态度刻板，言语冷淡。只不过要在刻板与严肃、冷淡与客气之间做出很好的区分是相当困难的，只能是相对而言。在艺术鉴赏中，人们可以用法则为根据来评价作品，但在此基础上也用雅致或浮华来表达自己的取向，也就是这种取向以事实判断为基础，但已不再是事实判断，虽然雅致与浮华的界限不是固定的，也是相对而言的。

这里有两个问题：首先，这种判断是否仍然可归为审美判断？如果这种判断针对作品的艺术手法，并且表达了情感，那就至少与审美判断相关，也许还是一种更为严格的审美判断，也就是说，浮华的作品与雅致的作品都可算作是好的作品，但前者比后者更好。其次，这种判断的相对性是否意味着一种纯粹的个人偏好，毫无尺度可言？可以肯定的是：雅致和浮华都有一些共同的特征，比如说精细的雕琢、繁复的装饰。人们可以说过度的雅致就是浮华，这个度在哪里却不好界定。然而，每一个人在做出雅致或浮华的判断时，一方面，是根据对象的特征；另一方面，也在参照他心目中一般人的看法。当然，这个"一般人"指的是他所处的人群，假如一般人的装饰用到三种色彩，那么用到四种色彩的装饰他就可能视为浮华。不过，当他到了另一群体中，看到一般人的装饰用到四种色彩，他也会调整自己的看法，认为五种色彩的装饰就是浮华。当然，这里也只是打个比方，在通常的判断中并没有这样可以计量的尺度，这里要强调的是：一个人对某种风格的褒贬判断不会完全出于个人偏见，但其中的尺度很大程度上又依靠经验。还有一点需要再次强调，这里的褒贬判断不同于带有利害关系的善恶判断，因此褒贬的根据大约就只有一种根据，亦即是否能得到众人的认可或排斥。所以，对某种风格的褒贬判断实质上表达的是一种社交方式，即懂得何种享受能得到他人的尊重或鄙夷；离开了他人或一个群体，就不会发生这样的判断，因为这样做毫无意义。

现在的问题是：这种类似于价值判断的褒贬判断是否属于趣味的范畴。当然，这要取决于美学家们如何定义趣味。如果趣味仅仅只是感觉和想象的敏锐程度，那么这种价值判断就超出了趣味的范畴。但是这样定义的趣味又非常狭隘，几乎等同于事实判断的能力，显然也不符合美是情感这个基本原则，如果说趣味意味着一种审美能力的话，事实上 18 世纪英国的美学家也是这样做的。所以，趣味包括但也超出了感觉和想象的范围。如果这种褒贬判断包含了审美判断，那么它就应该属于趣味的范畴。不过，这种判断又涉及人与人之间的相互评价，也就是社会交往法则，所以由此引出的问题是：趣味是否也与此有关，简言之，趣味是否既是审美能力，也是社会交往中一个人的审美取向如何让他人在情感上欣然接纳的能力。如果我们看了夏夫兹博里对趣味的探讨，我们就会得出肯定的回答。趣味是一种表现在社会交往中的实践能力，它是一个人在某种场合做出恰当选择的能力，并且以情感的方式表达出来。由于大多数美学家只关注审美心理学，无暇顾及社会交往的问题，所以在确定趣味的标准的时候只能选择心理学的方法，从而导致他们对趣味的理解出现自相矛盾的地方。

在 18 世纪的英国，休谟是除夏夫兹博里之外又一个关注情感在社会交往中的意义的作家，而且比夏夫兹博里的讨论更加系统，只不过这些讨论不是出现在《趣味的标准》一文中，而是体现在《人性论》的情感论中。在那里，休谟对情感有一种分类，即直接情感和间接情感："我所谓直接情感，是指直接起于善、恶、苦、乐的那些情感。所谓间接情感是由同样一些原则所发生，但是有其他性质与之结合的那些情感。"[1] 休谟首先重点讨论的是间接情感，即骄傲和谦卑、爱和恨。这种选择应该不是偶然的，因为这四种情感恰恰是社会交往中人的几种主要情感模式；反过来，情感是社会交往的主要表达方式。这里我们主要观察他对于骄傲与谦卑的论述就足够了，从中可以看到间接情感的基本规则。

休谟说骄傲和谦卑这样的情感几乎是不可定义的，但不是不可分析的。休谟通过分析骄傲和谦卑的构成要素并对比这些要素的差异来确定何谓骄傲，何谓谦卑。首先，骄傲和谦卑有着同样的对象，那就是自我，也就是"我们所亲切记忆和意识到的接续着的一串相关观念和印象"[2]，或者说是一种"特定的人格"或"有情的存在者"。对于休谟在人格具有同一性的怀疑，我们这里姑且不论，但从此可以看出，骄傲和谦卑不是一种无意识的被动反应，而是一种体现着自我意识的情感。其次，骄傲和谦卑是一种指涉自我的快乐或不快："我们的自我观念有时显

---

① 休谟:《人性论》，关文运译，北京：商务印书馆，1980 年，第 310 页。

② 同上，第 311 页。

得优越，有时显得不够优越，我们也就随着感到那些相反情感中的这一种或那一种，或因骄傲而兴高采烈，或因谦卑而抑郁沮丧。"① 简言之，骄傲就是对优越自我的意识，反之便是谦卑。

然而，仅有自我这个对象并不能够形成骄傲和谦卑的情感，因为快乐或不快的情感必须首先是被某种外在事物引起的，而没有快乐或不快就谈不上骄傲或谦卑，所以引起快乐或不快的事物是骄傲或谦卑的原因。不过，单由外在事物引起的快乐或不快也不能产生骄傲或谦卑，它们必须是"我们自己的一部分，或者是与我们有着密切关系的某种东西"②。从休谟的论述来看，这种关系应该是一种所属关系，骄傲或谦卑的原因必定属于我们自己拥有的东西，它或是勤劳所得，或是幸运所得，或是我们自己爱好的东西。所以，如果我们拥有的东西具有令人快乐的性质，我们就感到骄傲；如果我们拥有的东西具有令人不快的性质，我们就感到谦卑。

当然，上述对象和原因只是骄傲和谦卑的一般特征，亦即它们并不绝对地决定骄傲和谦卑的产生，所以休谟也提出了一些限制条件。其中最重要的是这样一点：引起这两种情感的原因是事物令人快乐或不快的性质，这些性质不是完全主观或相对的。"令人愉快或令人痛苦的对象，必须不但对我们，并且对其他人也都是显而易见的"③，但是"愉快的或不愉快的对象，不但要与我们自己有密切关系，而且要为我们所特有，或者至少是我们少数人所共有的"④。对于这个条件，我们可以这样理解，外在事物的某些性质自然会在所有人当中产生快乐或不快的情感，因而具有共同性和普遍性，缺少这一点，骄傲和谦卑最终会是虚假的。与此同时，这些事物又必须是我们特有的或仅属于少数人，这样才能让我们真正地感到骄傲或谦卑。所以，即使我们所拥有的事物自然地令人快乐，但是如果我们发现多数人都拥有，我们原先感到的快乐就大打折扣，甚至会失望沮丧，因而所有权的多寡使自然的、客观的快乐变得较为主观。由此可见，骄傲的关键因素在于令人快乐的事物是否是我们独有或少数人特有，换言之，我们是否能显得与众不同，而与众不同始终是相对的，只能由与他人的比较得来："如果在把自己同别

---

① 休谟：《人性论》，关文运译，北京：商务印书馆，1980年，第311页。
② 同上，第320页。
③ 同上，第327页。
④ 同上，第326页。

人比较起来（这是我们往往时刻都在进行的），我们发现自己丝毫没有突出的地方；而在比较我们所有的对象时，我们仍然发现有同样不幸的情况；那么由于这两种不利的比较，骄傲情感必然会完全消失了。"①骄傲感由比较得来，但这种比较不完全是相对的，至少在一个相对固定的群体中，人数上的比例多少还是能估算得出来的，虽然要确定自己原先感觉到的快乐究竟特殊在哪里是很不容易的，但总有办法将这种特殊性表达出来，那就是运用具有褒贬内涵的同义词，比如雅致和浮华、质朴和平庸。

人"不仅是一个理性的动物，还是一个社会动物"②。人生最大的痛苦莫过于被社会抛弃，而最大的幸福也来自他人的认可和尊重，也就是骄傲感。为此，一个人时时都在关注他人对自己的评价，单是表达认可和尊重的评价就足以给我们很大的快乐，"别人如果认为我们是幸福的、有德的、美貌的，我们便想象自己更为幸福、更为有德、更为美貌"③。甚至人生最大的目标就是追求骄傲感，避免谦卑感。霍布斯曾将其称为人"死而不已、永无休止地"追求的权势，而这个过程遵循着一种独特的逻辑。后来的博克写道："我们凭借模仿而非规程学习一切东西，这样的学习不仅更加有效，也更令人愉快。"④但一味地模仿就陷入循环，让人感觉索然无趣，"为避免这样，上帝在人心中植入一种雄心感，一种源自试图在某些有价值的地方胜过同类的满足感"⑤。这等于说，作为一种社会动物，人们会共同确立一种普遍的价值，但也有意在价值上制造差异。普遍的价值是自然的，例如对人类舒适生活有利的东西、在感官和想象上给人美感的东西，但因为它们是多数人都可以享受的东西，或者也可以通过模仿而获得，所以这些东西给人的快乐终究会黯然褪色。此时，人们就转而在此基础上追求更独特、更稀有的东西，虽然其实际的价值并不一定增加多少，但能给人带来巨大的满足感。就像休谟举的例子那样，我们参加一个宴会，珍馐美酒自然让我们快乐，而宴会的主人比我们更有资格骄傲，可是我们自己也蛮可以在没有享受过如此美味的人面前炫耀一番。显而易见，对这种满足感的追求是永无止境的。因为独特、稀有、新奇只是

---

① 休谟:《人性论》，关文运译，北京：商务印书馆，1980 年，第 327 页。

② 休谟:《人类理解研究》，关文运译，北京：商务印书馆，1957 年，第 12 页。

③ 休谟:《人性论》，关文运译，北京：商务印书馆，1980 年，第 327 页。

④ Burke, *A Philosophical Enquiry into the Origin of our Ideas of the Sublime and Beautiful*, ed., Boulton; London: Routledge & Kegan Paul Limited, 1956: 49.

⑤ 同上，第 50 页。

相对的，一旦被更多的人认识、掌握、占有也就不再独特、稀有和新奇，然而需要强调的是：我们所拥有的东西无论如何独特、稀有，也不能完全脱离自然的普遍价值（至少是某个特定领域或群体中的普遍价值）的范围，否则就不能被他人理解进而羡慕和尊重，比如阿Q为他的癞头疮骄傲反而会被人耻笑，这是虚假的骄傲。同时，即使我们独享非常稀有珍贵的东西也不必大肆炫耀，无论是财富还是美德，因为它们既可以被人崇拜，也可能招致嫉恨乃至无端的报复，所以"那些最骄傲而在世人看来也是最具骄傲理由的人，并不永远是最幸福的，而最谦卑的人也不永远是最可怜的人"①。

总而言之，获得骄傲感的秘诀是在普遍价值中追求差异，这也是社会交往的情感规则。

18世纪英国的所有美学家都意识到趣味涉及人际交往的问题，否则就不需要争论标准是否存在，他们在确定标准时却又避开了交往问题，求助于感觉和想象的共同规律。但是如果趣味不仅是一种辨别事实的能力，而且还是做出带有褒贬色彩的情感判断的能力，那么确定趣味高下的标准就不只是艺术法则，而且还是一个人如何在社会中表达自身价值取向的规则。每个时代和社会面对的艺术作品或者具有价值的事物迥然不同，但这种规则本身是不会变化的。所以，趣味的标准的确定与骄傲感的获得遵循着相同的情感规则。高雅趣味必须首先为一个特定群体确定一个共同的欣赏对象，那就是各个时代和国家都赞赏的经典作品。与此同时，也必须以此为参照来温和地表达个人的特殊喜好。休谟说一个懂得更高级的美的人以为民谣音调刺耳、内容乏味，因而是低级的美。如果按照他描述骄傲和谦卑的情感理论而理解，他的意思应该是：一个绅士可以认为民谣是美的，但他不应该赞赏它，因为它不属于绅士阶层的价值体系，他应该欣赏的是艾迪生和班扬，而且知道艾迪生优于班扬。很难想象当休谟遇到一个农民喜欢艾迪生的作品时，他是否会赞赏其趣味高雅，大概他会觉得很滑稽。

具有高雅趣味的必然是少数人，因为它必须属于少数人。趣味的标准不仅是找到普遍的价值标准，而且更在于制造差异，使一个人与众不同。可以参考我们上文曾引用过的休谟的那句话："趣味的敏锐精致，对于爱情和友谊是很有益的，因为它帮助我们选择少数人作为对象，使我们在同大多数人的交往和谈话中持一

---

① 休谟:《人性论》，关文运译，北京：商务印书馆，1980年，第329页。

种不偏不倚的态度。"终究而言，高雅趣味的目的在于借艺术或美来构建价值体系和社交模式，由此塑造一个精英团体。

再来看一下凯姆士关于趣味的标准的讨论也很有帮助。凯姆士承认在某种情况下，"趣味无争辩"这句谚语是合理的，一方面，是因为我们每个人对某些对象的喜爱或不喜爱表现得并不鲜明，不值得对自己的趣味给予非难；另一方面是因为有很多有着细微差别的快乐实际上属于同一个等级，没有必要为喜好这种快乐或那种快乐刨根问底，而且很多时候个人的偏好并非来自趣味，而是来自习惯和模仿，或者来自心灵的某种特质。言下之意，凯姆士认为无论在哪个领域人们都可以获得快乐，在同一等级中的多种快乐也无所谓高下之分。在他看来，这是自然或上帝的安排，自然赋予每个人不同的天分，让人们从事不同的职业，为了让人们安分守己，就让他们在其中获得快乐。这样一来，"每一个人都可以对自己那一份快乐感到满意，而不去嫉妒他人的快乐"①。如果某一种趣味过于精致，那就会使多数人蜂拥而至，其他领域则无人问津。"在我们现在的处境中，很幸运多数人对他们的选择都不很挑剔，而是很容易就适应了命运交给他们的职业、快乐、事务和群体；即便其中有些令人不快的情形，习惯也很快使其变得舒适。"②然而，趣味也不是没有高下之分，否则人们就会慵懒怠惰，不思进取。所以，在艺术中体现出来的高雅趣味必须有更精致的智力和情感才能达到，这等于给大部分人设定了一个很高的门槛，只有少数人才能进入，而一旦获准进入，他们就会享受到更丰富、更长久的快乐。那些以苦力为生的人完全不需要美的艺术所需要的趣味，也有很多人沉溺于感官享受，则没有资格谈论趣味，所以艺术趣味的标准虽植根于普遍人性，但只在少数人身上得到体现。他们通过教育、反省和经验来获得高雅趣味，成为社会中所有人敬仰崇拜的榜样。由是观之，趣味真是具有重大的社会意义，它既有普遍的基础，也有高下之分，其普遍性保证了各行各业的合理性，而其差异性则保证了社会等级的稳固。

休谟的情感理论无疑更多地受到霍布斯和洛克的影响，其中的功利主义未必会得到夏夫兹博里的赞同，但对于趣味这个论题而言，作为《人性论》作者的休谟与夏夫兹博里都将其看作是一种实践能力，也就是在社会交往中如何得到群体认同和如何表达个体身份。夏夫兹博里重视的是如何从个体角度体认公共利益，

---

① Lord Kames, *Elements of Criticism*, Vol. 2, London, 1765: 383.

② 同上。

而休谟侧重于讨论如何在共同的价值体系中确立个体身份。但是无论如何，趣味的标准都不可能是一个量化指标，因为这个标准随着不同时代、国家、民族、阶级、职业人群的变化而变化。虽然确立标准的规则是相同的，但如何根据自己的性格和地位有效地感受和表达自己的身份很大程度上依赖于经验，需要不断地学习和尝试。需要注意的是：任何一个群体的价值取向都是通过某些具体的媒介得以表达的，艺术当然是其中重要的一种。一个群体有其共同接受的艺术作品，每个个体都必须学习相关的专业知识，懂得艺术作品的等级体系，但是也必须通过对特定作品的赞赏来表达自己的独特性。他应该征得多数人的赞同，也应该显示自己有不同的理解，因此而获得一种骄傲感，亦即他在这个群体中的身份感。当有些美学家将趣味的标准看作是对于艺术作品或审美对象的精确感知和敏锐想象时，他们只能得到一个群体的共同价值，但无法凸显个体的人格和身份，只有从社会交往的角度，我们才能理解趣味为何有差异，其标准如何取得。所以，趣味的标准问题实际上表明关于趣味的学问实际上是一种审美的社会学。

第十八章

美学与文化

18 世纪英国美学受到文艺复兴以来的艺术潮流的影响，也有近代哲学的转型作为基础，但这些都不必然带来这种美学的兴起和繁荣，因为这种美学并不是简单地沿袭之前的艺术理论或美学，而是力图从心理学的角度来解释美感的原因和规律，并由此确立趣味的标准。实际上 17 世纪在英国作为主流的经验主义哲学对艺术并不重视，甚至那个时代的英国人对艺术也不感兴趣，而是倾向于从事能带来实际利益的职业。即使在 18 世纪的很长时间内，英国都缺乏与欧洲大陆抗衡的著名艺术家，人们所能欣赏到的几乎都是来自法国、意大利的绘画、音乐和戏剧，虽然在文学领域有艾迪生这样的散文家广受欢迎，后来在其他艺术领域，特别是在绘画领域，英国也发展出了自己的风格，即风景画。所以，此种状况必然要让我们追问，以想象和情感为核心的美学为何会发生在英国，是什么原因让人们如此关注艺术，是什么人倡导这样的美学，他们支持什么、反对什么。

纯粹的理论史并不能帮助我们很好地回答这些问题，这些问题迫使我们转而观察 18 世纪英国的现实生活，也就是 18 世纪的英国是一个什么样的社会，其中各个阶层的人过着怎样的生活，他们追求怎样的价值；艺术在他们的生活当中发挥着怎样的作用，美学能够帮助他们解决什么样的问题，否则我们就不可能理解18 世纪英国美学的现实意义。从这个角度来看，18 世纪英国美学与同时期的文化密切相关。它们存在于特定的文化语境中，并力图塑造一种特定的文化语境。的确，我们可以看到 18 世纪英国呈现出一种复杂多样的文化格局，而以高雅趣味为己任的美学试图在其中创造出某种秩序，但又显得无能为力，所以我们看到这种美学一方面维护经典艺术的权威，另一方面又赞扬当代艺术的创造；一方面倡导美的道德意义，另一方面又支持世俗欲望的满足；一方面坚持美感的共同性和普遍性，另一方面又主张高雅趣味只属于少数人。一定程度上，18世纪英国美学是各种文化观念斗争和妥协的真实写照。只有从不同的角度探索其渊源，解释其所指，我们才能真正发掘和理解这种美学的真实内涵。这里无意于采用某种理论方法刻意绘制一幅完整的图谱，只是描绘这种美学与各个领域现象的丰富联系，让它从各个侧面折射出多样的光彩。如果它真的具有内在统一性，人们自然可以从中发现其线索。

一、消费文化的崛起

自夏夫兹博里开始，英国美学家们极力描绘一种不以占有为前提的想象快感，试图把美感与物质欲望的满足加以区分，并因其暗示了道德上的品质而将其视为人生最有价值的东西。但与这一褒赞相反的是，有充分的证据表明，18世纪的英国是一个物欲横流的时代，无论是上流社会还是中产阶级，似乎都纵情声色，他们追求的快乐与所谓的高雅趣味相去甚远，虽然他们另一方面也都以高雅趣味作为身份的象征。实际上，当艾迪生把由欣赏自然和艺术而来的美感定义为想象快感时，无意之中也透露出一个特殊信息，那就是：纵然是想象快感，也是一种快感，快感是生活的主要目标。这种快感需要被限制在什么范围内才是应该探讨或争论的话题。

18世纪的英国确实有资本将快感当作生活的主要目标，也就是有足够的人群有足够的财富来负担超出适用范围的生活。在这种生活中，艺术的主要作用不再是政治权威的宣示和道德的说教，而仅仅是娱乐，包括感官的刺激和社交欲望的满足。艺术职能的转变意味着艺术创作、接受模式、艺术展示的场所发生了变化，而促成这种变化的一个重要因素则是英国经济的商业化。在商业化的过程中，艺术开始变成了商品，成为用来消费以满足个体欲望的媒介，也成为商人获取财富的手段。是商业化的发展造就了艺术的繁荣，而艺术的繁荣又促进了商业化的兴盛，它们结成了紧密的关系。

在传统社会中，艺术主要由宫廷和贵族阶层资助，艺术作品被展示在宫廷、教堂和贵族的府邸中，理所当然，其重要功能是为了显示宫廷和贵族的权威以及他们在趣味、学识和道德上的优越地位。同时，古典艺术作品主要描绘神话和历史中的故事和人物，将其塑造为永恒人性的典范。在现实中，占有和欣赏这些作品的人群自然是以这些人物为楷模，也希望自己成为社会中地位低于他们的人群的楷模，这就进一步巩固了他们的权威。在法国，路易十四拥有凡尔赛宫和卢浮宫，在其中珍藏着来自欧洲各国著名艺术家的绘画、雕塑，而在巴黎的剧场中也上演着叙述神话和历史故事的戏剧，贵族府邸也常常举办各种舞会和音乐会。法国成为整个欧洲的艺术中心，因此也是各国宫廷和贵族阶层竞相效仿的对象。在英国，自亨利八世以来，贵族阶层也接受了文艺复兴以来的人文主义思想，宫廷削减军事开支，效仿欧洲各国宫廷，力图用艺术来塑造高雅风尚。在卡斯蒂廖内《廷臣论》的指导下，廷臣们用优雅的手势、矜持的颔首鞠躬和机智的谈吐来创造一个高雅得体的氛围。总而言之，宫廷和贵族府邸是一些高度仪式化的社交场所，宫廷作为权力中心也是艺术和风尚的中心，艺术和风尚就代表着整个社会的等级秩序。

英国的白厅绝不像欧洲其他的宫廷建筑那么宏伟，甚至显得寒酸，但17世纪时查理一世也试图将其打造为君王的理想居所。他是鲁本斯、凡·戴克、伊尼格·琼斯等画家的资助人，并收藏有达·芬奇、柯勒乔、卡拉瓦乔、拉斐尔、提香、伦布朗和丢勒等人的大量画作。鲁本斯于1629年访问伦敦时惊叹说："就精美画作而言，我从未在一个皇家宫殿见过这么多。"[1] 本·琼森写作的假面舞剧常在宫廷中演出，这种作品结合了文学、音乐、舞蹈、绘画等艺术形式，由群臣们排练表演，有时国王也会加入其中，场面甚是高贵宏大；群臣们借此表达服从，而国王则显示其权威，表演本身象征着国王、宫廷和整个国家和谐的等级关系。然而，这种和谐不过是对正在分裂的国家的掩饰，因为查理一世很难调和王权与带有资产阶级性质的贵族之间的矛盾，不久内战爆发，查理一世则被送上断头台。

不过，王政复辟之后，查理二世和詹姆士二世仍然希望通过效仿路易十四的凡尔赛宫在文化上重建君主权威。查理二世继承其父遗愿，打算在格林尼治和温彻斯特建造两座宫殿，可以把贵族们从伦敦吸引到自己身边，顺从自己的生活节奏。宫殿刚刚建好外墙，查理二世就于1685年去世了，詹姆士二世对两座宫殿不感兴趣，任其废弃不顾。查理二世曾耗费巨资修缮温莎城堡，并建有著名的圣

---

[1] John Brewer, *The Pleasures of the Imagination: English Culture in the Eighteenth Century*, London: Harper Collins Publishers, 1997: 9.

乔治厅，而詹姆士二世也在白厅扩建一些宫殿，并豪华装饰，力求展现君王的高贵威严。无论如何，查理二世和詹姆士二世在这方面并不成功，一来是他们没钱大兴土木，二来是他们也没有在贵族中树立实质性的权威，没有功绩可被隆重纪念。

威廉和玛丽入主之后，英国政坛逐渐被辉格党寡头们主导，《权利法案》严重削弱了君主特权。虽然威廉自认为拯救了英国，并且也确实在对法战争中取得了重大胜利，但仍旧时时忍受来自议会的批评。这种状况使威廉没有心情来在文艺方面展现似有似无的君主权威，虽然他对文艺也有浓厚兴趣。他废弃了温莎城堡，也拒绝保皇派再建新宫，古老的白厅也没有得到精心修缮。1724 年，笛福到此游览后写道："对这个地方我实在没什么好说的，只能说它曾经辉煌，至今不再辉煌，但愿它再次辉煌。"改建而成的汉普顿宫有着精致的花园，肯辛顿宫中悬挂着提香、拉斐尔、柯勒乔、凡·戴克等人的画作，但这些宫殿差不多只是威廉和玛丽的私人寓所，而不是用来展示给公众。晚年的威廉几乎隐居故乡荷兰，他的藏品也被全部打包带走，所以威廉没有对英国的文艺产生多大影响。

虽然英国在欧洲的地位日益显赫，但威廉之后的历代君主也无意于兴建宫殿，各国的访问者也很奇怪如此强大的君主居然生活在如此"简陋"的地方，君主们既没有足够的个人财富支撑奢华的生活，议会也不赞成好大喜功的君主，自然而然，君主们就缺少了展现威仪的场所。这也难怪从 17 世纪以来，英国文学以讽刺和巧智见长，而不是以庄严宏伟著称。18 世纪汉诺威王朝的君主们更是江河日下。乔治二世甚至耻于舞文弄墨，也不喜欢王后卡洛琳沉迷于诗书，认为这与王后的身份不符。乔治一世和乔治三世对文艺有些兴趣，而且有些托利党文人，如莆伯和斯摩莱特也希望君主能重振文艺，以彰显帝国威仪，使君主成为万民道德和趣味的表率，但日耳曼出身的乔治一世自称是率真质朴的士兵，最喜欢的音乐是军乐；乔治三世被称作第一个"中产阶级"君主，喜欢深居简出，甘为简朴美德的楷模。这不是说他们完全淡出了文艺领域，只是说他们的资助力度远远不够，或者仅限于例行公事。约瑟夫·海顿在伦敦举办一场公共演能收入 350 镑，而王室支付的价钱仅为其 1/3。在众多的资助人当中，英国君主只是其中一个，具有私人性质，而非国家性质。"从 1688 年到乔治三世继位，宫廷（资助文艺的）规模日益缩减。更重要的是宫廷越来越家庭化，越来越封闭，君主作为公众人物的地位也越来越低。"①

与宫廷文化的式微形成鲜明对比的是城市文化的繁荣。随着工商业的发达，伦敦的城市规模日渐巨大，到 18 世纪中期已是西欧的最大城市，其人口达到 75 万，而爱丁堡的人口仅有 5.7 万，都柏林则为 9 万人，1/10 的英格兰人生活在伦敦，而且苏格兰和爱尔兰也有很多人在伦敦工作。这座大都市中有宫廷、教堂，有交易所和集市，也有剧场、公园、妓院、酒馆、客栈、咖啡馆。这里有形形色色的行业，也有从事不同行业的各色人等。众多人口生活在狭小的空间里，传统的以土地为纽带的人与人之间的关系发生了变化。人们以职业产生关联，在市场交换中相遇，但对对方的出身和私人生活了解甚少，因此变得更加陌生，传统道德和习俗的约束力变得松散。传统的价值观念仍然发挥作用，人们重视荣誉、忠诚等美德，但缺少了相互的熟稔，价值的体现就只能停留在表面上，也就是依靠言语、举止和服饰等外在媒介。城市必然成为名利的争斗场，繁荣而浮华。艺术在这场争斗中扮演着重要角色，但因为一切都转化为形式，失去了内涵的艺术很容易就蜕变为单纯的娱乐。艺术失去了原先的象征意义，也没有了地位和身份的限制，只要拥有一定的财富，人们便可享受到几乎一切可以想象的娱乐，即使普通市民也被卷入这个娱乐大潮中。在商业的推动下，艺术也变成了商品，人们付出金钱，收获的是快乐。由于人们享受仅仅是形式带来的快乐，而非实在的事物，所以这种娱乐便成了消费。

笛福曾这样描绘 18 世纪的伦敦："河岸两边壮丽夺目，布满了宏伟的宫殿、坚固的要塞、高大的医院等公共建筑；这里有世界上最大的桥梁和最大的城市，商人的富裕闻名于世，贸易量巨大，且物品繁多；这里的海军举世无敌，无数船只溯流而上，它们来自世界各地，又去往世界各地。"② 这些船只标志着英国发达的商业贸易，它们给伦敦带来了世界各地的物品。如果一个外国人到了伦敦，他首先感受到的便是其繁华，虽然也非常嘈杂。街道上人头攒动，仿佛每天都是节日。1785 年德国人冯·阿兴霍尔茨到了伦敦时感叹道："这里能见到所有精致而时髦的货品，被整齐而雅致地陈列着。……最华丽的要数银器店。大量的银盘

---

① John Brewer, *The Pleasures of the Imagination: English Culture in the Eighteenth Century*, London: Harper Collins Publishers, 1997: 20.

② Willcox, Arnstein, *The Age of Aristocracy,* 1688 to 1830, Lexington: D. C. Heath and Company, 1988: 57.

叠放起来向人展示，此刻人们最能感觉到这个国家的富有。巴黎最大的商店圣奥诺尔比起伦敦的商店来都相形见绌。"① 服饰鞋帽、玻璃器皿、瓷器、丝绸、棉布、玩具、书籍、枪支，还有来自异国他乡的无花果、橘子、菠萝等水果，都被陈列在宽大又低矮的玻璃橱窗里，让人流连忘返。人们的衣着打扮都很洁净且入时，言谈举止彬彬有礼，很难辨别出他是主人还是仆人。

伦敦给人带来的不仅是各式各样的精美商品，而且还给人提供了无数新奇的娱乐，只要有足够的财富，人们便可享受到想不到的声色快乐。最能体现这种娱乐消费的场所便是乐园（Please Garden），其中最著名的是沃克斯厅花园（Vauxhall Garden），也被称作春天花园。这座面积 12 英亩的庄园坐落在伦敦郊区，在王政复辟初期的时候属于一个叫萨缪尔·莫兰德的爵士，不知出于什么原因，他将庄园向普通民众开放。由于园内有许多园林和树木，所以伦敦市民便常常到这里消遣。到 17 世纪末，园内开辟了几条笔直的大道，又被圈出一些偏僻幽静的院落，同时建有宏大的拱门，还有散落各处的亭台楼阁，但仍然向所有人开放，不受任何阶层和经济上的限制。毫无疑问，这座乐园一开始就带有一定的商业色彩。虽然不收任何门票，也没有门卫把守大门，人们可以随意出入，但园内有售卖饮料和零食的小店，还有街头艺人在这里演奏音乐，表演舞蹈和杂技，必定能向周围观众讨些许钱物，所以这座乐园一开始也是一个娱乐场所。当然，这里几乎少不了一些色情交易，虽然也有不少男女只是谈情说爱而已。

乐园开放初期，有人在日记里这样记述见闻："乘船来到沃克斯厅，步入春天花园；人们成群结队，天气和花园都令人愉快；到这里走走确实令人非常高兴，也不用花费多少，因为人们可以随意花费，或者也用不着花费，只是听听这里的夜莺和其他的鸟儿，此起彼伏的小提琴、竖琴和口琴，人们在这里欢声笑语，真是千姿百态。另一个地方，有两位漂亮的妇女单独在一起，走了好长一段路：几个游手好闲的绅士发现了她们，便打算带她们走；这两位可怜的女士，她们想甩开这些绅士，而这些绅士又紧紧跟着她们；女士们一会儿跟着其他人群，一会儿又被拉回来；最后两位女士离开了园子，乘小船走了。"② "绅士们"肯定是把两位

① John Brewer, *The Pleasures of the Imagination, English Culture in the Eighteenth Century*, London: HarperCollinsPublishers, 1997: 29.

② David H. Solkin, *Painting for Money, The visual Arts and the Public Sphere in Eighteenth-Century England*, New Haven; London: Yale University Press, 1993: 107.

"女士"当成了妓女，而他们这样做也不是毫无来由，因为这座乐园确实是伦敦的流莺常常揽客的地方，而且这个地方也仿佛天然地适合这样的生意，园中的很多地方拐弯抹角，非常隐蔽，不熟悉的人很容易迷路。到了1700年，汤姆·布朗写道："有女士们喜欢独自行走，在春天花园的隐蔽小路上找些乐趣，那里既能满足淫欲，也可以相互带路，以免迷失，荒僻之处的弯路和角落非常复杂，即使时常光顾的母亲们在寻找她们的女儿时也不免迷路。"[1]

随后一些年里，春天花园的装饰布置越来越精致，树木成荫，夜晚灯火通明，但是其低俗品位仍一如既往。艾迪生在1712年的《旁观者》杂志上再次描述了他的经历："我们来到春天花园，这是一年当中最令人愉快的季节。我品味着小道凉亭两边花草树木的芳香，还有成群的鸟儿在树上婉转歌唱，三三两两的人们在树荫下散步，我禁不住把这个地方看成是伊斯兰教里说的天堂。罗杰先生告诉我，这里让他想起了自己乡下别墅里的灌木小林，他的牧师曾将这片小树林称作养夜莺的鸟舍。爵士说道：'你肯定以为，这个世界最让恋爱中的人快乐的就是你的夜莺了吧。呵呵，旁观者先生，许多次我走在月光之下，在夜莺的鸣唱中倚窗沉思！'说到这里，他听到一声长叹，不禁四处凝望，此时一个戴着面具的人走到他背后，轻轻拍了一下他的肩膀，问他是不是愿意跟她喝杯蜂蜜酒。爵士被这突如其来的热情惊住了，很不高兴有人打断了他的倚窗沉思，旁人跟他说'她是个浪荡娼妓'，并赶她到其他地方招揽生意……"随后这位爵士对酒吧的女店主说，"如果这里多些夜莺，少些妓女，他会更常光顾这里"[2]。可以看出，春天花园景色迷人，但也藏污纳垢。

沃克斯厅花园可以说是伦敦娱乐生活的一个缩影，它的状况比啤酒馆、客栈和咖啡馆等地方要好一些。后面这些地方同样是伦敦市民时常聚集的场所，来自各地的人在这里闲聊，传播政治、宗教方面的消息或谣言。这些人比去沃克斯厅花园的人的经济和社会地位要低一些，虽然去沃克斯厅花园的人也肯定是这些地方的常客，他们的娱乐方式也要低俗和暴露得多。啤酒馆、客栈和咖啡馆基本上都在繁华的市中心沿街开设，甚至就是在街角摆上几把椅子，还有一些毗邻广场和集市。无所事事的人们在那里花很少的钱就可以喝上一罐劣质啤酒或杜松子酒，

① Quoted in David H. Solkin, *Painting for Money, The visual Arts and the Public Sphere in Eighteenth-Century England*, New Haven; London: Yale University Press, 1993: 107.

② Addison, *The Works of Joseph Addison*, vol. 3, London: George Bell and Sons, 1901: 361-362.

成天酩酊大醉。咖啡馆的消费也很低，通常一杯咖啡只需要 1 便士，实际上这里也售卖各种酒类，人们可以长时间坐在里面，无须面临被驱赶的尴尬；咖啡馆里还有一些近期的报刊，人们可以随意阅读，即便你不识字，也会有人在看到某些新奇或容易引发争议的内容时高声诵读，因此大量人群常常聚集于此。但是，这些地方通常也是游手好闲的地痞无赖聚集的地方，也是贫穷的妓女招揽生意的地方；有些啤酒馆或咖啡馆的店主本身就是妇女，而她们也有意无意地从事色情行业，自己卖淫或拉皮条，更不要说这些地方附近就可能是专门的妓院。当然，这些场所也有一些街头艺人卖艺，比如唱民谣或演杂技，广场上也常常有犯人带枷示众，这些也会吸引民众蜂拥而至。

荷加斯的《杜松子酒巷》和《啤酒街》发表于 1751 年，其中的素材就是伦敦街头一直存在的情景。在《啤酒街》一画中，肉铺老板、鱼贩子、车夫都手持一大杯发泡啤酒，开怀畅饮，同时有些人怀里还搂着妓女，相互亲昵。《杜松子酒巷》中的主角则是一个身患梅毒的妓女，酒精让她神志不清，怀中的孩子正要从台阶上掉下去。无论是诸多作者笔下的春天花园，还是荷加斯的风俗画，其中一个重要的主题就是放纵肉欲的享乐，仿佛其他一切娱乐都以这种肉欲的放纵作为根源，只不过作为中产阶级和上流社会的娱乐场所的春天花园被装点以精致优美的环境。

所有这一切都得益于英国商业的发展，在商业的促动下，人们追求的一方面是财富的积累，另一方面则是对商品的消费，而消费的一大目的又是享乐。在某种程度上，声色之乐本身就是生活的目标，特别是对于那些没有稳定职业的底层民众来说更是如此，除非是到了迫不得已的时候，他们就不会工作，而工作得到的钱马上就又被用以享乐。许多人看到了两者之间的紧密联系。菲尔丁写道："这里的一切都依靠金钱，钱被看作是一切事物的等价物，而对钱财的贪欲是建立在对快乐的过度热恋之上的：感官快乐。那些心灵中的东西极少被认为是值得渴望的，更别说买卖了。"[1]

沃克斯厅花园同样越来越商业化了。泰尔斯于 1728 年接管花园，他试图消除人们对花园的不良印象，对园内的格局和建筑进行了诸多修改，尤其是拆除一些特别偏僻隐蔽的角落，以免有人在其中做一些有伤风化的事情。后来又开始收

---

① Quoted in David H. Solkin, *Painting for Money, The visual Arts and the Public Sphere in Eighteenth-Century England*, New Haven; London: Yale University Press, 1993: 116.

取门票，票价只有区区 1 先令，目的只在于限制某些不良从业者的进入，而且雇佣人员对游客在园内的活动进行监督。改革的效果并不非常显著，但可以看作其目的是把花园的游客定位在那些更有消费能力的人身上，所以提供的娱乐项目确实要高雅许多，比如园内时常会举办一些交响乐音乐会，而且泰尔斯还斥巨资在园内树立了著名音乐家韩德尔的雕像。不过，这里的商业色彩依然浓厚，情色意味仍旧不退，而且有过之而无不及。这里像其他乐园或上流社会的庄园一样，经常举办假面舞会，上流社会的绅士和夫人们也乐于参加这样的活动，因为这是炫耀时装和美貌的绝佳机会，同时也可能收获艳遇。菲尔丁《汤姆·琼斯》中的主角琼斯不仅在乡下时与女仆们打成一片，在被逐出家门到了伦敦后也参加过假面舞会，其英俊的相貌会吸引不少贵妇人，这些贵妇人随后伺机与琼斯偷欢。这样的情节应该不完全是虚构，来自苏格兰的詹姆士·鲍斯维尔（詹姆斯·鲍斯韦尔）本是贵族出身，后来成为著名批评家约翰逊的好友，到了伦敦之后不仅时常拜访贵族和高官，出入各种俱乐部，还会与一些妓女或者上流社会的有夫之妇保持亲密关系，一生中因此有 5 次感染梅毒，让其深受困扰。

在沃克斯厅发生的最著名的也是最有代表性的事件，应该是 1749 年乔治二世举办的庆典演出。乔治二世为庆祝《亚琛和约》的签订计划组织一场演出，参与主办和设计的有军械官蒙塔古公爵、音乐家韩德尔、焰火总管弗雷德里希，还有专为法国宫廷谱曲的赛凡多尼，他们设计的表演节目包括韩德尔的交响乐、大型焰火等。演出的地点定在格林公园，组织者在那里搭起一座 100 英尺高的木架，形似多立克式神庙，两翼是宽阔的展馆，并装饰有花卉、雕塑、画像以及战时武器，在最上方则是形似太阳的圆环，象征着国王的伟大。纵然有著名的设计师和音乐家，对于实际演出，这些大人物却从未尝试组织过，而且也缺乏相应的技术和设备。无奈之下，宫廷只好求助于泰尔斯。他确实是组织此类演出的不二人选，他曾在沃克斯厅花园组织过多场室外大型演出，早已驾轻就熟，尤其是在灯光特效方面极富创意。泰尔斯同意为国王提供技术专家和相关设备，但作为商人的他开出了价钱，那就是在沃克斯厅花园举行一场排演，国王和他的艺术家们同意了。泰尔斯抓住了机会，也取得了成功。平时只要 1 先令的门票现在提高到了 2 先令 6 便士，泰尔斯共收入了 1500 英镑。演出非常圆满，受到一致好评，虽然也有人提出批评，特别是贵族阶层对泰尔斯的做法无法接受。

正式演出在格林公园如期举行，廷臣和贵族们悉数到来，演出却并不顺利。

当天的天气很糟糕，阴雨连绵，许多焰火在燃放之前就被雨水淋湿了，焰火七零八落；在躁动不安之中，蒙塔古公爵和赛凡多尼居然当众斗殴，赛凡多尼试图拔剑时还被抓了起来；负责点燃焰火的人也有些漫不经心，焰火引燃了两边的展馆。总之，整场演出一塌糊涂。不幸的国王被伦敦的报刊连日讥讽，颜面扫地。

然而，即使格林公园的正式演出与沃克斯厅花园的排演同样成功，但难以掩盖的事实是：宫廷文化已经让位于城市娱乐。宫廷组织的演出实质上是一种政治权威的展示，而沃克斯厅花园的排演则纯粹属于商业性的娱乐，虽然两者的演出形式和内容完全一致。泰尔斯把这场演出完全当作了商品，获得利润，而不是用来赞颂君主的伟大；其消费者没有政治和宗教地位上的差异，所以演出不再是社会等级秩序的一种检阅。在某种程度上，格林公园事件标志着宫廷文化的衰落和城市文化的兴盛。

事实上，就连王室成员和贵族阶层也不免被商业文化和消费文化裹挟。权威和地位需要装饰和艺术来展示，这使其成为普通民众崇拜的对象，也成为被效仿的对象；普通民众以接近权威为荣，而体现这种荣耀的方式就是效仿王室成员和贵族阶层的言行举止和衣着打扮。商人们正是利用这一现象来推动时尚的形成，他们会把自己设计的服装、发饰，乃至一个纽扣或一条花边首先免费送给王室成员和贵族阶层穿着佩戴，当这些人出现在公众场合的时候便成为商品广告，引起效仿者竞相购买的热潮。

也许传统社会中的贵族风尚并不纯洁，但城市的膨胀和商业的发达更加刺激了人们对感官声色的追求，使其表现得更加肆无忌惮。与此同时，在城市的消费文化背景下，艺术功能发生了剧烈转变。在传统社会中，艺术多用来表达宗教情感和等级秩序中的权威，用本雅明的话来说，艺术的主要功能是被膜拜，因为艺术描绘的形象象征了至高无上的信仰和权威，但在一个商业社会中，当一切都可以被买卖时，艺术形象的象征作用就遭到严重削弱，转而成为一种形式的展示，接受者从中得到的是感官快乐。在18世纪的伦敦，艺术仍然发挥着象征的作用，被人们用来标志自己的身份和地位，乃至内在心灵和德行，但这一切又确实不是神圣不可触及的，而且当人们不必经历获得身份、地位和德行的过程便可获得它们的象征符号的时候，艺术反而又激发了人们对外在形式的热切追求。当然，与艺术的神圣性丧失这一过程相伴随的是一种恢复其神圣性的努力，虽然这种神圣的内涵也发生了变化，这就是哈贝马斯所谓的公共领域的建设。

二、公共领域的建设

以体现权威为宗旨的宫廷文化的颓势是不可挽回的，这不仅是因为城市文化的强势咄咄逼人，也是因为自17世纪内战爆发以来英国整个社会和政治思想已经为后来英国的社会发展趋势奠定了基调。霍布斯的《利维坦》中把人的原始本性规定为肉体生命的欲望，也就是自我保存，人类社会形成的动力也是这种欲望，个体为了保全自身生命而放弃自己的一部分自然权利，达成契约。契约的一方是一个拥有绝对权威的权力机构，因为个体为了长久的安乐，对契约的破坏行为需要给予合法而公正的惩罚，所有人都希望这样一个权力机构保护他们自身和社会秩序，霍布斯以此来证明君主制的合理性，但他绝没有因此而证明君主制的神圣性；相反，霍布斯为洛克的自由政治学说提供了强大的理论依据。洛克并不反对君主的存在，但他需要与他的臣民一样遵守契约，承担起保护臣民的义务来。如果他违背了契约原初的精神，契约的另一方即臣民就有权利推翻他，建立新的契约。这无疑为英国人的弑君行为提供了合理合法的借口。无论如何，在霍布斯和洛克那里，社会秩序的基石不是君权神授，而是公正的法律；社会运行的法则不是对权威的绝对服从，而是个体对利益的不懈追求以及社会对个体利益的保护。洛克在此基础上肯定了个体的自由平等，或者说这也是他整个政治思想的根基：

> 自然状态有一种为人人所应遵守的自然法对它起着支配作用；而理性，也就是自然法，教导着有意遵从理性的全人类；人们既然都是平等和独立的，任何人就不得侵害他人的生命、健康、自由或财产。[1]

在这里，财产是构成个体社会存在的基本要素，因为所谓生命、健康、自由在一定程度上都是抽象的、不可定义的。在一个社会中，一个个体只有拥有财产才能保证自己的生命、健康和自由，所以每个人都应该通过劳动获得财产，社会也应该确立公正的法律保卫个体的财产，简言之，在洛克那里，社会秩序是通过经济来确定和维持的。

但是，洛克也许想不到自己的这些思想会推动城市中以感官享乐为目的的商业文化和消费文化的泛滥，因为他所主张政治自由和宗教宽容本来是与清教主义

---

[1] 洛克：《政府论》（下篇），叶启芳、瞿菊农译，北京：商务印书馆，1964年，第6页。

的伦理思想相并行的，也就是他同时也主张勤劳、节俭甚至禁欲的生活方式。人们不必惊奇洛克在《教育漫话》中对诗歌、音乐、绘画等艺术的批评，因为这些艺术不仅不能给人带来实际的利益，而且还会刺激人的情感，放纵人的欲望。但在伦敦这个城市中，清教伦理的约束力几乎不存在，而且在拥有财产之后人们应该用这些财产干什么，确实是个重要的问题，这涉及城市生活的价值取向。实际上，贵族的生活仍然是所有人羡慕和追求的目标。

在 18 世纪，贵族的地位依然牢固，比起前两个世纪来，贵族的数量实际上有所增加，虽然有些贵族的经济实力的确在削弱，但也有更具实力的商人加入贵族的行列中，力图获得贵族的特权和荣誉，当然也必须维持贵族应有的生活方式。贵族阶层的吐故纳新固然让很多人哀叹贵族的高贵性和纯洁性已成明日黄花，但不争的事实是：贵族的头衔仍然具有非常大的吸引力，因为人们还没有找到在社会生活中体现自身价值的途径。

在传统社会中，贵族的价值主要体现在两个方面：一是具备相称的道德品质，二是保持豪华的仪表。"社会强加给贵族的要求使其生活方式要与其社会尊严相一致的道德责任；慷慨仁慈和富丽堂皇的乡村生活这一封建理想，在与城镇中作为通达干练的赞助人和进行铺陈炫耀这一文艺复兴理想的混杂。一个伯爵认为有必要在乡村保有一处主要住所以及一处或两处次要住所，在伦敦有房屋，并且家庭中要有服侍他们的 60—100 名侍从。他必须对宾朋敞门盛待，并且要提供充足的马匹以供运输和通信。"[①] 因此，一个贵族给人的印象必须是彬彬有礼、落落大方，但也从不计较钱财，不管他私底下如何经营自己的产业，而且他也必须勤勉经营，否则就难以支撑与其地位相称的生活方式，因为贵族家庭的支出中有一大部分是炫耀性的支出，也就是各种迎来送往以及在社交场合抛头露面。自 16 世纪以来，相当多的贵族由于建造豪宅、接待宾客、购置时装饰品而负债累累，乃至销声匿迹。

到了 17、18 世纪，贵族们居住在乡村的时间越来越少，生活的重心更多地转移到了伦敦，几乎所有贵族都在伦敦或其郊区建有住所。发生这一变化的原因是英国的整个经济越来越多地依靠工业和商业，贵族们必须拥有大面积的土地，但也必须到伦敦这个政治中心从事社交活动，为自己的后代或代理人谋取职位，

---

① 劳伦斯·斯通：《贵族的危机：1558—1641 年》，于民、王俊芳译，上海：上海人民出版社，2011 年，第 247 页。

更重要的是必须有机会获得生产和经营的许可——18 世纪的英国特许经济仍然非常重要。在这种情况下，炫耀性的消费只能是日盛一日，尽管由于不需要再建造宅院并在其中招待宾客，炫耀性的支出不会过于庞大，但炫耀是竞争性的，竞争也是永无止境的。人们越来越重视社交中的外在仪表，时尚的力量也愈发强大。1750 年的时候，切斯特菲尔德勋爵说："你如果跟不上时尚，你就什么也不是。"①艾迪生把新奇作为美的一类绝非偶然，后来包括休谟在内的美学家们同样把它列为一类，虽然他们也批评其缺乏永恒的内涵。新奇便是时尚的首要特征。

　　对时尚的追求绝不仅仅是贵族阶层和上流社会的专利，他们引发了整个城市乃至其中的底层阶级对时尚以及与之相关的高雅仪表的热衷。商人们会印发多种多样的时尚宣传册，在各种杂志上做广告，把上流社会最新的服饰传播到各个地方和各个阶层，激发了中产阶级对上流社会生活的想象和欲望，同时也尽可能地模仿上流社会的服饰和言行。模仿的热潮使上流社会的成员也深感忧虑，因为他们很难让自己从芸芸大众中凸显出来，所以他们必然也必须要求商人们设计新的款式，以保证他们第一时间获得这些服饰。但商人们也恰恰利用了这种心理，他们一边为上流社会的精英设计最新的款式，同时又通过各种传媒途径使这些款式传播到大众那里，这样反而加快更新换代的节奏。②上流社会必须通过其他方式才能使自己区别于普通大众，或者是运用更昂贵的外在装饰，或者是运用他人根本无法模仿的媒介，这些媒介中重要的一类就是对艺术作品的欣赏，这种活动不仅是外在的展示，也是内在品性的表现。当然，时尚的炫耀和艺术欣赏两者并不相互冲突。剧场、音乐会同样也是社交场所，1768 年的《剧场监察》杂志写道："在戏剧演出期间，包厢里的许多人都忙着找人，跟熟识的男男女女们打招呼；他们批评时尚，跨过座位交头接耳，每个人都相互点头示意，到处指指点点。"③

　　无论是时尚还是艺术，都遭到广泛的道德批评。一个牧师说："艺术鉴赏教会人们如何满足眼睛的欲望，展现生活的尊荣……在它们所提供的乐趣中，总是有

　　① Quoted in Neil McKendrik, John Brewer, J. H. Plumb, *The Birth of a Consumer Society: The Commercialization of Eighteenth-Century England*, London: Europa Publications Limited, 1982: 39.

　　② See Neil McKendrik, John Brewer, J. H. Plumb, *The Birth of a Consumer Society: The Commercialization of Eighteenth-Century England*, chapter two，London: Europa Publications Limited, 1982.

　　③ Quoted in John Brewer, *The Pleasures of the Imagination, English Culture in the Eighteenth Century*, London: HarperCollinsPublishers, 1997: 69.

些东西对它们的道德感化来说是很危险的。"① 苏格兰的詹姆士·博格 1746 年到了伦敦之后深有感触："你能说从乐园的嘈杂环境中回来之后，你的心灵不受干扰，陷入对反常和过度的欲望热情之中，如果你喜欢恬淡、平静的隐居生活，这些东西难道不会扰乱你的心怀吗？你能不承认华贵的服饰、露骨的绘画以及各式各样豪华的东西——这些就是毫无节制的夸耀一起构成的精美艺术，最温柔甜美的音乐，最为狂热动情的诗歌，除了有千百种浪漫的愿望和欲望之后还能有其他东西充斥你的心灵，这些愿望和欲望与你的地位不符，超出了你的生活层次，不会让你的家里显得沉闷无聊吗？"② 对于那些较为保守的人来说，女性参与到这些文化活动中来尤其令人难以接受，而女性也恰恰构成了 18 世纪伦敦文化的一个重要部分。

自 1688 年以来，英国政治大部分时间都被辉格党掌控。辉格党向来以自由宽容作为宗旨，主张发展工业和商业，代表了资产阶级化的贵族阶层的利益，自然而然，辉格党人对宫廷和教会的专制深恶痛绝，对专制主义的思想言论也强烈反对。作为辉格党创立者夏夫兹博里伯爵一世的孙子夏夫兹博里继承了这一传统，将宫廷和教会视为一个封闭而专制文化的代表，其原则就是神秘和严肃。宫廷和教会将一切都视为严肃的话题，禁止人们自由讨论，实际上是为了维护自身的权威。在他看来，这种原则并不会维护社会的稳定。在《论狂热》中他分析，当知识和信息被封锁起来，人们陷于蒙昧无知的状态中时，最容易产生情绪的恐慌，继而又产生迷信，迷信的结果又是各种狂热，而且在社会生活中，迷信和狂热最容易让人们变得乖戾易怒，产生各种过激的思想和行为。治疗各种迷信和狂热的方法恰恰是使它们得以宣泄，在文化领域，宣泄的最佳方式则是嘲讽，他援引古希腊怀疑主义者高尔吉亚的话说："幽默是检验严肃的唯一标准，而严肃是检验幽默的唯一标准。"③ 只有在一个自由开放的社会中，当人们习惯于自由交流的时候，人们才能使用自己的理性，使知识得以传播，因而解开一切神秘。同时，在自由交流的过程中，人们为了让他人同意自己的看法，使他人感到快乐，就必然对自

---

① Quoted in John Brewer, *The Pleasures of the Imagination, English Culture in the Eighteenth Century*, London: HarperCollinsPublishers, 1997: 72.

② 同上，第 75—76 页。

③ Shaftesbury, *Characteristics of Men, Manners, Opinions, Times*, ed., Klein. Lawrence E., Cambridge: Cambridge University Press, 1999: 36.

己的言行举止加以修饰，这必然会促进学术和艺术的进步，而学术和艺术反过来又会促进政治的自由和宗教的宽容。一切高雅都来源自自由。

夏夫兹博里也同时注意到了城市中商业文化带来的困扰。在一个自由交流的环境中，人们面对的不仅仅是一个具体的人，而是一个几乎没有边界的人群，因而人们很容易受到各种意见的影响和左右，失去自己的判断力，而且在很多情况下，人们参与社交的目的本身就在于获得他人的赞赏，哪怕是恭维，反之如果得不到赞赏，就求助于所谓的"公众"，利用印刷出版业的便利来展开辩论或者攻击，无论自己的观点如何荒诞怪异。"现代作家，正如他们自己承认，为公众的品位和时代流行的趣味所左右。他们投世人之所好，坦白承认他们荒唐怪诞，就是为了迎合显贵。在我们这个时代，是读者造就诗人，书商造就作家，说是要为读者带来教益，让作家永世留名，让明智之人想想吧。"[①] 的确，公众是一个捉摸不定的群体，但任何人都不免要将其作为真理的标准，或者是作为利用的对象。公众让夏夫兹博里处于两难境地。

艾迪生同样是辉格派作家，他与斯蒂尔陆续编辑出版过《闲谈者》《旁观者》和《守卫者》等杂志，他们的一个重要目的就是倡导一种自由的社会交往。在《旁观者》上艾迪生发表了《旁观者的用处》一文，明确表示要"赋予道德以机智的生气，使机智得到道德上的锻炼"，要像苏格拉底那样"把哲学从天上带到人间，"艾迪生也要"把哲学带出密室和图书馆、学院和大学，让它们在茶座和咖啡馆里安家落户"[②]。可见艾迪生的目的既是道德上的，也是文化上的。在自由的社会交往中，时尚和艺术自然是必不可少，因为它们本身就是交往的主要媒介，但是参与交往的人们也许并不知道如何才能恰当地表达自己，并且令他人愉悦，创造一个和谐融洽的氛围，所以城市中的人们需要一些指导。

不过，艾迪生并不想针对城市中的所有人，而是有着特定范围，也就是上流社会的绅士和淑女们；这些人"生活在这个世界中，却又在其中无事可做，或者是因为财产丰盈，或者是因为性情懒散，与周围的人们形同陌路。这个阶层里包括了所有喜好思索的商人、名声卓著的医生、皇家协会的会员、名副其实的圣殿骑士以及退出政坛的政治家。总之，每一个人都视世界为一个剧场，试图对其中

---

① Shaftesbury, *Characteristics of Men, Manners, Opinions, Times*, ed., Klein. Lawrence E., Cambridge: Cambridge University Press, 1999: 118.

② Addison, *The Works of Joseph Addison*, vol. 2, London: George Bell and Sons, 1901: 253.

的演员们形成一个正确的判断"①。的确，这些人的身份非常特殊，他们的一个共同特点是都很富有，另一个共同特点是都有很多空闲，虽然他们所从事的职业表明他们不一定是传统的贵族阶层。艾迪生把他们视为《旁观者》的"同胞"和"密友"。与夏夫兹博里相似，艾迪生显然主张一种公开而自由的交往，虽然夏夫兹博里希望有一个更为高贵但是较为封闭的交往方式。相比之下，夏夫兹博里更倾向于贵族阶层，或者更准确地说是传统的土地贵族阶层，对社会和文化的控制。"艾迪生的语调是形而下的，而夏夫兹博里则是秘传式的；艾迪生的主顾是上流社会和中间阶层中的大部分人，而夏夫兹博里的对象则更多地局限于其中的绅士们；艾迪生的蓝图更多地展现在日常生活领域，而夏夫兹博里的蓝图则是排斥性的。然而，要忽视他们重要的共同之处是错误的：他们都试图将他们所谓的哲学从某些狭隘的地方转移到一个新的处所。"②

无论是土地贵族还是城市中的资产阶级，在夏夫兹博里和艾迪生看来，他们在风尚和艺术鉴赏方面都应该得到提高，形成一种高雅趣味。这些人的财富和空闲必然要得到展现，也就是霍布斯所谓追求"权势"，这种展现又必然是在公共场合进行的，因为只有在他人的关注下，展现才有意义。公开展现带给他们渴望的荣耀，但他们又担心会被下层阶层所模仿，最后与他们毫无二致，失去休谟所说的"骄傲"必需的条件，即独有性或稀有性。他们应该欣赏和享受艺术，但如果仅仅是满足耳目之悦，就容易遭受道德上的批评，而且必然与下层阶级混同起来，所以他们所需要的不仅是欣赏和享受，而且还应该在情感上占有艺术，成为趣味的标准的制定者和执行者。一定程度上，他们需要专业的艺术鉴赏和批评能力。宫廷已经在很大程度上失去了制定标准的权力，所以这一权力就被转移到更熟悉艺术的人手中，他们一定程度上应该是专业学者，更准确地说应该是批评家。

当然，要确定什么样的人才是艺术方面的专业学者，这些人又是什么身份，是件不太容易的事情。因为贵族阶层的传统教育就包括古典诗歌、哲学、修辞学等学科，律师、医生、政治家、牧师、商人与贵族阶层也有着千丝万缕的联系，也必然修习这些学科，固然所有这些人都未必在各门艺术的创作上有多少造诣，而是多限于能引述经典著作中的语句。实际上，贵族阶层不会真的成为诗人或艺

① Addison, *The Works of Joseph Addison*, vol. 2, London: George Bell and Sons, 1901: 254.

② Klein, *Shaftesbury and the Culture of Politeness: Moral Discourse and Cultural Politics in Early Eighteenth-Century England*, New York: Cambridge University Press, 1994: 37.

术家，这有些像中国传统社会中的名门望族很喜欢戏剧，但耻于成为专业演员。这样看来，这些人都不是专业学者或批评家，但又都是，哪怕是从事专门职业的人也有权利在艺术上发表自己的意见。

艾迪生所罗列的城市中上流社会容纳了商人和职业阶层，意味着这些人以某种专业技术赢取了独立的社会地位。在18世纪，他们与宫廷和贵族阶层虽然并非毫无瓜葛，但宫廷和贵族不会或者也没有能力去干涉他们的事务，在很大程度上，宫廷和贵族的支持仅被保留为一种荣誉，不因此而构成依附关系，所以也不会发生实际的影响。独立的身份和社会地位使他们之间建立起平等的交往关系，平等地参与到趣味展示和艺术欣赏的活动中。这些条件使得英国，特别是伦敦这样的大城市，可以形成哈贝马斯所谓的"资产阶级公共领域"，尤其是"文学公共领域"，如果这种公共领域指的是"一个由私人集合而成的公众的领域"[①]。这些私人摆脱了传统的依附关系，突破虽不是完全破除了政治上的等级体系和观念，并能够与公共权力机关形成对抗关系。所谓的平等并不是指社会等级关系全然无效，而是像哈贝马斯所说："这种社会交往的前提不是社会地位平等，或者说，它根本就不考虑社会地位问题。其中的趋势是一种反等级礼仪，提出举止得体。"[②]

从某种意义上说，霍布斯和洛克的社会学和政治学思想为英国现代社会的形成拉开了序幕，他们使独立的私人成为可能，而夏夫兹博里和艾迪生的社会批评则开始为城市中这些私人的社会交往塑造理想形态。

如上所述，在公共领域的交往中，艺术无疑具有举足轻重的意义，因为它们既可以作为身份的展现，也可以作为交往的媒介，而且艺术所描绘的内容本身也可以作为鉴赏和批评的对象，也就是交往中谈话的内容。然而，艺术很容易被当作满足感官欲望的工具，所以鉴赏和批评的一个重要作用便在于能够使艺术从外在感官的对象转变为内在情感的表达方式。艾迪生强调想象的作用，哈奇生在夏夫兹博里的基础上突出内在感官的意义，正是基于这样的原因。如果趣味的标准并不能由权威来指定，人们就只能求助于超越所有人偏见的客观规则，这也正是18世纪英国美学探讨的重要内容。不同于以往艺术批评或美学的地方在于，美学家们以17世纪经验主义哲学中的心理学作为主要的出发点和方法，构建了一套审美心理学，换言之，美学家们希望以内在的想象和情感的客观规律作为确定趣

① 哈贝马斯：《公共领域的结构转型》，曹卫东等译，上海：学林出版社，1999年，第32页。
② 同上，第41页。

味的标准的根据。显而易见，绝大多数美学家正是这样做的，虽然同样显而易见的是他们的努力并不十分成功，因为他们很多时候仍然不得不求助于经典所树立的经验性典范。

对于艺术法则和审美心理学的探讨固然可以帮助那些并不以艺术为职业的人提高自己的趣味，也会吸引他们在某些艺术领域发表自己的看法，或者帮助他们挑选艺术品作为收藏，但从某种程度上说，人们是否能够找到确定无疑的标准并不重要，因为趣味的目的在于在谈话这种实践中展现自己的性格和风度，虽然谈话者的意见不能违背基本的常识，或者有必要基于理性的论证。正如上文所揭示，严格来说，趣味不仅是一种理论知识，更是一种实践能力，高雅趣味的关键在于能够使他人愉快地接受自己，使自己在交往中赢得尊重，或者说使自己展现和确认自己的身份；相反，如果执拗于死板的教条，反而会被批评为迂腐或狂热。巧智往往比学识更重要，尽管巧智也需要学识。也如哈贝马斯所说："艺术评论员有些业余爱好者的味道，他们没有鉴定权，在他们身上，业余判断集中了起来，但是并没有专业化，因而还是私人判断，只对自身有效，自身之外，没有什么约束力。"[1] 不过，更形象也更准确的描绘是艾迪生在《闲谈者》上发表的一篇名为《社交音乐会》的文章，他把社交中的谈话比作音乐会，每一个谈话者就像某种乐器，他应该能够与其他乐器相互配合，形成和音，否则就不是一个得体而优雅的谈话者，或者没有表现出良好的教养。艾迪生自嘲曾像一面鼓，盛气凌人，聒噪嘈杂，现如今却像小鼓和笛子，"我所能做的是时刻关注自己的谈话，发现自己的言语开始喋喋不休时就立刻安静下来，决心去听听其他人的音调，而不要不合时宜，像音乐会上那种令人厌烦的乐器那样霸占他人的角色"[2]。

当然，不是任何场合都适合高雅趣味的展露。如果说趣味基于一种内在感官，那么富有高雅趣味的谈话或实践就必须与仅仅满足感官欲望的娱乐区别开来。的确，即使是沃克斯厅花园也力图消除其早年间给人的印象，即为所有人提供不加区分的放纵娱乐。当城市成为一个公众或大众的社会时，某些阶层或职业既需要公众的仰慕，但同样希望标榜自身的独特性，建立一个相对封闭的交往圈子。在18世纪的伦敦，一些咖啡馆、酒馆、客栈逐渐成为某些群体聚会的专门场所，这些群体具有独特的兴趣和话题，也就是所谓的"俱乐部"。正如"俱乐部"一词

---

① 哈贝马斯：《公共领域的结构转型》，曹卫东等译，上海：学林出版社，1999 年，第 46 页。

② Addison, *The Works of Joseph Addison*, vol. 2, London: George Bell and Sons, 1901: 119.

club 有联合、分摊的意思，它本身确实是一种由参与者分摊费用的组织，尽管不一定平均，却表明参与者之间的一种平等关系。俱乐部及其举办场所、咖啡馆、酒馆，这样的地方构成了 18 世纪英国城市中一种独特的公共交往场所。然而，俱乐部又不是一种完全公开的聚会，参与者往往需要熟人的引荐才能加入，加入的标准则是在某个领域有较好的修养或者具有一定的社会地位。

18 世纪初伦敦最著名，也最有影响力的俱乐部是基特凯特俱乐部（Kit-Cat）。这个奇怪的名字或许源于最初聚会的地点，即一个名叫克里斯多夫·凯特林（Christopher Catling）的人开的鲜饼屋，他名字的昵称为 Kit Cat，不过这个昵称最初被用来称呼他生产的羊肉馅饼。这个俱乐部最早可能在 1688 年之前就已经开始举办，而且具有非常明显的政治色彩，因为其成员多是辉格党人，主要目标是增强议会的权力，限制王权，反对法国，也曾参与过驱逐詹姆士二世的驱逐法案。到后来，这个俱乐部的资助者有著名的约翰·范布勒爵士，他在建筑和戏剧方面影响卓著，在驱逐詹姆士二世和支持威廉三世的事件中也扮演过重要角色。在其他的资助者中，还有不下 10 位是公爵，可见这个俱乐部也与贵族阶层联系紧密。

基特凯特俱乐部的著名成员还有艾迪生、斯蒂尔、康格里夫及画家戈弗雷·内勒，内勒为俱乐部的多数成员画过像，还有伦敦最重要的出版商和书商汤森，而后来的重要资助者多谢特伯爵也资助过德莱顿等一批诗人。到了 18 世纪，文化确实成为基特凯特俱乐部的一个主要目的，虽然他们并不赞同德莱顿的托利派立场，但还是出资为他举办了葬礼。俱乐部帮助像汤森这样的出版商建设书籍流通和销售渠道，资助一些戏剧和歌剧，并且经营过女王剧场。由此可见，基特凯特俱乐部的影响不仅局限于内部交流，而且也扩及整个城市的文化市场。艾迪生和斯蒂尔主办的杂志能做到每日一期，发行量达到 2000 份，足以说明这个俱乐部的强大影响力。

到了 18 世纪后半叶，伦敦最知名的俱乐部则是约翰逊博士文学俱乐部，最初是由著名画家乔舒华·雷诺兹爵士于 1764 年提议成立的。起初的成员共有 9 位，包括约翰逊、雷诺兹、博克、医生克里斯多夫·纽金特（博克的岳父），还有约翰逊的两个朋友托帕姆·别克莱克和博内特·兰顿，诗人哥德斯密斯，胡格诺派教徒和股票经纪人安东尼·卡米耶以及约翰·霍金斯爵士。到后来，又有演员兼剧场经理加里克、理查德·谢里丹以及历史学家吉本、政治经济学家亚当·斯密等人，同时《约翰逊博士传》的作者鲍斯维尔也是其中一员。这份名单几乎囊括了英国当时各个领域的精英，堪称阵容最为强大的俱乐部。由于后来成员越来越多，身份越来越杂，约翰逊对此有些不满，逐渐淡出了俱乐部的活动，但即便如此，这些成员与最初的发起者们也总是有着密切的私人关系。

　　相比于基特凯特，约翰逊博士文学俱乐部确实有些不同。前者具有明显的辉格派政治倾向，而后者看起来是中立的，进入俱乐部的标准多是个人的才干；前者主要资助和推广文学，而后者则有些包罗万象的样子，即使其成员有不同的背景，却总在某个领域有所成就，其著述广受欢迎。约翰逊本人、鲍斯维尔擅长批评和传记，博克的美学著作影响巨大，亚当·斯密在政治经济学领域则有开创之功，即使有激进政治主张且异常活跃的福克斯也在历史领域有所专长。看起来，文学俱乐部的兴趣主要集中在学术方面，而对于政治倾向并不敏感。然而，俱乐部对于每一个成员的作用颇有些像 18 世纪英国的辉格派寡头政治，成员之间相互提携赞誉，力图确立他们在每一个学术领域的权威地位。他们相互之间预订著作，为书商推荐，相互题写序跋。雷诺兹为牛津大学新学院设计西窗后，托马斯·沃尔顿为其写赞美诗，从而使其广为人知；伯尼写了《音乐史》，约翰逊就为其写献辞给女王；约翰逊称赞博克是"这个国家最重要的人物之一"，说哥德斯密斯是"最重要的作家之一"，而哥德斯密斯则反过来认为约翰逊是文学界的伟大"可汗"，鲍斯维尔赞扬约翰逊是"英格兰的第一作家"，而画家雷诺兹则为约翰逊、博克、加里克等人画像，并刻成版画出售。"约翰逊和他的圈子对当代名誉和未来声望有着敏锐的意识，基特凯特的成员们却没有。因为他们希望塑造、保护并承传传统，无论是在文学、音乐还是绘画上，他们都不仅意识到历史，还意识到后代。这个团体在其回忆录作家那里是很幸运的：他们的批评著作和艺术作品都流传了下来，他们的生平也在一系列传记中为后代保存下来，只不过鲍斯维尔的《约翰逊博士传》最为著名而已。"① 毫无疑问，文学俱乐部及其成员对 18 世纪英国的艺术和学术各领域的趣味确立了标准，这种标准不是抽象的理论，而是活生生的典范。

　　由此可见，在 18 世纪英国俱乐部这种独特交往形式的推动下，艺术批评和学术研究确实走向了专业化的道路，而且文学俱乐部成员的一些著作，如博克的

----

① Quoted in John Brewer, *The Pleasures of the Imagination, English Culture in the Eighteenth Century*, London: HarperCollinsPublishers, 1997: 49.

《崇高与美》、吉本的《罗马帝国衰亡史》、亚当·斯密的《国富论》等，也成为后世经典。不过，这些著作的作者一定程度上也并非专业的作家或学者，从基特凯特俱乐部到约翰逊博士文学俱乐部，其成员如艾迪生、博克、福克斯都长期在议会担任议员并活跃在政坛，而且有些成员本身就是贵族，或因突出贡献而被封爵，如雷诺兹，所以他们在专业和非专业之间保持着某种微妙的平衡，很难说在他们眼中政治和学术何者更重要。同样，俱乐部推动专业的艺术批评和学术研究，但绝不是专门的学术团体或协会。大多数小型俱乐部并不能吸引很多知识精英，只是同业或兴趣相投者的聚会，他们的目的也不一定是学术，而是增进私人关系和加强行业联盟，比如如何构思戏剧，如何经营剧场，如何宣传自己的观念和商品，如何打压对手和抬高自己。

　　然而，无论如何，俱乐部式的交往方式推动了上流社会的知识化，或者说理性的探知和表述也成为一种时尚，就像鲍斯维尔在日记中谈到一个绅士："他（戴普斯特）非常讨人喜欢：举止得体，聪明幽默，具有绅士风度。他是一个怀疑论者，因此说起话来不受拘束，给同伴带来很多欢乐。但对于一个总是对未来充满了悲观情绪的人，是很痛苦的。他说打算写一篇关于快乐和痛苦的论文。他认为人的头脑就像一间屋子，快乐和痛苦取决于你在里面挂什么样的画。永恒不变的情绪是不可能出现的，外面能做的只是在里面挂令人高兴的画。"[①]在鲍斯维尔眼中，绅士间的谈话首先重视的是优雅的举止和优美的谈吐，一个人是否是怀疑论者或悲观主义者或许并不重要，但关于情绪的巧妙言论使谈话变得令人愉快，而关于情绪的理论是否合理或正确同样不是谈话最重要的目的，重要的是享受幽默机智的谈话给人的乐趣。杰拉德把自然、艺术和科学都看作是趣味的对象，这必定不是他的疏忽或者标新立异，而是因为那个时代的事实就是如此。18世纪英国美学的许多著作也正是出自一些不很知名的绅士之手，他们因兴趣而在俱乐部式的聚会中谈论艺术和批评，将自己的见解结集成书，交给出版商出版，而有些著作能有幸流行开来。

　　俱乐部式的交往方式或者文学公共领域所体现的便是高雅趣味。这种交往方式仍然把快乐作为首要目的，这种快乐不仅通过外在时尚和举止的展现而获得，而且也通过准专业化的理性表述而得到转化，使之成为一种想象的快感，由此这

---

　　① 詹姆斯·鲍斯韦尔：《伦敦日志（1762—1763）》，薛诚译，北京：中国人民大学出版社，2009年，第311页。

种快乐也把上流社会的消遣休闲与城市中一般市民能够享受的感官娱乐区分开来。所以，高雅就是"在群体中令人愉悦的艺术"，它具有三个特征：体现在群体中、要令人愉悦、需要掌握一系列的形式。[①] 当然，还有一个重要特征：高雅需要一些专业化知识，虽然这些知识多是鉴赏的原理和方法，而非亲自创造的技能。从一定程度上说，正是对高雅趣味的追求激发了上流社会对美学探索的热情，因为高雅趣味首先突出的是情感的作用，而情感的表达又必须依靠特定的形式媒介；反过来，对形式的理性认知又使主体的情感变得更加细腻敏感，正如休谟所说，趣味的培养可以让一个人与"少数人"为伴，享受到由此带来的优越感。因此，俱乐部式的交往本身有一个特殊目的，那就是汇聚少数精英，并能够亲自参与其中，获得一种特殊身份。

三、美学与政治

哈贝马斯在描述资产阶级公共领域尤其是文学公共领域时，强调了其独立、开放和自由的特征，与传统的封闭、专制的文化体制形成了鲜明对照，因而对后者严格的等级秩序造成了对抗。显然，资产阶级公共领域代表了一种理想的带有民主色彩的交往方式，虽然他也承认假如公共领域需要一定的财产作为基础，但由于艺术作为商品"摆脱了其社交表现的功能，变成了自由选择和随意爱好的对象。'趣味'依然是艺术的指针，它表现为业余的自由判断，因为任何一个公众成员都应当享受独立的自主权"[②]，因此就冲破了传统的宫廷和贵族阶层对艺术的垄断。这种公共领域当然值得人向往。

然而，仅就 18 世纪的英国而言，这种情形是否属实，或者是否如此简单，是颇有疑问的。这不是说奢侈、淫乱、低俗文化一直充斥着 18 世纪的伦敦，而是应该看到高雅的文学公共领域与整个城市的消费文化、商业文化之间的复杂关系。同时，对文学公共领域和高雅趣味的热衷是否就意味着上流社会在有意营造一个自由、平等、民主的政治氛围，也不是一个简单的问题。事实上，他们也许是在文化上重新确立精英阶层的霸权。俱乐部的交往在内部看起来是自由而平等

---

① Klein, *Shaftesbury and the Culture of Politeness: Moral Discourse and Cultural Politics in Early Eighteenth-Century England*, New York: Cambridge University Press, 1994: 3-4.

② 哈贝马斯：《公共领域的结构转型》，曹卫东等译，上海：学林出版社，1999 年，第 44 页。

的，但他们的目标是为公众树立趣味的标准，使自己成为被尊重和敬仰的楷模。

富有影响力的俱乐部成员总是力图通过著作确立自己在某一领域的权威，他们对专门史的研究情有独钟，尤其是对英国本国各个领域的历史着力最勤，并从特定的角度来阐释历史趋势，追溯英国自身的悠久传统，标榜英国在现下的领先地位，而研究者自己自然也站在时代的顶峰。正如一开始的夏夫兹博里就将人类的历史描述成从野蛮到文明的历史，在政治领域则是一个从暴力专制到高雅民主的历史，因此文艺在文明社会中的地位举足轻重，而英国在自由民主的体制下，文艺也蓬勃发展，或者说在文艺的熏陶下，自由民主也蒸蒸日上。英国理应引领人类文明的潮流：

> 我们这个时代自由又重新主宰世界，而我们自己不仅在国内幸福地享受着它，而且因为我们的伟大和力量，使自由在国外也焕发生机，因而成为欧洲联盟的领袖和首脑，而这个联盟就因这个普遍的事业而得以建立。窃以为，我们也不必惧怕失去这种高尚的热情或者为这项光荣而艰巨的事业呕心沥血，就像古希腊，我们应在未来的年代与国外势力展开战斗，遏制那个威严帝王的不良行径。现在的我们就像早先的罗马人，那时他们只希望弃戎解甲，徜徉在艺术和学术的繁荣之中。①

这种逻辑自然地抬高现代人的地位，至少可与古希腊和古罗马的先贤们比肩而立。所以，学术研究的意义是双重的：一是突出英国相较于其他各国的优越性，二是研究者挟这一优越性再巩固自身的权威性。就18世纪英国的文化格局而言，知识精英们一方面在培养公众的趣味，另一方面又必须超越公众的趣味，使高雅趣味变得"稀有"，被少数人所拥有。

在理解文化对于18世纪英国的意义时，公众是一个非常关键也很微妙的因素。商业文化的兴起首先需要一个具有消费能力的广泛人群的形成，上流社会身份的自我确认也需要以一般的公众构成对比，一种强调自由的政治观念同样需要公众的支持，虽然在各个领域，在社会演变的各个阶段，公众的身份和内涵也各有差异，正如要塑造一个具有消费能力的人群的前提是激发更多个体的创造能力，

---

① Shaftesbury, *Characteristics of Men, Manners, Opinions, Times*, ed., Klein. Lawrence E., Cambridge: Cambridge University Press, 1999: 100.

上流社会成员的荣耀感也要以普遍公众的认同作为基础，自由的政治观念则需要对散漫的公众加以控制或引导。

事实上，公众自 17 世纪以来便在英国社会中发挥着重要作用，一定程度上决定了 18 世纪英国的政治格局。虽然英国自 13 世纪以来就有议会和地方自治的传统，但整个政治仍然遵循秘密和特权原则。宫廷和议会禁止民众公开讨论政治和宗教话题，也禁止私人印行书刊，即使议员也不得非经许可在公开场合发表言论，甚至不被允许记录会议议程和相关内容。因为公开的言论容易引发争议，或者被某些人用来煽动民众情绪。显然，在统治者眼中，民众是一群毫无理性的人，容易冲动，难以控制。圣约翰给马尔伯勒的市长写了一封信，批评 1615 年的恩税（benevolence）是蓄意填充皇室的钱袋，随后他遭到议会的起诉，起诉的理由不是圣约翰不应该提出批评意见，而是"并非私下地，或秘密地，而是公开地"这样做。[①]议员在议会中发表演讲是一项特权，但他绝不能将内容公之于众。1642 年，德林爵士被逐出议会，因为他在议会之外公开了他和其他议员的演讲，并且透露了其他演讲者的身份。议员德艾沃斯说，德林的违法是"由本院成员所犯的级别最高、最严重、性质上最恶劣的"[②]。民众的职责就是服从，统治者没有义务向他们说明任何理由，查理一世仍然相信："君王没有义务对他的行动给出理由，上帝除外。"

然而，选举中的派别斗争、商业贸易对政治信息的依赖，都在促使政治公开化。事实上，公开化也一直以各种方式进行着。有些贵族并不出席议会，而且一个贵族通常会控制多个选区，培植代理人并加入议会，议会中的代理人必然也必须通过信件来向其保护人传达宫廷和议会中发生的事情，而这些带有新闻的信件又会被手抄复制，在更大范围内流传。商人们对政治信息的需求更加迫切，因为政治事件随时会影响到他们的生产和贸易。商人们之间通过通信来传播各国政治决策和各种社会新闻也是由来已久，"至少在宗教改革的三个世纪之前，商人的书信包就'比世俗政府更系统地'传播政治新闻"[③]。同时，英国的绝大多数商人本身就是贵族或出身于贵族，所以他们同样可以通过代理人或亲属获得重要的政

---

① David Zaret, *Origins of Democratic Culture: Printing, Petitions, and the Public Sphere in Early-Modern England*, New Jersey: Princeton University Press, 2000: 52.

② 同上，第 52 页。

③ 同上，第 120 页。

治信息。到了 17 世纪，随着政治斗争的尖锐化和商业的飞速发展，人们对于政治和宗教的关注更加密切，宫廷和议会几乎不可能封锁任何消息，而且有人专门倒卖政治新闻。议会中的书记员把国王和议员的演讲记录下来，编订成册，然后卖给关心政治的贵族和商人，从中获利颇丰；伦敦的客栈、商店等公共场所的有些经营者也非常注意搜集传闻和私人信件，摘录整理成新闻小册子加以出售，虽然他们也面临严重的惩罚。17 世纪 30 年代，伦敦的一个文具店主伯里每周给斯卡德摩尔勋爵写信，报酬是每年 20 英镑，当然他的主顾不止一个；据说一个名叫罗星汉姆的船长也定期给一些贵族和商人写信报告各类新闻，每年因此收入不低于 500 英镑，而一个富裕的乡绅或城市中的中产阶级家庭的收入也不高于这个数字。

印刷业的发展使新闻传播的性质发生了巨变，并且影响了政治斗争的方式，也创造了新的文化。印刷能更快速地复制和传播新闻，而且成本低廉，接受群体也不再局限于政治和商业领域的精英，而是扩及城市中的普通民众。像伯里和罗星汉姆这样的人只是把新闻卖给少数人，而出版商则将大量带有新闻的小册子广泛销售，虽然都是匿名出版，秘密销售。在新闻传播的过程中，底层文人也功不可没，他们把各类新闻写成通俗顺口的诗歌，再加上绘声绘色的渲染，使新闻的可读性大大增加。当然，他们也因此而获得丰厚的报酬，一本通俗诗集在出版商那里有时可以换取 2 英镑，要知道出版商付给弥尔顿《失乐园》的价钱也不过 10 英镑。新闻广泛传播的结果是：聚集在酒馆、客栈里的人们开始热烈议论各种政治和宗教事件。当然，在商业动机的驱使下，印刷业传播的不仅是政治和宗教的争议性事件，而且也散布各种诡异事件和奇谈怪论，以满足普通民众的好奇心。1622 年罗伯特·伯顿写道："我每天都听到新的新闻，还有那些通常的谣传、战争、瘟疫、火灾、洪水、盗窃、谋杀、屠杀、流星、彗星、光谱、奇观、幽灵……各种各样的宣誓、许愿、动议、法令、请愿、诉讼、申诉、法律、声明、冤屈、不幸，整日充斥在我们耳边，每日的新书、小册子、报刊、新鲜事……现在又是婚礼、假面舞会、哑剧表演、娱乐、大庆典、外国使团、马上比武等消息……就像是走马灯，又是叛国、诈骗、诡计、抢劫、种种恶行、出殡、葬礼、王子的死讯、新发现、探险；一会儿是喜剧，一会儿又是悲剧。今天我们听说封了新的勋爵和官员，明天就会听到有些大人物被免职了，然后又授予新的荣誉……我每天都能听到诸如此类的事情，有私人的也有公共的，在这充满悲欢离合的世界里。"①最重要的问题是民众对各类新闻的讨论形成了所谓的舆论，各个地方、各个阶层的民众都可能因为某个事件的诱导而被激发起来举行各种抗议或爆发骚乱，因而可能影响或左右各地的政治决策。17世纪40年代的政治冲突使公众正式登上了政治舞台，虽然更多情况下是被利用的工具。

无论是保皇派还是议会派，很快就看到了舆论对于政治和宗教的巨大力量，也很快开始有意识地利用这种力量获得民众的支持，也给对方施加压力。国王和议会都在密切关注公共舆论的动向，同时也在引导和制造公共舆论。双方都会将会议、谈判和演讲的一些细节在各自控制的报刊上发表，如保皇派的《宫廷信使》或者议会派的《不列颠信使》，交给公众去讨论和判断，也会大量印行传统文献以支持自己的主张。随着矛盾的加剧，双方的宣传战也更加系统，他们动员治安官和教区牧师来传达政令和主张，并煽动公众的激情。这个时候，政治、宗教和商业的力量结合在一起，舆论的规模和影响都空前巨大。即使在战争期间，舆论仍是一项必要的武器，查理一世在1642年逃离伦敦的时候还随身带着一台印刷机，以便及时印行所需材料；议会军同样需要印刷机，他们说"如果不设法在军中拥有一台印刷机，我们就完蛋了"②。

然而，公众既可以被当作制造舆论的工具，也同样是破坏秩序的一种不稳定因素，需要加以防范和控制。内战之后，克伦威尔就采取了专制统治，压制公共舆论。实际上，在此之前的人们已经表示了担忧。从政治层面上说，统治阶层并不认为公众理解政治的意义，也不具备这样的能力。1641年爱德华·林德爵士说："何时开始议会要屈尊于民众呢？……为什么有人告诉我们民众是公告的裁决者呢？……什么时候我第一次听说有这样一份规劝书呢？现在我认为，就像忠实的顾问，我们应该为陛下举起一面镜子……我无法想象我们应该向下规劝，向民众说明情况，谈论国王就像谈论一个旁观者一样。我不会向普通民众讨要解决我们问题的办法，也不愿意这么做。"③从文化层面上说，许多人认为公众只喜欢追新猎奇，沉迷于如凶杀案、魔鬼现身等各种奇闻逸事，这助长了低俗文化的盛行。出版商当然也知道这一点并很好地利用了这一点，以获取更多利润。到17世纪

① David Zaret, *Origins of Democratic Culture: Printing, Petitions, and the Public Sphere in Early-Modern England*, New Jersey: Princeton University Press, 2000: 100.

② 同上，第200页。

③ 同上，第210页。

中期，伦敦市民的识字率已经达到 70%，纯粹的文盲非常少见，但他们对几乎一切严肃高雅的东西都不感兴趣。事实上，也正是在党派相互的攻击和辩论中，英国独有的讽刺漫画和短篇故事得到了充分发展，并为后来的文学注入了新的元素。剑桥柏拉图学派的著名哲学家亨利·莫尔在 1674 年说道："我写一本书比我出版一本书要遇到 40 倍的麻烦，这就像去赶一匹疲惫的老马或者剑桥的出租马车，事倍功半。"[1] 因为出版商总是优先印刷畅销书。与这些严肃著作的艰难问世相比，一些通俗作品则可以被尽快出版并大量重印，例如《良心黑名单》和《好人的天堂坦途》1651—1663 年间印了 3 万册之多，还有一些教导人们如何在上流社会交往的书也很受欢迎，比如《谈话助手》《要略千种》，后者在 17 世纪末到 18 世纪初重印了至少 7 版。[2] 因为这些书售价低廉，也可以指导普通人的生活，而许多诗人或学者的作品不仅很难找到出版商，而且报酬低微，有些作者只能得到几十本免费赠书而已。

无论如何，流行于城市公众之中的低俗文化的兴起固然有印刷业的发展作为支持，但在很大程度上还是仰仗统治阶层政治斗争的推波助澜，而在商业化的洪流之下，公众舆论和低俗文化又难以被驾驭。如前文所述，这种状况在 18 世纪一直在延续，甚至大有愈演愈烈之势。显而易见，对于公众舆论和低俗文化而言，从上到下的压制几乎很难奏效，况且辉格党所主张的自由主义又使得强行压制师出无名，或者说他们的执政理念本身就是所谓的"全体公民或公共福利"（common wealth）。然而，这并不意味着辉格党愿意放弃出身于贵族的资产阶级在思想和文化上的领导权，听任公共舆论的摆布。1695 年的《审查法案》没有通过，但在伦敦的剧场仍禁止演出戏剧，借以评论和讽刺与政治和宗教有关的事件，虽然经过改造的戏剧无法被禁绝，党派之间的攻讦和讽刺从未停歇。

不过，自 16 世纪以来英国的贵族统治确实遭遇着危机。由于经济结构的变化，也就是从纯农业经济向工业和商业经济的逐渐转变，从 16 世纪后期开始，有相当部分的传统贵族开始没落。据统计，1603—1642 年的 40 年间，约克郡的

① David Zaret, *Origins of Democratic Culture: Printing, Petitions, and the Public Sphere in Early-Modern England*, New Jersey: Princeton University Press, 2000: 146.

② Klein, Politeness for Plebes: Consumption and social identity in early eighteenth-century England, *The Consumption of Culture* 1600-1800, Ann Berminghan and John Brewer, ed, London: Routledge, 1995: 367

641 家乡绅中有 180 家断后或迁出，而新获得徽章佩戴资格或迁入和建立支脉的家族则有 218 家。[1] 新晋贵族包括原先的约曼农、律师、城市商人、行政官员和成功的政治家，他们一旦聚集足够的财富就购买地产，编造或购买家族谱系，尽力获得贵族资格，虽然他们几乎不指望从土地上获利。同时，宫廷由于财源紧张也常常出售爵位，尽管是一些低级爵位。詹姆士一世即位的 4 个月里就封授了 906 名骑士，这些头衔不是直接封给某个人，而是出卖封授权，大臣们再转手卖给需要的人，1606 年有人用 373 英镑多一些的价格买到了 6 个骑士封授权。到后来，居然有贵族的理发师、王后洗衣工的丈夫、旅店老板被封骑士。从男爵的价格要贵一些，一开始达到 1000 多英镑，詹姆士一世从 1618—1622 年卖掉了 198 个从男爵爵位，而价格也最低跌到 220 英镑。贵族阶层的沉浮和人数的暴增，使人们对于贵族的高贵和纯洁产生了极大的怀疑，以至于有人说"枢密院里根本就没有贵族"[2]。文艺复兴以来，贵族们除了血统之外更强调自身的品德、教养和对国家的责任，但现在这一切都依赖于金钱，金钱可以买到贵族所标榜和享受的一切东西。贵族阶层越来越资产阶级化了。

后来查理一世意识到情况的严重性，为了加固社会等级秩序，他通过一些措施保护土地贵族的利益，也阻止非贵族阶层进入政治领域，甚至在文化领域也加强人们的等级观念，比如禁止买卖和佩戴人造珠宝，把剑术规定为下层阶级的运动，而保龄球和网球则被限于年收入超过 100 英镑的绅士。1688 年光荣革命发生之时英国贵族的数量为 160 人，此后威廉三世和安妮女王封授了一些贵族，但多半是擢升，到 1714 年安妮去世时，贵族数量只有 170 人，所以光荣革命之后英国贵族阶层实际上一直注意保持其特殊地位和荣誉。1719 年为防止国王滥赐爵位，上院试图制定《贵族爵位法》，要把贵族数量限制在 184 人，而乔治一世也确实新封了 28 个爵位。不过在 1720 年之后，英国贵族数量没有显著增加，到 1780 年时，贵族数量也仅有 189 人。这说明 18 世纪英国的政治观念仍然是保守的，所以也难怪很多历史学家，如约翰·坎农、威廉·韦尔考克斯、沃尔特·阿恩斯坦等人，认为英国在这个世纪仍然是一个贵族时代。

然而，不可否认的是光荣革命之后贵族阶层的危机依然存在。首先，贵族阶

---

[1] 劳伦斯·斯通：《贵族的危机：1558—1641 年》，于民、王俊芳译，上海：上海人民出版社，2011 年，第 24 页。

[2] 同上，第 34 页。

层分裂更加明显，代表了传统土地贵族的托利党的地位日益衰微，而代表工商业新贵族的辉格党的影响则显著增强，与此相伴随的是包括商人、专业人员在内的城市中间阶层逐渐庞大，并影响着整个国家的经济。其次，整个国家的社会联系越来越受到经济利益的支配，而不再是单纯的保护和依附关系。17 世纪末以来频繁的战争使英国陷入严重的财政危机，这迫使政府进行一系列的财政改革，目的是使人们储存的金币、金条等财富进入流通领域，以创造更多财富，也可被政府用来缓解赤字。政府解决赤字的一个重要办法就是发行国债，也就是一种永久性的借贷体系。为了能管理复杂的金融事务，政府成立了英格兰银行。从此之后，"新的国家财政体系与政治体系更紧密地结合在了一起"[①]。而在 18 世纪的南海公司泡沫事件中，上至国王本人，下至普通百姓，都试图在投资股票中发财，结果许多人因此而倾家荡产，但这里要说明的是：这足以表明财政在整个国家中极其重要的地位。事实上，在 18 世纪英国政府中财政和军事是最庞大的两个部门，整个国家仿佛陷入了经济和军事相互依赖的循环中。

这些现象让人们反省，究竟是什么把整个国家凝聚在一起，是单纯的利益关系还是更内在的精神纽带，贵族又凭借什么来统治这个国家。

为了推翻专制主义，洛克强调个体的自然权利和财产在社会关系建构中的根本意义。虽然洛克为 1688 年后英国政治体制的建设提供了强大的基础，但视其为养父的夏夫兹博里对其提出尖锐批评却不是毫无道理，因为洛克有可能把整个社会关系还原为赤裸裸的利益关系，无论何种价值都建立在个人对自身最大利益的攫取上。在他看来，是洛克"毁灭了所有基本原则，将所有秩序和美德（同样还有上帝）从世界上消灭，使这些观念都成为非自然的，在我们的精神中失去了基础"[②]。夏夫兹博里抓住了霍布斯哲学中情感的重要意义，却反其道而行之，视社交情感为社会关系的自然基础。夏夫兹博里的贡献在于，他用情感取代了洛克的财产作为社会关系的纽带，因为他警觉到纯粹的财产关系将使整个国家陷入分裂状态，虽然这不是他强调情感的全部目的。夏夫兹博里同洛克一样，不愿意看到君主独揽专权，但他不同于洛克的地方在于，他也不愿意把基于纯粹理性计算

---

① Willcox, Arnstein, *The Age of Aristocracy,* 1688 to 1830, Lexington: D. C. Heath and Company, 1988: 57

② *The Life, Unpublished Letters and Philosophical Regimen of Anthony, Earl of Shaftesbury*, Benjamin Rand,ed.,London:Routleghe Thoemmes Press,1992: 403.

的经济利益作为立国之本。

从其情感理论，夏夫兹博里顺理成章地推导出他的伦理学和美学体系，美学之所以在他的整个思想当中非常重要，正在于美可以塑造一种理想的德行、人格和社会风尚，使社会和国家的运转更富有人情味。与此同时，凭借高尚的道德和高雅趣味，贵族有理由成为社会和国家的表率。这一点在上文中已有详细论述，此后的许多作家也紧随其脚步，让美学在 18 世纪的英国一脉相传。对此，以政治经济学闻名的亚当·斯密鲜明地指出趣味对于贵族统治的重大意义："年轻的贵族是靠什么重大才能来维护他那个阶层的尊严，使自己得到高于同胞的那种优越地位呢？……由于注意自己的一言一行，他养成了注意日常行为中每一细节的习惯，并学会了按照极其严格的礼仪履行那些微小的职责。由于他意识到自己是多么引人注目，人们是多么愿意赞同他的意愿，所以在无足轻重的场合，他的举止也带上这种意识所自然激发出来的翩翩风度和高雅神态。他的神态、举止和风度都显出那种对自己地位的优越感，这种优越感是生来地位低下的那些人所不曾有过的。"[1]

财富是所有公众都可以获得的，甚至可以超过贵族阶层，但使贵族区别于公众的是他们在德行和趣味上的优越性。洛克并没有刻意排斥普通人在经济领域的权利，相反并非贵族出身的他以此作为倡导自由和宽容的一个重要论据，"洛克强调保护财产是建立国家的理由，是政府的目的，他赋予了财产所有制以很多社会和政治功能"[2]。任何人都可以凭借自己的劳动获得财产，进而确立自己在社会中的身份。在他看来，甚至上流社会的子弟应有的品德首先是勤奋，而非享受和娱乐，但在夏夫兹博里看来，过度依赖于财富以及享受物质生活腐蚀着绅士的德行和责任感。

然而，18 世纪的英国无论在政治领域还是文化领域都严重依赖财富，尤其是商业经济。夏夫兹博里的学说虽然令人迷恋，但不切实际，而且几乎是让贵族阶层自取灭亡，因为无视工业和商业就等于坐以待毙。不过，重商主义也必须得到政治和文化上的支持。休谟在论商业时说道："和外国人做生意所带来的好处也许

---

[1] 亚当·斯密：《道德情操论》，蒋自强、钦北愚、朱钟棣、沈凯璋译，北京：商务印书馆，1997 年，第 65 页。

[2] 彼得·拉斯莱特：《洛克〈政府论〉导论》，冯克利译，北京：生活·读书·新知三联书店，2007 年，第 143 页。

就是：它使游手好闲的人奋发图强，也为这个国家的花花公子们展现了追求奢侈的新天地；这种奢华的生活他们过去做梦都想不到，因而在他们的心中激起了一种追求其先辈们未曾享受过的更加美妙的生活方式的欲望。与此同时，少数掌握了搞外贸的诀窍的商人发了大财；他们的财富已经比得上古代的贵族，使得其他冒险家们妒羡，因此也来和他们竞争。如此一来，各个行业纷纷仿效，你追我赶；因而国内的只在于赶超国外的，提供产品质量，力图使所有国产商品达到尽可能完美的水平。他们手里的钢铁经过能工巧匠的精心制作变得像印度的黄金和红宝石那样值钱。"①

显然，在休谟看来，商业发展带来的好处是惠及所有阶层的。不过，这些好处在不同阶层那里却有着不同的表现：仿佛贵族们应该追求的就是奢侈，是奢侈让他们投入商业经济中，商人们追求的则仅仅是财富，对财富的渴望让他们进行冒险，后来他还说到商业的发展致使农产品价格上涨，因此农民的生活境遇也得以改善；反过来，在商业经济的潮流中，各个阶层都能为国家的财富积累做出自身的贡献，休谟以及《国富论》的作者亚当·斯密确实是在为资本主义声张。但是，他们也隐约维护着某种等级秩序，上流社会应该是财富带来的奢侈的享受者，而普通民众则应该是财富的创造者。从某种程度上说，商业经济促进了政治自由，但也可以巩固君主政体。休谟说道："我们发现文明君主制政府是可以有秩序、有条理和稳定的，并达到令人惊讶的程度。私有财产受到保障，劳动受到鼓励，艺术繁荣，国王安居于他的臣民之中，像父亲生活在自己的孩子中一样。"② 当然，值得注意的是在休谟和亚当·斯密那里，贵族的内涵已经发生了变化，它们本身就已经是资产阶级，而资产阶级也力图使自身贵族化，或者说资产阶级必然要继承贵族阶层的遗产，重新塑造社会秩序。

休谟的比喻并不新鲜。洛克在《政府论》中对菲尔默父权论的驳斥众所周知，但在18世纪父权论并没有被完全扫除，反而得到有力主张。艾迪生曾在《旁观者》上的文章里说："孩子对父母的服从是所有统治的基础，并被设定为我们承认上帝加于我们身上服从的尺度。"③ 后来菲尔丁曾说："生而享用地球的果实是少数人的特权，如果真的可以被称作是特权的话。人类的大部分必须努力生产这些果

① 瑜青主编：《休谟经典文存》，上海：上海大学出版社，2002年，第68页。
② 休谟：《休谟政治论文选》，张若衡译，北京：商务印书馆，2010年，第59页。
③ Addison, *The Works of Joseph Addison*, vol. 3, London: George Bell and Sons, 1901: 60.

实，复杂社会就不再符合它被注定的目的。你要在 6 天里劳作，这是上帝在他的共和国里的明确要求。"① 在维护等级秩序时，艾迪生和菲尔丁还求助于普遍接受的宗教观念，援引《圣经》的语句来作为论据。在这些作家看来，一个社会中需要一个以脱离劳作、专门享受娱乐和荣耀的阶层的存在——他们也许并不一定是传统的贵族阶层，而他们的作用倒是引领和促进整个社会的财富积累和秩序稳定。

虽然艾迪生、休谟和菲尔丁的思想远比夏夫兹博里开放，但有一点是共同的，即纯粹的理性不足以成为人们行动的指南，也不足以成为维系社会稳定的基石，情感的作用必不可少。休谟说："照最能为人接受的观念来看，人类的幸福是由三种成分组成的，这就是：有所作为，得到快乐，休息懒散。"② 劳作和娱乐相辅相成，劳作需要休息的调剂，而娱乐享受又给人增添新的活力。但艺术的作用绝不仅仅是自我娱乐，而是体现在社会交往中。

> 这些艺术愈加提炼改善，人们就愈是成为爱交往的人。……他们成群地居住在城市里，喜欢接受和交流知识，喜欢显示他们的才智、教养和关于生活、谈话、衣着、家具摆设等等方面的趣味。珍奇诱发智慧，空虚产生愚昧，而愉快则兼而有之。各式各样的俱乐部和社会团体到处都有，男男女女在这里相会很方便，这种社会交往的方式使人们的脾气和举止迅速地得到改进修饰。所以人们除了从知识和文艺那里获得提高外，还必定能从共同交谈的习惯和彼此给予的亲切、愉快中增进人性。这样，勤劳、知识和人道这三者就由一个不可分割的链条联结在一起，并从经验和理性中见到它们进一步的加工洗练。这种繁荣昌盛的景象通常就被称作比较奢华的时代。③

艺术的作用在于让人们在社会交往中得到荣耀和尊重。来自人性内部的冲动让人追求成功、知识和艺术，并凭借这些来塑造一种自由的，但也秩序井然的社会关系。并不是所有人都能参与到以趣味为标志的社交生活中，其中的少数人必

---

① John Cannon, *Aristocratic Century: The Peerage of Eighteenth-Century England*, Cambridge: Cambridge University Press, 1984: 151.
② 瑜青主编：《休谟经典文存》，上海：上海大学出版社，2002 年，第 24 页。
③ 同上，第 25—26 页。

须具有财富、知识和趣味。然而，如果人人都可以获得财富和知识，进而具备高雅趣味，而且商业的发达可以促进自由，那么为什么人们不能要求建立一个平等的社会关系呢？为什么多数人对少数人的服从——即便这两个人群的构成不是完全固定的话，是天然的呢？我们或许可以从博克那里找到更明确的答案。

1789 年，法国革命爆发，国民制宪议会取消亲王、世袭贵族、封爵头衔等封建制度，先是废除教会征收什一税的权力，继而又没收教会财产。与此同时，重新划分政区，并以人口数量、纳税份额来实行一定程度上的普选制。同年，国民制宪议会发布《人权宣言》，提出"人人与生俱来而且始终自由与平等"。看起来法国有望建立一个自由而平等的共和制国家。英国的某些政治家也因此欢欣鼓舞，蠢蠢欲动，赞颂法国革命，而且试图效仿。曾以《崇高与美》而闻名的博克在 1790 年写成《法国革命论》，他对法国革命的暴行感到震惊，同时也对革命中提出的平等主义的政治主张进行了批驳，认为其不仅空洞而且荒谬。这里关注的不是他对法国革命的批判是否正确，而是他在其中如何回答我们的问题。

在博克看来，一个国家选择什么样的体制，或者说一个国家之所以为国家，固然有其自然的根源，但也受着某些习惯的制约。他一定程度上同意霍布斯和洛克或者法国的卢梭的说法，即国家源于"共同协定和原始约定"，无论是国王还是人民都应该遵守。然而，如果说任何人因此就可以随时推翻一个国王或一种体制，去发明另一种体制，却并不在理；一种体制不可能在任何时候都得到普遍的同意，否则一个国家就永无宁日。况且，从事实上看，几乎所有王位都得自暴力，所以当今王位几乎都不合法。但即便如此，一个国家仍能在相当长的时间内维持稳定，原因在于，它有悠久的传统和习惯，传统和习惯使得野蛮变成文明，也使其自身变成法律，超越所有个人的私欲和偶然的意志，因而变得高贵而神圣。在传统和习惯的延续中，人们才能养成与之相配的德行，国家和社会才脱离了暴力，由道德予以维持，因而变得稳定。

博克并非反对任何变革，甚至说："一个国家没有改变的办法，也就没有保全它自身的办法。"[①] 如果不及时变革，就无法防止某些时候某些人对传统的破坏，所以变革也就是纠正，是保证传统的延续。在他看来，英国一直以来的变革无论如何激烈，实质上都是在保护传统的原则，矫正各种错误，使整个政治体制都更

---

① 柏克:《法国革命论》，何兆武等译，北京:商务印书馆，1998 年，第 28 页。

加符合传统精神，也保证传统在未来的绵延。经过历代人智慧的酝酿，传统使当下一切都显得自然而必然，成为一个有机的整体。"我们的政治体系是被置于与世界秩序，并与一个由各个短暂部分组成的永恒体所注定的生存方式恰好相符合并且相对称的状态；在这里，由于一种巨大智慧的安排，人类的伟大神秘的结合一旦铸成一个整体，它便永远既无老年，也无中年或青年，而是出于一种不变的永恒状态，经历着永远的衰落、沦亡、新生与进步的不同进程而在前进着。"①

可以看到，经过时间积淀的传统在人心中培养了一种特殊情感，绝不是理性可以计算和解析的。"在这种对遗产的选择中，我们就赋予了我们的政策结构以一种血缘的形象，用我们最亲密的家庭纽带约束我国的宪法，把我们的基本法律纳入我们家庭亲情的怀抱之中，保持我们的国家、我们的家室、我们的茔墓和我们的祭坛，使之不可分离，并受到它们相互结合并相互作用的仁爱的鼓舞。"② 如此看来，如果在传统中就存在着森严的等级，那么等级就应该继续被维持，因为各个阶层在传统中都养成了与之相适应的信念、品质、情感和习俗，他们各得其所，维系着整个社会的和谐运转。离开了传统和它们造就的具体情境，所谓自由和平等就是空洞的，失去了传统树立的规矩，自由和平等就只能是混乱。失去了规矩的约束，人们就会受贪婪、野心和报复恶念的驱使而为所欲为，人们对一切都无所畏惧，不承认任何权威，也不承担任何的义务和责任，那样的话，任何人的自由和平等都不可能得到保证。

只有少数人才有资格治理社会和国家，那是因为只有他们才具备相应的德行和才能，而他们的德行和才能也是在传统中形成的。"从默默无闻的状况通向荣名显赫的道路不应该弄得太容易，也不应该过于是一桩理所应当的事。假如说罕见的才能是一切罕见事物中最为罕见的，那么它就应该经过某种验证。荣誉的殿堂应该是坐落在卓越性之上的。假如它是经过德行而被打开的，那么也应该记得，德行是只有某种困难和某种斗争才能得到考验的。"③ 所以治理国家的少数人不仅是因为他们此时具有某种德行和才能，而且还是因为他们构成的阶层经历了斗争和考验，他们可以继承悠久的传统，经受最好的教育，遗传了这个阶层的天然品质，因而也值得所有人尊重和敬仰。

① 柏克：《法国革命论》，何兆武等译，北京：商务印书馆，1998 年，第 44—45 页。
② 同上，第 45 页。
③ 同上，第 66—67 页。

　　这个阶层应该拥有大量的财富，而且是普通人不可企及数量的财富，以至于无法被侵犯。财富分配本应该是不平等的，因为财富会引发嫉妒而处于危险之中，而巨量的财富甚至无法被嫉妒，因而也得免于被侵犯的危险，正如休谟所说，如果我们面对的荣誉和财富超过了我们的能力，嫉妒便会演变成尊敬。也许任何人都可以获得大量的财富，但博克同样会说，有些财富经历了长期的积累，而有些则是偶然得之，相形之下后者只是单纯的物质，而前者还饱含着使人敬畏的传统，有德行、礼仪和荣誉的装饰而显得厚重。统治阶层的历史和财富浸染了"那种买不到的生命的优美，那种不计代价的保卫国家，那种对英勇的情操和英雄事业的培育……那种对原则的敏感、那种对荣誉的纯洁感"[1]。

　　所以在博克看来，如果社会中应该存在自由和平等，那么这种自由和平等也应该与由传统和习俗而形成的秩序相适应，而不是没有任何差异的自由和平等。

　　当然，我们更应该注意到的是通过对传统的坚定维护，博克更强化了社会运行所遵循的情感原则。机械理性无法领会传统的神秘和伟大，无法参透它对每个人的影响。"根据这种机械主义哲学的原则，我们的体制就永远都不可能体现在具体的人的身上，从而能在我们的身上创造出爱、敬、仰慕或执着。但是排斥了深情厚爱的理性，是无法填补它们的地位的。"[2]从夏夫兹博里到博克，情感的统一一脉相承。一个国家和社会由于对先辈和传统的敬畏和服从、对秩序的赞赏、对德行的尊重、对同胞的爱而成为有机的整体。商业的发展非但不会对这个整体造成挑战，反而能够使其在不断调整中得到延续和维护。我们看到，18世纪后半叶约翰逊的文学俱乐部成员们对各个领域的历史性研究、对人性的发掘正是试图确立独特的英国传统，并使这些传统建立在他的自然本性的基础上，同时也使研究者自身汇合于这些传统之中，所以博克对传统的强调、对情感的热衷不是偶然发生的。

　　毫无疑问，培养和增强情感最有效的手段便是审美。无论是将美感定义为内在感官还是主要归功于想象，审美情感的一个重要特征在于，它们超越了感官的快乐和痛苦，因而属于心灵和精神的活动；外在对象的作用是刺激和唤醒心灵和精神的活动，使它们通向构成世界最内在的根源。如果把这套理论换成现实的实践，那么我们可以说，审美的作用在于让个体超越当下的存在，进而以情感的方

---

　　[1] 柏克：《法国革命论》，何兆武等译，北京：商务印书馆，1998年，第101页。
　　[2] 同上，第103页。

式寻找自身在更广阔时空中的位置，感知自身的身份，或者也可以说，审美能够赋予有形世界以一种更内在的统一性，从而有助于塑造社会秩序所需要的一种共同感。

在这样一种语境中，我们便可以理解自博克开始崇高这一审美形态在 18 世纪英国美学中的重要意义。在夏夫兹博里的著作中曾出现过博克所用的"崇高"一词，同时也描绘过崇高的景象：

> 他来到曾经苍翠挺拔的松林，杉树和高贵的雪松塔形的树冠高耸入云，使其余树木在其面前相形见绌。这里有一种不同的恐惧抓住了我们刚刚歇息的旅行家，他看到蓝天正被广阔的森林覆盖，投下了巨大的阴影，使这里暗无天日。……死寂中蕴藏着冲动，一股不知名的力量惊动着心灵，可疑的事物始终触动着人警惕的神经。……形形色色的神性好像要在此显形，在这片神圣的树林中要使自己变得更鲜明，就像古人筑起了神庙，在崇拜他们的宗教。即使是我们自己，性格虽然单纯，也能从这个地球诸多明亮的地方读懂神性的声音，宁可选择这个朦胧的场所来辨明那个神秘的存在，它对我们短浅的目光来说疑似一片乌云。[①]

在这里，我们可以看到夏夫兹博里的用语与博克如出一辙，如形容事物的巨大、昏暗微弱、沉寂、力量以及情感的恐惧，不过夏夫兹博里的这段描写暗示出的是一种宗教情感，自然景色将人的心灵引向对无限精神的敬畏。此后，艾迪生、休谟虽然很少使用"sublime"一词，但也有过类似的描述，与夏夫兹博里不同的是，他们更倾向于解析崇高的心理机制。

博克的美学不仅延续了休谟的心理学方法，甚至从霍布斯那里借鉴了生理学理论，用来解释情感的发生和运行，看起来多了几分功利主义的色彩。不过在博克那里，情感不再只是源于认识论或服务于认识论，而是首先具有社会实践的意义，他对情感的分类也是基于它们在社会实践中的不同功能，正如他把情感分为自我保存的情感和社交情感。这种分类谈不上独创，此前休谟就综合霍布斯和夏夫兹博里的学说，以为人性有自私和有限的慷慨两种倾向，对于两种情感所发挥

---

① Shaftesbury, *Characteristics of Men, Manners, Opinions, Times*, ed., Klein. Lawrence E., Cambridge: Cambridge University Press, 1999: 326.

的作用，博克也无疑从前人那里得到不少启发。博克只是把这些思想简洁地整合在一起，且予以有力的表达。

然而，博克将崇高与美对立起来当作一种独立的审美形态也许真的是别有用心。社交情感总体表现为爱，男女之爱和同胞之情都促使我们相互交往，从中获得快乐。社交情感又可以分为同情、模仿和雄心三种，这样便可以描述社会交往的复杂状态。当他人处于不幸当中时，我们纵然暗自庆幸，但也表示怜悯，此谓之同情，而模仿他人的行为可以使我们尽快适应社会法则，但模仿也容易陷入一种循环，人类便不能进步，上帝又在人心中植入雄心这种情感，使他要超过同类，获得成功的喜悦，也享受他人的赞美。人们相互友爱，也相互竞争，而博克之所以将它们都归为社交情感的范围看似令人费解，因为出于雄心的竞争会削弱同情和模仿的作用，但我们也可以发现，无论是同情、模仿还是雄心都是发生在平等的个体之间，它们并不能够在个体之间建立高下尊卑的等级关系。在休谟那里我们也看到竞争的显著意义，那就是自由平等的竞争可以激发人们的创造力，促进工业和商业的发展，带来文艺的繁荣。

顾名思义，自我保存的情感作用在于个体对自身生命的保全，使其辛勤劳作，满足生活所需，但博克赋予这种情感的职责显然不止于此。自我保存的情感因痛苦和危险而被激发，也就是说，它们使人避开痛苦和危险，所以它们最先表现为恐惧。当然，身处险境时纯粹的恐惧并不能产生崇高感，只有在已经脱离险境后，恐惧才可能转化为崇高。然而，令人疑惑的是社交情感固然直接有益于维持融洽而快乐的社会关系或秩序，而自我保存的情感仿佛对于社会关系或秩序没有任何作用，哪怕是补充性的作用。博克有时候是有意在两种情感之间进行对比的：当美的对象唤起社交情感时，人的身体和心灵处于松弛状态，这是人们感到快乐的重要原因，但过分的松弛又会使人变得慵懒，继而甚至会让人"抑郁、沮丧、失望以及自戕"[1]，治疗这些弊病的有效方法就是通过劳动和锻炼使身体和心灵变得活跃起来，增强它们的机能，人们从而能享受到健康强壮的状态，但对于两种情感的社会性意义，博克却仿佛没有能够建立起对比关系。原因也许在于，恐惧的情感不可能发生在平等的个体之间，而一个让人恐惧的人，总是有着常人无法企及的权能。不过，无意之间博克还是透露出一点线索，在讨论力量这一崇高的原

---

[1] Burke, *A Philosophical Enquiry into the Origin of our Ideas of the Sublime and Beautiful*, ed., Boulton; London: Routledge & Kegan Paul Limited, 1956: 172.

因时，博克写道："产生于国王与司令们组织中的力量与恐怖有相同的联系。君主们常常被称作可敬畏的陛下。而且可以看到，阅历甚少的年轻人和不经常接近权势人物的人，常常全被吓倒而不能自如地使用感官。当我在大街上准备坐下时（约伯说），年轻人看见我就躲开了。确实，对于权力，这样的羞怯是自然的，它固藏在我们的体内，除了增加阅历或粗暴对待自己的自然气质以外，很少有人能克服。"①

简言之，高不可及的权威让人畏惧主要对象。它们不能被我们同情，无法被模仿，我们也不可能与之竞争，像上帝的力量、智慧、公正和仁德这类观念，更是"远远超出我们理解的界限"②。博克所列举的巨大、匮乏、无限等特征也有一个共同点，那就是超出了理性把握的范围，或者无法以理性的方式来把握。当然，外在感官同样无效。在崇高的对象面前，我们被震撼，心灵的一切活动都突然间停滞了，但另一方面，这样无限的力量也并不始终令人恐惧，反而还能被转化为愉悦，只是博克所遵循的生理学方法并不能很好地解释这一过程，因为在这中间发挥作用的不单是感官和神经。

无论如何，在这些无限的力量面前，个体只能不假思索地服从。如果崇高的对象所激发的自我保存的情感与社交情感之间存在对比关系，我们只能说后者营造了一种自由平等的社会关系，而前者则维护着不可撼动的等级秩序。造物主在人的天性中植入这些情感，自然有其深刻用意，虽然凡人无法参透，所以我们必须遵照造物主的指令。"依靠造物主，在我们自己身上找到了正确、仁慈、美好的东西，甚至在我们自己的弱点和缺点中发现造物主的力量和智慧，在清楚地发现它们时表示崇敬，在探索中陷入迷途时，敬仰其博大精深。"③即使没有刻意指出君主制和宗教的必然性和必要性，博克也还是说明了它们在社会中发挥作用的方式。如果说对于权威的畏惧天然地存在于人类本性之中，那么权威的存在也是必然的和必要的，因为只有这样的权威才能惩罚违反道德和法律的行为，为国家和社会提供共同的信念和信仰。

在《法国革命论》中，博克不仅指出君主制和宗教的必要性，而且也主张包

① Burke, *A Philosophical Enquiry into the Origin of our Ideas of the Sublime and Beautiful*, ed., Boulton; London: Routledge & Kegan Paul Limited, 1956: 72.

② 同上，第73页。

③ 同上，第55页。

括国王在内的任何人都应该服从一种共同的权威，那就是一个国家或社会的传统，或者博克所强调的宪法。在一个国家或社会中，任何阶层和职业都是必要的，它们都为整个国家和社会的和谐运转做出自身的贡献，但为了维护各自的利益或者避免对他者造成损害，它们又必须服从一个高于自身的权威。1688 年之后，君主的权力受到限制，议会的权力得到增强，工商业的作用日益重要，但贵族的地位仍需要得到保证，而光荣革命也恰恰是各个阶层和各种利益相互妥协的结果，"光荣革命是一场保守的革命，旨在恢复体制的恰当平衡，并在贵族的主持下得到实现"①。18 世纪英国的政治体系仿佛综合了各种政体的优势，英国人自然也以他们的混合政体为荣，在这种情形下，传统或宪法的作用就尤为重要。"所有评论者都同意，只有始终保持警惕才能维系体制的微妙平衡，这种体制的健康只能以一种强迫症的方式加以监控。平衡这一概念意味的不是惯性，而是调整。"② 随着城市中产阶级的兴起，个人主义观念益发膨胀，贵族阶层和上流社会越来越迫切地需要对其进行约束，无论是休谟、菲尔丁还是博克都主张，贵族之下的中间阶层的平等关系需要上面的权威加以制衡，而贵族和君王也需要一种更高的权威加以约束。对传统（无论是政治上的还是文化上的）的强调正反映了这种需要。

自夏夫兹博里始，美学研究就以情感作为主要领域，试图在人的自然情感中找到社会组织的先天根基，把社会秩序和道德准则凝结在情感的自然流露中。纵然在其发展过程中，有艾迪生、休谟、荷加斯、杰拉德以及博克等人在一定程度上将 17 世纪以来的功利主义和个人主义思想糅合在人的自然情感中，但他们一直没有放弃为英国社会塑造共同感的努力。人的天性使其趋乐避苦，快乐是人生的主要目标和动力，而审美则是实现快乐强有力的途径。但审美情感既依赖外在感官，也超越外在感官，换言之，审美情感是以个人追求肉体生命的满足为前提的，也促使人们在社会交往中享受友爱的快乐和由竞争而来的成就感，与此同时，审美情感也让人发现个体生命的界限，感觉到一种无法逾越的权威，在这权威面前，人们心生畏惧和敬仰，却又能安享权威所铸就的和谐秩序，在权威的保护之下，人们感到内心安宁。情感比理性确实更为牢靠，过分诉诸理性反而会消除人们对未知的恐惧，那也就是消解对权威的敬畏。

---

① John Cannon, *Aristocratic Century: The Peerage of Eighteenth-Century England*, Cambridge: Cambridge University Press, 1984: 157.

② 同上，第 158 页。

写作《法国革命论》时的博克也并不孤单，因为 18 世纪末的美学家们也越来越突出崇高的意义。在崇高的情感中，人们更多地超越有形世界和当下利益，发现凝结整个社会的精神纽带，艾利逊写道："崇敬的目光不由自主地从那些仅拥有外在美的人身上移开，注视着表现了天才、知识或美的谦卑的人身上。在每一个国家的公共集会中，公正的民族趣味漠视纨绔、高官、权贵的所有外在优势，转而迷恋曾施展其力量的勇士的残缺形体或者保卫自由的政治家的苍苍白发。"[1] 吉尔平和普莱斯着重阐发画意这一形态，画家兼取优美和崇高的特征融为一体，展现出时间对自然和艺术品的漫长雕琢，引发人们对久远传统的幽思。在吉尔平眼中，最能代表画意的不是单纯的自然景观，而是其中散落的古代遗迹，如荒废的塔楼、哥特式拱门、城堡和修道院的遗迹，"这些是艺术最丰富的遗产。它们因时间而变得神圣，如大自然自己的作品一样值得我们崇拜"[2]。如此一来，由传统而来的权威不是赤裸裸的权力，不是施加于肉体的责罚，权威给予狂躁不安的欲望以抚慰，它们给人带来崇高感，就像经历了叛逆之后的驯服，甘愿体尝无怨无悔劳作的踏实感。

让我们再来回顾公众自 17 世纪以来的波折遭遇。因资本主义发展带来的贵族阶层的分裂，使公众出现在政治视野中，公众成为一种强大的工具，帮助英国完成了资产阶级革命。公众确实是一个难以驯服的工具，因为它不是一个整体，而是千千万万受欲望支配的个体，在相互争斗中导致权威的陨落和国家的解体，资产阶级必须让自己从其中分离出来，有效利用人性的自然规律来驯服公众；反过来，公众曾帮助资产阶级推翻了君主专制，但现在又必须帮助资产阶级重新获得贵族的荣耀。公众依靠勤奋劳作创造财富，但只能满足肉体的欲望，享受感官快乐，处于统治地位的资产阶级却追求内在感官的满足，展示高雅趣味，塑造凝聚国家和社会的精神传统。资产阶级不再属于公众，或者一如约翰逊所说，公众不再是所有人，而是"公开露面，广受关注"，并且"关心群体之善"的少数人。[3] 毫无疑问，艺术的高雅趣味造就了这少数的精英。"高雅的特权，从一定程度上讲，是

---

[1] Archibald Allison, *Essays on the Nature and Principles of Taste*, Vol. 2, Edinburgh, 1811: 430.

[2] William Gilpin, *Three Essays: on Picturesque Beauty; on Picturesque Travel; and on Sketching Landscape*, London, 1794: 46.

[3] John Brewer, *The Pleasures of the Imagination: English Culture in the Eighteenth Century*, London: HarperCollinsPublishers, 1997: 96.

要在精英文化的发展过程中来解释的。……英国精英在 17 世纪末到 18 世纪初重新构筑了自身：它有助于形成土地占有阶层及其支持者的霸权……这同一个过程，人们也可以说，服务于加强上层社会的排斥性，所以高雅的兴起是与早期现代阶段精英文化与大众文化激进分离的模式相符合的。"①

就像 18 世纪英国资产阶级的身份让人捉摸不透一样，18 世纪英国美学的性质也让人难以断定。当美学家们以人类普遍的心理规律作为美感或趣味的基础时，他们显然是在肯定所有人对快乐的享受以及所有人在美面前的平等，如哈奇生所说："在对大自然作品的观照中，对内在感官最高贵快乐的享受人们无须付出任何费用。贫穷卑微之人与富有权势之辈一样可以以这种方式自由地使用这些对象，甚至在可以被占有的对象上，所有权对于美的享受几乎无关紧要，因为这种美常常为非所有者的他人所享受。"② 另一方面，美学家们的目标却又是将真正的美感从所有人都能感受到的感官快乐中区分出来，使之成为稀有之物，只有少数人才有幸获得；美感甚至排斥某些行业的人，在艾利逊看来，商人和哲学家都欠缺审美所需的想象力，因为他们或是以利益为目的，或是以理性来看待对象。显而易见，美感即使在人类的普遍本性有其基础，但它们最终只属于少数人，这就等于否认了美感的普遍性，正如我们在分析休谟关于趣味的标准的讨论时看到，高雅趣味与其说发自自然，倒不如说是不自然的。不得不说，美学家们在力图打造一个以高雅趣味为标志的精英集团。的确，18 世纪英国美学的这种奇特逻辑与其时的政治思维之间存在着某种微妙的默契，这不是说美学反映了政治观念，而是说美学构成了政治观念的一部分。

① Klein, Politeness for Plebes: Consumption and social identity in early eighteenth-century England, *The Consumption of Culture* 1600–1800, Ann Berminghan and John Brewer, ed, London: Routledge, 1995: 365.

② Francis Hutcheson, *An Inquiry into the Original of Our Ideas of Beauty and Virtue in Two Treatises*, Indianapolis: Liberty Fund, Inc., 2004: 77.

参考文献

[1] Shaftesbury, Anthony Ashley Cooper, the third earl, Characteristics of Men, Manners, Opinions, Times, ed., Klein. Lawrence E., Cambridge: Cambridge University Press, 1999.

[2] Francis Hutcheson, An Essay on the Nature and Conduct of the Passion and Affections, with Illustrations on the Moral Sense, ed., Garrett, Aaron, Indianapolis: Liberty Fund, Inc., 2002.

[3] Francis Hutcheson, An Inquiry into the Original of Our Ideas of Beauty and Virtue in Two Treatises, Indianapolis: Liberty Fund, Inc., 2004.

[4] David Hume, Of The Standard of Taste and Other Essays, ed., John W. Lenz, Indianapolis; New York: The Bobbs-Merrill Company, Inc.,1965.

[5] Joseph Addison, The Works of Joseph Addison, London: George Bell and Sons, 1902.

[6] William Hogarth, The Analysis of Beauty, ed., Ronald Paulson, New York; London: Yale University Press, 1997.

[7] Edmund Burke, A Philosophical Enquiry into the Origin of our Ideas of the Sublime and Beautiful, ed., Boulton; London: Routledge & Kegan Paul Limited, 1956.

[8] Alexander Gerard, An Essay on Taste, London, 1759.

[9] Lord Kames, Elements of Criticism, London, 1765.

[10] Blair, A Bridgment of Lectures on Rehtoric, Carlisle, 1808.

[11] Archibald Allison, Essays on the Nature and Principles of Taste, Edinburgh, 1811.

[12] William Gilpin, Three Essays: on Picturesque Beauty; on Picturesque Travel; and On Sketching Landscape: to Which is Added a Poem, On Landscape Painting, London, 1794.

[13] Uvedale Price, On the Picturesque, As Compared with the Sublime and the Beautiful; And on the Use of Studying Pictures, For the Purpose of Improving Real Landscape, London, 1796.

[14] Paul S.Ardal, Passion and Value in Hume's Treatise, 2nd ed., Edinburgh: Edinburgh University Press, 1996.

[15] Walter Jackson Bate, From Classic to Romantic: Premises of Taste in Eighteenth-Century England, Cambridge: Harvard University Press, 1946.

[16] Aun Bermingham; John Brewer, ed., The Consumption of Culture 1600–1800: Image, Object, Text, London and New York, 1995.

[17] Edward A.Bloom, Lillian D.Bloom, ed, Joseph Addison and Richard Steele: The Critical Heritage, London and New York: Routledge, 1980.

[18] Giancarlo Carabelli, On Hume and Eighteenth-Century Aesthetics: The Philosopher on a Swing, trans, Hall, Joan Krakover, New York: Peter Lang Publishing, Inc., 1995.

[19] John Cannon, Aristocratic Century: The Peerage of Eighteenth-Century England, Cambridge: Cambridge University press, 1984.

[20] Terry Eagleton, The Ideology of the Aesthetic, Oxford: Basil Blackwell Ltd., 1990.

[21] Ekber Fass, The Genealogy of Aesthetics, Cambridge: Cambridge University Press, 2002.

[22] Peter Kivy, The Seventh Sense: A Study of Francis Hutcheson's Aesthetics and

Its Influence in Eighteenth-Century Britain, New York: Burt Franklin & Co., Inc., 1976.

[23] James Van Horn Melton, The Rise of the Public in Enlightenment Europe, Cambridge: Cambridge University Press, 2001.

[24] Adela Pinch, Strange Fits of Passion: Epistemologies of Emotion, Hume to Austen, Stanford: Stanford University Press, 1996.

[25] Claudia M.Schmidt, David Hume: Reason in History, Pennsylvania: Pennsylvania University Press, 2003.

[26] William Robert Scott, Francis Hutcheson: His Life, Teaching and Position in the History of Philosophy, Bristol: Thoemmes Press, 1992.

[27] David Summers, The Judgment of Sense: Renaissance Naturalism and the Rise of Aesthetics, Cambridge: Cambridge University Press, 1987.

[28] Wladyslaw Tatarkiewicz, A History of Six Ideas: An Essay in Aesthetics, Hingham: Kluwer Boston, Inc., 1980.

[29] Wladyslaw Tatarkiewicz, History of Aesthetics, ed., Harrell, J., Bristol: Thoemmes Press, 1999.

[30] Dabney Townsend, Hume's Aesthetic Theory: Taste and Sentiment, London; New York: Routledge, 2001.

[31] Charles Whitney, Francis Bacon and Modernity, New Haven; London: Yale University Press, 1986.

[32] Willcox, Arnstein, The Age of Aristocracy: 1688 to 1830, Lexington: D. C. Heath and Company, 1988.

[33] David, Zaret, Origins of Democratic Culture: Printing, Petitions, and the Public Sphere in Early-Modern England, Princeton: Princeton University Press, 2000.

[34] 奥夫相尼科夫:《美学思想史》, 吴安迪译, 西安: 陕西人民出版社, 1986 年。

[35] 鲍桑葵:《美学史》, 张今译, 桂林: 广西师范大学出版社, 2001 年。

[36] 伯克:《崇高与美: 伯克美学论文选》, 李善庆译, 上海: 新知·读书·生活三

联书店，1990年。

[37] 伯纳德·曼德维尔：《蜜蜂的寓言：私人的恶德，公众的利益》，肖聿译，北京：中国社会科学出版社，2002年。

[38] 柴惠庭：《英国清教》，上海：上海社会科学院出版社，1994年。

[39] 笛福：《笛福文选》，徐式谷译，北京：商务印书馆，1960年。

[40] 哈贝马斯，《公共领域的结构转型》，曹卫东等译，上海：学林出版社，1999年。

[41] 黑格尔：《美学》，朱光潜译，北京：商务印书馆，1979年。

[42] 霍布斯：《利维坦》，黎思复、黎廷弼译，北京：商务印书馆，1985年。

[43] 马克斯·韦伯：《新教伦理与资本主义精神》，于晓、陈维纲等译，北京：生活·读书·新知三联书店，1987年。

[44] 吉尔伯特、库恩：《美学史》，夏乾丰译，上海：上海译文出版社，1989年。

[45] 加达默尔：《真理与方法：哲学诠释学的基本特征》，洪汉鼎译，上海：上海译文出版社，1994年。

[46] 蒋孔阳、朱立元主编：《西方美学通史》，上海：上海文艺出版社，1999年。

[47] 舍斯塔科夫：《美学史纲》，樊莘森译，上海：上海译文出版社，1986年。

[48] 卡西勒：《启蒙哲学》，顾伟铭等译，济南：山东人民出版社，1988年。

[49] 康德：《判断力批判》，邓晓芒译，北京：人民出版社，2002年。

[50] 克罗齐：《美学的历史》，王天清译，北京：中国社会科学出版社，1984年。

[51] 昆廷·斯金纳：《霍布斯哲学思想中的理性和修辞》，王加丰、郑崧译，上海：华东师范大学出版社，2005年。

[52] 莱辛：《拉奥孔》，朱光潜译，北京：人民文学出版社，1979年。

[53] 洛克：《教育片论》，熊春文译，上海：上海人民出版社，2005年。

[54] 洛克：《人类理解论》（上下册），关文运译，北京：商务印书馆，1983年。

[55] 缪灵珠：《缪灵珠美学译文集》（第二卷），章安祺编订，北京：中国人民大学出版社，1987年。

[56] 默顿：《17世纪英格兰的科学、技术与社会》，范岱年等译，北京：商务印书

馆，2000 年。

[57] 培根:《新工具》，许宝骙译，北京：商务印书馆，1984 年。

[58] 钱乘旦、陈晓律:《英国文化模式溯源》，上海：上海社会科学院出版社，成都：四川人民出版社，2003 年。

[59] 桑德斯:《牛津简明英图文学史》，高万隆等译，北京：人民文学出版社，2000 年。

[60] 舒晓昀:《分化与整合：1688—1783 年英国社会结构分析》，南京：南京大学出版社，2003 年。

[61] 索利:《英国哲学史》，段德智译，济南：山东人民出版社，1992 年。

[62] 塔科维兹:《古代美学》，北京：中国社会科学出版社，1990 年。

[63] 塔尔凯维奇:《西方六大美学观念史》，刘文潭译，上海：上海译文出版社，2006 年。

[64] 梯利:《西方哲学史》，葛力译，北京：商务印书馆，1995 年。

[65] 瓦特:《小说的兴起：笛福、理查逊、菲尔丁研究》，高原、董红钧译，北京：生活·读书·新知三联书店，1992 年。

[66] 王觉非主编:《近代英国史》，南京：南京大学出版社，1997 年。

[67] 维科:《新科学》，朱光潜译，北京：商务印书馆，1989 年。

[68] 休谟:《人性论》，关文运译，北京：商务印书馆，1980 年。

[69] 休谟:《自然宗教对话录》，陈休斋、曹棉之译，北京：商务印书馆，1962 年。

[70] 亚当·斯密:《道德情操论》，蒋自强、钦北愚、朱钟棣、沈凯璋译，北京：商务印书馆，1997 年。

[71] 阎照祥:《英国近代贵族体制研究》，北京：人民出版社，2006 年。

[72] 英加登:《对文学的艺术作品的认识》，陈燕谷、晓未译，北京：中国文联出版公司，1988 年。

[73] 詹姆斯·塔利:《语境中的洛克》，梅雪芹、石楠、张炜译，上海：华东师范大学出版社，2005 年。

[74] 章辉:《经验的限度：英国经验主义美学研究》，北京：中国社会科学出版社，

2005 年。

[75] 朱光潜:《西方美学史》,北京:人民文学出版社,1963 年。

[76] 朱立元主编:《西方美学范畴史》,太原:山西教育出版社,2006 年。

[77] 朱立元主编:《现代西方美学史》,上海:上海文艺出版社,1993 年。